中国古生代地层及标志化石图集
Paleozoic Stratigraphy and Index Fossils of China

中国泥盆纪

地层及标志化石图集

Devonian

Stratigraphy and Index Fossils of China

郄文昆　乔　丽　梁　昆　郭　文　宋俊俊

刘　锋　徐洪河　黄　璞　牟　林　卢建峰

张琳娜　廖卫华　王成源　陈秀琴　王尚启　◎　著

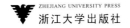

ZHEJIANG UNIVERSITY PRESS
浙江大学出版社

图书在版编目（CIP）数据

中国泥盆纪地层及标志化石图集 / 郄文昆等著. —
杭州：浙江大学出版社，2020.7
ISBN 978-7-308-19839-4

Ⅰ.①中… Ⅱ.①郄… Ⅲ.①泥盆纪－区域地层－中国
－图集②泥盆纪－标准化石－中国－图集 Ⅳ.①P535.2-64
②Q911.26-64

中国版本图书馆CIP数据核字（2020）第196869号

中国泥盆纪地层及标志化石图集

郄文昆　乔　丽　梁　昆　郭　文　宋俊俊　刘　锋
徐洪河　黄　璞　牟　林　卢建峰　张琳娜　廖卫华
王成源　陈秀琴　王尚启　著

策划编辑	徐有智　许佳颖
责任编辑	潘晶晶
责任校对	金佩雯
封面设计	程　晨
出版发行	浙江大学出版社
	（杭州天目山路148号　邮政编码：310007）
	（网址：http://www.zjupress.com）
排　　版	浙江时代出版服务有限公司
印　　刷	浙江海虹彩色印务有限公司
开　　本	889mm×1194mm　1/16
印　　张	34.5
字　　数	826千
版 印 次	2020年7月第1版　2020年7月第1次印刷
书　　号	ISBN 978-7-308-19839-4
定　　价	178.00元

审图号：GS（2021）1117号

著者名单

郄文昆　中国科学院南京地质古生物研究所现代古生物学和地层学国家重点实验室；中国科学院生物演化与环境卓越创新中心；中国科学院大学南京学院。南京市北京东路39号。wkqie@nigpas.ac.cn

乔　丽　中国科学院南京地质古生物研究所现代古生物学和地层学国家重点实验室；中国科学院生物演化与环境卓越创新中心。南京市北京东路39号。liqiao@nigpas.ac.cn

梁　昆　中国科学院南京地质古生物研究所现代古生物学和地层学国家重点实验室；中国科学院生物演化与环境卓越创新中心。南京市北京东路39号。kliang@nigpas.ac.cn

郭　文　中国科学院南京地质古生物研究所；中国科学院生物演化与环境卓越创新中心。南京市北京东路39号。wenguo@nigpas.ac.cn

宋俊俊　中国科学院南京地质古生物研究所；中国科学院生物演化与环境卓越创新中心。南京市北京东路39号。jjsong@nigpas.ac.cn

刘　锋　中国科学院南京地质古生物研究所现代古生物学和地层学国家重点实验室；中国科学院生物演化与环境卓越创新中心。南京市北京东路39号。liufeng@nigpas.ac.cn

徐洪河　中国科学院南京地质古生物研究所现代古生物学和地层学国家重点实验室；中国科学院生物演化与环境卓越创新中心。南京市北京东路39号。hhxu@nigpas.ac.cn

黄　璞　中国科学院南京地质古生物研究所；中国科学院生物演化与环境卓越创新中心。南京市北京东路39号。puhuang@nigpas.ac.cn

牟　林　中国科学院南京地质古生物研究所。南京市北京东路39号。mulin@nigpas.ac.cn

卢建峰　中国科学院南京地质古生物研究所；中国科学院生物演化与环境卓越创新中心。南京市北京东路39号。jflu@nigpas.ac.cn

张琳娜　中国科学院南京地质古生物研究所现代古生物学和地层学国家重点实验室；中国科学院生物演化与环境卓越创新中心。南京市北京东路39号。lnzhang@nigpas.ac.cn

廖卫华　中国科学院南京地质古生物研究所，南京市北京东路39号。whliao@nigpas.ac.cn

王成源　中国科学院南京地质古生物研究所，南京市北京东路39号。cywang@nigpas.ac.cn

陈秀琴　中国科学院南京地质古生物研究所，南京市北京东路39号

王尚启　中国科学院南京地质古生物研究所，南京市北京东路39号

前　言

　　泥盆纪是晚古生代的第一个纪，以笔石*Uncinatograptus uniformis*（Přibyl，1940）的首现作为开始标志，见证了地球演化历史中海洋和陆地生态系统的重大变革。陆地上，维管束植物大量繁盛，森林首次出现，四足动物得以登陆，开启了动物征服陆地的伟大征程；海洋中，以极高的生物多样性为特征，发育了地球历史上最大规模的后生动物生物礁系统，并记录着显生宙两次最大规模的生物集群灭绝事件，即晚泥盆世F-F和泥盆纪末Hangenberg生物灭绝事件。与此同时，泥盆系还是全球新兴的非常规油气资源，即页岩气的最主要赋存层位，以北美地区Woodford页岩为例，自十余年前开始钻井以来，已经完钻1000多口，生产天然气超过370亿立方米。中国的泥盆纪地层中赋存有大型锰矿、钒矿、铁矿，以及丰富的灰岩、白云岩、古油藏等非金属矿产，是我国重要的含矿、贮矿和含油气资源层位。对泥盆纪地层的研究不仅有着重大科学价值，而且具有重要的经济意义。

　　泥盆纪地层和古生物是我国地质科学中起步最早的研究领域之一，自比利时学者de Koninck（1846）首次报道腕足类*Spirifer cheehiel*和*Terebratula yuennamensis*开始，已有170多年的历史。目前，国内外学者对我国不同区域的泥盆纪地层及其所含的古生物化石研究，已经积累了大量的文献资料，并有过多次系统总结，比较重要的论文和专著包括《中国之泥盆纪》（田奇㻪，1938）、《中国的泥盆系》（王钰和俞昌民，1962）、《中国的泥盆系》（侯鸿飞等，1988）、《中国地层表（2014）说明书》（全国地层委员会，2018）、《中国层孔虫》（董得源，2001）、《中国介形类化石（第三卷）》（王尚启，2009）、《中国晚古生代孢粉化石》（欧阳舒等，2017）、*Phanerozoic Brachiopod Genera of China*（Rong等，2017）、《中国泥盆纪牙形刺》（王成源，2019）和20世纪七八十年代完成的各个区域古生物图册，如《西南地区古生物图册》和《西北地区古生物图册》等。本书对前人的成果进行了系统的总结、修订和补充，主要包括泥盆纪地层和标志化石图集两方面内容。地层方面，首先介绍了国内外泥盆纪年代地层近年来的研究现状、研究进展和存在问题，接着总结了我国主要地层区划中泥盆纪地层发育情况和特点，并对重点区域的泥盆系代表性剖面的多重划分进行了详细解读。标志化石图集方面，以图版和图版说明形式对重要化石门类的标志化石进行了介绍，尽可能涵盖我国泥盆纪海相和非海相地层中常见的化石种类，便于生产单位、泥盆纪古生物化石初学者和爱好者使用。本书可作为未来二三十年中国泥盆纪区域地层划分与对比、标志化石鉴定与识别，以及后层型研究最重要的工具书，更为接下来"大数据时代"的泥盆纪生物古地理和生物多样性重建、古生物化石AI自动识别提供标准和参考。

　　本书共5章，重点介绍了位于准噶尔、塔里木、秦岭、华南和羌塘—三江地区的10条泥盆纪基干剖面及其综合地层格架，共包含154幅化石图版，12个化石门类。第1章至第4章泥盆纪地层部分主要由郄文昆和郭文撰写，第5章各化石门类（及其主要著者）分别为：牙形类（郄文昆、王成源、卢建峰）、介形类（宋俊俊、郄文昆、王尚启）、四射珊瑚（梁昆、廖卫华）、层孔虫（梁昆）、腕足类（乔丽）、竹节石（郭文、卢建峰）、菊石（牟林）、三叶虫（宋俊俊）、笔石（张琳娜）、有孔虫（郄文昆）、植物（徐洪河、黄璞）和孢粉（刘锋）。

　　本书是"中国古生代地层及标志化石图集"丛书之一，可作为地质调查、油气和矿产资源的勘探和开发及地质学等领域研究的重要参考书和工具书，也可供高等院校和研究院所教学使用。

　　本书受科技基础性工作专项（2013FY111000）、中国科学院战略性先导科技专项（B类）（XDB26000000）和第二次青藏高原综合科学考察（2019QZKK0706）的资助。在本书的编撰过程中，竹节石、三叶虫和有孔虫的系统分类和描述工作分别得到了魏凡博士、纵瑞文博士和沈阳博士的大力支持，部分野外照片和资料由马学平教授、王德明教授、赵文金研究员、唐鹏研究员、薛进庄副教授、张立军副教授、蒋青博士、刘乐博士和邓珍珍慷慨提供，部分的化石图版和结构图件由谭超、申震、彭辉平、黄兴、汪瑶、白姣、黄家园、常君滢和张后蕊等精心绘制，在此一并表示感谢。本书引用了大量前人成果，一部分图像翻拍自旧有照片或电子出版物，部分原始文献缺失，难免存在不足，欢迎读者批评指正。

　　最后，在本书撰写过程中，陈秀琴研究员和王尚启研究员均因病不幸离世，两位老师为此书的完成提供了重要的素材并倾注了大量的心血，谨以此书纪念两位杰出的中国泥盆纪地层和古生物工作者。

目　录

1 国际泥盆纪年代地层

泥盆纪（419.2—358.9Ma）是晚古生代的第一个纪，位于志留纪之后、石炭纪之前，以笔石 *Uncinatograptus uniformis*（Přibyl，1940）的首现作为开始标志，持续大约60.3Ma（Gradstein等，2012）。年代地层单位"泥盆系"一词最早由Sedgwick和Murchison（1839）提出，最初用以指代英格兰德文（Devon）地区与威尔士地区寒武系相当的地层单位，其后根据德文灰岩中珊瑚化石的研究，其特征被认为介于志留纪和石炭纪珊瑚化石之间，层位相当于威尔士地区的老红砂岩，因此确定为一新系。泥盆系底界全球标准层型剖面和点位（GSSP，俗称"金钉子"）位于捷克布拉格西南25km处的克伦（Klonk）剖面20层内部，于1972年获国际地质科学联合会（IUGS，简称国际地科联）批准，成为国际地层委员会（ICS）正式建立的第一个"金钉子"（Chlupác和Kukal，1977）。

1985年，国际泥盆系标准年代地层系统得以正式确立并沿用至今，包括下、中和上统三个统和七个阶（图1.1和图1.2）。其中，下统包括洛赫考夫、布拉格和埃姆斯三个阶，中统包括艾菲尔和吉维特阶，上统由弗拉阶和法门阶组成（Ziegler和Klapper，1985）。至1996年，泥盆系的"金钉子"已经全部确立，但是埃姆斯阶底界和泥盆系-石炭系界线"金钉子"由于界线定义和界线层型存在问题，目前尚在修订中（Yolkin等，1997；Slavík和Brett，2016；Spalletta等，2017）。

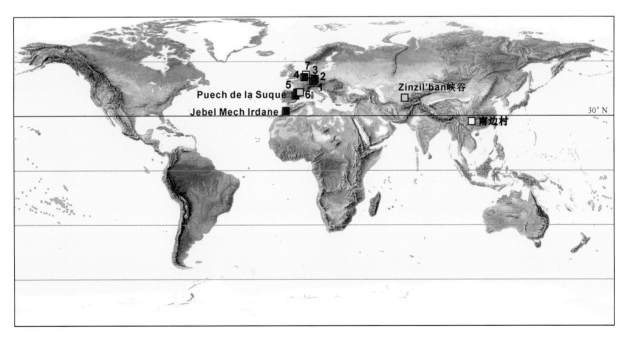

■ GSSPs
▨ GSSPs（待修订）
□ GSSPs 辅助层型

1. 捷克，**Klonk**　　**2.** 捷克，**Velká Chuchle**　　**3.** 捷克，**Prastav**石场
4. 德国，**Wetteldorf**　　**5.** 法国黑山，上**Coumiac**采石场　　**6.** 法国黑山，**La Serre**
7. 德国莱茵地区，**Hasselbachtal**

图 1.1　泥盆纪全球界线层型与辅助层型剖面位置

统	阶	亚阶	GSSP和辅助层型位置	GSSP经纬度	界线	界线定义		IUGS批准时间	参考文献
上统	杜内阶		法国La Serre E剖面 1. 德国Hasselbachtal剖面 2. 中国桂林南边村剖面	43.5555°N 3.3573°E	89层底界	牙形类Si. sulcata首现		1990	Episodes，1991
	法门阶	- - - - - - - - - - - -	法国Coumiac石场剖面	43.4613°N 3.0403°E	32a层底界	牙形类Pr. kockeli首现? 牙形类Pa. ultima大量出现		1993	Episodes，1993
	弗拉阶		法国Montage Noire Col du Poech de La Suque E剖面	43.5032°N 3.0868°E	42层底界	牙形类Pa. triangularis首现 牙形类An. r. pristina首现		1987	Episodes，1987
中统	吉维特阶		摩洛哥Jebel Mech Irdane剖面	31.2374°N 4.3541°W	123层底界	牙形类P. hemiansatus首现		1994	Episodes，1995
	艾菲尔阶		德国艾菲尔山Wetteldorf剖面 捷克布拉格Prastav采石场剖面	50.1496°N 6.4716°E	Wetteldorf剖面21.25m处，WP30底界	牙形类P. c. partitus首现		1985	Episodes，1985
下统	埃姆斯阶		乌兹别克斯坦Zinzil′ban峡谷	39.2000°N 67.3056°E	9/5层底界	牙形类P. excavatus 114首现? 牙形类P. kitabicus首现		1996	Episodes，1997
	布拉格阶	- - - -	捷克Velká Chuchle石场剖面	50.0147°N 14.3726°E	12层底界	牙形类E. s. sulcatus首现		1989	Episodes，1989
	洛赫考夫阶		捷克布拉格Klonk剖面	49.8550°N 13.7920°E	20层(厚7~10cm)中部	笔石U. uniformis首现		1972	IUGS Series A，1977

图 1.2 国际泥盆纪各阶界线层型与辅助层型剖面位置和对比事件标志

据 Becker 等（2012）和 ICS 官网修改。缩写 *Si.*=*Siphonodella*，*Pr.*=*Protognathodus*，*Pa.*=*Palmatolepis*，*An. r.*=*Ancyrodella rotundiloba*，*P.*=*Polygnathus*，*c.*=*costantus*，*E. s.*=*Eognathodus sulcatus*

1.1 洛赫考夫阶

洛赫考夫阶（419.2—410.8Ma）是国际泥盆系标准年代地层单位下泥盆统的第一阶，上覆于志留系普里道利统，下伏于布拉格阶。洛赫考夫阶命名源自捷克波西米亚地区的洛赫考夫组，这一标准年代地层单位的确立与全球志留系-泥盆系界线GSSP研究密切相关。洛赫考夫阶底界，即泥盆系和下泥盆统底界GSSP在1972年获得国际地科联批准，是国际地层委员会建立的第一个"金钉子"，捷克布拉格西南约25km Suchomasty镇附近的Klonk剖面被选定为志留系-泥盆系界线层型，层型点位位于剖面20层上部，以笔石*U. uniformis uniformis*和*U. uniformis angustidens*的大量出现为标志（图1.2）。此外，笔石*Neocolonograptus transgrediens*的末现位于"金钉子"之下1.6m处，三叶虫*Walburgella rugulosa rugosa*的首现层位位于"金钉子"之上的21层，可以作为志留系-泥盆系界线良好的辅助识别标志（Chlupáč等，2000）。该阶顶界目前以牙形类*Eognathodus sulcatus sulcatus*的首现为定义。

波西米亚地区的洛赫考夫组大致对应洛赫考夫阶，仅顶部几米地层属于布拉格阶，依据岩性特征可以划分为两部分，分别是下部的Radotin灰岩和上部的Kotys灰岩，代表了远岸较深水的上斜坡至斜坡远端沉积。化石以浮游生物为主，包括笔石、几丁虫、介形虫和牙形类，此外可见少量三叶虫、竹节石、棘皮类和鱼类碎片。波西米亚地区洛赫考夫阶生物地层划分主要依托牙形类化石，自下而上包括11个牙形类生物带，分别为*Icriodus hesperius*-"*Ozarkodina*" *optima*带、"*O.*" *optima-Pedavis breviramus*带、*P. breviramus-Lanea omoalpha*带、*L. omoalpha-L. carlsi*带、*L. carlsi-L. eoeleanorae*带、*L. eoeleanorae*-"*Pandorinellina?*" *boucoti*带、"*Pandorinellina?*" *boucoti-Ancyrodelloides transitans*带、*A. transitans-A. trigonicus*带、*A. trigonicus-Masaraella pandora* β带、*M. pandora* β-*Pedavis gilberti*带和*P. gilberti-Icriodus steinachensis* β带（Slavík等，2012；图1.3）。

洛赫考夫阶还可识别出2个笔石生物带（自下而上分别为*Uncinatograptus uniformis*带和*U. hercynicus*带）和3个几丁虫生物带（分别为*Eisenackitina bohemica*带、*Fungochitina lata*带和*Urochitina simplex*带）。洛赫考夫阶在全球范围内广泛分布，通常以碎屑岩为主，多不整合于下伏的前泥盆系之上，大致相当于德国—比利时的惹丁阶、北美的赫尔德堡阶和中国的莲花山阶。

1.2 布拉格阶

布拉格阶（410.8—407.6Ma）是国际泥盆系标准年代地层单位下泥盆统的第二个阶，上覆于洛赫考夫阶，下伏于埃姆斯阶。布拉格阶命名源自捷克波西米亚地区的布拉格组，在1958年被首次提出，至1983年被国际泥盆系分会所采用，正式成为国际标准年代地层单位。布拉格阶的顶底界线目前均存在较大争议。底界暂时以牙形类*Eognathodus sulcatus sulcatus*的首现为标志，层型剖面为布拉格市西南Velká Chuchle石场剖面，界线位于12层底界；顶界以牙形类*Polygnathus kitabicus*的首现为定义（图1.2）。其底界GSSP于1989年获得IUGS批准。在Velká Chuchle石场剖面，竹节石*Paranowakia intermedia*带位于界线之下，*Nowakia sororcula*带底界位于界线附近，而全球广布的*Nowakia acuaria* s.s.的首现层位位于界线之上60cm位置，均是布拉格阶底界良好的辅助识别标志。后期经研究发现，标准的*E. sulcatus*分子在层型剖面中出现于布拉格阶中部，不能再作为界线定义，牙形类*I. steinachensis* β的首现可以作为布拉格阶底界的识别标志（Slavík等，2012）。

布拉格阶的原始定义大致相当于布拉格组，然而随着埃姆斯阶底界"金钉子"在乌兹别克斯坦Zinzil'ban峡谷的确立，其界线定义发生明显变化，导致布拉格阶-埃姆斯阶界线位置下移至布拉格组下部，传统意义上的布拉格阶被压缩了近三分之二。基于当前定义，布拉格阶底界从洛赫考大组顶部穿过，界线附近岩性无明显变化，以灰色细粒生屑灰岩夹少量燧石和薄层钙质泥岩为特征。波西米亚地区的布拉格阶大致对应布拉格组下部的Koneprusy和Sliveniec灰岩，代表了远岸较深水的上斜坡至斜坡远端沉积。化石以浮游生物为主，包括笔石、竹节石、几丁虫和牙形类，此外可见少量三叶虫、腕足类、双壳类、四射珊瑚和棘皮类碎片。

布拉格阶全球古生物地理分区性较强，缺少统一的生物地层对比方案。劳伦西亚地区布拉格阶包括3个牙形类生物带、3个笔石生物带和2个几丁虫带。牙形类生物带自下而上分别为*Eognathodus sulcatus*带、*Pseudogondwania kindlei*带和*Polygnathus pireneae*带；笔石生物带自下而上分别为*Neomonograptus falcarius*带、*Monograptus thomasi*带和*Uncinatograptus yukonensis*带；几丁虫生物带自下而上分别为*Angochitina caeciliae-A. comosa*带和*Bulbochitina bulbosa*带（图1.3）。布拉格阶在全球范

泥盆系生物地层对比表

年龄 (Ma): 358 — 360 — 362 — 364 — 366 — 368 — 370 — 372 — 374 — 376 — 378 — 380 — 382 — 384 — 386 — 388 — 390 — 392 — 394

统/阶: 石炭系 | 法门阶 | 372.2 | 弗拉阶 | 382.7 | 吉维特阶 | 387.7 | 艾菲尔阶 | 393.3 | 泥盆系

牙形类生物带
- Siphonodella sulcata
- Siphonodella praesulcata
- Pa. gracilis expansa
- Pa. perlobata postera
- Palmatolepis rugosa trachytera
- Palmatolepis marginifera
- Palmatolepis rhomboidea
- Palmatolepis crepida
- Palmatolepis triangularis
- Palmatolepis linguiformis
- Palmatolepis rhenana
- Pa. jamieae
- Palmatolepis hassi
- Palmatolepis punctata
- Palmatolepis transitans
- Mesotaxis guanwushanensis (=falsiovalis)
- Klapperina disparilis
- Schmidtognathus hermanni
- Polygnathus varcus
- P. hemiansatus
- P ensensis
- Tortodus kock. kockelianus
- Polygnathus costatus costatus
- Polygnathus costatus partitus
- Polygnathus ...

(MN 带: MN13, MN12, MN11, MN10, MN9, MN8, MN7, MN6, MN5, MN4, MN3, MN2, MN1, norm.)

菊石生物带
- A1 Acutimitoceras
- F Postclymenia
- (VI) Wocklumeria
- Effenbergia
- B Linguaclymenia
- C Kalloclymenia
- Ornatoclymenia
- (V) Gonioclymenia
- A2 Rhodoclymenia
- [Clymenia]
- C [Alpinites]
- B Protoxyclymenia
- (IV) Platyclymenia
- B Platyclymenia
- Sulcoclymenia
- C Pseudoclymenia
- Prolobites
- (III) I Dimeroceras
- Pernoceras
- H Postornoceras
- G Maenioceras
- F2 Acrimeroceras
- Paratornoceras
- F1 Praemeroceras
- E Cheiloceras (Ch.)
- D Cheiloceras (Compactoceras)
- A Phoenixites
- L Crickites
- K Archoceras
- J Neomanticoceras
- I Playfordites
- H Beloceras
- G2 Mesobeloceras
- G1 Neubisites
- F Pochordies
- E Probeloceras
- D Sandbergeroceras
- C Timanites
- B Koenenites
- A Neopharciceras
- E Petteroceras
- D Pseudoprobeloceras
- C Synpharciceras
- B Extropharciceras
- A Pharciceras
- D Afromaenioceras
- C Wedekindella
- B Maenioceras
- A Bensaidites
- F1 [Holzapfeloceras]
- Agoniatites
- E Cabrieroceras
- D [Subanarcestes]
- C Pinacites
- B Foordites

笔石生物带
（无）

介形类生物带
- Richterina (R.) latior
- Hemiaxisedica-latio-IR
- Maternella hemisphaerica / M. (M.) dichotoma
- Richterina (Fossirichterina) intercostata
- Richteria serratostriata-Nehdentomis nehdensis
- Franklinella (F.) sigmoidale
- Entomoprimitia splendens
- Rabienella barrandei-Bertillonella reichi
- B. cicatricosa
- B. cicatricosa-F. torleyi int.
- Franklinella (F.) torleyi
- B. suberecta
- B. praeerecta
- Richteria nayensis
- Richteria longisulcata
- Bisulcoentomozoe tuberculata

竹节石生物带
- Nowakia (N.) globulosa
- Viriatellina minuta
- Nowakia (N.) postolomari
- Nowakia (N.) otomari
- Nowakia (N.) chlupaciana
- Cepanowakia pumilio
- Nowakia (N.) holynensis

几丁虫生物带
- Ramochitina cf. ritae
- Ramochitina ritae
- Ramochitina praeritae
- Angochitina carvalhoi
- Urochitina bastosi
- Angochitina katzeri
- Parisochitina perforata
- Linochitina jardinei
- Ancyrochitina cornigera
- Eisenackitina aranea
- Alpenachitina eisenacki
- Angochitina sp. A

植物生物带
- Mp1
- Cyclostigma
- Rhacophyton
- Archaeopteris
- Trees
- Svalbardia
- Calamophyton Pseudosporochnus

孢粉 (西欧) 生物带
- VI — LN
- lepidophyta-nitidus — LE
- lo. explanatus — LL
- verrucosa hystricosa — VH
- versabilis-cornuta — VCo
- macroreticulata
- microseta — GF
- gracilis-famennensis
- dedaleus-versabilis — DV
- bricei-acanthaceus
- gracilis — BA
- bulliferus-media — BM
- bulliferus-jekhowskyi — BJ
- triangulatus-concinna — TCo
- triangulatus-ancyrea — TA
- lemurata — AD
- acantho-mammilatus devonicus
- velata — AP
- apiculatus

鲨鱼生物带
- Phoebodus limpidus
- Phoebodus gothicus
- Phoebodus typicus
- Phoebodus bifurcatus
- Phoebodus latus
- Omalodus Phoebodus sophiae

盾甲鱼生物带
- placoderms
- Bothriolepis ciecere
- Bothriolepis ornata
- Phyllolepis
- Bothriolepis curonica
- Bothriolepis leptocheira
- Bothriolepis maxima
- Plourdosteus trautscholdi
- B. cellulosa / B. prima
- Asterolepis ornata
- Watsonosteus
- Aserolepis dellei
- Coccosteus cuspidatus
- pteraspidomorphs
- Schizosteus heterolepis

棘鱼生物带
- Devononchus concinnus
- Diplacanthus gravis
- Nostolepis kernavensis / Ptycho rimosum
- Cheiracanthoides estonicus
- Laliacanthus singularis

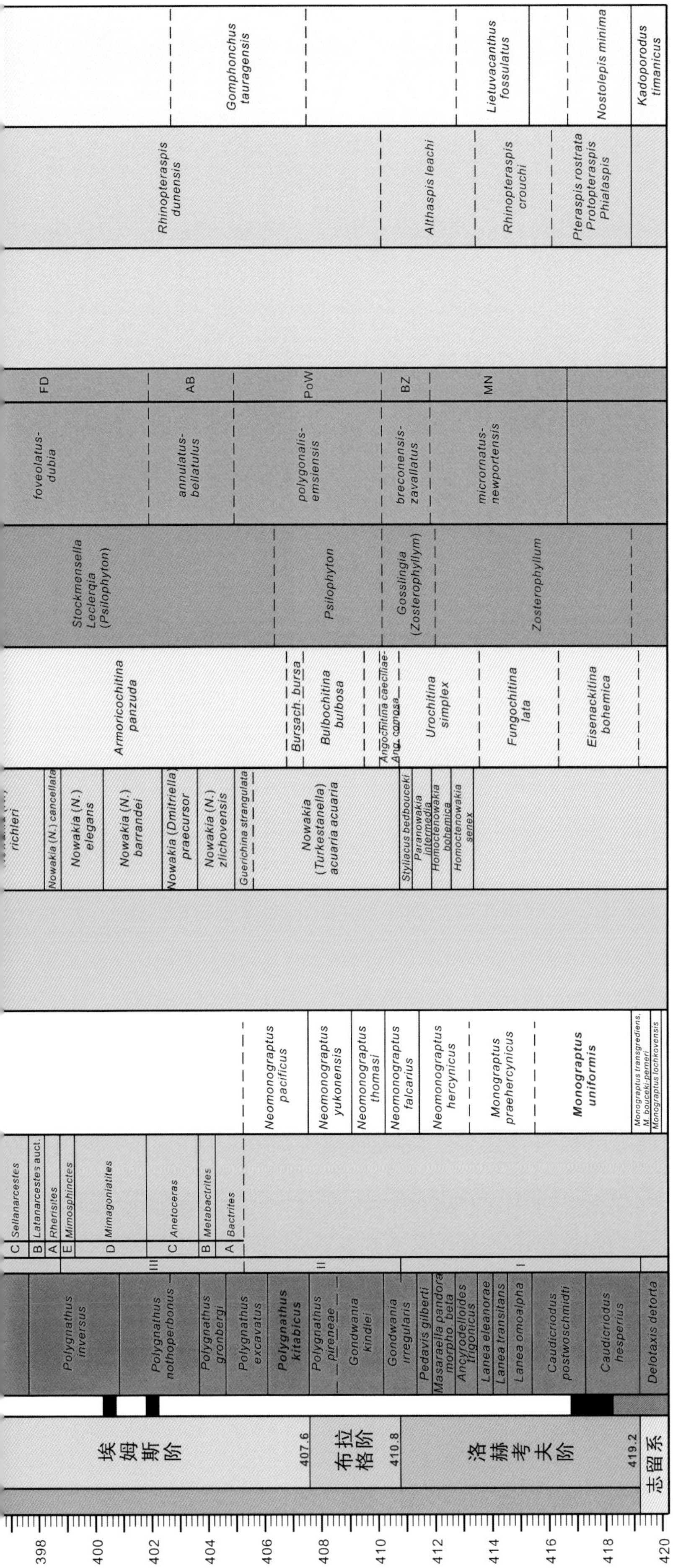

398	埃姆斯阶	Polygnathus inversus		C	Sellanarcestes			richleri				foveolatus-dubia	FD			
				B	Latanarcestes auct.			Nowakia (N.) cancellata								
400				A	Rherisites			Nowakia (N.) elegans		Armoricochitina panzuda	Stockmensella Leclerqia (Psilophyton)				Rhinopteraspis dunensis	Gomphonchus tauragensis
				E	Mimosphinctes											
				D	Mimagoniatites			Nowakia (N.) barrandei								
402		Polygnathus nothoperbonus	III					Nowakia (Dmitriella) praecursor				annulatus-bellatulus	AB			
				C	Anetoceras			Nowakia (N.) zlichovensis								
404		Polygnathus gronbergi		B	Metabactrites											
		Polygnathus excavatus		A	Bactrites			Guerichina strangulata								
406		Polygnathus kitabicus				Neomonograptus pacificus						polygonalis-emsiensis	PoW			
408	布拉格阶	Polygnathus pireneae	II			Neomonograptus yukonensis		Nowakia (Turkestanella) acuaria acuaria		Bursach. bursa	Psilophyton					
	407.6	Gondwania kindlei				Neomonograptus thomasi				Bulbochitina bulbosa						
410		Gondwania irregularis				Neomonograptus falcarius				Angochitina caeciliae-Ang. comosa	Gosslingia (Zosterophyllym)	breconensis-zavallatus	BZ		Althaspis leachi	
	410.8	Pedavis gilberti						Styliacus bedbouceki Paranowakia intermedia		Urochitina simplex						
412		Masaraella pandora morpho. beta				Neomonograptus hercynicus		Homoctenowakia bohemica								
	洛赫考夫阶	Ancyrodelloides trigonicus						Homoctenowakia senex				micrornatus-newportensis	MN		Lietuvacanthus fossulatus	
414		Lanea eleanorae				Monograptus praehercynicus				Fungochitina lata					Rhinopteraspis crouchi	
		Lanea transitans	I													
		Lanea omoalpha									Zosterophyllum					
416		Caudicriodus postwoschmidti				Monograptus uniformis									Pteraspis rostrata Protopteraspis Phialaspis	Nostolepis minima
418		Caudicriodus hesperius								Eisenackitina bohemica						
	419.2															Kadoporodus timanicus
420	志留系	Delotaxis detorta				Monograptus transgrediens, M. bouceki-perneri Monograptus lochkovensis										

005

图 1.3　泥盆纪国际标准年代地层和生物地层
据 Becker 等（2012）修改

围内广泛分布，以碎屑岩沉积为主，大致相当于德国—比利时的西根阶、北美的迪尔帕克阶和中国的那高岭阶。

1.3 埃姆斯阶

埃姆斯阶（407.6—393.3Ma）与下伏的洛赫考夫阶和布拉格阶构成下泥盆统。埃姆斯阶底界GSSP于1996年获得IUGS批准，界线层型位于乌兹别克斯坦Zinzil'ban峡谷剖面9/5层之底，以牙形类*Polygnathus kitabicus*首现作为界线定义（图1.2）。后期研究发现层型剖面上*P. kitabicus*的出现层位过低，传统意义上的布拉格阶被压缩了近2/3（Carls等，2008），因此埃姆斯阶底界"金钉子"界线位置与界线定义目前正在修订中。国际地层委员会泥盆纪分会（SDS）拟将布拉格阶-埃姆斯阶界线上移至牙形*P. excavatus*首现层位附近，以尽可能地接近传统意义上德国莱茵相区埃姆斯阶底界。其中，牙形类*P. excavatus* ssp. 114的首现是最有可能的新界线定义（Carls等，2008）。埃姆斯阶顶界以牙形类*Polygnathus costatus partitus*的首现为定义。

埃姆斯阶命名最早由Dorlodot（1900）提出，源自Ems-Quarzite，代表莱茵相区下泥盆统上部的一套沉积。由于生物化石以底栖生物为主，如腕足类和三叶虫等，无法进行远距离、高精度的地层对比，埃姆斯阶底界层型最终确立在乌兹别克斯坦的Zinzil'ban峡谷剖面。埃姆斯阶底界GSSP是国际泥盆系分会确立的最后一个"金钉子"，于1996年获得国际地科联批准（图1.2）。埃姆斯期，伴随着全球海平面的快速上升，海洋生物的多样性和丰度都大大增加。远洋浮游相区以牙形类、竹节石和菊石为主，见少量笔石；近岸底栖相区以珊瑚、腕足类、三叶虫和双壳类等为主；近岸碎屑岩相区则常见植物化石、几丁虫和鱼类等化石。其中，牙形类*Polynathus pireneae*→*P. kitabicus*→*P. excavatus*→*P. perbonus*→*P. nothoperbonus*→*P. inversus*→*P. serotinus*演化谱系的识别实现了埃姆斯阶的精细划分。埃姆斯阶还包括9个菊石生物带和8个竹节石生物带。菊石生物带自下而上分别为*Bactrites*带、*Metabactrites*带、*Anetoceras*带、*Mimagoniatites*带、*Mimosphinctes*带、*Rherisites*带、*Latanarcestes* auct.带、*Sellanarcestes*带和*Anarcestes*带；竹节石生物带自下而上分别为*Guerichina stragulata*带、*Nowakia*（*N.*）*zlichovensis*带、*Nowakia*（*Dmitriella*）*praecursor*带、*Nowakia*（*N.*）*barrandei*带、*Nowakia*（*N.*）*elegans*带、*Nowakia*（*N.*）*cancellata*带、*Nowakia*（*N.*）*richleri*带和*Nowakia*（*N.*）*holynensis*带。这些生物带可用作远距离跨区地层对比的依据（图1.3）。

埃姆斯阶记录了一系列全球和区域性的地质和生物演化事件，如Basal Zlíchov、Chebbi、Daleje和郁江事件等。先前繁盛的笔石动物群大量减少，头足动物菊石纲出现并首次辐射，是游泳动物演化史上的重大事件之一。埃姆斯阶大致对应捷克波西米亚地区的Zlichovian和Dalejean阶，以及中国的郁江阶和四排阶。

1.4 艾菲尔阶

艾菲尔阶（393.3—387.7Ma）上覆于下泥盆统埃姆斯阶，下伏于吉维特阶，是中泥盆统的第一个阶。艾菲尔阶的底界，即下-中泥盆统界线，以牙形类*Polygnathus costatus partitus*的首现为标志，顶界以牙形类*Polygnathus hemiansatus*的首现为定义（图1.2）。

艾菲尔阶命名源自德国艾菲尔山，最早由Dumont（1848）提出，用以指代莱茵相区相当于现今埃姆斯阶上部至弗拉阶中部的一套以灰岩为主的地层。后经多次修订，直至1937年，该阶定义才与现今含义基本一致。艾菲尔阶底界GSSP于1984年获得国际地科联批准，位于艾菲尔区Wetteldorf剖面21.25m处，以牙形类*P. c. patulus*→*P. c. partitus*→*P. c. costatus*演化谱系中*P. c. partitus*的首现为定义。在Wetteldorf Richtschnitt剖面，牙形类*Icriodus corniger retrodepressus*首现于*P. c. partitus*带内部。同时，该牙形类分子在比利时、西班牙和英格兰等地也均有报道，是艾菲尔阶底界良好的辅助识别标志。除此之外，捷克布拉格附近的Prastav石场是艾菲尔阶底界的辅助层型剖面，牙形类*P. c. partitus*首现于Trebotov灰岩顶界之下2.8m处。

艾菲尔阶可识别出4个牙形类生物带、6个菊石生物带和4个竹节石生物带。牙形类生物带自下而上分别为*P. c. partitus*带、*P. c.costatus*带、*Tortodus kockelianus kockelianus*带和*Polygnathus ensensis*带；菊石生物带自下而上分别为*Foordites*带、*Pinacites*带、*Subanarcestes*带、*Cabrieroceras*带、*Agoniatites*带和*Holzapfeloceras*带；竹节石生物带自下而上为*Nowakia*（*N.*）*holynensis*带、*Cepanowakia pumilio*带、*Nowakia*（*N.*）*chlupaciana*带和*Nowakia*（*N.*）*otomari*带。这些生物带可用作全球远距离地层对比的依据（图1.3）。艾菲尔阶其他底栖生物化石，如珊瑚和腕足类等的生物地层序列具有重要的区域地层对比意义。艾菲尔阶在全球范围内广泛分布，以碳酸盐岩沉积为主，大致相当于法国的Couvinian阶和中国的应堂阶。

1.5 吉维特阶

吉维特阶（387.7—382.7Ma）上覆于艾菲尔阶，下伏于上泥盆统弗拉阶。底界以牙形类*Polygnathus hemiansatus*的首现为标志，顶界以牙形类*Ancyrodella rotundiloba pristina*的首现为定义。

吉维特阶命名源自法国北部Calcaire de Givet镇，最早由Gosselet（1879）提出，界界的初始定义为腕足类*Stringocephalus burtini*的首次出现。吉维特附近的吉维特阶以碳酸盐岩台地潮坪相和潟湖相旋回沉积为特征，夹少量点礁和生物滩沉积，自下而上由Hanonet组、Trois-Fontaines组、Terres d'Haurs组、Mont d'Haurs组、Fromelennes组和Nismes组的下部组成。由于吉维特阶典型地区以浅水相地层和底栖生物群落为主，吉维特阶底界"金钉子"最终确立在北非摩洛哥浮游相区的Jebel Mech Irdane剖面123层底，于1994年获得国际地科联批准，以牙形类*Polygnathus pseudofoliatus*→*P. hemiansatus*演化谱系中*P. hemiansatus*的首现为标志（图1.2）。这条界线与*Icriodus obliguimarginatus*带的底界可以对比，它与传统的Givet灰岩的底界几乎一致。

吉维特阶可识别出9个牙形类生物带，自下而上分别为*Polygnathus hemiansatus*带、下*P. varcus*带、中*P. varcus*带、上*P. varcus*带、下*Schmidtognathus hermanni*带、上*Sc. hermanni*带、下*Klapperina disparilis*带、上*K. disparilis*带和*P. norrisi*带。此外，还包括10个菊石生物带和4个竹节石生物带（图1.3）。吉维特阶大致相当于中国的东岗岭阶。

1.6 弗拉阶

弗拉阶（382.7—372.2Ma）上覆于中泥盆统吉维特阶，下伏于法门阶，是上泥盆统的第一个阶。弗拉阶底界，即上泥盆统底界，以牙形类*Ancyrodella rotundiloba*早期分子的首现为标志；顶界以牙形类*Palmatolepis triangularis*的大量出现为定义（图1.2）。

弗拉阶命名源自比利时库万附近的Frasnes城镇，最早由Gosselet（1879）提出，其底界对应吉维特群-弗拉群岩性界线，并以腕足类*Spirifer orbelianus*的出现为标志。随着牙形类等泥盆纪重要生物类群的研究进展，Coen（1973）提出弗拉阶应限定在含牙形类*Ancyrodella*的地层中，Frasnes地区牙形类*Ancyrodella*的首现位于弗拉群底界附近。弗拉阶底界GSSP于1987年获得IUGS批准，界线层型位于Montagne Noire东南方Col du Poech de la Suque剖面E的42层底界，以牙形类*Ancyrodella rotundiloba pristina*首现作为界线定义。弗拉阶的底界位于牙形类*Mesotaxis falsiovalis*带的中间，比传统的下*asymmetricus*带略低一些。与此同时，比利时浅水相区的尼姆剖面被选定为弗拉阶底界辅助界线层型。菊石*Probeloceras*和*Petteroceras feisti*的首现层位位于层型剖面界线附近，是弗拉阶底界良好的辅助识别标志。

弗拉阶可识别出11个牙形类生物带、13个菊石生物带及5个浮游介形生物带。牙形类生物带自下而上分别为下*Mesotaxis guanwushanensis*带、中*Mesotaxis guanwushanensis*带、上*Mesotaxis guanwushanensis*带、*Palmatolepis transitans*带、*Pa. punctata*带、下*Pa. hassi*带、上*Pa. hassi*带、*Pa. jamieae*带、下*Pa. rhenana*带、上*Pa. rhenana*带和*Pa. linguiformis*带；菊石生物带自下而上为*Neopharciceras*带、*Koenenites*带、*Timanites*带、*Sandbergeroceras*带、*Probeloceras*带、*Prochorites*带、*Naplesites*带、*Mesobeloceras*带、*Beloceras*带、*Playfordites*带、*Neomanticoceras*带、*Archoceras*带和*Crickites*带。这些生物带在全球范围内可以得到很好的对比（图1.3）。

弗拉期-法门期（F-F）之交发生了显生宙以来五大生物集群灭绝之一的凯勒瓦瑟尔（Kellewasser）事件，导致海洋生物多样性的显著降低、生物群落结构的明显变化和史上最大生物礁生态系统的毁灭（王玉珏等，2020）。该事件具两幕式特征，分别对应下、上凯勒瓦瑟尔事件，与全球气候变化、海平面升降和海洋氧化还原条件异常波动密切相关。下凯勒瓦瑟尔事件发生在牙形类上*Palmatolepis rhenana*带下部，上凯勒瓦瑟尔事件发生在牙形类*Pa. linguiformis*-下*Pa. triangularis*带期间，代表了F-F之交生物大灭绝事件主幕。弗拉阶对应中国的佘田桥阶。

1.7 法门阶

法门阶（372.2—358.9Ma）是国际泥盆系标准年代地层单位最顶部的一个阶，上覆于上泥盆统弗拉阶，下伏于石炭系杜内阶。法门阶底界以牙形类*Palmatolepis triangularis*带的底界为标志，对应显生宙以来五大集群灭绝事件之一的凯勒瓦瑟尔事件。法门阶顶界以牙形类*Siphonodella sulcata*的首现为定义（图1.2），界线之下同样记录着一次显生宙以来最大的集群灭绝事件，即Hangenberg事件。

法门阶命名源自比利时南部Famenne地区，拉丁文原义指贫瘠的土壤，最初由Dumont（1855）提出，用以指代弗拉阶和杜内阶之间一套厚度达600多米的浅水陆棚陆源碎屑沉积。SDS在1988年决定以牙形类*Palmatolepis triangularis*带的底界作为法门阶的底界，在1991年12月的摩洛哥工作会议上，法国Coumiac剖面被SDS接受为层型剖面。法门阶底界GSSP于1993年获得国际地科联批准，位于法国Montagne Noire南部的上库米埃克采石场上凯勒瓦瑟尔层结束之后的32层底部，依据最新的定义，以牙形类*Palmatolepis subperlobata*的首现和*Palmatolepis ultima*的大量出现为标志。弗拉阶-法门阶界线对应F-F生物大灭绝，以牙形类的锚刺类、锚颚刺类和掌鳞刺类部分属种的灭绝为特征，还对应于棱菊石Gephuroceratidae和Beloceratidae、三叶虫Dalmanitidae和Odontopleuridae的灭绝，在全球范围内均可以得到很好的识别。

泥盆系顶界，即泥盆系-石炭系界线GSSP位于法国La Serre剖面89层之底，以牙形类*Siphonodella praesulcata*→*Si. sulcata*演化谱系中*Si. sulcata*的首现为标志。该"金钉子"由国际地科联于1990年正式批准（Paproth等，1991），确立之初还包括两条辅助层型剖面，即德国莱茵地区的Hasselbachtal剖面和我国广西壮族自治区桂林市南边村剖面（图1.4）。

由于F-F之交生物大灭绝事件的影响，法门期底栖宏体生物相对比较匮乏，浅水相区主要以菌藻类等微生物为主，浮游相区菊石类和牙形类比较繁盛。法门阶包括22个牙形类带和27个菊石生物带。国际泥盆系分会于2003年决定将法门阶划分为下、中、上和最上4个亚阶，但是上部3个亚阶的界线定义还未最终确定。法门阶对应中国的锡矿山阶、阳朔阶和邵东阶。

泥盆纪-石炭纪界线之下，发生了显生宙以来最大的集群灭绝事件——Hangenberg事件，晚泥盆世盛行的海神石、镜眼虫、盾皮鱼类及无颌类全部灭亡，牙形类在掌鳞刺类和管刺类演化系列之间出现浅水原颚类生物相。与Hangenberg事件相联系的黑色页岩广泛分布于西欧、北美和中国华南。事件之后，菊石、牙形类、介形类、珊瑚、腕足类、脊椎动物等门类在石炭纪均发生新的辐射。近年的研究表明，La Serre剖面并不是一条符合界线定义的层型剖面，实际上标志分子*Si. sulcata*首现于84层之底，位于一次事件沉积形成的岩性界面附近。与此同时，牙形类*Si. praesulcata*包含大量形态型，Siphonodellids早期分子的系统分类学工作有待进一步加强。国际地层委员会泥盆系-石炭系界线工作小组拟将界线下移，可能的界线层位包括牙形类*Protognathodus kockeli*带底界、石炭纪型生物辐射的开始、Hangenberg事件结束和泥盆纪末海退事件结束等（Qie等，2020）。

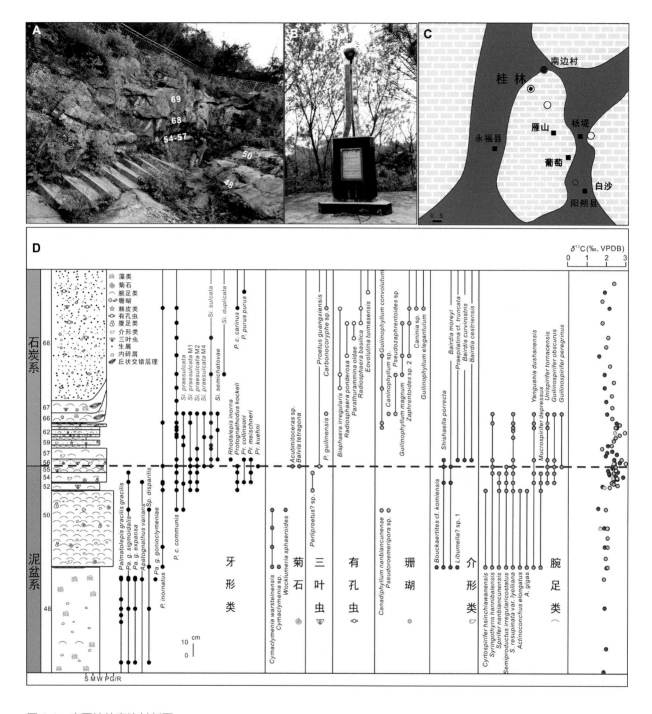

图 1.4　广西桂林南边村剖面

A. 桂林南边村泥盆系 - 石炭系界线剖面；B. 国际泥盆纪 - 石炭纪界线辅助层型纪念碑；C. 泥盆纪 - 石炭纪之交广西桂林地区岩相古地理重建图；D. 南边村泥盆系 - 石炭系界线剖面重要生物化石延限和碳同位素记录。据 Qie 等（2020）修改。缩写 Sp.=Spathognathodus

2 中国泥盆纪年代地层

中国泥盆纪古生物学和地层学研究已有170多年历史，始自19世纪中叶零星的化石描述和地质路线调查。比利时学者de Koninck（1846）首先报道了华南地区的一些腕足类化石，如*Spirifer cheehiel*和*Terebratula yuennamensis*等。20世纪初，中国学者丁文江、王曰伦、乐森璕和田奇瑰等对云南、广西、贵州和湖南等地泥盆系开展大面积的普查工作，并系统采集和鉴定腕足类、珊瑚和棱角石化石。至20世纪30年代，涌现出大量的古生物学和地层学专题性研究，为中国泥盆纪年代地层的划分奠定了基础（冯景兰，1930；Grabau，1931；乐森璕，1938）。田奇瑰（1938）在总结中国南方泥盆系研究成果基础上，依托云南、广西和湖南的几个重点剖面首次进行了统一分类的尝试，划分出下、中和上泥盆纪（统）和11个标准层，自下而上包括龙华山砂岩、四排页岩、吴村页岩、邦寨砂岩、鸡泡灰岩、宋家桥层、鸡窝寨灰岩、龙口冲层、佘田桥灰岩、兔子塘灰岩和马牯脑灰岩（图2.1）。

新中国成立之后，在全国范围内开展了大规模的地质普查和区测，初步认识祁连山、天山、大兴安岭和西藏等不同地层大区的泥盆纪地层与古生物。1959年第一届全国地层会议期间，王钰和俞昌民对新中国成立以来泥盆系研究进行了全面总结，在田氏分类系统的基础上正式提出中国泥盆纪年代地层单位，共建立6个地方性阶，包括下统龙华山阶、"四排阶"或"那高岭阶"，中统郁江阶和东岗岭

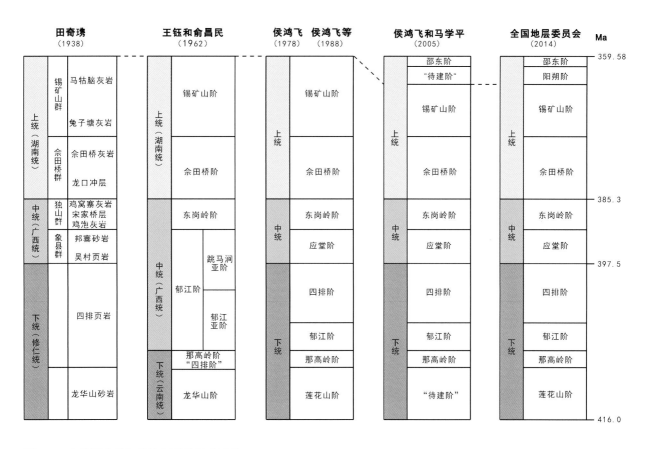

图 2.1　中国泥盆纪年代地层单位划分沿革

阶，上统佘田桥阶和锡矿山阶（王钰和俞昌民，1962）。这一时期主要依据腕足类和珊瑚等底栖生物化石的地层分布作为泥盆纪地层的划分依据。

20世纪70年代开始，随着牙形类、菊石、笔石和竹节石等泥盆纪重要生物类群在我国的不断报道和浮游生物地层序列的初步建立（阮亦萍，1979；白顺良，1982；穆恩之等，1988；阮亦萍和穆道成，1989；王成源，1989），一些关键年代地层界线得以识别，并逐步实现了国内外生物地层的精确对比（王钰等，1981；Yu，1988），以桂林南边村全球泥盆系-石炭系界线辅助层型剖面的正式确立为代表性成果（Paproth等，1991）。依据浮游生物地层的研究进展，王钰等（1974）、侯鸿飞（1978）和侯鸿飞等（1988）对我国的泥盆纪建阶方案进行了修正与补充，下统阶一级单位改称莲花山阶和那高岭阶，将郁江阶划归至下泥盆统、四排阶归为下泥盆统上部，建立应堂阶以对应中泥盆统下部的地层单位，这一划分方案一直沿用至20世纪初（图2.1）。

20世纪90年代至今，国内学者在不断完善泥盆纪生物地层格架的同时，积极开展化学地层、事件地层、旋回地层和放射性同位素年龄研究（Bai等，1994；龚一鸣等，2004；Chen等，2005；Liu等，2012；Chang等，2017），应用多学科手段实现不同地区关键地层的精确对比，研究成果主要集中在关键年代地层界线附近。在此期间，侯鸿飞和马学平（2005）重新定义了邵东阶，用以代表我国法门期最晚期的沉积，以有孔虫*Eoendothyra regularis*的首现作为底界标志，其顶界界线对应泥盆系-石炭系界线，层型剖面最终确定为广西桂林回龙剖面。阳朔阶是全国地层委员会最新建立的一个阶，对应法门阶中上部，以牙形类*Palmatolepis rugosa trachytera*的首现为标志，层型剖面为广西桂林铁山剖面。

2015年，全国地层委员会出版的《中国地层表》（2014）完善了中国泥盆纪年代地层系统，为进一步实现中国泥盆系详细划分与对比及与国际年代地层单位的精确对比奠定了基础（图2.2和图2.3）。中国泥盆系划分为下、中和上统三个统和十个阶，其中下统包括莲花山阶、那高岭阶、郁江阶和四排阶；中统包括应堂阶和东岗岭阶；上统划分为佘田桥阶、锡矿山阶、阳朔阶和邵东阶（图2.3）。

中国泥盆纪地层分布广泛，类型齐全，各门类生物化石丰富，特别是华南及其邻区拥有完整的泥盆纪海相地层，在完善泥盆纪年代地层格架方面拥有巨大潜力。然而需要指出的是，目前我国泥盆系区域年代地层单位研究还存在一些不足之处，主要体现在：①缺少严格的下界定义，强调单位层型而非界线层型，且大多数单位层型由岩石地层单位直接转化而来，有些单位之间不可避免地存在地层重复或间断；②我国的区域年代地层标准建立在华南浅水台地相区，生物分带精度不高，生物地层序列跨区对比性较差；③缺少系统而综合的事件地层、化学地层和绝对年龄研究，单位层型缺少进一步的详细划分。鉴于国际标准年代地层系统已于1985年正式确立，以下两种观点长期并存：许多学者主张直接采用国际统一阶名系统，而弃用中国地方性阶名，以实现地质学家共同语言的广泛应用；而另一部分学者则认为，地方性地层单位系统的建立与国际标准地层单位的使用不应是相互排斥的，而是一个对立、统一的过程，从而体现各国泥盆系研究的重大进展（侯鸿飞等，1988；Liao和Ruan，2003；侯鸿飞和马学平，2005；王成源和彭善池，2017）。中国泥盆纪年代地层单位的层型剖面均位于研究程度较高的华南浅水相区，以富含腕足类、珊瑚、层孔虫、双壳、鱼类和植物化石为特征（图2.2和图2.4）。

国际年代地层单位						中国年代地层单位		
统	阶	亚阶	界线定义	GSSP位置和界线	IUGS批准时间	阶	单位层型定义	参考剖面
上统	杜内阶		*Si. sulcata*首现(C)	法国La Serre E剖面89层底界	1990	杜内阶		
	法门阶		*Pr. kockli*首现?	法国Coumiac石场剖面32a层底界	1993	邵东阶	*Eoendothyra regularis*首现(F)	广西桂林回龙剖面
						阳朔阶	*Palmatolepis r. trachytera*首现(C)	广西桂林铁山剖面
						锡矿山阶	*Cyrtiopsis-Yunnanella-Sinospirifer*(B)	湖南冷水江锡矿山剖面
			Pa. triangularis 首现(C)				F-F生物大灭绝事件	
	弗拉阶			法国Montage Noire Col du Poech de La Suque E剖面42层底界	1987	佘田桥阶	*Cyrtospirifer-Manticoceras*动物群	湖南邵东佘田桥剖面
			An. r. pristina 首现(C)					
中统	吉维特阶		*P. hemiansatus*首现(C)	摩洛哥Jebel Mech Irdane剖面123层底界	1994	东岗岭阶	*Sunophyllum-Endophyllum-Truncaninulum*(Cor) *Nowakia otomari*(T)	广西象州马鞍山剖面
	艾菲尔阶		*P. c. partitus*首现(C)	德国艾菲尔山Wetteldorf剖面21.25m处，WP30底界	1985	应堂阶	*Xenospirifer fongi-Eospiriferina lachrymosa-Yingtangella sulcatilis*(B) *Utaratuia sinensis*(Cor)	广西象州大乐剖面
下统	埃姆斯阶			乌兹别克斯坦Zinzil'ban峡谷9/5层底界	1996	四排阶		广西武宣二塘～象州大乐剖面
			P. excavatus 114首现? *P. kitabicus*首现(C)				原始菊石类*Erbenoceras*等出现 (A)	
						郁江阶	*Rostrospirifer tonkinensis-Dicoelostrophia*(B)	广西横县六景剖面
	布拉格阶		*E. s. sulcatus*首现(C)	捷克Velká Chuchle石场剖面12层底界	1989	那高岭阶	*Orientospirifer nakaolingensis*(B)	广西横县六景剖面
	洛赫考夫阶		*U. uniformis*首现(G)	捷克布拉格Klonk剖面20层	1972	莲花山阶	*Zosterophyllum-Uncatoella verticillata*(P) *Polybranchiaspis-Yunnanolepis*(Fi) *Parathelodus scitulus*、*P. trilobutus*、*P. cornuformis*首现(V)	云南曲靖西山村剖面

图 2.2　国际与中国泥盆纪年代地层单位对比表（侯鸿飞，2011；郄文昆等，2019）

2.1　莲花山阶

　　莲花山阶最早由王钰和俞昌民于1959年建立，侯鸿飞（1978）建议以广西六景剖面为其层型剖面。现今莲花山阶典型剖面（云南曲靖西山村剖面）位于云南曲靖以西6km的西山村至潇湘水库，沿水库大坝前的北北西向沟谷内，自下而上包括西山村组和西屯组。西山村组由中厚层致密石英砂岩夹黑色、黄绿色泥质粉砂岩和页岩组成，西屯组以灰绿色、紫红色的薄—中层钙质泥岩、粉砂质泥岩夹少量泥质灰岩、红色泥岩为特征，常见无颌类头甲鱼纲、胴甲类、微体脊椎、植物和孢粉化石。莲花山阶定义为脊椎动物*Parathelodus scitulus*、*P. trilobutus*、*P. cornuformis*的首现及总鳍鱼类*Polybranchiaspis-Yunnanolepis*和植物*Zosterophyllum-Uncatoella verticillata*组合的发育及富集。由于沉积类型及化石组合的明显差异，莲花山阶无法与国际年代地层洛赫考夫阶进行直接对比，依据有机碳同位素记录、脊椎动物化石群和华南地区地层序列，莲花山阶大致对应洛赫考夫阶及布拉格阶底部。

年代地层			中国北方			中国南方			青藏高原	
统	阶	地方阶	岩石地层	生物地层		岩石地层	生物地层		岩石地层	生物地层
	杜内阶	杜内阶								
上统	法门阶	邵东阶	上大民山组 / 洪古勒楞组	腕足类 Paleospirifer sinicus-Centrorhynchus turanica 组合带	珊瑚 Nalivkinella daminshanensis; 菊石 Cheiloceras subpartitum, Platyclymenia walcotti	融县组 / 五指山组	有孔虫 Q. regularis-Q.dentata 珊瑚 Cystophrentis-P. kinglingensis组合带; 有孔虫 Quasiedothyra communis-Q. bella带; 腕足类 Nayunnella-Sinospirifer组合带, Yunnanella-Cyrtiopsis组合带	Si. praesulcata; Pa. expansa; Pa. p. postera; Pa.r. trachytera; Pa. marginifera; Pa. rhomboidea; Pa. crepida; Pa. triangularis	查果罗玛组 / 亚里组	牙形类 Si. praesulcata; 牙形类 Pa. triangularis
		阳朔阶								
		锡矿山阶								
	弗拉阶	余田桥阶	朱鲁木特组 / 大河里河组	古植物 Lepidodendropsis sp., Cyclostigma hiltorkense, Sublepido.sp., Leptophloeum rhombicum	腕足类 Cyrtospirifer sp., Spinatrypa sp., Tridensilis sp.	谷闭组 / 榴江组	腕足类 Cyrtospirifer-Tenticospirifer组合带; 珊瑚 Sinodisphyllum variabile-Hunanophrentis uniforme 组合带, Psendozaphrentis carvatum, Disphyllum; 菊石 Probeloceras applatanatum	Pa. linguiformis; Pa. rhenana; Pa. jamieae; Pa. hassi; Pa. punctata; Pa. transitans; Pa. falsiovalis	大赛门组 / 波曲组	Pa. linguiformis; Pa. rhenana; Pa. jamieae; 腕足类 Tenticospirifer sp.; 珊瑚 Disphyllum sp.; 菊石 Manticoceras sp.; 牙形类 P. l. linguiformis
中统	吉维特阶	东岗岭阶	根里河组 / 呼吉尔斯特组	古植物 Protolepido. scharyanum, Lepidodendropsis theodi, Asmussia cf. vugaris, Ulugkemis minusensis	腕足类 Mucrospirifer mucronatus-Khinganospirifer paradoxiformis 组合带	东岗岭组 / 罗富组	腕足类 Leiorhynchus kwangsiensis 组合带, Temnophyllum waltheri-Dentrostella trigemme, Stringocephalus组合带; 珊瑚 Kwangsia. elegans组合带; 竹节石 N. otomari	K. disparilis; Sc. hermanni; P. varcus; P. hemiansatus	何元寨组	腕足类 Gypidula-Isothis (T.) transversa-Py. paoshanensis 组合带; 腕足类 Devon. minuta-Ker. viata组合带; 牙形类 P.varcus
	艾菲尔阶	应堂阶	依克乌苏组 / 德安组	腕足类 Kayseria lens-Reticulariopsis cf. eifeliensis 组合带	腕足类 Borealispirifer orientalis	长村组 / 古车组 / 古邦组 / 大乐组 / 官桥组 / 莫丁组 / 塘丁组	腕足类 Acrospirifer houershanensis组合带; 腕足类 Xenospirifer fongi-Eospiriferina 组合带; 腕足类 Euryspirifer shujiapingensis, Otospirifer shipaiensis, Trigonospirifer trigonata	P. ensensis; T. k. kockelianus; T. k. australis; P. c. costatus; P. c. partitus; P. c. patulus; P. serotinus; P. inversus	马鹿塘组 / 西边塘组	腕足类 Eo. eifeliensis-Bi. lepida组合带 Strophochonetes 富集带 (上部); 牙形类 P. c. costatus; P. c. partitus; P. c. patulus; 腕足类 Strophochonetes 富集带 (下部)
下统	埃姆斯阶	四排阶	芒克鲁组 / 霍龙门组	腕足类 Gladiorophia kondoi, Coelospira dongbeiensis, Paraspirifer aff. gurjevskiensis, Howellella amurensis	腕足类 Rhytistrophia-Paraspirifer 组合带	益兰组 / 郁江组	菊石 Erbenoceras elegantulum 竹节石 Nowakia barrandei; 腕足类 Rostrospirifer-Dicelostrophia组合带 珊瑚 Heterophrentis-Xystriphilloides组合带	Polygnathus nothoperbonus; P. dehiscens	沙坝脚组 / 凉泉组	牙形类 P. perbonus; P. dehiscens; 菊石 E. elegantulum; 竹节石 Sog. xizangensis; Sog. paracuaria
		郁江阶								
	布拉格阶	那高岭阶	金水组 / 曼格尔组	三叶虫 Odontochile sinensis, Calymenia sp.	腕足类 Coelospira orientalis, Leptaenopyxis bouei, Leptostriophia nonokai	那高岭组 / 丹林组	腕足类 Orientospirifer nakaolingensis; 牙形类 Eognathodus juliae		王家村组	笔石 U. yukonensis; 竹节石 Nowakia acuaria; 牙形类 E. sulcatus; 笔石 Ne. himalayensis; 竹节石 Nowakia acuaria
	洛赫考夫阶	莲花阶	达气组 / 泥鳅河组 / 二道沟组		腕足类 Leptocoelia sinica, Coelospira bohemica, Septaparmella dongbeiensis	莲花山组 / 西屯组	鱼类 Galeaspis sp., Asiaspis expansa, Asiacanthus suni, A. kaoi, Yunnanolepis sp., Lianhuashan. liujingensis, Oriento. neokwangsiensis		向阳寺组	海百合 C. cf. subornatus; 笔石 U. cf. angustidens; 牙形类 I. w. woschmidti; 笔石 M. uniformis; 竹节石 Para. bohemica; 牙形类 I. w. woschmidti
	志留系									

图 2.3　中国泥盆纪生物 - 年代地层表

据中国地层表（2014）。缩写 Sublepido.=Sublepidodendropsis，Q.=Quasiendothyra，Kwangsia.=Kwangsiastraea，Py.=Pyramidalia，Devon.=Devonaria，Ker.=Kerpina，Eo.=Eoreticulariopsis，Bi.=Bifida，C.=Camarocrinus，Sog.=Sogdina，Para.=Paranowakia，I. w.=Icriodus woschmidti

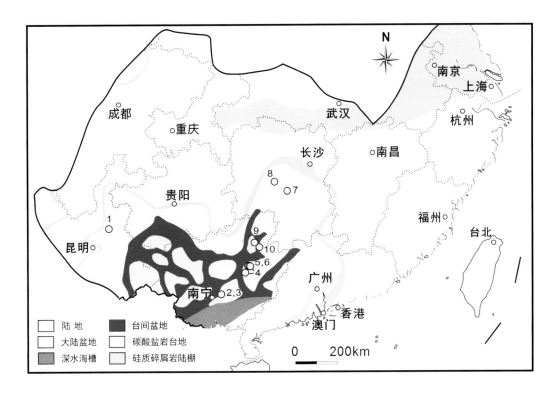

图 2.4　华南泥盆纪古地理重建和泥盆纪年代地层层型剖面位置图
1. 云南曲靖西山村剖面；2-3. 广西横县六景剖面；4. 广西武宣二塘—象州大乐剖面；5. 广西
象州大乐剖面；6. 广西象州马鞍山剖面；7. 湖南邵东会田桥剖面；8. 湖南冷水江锡矿山剖面；
9. 广西桂林铁山剖面；10. 广西桂林回龙剖面

2.2　那高岭阶

那高岭阶的典型剖面位于广西横县六景火车站以北、霞义岭山南坡（GPS坐标：22°53′3.76″N，
108°52′58.21″E），以腕足类*Orientospirifer nakaolingensis*的首现及富集为定义。该阶最早由王钰和俞
昌民于1959年建立，侯鸿飞（1978）指定广西六景剖面为其层型剖面，代表华南地区泥盆纪最早的
海相层位。不同研究者对那高岭组的认识存在一定差异，那高岭组原称那高岭页岩，原始定义仅包含
页岩沉积，上覆为郁江组底部的砂岩夹少量页岩（王钰，1956），即后来命名的霞义岭段（王钰等，
1964）。侯鸿飞和鲜思远（1975）将霞义岭段下移至那高岭组，自下而上将那高岭组划分为高岭段、
蚂蟥岭段和霞义岭段。本书遵循那高岭组原始定义，仅包括高岭段和蚂蟥岭段。

六景剖面高岭段化石最为丰富，以腕足类的小型石燕贝*Orientospirifer*动物群为主要特征，化石
沿层面堆积，属于高丰度、中等分异度群落。主要腕足类化石分子有*Orientospirifer nakaolingensis*、
O. wangi、*Aseptalium guangxiense*、*Kwangsirhynchus liujingensis*、*Corvinopugnax* sp.、*Chonetes*等；牙
形类以*Gondwania kindlei*最丰富，在高岭段灰岩透镜体中，可见*Eognathodus kuangi*、*E. nagaolingensis*
和*Polygnathus trilinearis*等；珊瑚包括*Calcidophyllum naksolingensis*和*Eoglossophyllum minor*。此外，局
部可发现较多的几丁虫和孢粉化石，其中孢子自下而上可建立三个组合带：*Leiotriletes-Punctatisporites*

组合带、*Retusotriletes-Acanthotriletis-Stenozontriletis*组合带、*Veryhachium-Micrhystridium-Cymatisphaera*组合带。

2.3 郁江阶

郁江阶由王钰和俞昌民于1959年建立，当时未指定层型剖面，现典型剖面位于广西横县六景火车站以西低丘处（GPS坐标：22°52′47.53″N，108°52′54.66″E），自下而上包括霞义岭段、石洲段、大联村段和六景段。霞义岭段主要为浅灰色中—薄层石英砂岩、粉砂岩和泥质粉砂岩，含腕足类及植物化石碎片，厚48m左右；石洲段则以钙质泥岩为主，夹泥质灰岩透镜体及少量含泥石英细砂岩，厚约100m，化石含量丰富、分异度极高，由于腕足动物最为发育，称为"东京石燕（*Rostrospirifer tonkinensis*）动物群"；大联村段为一段厚约12m的黑灰色中—厚层生物碎屑灰岩夹瘤状泥质灰岩，化石较少，动物群类型在底界附近发生明显变化；六景段以含丰富化石的泥晶生屑灰岩为特征，底部为一层泥岩，厚约45m。

郁江组的腕足动物可划分为两个组合带：霞义岭段与石洲段的*Dicoelostrophia crenata-Atrypa variabilis*组合带，大联村段和六景段的*Eosophragmophora sinensis-Parathyrisina tangnae*组合带（王钰和戎嘉余，1986）。四射珊瑚可划分出两个组合带：下部石洲段*Xystriphylloides-Heterophaulactis*组合和上部六景段*Siphonophrentis-Stereolasma*组合。此外，还可见大量的双壳类*Actinopteria*、*Caneyella?*、*Grammysioidea*、*Nuculoidea*、*Phestioidea*、*Pseudonuculana*和*Schizodu*等，三叶虫*Lobopyge* sp.、*Lacunoporaspis* sp.、*Dinolichio dracula*、*Acanthopyge* sp.、"*Basidechenella*" *liujingensis*、*Proetus* sp.、*Schigoproetoides* sp.、*Gravicalymene* sp.和*Phacops* sp.等（Yu等，2018）。郁江组腕足类*Rostrospirifer*动物群与德国*Arduspirifer*动物群的辐射极为相似，被认为是平行演化，是识别埃姆斯阶底界的重要参考（侯鸿飞，2011）。Lu等（2019）首次在该层型剖面东边1.8km处的石洲段中发现了牙形类*P. kitabicus*，标志着埃姆斯阶底界位于郁江阶的中部，郁江阶对应牙形类*P. pireneae*带至*P. nothoperbonus*带，相当于布拉格阶上部—埃姆斯阶下部。

2.4 四排阶

四排阶由王钰和俞昌民于1959年建立，含义已发生明显变化，现在层型剖面包括广西武宣二塘剖面和象州大乐剖面，以菊石*Erbenoceras*出现为标志，牙形类*Polygnathus nothoperbonus*类群发育。二塘剖面自下而上包括上伦白云岩、二塘组和官桥（=侣塘）白云岩，相当于四排阶下部。其中，上伦白云岩厚100多米，为厚层不等粒白云岩，夹燧石团块。二塘组分上、下段，其中下段下部灰岩较多，与泥岩互层，而上部则以深灰色泥页岩为主，夹薄层灰岩、泥灰岩，厚231m；上段以深灰色泥灰岩、钙质泥岩及瘤状灰岩为主，底部见含燧石结核的白云质灰岩，厚211m。二塘剖面官桥白云岩厚达452m，中—厚层，细粒至不等粒结构。

除上、下白云岩不含特征化石外，二塘组含较丰富的珊瑚、腕足类、双壳和介形类，生物类型丰富，局部发育珊瑚生物层。四射珊瑚以*Lyrielasma-Xiangzhouphyllum*组合带为代表，主要包括*Lyrielasma guangxiense crassum*、*L. g. gracile*、*Xiangzhouphyllum minor*、*Pseudomicroplasma* sp.、*Zonophyllum* sp.和*Tryplasma* sp.等；腕足动物包括*Howellella fecunda-Reticulariopsis ertangensis*组合带；二塘组上段见牙形类"*Ozarkodina*" *wuxuanensis*、*Polygnathus perbonus*、*P. nothoperbonus*和*P. praeinversus*，可对比埃姆斯阶牙形类*P. nothoperbonus*带上部（侯鸿飞，2011）。

象州大乐剖面大乐组为深灰色生屑灰岩、介壳灰岩夹瘤状灰岩和白云质灰岩，底部和上部含泥质较多。下部通常由砂屑生屑灰岩-疙瘩状泥晶灰岩-泥岩组成旋回，中上部则由砂屑生屑灰岩-珊瑚层孔虫礁灰岩-鸟眼灰岩组成旋回，总厚约460m。大乐组的腕足类动物群自下而上可划分出3个组合带，分别为*Trigonospirifer trigonata*组合带、*Otospirifer shipaiensis*组合带和*Euryspirifer shujiapingensis*组合带；四射珊瑚包括中部的*Trapezophyllum*组合带和上部*Psydrocophyllum-Leptoinophyllum*组合带。大乐组中发育少量牙形类*P. serotinus*幼年期标本和*P. inversus*，表明其对应埃姆斯阶上部。

2.5 应堂阶

应堂阶由侯鸿飞于1978年建立，典型剖面位于广西象州大乐以西，象州至桐木公路西侧（GPS坐标：24°5′15.66″N，109°57′32.78″E）。象州大乐剖面应堂阶自下而上包括应堂组古琶段、古车段和长村段。其中，古琶段主要为土黄色泥岩、钙质页岩，偶夹灰岩透镜体，富含腕足类，厚85.7m；古车段以灰色中—厚层灰岩、含白云质灰岩和泥质生屑灰岩为主，夹钙质泥岩和燧石团块，厚约170m；长村段由一套白云质灰岩、含泥质灰岩、土黄色页岩、粉砂岩组成。应堂阶腕足类动物群可划分为*Athyrisina-Yingtangella-Xenospirifer*组合带；珊瑚*Utaratuia-Breviseptophyllum*组合带常见*Cylindrophyllum agglomeratum*、*Phacellophyllum daleense*、*Calceola sandalina*、*Microplasma devonica*、*Dendrostelloides*和*Austrolophyllum*等分子；三叶虫可见*Schizoptoetus maloungkaensis*、*Gravicalymene* sp.、*Dechenella* sp.、*Camsella* sp.和*Scutellun* sp.等。此外，还可见苔藓虫、介形类、腕足类化石和少量节甲类鱼化石碎片，以及腹足类和双壳类等化石，局部富集轮藻化石。由于在浅水台地相区缺乏标准牙形类分子，而底栖生物化石又多为地方性属种，因此很难与国际年代地层单位进行精细对比，大致相当于艾菲尔阶。

2.6 东岗岭阶

东岗岭阶最早亦由王钰和俞昌民于1959年建立，层型剖面现位于广西象州大乐至罗秀公路南侧军田村附近马鞍山（GPS坐标：24°2′27.11″N，109°57′8.77″E）。该阶以腕足类*Stringocephalus-Acrothyris kwangsiensis-Emanuella takwanensis*组合、珊瑚*Sunophyllum-Endophyllum-Truncicaninulum*的发育和竹节石*Nowakia otomari*的首现为定义。象州马鞍山东岗岭阶剖面自下而上包括东岗岭组和巴漆组。东岗岭组以灰—深灰色中层灰岩、泥灰岩和泥岩为特征，局部夹白云质灰岩，厚达200m。巴漆组可分为3段：下段由深灰色中薄层球粒灰岩、泥晶灰岩组成，夹薄层竹节石泥晶灰岩，厚13.2m；中段为含竹节石灰岩和泥质硅质岩互层，厚23.9m；上段为生物碎屑灰岩、砾屑灰岩，厚8.27m。象州马鞍山剖面东岗岭组和巴漆组化石均极为丰富，以腕足类*Stringocephalus*的发育为特征，数量丰富，分异度高，一直延续至巴漆组*Klapperina disparilis*带。东岗岭组上部*Emanuella takwanensis*类群占优势，而巴漆组则以*Leiorhynchus*组合为主。四射珊瑚以*Temnophyllum*、*Endophyllum*、*Sunophyllum*和*Stringophyllum*最丰富，可识别出*Endophyllum-Sunophyllum*组合带。东岗岭阶以鸭头贝化石的发育为特征，其上部的巴漆组代表较深水相沉积，富含竹节石和牙形类，可对比至吉维特阶*Polygnathus varcus*带至*Klapperina disparilis*带。

2.7 佘田桥阶

佘田桥阶命名剖面位于湖南邵东县佘田桥镇东北约5km处（GPS坐标：27°8′39.48″N，112°1′24.37″E），代表了晚泥盆世早期以含*Cyrtospirifer*、*Manticoceras*动物群为特征的年代地层单位。佘田桥阶被田奇瑰（1938）称为佘田桥系，由王钰和俞昌民于1959年正式建立为中国泥盆纪年代地层单位。马学平等（2004）对命名剖面的地层、沉积和生物群开展详细研究，将该阶下界划在含竹节石*Homoctenus tenuicinctus*、*H. krestovnikovi* Lyashenko的"榴江组"硅质岩之下。

佘田桥剖面自下而上发育蒸水河组和老江冲组。其中，蒸水河组下段为灰黑色钙质页岩或泥岩，含竹节石、介形类、双壳类和腕足类，厚158.75m；上段为泥质粉砂岩、泥质灰岩和似瘤状灰岩，含较多介形虫，局部见菊石和牙形类，厚达406m。老江冲组以泥岩、页岩为主，夹泥质灰岩，顶部灰岩逐渐增加，厚275.5m。佘田桥剖面产牙形类*Palmatolepis hassi*、*Pa. cf. semichatovae*，菊石*Manticoceras* sp.，珊瑚*Phillipsaraea*、*Mictophyllum*、*Pseudozaphrentis*、*Sinodisphyllum*、*Hunanophrentis*，腕足类*Desquamatia*、*Spinatrypa*、*Spinatrypina*、*Cyrtospirifer*、*Tenticospirifer*、*Hunanotoechia*、*Hypothyridina*等。根据牙形类动物群特征，佘田桥阶大部相当于弗拉阶*Palmatolepis hassi-Pa. rhenana*带，但其下、上部的时代尚未得到精确划分。

2.8 锡矿山阶

锡矿山阶由王钰和俞昌民于1959年建立，典型剖面位于湖南冷水江锡矿山南矿至老江冲的小路旁（GPS坐标：27°46′11.75″N，111°30′25.67″E），其底界以F-F生物大灭绝事件为定义，并以腕足类*Cyrtiopsis-Yunnanella-Sinospirifer*组合出现和大量富集为特征。锡矿山剖面自下而上包括长龙界组和锡矿山组（兔子塘段、泥塘里段和马牯脑段）。长龙界组以泥岩夹薄—中薄层灰岩、灰岩透镜体为特征；兔子塘段以中、厚层生物碎屑灰岩为主，夹少量页岩，厚约33m；泥塘里段主要为黄绿色页岩夹泥灰岩，见1~2层紫红色鲕状赤铁矿，一般厚15m；马牯脑段以瘤状灰岩、生屑灰岩为主，中部见含钙质砂岩，发育较多腕足类化石，厚约154m。锡矿山剖面生物化石以腕足类*Yunnanella-Nayunnella*组合最具代表性，可划分为两个组合，下部为*Yunnanella-Cyrtiopsis*组合，上部则为*Nayunnella-Sinospirifer*组合。长龙界组薄层灰岩中含牙形类*Palmatolepis triangularis*、*Pa. delicatula delicatula*、*Pa. crepida*和*Pa. subrecta*；兔子塘段上部至马牯脑段中部含*Pa. crepida*、*Pa. rhomboidea*、*Pa. pararhomboidea*、*Polygnathus semicostatus*；马牯脑段中部出现*Pa. marginifera*。根据F-F生物大灭绝事件层位和已发现的牙形类分子，锡矿山阶可对比泥盆系法门阶下—中部。

2.9　阳朔阶

阳朔阶最早由殷保安（2008）提出，用以指代我国传统的锡矿山阶和邵东阶之间的一套沉积，典型剖面位于广西桂林东南约10km的铁山采石场（GPS坐标：25°12′40.46″N，110°22′25.88″E），并以牙形类*Palmatolepis rugosa trachytera*的首次出现为底界标志。广西桂林铁山剖面由浅水台地相融县组组成，以浅灰、灰白色中—厚层砂屑灰岩和鲕粒灰岩发育为特征，厚约150m。铁山剖面宏体化石稀少，主要可见牙形类和有孔虫化石，自下而上可识别出4个牙形类带，包括*Palmatolepis rugosa trachytera*带、*Pa. perlobata postera*带、下*Pa. gracilis expansa*带和中*Pa. gracilis expansa*带，大致相当于法门阶中上部。碎屑岩相区，大致对应植物*Hamatophyton verticillatum-Lepidodendropsis hirmeri*组合和孢子*Retizonomonletes hunanensis*带。

2.10　邵东阶

邵东阶典型剖面为广西桂林东南约50km的回龙剖面（GPS坐标：25°0′19.54″N，110°31′8.81″E），位于漓江东岸桂林至兴坪公路边，以有孔虫*Quasiendothyra regularis*的首次出现为底界标志，并以四射珊瑚*Cystophrentis kolaohoensis*的出现和富集为特征。邵东阶由杨式溥等（1980）命名，最初代表我国石炭系最早的一个年代地层单位。随着国际泥盆-石炭系界线定义的确定，侯鸿飞重新研究定义了该阶，并选择回龙剖面作为层型剖面。回龙剖面以额头村组灰—深灰色中—厚层粒泥及泥粒灰岩发育为特征，厚约180m。有孔虫自下而上包括*Quasiendothyra regularis*带和*Q. kobeitusana*带；四射珊瑚包括两个带，下部为*Eocaninophyllum shaodongense*带，上部为*Cystophrentis kolaohoensis*带；层孔虫主要包括*Platiferostroma*、*Stylostroma*和*Gerronostroma*等。根据有孔虫序列，对比至法门阶中*Pa. g. expansa*带至中*Si. praesulcata*带。

3 中国泥盆纪地层区划及综合地层对比

中国的泥盆系分布广泛，发育齐全，沉积类型多样，生物化石丰富，是研究全球泥盆纪地质历史演化的重要地区。泥盆纪时中国由不同的古板块和微板块组成，分布于南半球和北半球不同古地理位置，主要受控于西泛大洋构造域、索伦克尔洋构造域和古特提斯洋构造域的影响（图3.1和图3.2）。由于志留纪末加里东造山运动，中国大部分板块因碰撞隆升为古陆，自早泥盆世开始广泛发育海相沉积，广泛发育陆表海、被动陆缘、边缘海、裂谷、洋盆、活动陆缘、岩浆弧、弧前盆地、弧后盆地、弧间盆地、残余海盆、前陆盆地等沉积盆地类型（表3.1）。同时，中国泥盆系蕴藏着丰富的沉积矿产资源，对国民经济发展具有非常重要的意义。

3.1 中国的泥盆系

根据板块古地理格局、沉积盆地大地构造性质和古生物组合特征，中国泥盆系可划分为9个地层区，包括阿尔泰—兴安地层区（Ⅰ）、准噶尔地层区（Ⅱ）、塔里木地层区（Ⅲ）、华北地层区（Ⅳ）、祁连山—昆仑地层区（Ⅴ）、秦岭地层区（Ⅵ）、羌塘—三江地层区（Ⅶ）、华南地层区（Ⅷ）和喜马拉雅—滇西地层区（Ⅸ）（图3.1和图3.2；表3.1）。

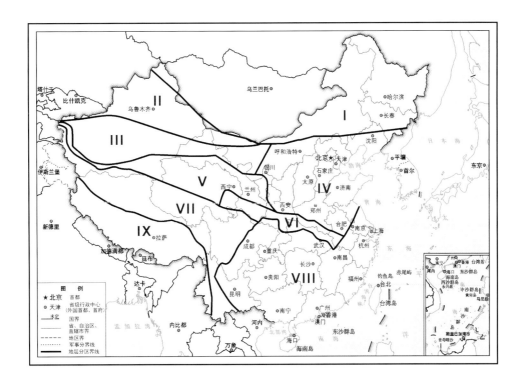

图 3.1 中国泥盆系构造及地层分区
Ⅰ.阿尔泰—兴安地层区；Ⅱ.准噶尔地层区；Ⅲ.塔里木地层区；Ⅳ.华北地层区；Ⅴ.祁连山—昆仑地层区；Ⅵ.秦岭地层区；Ⅶ.羌塘—三江地层区；Ⅷ.华南地层区；Ⅸ.喜马拉雅—滇西地层区

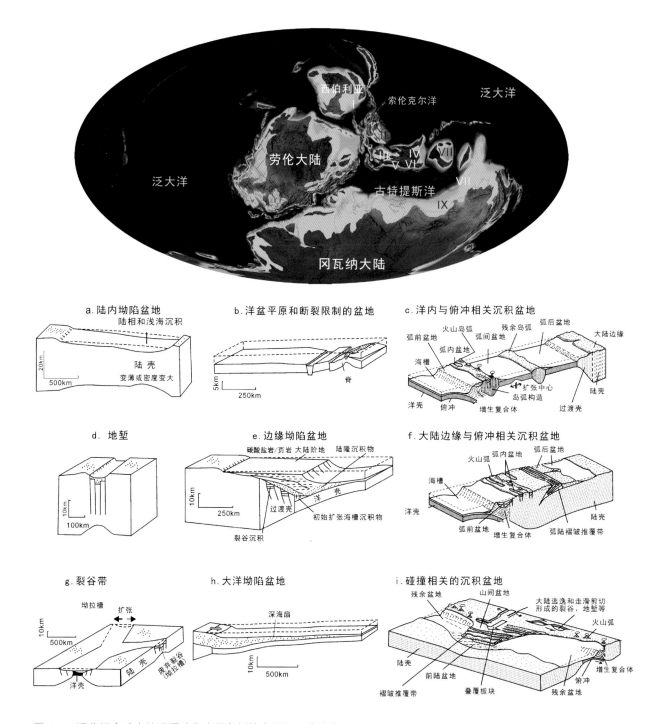

图 3.2　泥盆纪全球古地理重建和中国各板块主要沉积盆地类型

Ⅰ.阿尔泰—兴安地层区；Ⅱ.准噶尔地层区；Ⅲ.塔里木地层区；Ⅳ.华北地层区；Ⅴ.祁连山—昆仑地层区；Ⅵ.秦岭地层区；Ⅶ.羌塘—三江地层区；Ⅷ.华南地层区；Ⅸ.喜马拉雅—滇西地层区。全球古地理重建据 Blakey，http://jan.ucc.nau.edu/~rcb7/ 修改，沉积盆地类型据 Einsele（1992）修改

表3.1 中国泥盆纪地层区划及沉积大地构造相（盆地类型）划分表

一级单元	二级单元	大地构造相	亚相
Ⅰ 阿尔泰—兴安	Ⅰ1 阿尔泰	活动陆缘、岩浆弧、弧前盆地	弧背盆地、弧前主带
	Ⅰ2 额尔齐斯	俯冲增生楔	蛇绿混杂岩带
	Ⅰ3 索伦山—西拉木伦	弧前盆地、岩浆弧	弧前斜坡和高地、弧背盆地
	Ⅰ4 包尔汉图	岩浆弧	弧背盆地
	Ⅰ5 大兴安岭	岩浆弧、弧后盆地	弧背盆地、弧后陆棚
	Ⅰ6 小兴安岭	弧间盆地、弧后盆地	弧后陆坡
	Ⅰ7 佳木斯	被动陆缘、活动陆缘	
Ⅱ 准噶尔	Ⅱ1 东西准噶尔	岩浆弧、弧间盆地	弧背盆地、弧间盆地
	Ⅱ2 准噶尔盆地—吐哈	岩浆弧、弧后盆地	弧背盆地、弧内裂陷、弧后陆坡
	Ⅱ3 伊宁—中天山	岩浆弧、裂谷	弧背盆地、弧内裂陷、陆内裂谷
	Ⅱ4 北山	岩浆弧	弧背盆地
Ⅲ 塔里木	Ⅲ1 那拉提—南天山	弧前盆地、弧后盆地	弧后陆坡、弧后陆棚等
	Ⅲ2 塔里木	陆表海、被动陆缘台地	碎屑陆表海、混积台地
	Ⅲ3 敦煌	裂谷	陆内裂谷
	Ⅲ4 阿拉善	陆内坳陷	
Ⅳ 华北	华北	克拉通	古陆
Ⅴ 祁连山—昆仑	Ⅴ1 西昆仑—北祁连	陆内坳陷、裂谷	陆内裂谷等
	Ⅴ2 宗务隆山—柴北缘	陆内坳陷、裂谷	陆内裂谷等
	Ⅴ3 东昆仑—南昆仑	被动陆缘、洋盆	陆缘裂陷等
Ⅵ 秦岭	宽坪—佛子岭	洋盆	海山
	秦岭	岩浆弧、洋盆、被动陆缘台地	弧后陆棚、台盆、台地等
	武当—随州	被动陆缘	混积台地
Ⅶ 羌塘—三江	甜水海	被动陆缘	混积台地
	巴颜喀拉	被动陆缘	被动陆缘斜坡
	西金乌兰—哀牢山	洋盆、俯冲增生楔	混杂岩带等
	北羌塘—兰坪—思茅	边缘海、弧-海山增生带	
	乌兰乌拉—澜沧江	边缘海、弧后盆地	碳酸盐岩台地等
	甘孜—理塘	岩浆弧	弧背盆地
	中咱—中甸	边缘海	碳酸盐岩台地、混积台地
	龙木错—双湖	洋盆	
Ⅷ 华南	上扬子	被动大陆边缘海	边缘海
	下扬子	陆表海	
	钦防	残余海盆	
	华夏	陆表海、陆内坳陷	

续表

一级单元	二级单元	大地构造相	亚相
IX 喜马拉雅—滇西	班公湖—怒江	多岛洋盆、边缘海	混积浅海、碎屑岩半深海
	冈底斯—察隅	被动陆缘	碳酸盐岩台地、混积台地
	雅鲁藏布江	边缘海	混积浅海
	喜马拉雅	陆表海、被动陆缘	混积陆表海、混积台地等
	保山	被动陆缘边缘海	碳酸盐岩台地、混积台地

据张克信（2015）修改

3.1.1 阿尔泰—兴安地层区

阿尔泰—兴安地层区位于中国北方，额尔齐斯—西拉木伦对接带以北，包括阿尔泰、内蒙古东部及东北大部（图3.1）。阿尔泰—兴安地层区地处西伯利亚板块南缘，隶属于活动陆缘和被动陆缘，主要发育陆相碎屑岩、浅海陆源碎屑岩、碳酸盐岩，半深海复理石和火山沉积建造，厚度巨大，岩性变化强烈。阿尔泰—兴安地层区生物古地理区系属于北方大区，生物群落组合类型与西伯利亚和哈萨克斯坦相近，生物化石以底栖生物为主，浮游生物较少，生物地层序列研究程度较低（图3.3）。

泥盆纪时，阿尔泰一带主体为弧背盆地，沉积了康布铁堡组（D_1k）、阿勒泰组（D_2a）、忙代恰群（$D_{2-3}m$）和库马苏群（D_3-C_1k）。康布铁堡组以石英角斑岩、石英钠长斑岩、变质钾质流纹斑岩、黑云石英片岩、变粒岩、浅粒岩夹薄层钙质粉砂岩等为主；阿勒泰组以砂岩、粉砂岩、泥岩为主，夹灰岩凸镜体、火山灰凝灰岩、霏细岩，含丰富的珊瑚、腕足类、双壳类、苔藓虫等；忙代恰群以安山玢岩、英安斑岩、硅质岩、板岩、泥质粉砂岩和砂岩为主；库马苏群以砂岩、粉砂岩、泥质粉砂岩、砂质灰岩、千枚岩、长石石英砂岩夹石英斑岩为主。大兴安岭与小兴安岭交界处的贺根山一带亦以弧背盆地沉积为主，发育泥鳅河组（$D_{1-2}n$）、罕达气组（D_1h）、金水组（D_1j）、霍龙门组（D_1hl）、德安组（D_2d）、根里河组（D_2g）和小河里河组（D_3x）等。泥鳅河组以泥质或砂质板岩为主，夹粉砂岩和杂砂岩；罕达气组由凝灰熔岩、英安玢岩、细碧岩组成；金水组以绿泥石板岩、凝灰岩与凝灰质砂岩为主，夹碳酸盐岩和中基性、中酸性海底火山喷发岩；霍龙门组为粉砂岩、板岩夹灰岩透镜体，产腕足类、三叶虫、双壳类和苔藓虫等化石；德安组以粉砂岩、绿泥板岩、凝灰粉砂岩为主，偶夹灰岩；根里河组为杂砂岩、长石杂砂岩、绿泥板岩、凝灰质砂岩及凝灰岩；小河里河组以砾岩、杂砂岩、板岩及粉砂岩为主，夹碳质板岩。值得注意的是，王荃等（1991）在贺根山蛇绿岩带中发现 *Entactinia* 和 *Tetrentaclinia* 等晚泥盆世放射虫，并在灰岩透镜体中发现晚泥盆世珊瑚 *Thamnopora solida*、*Thamnopora* sp. 和 *Favosites* sp. 等。

3.1.2 准噶尔地层区

准噶尔地层区位于中国西北方，塔里木盆地以北，额尔齐斯河以南，主要包括准噶尔盆地、吐哈盆地、天山和北山地区大部。泥盆纪时该地层区隶属于哈萨克斯坦板块多岛洋体系，主要发育弧间盆地、弧后盆地和弧背盆地沉积序列，常以陆源碎屑沉积为主，并伴随大量中基性、中酸性火山岩，岩性变化剧烈，厚度巨大。准噶尔地层区生物古地理区系属于北方大区，生物群落组合类型与西伯利亚和哈萨克斯坦相近（图3.3）。

西准噶尔沙尔布提山地区泥盆系研究程度较高，自下而上发育曼格尔组（D_1m）、芒克鲁组（D_1mk）、呼吉尔斯特组（$D_{1-3}h$）、朱鲁木特组（D_3z）和洪古勒楞组（D_3h）。曼格尔组以钙质页岩、凝灰质砂岩为主，夹泥质灰岩和灰岩团块，含三叶虫 *Odontochile sinensis*、*Calymenia* sp.，腕足类 *Aulacella* sp.?、*Resserella* sp.及双壳类等。芒克鲁组以砂质灰岩、生屑灰岩为主，夹粉砂岩、钙质细砂岩和砂砾岩等，发育大量腕足类 *Leptaenopyxis* 和 *Paraspirifer* 等，见较多珊瑚化石，且与华南地区生物类型完全不同（廖卫华和蔡土赐，1987；侯鸿飞等，1988）。呼吉尔斯特组包含灰色砾岩、砂砾岩、粉砂岩、英安斑岩、安山玢岩、凝灰岩、凝灰质砂岩，夹少量灰岩透镜体。Xu等（2014）在呼吉尔斯特组上段产植物 *Serrulacaulis* 的层位中识别出孢子 *Acinosporites lindlarensis* 和 *Rotaspora* sp.，认为其属于埃姆斯阶上部—艾菲尔阶；而Zheng等（2016）对呼吉尔斯特组上部的碎屑锆石开展电感耦合等离子体质谱（ICP-MS）锆石U-Pb测年，结果显示，该组上部地层的形成年龄不大于380Ma，可延续至弗拉早期。朱鲁木特组为一套陆相沉积，以钙质粉砂岩、泥质粉砂岩、碳质泥岩、含砾砂岩、砂砾岩、砾岩、凝灰质砂岩、安山岩、安山玢岩、玄武玢岩、英安斑岩和石英斑岩为特征，见较多植物化石，包括 *Lepidodendropsis theodory*、*Cycloigma hiltorkense*、*Sublepidodendropsis* sp.和 *Leptophloeum rhomhicum* 等。洪古勒楞组包含杂色钙质砂岩、粉砂岩、灰岩、页岩（夹硅质岩），下部夹安山玢岩、安山玄武岩、角砾熔岩、岩屑晶屑砾状灰岩、凝灰岩，含大量腕足类、三叶虫、头足类、腹足类、珊瑚、苔藓虫、海百合及植物等化石。沙尔布提山地区被认为是晚泥盆世F-F生物大灭绝事件后海洋生物的避难所。近年来，国内外学者对洪古勒楞组开展了系统的岩石地层、多门类（包括牙形类、菊石类和腕足类）生物地层、碳同位素地层和事件地层研究，建立了高精度的综合地层格架（Suttner等，2014；Carmichael等，2014，2016；Zong等，2015，2016；王志宏，2016；Ma等，2017；宗普等，2017）。Suttner等（2014）和王志宏（2016）结合牙形类生物地层研究成果，认为洪古勒楞组底部$δ^{13}$C值的正向偏移（幅度>3‰）对应法门阶底界全球$δ^{13}$C值的明显正偏，揭示F-F界线存在于洪古勒楞组底部；宗普等（2017）则认为西准噶尔地区未见标准弗拉期牙形类分子，洪古勒楞组底部$δ^{13}$C值的大幅度偏移特征主要受成岩蚀变作用的影响，其真实演化趋势与法门阶 *Pa. crepida* 带-*Pa. rhomboidea* 带$δ^{13}$C值曲线一致，洪古勒楞组底部可能缺失弗拉期和法门期早期地层。Carmichael等（2016）通过岩石学、微量元素和稳定同位素地球化学综合研究，在黑山头组下部（相当于国内学者划分的洪古勒楞组上部）识别出一次海洋缺氧事件，认为其可能对应泥盆纪末Hangenberg事件；而Zong等（2016）则认为Hangenberg事件发生在黑山头组底界附近，以腕足类 *Syringothyris-Spirifer* 组合取代 *Austrospirifer*? sp.组合为标志。近年来，纵瑞文等（2020）对西准噶尔地区洪古勒楞组进行综合研究，提出泥盆系-石炭系界线位置应位于三叶虫 *Omegops* 的消失层位和 *Belgibole-Conophillipsia* 组合带的出现层位之间，并与洪古勒楞组和黑山头组之间的界线基本一致。

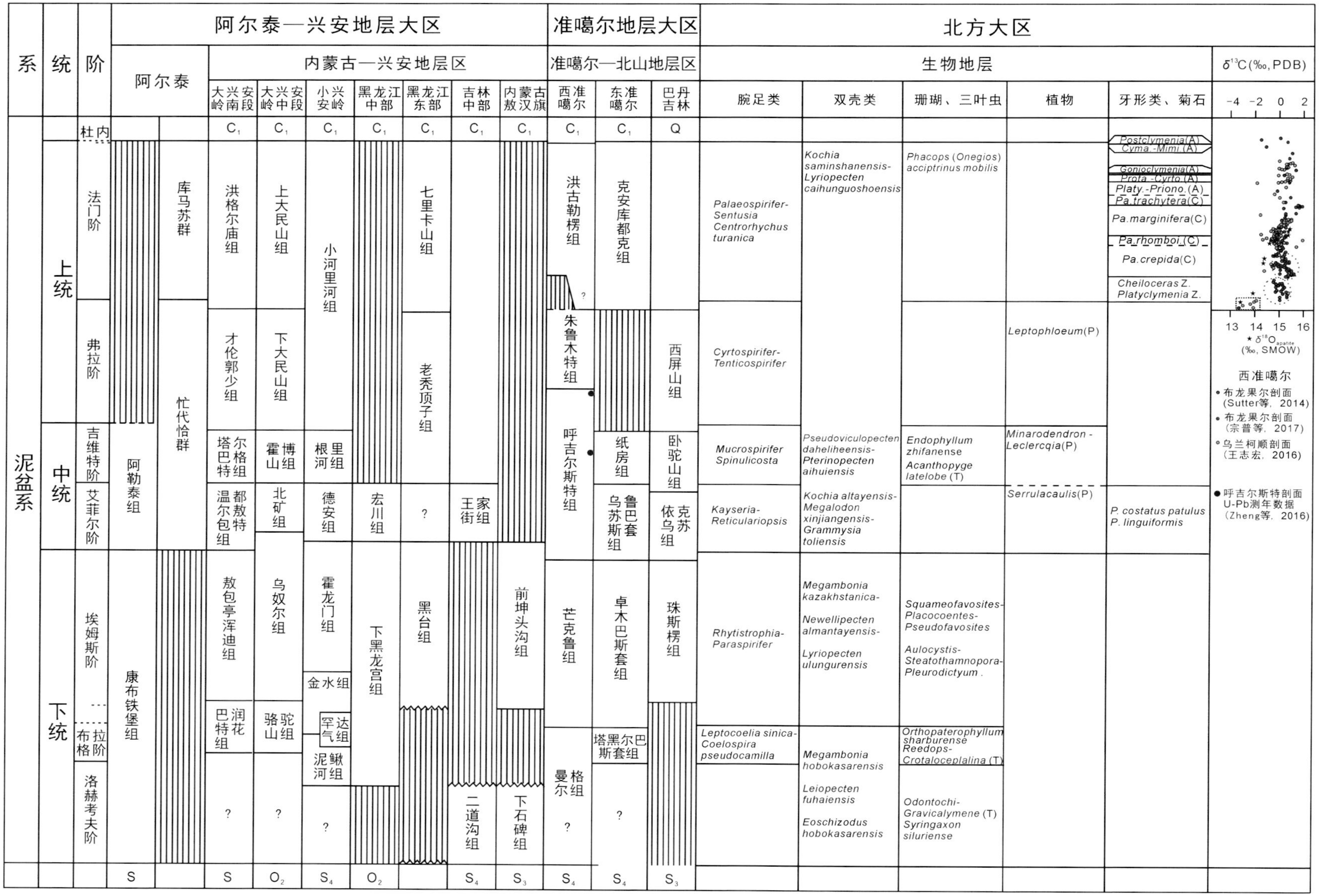

图 3.3 中国北方泥盆纪地层划分对比表
据全国地层委员会（2018）修改

3.1.3 塔里木地层区

塔里木地层区主要包括塔里木盆地、南天山、敦煌和阿拉善地区。早—中泥盆世，塔里木陆块大部分地区抬升隆起，为古陆剥蚀区，而南天山一带主要发育弧前盆地、弧后陆坡和弧后陆棚（图3.4）。中泥盆世开始，塔里木部分区域发育陆相和过渡相的红色砾岩、砂砾岩和砂岩沉积，可见植物、孢粉和鱼类化石（*Bothriolepis* sp.）等；晚泥盆世，随着海水自西向东侵入，在铁克里克、库鲁克塔格、柯坪和塔里木盆地内部形成混积陆表海，以陆源碎屑岩-碳酸盐岩沉积为特征。塔里木盆地西北缘泥盆系下部为塔塔埃尔塔格组（D_2t?），发育一套滨海相的砂岩、粉砂岩和泥页岩，产腹足类*Horotogtum* sp.和几丁虫*Cingulochitina wronai*等化石；中部克兹尔塔格组（D_3k?）由砂岩、砾岩、长石石英砂岩（夹泥岩）、白云质细砂岩-砾岩及少量菱铁矿组成，具大型槽状交错层及冲刷构造；东河塘组（D_3d）为浅灰绿色、白色中—细粒石英砂岩，其露头剖面中未获化石；巴楚组（D_3-C_1b）为一套紫红色碎屑岩、灰岩、紫红色泥岩及石膏组合，泥盆系-石炭系界线从该组下部穿过，以牙形类*Siphonodella* cf. *sulcata*的出现为标志。值得一提的是，朱怀诚等（2002）对塔里木盆地重要储油层——"东河砂岩"展开详细的古生物学研究，在草2井中发现了大量的孢子化石和鱼类化石，识别出孢子化石37属73种，并建立*Apiculiretusispora hunanensis-Ancyrospora furcula*（HF）组合带，认为其对应西欧地区LL+LE组合带（图1.3），为泥盆纪法门晚期沉积。

3.1.4 华北地层区

泥盆纪华北板块、塔里木板块和祁连山—昆仑板块被认为是拼接在一起的，其主体为古陆剥蚀区，仅在边缘零星出露泥盆系。

3.1.5 祁连山—昆仑地层区

祁连山—昆仑地层区主要包括西昆仑、东昆仑、柴达木盆地、阿尔金山和祁连山地区，泥盆纪主体为古陆剥蚀区，发育少量陆内坳陷和陆表海沉积盆地，以陆相红色砾岩、砂砾岩和砂岩沉积为主，可见植物、孢粉和鱼类化石（图3.4）。北祁连地区石峡沟组（D_2s）主体属内陆河、湖相沉积，下部为石英砂岩夹极少量含砾砂岩，中部为薄—中厚层细粒长石石英砂岩夹紫红色粉砂岩，上部以紫红色粉砂岩为主，夹少量细粒长石石英砂岩，含鱼类*Bothriolepis niushoushanensis*、*Quasipetalichthys* cf. *haikouensis*及植物等化石；中宁组（D_3z）岩性主要为紫红色砾岩、砂砾岩、石英砂岩和泥岩，局部夹少量泥灰岩、灰岩和砂质灰岩透镜体，可见鱼类*Remigolepis zhongningensis*和*R. major*，以及植物*Leptophloeum rhombicum*和*Sublepidodendron mirabile*等化石，厚约300m。

3.1.6 秦岭地层区

秦岭地层区包括秦岭、勉略和大别山等地，泥盆纪时属于多岛弧盆体系，沉积类型多样，发育弧前盆地、弧后盆地、弧后陆棚、台地、台盆和洋盆沉积，以陆源碎屑沉积为主，夹少量碳酸盐岩，局部见蛇绿岩，岩性变化剧烈，厚度巨大，可见植物、盾皮鱼类、腕足类和珊瑚等化石。秦岭地层区生

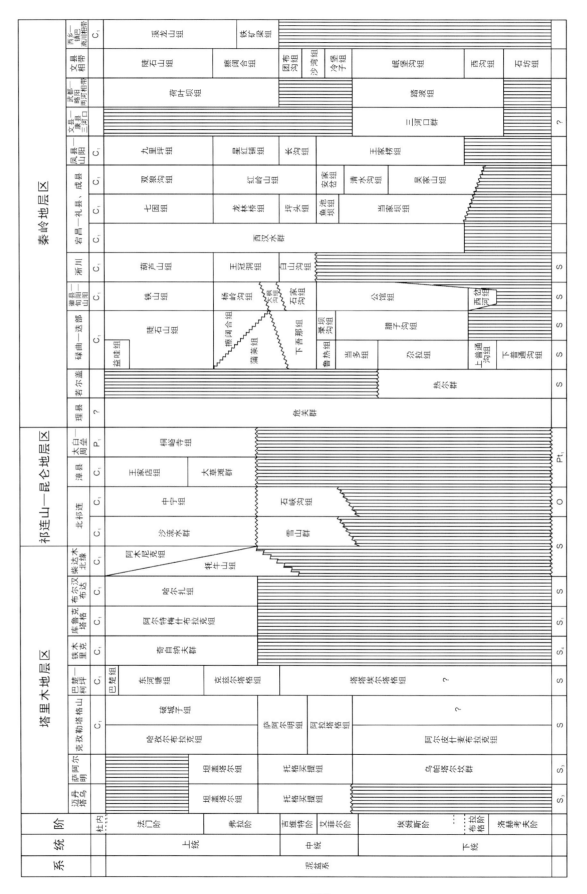

图 3.4 中国塔里木、祁连山—昆仑和秦岭地层区泥盆系划分对比表
据全国地层委员会（2018）修改

物群面貌与华南地区十分相似，生物亲缘性较强。

碌曲—迭部地区泥盆系形成于浅海陆棚环境，发育完整、研究程度较高，自下而上包括下普通沟组（D_1x）、上普通沟组（D_1s）、尕拉组（D_1g）、当多组（$D_{1-2}d$）、鲁热组（D_2l）、下吾那组（D_2x）、蒲莱组（$D_{2-3}p$）、擦阔合组（D_3c）、陡石山组（D_3d）、益哇组（D_3-C_1y）。下普通沟组为板岩、硅质板岩，夹薄层泥质生屑灰岩，顶部发育白云质泥粒灰岩和少量钙质板岩，含腕足类、珊瑚、三叶虫、苔藓虫、介形类和牙形类等化石；上普通沟组为白云质粉砂质板岩和砂岩，夹少量含泥粉砂质灰岩、生屑微晶灰岩等，可见珊瑚和腕足类化石，反映半局限台地相沉积；尕拉组为白云岩，夹少量含砂质白云质页岩和灰质白云岩，顶部则以板岩、粉砂岩和细砂岩为主，产珊瑚 *Chalcidophyllum*、*Lyrielasma* 和 *Siphonophrentis* 等；当多组为粒屑灰岩、石英杂砂岩、铁质石英砂岩、砂质页岩、泥质粉砂岩和粉砂质页岩，夹菱铁矿结核和透镜体；鲁热组为泥粒灰岩和白云质灰岩，夹少量含灰质砂质页岩和灰质粉砂岩等，含珊瑚、层孔虫、腕足类、双壳类、腹足类、介形类、三叶虫和牙形类等化石；下吾那组含泥质灰岩，夹泥岩和石英砂岩，可见珊瑚 *Dendroella trigemme-Fasciphyllum crassithecum* 组合带和腕足类 *Geranocephalus xiawunaensis-Scharkovaelites sinensis* 组合带、*Stringocephalus burtini* 顶峰带；蒲莱组为黑灰色页岩和含粉砂质页岩，夹少量砂岩、砂质灰岩、生物灰岩及泥灰岩，产竹节石、牙形类、腕足类、珊瑚、腹足类、介形类、双壳类及古孢子等化石；擦阔合组为泥粒灰岩、凝块灰岩、藻球粒灰岩与黑灰色钙质页岩或黄灰色泥质粉砂岩互层，夹少量砾屑灰岩，发育大量波纹、丘状层理，见层面刻痕、印模等层理和层面构造；陡石山组为深灰色、灰色的中厚层微晶灰岩、粒泥灰岩和颗粒灰岩，夹少量灰色白云质灰岩夹层和条带，以及黑色薄层、结核状燧石岩，可识别出腕足类 *Yunnanella-Nayunnella* 组合带和 *Tenticospirifer hsikuangshanensis-Cyrtospirifer* cf. *pamiricus* 组合带，珊瑚 *Gorizdronia-Synaptophyllum* 组合带。益哇组以灰色中--厚层砂屑微晶灰岩为主，上部夹泥质灰岩，可识别出腕足类 *Fusella-Cleiothyridina-Tenticospirifer* 组合带、珊瑚 *Beichuanophyllum-Cystophrentis* 组合带，代表了泥盆纪法门期最晚期沉积。

3.1.7 羌塘—三江地层区

羌塘—三江地层区主要包括甜水海、円颜喀拉、西金乌兰—金沙江—哀牢山、昌都—兰坪—思茅、北羌塘、乌兰乌拉—澜沧江、甘孜—理塘、中咱—中甸、崇山—临沧等地。羌塘地区以浅海相碳酸盐岩和碎屑岩为主，西金乌兰—金沙江—哀牢山一带发育洋盆俯冲杂岩，而大部分地区由于构造复杂，普遍遭受区域变质作用，兼之交通不便，尚缺乏详细研究。羌塘—三江地层区生物群面貌与华南地区相似，生物亲缘性较强，昌都地区的腕足类动物群基本上可以与华南地区逐一对比。昌都、芒康一带发育海通组（D_2h）、丁宗隆组（D_2d）、卓戈洞组（D_3z）、羌格组（D_3q）。海通组为含碳质板岩，局部夹少量砂岩、含砾砂岩和生物碎屑灰岩，可见腕足、珊瑚类、竹节石、腹足类和三叶虫等化石，其中腕足类主要为 *Acorospirifer* 和 *Athyrisina* 等；丁宗隆组为白云岩、瘤状灰岩和生物灰岩，常见腕足类、双壳类、腹足类、层孔虫和珊瑚等化石，特征分子为吉维特期腕足类 *Stringocephalus*；卓戈洞组主要为白云质灰岩、泥质灰岩、白云岩，底部为薄层泥灰岩（夹页岩），产腕足类 *Cyrtospirifer sinensis*、*Tenticospirifer tenticulum*、*Hypothyridina hunanensis*及珊瑚、牙形类、层孔虫、双壳类等化石；羌格组为泥灰岩、生物灰岩，夹钙质泥岩，可见腕足类*Yunnanella*、*Tenticospirfer tenticulum*和*Cyrtospirifer*等。

3.1.8 华南地层区

华南地层区主要包括秦岭—大别造山带以南、青藏高原以东的中国南方大陆及领海地区。华南板块西北缘地表边界位于龙门山断裂带附近，在攀西裂谷构造基础上演化而来，并向松潘—甘孜地块之下延伸。泥盆纪华南地区主体属于被动大陆边缘海区，而中下扬子区发育陆表海和陆内坳陷。华南泥盆系出露好，分布广泛，沉积类型多样。沿扬子和华夏古陆多为近岸碎屑岩台地沉积，远岸碳酸盐岩台地沉积，时有裂谷盆地切割，形成台-沟交错格局，各类古生物化石均极为丰富，生物相类型多样。受广西运动影响，泥盆系底部常为不整合接触，而连续的志留系-泥盆系界线见于钦防海槽和云南曲靖地区。早泥盆世早、中期普遍沉积了一套巨厚的海陆交互相地层，不整合超覆于寒武系、奥陶系或更老的地层之上。布拉格期晚期开始华南地层区广泛接受海侵，自西南向东北逐渐加深，沉积相分异显著，主要可划分出曲靖型（近岸相）、象州型（底栖相）、过渡型和南丹型（浮游相）四种沉积类型（图3.5）。华南地区泥盆系基础地质、岩石地层、生物地层、化学地层、事件地层、同位素地质年代学的研究程度高，同时生物地层序列可与欧美地区进行高精度对比，所以中国泥盆纪年代地层单位均建立于华南地区浅水相区（图2.2）。

3.1.9 喜马拉雅—滇西地层区

泥盆纪喜马拉雅—滇西地层区位于冈瓦纳大陆（包括印度板块、澳大利亚板块等）北缘，主体属于被动大陆边缘浅水陆棚区，以陆源碎屑岩和碳酸盐岩沉积为主，此外还包含多岛洋盆和边缘海沉积，生物古地理区系属于特提斯大区南带（图3.6）。西藏珠峰地区凉泉组含笔石*Neomonograptus himalayensis*、*U. thomasi*和竹节石*Nowakia acuaria*、*Guerichina xizangensis*等；波曲群主要由中粗粒石英砂岩组成；亚里组下部见孢粉组合*Retispora lepidophyta-Hymenozonotriletes explanatus*（LE）和*R. lepidophyta-Verrucosisporites nitidus*（LN）的标准分子，表明泥盆系-石炭系界线从亚里组中部灰岩内部穿过。滇西保山—施甸地区下泥盆统以浮游相生物为主，向阳寺组可见笔石*U. cf. uniformis*和"*Caudicriodus woschmidti*"；王家村组、沙坝脚组和西边塘组含笔石、竹节石和牙形类，可以与华南标准序列对比，其中下-中泥盆统界线位于西边塘组上部；中-上泥盆统含大量珊瑚、腕足类和三叶虫等，但生物组合内容与华南地区差别较大，鸮头贝类等典型分子至今未被发现。

3.2 中国泥盆纪生物地层序列

生物地层是精细地层划分与对比的基础。王成源（2000）、蔡重阳（2000）、Liao和Ruan（2003）、郄文昆等（2019）对我国泥盆纪的主要化石门类的生物地层序列已做过详尽总结，本书不

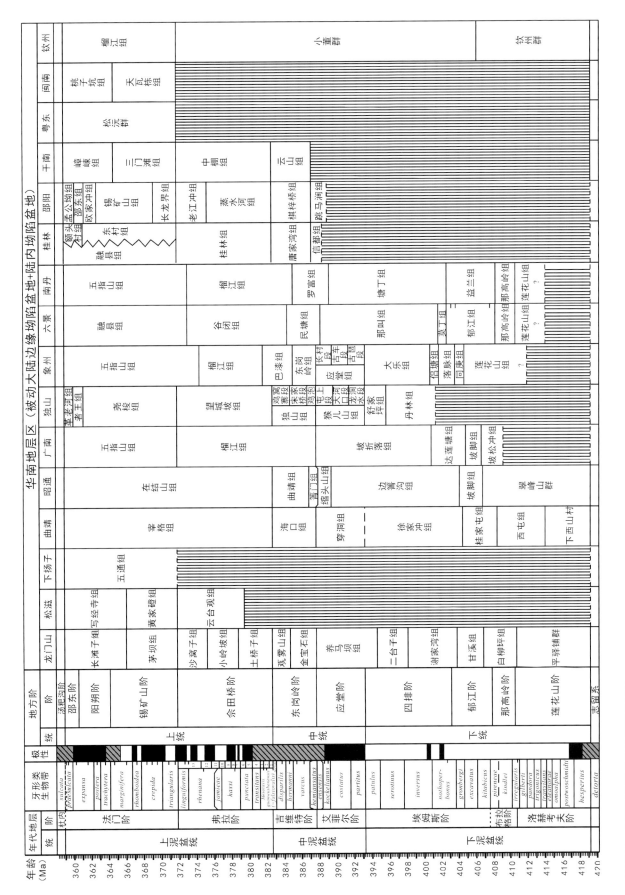

图 3.5　中国华南泥盆纪地层划分对比
据全国地层委员会（2018）修改

再赘述，仅着重介绍近年来有关华南地区及邻区笔石、牙形类、介形类、腕足类、四射珊瑚、孢粉和植物生物地层方面取得的一些重要研究进展和新的认识（图3.7）。

系	统	阶	羌塘—三江地层区						喜马拉雅—滇西地层区							
			芒康	左贡	江达	巴塘	波密	生物带（腕足类）	聂拉木	申扎	保山施甸	丽江	金平	牙形类/竹节石	笔石/菊石/孢粉	腕足类、珊瑚
泥盆系		杜内	C₁	C₁	T₃	C₁	C₁		C	C₁	C₁	C₁	C₁	*le.-nitidus*(Pa) / *le.-expla.*(Pa)		
	上统	法门阶	羌格组	然物群	冬拉群	塔力坡组	松宗群	*Nayunnella abrupta-Yunnanella hsikwangshanensis*	亚里组	查果罗玛组		长育村组	在结山组	*Pa. marginifera*(C)		
		弗拉阶	卓戈洞组	然物群		塔力坡组	松宗群	*Cyrtospirifer-Tenticospirifer*			大寨组	长育村组	在结山组		*Manticoceras*(A)	*Tenticospirifer* / *Disphyllum* sp.
	中统	吉维特阶	丁宗隆组		苍纳组		松宗群	*Stringocephalus* / *E. takwanensis-Desquamatia kansuensis*	波曲群		何元寨组 / 马鹿塘组		老阴寨组 / 宋家寨组	*asymmetri.*(C) / *Sc. hermanni*(C) / *P. varcus*(C)		*I. transversa-P. paoshanensis* / *D. minuta-K. viata* / *H. yunnanensis-C. maloutangensis*
		艾菲尔阶	海通组		穹错组		春节桥组	*Acrospirifer Athyrisina* cf. *squamosa*			西边塘组	马鹿洞组		*P. ensensis*(C) / *P. c. costatus*(C)		*Eoreticulariopsis eifeliensis-Bifida lepida Strophochonetes* 富集带(上部)
	下统	埃姆斯阶	海通组		格绒组		春节桥组		凉泉组	日玛组 / 德昂组	郎玛组 / 沙坝脚组	马鹿洞组	班到组 / 满地到组 / 阿冷初组	*P. c. partitus*(C) / *P. c. patulus*(C) / *P. excavatus*(C) / *G. xizangensis*(T)	*Anetoceras elegantulum* / *U. y. fangensis*, *Ne. himalayensis*	*Psendoblothrophyllum Fasciphyllum Siphonophrentis Strophochonetes* 富集带(下部) / *L. chapmani-E. alenchuensis-Ps. lijiangense T. hercynica-En. strict.*
		布拉格阶			格绒组		春节桥组			日觉组	王家村组	山江组		*N. acuaria*(T) / *E. sulcatus*(C)	*Ne. falcarius*(G)	*P. mimica-L. leprosa*
		洛赫考夫阶								达尔东组	向阳寺组			*Homoctenowakia bohemica*(T) / *C. woschmidti*(C)	*U. praehercynicus*(G) / *U.* cf. *uniformis*(G)	*T.* cf. *csubcruciatum-cysticphyllum* / *S. pseudofritchi-G. cylindrica*
					?		S₄						O			

图 3.6 中国羌塘—三江和喜马拉雅—滇西地层区泥盆纪地层划分对比

据全国地层委员会（2018）修改。缩写 *le.*=*lepidophyta*，*U. y.*=*Uncinatograptus yukonensis*，*I.*=*Isothis*，*P. paoshanensis*=*Pyramidalia paoshanensis*，*D.*=*Devonaria*，*K.*=*Kerpina*，*H. yunnanensis*=*Heterphrentis yunnanensis*，*C. maloutangensis*=*Cylindrophyllum maloutangensis*，*L. chapmani*=*Lyrielasma chapmani*，*E. alenchuensis*=*Embolophyllum alenchuensis*，*Ps.*=*Pseudochonophyllum*，*T.*=*Tryplasma*，*En. strict.*=*Enterolasma strictum*，*P. mimica*=*Plectodonta mimica*，*L. leprosa*=*Lissatrypa leprosa*，*S.*=*Spongophyllum*，*G. cylindrica*=*Gurjevskiella cylindrica*

3.2.1 笔石

我国泥盆纪笔石见于广西钦州、广西玉林、滇西和西藏等地，最高层位可至埃姆斯阶下部。Chen等（2015）对钦州—玉林地区钦州组中的笔石动物群进行了系统的研究和修订，共识别出3属14种，自下而上划分出*U. uniformis*、*U. praehercynicus*、*Neomonograptus falcarius*和*U. yukonensis*四个笔石生物带。此外，穆恩之和倪寓南（1975）在藏南聂拉木地区凉泉组下部建立*Ne. himalayensis*带，认为其与竹节石*Nowakia acuaria*共生，大致对应布拉格阶中下部。笔石*U. uniformis*见于钦州—玉林地区和滇西施甸、西盟等地（汪啸风，1988；Chen和Quan，1992；Chen等，2015），该带之底标志我国志留系-泥盆系界线位置。

3.2.2 牙形类

牙形类是泥盆纪的主导化石门类，泥盆系7个国际标准阶的界线定义，除泥盆系底界外，均以牙形类分子的首次出现作为标志（图2.2）。王成源（2019）对我国泥盆纪牙形类的系统分类和生物地层进行了系统的总结和修订，在浮游相区共识别出58个牙形类生物带。其中，埃姆斯阶及之上的生物带可以与国际标准牙形类生物带进行精确对比，主要依据广西横县六景、象州大乐、德保四红山、南丹罗富和宜州拉利剖面牙形类生物地层序列而建立（白顺良等，1982；王成源等，1989；钟铿等，1992；Ji和Ziegler，1993；Bai等，1994；Lu等，2016）。

国际下泥盆统洛赫考夫阶和布拉格阶牙形类生物带主要依据欧洲布拉格和北美地区贝刺类Icriodontids、小贝刺类Icriodellids、窄颚齿刺类Spathognathodontids和始鄂刺类Eognathodontids的演化序列而建立。由于泥盆纪早期全球海平面较低，生物古地理分区明显，牙形类动物群的地方性特征显著，无法建立全球统一的分带方案（Murphy，2005；Slavík等，2012）。我国洛赫考夫阶牙形类生物带一直以来缺少基准剖面的系统研究，仅依据内蒙古、新疆、滇西、四川和西藏等地零星发现的带化石而建立，自下而上包括*Caudicriodus woschmidti*带、*Ozarkodina eurekaensis*带、*Ancyrodelloides delta*带、*Pedavis pesavis pesavis*带和下*Eognathodus sulcatus sulcatus*带，尚需进一步完善（白顺良等，1982；Wang和Ziegler，1983a；夏凤生，1997；王平，2006；王成源等，2009；图3.7）。

布拉格阶底界GSSP在确立之初，以牙形类*Eognathodus sulcatus*的首次出现为标志（Chlupác和Oliver，1989），然而由于分类学观点存在差异及不同地区出现的位置不同而难以应用（Becker等，2012）。我国布拉格阶牙形类研究程度较低，完整的生物带序列至今没有建立，仅有零星报道。近年来，王成源等（2016）对广西南宁大沙田剖面那高岭组牙形类动物群进行研究，识别出牙形类*Eognathodus irregularis*、*E. nagaolingensis*、*E. sulcatus*和*Masaraella pandora*，认为其时代为布拉格早期，对应北美的*Eognathodus irregularis-Gondwania profunda*带和欧洲的*Eognaththodus. sulcatus*带。另外，广西横县六景剖面那高岭组和郁江组石洲段下部产牙形类*Polygnathus pireneae*、*P. sokolovi*、*Eognathodus sulcatus*、*E. nagaolingensis*和*E. kuangi*等，大致相当于欧洲的*E. kindlei*至*P. pireneae*带（Lu等，2016）。

埃姆斯阶底界"金钉子"界线位置与界线定义目前正在修订中，这主要是由于乌兹别克斯坦

Zinzil'ban层型剖面上*Polygnathus kitabicus*出现层位过低，导致捷克传统地区的布拉格阶被压缩了近2/3（Carls等，2008）。SDS拟将界线上移至*Polygnathus excavatus*首现层位附近，以尽可能地接近传统意义上德国莱茵相区Emsian底界。其中，牙形类*P. excavatus* ssp. 114的首现是最有可能的新界线定义（Carls等，2008）。近年来，Lu等（2016）和郭文（2017）对广西天等、南丹和横县等地的埃姆斯阶底界牙形类生物地层进行了详细研究，结果表明那高岭组顶部属于布拉格阶*P. pireneae*带，牙形类*P. kitabicus*首现位于六景大村-1剖面石洲段下部，而牙形类*P. e. excavatus*和*P. e.* ssp. 114存在于益兰组和郁江组石洲段中部。随着全球海平面逐渐上升，埃姆斯期至法门期牙形类的分布和演化具有世界性的特点，全球范围内浮游相牙形类生物地层格架可以精确对比。埃姆斯期—吉维特中期，牙形类以*Polygnathus*和*Icriodus*为代表，生物带的划分则主要依据polygnathids类的演化序列。牙形类*Polygnathus pireneae*→*P. kitabicus*→*P. excavatus*→*P. perbonus*→*P. nothoperbonus*→*P. inversus*演化谱系的建立实现了埃姆斯阶的精细划分（Yolkin等，1994）。

中泥盆统艾菲尔阶和吉维特阶底界"金钉子"分别以牙形类*P. c. partitus*和*P. hemiansatus*的首次出现为标志（图3.7）。艾菲尔阶自下而上包括*P. c. partitus*带、*Polygnathus costatus costatus*带、*Tortodus kockelianus kockelianus*带和*Polygnathus xylus ensensis*带；吉维特阶则包含*P. hemiansatus*带、下*P. varcus*带、中*P. varcus*带、上*P. varcus*带、下*Schmidtognathus hermanni-P. cristatus*带、上*Sc. hermanni-P. cristatus*带、*Klapperina disparilis*带和下*Mesotaxis falsiovalis*带。

上泥盆统弗拉阶以大量演化迅速且延限较短的牙形类出现为特征，包括*Ancyrognathus*、*Ancyrodella*、*Klapperina*、*Mesotaxis*和*Schmidtognathus*等。弗拉阶底界以牙形类*Ancyrodella rotundiloba*早期分子的首次出现为标志，包括中*Me. falsiovalis*带、上*Me. falsiovalis*带、*Palmatolepis transitans*带、*Pa. punctata*带、下*Pa. hassi*带、上*Pa. hassi*带、*Pa. jamieae*带、下*Pa. rhenana rhenana*带、上*Pa. rhenana rhenana*带、*Pa. linguiformis*带等10个牙形类生物带。

F-F之交生物大灭绝事件后，中泥盆世的特征类群大量灭绝。法门早中期以palmatolepids类繁盛为特征。法门晚期Dasberg事件之后，*Palmatolepis*属种开始衰落，至泥盆系-石炭系界线附近全部消亡，而*Pseudopolygnathus*、*Siphonodella*、*Bispathodus*和*Protognathodus*开始出现，具有重要的生物地层学意义。法门阶牙形类生物带自下而上包括下*Pa. triangularis*带、中*Pa. triangularis*带、上*Pa. triangularis*带、下*Pa. crepida*带、中*Pa. crepida*带、上*Pa. crepida*带、最上*Pa. crepida*带、下*Pa. rhomboidea*带、上*Pa. rhomboidea*带、下*Pa. marginifera marginifera*带、上*Pa. marginifera marginifera*带、最上*Pa. marginifera marginifera*带、下*Pa. rugosa trachytera*带、上*Pa. rugosa trachytera*带、下*Pa. perlobata postera*带、上*Pa. perlobata postera*带、下*Pa. gracilis expansa*带、中*Pa. g. expansa*带、上*Pa. g. expansa*带、下*Siphonodella praesulcata*带、中*Si. praesulcata*带和上*Si. praesulcata*带。

全球泥盆系-石炭系界线GSSP位于法国La Serre剖面，以牙形类*Si. praesulcata*→*Si. sulcata*演化谱系中*Si. sulcata*的首次出现为标志。近年来，ICS泥盆系-石炭系界线工作小组拟将界线下移，可能的界线层位包括牙形类*Pr. kockeli*带底界、石炭纪型生物辐射的开始、Hangenberg事件结束和泥盆纪末海退事件结束等（Spalletta等，2017）。

3.2.3 介形类

华南地区泥盆纪浮游介形类，特别是恩托莫介类的生物地层序列已经基本完善，共建立了19个生物带、4个生物亚带，在缺少牙形类和菊石的深水相地层中起重要的划分和对比作用（王尚启，2009）。其中，下、中泥盆统恩托莫介类生物带共7个，自下而上包括*beijuntangensis*带、*trisulcata*带、*tuberculata*带、*longisulcata*带、*nayiensis*带、*praeerecta*带和*suberecta*带，是王尚启（1983，1986）在广西玉林樟木和南丹罗富建立的延限带和部分延限带；上泥盆统包括12个生物带和4个生物亚带，可以与欧洲（如德国莱茵地区，见Groos-Uffenorde等，2000）的介形类生物带进行精确对比。在弗拉阶上部，恩托莫介类生物带比牙形类生物带提供了更高分辨率的地层划分依据（王尚启，2009；宋俊俊和龚一鸣，2015；图3.7）。

此外，王尚启和彭金兰（2005）依据华南及邻区中华豆石介亚科分子的地层分布和下垂"V"字形肌痕高度与闭壳肌痕高度的比值（*th/ah*）变化，建立了浅水相区中华豆石介族生物地层序列，共划分出11个组合。这些组合自下而上包括*Sinoleperditia brevis*组合、*Sinoleperditia yulinensis*组合、*Sinoleperditia anteracuta*组合、*Sinoleperditia miaohuangensis*组合、*Paramoelleritia xiangzhouensis*组合、*Paramoelleritia subcircularis*组合、*Sinoleperditia verticalis*组合、*Sinoleperditia obsubulata*组合、*Sinoleperditia guilinensis*组合、*Sinoleperditia dongcunensis*组合和*Sinoleperditia mansueta*组合，基本上可以确定到阶或亚阶级地层单位，可用于华南及东南亚地区泥盆纪地层划分与对比。需注意的是，*Sinoleperditia dongcunensis*和*Sinoleperditia mansueta*组合产出层位比较接近，可能均对应法门阶上部一顶部。

3.2.4 腕足类

泥盆纪腕足动物群落的明显更替是华南浅水相区地层划分和对比的最主要依据。中国区域年代地层单位，如那高岭阶、郁江阶、应堂阶、佘田桥阶和锡矿山阶的单位层型定义均以这一时期广泛分布的腕足动物群落为标志（图3.7）。由于广西运动的影响，洛赫考夫期华南地区主要为滨海相碎屑岩沉积，腕足类发育较少，仅在钦州深水相区发育*Spirigerina supramarginalis*群落，以*Grayina*、*Vagrania*、*Macroplura*、*Isothris*和*Reticulatrypa*等为特征（侯鸿飞等，1988）。对于布拉格阶—法门阶，有关华南浅水相区腕足类生物地层，前人已有许多研究（Hou，1981；谭正修，1987a；Ma等，2009；Ma和Zong，2010；Hou等，2017），共识别出11个腕足类组合带/顶峰带。这些带自下而上包括*Orientospirifer nakaolingensis*带、*Rostrospirifer tonkinensis-Dicoelostrophia*带、*Howellella fecunda-Reticulariopsis ertangensis*带、*Trigonospirifer-Otospirifer-Euryspirifer*带、*Athyrisina-Yingtangella-Xenospirifer*带、*Stringocephalus*顶峰带、"*Leiorhynchus*"带、*Cyrtospirifer*带、*Yunnanella-Sinospirifer*带、*Nayunnella-Hunanospirifer*带和*Yanguania dushanensis-Trifidorostellum longhuiense-Plicochonetes ornatus*带（图3.7）。需要指出的是，埃姆斯早期—法门期华南地区的岩相和生物相均发生明显分异，腕足类生态类型多样。早泥盆世埃姆斯期，对应浅水台地相的*Howellella fecunda-Reticulariopsis ertangensis*组合带，Guo等（2015）在南丹地区益兰组上部识别出以小型具双腕螺结构的*Sinathyris*为优

年龄(Ma)	国际年代地层		国际标准牙形刺带	极性	年代地层界线年龄	中国地方阶		浮游相生物地层						
	统	阶				统	阶	牙形类	菊石	笔石	竹节石	介形类	腕足类	珊瑚
360	上统	杜内阶	Si. sulcata		358.9±0.4 新泥盆系顶界标志 (讨论中)	上统	杜内阶	Si. sulcata	Gattendorfia		R. latior	R. latior - hemisphaerica Int	Yan. dushanensis- Plico. ornatus- Trifi. longhuiense	Cystoph
			Si. praesulcata				邵东阶	Si. praesulcata	C.euryomphala		Maternella hemisphaerica			Ceriphy
362			Pa. expansa					Pa. expansa	Wocklumeria			M. dichotoma		
364			Pa. postera				阳朔阶	Pa. postera	Clymenia			R. eocostata		
			Pa.trachytera					Pa. trachytera	Platyclymenia					
366		法门阶	Pa. marginifera				锡矿山阶	Pa. marginifera	Cheiloceras		Richteria serratostriata	Nayunnella- Hunanospirifer		
368			Pa.rhomboidea					Pa. rhomboidea			Nehdentomis nehdensis			
			Pa. crepida					Pa. crepida				Yunnanella- Sinospirifer	Dzieduszy	Smithiph
370			Pa. triangularis		371.93- 371.78			Pa. triangularis			Homoctenus ultimus ultimus	F. sigmoidale		
372			Pa. linguiformis	13				Pa. linguiformis	Crickites			En. splendens		
374		弗拉阶	Pa. rhenana	12				Pa. rhenana	Archoceras			splen.-R.reichi int Rabienella reichi Ra. schmidti	Penecki Pseudozap
376			Pa. jamieae	11				Pa. jamieae	Neomanti- coceras			Rabienella volki Rabienella materni barrandei cicat. Int bar./cicat. Int materni cicat. Int.	Cyrtospirifer
				10			佘田桥阶		Playfordites					
378			Pa. hassi	9				Pa. hassi	Beloceras		Homoctenus t. tenuicinctus	Bertillonella cicatricosa		Sinodisph
380			Pa. punctata	8 7 6				Pa. punctata	Mesobeloceras Prochorites Proberoceras Sandbergeroceras			Bertillonella cicatricosa- F. torleyi int.		
			Pa. transitans	5 4				Pa. transitans	Timanites Koenenites			Franklinella torleyi		
382			Mesotaxis guanwushanensis (=falsiovalis)	3 2 1	382.7±1.6			Mesotaxis guanwushanensis (=falsiovalis)	Ponticeras		Nowakia regularis	"Leiorhynchus"		
384	中统	吉维特阶	K. disparilis			中统	东岗岭阶	K. disparilis	Pharciceras		Viriatellina multicostata	Bertillonella suberecta	Endophy Sunophy
386			Sc. hermanni					Sc. hermanni				Bertillonella praeerecta	Stringocephalus	Dendrost Columna
			P. varcus					P. varcus	M. terebratum		V. minuta			
388		艾菲尔阶	P. hemiansatus P. ensensis		387.7±0.8			P. hemiansatus P. ensensis	Maenioceras molarium		Nowakia (N.) otomari	R. nayiensis		
			T. k. kockelianus					T. k. kockelianus T. k. australis	Cabrieroceras crispiforme				Athyrisina- Yingtangella- Xenospirifer	Utaratu Breviseptop
390			P. c. costatus				应堂阶	P. c. costatus	Pinacites- Foordites		V.guangxiensis N.albertii	Richteria longisulcata		
392			P. c. partitus		393.3±1.2			P. c. partitus			N. s. sulcata N. s. procera	Bisulcoentomo- zoe tuberculata		
394	下统		P. c. patulus					P. c. patulus	Anarcestes		antiqua holycora N. maureri N. multicostata N. holynensis?	Euryspirifer shujiapinensis	Psydracod Leptoinoph
396			P. serotinus					P. serotinus	Anetoceras/ Anarcestes		Nowakia (N.) richleri	Otospirifer shipaiensis	Trapezoph
398			P. inversus				四排阶	P. inversus	A.(Teneroceras)		Nowakia (N.) cancellata	Trigonospirifer trigonata	
400		埃姆斯阶							A.(Anetoceras)		Nowakia (N.) elegans	Howellella fecunda- Reticulariopsis ertangensis	Lyrielas Xiangzhoup
402			Polygnathus nothoperbonus					Polygnathus nothoperbonus	(Nandanoceras)		Nowakia (N.) barrandei		
404			P. gronbergi		新埃姆斯阶底界标志 (讨论中) excavatus 114 首次出现						N. (Dmitriella) praecursor Nowakia (N.) zlichovensis	Rostrospirifer tonkinensis- Dicoelostrophia	Siphonoph Stereolas
406			P. excavatus				郁江阶	P. excavatus			G. xizangensis		Xystriphyll Heterophal
408			P. kitabicus		407.6±2.6			P. kitabicus?			Nowakia (Turkestanella) acuaria acuaria		Chalcidoph Eoglossoph
		布拉格阶	P. pireneae				那高岭阶	P. pireneae		U. yukonensis		Trisulcoentomo- zoe trisulcata	Orientospirifer nakaolingensis	
410			G. kindlei					E. sulcatus		Ne. falcarius			
412		洛赫考夫阶	E.irregularis		410.8±2.8			Pe. pesavis			P. intermedia H. bohemica		Spirigerina supermarginalis
			P. gilberti M. pandora A. trigonicus							Uncinatograptus praehercynicus		
414			Lanea transitans L. eleanorae L. omoalpha				莲花山阶	A. delta				Monosulcoentomo- zoe beijuntangensis	
416			Caudicriodus postwoschmidti					O. eurekaensis			Uncinatograptus uniformis		
418			Caudicriodus hesperius					C. woschmidti					
420	志留系		D.e. detorta		419.2±3.2	志留系			transgrediensis				

图 3.7 华南地区及邻区泥盆纪生物地层、事件地层、相对海平面变化和同位素地层

国际标准年代地层单位、牙形类带和绝对年龄据 Becker 等（2012）、Percival 等（2018）；磁性地层据 Becker 等（2012）和 Ogg（2016）；中国地方性年代地层单位据《中国地层表》（2014）；牙形类生物带据王成源（2019）；菊石生物带据 Liao 和 Ruan（2003）；笔石据穆恩之和倪寓南（1975）、Chen 等（2015）；竹节石生物带据阮亦萍和穆道成（1989）；介形类生物带据王尚启（2009）；腕足类组合据侯鸿飞等（2011）未刊资料；珊瑚类组合据 Liao 和 Ruan（2003）；微体和宏体脊椎动物据 Zhu 等（2000）；几丁虫序列据 Geng 等（2000）；孢粉组合据高联达（1990）和欧阳舒等（2017）；

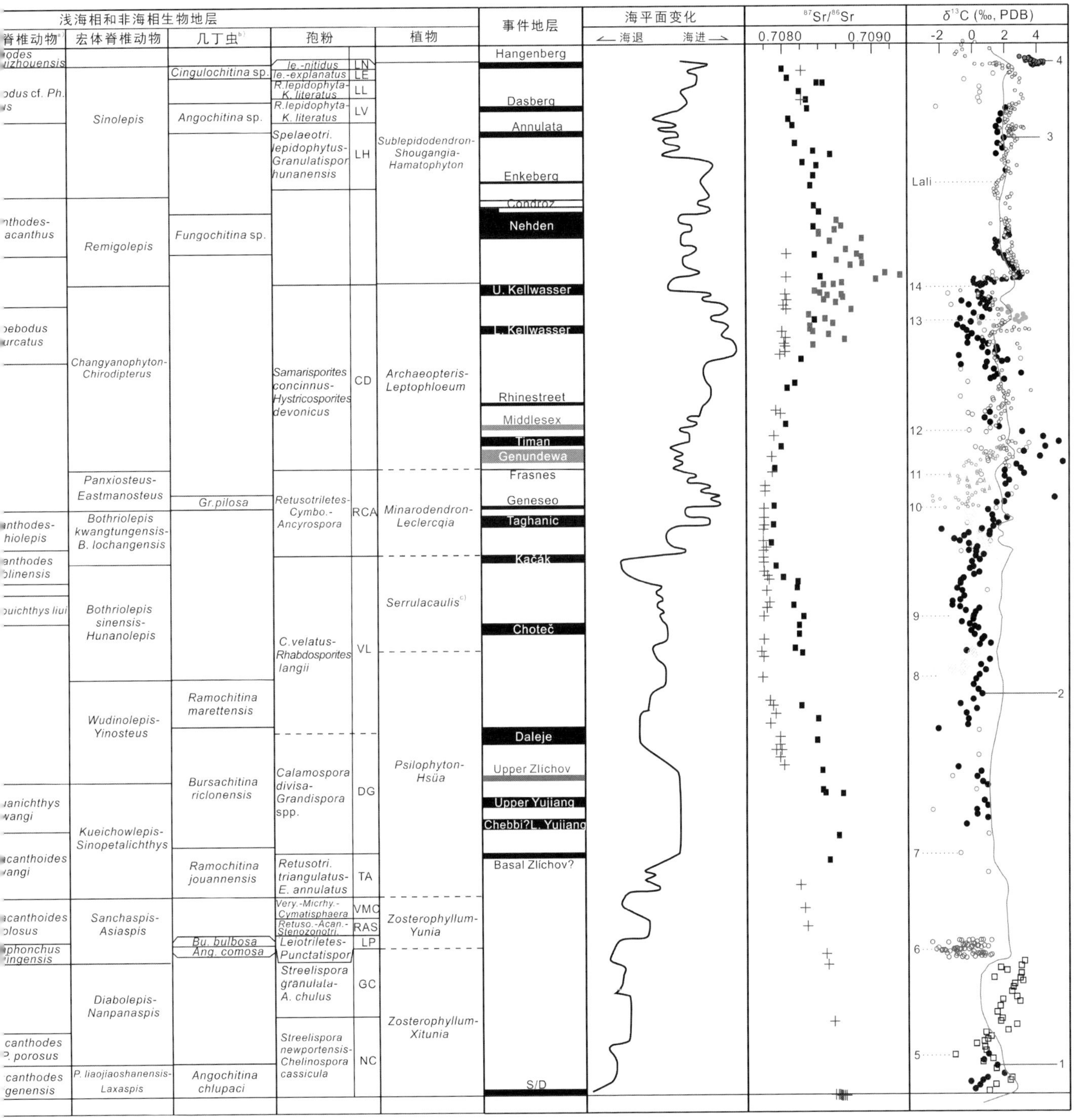

浅海相和非海相生物地层			孢粉		植物	事件地层	海平面变化 ←海退 海进→	⁸⁷Sr/⁸⁶Sr 0.7080 0.7090	δ¹³C (‰, PDB) -2 0 2 4
脊椎动物	宏体脊椎动物	几丁虫							

表格内容（自上而下）：

脊椎动物	宏体脊椎动物	几丁虫	孢粉	代号	植物	事件地层
odes ...izhouensis	Sinolepis	Cingulochitina sp.	Ie.-nitidus	LN	Sublepidodendron-Shougangia-Hamatophyton	Hangenberg
odus cf. Ph. ...s		Angochitina sp.	Ie.-explanatus	LE		Dasberg
			R.lepidophyta-K. literatus	LL		Annulata
			R.lepidophyta-K. literatus	LV		Enkeberg
			Spelaeotri.lepidophytus-Granulatispor hunanensis	LH		Condroz
...anthodes-...acanthus	Remigolepis	Fungochitina sp.				Nehden
...ebodus ...urcatus	Changyanophyton-Chirodipterus		Samarisporites concinnus-Hystricosporites devonicus	CD	Archaeopteris-Leptophloeum	U. Kellwasser / L. Kellwasser / Rhinestreet / Middlesex / Timan / Genundewa
Panxiosteus-Eastmanosteus		Gr.pilosa	Retusotriletes-Cymbo.-Ancyrospora	RCA	Minarodendron-Leclercqia	Frasnes / Geneseo / Taghanic
...anthodes-...hiolepis	Bothriolepis kwangtungensis-B. lochangensis					
...anthodes ...olinensis						Kačák
...uichthys liui	Bothriolepis sinensis-Hunanolepis		C.velatus-Rhabdosporites langii	VL	Serrulacaulis	Choteč
	Wudinolepis-Yinosteus	Ramochitina marettensis			Psilophyton-Hsüa	Daleje
...uanichthys ...wangi	Kueichowlepis-Sinopetalichthys	Bursachitina riclonensis	Calamospora divisa-Grandispora spp.	DG		Upper Zlíchov / Upper Yujiang / Chebbi?L. Yujiang
...acanthoides ...wangi		Ramochitina jouannensis	Retusotri.triangulatus-E. annulatus	TA		Basal Zlíchov?
...acanthoides ...olosus	Sanchaspis-Asiaspis	Bu. bulbosa / Ang. comosa	Very.-Micrhy.-Cymatisphaera / Retuso.-Acan.-Stenozontri.	VMC / RAS	Zosterophyllum-Yunia	
...phonchus ...ingensis			Leiotriletes-Punctatispor	LP		
	Diabolepis-Nanpanaspis		Streelispora granulata-A. chulus	GC	Zosterophyllum-Xitunia	
...canthodes ...P. porosus			Streelispora newportensis-Chelinospora cassicula	NC		
...canthes ...genensis	P. liaojiaoshanensis-Laxaspis	Angochitina chlupaci				S/D

同位素地层据郄文昆等（2019）和 Zhang 等（2019）汇编；a）据华南、滇西和秦岭区生物组合；b）据华南和羌塘区几丁虫组合；c）据西准噶尔区植物群。缩写 D. e.=Delotaxis elegans，C. euryomphala=Cymaclymenia euryomphala，En.=Entomoprimitia，splen.=splendens，Ra.=Rabienella，Yan.=Yanguania，Plico.=Plicochonetes，Trifi.=Trifidorostellum，P. liaojiaoshanensis=Polybranchiaspids liaojiaoshanensis，Gr.=Grahnichitina，Cymbo.=Cymbosporites，Retusotri.=Retusotriletes，E. annulatus=Emphanisporites annulatus，Very.=Veryhachium，Micrhy.=Micrhystridium，Acan.=Acanthotriletis，Stenozontri.=Stenozontriletis，A. chulus=Archaeozonotriletes chulu

势类群的动物群；对应台地相的*Trigonispirifer-Otospirifer-Euryspirifer*组合带，南丹深水相区发育以薄壳、体小为主的*Costanoplia-Plectodonta*群落（许汉奎，1977，1979），而*Zdimir*组合带则见于台地边缘相区（吴诒和颜成贤，1980；广西壮族自治区地质矿产局，1985；邝国敦等，1989）。中泥盆世，在较深水的过渡相区，六景地区艾菲尔阶顶部发育以*Vallomyonia*（*Yujiangella*）*sinensis*、*Pentamerella nanningensis*、*Cyrtinoides guangxiensis*（=*Echiinocoelia guangxiensis* Sun）等为主的动物群，吉维特阶底部有*Stringocephalus-Changtangella*动物群（孙元林，1992；Bai等，1994；鲜思远，1998；Baliński和Sun，2016）。法门早期，在远岸碳酸盐岩台地和台间盆地中发育有以*Dzieduszyckia*为特征的动物群（Nie等，2016）。

3.2.5 四射珊瑚

四射珊瑚和横板珊瑚是泥盆纪海相地层中的重要化石门类，类型多样、数量丰富、演化迅速，往往与层孔虫和藻类等生物一起构成复杂的生物礁生态系统（廖卫华，2006）。华南泥盆纪珊瑚动物群经历了五次重要的更替事件（廖卫华，2006，2015）：①布拉格期最早出现的代表性四射珊瑚，如*Chalcidophyllum*和*Eoglossophyllum*等标志着志留纪型珊瑚群的消失和泥盆纪型珊瑚群的出现（王钰等，1974）；②艾菲尔中期，蜂巢珊瑚类（如*Favosites*、*Squameofavosites*和*Dictyofavosites*）、日射珊瑚类（如*Heliolites*）和一些从早泥盆世延续而来的珊瑚属种惨遭灭绝；③吉维特晚期的更替事件导致泡沫型珊瑚（如*Mesophyllum*、*Cystiphylloides*和*Calceola*等）迅速消失；④弗拉期-法门期之交生物大灭绝导致大多数典型泥盆纪型珊瑚灭绝，仅在湖南等地的个别地点发现法门早、中期的少量孑遗分子，如*Smithiphyllum*；⑤法门期晚期，石炭纪型珊瑚开始大量出现，以*Ceriphyllum*和*Cystophrentis*等地方性的属出现为特征。

Liao和Ruan（2003）对华南泥盆纪四射珊瑚分类和演化进行了系统总结并划分出14个四射珊瑚生物带（图3.7），可用于区域地层划分与对比。在我国其他地区（如准噶尔和西藏等地），由于研究程度较低，并未建立较完整的、有广泛对比意义的四射珊瑚生物地层序列。华南泥盆系最下部的珊瑚生物带为布拉格阶*Chalcidophyllum-Eoglossophyllum*组合带；埃姆斯阶包含5个组合带，自下而上为*Xystriphylloides-Heterophaulactis*带、*Siphonophrentis-Stereolasma*带、*Lyrielasma-Xiangzhouphyllum*带、*Trapezophyllum*带和*Psydracophyllum-Leptoinophyllum*带；艾菲尔阶对应*Utaratuia-Breviseptophyllum*带；吉维特阶包括*Dendrostella-Columnaria*带和*Endophyllum-Sunophyllum*带；弗拉阶对应*Sinodisphyllum*带和*Peneckiella-Pseudozaphrentis*带；法门阶则包含*Smithiphyllum*带、*Ceriphyllum*带和*Cystophrentis*带（图3.7）。

3.2.6 孢粉

泥盆纪孢粉演化迅速并具高丰度的特征，是实现陆相地层划分及海陆相地层对比最有用的生物化石。然而，孢粉化石的产出层位并不连续，在地理上比较分散，受植物古地理区系差异、植物分布的不等时性和分散性的影响，很难在全球建立统一、连续和高分辨率的生物地层格架。欧阳舒等

（2017）系统研究和总结了我国华南、准噶尔、塔里木、秦岭和西藏地区50多个泥盆纪孢粉化石组合，依托多门类生物地层格架，初步实现了这些组合带的精细对比。本书图3.7中的孢粉组合序列根据华南地区云南曲靖（NC、GC、VL和RCA）、广西六景（LP、RAS和VMC）、贵州独山（TA和DG）、湖北长阳（CD），以及湖南锡矿山、界岭和新邵等地（LH—LN）的孢粉组合带而建立（高联达，1990；欧阳舒等，2017）。泥盆纪末期，气候剧烈波动，植物快速辐射，孢粉组合提供了高分辨率的地层对比依据，其中，*Retispora lepidophyta-Knoxisporites literatus*（LL）、*R. lepidophyta-Hymenozonotrileles explanatus*（LE）和*R. lepidophyta-Verrucosisporites nitidus*（LN）组合带可以在全球范围内广泛识别（Becker等，2012）。

3.2.7 植物

近年来，我国泥盆纪植物研究工作取得了重要进展，许多植物的系统分类和演化生物学特征得到了深入研究（Wang和Xu，2005；Xue，2009），一些植物类群（如传统的*Protolepidodendron*）已被修订并开展了全球性的区域对比（Xu和Wang，2008），植物群的面貌（Hao和Xue，2013；徐洪河等，2015）、古植物地理学（Xu等，2014）甚至相关的年代地层学工作得以开展（Zheng等，2016），为相关地层学研究奠定了基础。

我国泥盆纪植物群分为南方区和北方区两个不同的区系，两个区系在植物群的面貌上存在较大的差异（Cai和Wang，1995）。其中，南方区研究程度较高，识别出了若干泥盆纪植物群，包括早泥盆世布拉格期坡松冲植物群（Hao和Xue，2013）、布拉格期至最早埃姆斯期徐家冲植物群（Wang等，2002；Wellman等，2012）、中泥盆世晚期西冲（海口）植物群（Wang等，2007）和晚泥盆世晚期的五通植物群（王怿等，2006）等。我国产艾菲尔期植物化石地层较少，有明确年代证据的仅限新疆塔城地区呼吉尔斯特组，可见*Serrulacaulis spineus*和*Planatophyton hujiersitense*（Xu等，2011；Gerrienne等，2014）。Qie等（2019）确立了新的阶一级植物大化石对比表，自下而上包括洛赫考夫阶*Zosterophyllum-Xitunia*组合、布拉格阶*Zosterophyllum-Yunia*组合、埃姆斯阶*Psilophyton-Hsüa*组合、艾菲尔阶*Serrulacaulis*组合、吉维特阶*Minarodendron-Leclercqia*组合、弗拉阶*Archaeopteris-Lepidophleoum*组合和法门阶*Sublepidodendron-Shougangia-Hamatophyton*组合（图3.7）。

但是，由于植物大化石时间延限长，分布较局限，统一级划分方案可在较大范围内得以广泛应用，包括下泥盆统*Adoketophyton-Demersatheca-Pauthecophyton*组合，中泥盆统*Minarodendron cathaysiense-Leclercqia*组合，上泥盆统*Archaeopteris-Leptophloeum rhombicum-Shougangia bella*组合。

3.3 中国泥盆纪碳同位素地层

我国泥盆纪碳同位素地层据云南保山大海坝、云南丽江阿冷初、四川绵阳龙门山、贵州独山其林寨、广西桂林铁山、广西桂林龙门、广西桂林付合、广西南宁大沙田、广西象州马鞍山、广西横县六景和广西宜州拉利剖面数据汇编（郄文昆等，2019；Zhang等，2019）。

我国三江地区和滇西志留系-泥盆系界线附近的δ^{13}C值表现出明显的正向偏移特征，偏移幅度分别为1.4‰和2‰左右（图3.7）。这次明显的δ^{13}C值正偏事件亦可见于布拉格向斜、Carnic Alps和北美等广大地区，峰值通常在3.8‰左右，其中内华达剖面δ^{13}C极值可达5.8‰，代表了泥盆纪δ^{13}C值最大的事件之一（Buggisch 和Joachimski，2006；Saltzman和Thomas，2012；Husson等，2016）。洛赫考夫阶中部的δ^{13}C值快速下降到0.6‰左右，之后震荡式上升，至洛赫考夫阶顶部达3.2‰，表现出第二次明显的正向偏移特征。我国三江地区洛赫考夫阶中部—上部的δ^{13}C值演化趋势与布拉格地区不尽相同，与北美地区比较相似，即在该阶中上部已开始明显升高；而布拉格地区δ^{13}C值在洛赫考夫阶-布拉格阶界线附近才发生明显正向偏移（Buggisch和Joachimski，2006）。

我国布拉格阶碳同位素地层研究程度很低，近乎无报道。最近，对广西南宁大沙田剖面*E. sulcatus*带的碳同位素记录研究结果显示，δ^{13}C值为−2.5‰~1‰，且波动剧烈（图3.7）。结合微量元素和沉积相分析，该地区的布拉格阶碳同位素记录在成岩过程中可能受到淡水淋滤及其互层粉砂岩中有机质渗透交代的影响，不具有远距离地层对比意义。

关于埃姆斯阶δ^{13}C的前期研究主要集中在四川龙门山、广西天等把荷和象州马鞍山剖面，由于采样精度不高和缺少高分辨率生物地层控制，无法与欧洲等地的碳同位素记录曲线进行对比（图3.7）。对龙门山剖面的δ^{13}C记录研究揭示，我国埃姆斯阶δ^{13}C值主要在−1‰~0.9‰，在0上下波动，整体而言要低于欧洲地区同期的δ^{13}C值（Buggisch和Joachimski，2006；图3.7）。华南、欧洲与北美埃姆斯期δ^{13}C值波动幅度较小，基本保持稳定，仅在埃姆斯阶上部表现出一个缓慢的上升过程。

艾菲尔阶下部，四川龙门山剖面δ^{13}C值表现为一个负偏过程，自下而上由1.2‰逐渐降低至−1.3‰，之后缓慢上升，在吉维特阶底界附近升高至0.7‰左右，偏移幅度为2‰。欧洲地区δ^{13}C值在1.5‰附近小幅度波动，仅在艾菲尔阶-吉维特阶（E-G）界线附近表现出明显正向偏移特征，偏移幅度为~2‰。德国和摩洛哥地区腕足类壳方解石δ^{13}C值曲线在艾菲尔阶内部则表现出正向偏移特征，由0.5‰急剧上升至2.6‰，之后又快速下降至1.1‰，跨越E-G界线，δ^{13}C值快速上升了2‰，达到3‰的峰值。艾菲尔期δ^{13}C值在不同地区和不同测试样品中的演化趋势并不一致，尚需要进一步的研究（Buggisch和Joachimski，2006；van Geldern等，2006）。但在E-G界线附近δ^{13}C值均发生了一次明显的正偏事件，偏移幅度比较一致，可能反映了一次全球性的碳循环异常事件。

关于华南地区吉维特阶碳同位素记录的前期研究相对较多，集中在广西象州马鞍山、象州大乐、横县六景，以及四川龙门山剖面（崔秉荃等，1993；Bai等，1994；王大锐和白志强，2002），δ^{13}C值为−2‰~2.5‰。由于不同剖面中δ^{13}C值域范围并不一致，且缺少精细的生物地层格架，变化趋势不明显。研究表明，龙门山剖面吉维特期δ^{13}C值剧烈波动，在中期发生了一次明显的正向偏移事件，幅度大于3.5‰，可在欧洲地区得到很好的识别，可能对应全球海平面的上升和吉维特期的Taghanic事件（Buggisch和Joachimski，2006；Becker等，2012）。

吉维特阶-弗拉阶界线附近，象州马鞍山、宜州拉利和龙门山剖面的δ^{13}C值均表现出明显的正偏特征，偏移幅度分别为2.5‰、2.0‰和3‰，其中龙门山剖面δ^{13}C峰值为5.6‰，代表了我国泥盆系海相碳酸盐δ^{13}C值的极大值。这次正偏事件在法国、意大利、德国及澳大利亚等地位于弗拉阶底部的中

*falsiovalis*带附近，偏移幅度一般在2‰左右，峰值<4.4‰（Buggisch和Joachimski，2006）。弗拉阶下部δ^{13}C值剧烈波动，但是全球范围内尚缺少统一的演化模式，宜州拉利剖面记录了1.0‰正向偏移，Zhang等（2019）认为其可能对应Middlesex事件；在弗拉阶上部的下、上Kellwasser事件层位，δ^{13}C值均表现出明显的正向偏移特征，其值域范围（0.5‰~3.5‰）和偏移幅度（~3‰）在全球范围内都可以得到很好的对比（Joachimski等，2002；Stephens和Sumner，2003；Chen等，2005；Xu等，2012；Chang等，2017；Zhang等，2019）。

弗拉阶-法门阶之交δ^{13}C值的升高过程在付合剖面和白沙剖面均持续至中*triangularis*带底界附近，之后逐渐下降至1.1‰左右，下-中*crepida*带，付合剖面的δ^{13}C值表现出小幅度（~1‰）的正偏特征（Chen等，2013；Chang等，2017）。宜州拉利剖面上*crepida*带—下*marginifera*带δ^{13}C值波动范围为2‰~3‰，并呈下降趋势，至下*marginifera*带底界附近降至最低值（Zhang等，2019）。中*marginifera*带至中*expansa*带δ^{13}C值主要波动范围为1.7‰~3.2‰，对应Annulata和Dashberg事件，均表现出1‰左右的正向偏移特征。泥盆纪末期中*praesulcata*带，即Hangenberg事件层位，华南地区δ^{13}C值表现出负向偏移特征；泥盆纪末期上*praesulcata*带，伴随着海平面的上升和气温的升高，δ^{13}C值发生了一次明显的正偏事件（Qie等，2015）。然而，不同沉积相区中δ^{13}C峰值和偏移幅度明显不同。近岸浅水台地相区δ^{13}C值偏移较大，偏移量>4‰，极值可达4.5‰；深水盆地相区δ^{13}C值在2‰附近波动。华南地区泥盆系-石炭系界线附近碳同位素组成的时空特征可以在法比盆地和Carnic Alps地区得到印证，具有全球对比意义（Qie等，2015）。

3.4 中国泥盆纪事件地层

泥盆纪发生了多达25次的全球性海平面升降、海洋缺氧/贫氧和生物灭绝/更替事件（Becker等，2012），均可能与米兰科维奇旋回控制的气候波动密切相关，具有等时性和瞬时性特点。例如，F-F之交生物大灭绝事件主幕的持续时间为20~40万年（上Kellwasser层）（de Vleeschouwer等，2013；Huang等，2016），而泥盆纪末Hangenberg事件主幕的持续时间仅为5~10万年（中*Si. praesulcata*带）（Myrow等，2014）。这些事件在地层序列中的精确识别可以极大地提高泥盆纪地层的对比精度。

3.4.1 志留系-泥盆系界线（S-D）事件

S-D事件主要表现为Transgrediensis生物灭绝事件之后的复苏过程，以泥盆纪型生物，如笔石*U. uniformis*、*U. subhercynicus*、*Neomonograptus aequabilis*和牙形类*Caudicriodus*类群在全球范围内同时大量出现为特征，并伴随δ^{13}C值的明显正偏（Buggisch等，2006；Manda和Fryda，2010）。Zhao等（2011，2015）在我国西秦岭普通沟和羊路沟剖面、云南曲靖西山村剖面及钦防地区玉林长湾塘剖面S-D界线附近均识别出有机碳同位素值的正偏事件，结合牙形类、微体脊椎化石和笔石序列研究成果，精确限定了华南及邻区S-D界线位置和事件层位。

3.4.2　埃姆斯早期 Basal Zlíchov、Chebbi 和郁江事件

在埃姆斯阶之下，华南地区泥盆系以陆表海碎屑岩沉积为主，仅有零星的碳酸盐岩出露，从 *P. excavatus* 带开始，华南地区广泛发育碳酸盐岩沉积，而且出现层位具有向北升高的趋势，体现了海侵超覆现象。郭文（2017）在南丹莫德剖面益兰组上部和天等坡元剖面郁江组-黄猄山组岩性界面之上的灰岩中均识别出牙形类 *P. e.* ssp. 114，表明埃姆斯早期的快速海侵发生在 *P. excavatus* 带上部，对应欧非地区的 Basal Zlíchov 事件（Garcia-Alcalde，1997；Becker 等，2011）。

Chebbi 事件命名源自摩洛哥 Ouidane Chebbi 附近的 Metabactrites-Erbenoceras 页岩，位于牙形类 *P. excavatus* 带顶部（=GTS2012 *gronbergi* 带上部），以世界范围内菊石类的首次辐射为特征，代表了游泳动物演化史上的重大事件之一（Becker 等，2011）。我国最早的菊石类出现在南丹罗富竹节石 *N. praecursor* 带（=牙形类 *nothoperbonus* 带下部），主要包括 *Anetoceras*、*Erbenoceras* 和 *Teicherticeras* 等（钟铿等，1992；Liao 和 Ruan，2003），与 Chebbi 事件的发生层位十分接近。

郁江事件由 Yu 等（2018）正式提出，用以反映华南板块区域性的生物和环境事件，分为两个阶段：第一阶段发生在牙形类 *nothoperbonus* 带底部，对应一次快速海侵事件，主要影响浅水相区，以岩性突变、底栖造礁珊瑚 *Xystriphylloides* 灭绝、珊瑚生物层消失和"东京石燕动物群"群落结构明显变化为特征；第二阶段发生在 *nothoperbonus* 带上部，对应 *nothoperbonus* 带内的第二次海侵事件，以"东京石燕动物群"特征分子的完全消亡为标志。郁江事件之后，华南地区沉积分异明显，根据岩相和生物相特征，可以识别出曲靖型、象州型、过渡型和南丹型四种沉积相类型（侯鸿飞等，1988）。华南地区 *nothoperbonus* 带底部的海侵事件导致浅海生态系统中底栖生物群落的灭绝和更替（下郁江事件），而同期较深水的南丹罗富地区则以菊石类的开始出现和辐射为特征，可能反映了 Chebbi 事件在不同板块和不同沉积相区中的差异响应。

3.4.3　埃姆斯晚期 Upper Zlíchov 和 Daleje 事件

Upper Zlíchov 和 Daleje 事件分别发生在 *inversus* 带底部和上部，在欧洲和北非地区均对应相对海平面的上升（Walliser，1996；Becker 等，2011）。在华南浮游相区（如崇左那艺和德保四红山剖面），Upper Zlíchov 和 Daleje 事件分别以达莲塘组-坡折落组的岩性界线和竹节石 *N. cancellata* 首现为标志；在浅水台地相区，由于缺少精细的生物地层格架，Upper Zlíchov 事件无法精确识别，可能位于二塘组和落脉组中部，Daleje 事件则大致对应大乐组的底界，以下伏"官桥白云岩"和侣塘组泥岩夹白云岩沉积的结束及底栖生物类群（如腕足类和珊瑚）的明显更替为特征（图3.7）。

3.4.4　艾菲尔期 Choteč 和 Kačák 事件

Choteč 事件代表了一次全球海平面上升和海洋缺氧/贫氧事件，发生在中泥盆统底界附近（*partitus* 带上部），以有机质的大量埋藏和海洋中主要生物类群的明显更替为特征（Walliser，1996）。华南浮游相区，该事件对应坡折落组顶部的深黑色泥质灰岩、硅质岩和硅质泥岩沉积；浅水台地相区，该事件对应大乐组-古琶组岩性界线，以竹节石 *N. sulcata*、腕足类 *Xenospirifer fongi-Eospiriferina lachrymosa*

组合和珊瑚*Utaratuia-Breviseptophyllum*组合的出现为特征，标志着我国应堂期的开始。

　　Kačák事件代表了一次黑色页岩沉积事件，在欧洲E-G界线之下广泛分布，反映了全球海平面的上升、有机碳的大量埋藏和海洋缺氧事件，主要影响浮游生物，如牙形类、头足类和珠胚节石类等（Walliser，1996；Königshof等，2015）。华南南丹型深水相区，以竹节石*N. otomari*的出现为标志；过渡型相区以那叫组白云岩向民塘组灰岩转变为特征；浅水台地相区，龙门山剖面δ^{13}C值在E-G界线附近升高了2‰左右，是Kačák事件良好的识别标志（图3.7）。

3.4.5　吉维特期 Taghanic 和 Frasne 事件

　　Taghanic事件是泥盆纪最重要的地质事件和生物灭绝事件之一，发生在中*P. varcus*带上部至上*Sc. hermanni*带。随着全球海平面逐渐上升，生物古地理区系障壁被打破，大量外来物种的入侵导致吉维特期生物的大量消失和生物多样性的显著降低（House，2002；McGhee等，2013）。自下*P. varcus*带开始，华南地区裂谷作用明显增强，区域构造运动对相对海平面变化产生了一定影响，但其演化趋势与全球海平面变化基本一致（Ma等，2009）。该事件导致华南浮游相区菊石动物群落的明显更替，*Pharciceras*动物群取代*Maenioceras*动物群；导致浅水台地相区腕足类*Stringocephalus*消亡和四射珊瑚*Endophyllum-Sunophyllum*组合中大多数分子灭绝。

　　Frasne事件发生在弗拉阶底界附近，在欧美地区表现为海侵事件和生物群落的明显更替（House，2002）；在华南地区则表现为海退事件，湘中和广西北部地区缺失弗拉期早期地层，含弓石燕类地层（弗拉阶中部）直接覆盖在中泥盆世地层之上（马学平和宗普，2010）。该事件导致华南地区造礁珊瑚和层孔虫大量消失。微生物礁丘和层孔虫生物层自此开始占据优势地位，逐渐取代吉维特期大范围分布的层孔虫-珊瑚生物礁（吴义布等，2010）。与此同时，δ^{13}C值发生明显的正向偏移，偏移幅度为2.5‰～3‰，反映泥盆纪后生动物生物礁系统崩溃的开始和海洋碳循环异常。

3.4.6　弗拉期 Genundewa、Timan、Middlesex 和 Rhinestreet 事件

　　华南浅水台地相区，桂林组下部和小岭坡组的韵律沉积及δ^{13}C记录的大幅度偏移可能是弗拉期早期全球气候与海平面快速波动的响应，但是与北美地区Genundewa、Timan、Middlesex和Rhinestreet等黑色页岩沉积和菊石类的快速演替事件的对应关系尚不清楚。过渡相区，Ma等（2008）在桂林垌村剖面谷闭组*transitans*带发现了深色styliolinid微介壳层沉积，认为其可能反映了海平面的上升及海洋贫氧条件，对应Timan事件。弗拉中期，菊石*Mesobeloceras*?在湖南佘田桥剖面出现反映了一次海侵事件，伴随腕足类cyrtospiriferids和conispiriferids的大量出现和部分rhynochonelloids的灭绝，可能对应Rhinestreet事件（Ma等，2014）。

3.4.7　F-F 生物大灭绝事件

　　F-F生物大灭绝是显生宙以来最大的五次生物灭绝事件之一（Sepkoski，1996；McGhee等，2013），导致了海洋中至少80%的物种消亡和和地史时期最大后生动物礁系统的彻底崩溃，深刻改变

了地球生命的演化进程。受泥盆纪多种时间尺度作用力的综合影响，F-F生物事件的灭绝模式复杂，具两幕式特征，分别对应下、上Kellwasser事件（Copper，1994；Walliser，1996；Joachimski等，2009）。

下Kellwasser事件发生在上*Pa. rhenana*带下部，在华南地区特征不明显，主要表现为过渡相和深水盆地相区中（桂林付合、垌村、白沙剖面和武宣南峒剖面）碳、氧和锶同位素记录的明显偏移，揭示出这一时期有机碳埋藏量的增加、全球气候的变冷和陆源输入量的增高（Chen等，2005；Xu等，2012；黄程，2015）。

上Kellwasser事件发生在*Pa. linguiformis*带期间，代表了F-F之交生物大灭绝事件主幕，主要影响浅海生态系统中的底栖生物类型（如腕足类、珊瑚和底栖介形类等）（陈秀琴和马学平，2004；廖卫华，2004；王尚启等，2004），但是不同门类和类群生物的灭绝过程和模式存在一定差异（Ma等，2016）。在深水相区，牙形类灭绝事件的持续时间可能小于2万年，以弗拉期palmatolepids类、ancyrodellids类和polygnathids类的灭绝为特征（Huang等，2016）。华南地区碳、氧、硫和锶同位素记录波动明显，基本上揭示了这一关键转折期全球海洋地球化学循环的异常特征（Chen等，2013；黄程，2015）。

3.4.8　法门期 Nehden、Condroz、Enkeberg、Annulata 和 Dasberg 事件

法门期发生了多次海洋缺氧/贫氧事件和生物快速更替事件，导致该时期以显生宙各大生物灭绝事件之后历时最长的生物复苏为特色。F-F之交生物大灭绝后，生物复苏过程历时大约一千万年。华南地区法门阶内部事件的研究尚处于起步阶段，依据我国锡矿山阶典型剖面（即冷水江锡矿山剖面）牙形类生物地层、岩石地层和腕足类动物群研究成果，Ma等（2014）认为：长龙界组-锡矿山组岩性界线反映了相对海平面的上升，对应Nehden事件；锡矿山组泥塘里段以细粒碎屑沉积物为主，代表了低水位沉积，*Nayunnella-Hunanospirifer*动物群取代*Yunnanella-Sinospirifer*动物群，对应Condroz事件；锡矿山组马牯脑段中部薄层灰岩和牙形类的大量出现揭示了相对海平面的上升，可能对应Enkeberg事件。

广西桂林铁山剖面是我国阳朔阶的典型剖面，在法门中晚期发育孤立碳酸盐岩台地边缘相，以融县组浅灰色、灰白色中层—块状鲕粒颗粒灰岩和内碎屑颗粒灰岩为特征。在牙形类*Pa. r. trachytera*带内部和中*Pa. g. expansa*带底部，沉积相均发生明显突变，以富含有机质的黑色钙质泥岩、泥质灰岩和粒泥灰岩的出现为特征，反映了相对海平面的上升和海洋缺氧条件，可能分别对应Annulata和Dasberg事件。此外，在宜州拉利剖面相应层位，Zhang等（2019）识别出两次δ^{13}C值的小幅度正向偏移事件，可能反映了有机碳埋藏分数的增加和海洋缺氧。

3.4.9　Hangenberg 事件

泥盆纪末的Hangenberg事件发生在牙形类中*Si. praesulcata*带至上*Si. praesulcata*带期间，持续了10万~30万年（Myrow等，2014）。最近的研究表明，这次事件对海洋生态系统的影响至少与晚泥盆世F-F之交生物大灭绝相当，代表了显生宙以来最大的生物灭绝事件之一（Becker等，2012；Kaiser等，

2016）。华南的情况基本反映了全球Hangenberg事件的主要特征，包括：①灭绝事件主幕发生在中 *Si. praesulcata*带，深水相区以黑色页岩的广泛分布为特征，浅水相区则往往表现为沉积间断和岩性突变，揭示出全球海平面的降低（Qie等，2015）；②海洋生物受创明显，古生代层孔虫类、几丁虫类、盾皮鱼类、介形类豆石介目和牙形类掌鳞刺类全部灭绝，菊石类仅有海神石的个别属种穿越灭绝事件主幕，泥盆纪珊瑚、三叶虫、疑源类、有孔虫和脊椎动物大量消失，打断了晚泥盆世F-F生物灭绝事件之后海洋生物的复苏过程；③牙形类上*Si. praesulcata*带，对应南方冈瓦纳大陆冰期结束之后的海侵沉积，幸存物种最终消亡，陆地植物群发生明显更替，石炭纪型生物开始出现；④海洋中碳氮同位素记录波动明显，I/Ca值和U同位素反映了海洋缺氧特征，揭示出该时期全球海洋地球化学循环异常（Liu等，2016，2019；Zhang等，2020）。

4　中国泥盆纪区域性典型剖面描述

中国泥盆纪古生物学与地层学研究极不均衡，迄今为止主要集中在华南地区和西准噶尔地区。由于沉积相类型多样、生物化石丰富，中国泥盆纪地方性年代地层单位的层型剖面均位于华南地区，而准噶尔区由于其特殊的古地理位置和记录着F-F生物大灭绝事件之后的海洋生物避难所，引起了国内外学者的广泛关注。我国其他地区，如内蒙古、青藏高原及塔里木盆地周缘泥盆系的研究还十分薄弱，有待进一步加强。本书选取准噶尔地层区（Ⅱ）、塔里木地层区（Ⅲ）、秦岭地层区（Ⅵ）、华南地层区（Ⅷ）和羌塘—三江地层区（Ⅶ）的10条经典剖面（图4.1）进行详细介绍，系统描述各条基干剖面岩石地层、生物地层和年代地层等方面的研究现状和研究进展，并提供最新的综合地层柱状图，以供泥盆纪地层工作者使用。中国泥盆纪其余的四个地层区，即阿尔泰—兴安地层区（Ⅰ）、华北地层区（Ⅳ）、祁连山—昆仑地层区（Ⅴ）和喜马拉雅—滇西地层区由于研究程度相对较低及缺少泥盆纪沉积记录，本书暂未涉及。

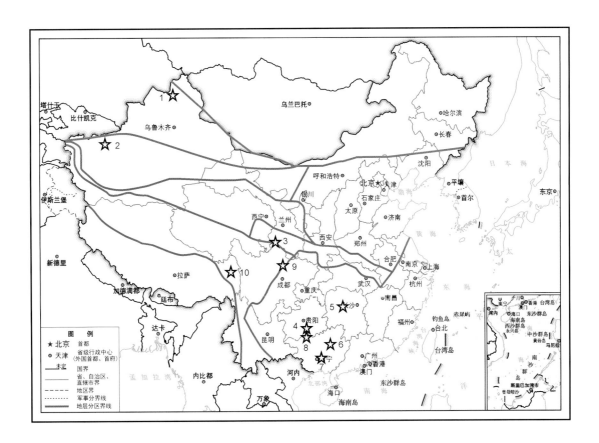

图 4.1　中国泥盆纪基干剖面地理位置图
1. 新疆和布克赛尔芒克鲁—布龙果尔剖面；2. 新疆巴楚小海子剖面；3. 四川若尔盖普通沟—甘肃迭部剖面；4. 贵州独山大河口剖面；5. 湖南冷水江锡矿山剖面；6. 广西象州马鞍山剖面；7. 广西横县六景剖面；8. 广西南丹罗富剖面；9. 四川龙门山甘溪剖面；10. 西藏昌都剖面

4.1 新疆和布克赛尔芒克鲁—布龙果尔剖面

新疆和布克赛尔芒克鲁—布龙果尔剖面位于准噶尔盆地西北缘的沙尔布尔提山一带，由芒克鲁下—中泥盆统剖面和布龙果尔上泥盆统剖面复合而成，隶属北准噶尔地层分区的沙尔布尔提山地层小区（图4.2）。其中，芒克鲁剖面位于沙尔布尔提山芒克鲁沟（GPS坐标：46°49′5.03″N，86°40′59.41″E）。芒克鲁剖面自下而上包括乌吐布拉克组（S_4-D_1w?）、曼格尔组（D_1mg）、芒克鲁组（D_1m）和呼吉尔斯特组（$D_{1-3}h$）（图4.3）。布龙果尔剖面位于新疆维吾尔自治区和布克赛尔蒙古自治县和什托洛盖镇至乌图布拉克镇之间，布龙果尔水库以北约1.5km处（GPS坐标：46°45′10.26″N，86°08′20.70″E）。布龙果尔剖面是洪古勒楞组的命名剖面，也是该研究区内研究程度较高的上泥盆统—下石炭统的经典剖面（许汉奎等，1990；Chen等，2009；宗普等，2012；Suttner等，2014），自下而上出露朱鲁木特组（D_3z）、洪古勒楞组（D_3hg）和黑山头组（C_1h）（图4.4）。

泥盆纪准噶尔西北缘地处西伯利亚、哈萨克斯坦和塔里木板块的交汇处，位于中亚造山带腹地（肖文交等，2006；龚一鸣和纵瑞文，2015）。在地层区划上，北准噶尔地层分区自北向南包括四个地层小区，即萨吾尔山、沙尔布尔提山、玛依力山和克拉玛依地层小区，区内古生代地层发育，其中泥盆系和石炭系分布广泛（龚一鸣和纵瑞文，2015）（图4.2）。沙尔布尔提山—谢米斯台山一带在泥盆纪—早石炭亚纪隶属哈萨克斯坦地块多岛洋体系，经历了多次海侵事件，至晚石炭亚纪开始进入陆内造山演化阶段，最终成为中亚造山带的重要组成部分。

4.1.1 岩石地层

乌吐布拉克组（S_4-D_1w?）：由中国地质科学院和新疆区测大队于1973年命名，侯鸿飞等（1979）正式引用，命名剖面位于和布克赛尔蒙古自治县乌图布拉克芒克鲁沟。乌吐布拉克组在层型剖面上总厚度约360m，共划分为5层：下部（1—2层）为灰绿色凝灰质细砂岩、粉砂岩，夹砂砾岩；中部（3—4层）为灰绿色和黄褐色凝灰质砂岩、砂砾岩，夹灰岩透镜体；上部（5层）为灰绿色凝灰质粉砂岩。该组富含古生物化石，有笔石*Monograptus anerosus*、*M. mironovi*（廖卫华和蔡土赐，1987），腕足类*Leptostrophia rotunda*、*Ferganella*、*Howellella*、*Wutubulakia*、*Meristella*，珊瑚*Favosites*、*Aulocystis*、*Syringaxon*、*Tryplasma*，三叶虫*Encrinurus*、*Warburgella abnormis*、*Crotalocephalus* cf. *myods*，植物*Salopella xinjiangensis*、*Junggarria spinosa*等（新疆维吾尔自治区区域地层表编写组，1981；林宝玉等，1998）。

乌吐布拉克组主要出露于西准噶尔地区沙尔布尔提山一带，指代介于普里道利统克克雄库都克组（S_4kk）和下泥盆统曼格尔组（D_1mg）之间含笔石、腕足类等化石的一套夹灰岩透镜体的灰绿色、黄褐色凝灰碎屑岩，与上覆和下伏地层均整合接触。该组时代为志留纪普里道利世至早泥盆世洛赫考夫期，其具体的志留系-泥盆系界线位置尚存较大争议。

曼格尔组（D_1mg）：由中国地质科学院和新疆区测大队于1973年命名，侯鸿飞等（1979）正式引用，命名剖面位于和布克赛尔蒙古自治县乌图布拉克芒克鲁沟。曼格尔组在层型剖面上总厚度

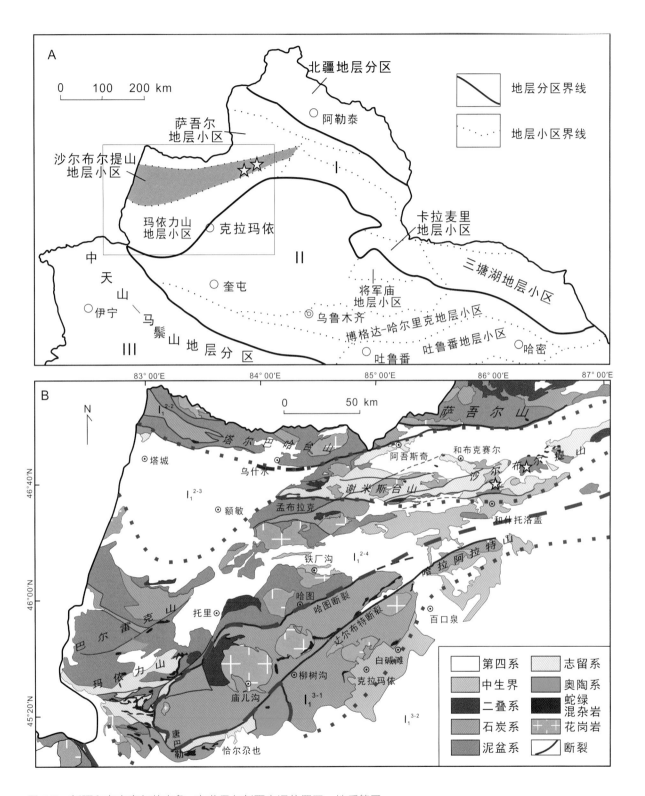

图 4.2　新疆和布克赛尔芒克鲁 - 布龙果尔剖面交通位置图、地质简图

Ⅰ. 北准噶尔地层分区；Ⅱ. 南准噶尔—北天山地层分区；Ⅲ. 中天山—马鬃山地层分区. 1. 芒克鲁下一中泥盆统剖面；

2. 布龙果尔上泥盆统剖面

图 4.3　新疆和布克赛尔芒克鲁剖面野外露头照片

A. 芒克鲁剖面乌吐布拉克组；B. 芒克鲁沟北侧上志留统—下泥盆统剖面乌吐布拉克组、曼格尔组和芒克鲁组；C. 芒克鲁剖面乌吐布拉克组上部灰绿色凝灰质粉砂岩，产笔石化石；D. 芒克鲁剖面呼吉尔斯特组；E—H. 和布克赛尔地区呼吉尔斯特组植物群（E. 工蕨 *Serrulacaulis spineus*；F. 原始鳞木类草本石松 *Haskinsia sagittata*；G. 原始鳞木类石松 *Leclercqia uncinata*；H. 乔木状石松 *Hoxtolgaya robusta*）；I. 251 山呼吉尔斯特组剖面

图 4.4　新疆和布克赛尔布龙果尔剖面野外露头照片和朱鲁木特组中古植物化石

A. 朱鲁木特组砾岩和古植物化石；B. 朱鲁木特组中古植物 *Xinicaulis lignescens* 化石横切片（Xu 等，2017）；C. 布龙果尔剖面朱鲁木特组上部—洪古勒楞组全景图；D. 布龙果尔剖面风暴沉积统计第 3 旋回介壳灰岩 + 丘状层理；E. 黑山头组 C_1hs 中段杂色火山碎屑岩景观；F. 布龙果尔剖面洪古勒楞组上段生物碎屑层；G. 洪古勒楞组下段对称波痕

约270m，前人经研究将其划分为2层（图4.5）：下部（6层）为灰绿色含砾钙质凝灰质砂岩；上部（7层）为黄绿色泥质灰岩，夹钙质砂岩、泥质灰岩。曼格尔组中报道的化石包括三叶虫*Odontochile sinensis*、*Calymenia* sp.，腕足类*Aulacella* sp.、*?Resserella* sp.等（侯鸿飞等，2000）。

该组分布局限，仅限于沙尔布尔提山南坡中部，与下伏乌吐布拉克组（S_4-D_1w?）和上覆芒克鲁组（D_1m）均整合接触，时代大致相当于早泥盆世洛赫考夫期至布拉格期。

芒克鲁组（D_1m）：由中国地质科学院和新疆区测大队于1973年命名，侯鸿飞等（1979）正式引用，命名剖面位于和布克赛尔蒙古自治县乌图布拉克芒克鲁沟。芒克鲁组在层型剖面上总厚度约290m，共划分出5层（图4.5）：下部（8—9层）陆源碎屑较多，以黄褐色、灰色的钙质砂岩、粉砂岩、含砂灰岩夹砂质灰岩为特征；中部（10层）为黄灰色、灰色生物碎屑灰岩，表面风化严重；上部（11—12层）为黄褐色砂质灰岩、含砾生物灰岩，夹薄层灰岩，富含腕足类、珊瑚及三叶虫化石。芒克鲁组中代表性的化石包括腕足类*Levenea*、*Aulacella*、*Leptaenopyxis*、*Cymostrophia*、*Gladistrophia*、*Mangkeluia*、*Togatrypa*、*Coelospira*、*Acrospirifer*、*Paraspirifer*、*Fimbrispirifer*等（许汉奎，1991），珊瑚*Pteurodictyum*、*Syringaxon*、*Barrandeophyllum*、*Pachyfavosites*、*Squameofavosites*，苔藓虫*Fistulipora*、*Leioclcma*等（侯鸿飞等，2000）。

芒克鲁组主要出露于沙尔布尔提山南坡，与下伏曼格尔组（D_1mg）整合接触，与上覆呼吉尔斯特组（$D_{1-3}h$）之间可能为不整合接触关系，时代为早泥盆世埃姆斯期。

呼吉尔斯特组（$D_{1-3}h$）：由中国地质科学院和新疆区测大队于1973年命名，侯鸿飞等（1979）正式引用，命名剖面位于沙尔布尔提山南坡。呼吉尔斯特组代表一套陆相磨拉石建造。在典型剖面沙尔布尔提山南坡芒克鲁沟，该组分为上下两段：下部（13—18层）为灰绿色、灰褐色砂砾岩，夹粉砂岩、砾岩和少量灰岩透镜体，厚约440m；上部（19—24层）为灰绿色、暗灰色的凝灰质粉砂岩和砂岩，夹碳质页岩，局部为煤线、安山质岩屑凝灰岩和凝灰质砾岩，厚约330m。呼吉尔斯特组下部含有植物化石*Psilophytites*、*Hostimella*、*Protolepidodendron*、*Psilophyton*、*Barsassia*等，上部含有植物化石*Protolepidodendron*、*Lepidodendropsis*、*Hostimella*，碳质页岩夹层中含叶肢介*Asmussia*、*Ulugkemis*和*Pseudoestheria*。

该组主要分布在沙尔布尔提山南坡与东部，与下伏芒克鲁组之间为平行不整合接触或不整合接触关系，与上覆朱鲁木特组之间多为断层接触。传统上一直认为呼吉尔斯特组对应中泥盆统。近年来，Xu等（2014）在呼吉尔斯特组上段产植物*Serrulacaulis*的层位中识别出孢子*Acinosporites lindlarensis*和*Rotaspora* sp.，认为其属于埃姆斯阶上部—艾菲尔阶；而Zheng等（2016）对呼吉尔斯特组上部的碎屑锆石开展ICP-MS锆石U-Pb测年，结果显示该组上部地层的形成年龄不老于380Ma，可延续至弗拉早期。综上所述，该组形成时代应为早泥盆世埃姆斯晚期—晚泥盆世弗拉早期。

朱鲁木特组（D_3z）：由中国地质科学院和新疆区测大队于1973年命名，侯鸿飞等（1979）正式引用。朱鲁木特组命名剖面位于和布克赛尔蒙古自治县沙尔布尔提山朱鲁木特西南，代表晚泥盆世弗拉期一套非海相沉积，以植物化石斜方薄皮木*Leptophloeum rhombicum*为标志，总厚度可达1300多米，共划分出13层（图4.5）：下部（25—31层）主要为灰绿色凝灰质粉砂岩、砂岩，夹少量细砾岩和含砾粗砂岩，向上砾石增多，逐渐转变为灰绿色、灰色的凝灰质粗砂岩、砂砾岩、砾岩互层；中部（32—34层）为灰黑色、灰绿色的凝灰质细—中粒砂岩和粉砂岩；上部（35—37层）为灰绿色、灰色的凝灰质细砾岩、粗砂岩和粉砂岩。在布龙果尔剖面，该组出露顶部约50m，以灰绿色细砂岩、粗砂岩和含砾砂岩为主，夹薄层泥岩及砾岩，见斜层理，含大量*Leptophloeum rhombicum*化石，代表了辫状河-曲流河相沉积（王志宏，2016）。

朱鲁木特组主要分布于新疆西准噶尔和布克赛尔蒙古自治县的布龙果河、和布克河、朱鲁木特、乌兰柯顺等地（侯鸿飞等，2000；王志宏等，2014）。朱鲁木特组与下伏呼吉尔斯特组多为断层接触。对于其与上覆洪古勒楞组的接触关系，早期研究一般认为两者整合接触（新疆维吾尔自治区地质矿产局，1983；Hou等，1993；侯鸿飞等，2000）。但近年来在布龙果尔剖面的研究表明，两者极可能为平行不整合接触关系（马学平等，2011；Ma等，2011），该组形成时代为晚泥盆世弗拉期。

洪古勒楞组（D_3hg）：由中国地质科学院与新疆区测大队于1974年命名，侯鸿飞等（1979）正式引用。该组的命名剖面位于和布克赛尔蒙古自治县沙尔布尔提山布龙果尔沟，原始定义为一套海陆交互相沉积，总厚度可达600m左右：下部以陆相为主，含植物化石*Leptophloeum rhombicum*；上部为海相地层，含大量珊瑚、腕足类、三叶虫。许汉奎等（1990）对剖面做了重新研究，认为该剖面可能为向斜构造，地层存在重复。肖世禄等（1991）详细论述了该剖面地层序列，并修订了该组定义，新定义仅包括了原划分方案的海相沉积部分——下段灰岩段和上段杂色碎屑岩段。本书遵循Hou等（1993）对该组的定义和划分方案，并对其进行重新测量，该组总厚度为236m，可划分出3段10层，即下部灰岩段，中部杂色火山碎屑岩段和上部钙质碎屑岩段。自下而上岩性特征分别为：灰褐色薄层介壳灰岩、砂屑灰岩和棘皮类生屑灰岩，夹少量钙质泥岩（38—40层）；灰绿色、灰紫色的薄—中层凝灰岩、凝灰质粉砂质泥岩，夹灰岩（41—43层）；灰绿色、灰色的中层钙质粉砂岩、细砂岩，夹少量薄—中层砂屑灰岩和生屑灰岩（44—47层）。

洪古勒楞组下段中含有丰富的各门类化石。腕足类以小嘴贝、石燕贝和长身贝类为主，包括小嘴贝*Sinotectirostrum*、*Centrorhynchus*、*Rugaltarostrum*、*Evanescirostrum*等，石燕贝*Cyrtospirifer*、*Palaeospirifer*等，长身贝"*Mesoplica*"和*Rugossochonetes*?等（宗普，2012）；该段含丰富单体珊瑚，包括*Nalivkinella*、*Catactotoechus*、*Amplexus*、*Hebukophyllun*、*Tabulophyllum*等（称为*Nalivkinella*组合），与中国内蒙古、哈萨克斯坦、俄罗斯乌拉尔及波兰圣十字山等地区法门期珊瑚组合类似（廖卫华和蔡土赐，1987）；介形类可划分为*Hollinella valentinae-Samarella coumiacensis*带和*Microcheilinella hoxtolgaiensis-Praepilatina adamczaki*带，后者以*Microcheilinella bulongourensis*的消失为界划分上、下亚带（宋俊俊，2017；宋俊俊等，2020）。洪古勒楞组中段含菊石*Platyclymenia*、*Prionoceras*、*Sporadoceras*等（马学平等，2011），以及三叶虫*Phacops accipitrinus mobolis*（Hou等，1993）。洪古勒楞组上段含腕足*Austrospirifer*?、*Schizophoria*、*Margaritiproductus*等（宗普和马学平，2012；宗普等，2012）。

黑山头组（C_1hs）：黑山头组由新疆地质局第三区测大队三分队于1960年命名，1981年在《新疆地层表》中正式引用，其命名剖面位于新疆布尔津县南那林卡他乌，主要由暗色细碎屑岩、火山碎屑

年代地层			岩石地层		厚度(m)	岩性剖面	分层	岩性描述	生物地层				化学地层
系	统	阶	组	段					牙形类	介形类	珊瑚	腕足类	δ¹³C
石炭系	下石炭统	杜内阶	黑山头组	上段	3300		49	灰绿色薄层凝灰质粉砂岩、细砂岩				*Syringothyris-Spirifer*动物群	
					3200		48	黄绿色中层凝灰质粉砂岩					
				中段			47	黄绿色中层凝灰岩、钙质凝灰岩、细砂岩夹生物碎屑眉灰岩					
							46	灰色中层凝灰质粉-细粒凝灰岩夹中层凝灰质粉砂岩					
							45	灰色中薄层生物碎屑钙质粉砂岩					
							44	绿灰色细-粉粒钙质凝灰岩、细砂岩，顶、底部为薄层灰岩				*Austrospirifer*组合	
		法门阶	洪古勒楞组	下段	3100		43	灰绿色，细-中层中厚层凝灰岩，中层凝灰岩	?				
							42	灰绿色、灰紫色细粒凝灰岩中层夹薄-中层中粗粒凝灰岩、夹粗粒凝灰岩		*Microchellinella hoxtolgaiensis-*	*Nalivkinella*组合	*Cyrtospirifer*组合	
							41	灰绿色细粒凝灰岩	*trachytera*	*Praepillatina adamczaki*			
	上泥盆统						40	灰色中-薄层生物碎屑灰岩、砂屑灰岩与薄层钙质泥岩互层	*marginifera*	*Hollinella valentinae-*			
					3000		39	灰绿色薄层生物碎屑灰岩、砂屑灰岩与薄层钙质泥岩互层	*L.rhomboidea*	*Samarella coumiacensis*			
			朱鲁木特组				38	灰褐色薄层生物碎屑灰岩与薄层灰岩互层	*crepida*				
					2900		37	灰色凝灰质粗砂岩夹凝灰质砾岩					
					2800		36	浅灰绿色凝灰质粉砂岩					
					2700		35	灰绿色凝灰质细砾岩和凝灰质粗砂岩不均匀互层					
		弗拉阶			2600		34	灰绿色凝灰质细砾岩和凝灰质粗砂岩不均匀互层					
					2500		33	灰黑色凝灰质砂岩夹灰绿色细-粉砂岩					
					2400								
					2300		32	灰绿色凝灰质细-中粒砂岩					
					2200								
					2100		31	灰色、灰白色凝灰质粗砂岩和凝灰质细砾岩互层					
					2000								
					1900		30	灰绿色凝灰质粗砂岩和凝灰岩砾岩互层					
					1800		29	灰绿色凝灰质细砂岩、粉砂岩互层					
							28	灰绿色含砾粗砂岩和灰白色、灰绿色硅质粉砂岩					
							27	黄绿色凝灰质细砂岩夹灰绿质细砂岩					
					1700		26	灰绿色中-粗凝灰质粉砂岩、细砂岩，夹灰绿质砂岩、凝灰质粗质凝灰岩					
							25	灰绿色厚层至块状凝灰岩夹粉砂岩					
					1600		24	深灰绿色凝灰质泥质页岩					
泥盆系		?					23	灰褐色凝灰质粉砂岩夹钙质凝灰质粗质凝灰岩，夹粉砂岩及					
							22	灰色凝灰质凝灰质细砂岩					

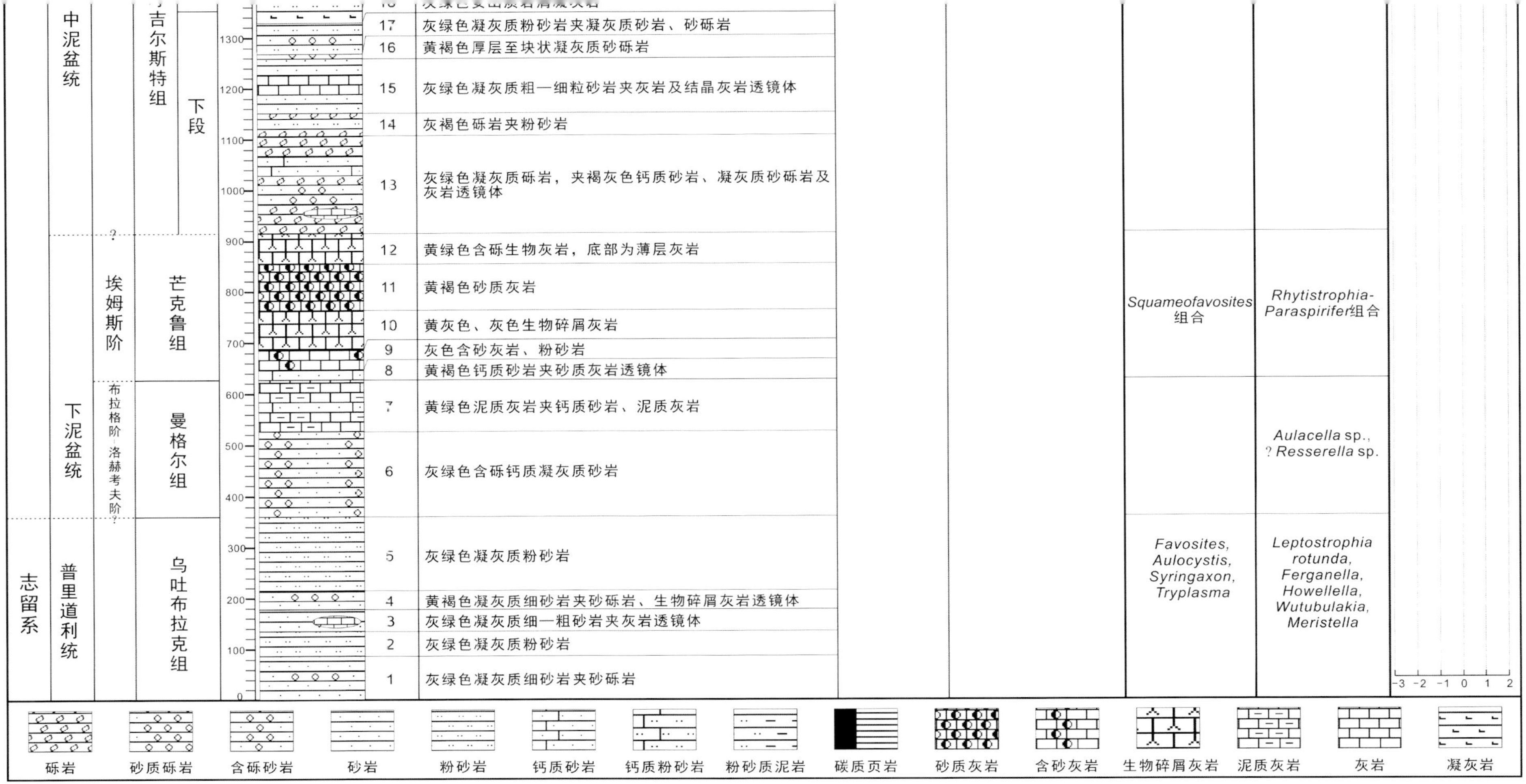

中泥盆统
下泥盆统
志留系
普里道利统
吉尔斯特组
下段
埃姆斯阶
布拉格阶
洛赫考夫阶
芒克鲁组
曼格尔组
乌吐布拉克组
1300
1200
1100
1000
900
800
700
600
500
400
300
200
100
0
17 灰绿色凝灰质粉砂岩夹凝灰质砂岩、砂砾岩
16 黄褐色厚层至块状凝灰质砂砾岩
15 灰绿色凝灰质粗—细粒砂岩夹灰岩及结晶灰岩透镜体
14 灰褐色砾岩夹粉砂岩
13 灰绿色凝灰质砾岩，夹褐灰色钙质砂岩、凝灰质砂砾岩及灰岩透镜体
12 黄绿色含砾生物灰岩，底部为薄层灰岩
11 黄褐色砂质灰岩
10 黄灰色、灰色生物碎屑灰岩
9 灰色含砂灰岩、粉砂岩
8 黄褐色钙质砂岩夹砂质灰岩透镜体
7 黄绿色泥质灰岩夹钙质砂岩、泥质灰岩
6 灰绿色含砾钙质凝灰质砂岩
5 灰绿色凝灰质粉砂岩
4 黄褐色凝灰质细砂岩夹砂砾岩、生物碎屑灰岩透镜体
3 灰绿色凝灰质细—粗砂岩夹灰岩透镜体
2 灰绿色凝灰质粉砂岩
1 灰绿色凝灰质细砂岩夹砂砾岩
Squameofavosites组合
Rhytistrophia-Paraspirifer组合
Aulacella sp., ? Resserella sp.
Favosites, Aulocystis, Syringaxon, Tryplasma
Leptostrophia rotunda, Ferganella, Howellella, Wutubulakia, Meristella
-3 -2 -1 0 1 2
砾岩
砂质砾岩
含砾砂岩
砂岩
粉砂岩
钙质砂岩
钙质粉砂岩
粉砂质泥岩
碳质页岩
砂质灰岩
含砂灰岩
生物碎屑灰岩
泥质灰岩
灰岩
凝灰岩

图 4.5 新疆和布克赛尔芒克鲁—布龙果尔剖面综合柱状图

岩组成，总厚度超过4000m，主要分布于东、西准噶尔地区。研究区域内该组主体形成于早石炭亚纪杜内期。在布龙果尔剖面，黑山头组仅在底部出露，厚度约50m（48—49层），岩性以灰黄—棕色粉砂质泥岩、钙质粉砂岩和灰岩为主（宗普等，2012；Suttner等，2014）。该段含丰富的腕足类化石，如*Leptagonia*、*Rhipidomella*、*Schuchertella*、*Globosochonetes*、*Subglobosochonetes*、*Semicostella*、*Syringothyris*、*Unispirifer*、*Cleiothyridina*、*Compsita*、*Dielasma*、*Rugosochonetes*、*Ovitia*等（宗普等，2012），并可见珊瑚*Hebukophyllum*、*Cyathocarinia*及三叶虫等。

4.1.2 生物地层

1. 牙形类

布龙果尔—芒克鲁沟剖面的牙形类生物地层研究目前仅针对上泥盆统洪古勒楞组的灰岩（赵治信和王成源，1990；夏凤生，1996；Chen等，2009；王志宏，2016；纵瑞文等，2020）。牙形类生物地层研究工作在志留系乌吐布拉克组（？）和下泥盆统曼格尔组的碎屑岩沉积、芒克鲁组的近岸浅水砂质灰岩，以及中泥盆统的非海相沉积中均难以开展。关于洪古勒楞组底部的碳酸盐岩沉积所属时代，历来有两种看法，弗拉阶上部（夏凤生，1996；Chen等，2009；王志宏，2016）或法门阶下部（赵治信和王成源，1990）。根据纵瑞文等（2020）研究成果，洪古勒楞组底部已存在法门期*crepida*带标志分子，因此该组全部属于法门阶，本书遵循此研究结果。牙形类*rhomboidea*带、*marginifera*带及*trachytera*带的特征分子在布龙果尔—芒克鲁剖面的洪古勒楞组内均有发现（赵治信和王成源，1990；Chen等，2009；Suttner等，2014）。该剖面相邻的乌兰柯顺剖面牙形类地层工作表明，洪古勒楞组上段灰岩可能大致对应中*expansa*带至下*praesulcata*带（王志宏，2016）。

2. 介形类

介形类在布龙果尔—芒克鲁沟剖面集中于洪古勒楞组下段，可划分为*Hollinella valentinae-Samarella coumiacensis*带和*Microcheilinella hoxtolgaiensis-Praepllatina adamczaki*带（宋俊俊，2017）。

*Hollinella valentinae-Samarella coumiacensis*带包括洪古勒楞组下部约6m，以两个标志分子的首现作为底界，*H. valentinae*的消失作为顶界，介形类丰度低、分异度高。除两个标志分子外，该带内的特征分子还包括*Acratia buregiana*、*A.* cf. *evlanensis*、*A. ivanovoensis*等。

*Microcheilinella hoxtolgaiensis-Praepllatina adamczaki*带对应洪古勒楞组下段中上部40余米，以*Hollinella valentinae*的消失和*Microcheilinella hoxtolgaiensis*的首现为底界，以*Praepllatina adamczaki*的消失为顶界。以*Microchelinella bulongourensis*的消失为界，该带又可分为上、下两个亚带。下亚带中介形类分异度及丰度高，以*M. bulongourensis*为特征分子；上亚带中介形类分异度和丰度明显降低，以*M.* cf. *bushminae*为特征分子。

3. 珊瑚

珊瑚在布龙果尔—芒克鲁沟剖面主要见于芒克鲁组和洪古勒楞组下段。这两个以碳酸盐岩沉积为主的地层，共包含两个组合带：*Squameofavosites*组合带和*Nalivkinella*组合带。

*Squameofavosites*组合：见于芒克鲁组，是布龙果尔—芒克鲁剖面泥盆纪珊瑚的第一次发育阶段。该组内珊瑚包括*Squameofavosites*、*Pachyfavosites*、*Pteurodictyum*、*Syringaxon*、*Barrandeophyllum*、*Emmonsia*、*Squamites*等（新疆维吾尔自治区区域地层表编写组，1981；侯鸿飞等，2000）。由于*Squameofavosites*在芒克鲁组下部至上部均有发现，本书将该组合带暂称为*Squameofavosites*组合。

*Nalivkinella*组合：对应洪古勒楞组下段，单体珊瑚丰富，包括*Nalivkinella*、*Catactotoechus*、*Amplexus*、*Hebukophyllun*、*Tabulophyllum*等，与中国内蒙古、哈萨克斯坦、俄罗斯乌拉尔及波兰圣十字山等地区法门期珊瑚组合类似（廖卫华和蔡土赐，1987）。

4. 腕足动物

腕足动物是布龙果尔—芒克鲁沟剖面较丰富、研究程度较高的生物门类之一。该剖面已知最早的泥盆纪腕足动物见于曼格尔组上部，目前仅报道*Aulacella*和*Resserella?*两属。之上的地层中目前识别出4个腕足动物组合，自下而上依次为：*Rhytistrophia-Paraspirifer*组合、*Cyrtospirifer*组合、*Austrospirifer?*组合、*Syringothyris-Spirifer*腕足动物群。

*Rhytistrophia-Paraspirifer*组合：见于芒克鲁组，腕足动物非常丰富，已报道近30属40种（许汉奎，1991）。该组合包括正形贝类*Levenea*，扭月贝类*Leptaenopyxis*、*Cymostrophia*、*Gladistrophia*、*Rhytistrophia*，小嘴贝类*Mangkeluia*，无洞贝类*Togatrypa*，无窗贝类*Meristella*、*Coelospira*，石燕贝类*Acrospirifer*、*Paraspirifer*、*Fimbrispirifer*等。该腕足动物组合反映出早泥盆世埃姆斯期的面貌。

*Cyrtospirifer*组合：见于洪古勒楞组下段，以小嘴贝、石燕贝和长身贝类为主，小嘴贝包括*Sinotectirostrum*、*Centrorhynchus*、*Rugaltarostrum*、*Evanescirostrum*等，石燕贝包括*Cyrtospirifer*、*Palaeospirifer*等，长身贝则可见"*Mesoplica*"和*Rugossochonetes?*等（宗普，2012）。

*Austrospirifer?*组合：分布于洪古勒楞组上段，以*Austrospirifer?*、*Schizophoria*、*Margaritiproductus*等为代表（宗普，2012；宗普和马学平，2012；宗普等，2012）。

*Syringothyris-Spirifer*腕足动物群：见于黑山头组底部，该动物群组成较为单调，石燕贝类*Spirifer*和*Unispirifer*数量占整个动物群90%以上，其他腕足动物包括石燕贝类*Syringothyris*、*Tylothyris*、*Histosyrinx*，长身贝类*Semicostella*、*Globosochonetes*、*Subglobosochonetes*、*Rugosochonetes*、*Margaritiproductus*，无窗贝类*Cleiothyridina*、*Compsita*，穿孔贝类*Dielasma*等。该腕足动物群的时代可能为晚泥盆世至早石炭世（宗普和马学平，2012；宗普等，2012）。

4.1.3 化学地层

近年来，国内外学者对布龙果尔剖面洪古勒楞组开展了大量的地球化学研究，结合生物地层研究成果，建立起高精度的综合地层格架。Sutterner等（2014）对洪古勒楞组的岩石学、微相、生物地层和地球化学特征进行了详细阐述，共分析72件碳同位素样品、63件总有机碳和硫含量样品，结果显示：$\delta^{13}C$值在洪古勒楞组底部表现出一次明显的正向偏移特征，由−5.72‰升至+0.62‰，之后基本保持稳定，在−0.49‰至+0.62‰之间波动。Carmichael等（2014，2016）则对洪古勒楞组的碳同位素记录、矿物特征、磁化率、Sr同位素，以及主量、微量和稀土元素含量进行了综合分析，认为δ¹³C在洪古勒楞组底部灰岩层中表现为"约2‰的正偏移"，在洪古勒楞组中可识别出F-F之交的上Kellwasser事件和泥盆纪-石炭纪之交的Hangenberg事件。宗普等（2017）针对西准噶尔地区洪古勒楞组下段是否存在弗拉阶-法门阶界线的问题，对布龙果尔剖面该段进行了高精度的碳同位素地层研究，结果表明：①碳同位素的变化趋势与国内外诸多F-F界线剖面明显不同，并未识别出显著的正偏特征，其值在0至1‰之间波动；②布龙果尔剖面洪古勒楞组下段可能不存在弗拉期地层，甚至可能缺失法门阶底部。

4.1.4　年代地层

1. 志留系-泥盆系界线

准噶尔地层区志留系-下泥盆统以大量火山陆源碎屑岩发育为特征，沉积速率快，形成巨厚的地层沉积序列。生物类群分异度较高，但仅在个别层位大量出现，在地层中分布的连续性较差，导致志留系-泥盆系界线难以确定。侯鸿飞等（1979，1988）依据乌吐布拉克组中含有较多笔石*Monograptus*新种，植物*Sciadophyton*、*Dutoitia*和*Salopella*，三叶虫*Encrinurus*和*Crotalocephalus*，将其暂定为泥盆系最底部层位；而廖卫华和蔡土赐（1987）在乌吐布拉克组上部发现了笔石*Monograptus anerosus*和*M. mironovi*，据此将其划归志留系普里道利统。近年来，乌吐布拉克组由于含大量具志留纪特征的腕足类*Leptostrophia tastaria*、*Ferganella*，笔石*Monograptus angustidensis*和三叶虫*Encrinurus*等，被重新归入志留系；上覆的曼格尔组被认为代表沙尔布尔提山地区泥盆纪最早期沉积。然而，研究区精确的志留系-泥盆系界线位置尚未确定。

2. 弗拉阶-法门阶界线

布龙果尔剖面F-F界线位置一直以来存在广泛争议，赵治信等对洪古勒楞组下段牙形类进行详细研究，认为该段的时代相当于法门阶下—中部，即牙形类*Palmatolepis crepida*带至*Pa. marginifera*带。夏凤生（1996）则认为洪古勒楞组下段大致相当于弗拉阶上*Pa. rhenana*带至法门阶上*Pa. crepida*带。近年来，基于洪古勒楞组牙形类生物地层和化学地层的综合研究，Suttner等（2014）提出该组底部δ¹³C值>3‰的正偏事件极可能对应全球F-F界线附近的δ¹³C明显正偏，表明西准噶尔地区法门阶底界可能位于洪古勒楞组底部。遗憾的是，Suttner等（2014）并未提供牙形类图版。宗普等（2017）依据前人研究成果和洪古勒楞组底部碳同位素记录特征，认为西准噶尔地区迄今为止尚未发现标准弗拉期牙形分子，而洪古勒楞组底部δ¹³C值的大幅度偏移特征主要受成岩蚀变作用的影响，布龙果尔剖面洪古勒楞组底部可能缺失弗拉晚期—法门期早期地层。这一观点得到了最新的牙形动物群研究的证实，纵瑞文等（2020）在布龙果尔剖面洪古勒楞组底部灰岩中识别出法门期*Pa. crepida*带分子，表明布龙果尔剖面弗拉期灰岩并不存在，洪古勒楞组与下伏朱鲁木特组为平行不整合接触关系。

3. 泥盆系-石炭系界线

布龙果尔剖面洪古勒楞组-黑山头组界线一直存在争议，而学界对泥盆系-石炭系界线的位置亦存在大量不同的认识，导致研究区泥盆系-石炭系界线附近地层划分方案意见不一。Ma等（2011）将布龙果尔剖面一层厚约20cm含腕足*Syringothyris*的铁锈色介壳灰岩作为石炭系的底界。基于岩石学和地球化学综合研究，Carmichael等（2016）在黑山头组下部（相当于国内学者划分的洪古勒楞组上部）识别出一次海洋缺氧事件，认为其可能对应泥盆纪末Hangenberg黑色页岩事件，而泥盆系-石炭系界线可能位于洪古勒楞组上部。Zong等（2016）在黑山头组底界附近识别出腕足类组合的一次快速更替事件，以*Syringothyris-Spirifer*组合取代*Austrospirifer?*组合为标志，并认为这次生物事件可以对应泥盆纪末的Hangenberg事件。近年来，纵瑞文等（2020）对西准噶尔地区洪古勒楞组开展综合研究，提出洪古勒楞组和黑山头组之间的岩性界线与泥盆系-石炭系界线相一致，对应三叶虫*Omegops*的消失和*Belgibole-Conophillipsia*组合带的出现。

4.2　新疆巴楚小海子剖面

新疆巴楚小海子剖面位于巴楚县城东南约25km的小海子水库东侧（图4.6），水工团以北约5km的小山北坡，有简易公路可直达剖面起点。该剖面隶属塔里木—南天山地层区塔克拉玛干地层分区的巴楚地层小区，剖面顶点GPS坐标为39°45′10″N，78°45′25″E，自下而上包括克兹尔塔格组（D_3k）、东河塘组（D_3d）、甘木里克组（D_3g）和巴楚组（D_3-C_1bc）等（李罗照等，1996）。需要指出的是，在巴楚小海子剖面泥盆纪地层中基本未见宏体生物化石，但反映了塔克拉玛干地区西缘露头区泥盆纪地

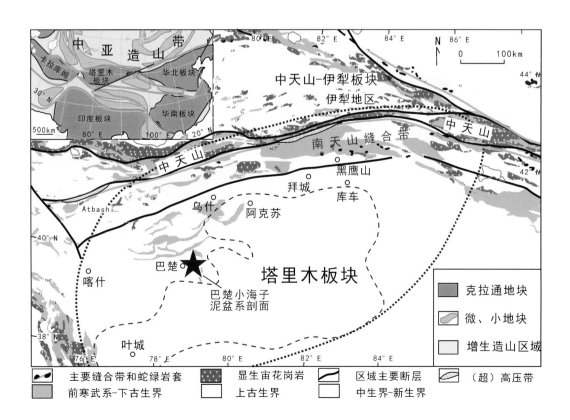

图 4.6　新疆巴楚小海子剖面交通位置图、地质简图
据 Han 等（2019）修改

层层序和岩性特征，是了解广阔塔里木盆地覆盖区泥盆系的唯一窗口（图4.7）。覆盖区泥盆系—下石炭亚系岩组中处理出了孢粉、几丁虫等具有时代意义的微体化石，而岩石地层单位命名则基本参照巴楚小海子剖面的地层划分方案。

　　泥盆纪塔里木板块位于古特提斯洋北缘，大部分地区隆升为陆。南天山主要发育弧前盆地和弧后盆地，可划分出弧后陆坡和弧后陆棚等亚相。塔里木盆地主要为古陆剥蚀区、陆表海和被动陆缘台地。其中，北缘从阿克苏、库车、英买力至轮南一线往北为上升隆起区，不发育泥盆纪沉积；在柯坪一带局部区域发育早、中泥盆世沉积；塔里木西南缘的铁克里克地区发育浅海或滨岸相沉积；而巴楚一带为河口相或障壁海岸潟湖相沉积。

4.2.1　岩石地层

　　克兹尔塔格组（D_3k）：由地质部十三大队1956年命名的克扎尔塔格群演变而来，新疆区测队1967年正式建组，层型剖面为新疆柯坪通古兹布隆村剖面。克兹尔塔格组地表露头以柯坪铁热克阿瓦提和巴楚小海子东岸剖面较为完整，在盆地覆盖区主要分布于中央隆起，其他地区仅有个别井位钻遇。克兹尔塔格组在巴楚小海子剖面总厚度约21.86m，共划分为7层，主体岩性为紫红色薄层泥质粉砂岩、粉砂质泥岩、粉砂岩和细砂岩，夹少量灰绿色薄层粉砂岩、疙瘩状灰岩，基本不含化石。

图 4.7　新疆巴楚小海子剖面野外露头照片
A. 巴楚县小海子水库和晚古生代地层剖面；B. 巴楚小海子剖面克兹尔塔格组紫红色粉砂岩，被后期岩脉穿插；C. 巴楚小海子剖面甘木里克组底部的石英砾岩；D. 东河塘组 - 甘木里克组野外岩性界线（照片由中国科学院南京地质古生物研究所唐鹏老师提供）

克兹尔塔格组主要出露于塔里木西北缘柯坪县、乌什县一带，下与依木干他乌组整合接触，上与东河塘组整合接触，由于化石稀少，时代争议较大。一直以来克兹尔塔格组被认为是晚泥盆世或中一晚泥盆世沉积。周志毅（2001）依据在该组下段发现的几丁虫*Cingulochitina wronai*带和孢子*Ambitisporites-Synorisporites-Apiculiretusispora*组合，将其时代定为晚志留世；依据在该组上段发现节甲鱼类*Anthrodira*化石，将其时代暂定为早一中泥盆世。

东河塘组（D$_3$d）：最早为贾承造1990年命名的"东河组"，指代库车县东河塘乡东河1井中一段浅灰色、灰白色厚层细砂岩。巴楚小海子剖面东河塘组总厚度约39.1m，共划分为9层。下部（8—11层）为灰白色、灰绿色中薄—厚层细—中粒石英砂岩；上部（12—16层）为灰绿色、灰黄色中—厚层细—中粒石英砂岩，顶部夹灰黑色薄层粉砂岩。

东河塘组分布较为广泛，与下伏克兹尔塔格组整合接触，与上覆地层，如甘木里克组、巴楚组或井下的生屑灰岩段、下砂泥岩段呈整合或假整合接触。其地质时代通过上覆巴楚组产出的孢子化石来限定，一般认为其形成于晚泥盆世。

甘木里克组（D$_3$g）：由李罗照等1992年命名，原指"巴楚组"下段及"克兹尔塔格组"顶部厚39m的白砂岩，现在定义仅包括原"巴楚组"下段的深灰绿色、黑绿色角岩化泥岩和粉砂岩。甘木里克组命名剖面位于巴楚小海子剖面，地层序列厚度为90.88m，共划分为8层。底部（17层）为3～60cm不等厚的灰白色中层状石英砾岩，横向上可相变为灰色中—厚层细粒石英砂岩；下部（18—19层）为灰黑色薄层燧石层，夹薄层细粒石英砂岩和灰色厚层中粒石英砂岩；中部（20—21层）为灰白色、深灰色、黑灰色中—厚层钙质细粒石英砂岩及粉砂岩；上部（22—24层）为深灰绿色、灰黑色、黑色薄—厚层角岩化粉砂岩和钙质粉砂岩及细砂岩。该组与上覆巴楚组为整合接触关系。

巴楚组（D$_3$-C$_1$bc）：由新疆石油管理局1969年正式命名，正层型为新疆维吾尔自治区阿瓦提县卡拉沙依剖面。巴楚小海子剖面中巴楚组地层序列厚度为107.19m，共划分出7层，包括下、上两段。底部（25层）为一层2.04m厚的灰色薄—中层泥晶灰岩，夹绿色薄层粉砂岩和3～4层石膏，俗称巴楚组第一层灰岩，产腕足类*Pugnoides* cf. *mazhalaensis*、*Ptychomaletoechia kinlingensis*、*Pt. panderi*和*Trifidorostellum* cf. *longhuiensis*等；牙形类*Bispathodus aculeatus aculeatus*、*B. aculeatus plumulus*、*B. aculeatus antiposicornis*和*Clydagnathus gilwernensis*等；有孔虫*Archaeosphaera minima*、*A. crassa*等；头足类*Dolorthoceras xinjiangense*；双壳类*Modiolus* cf. *qijiaogouense*等。下段（26—27层）为灰绿色、灰白色薄—中层粉砂岩、细砂岩及含钙质泥质粉砂岩，夹灰色中层状细粒石英砂岩，上部灰白色石膏岩夹灰绿色薄层钙质粉砂岩；上段（28—31层）为灰色、灰黄色薄—中层泥晶灰岩和砂屑灰岩，夹灰色钙质页岩、钙质粉砂岩和泥质粉砂岩，局部产大量的腕足类、牙形类、有孔虫和腹足类化石。该组分布在新疆维吾尔自治区巴楚县、阿瓦提县一带，与下伏甘木里克组和上覆卡拉沙依组均为整合接触关系。

4.2.2 生物地层

1. 牙形类

巴楚小海子上泥盆统—下石炭亚系剖面的牙形类生物地层研究目前仅针对巴楚组（D_3-C_1bc）和上覆的卡拉沙依组（$C_{1-2}k$）灰岩。上泥盆统克兹尔塔格组、东河塘组和甘木里克组均以碎屑岩沉积为主，难以开展牙形类生物地层研究工作。

熊剑飞（1991）最先在巴楚组第一层灰岩中发现了牙形类*Linchodina* sp.，其后高琴琴（1991）、廖卫华（1995）和李罗照等（1996）报道了其中大量的浅水相牙形类分子，主要包括*Bispathodus aculeatus aculeatus*、*B. aculeatus antiposicornis*、*B. aculeatus plumulus*、*Pseudopolygnathus dentilineatus*、*Clydagnathus gilwernensis*、*Pseudopolygnathus* cf. *primus*、*Hindeldella* sp.等。这些牙形类均为长延限分子，可以从晚泥盆世晚期延续至石炭纪早期，在华南浅水相区泥盆系-石炭系界线附近大量繁盛。本书拟建立牙形类*C. gilwernensis*组合带，并认为其可以与广西、广东和贵州等地泥盆系顶部*C. gilwernensis*-*C. cavusformis*组合带对比。

巴楚组上段灰岩中产大量牙形类分子，除*Polygnathus communis communis*、*P. inornatus lobatus*、*P. inornatus* cf. *lobatus*、*P. inornatus inornatus*、*B. aculeatus aculeatus*、*B. stablis*等泥盆系法门阶顶部—石炭系杜内阶均常见的浅水相分子外，可见少量*Siphonodella* sp.，标志着巴楚组已进入杜内阶，可与下扬子区的金陵组对比，建立*Siphonodella*组合带。

2. 腕足类

与牙形类化石产出层位一致，巴楚小海子剖面腕足类亦主要见于巴楚组第一层灰岩和上段生屑灰岩中，研究程度较高。陈中强（1995）在上述地层中自下而上识别出2个腕足类化石组合：*Trifidorostellum longhuiensis-Ptychomaletoechia panderi*组合和*Eochoristites neipentaiensis*组合。

*Trifidorostellum longhuiensis-Ptychomaletoechia panderi*组合位于巴楚组底部灰岩中，所在地层厚约2m，常见腕足类化石属种相对单调，主要包括2属6种：*Trifidorostellum dunbarense*、*T. longhuiense*、*T. sp.*、*Ptychomaletoechia panderi*、*Pt. pleurodon*、*Pt. kinlingensis*等。其中，*Ptychomaletoechia panderi*相对丰度最高。*Trifidorostellum*属为Sartenaer（1961）所建，可见于加拿大落基山、美国蒙大拿、俄罗斯乌拉尔及哈萨克斯坦穆哥特加里等地，Sartenaer和Rozman（1965）认为该属分布仅限于晚泥盆世法门期。*Ptychomaletoechia*属亦为Sartenaer（1961）所建，其中*Pt. panderi*和*Pt. pleurodon*等分子在莫斯科盆地产自晚泥盆世晚期沉积中，在亚美尼亚西南部晚泥盆世地层中也有报道，在国内见于华南湘中地区的邵东组和孟公坳组，属于法门阶。

*Eochoristites neipentaiensis*组合位于巴楚组上段，常见腕足类化石包括*Eochoristites neipentaiensis*、*E. leei*、*Plicatifer* sp.、*Pugnax* sp.、*Schuchertella guizhouensis*、*Ptychomaletoechia kinlingensis*等。该组合可与华南下扬子区金陵灰岩中的特征分子直接对比，属于杜内阶中上部。

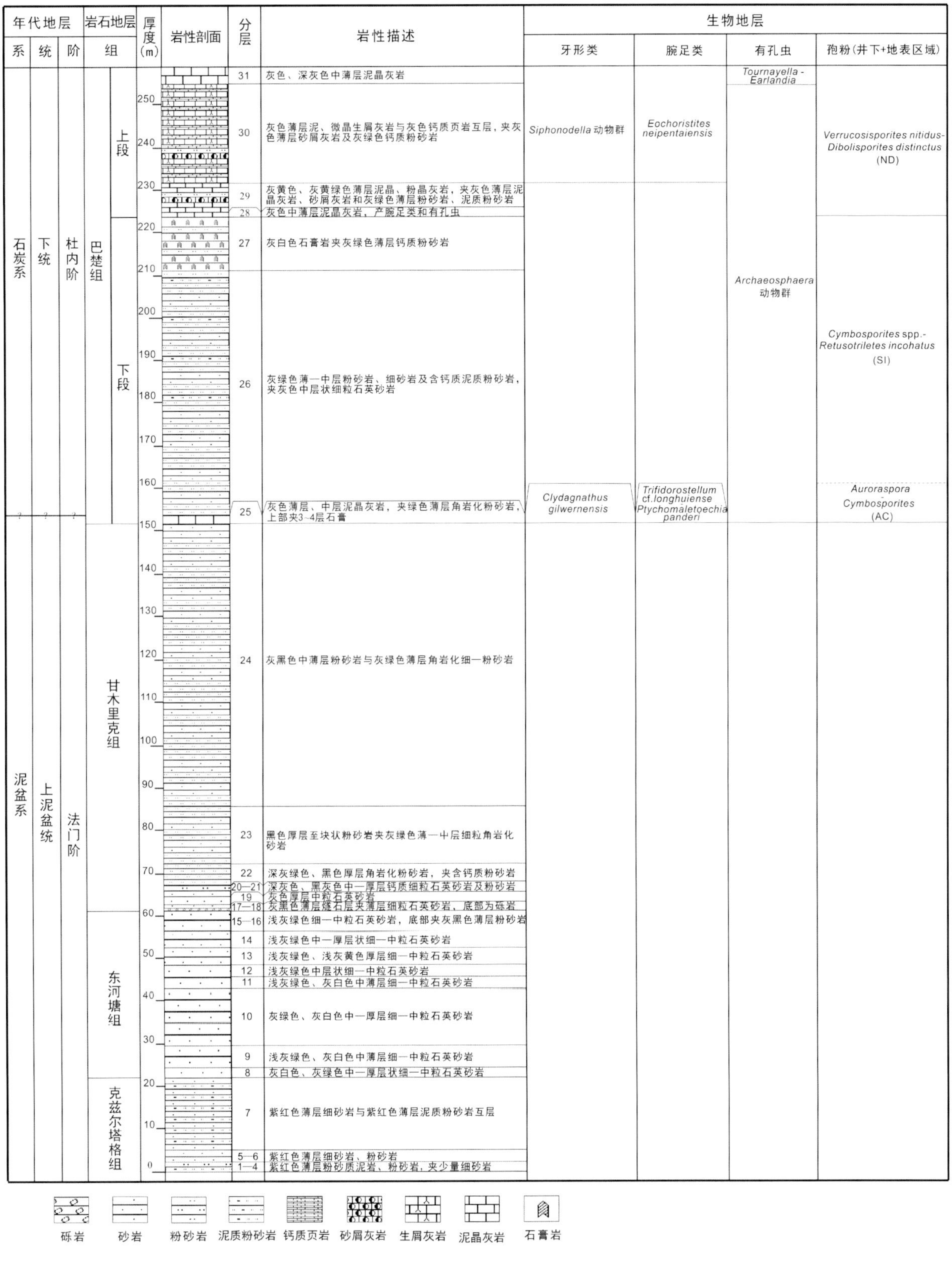

年代地层			岩石地层	厚度(m)	岩性剖面	分层	岩性描述	生物地层			
系	统	阶	组					牙形类	腕足类	有孔虫	孢粉(井下+地表区域)
石炭系	下统	杜内阶	巴楚组 上段	250–230		31	灰色、深灰色中薄层泥晶灰岩	Siphonodella 动物群	Eochoristites neipentaiensis	Tournayella - Earlandia	Verrucosisporites nitidus-Dibolisporites distinctus (ND)
				240		30	灰色薄层泥、微晶生屑灰岩与灰色钙质页岩互层，夹灰色薄层砂屑灰岩及灰绿色钙质粉砂岩				
				230		29	灰黄色、灰黄绿色薄层泥晶、粉晶灰岩，夹灰色薄层泥晶灰岩、砂屑灰岩和灰绿色薄层粉砂岩、泥质粉砂岩				
						28	灰色中薄层泥晶灰岩，产腕足类和有孔虫				
			巴楚组 下段	220–210		27	灰白色石膏岩夹灰绿色薄层钙质粉砂岩			Archaeosphaera 动物群	
				200–160		26	灰绿色薄—中层粉砂岩、细砂岩及含钙质泥质粉砂岩，夹灰色中层状细粒石英砂岩				Cymbosporites spp.-Retusotriletes incohatus (SI)
?	?	?		150		25	灰色薄层、中层泥晶灰岩，夹绿色薄层角岩化粉砂岩，上部夹3—4层石膏	Clydagnathus gilwernensis	Trifidorostellum cf.longhuiense / Ptychomaletoechia panderi		Auroraspora Cymbosporites (AC)
泥盆系	上泥盆统	法门阶	甘木里克组	140–80		24	灰黑色中薄层粉砂岩与灰绿色薄层角岩化细—粉砂岩				
			东河塘组	80		23	黑色厚层至块状粉砂岩夹灰绿色薄—中层细粒角岩化砂岩				
				70		22	深灰绿色、黑色厚层角岩化粉砂岩，夹含钙质粉砂岩				
						20—21	深灰色、黑灰色中—厚层钙质细粒石英砂岩及粉砂岩				
						19	灰色薄层中粒石英砂岩				
						17—18	灰黑色薄层矮层岩夹薄层细粒石英砂岩，底部为砾岩				
				60		15—16	浅灰绿色细—中粒石英砂岩，底部夹灰黑色薄层粉砂岩				
				50		14	浅灰绿色中—厚层状细—中粒石英砂岩				
						13	浅灰绿色、浅灰黄色厚层细—中粒石英砂岩				
						12	浅灰绿色中厚层状细—中粒石英砂岩				
						11	浅灰绿色、灰白色中厚层细—中粒石英砂岩				
				40		10	灰绿色、灰白色中—厚层细—中粒石英砂岩				
				30		9	浅灰绿色、灰白色中厚层细—中粒石英砂岩				
						8	灰白色、灰绿色中—厚层状细—中粒石英砂岩				
			克兹尔塔格组	20–10		7	紫红色薄层细砂岩与紫红色薄层泥质粉砂岩互层				
						5—6	紫红色薄层细砂岩、粉砂岩				
				0		1—4	紫红色薄层粉砂质泥岩、粉砂岩，夹少量细砂岩				

图例：砾岩　砂岩　粉砂岩　泥质粉砂岩　钙质页岩　砂屑灰岩　生屑灰岩　泥晶灰岩　石膏岩

图 4.8　新疆巴楚小海子剖面综合柱状图

3. 孢粉组合

巴楚小海子剖面孢粉研究程度低，图4.8中孢粉组合主要依据井下及巴楚周边区域资料建立，尚缺少与牙形类和腕足类生物带的精确对比。朱怀诚等（2000）系统研究和总结了塔里木盆地玛扎塔格、塔中及巴楚地区的巴楚组的孢粉组合，自下而上共识别出3个组合带：下泥岩段下部建立*Auroraspora-Cymbosporites*（AC）组合；下泥岩段上部建立*Cymbosporites* spp.-*Retusotriletes incohatus*（SI）组合；生屑灰岩中建立*Verrucosisporites nitidus-Dibolisporites distinctus*（ND）组合。

其中，AC组合中出现了国内外晚泥盆世重要分子*Ancyrospora*、*Diducites*和*Hystricosporites*，此外还包含我国晚泥盆世的重要分子*Apiculiretusispora hunanensis*，大致对应晚泥盆世法门期。SI组合中多为晚泥盆世—早石炭亚纪的过渡类型，未见仅限于泥盆纪的分子。朱怀诚等（2000）认为该带分子的主要特征与西欧第一个孢子带（狭义）一致，可能代表了石炭系最底部的沉积。ND组合以形态特征明显的*Dibolisporites distinctus*出现为标志，该分子先后在中国、英国、美国、丹麦、爱尔兰和澳大利亚等地的早石炭亚纪地层中被发现，是西欧杜内阶*Kraeuselisporites hibernicus-Umbonatisporites distinctus*（HD）孢子带的带分子。

4.2.3 年代地层

泥盆系-石炭系界线：巴楚小海子剖面主要出露上泥盆统—下石炭亚系地层，由于克兹尔塔格组、东河塘组、甘木里克组和巴楚组的下段基本均为陆源碎屑岩，生物化石稀少，关键的年代地层界线位置一直以来存在争议。最初泥盆系-石炭系界线被划分在原"巴楚组"，即甘木里克组底部的灰白色石英砾岩之底；20世纪90年代巴楚组底部报道了大量的浅水相牙形类分子和腕足类化石，陈中强（1995）依据腕足类化石组合，将巴楚组底部第一层灰岩划分为泥盆系顶部沉积，而泥盆系-石炭系界线置于第一层灰岩之顶。然而，由于缺少石炭系底界标准化石（即牙形类*Siphonodella sulcata*等），以及上覆57m碎屑岩地层基本不产出古生物化石，这一界线仍存在一定争议。部分学者考虑到野外生产实际应用的方便性，将泥盆系-石炭系界线置于巴楚组底部第一层灰岩之底，并得到多数学者采纳。此外，塔里木盆地覆盖区井下孢粉生物地层研究揭示出泥盆系-石炭系界线从巴楚组下泥岩段内部穿过（朱怀诚等，2000）。综上所述，巴楚小海子剖面泥盆系-石炭系界线应位于巴楚组底部第一层灰岩之上，从下段碎屑岩中穿过。然而精确的界线位置尚未确定，有待进一步研究。

4.3 四川若尔盖普通沟—甘肃迭部剖面

四川若尔盖普通沟—甘肃迭部剖面位于青藏高原东部边缘甘川交界处，地处秦岭西延迭山山系的高山峡谷之中，主要由四川若尔盖普通沟下泥盆统剖面和甘肃迭部当多沟—益哇沟下泥盆统—下石炭亚系剖面组成（图4.9）。其中，普通沟剖面位于四川省若尔盖县占哇乡政府以东3.2km处的普通沟中（GPS坐标：34°14′39″N，102°54′44″E），自下而上包括下普通沟组（D_1x）和上普通沟组（D_1s），是这两个岩石地层单位的命名剖面。当多沟剖面位于甘肃迭部县城西北方向24km处，是自当多村开始沿当多东沟测制所得，自下而上包括尕拉组（D_1g）、当多组（$D_{1-2}d$）、鲁热组（D_2l）、下吾那组（D_2x）、蒲莱组（D_2p）、擦阔合组（D_3c）、陡石山组（D_3d）和益哇组（D_3-C_1y）。益哇沟剖面位于甘肃省迭部县益哇沟东沟村，原益哇乡以北，为益哇组（D_3-C_1y）典型剖面（地质矿产部西安地质矿产研究所和中国科学院南京地质古生物研究所，1987；范影年，1994）。

泥盆纪，秦岭区南部以勉略缝合带为中心的勉略洋开启，在北秦岭地区主要为岩浆弧，商丹一带则发育弧后盆地和蛇绿岩，而在南秦岭、西倾山一带则主要以弧后陆棚、台盆及台地沉积为特征（张克信，2015）。在地层区划上，依据沉积大地构造属性和岩石组合类型，可将秦岭地层区划分出宽坪—佛子岭、秦岭和武当—随州三个地层分区。其中，西秦岭一带泥盆系发育良好，分布广泛，由甘肃碌曲尕海经四川若尔盖占哇至甘肃迭部益哇一带，近东西向呈带状分布（图4.10）。

图 4.9　四川若尔盖普通沟—甘肃迭部泥盆系剖面交通位置图

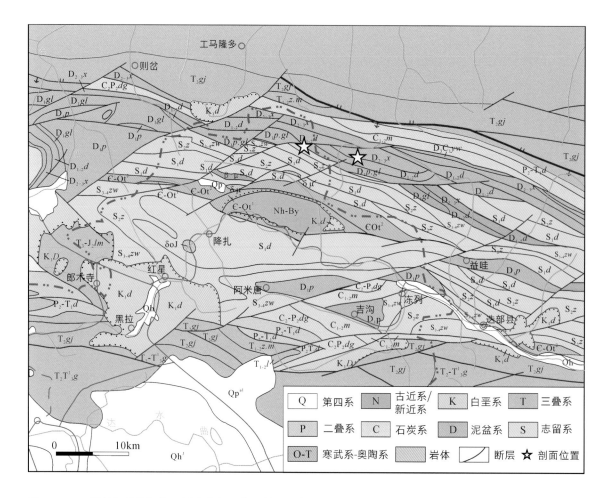

图 4.10　四川若尔盖普通沟—甘肃迭部泥盆系剖面研究区域地质图

4.3.1　岩石地层

下普通沟组（D_1x）：由西安地质矿产研究所于1974年命名，秦锋、甘一研于1976年介绍，命名剖面位于四川省若尔盖县占哇以东的普通沟，厚175.4m，共划分为16层。下部（2—7层）为灰色、深灰色页岩和硅质页岩，夹薄层状、豆荚状生物碎屑微晶灰岩和白云质生屑微晶灰岩及少量灰质砂质粉砂岩，灰岩含较多的腕足类、三叶虫、苔藓虫、牙形类和介形类等化石，厚72.9m；中部（8—12层）主要为灰色含黄铁矿硅质页岩、粉砂质页岩，偶夹豆荚状砂质泥晶灰岩和生屑泥晶灰岩，灰岩中产少量腕足类和牙形类，厚66.5m；上部（13—17层）为灰色、深灰色中—厚层状白云质微晶生屑灰岩和砂屑凝块石灰岩，夹少量钙质页岩、砂质页岩，灰岩中见较多腕足类、珊瑚、头足类化石，厚36m。该组岩性、厚度在区内较稳定，自西格尔山至下吾那沟，其厚度稳定在170～180m，西格尔山以西，碳酸盐岩明显增多。该组上部灰岩层在区内分布较广，是本组与上覆上普通沟组的分界。

下普通沟组富含大量生物化石，门类众多，主要包括四射珊瑚、横板珊瑚、腕足类和牙形类等（图4.11）。该组中可识别出四射珊瑚*Neomphyma-Embolophyllum*组合带和*Zelophyllum subdendroidea-Tryplasma aequabilis*组合带的下部；横板珊瑚自下而上包括*Klaamannipora coreniformis-Thamnopora* *subelegantala*、*Mesofavosites dupliformis-Favosites brusnitzini- Squameofavosites bohemicus*组合带；腕足类自下而上可识别出2个组合带，分别为*Rhynchospirina-Spirigerina*和*Lanceomyonia-Machaeraria*组合带（图4.12）。

上普通沟组（D$_1$*s*）：由西安地质矿产研究所于1974年命名，秦锋、甘一研1976年介绍，命名剖面位于四川省若尔盖县占哇以东的普通沟，厚337.4m，共划分为21层，与下伏下普通沟组整合接触。下部（18—26层）主要为浅灰绿色、灰色、浅紫灰色白云质页岩和含白云质粉砂质页岩，夹薄—中厚层粉砂质灰岩、含泥生屑微晶灰岩；上部（27—38层）白云质含量增高，为杂色白云质页岩、含白云质粉砂质页岩，夹少量薄—中厚层微晶白云岩（图4.12）。

与下普通沟组相比，上普通沟组化石贫乏，属种单调。下伏地层中极为繁盛的腕足类动物群大量消失，仅很少属种继续生存；而珊瑚类几乎完全消失，仅见少量丛状横板珊瑚。该组下部可识别出四射珊瑚*Zelophyllum subdendroidea-Tryplasma aequabilis*组合带、横板珊瑚*Qinlingopora sichuanensis-Q. xiqinlingensis*组合带；上部则对应四射珊瑚*Siphonophrentis cuneata-Chalcidophyllum ruquense*组合带的下部、横板珊瑚*Thamnopora elegantula-Favosites compositus*组合带，还可识别出腕足类*Nymphorhynchia? nympha-Howellella latilamina*组合带。

图 4.11　四川若尔盖普通沟—甘肃迭部剖面野外露头照片

A. 西秦岭地区上普通沟组、尕拉组及当多组；B. 西秦岭地区下普通沟组下部；C. 西秦岭地区下普通沟组上部；D. 西秦岭地区下普通沟组上部的腕足类介壳层（由中国科学院古脊椎动物与古人类研究所赵文金研究员提供）

尕拉组（D₁g）：由西北地质科学研究所、甘肃省第一区域地质及测量大队于1973年创名于甘川交界处的尕拉，选层型为甘肃迭部当多沟剖面。当多沟剖面尕拉组厚989.7m，共划分出35层，以灰色、深灰色白云岩为主，与下伏上普通沟组整合接触，与上覆当多组为平行不整合接触。下部（39—46层）主要为黑灰色、深灰色薄层—块状藻白云岩和层纹石白云岩，夹少量砂砾屑藻白云岩、砾屑白云岩和白云质页岩，局部见少量珊瑚化石；上部（47—69层）为灰色、深灰色薄—厚层状含藻屑白云岩和层纹石白云岩，夹少量砾屑白云岩、白云质页岩、藻鲕白云岩，局部见少量化石，包括双壳类、腕足类、腹足类、牙形类和鱼类碎甲片；顶部（70—73层）为灰黑色粉砂质页岩、浅灰绿色薄—厚层粉砂岩、粉砂质页岩、含砾石英砂岩，夹灰色灰质白云岩和含粉砂泥灰岩，偶见介形类化石。

尕拉组的生物化石极为匮乏，在当多沟和法列布山一带该组下部产少量珊瑚*Chalcidophyllum* sp.、*Lyrielasma* sp.、*Palaeocyathus gansuensis*、*P. gracilis*、*Siphonophrentis cuneata*、*Favosites lazutkini*、*F. shengi*和*Squameofavosites mironovae*等，上部产牙形类*Polygnathus declinatus*。这一生物群落与华南广西下泥盆统郁江组至四排组下部生物群面貌基本相似，时代大致相当于早埃姆斯期—晚埃姆斯期早期。

当多组（D₁₋₂d）：由张研1961年创名于甘肃省迭部县西北24km的当多村北，其顶、底界线存在广泛争议。1980年，《甘肃的泥盆系》将其重新厘定为"平行不整合于尕拉组之上，整合于鲁热组之下的一套浅海相碎屑岩和碳酸盐岩组合，底部偶为钙质砾岩，下部为深灰色碳酸盐岩或含磷碳酸盐岩夹细碎屑岩，中上部为含铁岩系"。现今定义最底部（74层）为一层厚0.03m的深灰色含砾灰质砂岩；下部（75—81层）为灰—黑灰色薄—中厚层微晶-亮晶粒屑灰岩、含粉砂砾屑微晶灰岩，夹少量粉砂质页岩、泥质粉砂岩，富含腕足类、珊瑚化石，见少量介形类、双壳类、腹足类、三叶虫和海百合茎化石；中部（82—89层）以深灰色粉砂质页岩为主，夹豆荚状、结核状含磷铁矿粉砂质泥岩和含磷粉砂泥质微晶碳酸铁质岩，见少量腕足类；上部（90—110层）为灰绿色、浅紫灰色的石英杂砂岩、钙质石英砂岩、铁质石英砂岩和粉砂质页岩，夹生屑微晶灰岩、鲕绿泥石生屑微晶灰岩和少量赤铁铁质岩。

当多组在区内分布较稳定，厚度变化不大，占哇以西下部碳酸盐岩相对较多，向东碎屑岩含量增加。生物化石丰富、门类众多，其中以腕足类大量发育为特征，自下而上可以划分出5个生物带，分别是*Cymostrophia-Devonochonetes*组合带、*Otospirifer*顶峰带、*Euryspirifer-Rostrospirifer*组合带、*Acrospirifer-Parachonetes*组合带和*Athyrisina uniplicata*顶峰带。

鲁热组（D₂l）：由西北地质科学研究所、甘肃省第一区域地质测量大队于1973年命名，秦峰、甘一研于1976年介绍，正层型即甘肃省迭部县西北24km的当多沟剖面。下部（111—122层）为深灰色薄—中层状微晶生屑灰岩，夹含粉砂质钙质页岩和含泥粉砂岩；中部（123—131层）为深灰色、黑灰色中—厚层生屑灰岩，夹少量粉砂质页岩、钙质页岩和白云质灰岩；上部为（132—137层）为深灰色、灰色的生屑灰岩、层孔虫灰岩、微晶灰岩，夹少量粉砂质页岩，发育多层层孔虫层状生物礁。鲁热组中富含珊瑚、层孔虫、腕足类、双壳类、腹足类、介形类、三叶虫和牙形类等化石，与下伏当多组整合接触，与上覆下吾那组为断层接触。该组主要分布在区内迭部县当多沟、碌曲至下吾那、益哇沟等地，岩性和厚度在西段较稳定，擦阔合至下吾那一带一般厚170～210m，但至益哇沟剖面中，由于陆源碎屑增多，厚度增至812.4m。

鲁热组中生物群十分繁盛，常见四射珊瑚包括*Utaratuia*、*Dialythophyllum*、*Sociophyllum*、*Leurelasma*等，大致相当于广西中泥盆统*Utaratuia-Breviseptophyllum*组合；横板珊瑚包括*Syringopora eifeliensis*、*Parastriatopora deflecta*、*Alveolitella fecunda*等；腕足类包括*Uncinulus subcordiforms*、*Indospirifer*和*Athyrisina*等，均为欧、亚地区艾菲尔期常见属种。该组中的生物群面貌与华南地区的应堂组较为接近，地质时代大致相当于艾菲尔期。

下吾那组（D_2x）：由张研于1961年创名，创名地点位于甘肃省迭部县西北28km下吾那村东北，原始定义为"一套整合于当多组含铁岩系之上、不整合于石炭系灰岩之下的深灰色薄—厚层灰岩夹碳质页岩"。甘肃省区域地层表编写组（1980）重新定义了下吾那组，选层型为甘肃迭部当多沟剖面。下部（138—150层）底部为灰色中层石英砂岩、粉砂岩和页岩，其上为灰—黑灰色中层—块状藻砂屑灰岩、含白云质灰岩和生屑灰岩；中下部（151—156层）为深灰色、灰色的薄—中层粉砂质页岩、石英砂岩、粉砂质灰岩；中上部（157—163层）为灰—黑灰色薄—中层生屑灰岩、层孔虫灰岩、白云质灰岩、微晶灰岩，夹少量粉砂质页岩；上部（164—169层）为深灰色、黑灰色中层—块状含钙球微晶灰岩，夹少量生屑灰岩、钙质页岩。该组与上覆蒲莱组整合接触，与下伏鲁热组为断层接触，主要分布在甘肃迭部、四川和青海一带。

下吾那组中富含珊瑚、腕足类、竹节石、双壳类、鹦鹉螺、牙形类、古孢子等化石，并夹有以层孔虫为主要造礁生物的层状生物礁。下部以四射珊瑚*Dendrostella trigemme-Fasciphyllum crassithecum*组合为代表，层位大致相当于华南地区中泥盆统*Dendrostella trigemme*组合带，上部则为*Neostringophyllum ultimum-Spinophyllum spongiosum*组合。此外，该组顶部见腕足类*Strongocephalus butini*顶峰带。

蒲莱组（D_2p）：由曹宣铎等（1987）创名于迭部县西北约24km的当多沟。下部（170—171层）为黑灰色含粉砂灰质页岩，夹微晶灰岩和深灰色块状亮晶含藻砂屑生物碎屑灰岩，富含腕足类、珊瑚、牙形类、竹节石，并产少量腹足类和介形类化石，厚53.3m；中部（172—173层）岩性主要为黑灰色含碳钙质页岩，向上夹少量深灰色砂屑微晶灰岩，偶见黄铁矿结核；上部（174—177层）为深灰色薄—中层砂屑微晶灰岩、黑灰色钙质页岩和薄层状微晶灰岩，含藻屑砂屑微晶灰岩。蒲莱组主体为浅海陆棚或陆棚边缘盆地相沉积，岩性和沉积相与下伏下吾那组和上覆擦阔合组均有显著差异，易于识别。该组广泛分布于南秦岭北带，西起占哇，向东经当多沟、益哇沟、录坝沟，可延至舟曲、武都一带；在南秦岭南带该组可见于文县地区。蒲莱组自西向东有碳酸盐岩明显减少、碎屑岩显著增多的趋势。

蒲莱组中生物化石远不如下吾那组丰富，其底栖生物群落明显减少，浮游相生物（如竹节石、菊石类等）明显增多。下部产较丰富的竹节石和小型腕足类、单体珊瑚等，可见标志化石竹节石*Nowakia*（*N.*）*otomari*；中部的生物群主要见于益哇沟剖面，可见竹节石*Nowakia*（*N.*）*postomari*和菊石*Wedekinella clarkei*、*Werneroceras uralicum*等；上部见腕足类*Tenticospirifer* cf. *tenticulum-Athyris nobilis*组合带和竹节石*Striatostyliolina raristriata-Homoctenus tenuicinctus neglectus*带，见牙形类*Icriodus*

年代地层			岩石地层		厚度(m)	岩性剖面	分层	岩性描述	生物地层					
系	统	阶	组	段					四射珊瑚	横板珊瑚	腕足类	竹节石	牙形类	古孢子
石炭系	下石炭统	杜内阶	益哇组				252	深灰色中厚层含燧石结核灰岩，产珊瑚、腕足类化石	*Uralinia gigantea* 组合带		*Eochoristites* 组合带			
							251	深灰色薄层泥质灰岩，产珊瑚、腕足类						
	上泥盆统	法门阶					250	深灰色薄—中厚层致密灰岩，偶夹薄层灰岩，同夹薄层泥质灰岩化石						
							249	灰色、深灰色中厚层白云质灰岩						
							248	灰色薄—中厚层灰岩，上部夹白云质灰岩	*Beichuanophyllum-Cystophrentis* 组合带		*Fusella-Cleiothyridina-Tenticospirifer vilis* 组合带		*Polygnathus communis communis*	
			陡石山组				247	灰黑色中厚层致密灰岩夹薄层灰岩、泥质灰岩，含腕足类						
							246	深黑色薄层灰岩，间夹红灰色泥灰岩，含腕足类	*Guerichiphyllum-Cataactotechus* 组合带		*Tenticospirifer hsikuangshanensis-Cyrtospirifer cf. pamiricus*组合带		*Polygnathus perplexus*	
							240—245	深灰色薄—中层状微晶灰岩，含砂屑灰岩、白云质灰岩，夹少量燧石岩	*Gurizidronia profunda*					
							232—239	深灰色薄—厚层状砂屑灰岩，砂屑质灰岩、砂屑灰岩和微晶灰岩，白云质灰岩	*Synaptophyllum gansuense* 组合带		*Yunnanella-Nayunnella* 组合带			
							225—231	灰色薄—块状砂屑灰岩，砂屑灰岩和微晶灰岩，夹少量粉砂屑岩						
							222—224	灰色泥质粉砂岩与浅灰色泥质粉砂岩互层						
			擦阔合组				212—221	灰色、深灰色薄—中层微晶灰岩与粉砂岩质夹砂屑灰岩互层，夹灰色粉砂质岩		*Scoliopora denticulata-Fuchungopora gansuensis-Syringopora okoei*组合带	*Cyrtospirifer-Theodossia-Ptychomaletoechia shelzochiaoensis*组合带	*H. krestovnikovi*	*Palmatolepis poolei*	*Arcaeozonotriletes* spp
							200—211	深灰色、灰黑色薄—中层含粉微晶灰岩夹灰色含灰色细晶灰岩与深灰色粉砂质岩					*Palmatolepis delicatula delicatus*	
							196—199	灰色、黑灰色薄—中层藻屑灰岩，夹少量灰岩与黑灰色钙质页岩	*Sinodisphyllum*			*Homoctenus tenuicinctus neglectus*	*Palmatolepis gigas*	
							178—195	灰色、深灰色砂屑灰岩与黑灰色钙质页岩互层，夹少量砾屑粉砂岩质岩	*Pseudozaphrentis* 组合带		*Tenti. cf. tenticulum-Athris nobilis*组合带	*Striatostriolina rgristriata-Homoctenus tenuicinctus neglectus*组合带	*Palmatolepis proversa* / *Icriodus symmetricus*	
	中泥盆统	弗拉阶	蒲莱组				174—177	黑灰色钙质页岩夹薄层灰岩夹少量—中层灰岩	*Grypophyllum mackenziense-Temnophyllum longiseptatum*	*Alveolus mailicaus-Nucuogoalfes rossus-Thamnopora multiforenua*	*Pugnax-Leiorhynchus*顶峰带 *Spinatrypina douvilii*	*Nowakia(N.)psosotomari* 顶峰带		
		吉维特阶					172—173	深灰色钙质页岩夹薄的中层含钙质微晶灰岩，生屑灰岩	*Neostringophyllum ultimum*	*Thamnopora tumefacta-Alveolitis polenosi-Scharkwaellos iruensis* 组合带	*Stringocephalus batini* 顶峰带	*Nowakia(N.)otomari*		
							170—171	黑灰色薄—中层灰色薄—块状含钙球微晶灰岩，生屑灰岩	*Spinophyllum spongiosum* 组合带		*Rhynchospirifer-Geranocephalus* 组合带		*Icriodus arkonensis*	
			下吾那卜组				164—169	深灰色薄—中层夹钙质微晶灰岩，层孔虫灰岩，夹少量生屑灰岩						
							157—163	灰色、钙质粉砂岩—中层灰色微晶灰岩，微晶灰岩，夹少量粉砂质页岩						*Convolutispora crenata*
泥盆系							151—156	黑灰色中层粉砂质页岩，石英砂岩，粉砂质页岩						

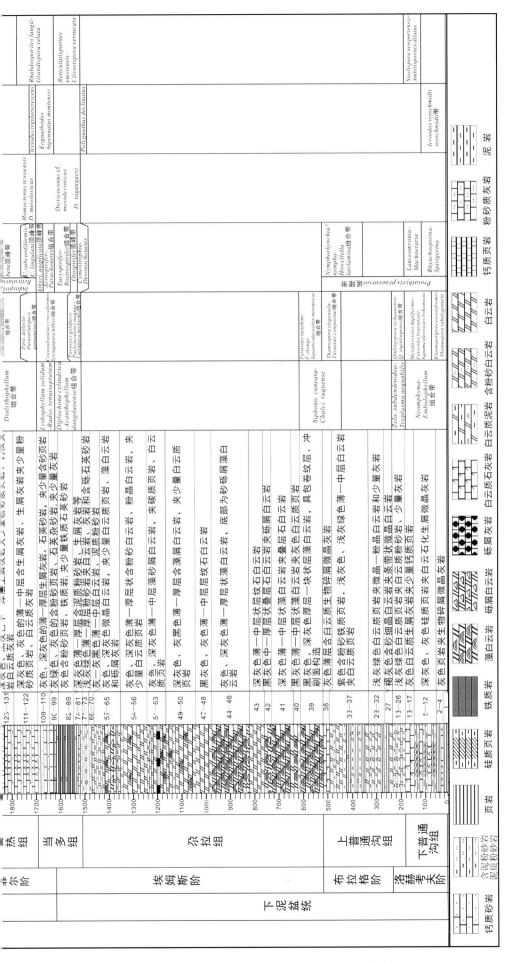

图 4.12 四川若尔盖普通沟—甘肃迭部剖面综合柱状图

symmetricus。这表明蒲莱组是一个跨年代地层的岩石地层单位，其时代为中泥盆世吉维特晚期至晚泥盆世弗拉期最早期。

擦阔合组（D_3c）：由西北地质科学研究所、甘肃第一区域地质测量大队于1973年命名，秦锋和甘一研于1976年介绍，命名剖面为碌曲县波海以北约10km的擦阔合剖面。在当多沟剖面，下部（178—199层）主要为灰—黑灰色砂屑灰岩与黑灰色钙质页岩互层，夹少量砾屑灰岩、粉砂质页岩，向上转变为灰色、黑灰色薄—中层藻屑灰岩（夹少量钙质页岩）；中部（200—211层）为深灰色、灰黑色薄—中层含粉砂微晶灰岩与黑灰色粉砂质页岩互层，夹少量凝块石灰岩；上部（212—224层）为灰色、深灰色薄—中层微晶灰岩和粉晶灰岩，夹少量砂屑灰岩和砾屑灰岩，向上陆源碎屑成分增多，转变为灰色泥质灰岩与浅灰黄色泥质粉砂岩互层。擦阔合组分布广泛，但受地形和断裂影响，完整剖面少见。秦岭西段的碌曲擦阔合、法列布山一带为正常碳酸盐岩台地相区，厚度149～260m；秦岭东段的占洼北沟、当多沟主要为碳酸盐岩，夹钙质粉砂质页岩、钙质粉砂岩，厚度大于500m。

擦阔合组在当多沟剖面的生物化石主要包含牙形类、竹节石，下部产少量珊瑚和腕足类。依据牙形类的组合特征，擦阔合组的地质时代为晚泥盆世弗拉期早期至法门期早期。

陡石山组（D_3d）：由西北地质科学研究所、甘肃第一区域地质测量大队于1973年命名，秦锋和甘一研于1976年介绍，命名剖面为迭部县西北约24km的当多沟剖面。下部（225—231层）为灰色薄层—块状砂屑质灰岩、砂屑灰岩和微晶灰岩，夹少量粉砂岩、燧石岩；中部（232—239层）为深灰色薄—厚层状砂屑灰岩、砂屑质灰岩、白云质灰岩和微晶灰岩，局部见少量燧石岩；上部（240—245层）为深灰色薄—中层状微晶灰岩、含砂屑灰岩、白云质灰岩，夹少量燧石岩。该组在地貌上多为高耸的山峰或陡峻的崖壁，区域上岩性和厚度变化不大，与下伏擦阔合组和上覆益哇组均整合接触。该组在秦岭西段富含泥质，在擦阔合剖面出露厚度大于360m，在法列布山出露厚度大于280m；在秦岭东段以当多沟剖面为代表，厚659.7m。

陡石山组为泥盆纪法门期沉积，生物化石稀少，且主要见于当多沟剖面。该组下部对应腕足类 *Yunnanella-Nayunnella* 组合带；中部可见珊瑚 *Gurizdronia profunda-Synaptophyllum gansuense* 组合带；上部对应腕足类 *Tenticospirifer hsikuangshanensis-Cyrtospirifer* cf. *pamiricus* 组合带，珊瑚 *Guerichiphyllum-Catactotoechus* 组合带，还可见牙形类 *Apatognathus cuspidata*、*Polygnathus perplexus*、*Polygnathus semicostatus* 等法门期中、晚期分子。

益哇组（D_3-C_1y）：由甘肃第一区域地质测量大队于1973年创名于迭部县益哇沟东沟村以北，为一套碳酸盐岩沉积，与下伏陡石山组和上覆岷河组均整合接触。下部（246—247层）为深灰色薄层灰岩、灰黑色中厚层致密灰岩，夹薄层灰岩、泥质灰岩，见大量腕足类化石；中部（248—249层）为灰色、深灰色薄—中厚层灰岩和白云质灰岩，化石较少；上部（250—252层）为灰色、深灰色的薄—中厚层致密灰岩、泥质灰岩和含燧石结核灰岩，偶夹厚层灰岩和薄层钙质泥岩。该组为被动大陆边缘碳酸盐岩台地相沉积，包括开阔台地相、局限台地相和台地边缘浅滩相，主要分布在甘肃当多沟、益哇沟、九龙峡和徽县一带，在四川境内仅分布在松潘黄龙张沟梁到南坪扎如沟一带，厚度可达905m。益哇组的厚度自西向东呈现逐渐变薄的趋势，益哇沟一带厚度最大。

益哇组含丰富的生物化石，主要包括腕足类和珊瑚等底栖生物化石。下部所产化石以腕足类 *Hunanospirifer ninghsingensis*、*Tenticospirifer vilis*、*Ptychomaletoechia kinlingensis*、*Rugosochonetes* cf. *hardrensis* 为代表；中下部产珊瑚 *Beichuanophyllum tenuiseptatyum*、*Neobeichuanophyllum gansuense*；上部产珊瑚 *Uralinia gigantea*、*Uralinia tangpakouensis* var. *concave*、*Caninophyllum* cf. *tomiense*、*Siphonophyllia* cf. *conoides*、*Dibunophyllum* sp.、*Syringopora* sp.、*Stelechophllyllum ascendens ascendens*，腕足类 *Eochoristites* sp.、*Spirifer* aff. *disshunlus*、*Composita* sp. 等。益哇组地质时代为晚泥盆世至早石炭亚纪杜内期。

4.3.2 生物地层

1. 四射珊瑚

研究区泥盆纪四射珊瑚十分丰富，迄今为止共识别出85属170余种，也是四川若尔盖普通沟—甘肃迭部剖面中研究程度最高的生物门类之一（地质矿产部西安地质矿产研究所和中国科学院南京地质古生物研究所，1987），自下而上可划分出13个组合带。

Neomphyma-Embolophyllum 组合带：对应下普通沟的中、下部，珊瑚化石数量较少，以单体珊瑚为主，共包括12属，分别为 *Ulanophyllum*、*Lamprophyllum*（？）、*Neomphyma*、*Embolophyllum*、*Aknisophyllum*（？）、*Implicophyllum*、*Gurievskiella*、*Chlamydophyllum*、*Pycnostylus*、*Stortophyllum*、*Barrandeophyllum*、*Australophyllum*，代表海水相对较深、富含泥质和较宁静的环境。

Zelophyllum subdendroidea-Tryplasma aequabilis 组合带：位于下普通沟组的顶部至上普通沟组的下部，以单体珊瑚为主，共包括8个属，以富含命名分子为特征，此外尚有 *Neomphyma improcerus*、*Chalcidophyllum*、*Stortophyllum*、*Siphonophrentis*、*Zelophyllia* 和 *Pseudamplexus* 等早泥盆世常见属。

Siphonophrentis cuneata-Chalcidophyllum ruquense 组合带：对应上普通沟组的上部至尕拉组下部，共包括6属，*Siphonophrentis* 和 *Palaeocyathus* 两属分子最多，共生分子包括 *Lyrielasma*、*Chalcidophyllum*、*Zelophyllia* 和 *Neovepresiphyllum* 等。

Diplochone cylindriea-Acanthophyllum dangduoense 组合带：分布于当多组的下部碳酸盐岩中，以泡沫珊瑚的大量出现为特征，主要包括4个属，共生分子包括 *Lythophyllum corneolum*、*L. fraternum*、*L. platycalix* 等。

Lythophyllum solidum-Radiophyllum tenuiseplatum 组合带：位于当多组上部，仍以泡沫珊瑚为主，还包括 *Zonophyllum* 和 *Zonodigonophyllum* 属分子。

Utaratuia-Dialythophyllum 组合带：对应整个鲁热组，以极高的生物多样性为特征，已发现30余属（俞昌民和蔡正全，1983），主要包括 *Zonophyllum*、*Zonodigonophyllum*、*Dialythophyllum*、*Lekanophyllum*、*Digonophyllum*、*Atelophyllum*、*Arcophyllum*、*Stringophyllum*、*Solipetra*、*Sociophyllum*、*Sunophyllum*、*Sigelophyllum*、*Spissophyllum* 和 *Leurelasma* 等典型艾菲尔期分子。依据四射珊瑚分布特征，自下而上可划分出两个亚组合带，分别为 *Leurelasma clavatum-Spissophyllum* *massivum*亚组合带和*Redstonea kuznetskiense-Sociophyllum varians*亚组合带。

*Dendrostella trigemme-Fasciphyllum crassithecum*组合带：分布于下吾那组下部，以大型丛状复体珊瑚和泡沫型单体珊瑚为特征，与丰富的丛状、枝状、半球状横板珊瑚和层孔虫共同形成层状生物礁，共生有*Pseudomicroplasma uralicum*、*Cystiphylloides dushanense*、*Lythophyllum vermiforme*、*Parasociophyllum isactis*及*Fasciphyllum*等分子。

*Neostringophyllum ultimum-Spinophyllum spongiosum*组合带：位于下吾那组上部至蒲莱组下部，以中、小型单体珊瑚为主，以Stringophyllidae和Disphyllidae两科发育为特征，代表了较宁静浅水环境。本带共识别出13个属，共生分子主要包括*Stringophyllum acanthicum*、*S. primaevum*、*Neostringophyllum Paraultimum*、*Parasociophyllum isactis*、*Argutastrea dushanensis*、*Wapitiphyllum laxum*、*Cystiphylloides kwansiense*和*C. pseudoseptatum*，以及*Radiastraea*、*Frechastraea*、*Aphraxonia*、*Solominella*和*Palaeocyathus*等属的一些分子。

*Grypophyllum mackenziense-Temnophyllum longiseptatum*组合带：对应蒲莱组上部，以小型单体珊瑚为主，可见个体较小的枝状复体四射珊瑚。共生分子包括*Solominella devonica*、*S. wirbelauensis regulare*，以及*Temnophyllum*、*Argutastrea*、*Pseudozaphrentis*等属的分子，代表了中泥盆世吉维特阶最上部的一个四射珊瑚生物带。

*Sinodisphyllum-Pseudozaphrentis*组合带：分布于蒲莱组顶部至擦阔合组下部，以高生物多样性、高丰度的复体珊瑚类群为特征。依据四射珊瑚分布特征，自下而上可识别出上、下两个组合亚带，分别为*Disphyllum-Solominella*亚组合带和*Peneckiella minima?-Piceaphyllum luquense*亚组合带。下组合亚带以丛状*Disphyllum*、*Solominella*、*Phacellophyllum*、*Thamnophyllum*和块状*Hexagonaria*、*Argutastrea*、*Wapitiphyllum*等复体珊瑚为特征，单体珊瑚有*Temnophyllum*、*Pseudozaphrentis*和*Sinodisphyllum*；上组合亚带中复体珊瑚大量减少，以*Peneckiella*、*Planetophyllum*和*Pacellophyllum*发育为特征，单体珊瑚包括*Piceaphyllum*、*Mictophyllum*和*Hunanophrentis*等属的分子。

*Gurizdronia profunda-Synaptophyllum gansuense*组合带：位于陡石山组中部，由为数不多的简单单带型枝状复体珊瑚和小型单体珊瑚组成。共生分子包括枝状复体的*Synaptophyllum*、单体的*Nicholsonella*及早期发育轴管构造的*Guerichiphyllum*等。

*Guerichiphyllum-Catactotoechus*组合带：对应陡石山组上部—益哇组下部，以发育小型宽锥状、直锥状单体珊瑚为特征，*Guerichiphyllum*最为发育，共生分子包括*Catactotoechus*、*Famennelasma*、*Ufimia*和*Amplexus*属的分子。

*Beichuanophyllum-Cystophrentis*组合带：分布于益哇组下部的上段，以中—大型单体珊瑚为特征，包括*Cystophrentis*、*Beichuanophyllum*、*Caninia*、*Siphonophyllia*和*Zaphrentis*等法门阶顶部分子。

2. 横板珊瑚

研究区泥盆纪地层中产横板珊瑚47属133种，依据其地层分布特征，可划分出12个组合带（地质矿产部西安地质矿产研究所和中国科学院南京地质古生物研究所，1987），分布在下普通沟组、上普通沟组、尕拉组、当多组、鲁热组、下吾那组、蒲莱组和擦阔合组中。自下而上包括*Klaamannipora coreniformis-Thamnopora subelegantala*、*Mesofavosites dupliformis-Favosites brusnitzini-Squameofavosites bohemicus*、*Qinlingopora sichuanensis-Q. xiqinlingensis*、*Thamnopora elegantula-Favosites compositus*、*Favosites lazutkini-F. shengi-Squameofavosites mironovae*、*Favosites goldfussi-Pachyfavosites magnus-Caliapora neoformis*、*Crassialveolites crassiformis-Syringopora hilberi*、*Parathamnopora deflecta-P. gannanensis*、*Alveolitella fecunda-Neoroemeria sinensis-Gracilopora gannanensis*、*Thamnopora tumefacta-Alveolitella polenowi-Scharkovaelites sinensis*、*Alveolites maillieuxi-Xinjiangolites crassus-Thamnopora multitremata*、*Scoliopora denticulata-Fuchungopora gannanensis-Syringopora obesa*组合带。

3. 腕足类

腕足动物是四川若尔盖普通沟—甘肃迭部剖面中最丰富，也是研究程度最高的生物门类之一，整体面貌与华南地区象州型相似，以底栖生物群落为代表（地质矿产部西安地质矿产研究所和中国科学院南京地质古生物研究所，1987）。研究区内自下而上可划分出17个腕足类组合带，基本可以与华南地区标准序列一一对应，现简述如下。

下泥盆统：*Protathyris praecursor*延限带贯穿下、上普通沟组，可自下而上进一步划分出*Rhynchospirina-Spirigerina*、*Lanceomyonia-Machaeraria*和*Nymphorhynchia? nympha-Howellella latilamina*三个亚组合带；*Cymostrophia-Devonochonetes*组合带对应当多组底部碳酸盐岩层段内，由壳体大、凹凸型*Cymostrophia qinlingensis*和壳体中等大小的*Devonochonetes linestus*、*Athyrisina striata*等组成；*Otospirifer*顶峰带分布于当多组下部，出露厚度为1.6m，主要由*O. subalata*和*O. shipaiensis*组成介壳滩沉积，共生分子还包括少量*Athyrisina raricostata*；*Euryspirifer-Rostrospirifer*组合带位于当多组中部，包括*Euryspirifer uniplicata*、*E. mesolobus*、*Rostrospirifer tewoensis*、*Xenospirifer*、*Nadiastrophia*和*Athyrisina*等属种。

中泥盆统：*Acrospirifer-Parachonetes*组合带对应当多组上部，主要包括*Acrospirifer houershanensis subplanus*、*Athyrisina squamosa*、*A. gansuensis*、*Parachonetes tewoensis*，以及*Amboglossa*、*Atrythyris*属的少量分子；*Athyrisina uniplicata*顶峰带分布于当多组顶部，共生分子包括*A. uniplicata*、*A. centroplicata*、*A. trapeziformis*、*A.* sp.及*Parakarpinskia striata*；*Indospirifer-Reticulariopsis*组合带几乎贯穿整个鲁热组，自下而上可进一步划分出两个顶峰带，分别为*Uncinulus subcordiformis-Cryptonella lingulata*顶峰带和*Athyrisina striata-Schizophoria beta*顶峰带；*Productella subaculeata*顶峰带位于鲁热组最顶部，几乎全为长身贝族，共生分子包括*P. morsovensis*、*Spinulicosta* sp.等；*Variatrypa ovata-Spinatrypa*组合带对应下吾那组下部，共生分子包括"*Atrypa*" *magna*、*Desquamatia kansuensis*、*D. hemisphaerica*、*Spinatrypa bodini*、*S. kwangsiensis*等；*Rhynchospirifer-Geranocephalus*组合带分布于下吾那组的中、上部，主要包括*Rhynchospirifer pteratus*、*Renssolandia?*、*Uncites*、*Bornhardtina*、*Geranocephalus*等属分子；*Stringocephalus burtini*顶峰带位于下吾那组顶部，共生化石包括*Geranocephalus*、*Rensselandia?*和*Bornhardtina*等属分子；*Pugnax-Leiorhynchus-Spinatrypina douvillii*

组合带对应蒲莱组中、下部，下部以*Pugnax jaregae*、*Leiorhynchus* ex. gr. *quadricostus*、*Hypothyridina lyskovensis*和*Spinatrypa aspera*等为主，上部属种单调，包括*Spinatrypina douwillii*、*Leptathyris tere*和*Schizophoria* sp.等。

上泥盆统：*Tenticospirifer* cf. *tenticulum-Athyris nobilis*组合带分布于蒲莱组顶部，以首次出现*T.* cf. *tenticulum*为底界，共生分子包括*Athyris nobilis*和*Spinatrypina nana*等；*Cyrtospirifer-Theodossia-Ptychomaletoechia shetienkiaoensis*组合带位于擦阔合组下部，共生分子包括*Exatrypa tubaecostata*、*Theodossia uchtensis*、*Spinatrypina*和*Gypidula*等属分子；*Yunnanella-Nayunnella*组合带对应陡石山组下部，主要包括*Yunnanella hsikuangshanensis*、*Nayunnella abrupta*、*Tenticosirifer* "*murchisonianus*"和*Thomasaria* sp.等；*Tenticospirifer hsikuangshanensis-Cyrtospirifer* cf. *pamiricus*组合带分布于陡石山组上部，共生少量*Productella*、*Leiorhynchus*等属分子；*Fusella-Cleiothyridina-Tenticospirifer vilis*组合带位于益哇组下部，主要包括*Cleiothyridina media*、*Avonia* cf. *youngiana*、*Tenticospirifer vilis*、*T.* cf. *suptrvilis*、*Cyrtospirifer* sp.、*Hunanospirifer wangi*、*H. ninghsiangensis*和*Camarotoechia biplex*等。

4. 鹦鹉螺

研究区泥盆纪鹦鹉螺化石有18属34种，主要分布于下普通沟组、当多组、鲁热组和下吾那组（地质矿产部西安地质矿产研究所和中国科学院南京地质古生物研究所，1987）。自下而上划分出4个组合带，依次为*Pearloceras-Anastomoceras*、*Brevioceras-Acleistoceras*、*Archiacoceras*和*Pseudorthoceras tewoense*组合带。*Pearloceras-Anastomoceras*组合见于若尔盖普通沟、迭部下吾那沟和西格尔山等地的下普通沟组，包含7属16种，主要为*Ormoceras*、*Arterioceras*、*Dolorthoceras*、*Anastomoceras*、*Sceptrites*、*Buchanoceras*和*Pearloceras*属分子；*Brevioceras-Acleistoceras*组合对应当多组下部，以数量众多的*Brevicoceras* spp.和*Acleistoceras* spp.为特征，此外还包括*Arkonoceras*、*Pseudorthoceras*、*Dnestroceras*、*Rhadinoceras*和*Arterioceras*等属的标志分子；*Archiacoceras*组合位于鲁热组下部，包括3属5种，主要为*Archiacoceras*、*Tewoceras*和*Rutoceras*属分子；*Pseudorthoceras tewoense*组合见于下吾那组，包括4个种，属于*Pseudorthoceras*、*Arterioceras*和*Brachydomoceras*属。

5. 介形类

研究区泥盆纪地层中介形类十分丰富，且与华南地区象州型化石组合相似，主要分布于下普通沟组下部、尕拉组上部、当多组下部、鲁热组下部和益哇组下部。自下而上包括5个组合带，分别为*Bairdiocypris karcevae-Tricornina ovata-Dizygopleura trisinnata*组合带、*Moelleritia-Kyamodes-Bodzentia-Baschkirina*组合带、*Bairdiocypris gerassimovi-B. tewoensis-Aparchites productus-Fabalicypris volaformis*组合带、*Hanaites platus-Bairdiocypris gibbosa-Amphissites perfectus*组合带和*Cooperuna-Corniacanthoscaphy-Bairdia alta-B. gibbera-Acratia macronata*组合带（地质矿产部西安地质矿产研究所和中国科学院南京地质古生物研究所，1987）。

6. 牙形类

研究区牙形类生物化石受生物相和高沉积速率的影响，含量相对较少，缺乏带分子化石，仅常见某些带的重要分子（地质矿产部西安地质矿产研究所和中国科学院南京地质古生物研究所，1987）。依据目前牙形类在地层中的分布特征，区域上可识别出12个牙形类生物带，自下而上分别为*Icriodus woschmidti woschmidti*带、*Polyganthus declinatus*带、*Eognathodus bipennatus montensis*带、*Icriodus regularicrescens*带、*Icriodus arkonensis*带、*Icriodus symmetricus*带、*Palmatolepis proversa*带、*Palmatolepis gigas*带、*Palmatolepis delicatula delicatus*带、*Palmatolepis poolei*带、*Polygnathus perplexus*带和*Polygnathus communis communis*带。

7. 孢子

研究区孢子化石十分丰富、生物多样性高，保存甚佳，自下而上识别出5个孢子组合带，分别为*Steelispora newportensis-Ambitisporites dilutus*组合带、*Reticulatisporites emsiensis-Clivosispora verrucata*组合带、*Rhcbdosporites longii-Grandispora velata*组合带、*Densosporites devonicus*组合带、*Convolutispora crenata*组合带和*Archaeozonotriletes* spp.组合带。

4.3.3　年代地层

1. 志留系-泥盆系界线

志留系-泥盆系界线为泥盆系底界，即洛赫考夫阶底界"金钉子"，以笔石*U. uniformis*（Přibyl，1940）的首次出现为标志，辅助识别标志包括三叶虫*Walburgella rugulosa rugosa*和牙形类*Caudicriodus woschmidti*。王成源（1981）首先在西秦岭若尔盖占哇普通沟的下普通沟组下部中识别出牙形类*Icriodus Woschmidti woschmidti*，其首现层位位于羊路沟组-下普通沟组岩性界线之上26m，与之共生的牙形类包括*Ozarkodina remscheidensis remscheidensis*等，亦是早泥盆世早期的重要牙形类分子。然而Carls等（2007）发现泥盆系底界附近贝刺类Icriodontids早期分子开始辐射，出现了许多与*C. woschmidti*相似的分子，而标准分子*C. woschmidti*的首现远高于志留系-泥盆系界线。Zhao等（2011）对秦岭区普通沟剖面和羊路沟剖面开展详细的有机碳同位素分析，在下普通沟组底界附近识别出一次明显的正向偏移，$\delta^{13}C_{org}$值从志留系羊路沟组顶部的−28‰左右快速上升至下普通沟组底部的−23.3‰左右，与西欧地区志留系-泥盆系界线碳同位素事件一致。在碳同位素地层研究基础之上，结合牙形类、微体脊椎化石的研究成果，精确限定了志留系-泥盆系界线位置和事件层位，认为志留系-泥盆系界线应从下普通沟组底部穿过，大致对应腕足类*Protathyris-Lanceomyonia*动物群的底界。

2. 下-中泥盆统界线

下-中泥盆统界线为中泥盆统底界，即艾菲尔阶底界，以牙形类*Polygnathus costatus partitus*的首次出现为标志。然而由于沉积相和生物相的控制作用，这一界线标志很难在浅水相区寻获。前人受到"统一地层划分"概念的影响，强调年代地层与岩石地层单元应尽量统一，曾将此界线置于当多组的底界或顶界。地质矿产部西安地质矿产研究所和中国科学院南京地质古生物研究所（1987）则主要依据腕足类化石组合将下-中泥盆统界线置于当多组的中、上部，即第95层和第96层之间。界线之下为

*Euryspirifer-Rostrospirifer*组合带，主要包含*Rostrospirifer tewoensis*、*R. acutus*、*Euryspirifer mesolobus*等大型展翼石燕。该组合大致可与贵州独山舒家坪组、龙门山谢家湾组和广西四排组上部腕足类组合相对应，一般均被认为产自下泥盆统埃姆斯阶。界线之上为*Acrospirifer-Parachonetes*组合带，主要包含*Acrospirifer houershanensis subplanus*、*Parachonetes tewoensis*、*Schizophoria striatula*等，可与华南贵州独山龙洞水组对比。此外，在该组合上部可见牙形类*Eognathodus bipennatus montensis*，表明其与广西应堂组底部层位相当。

3. 中-上泥盆统界线

中-上泥盆统界线为上泥盆统底界，即弗拉阶底界，以牙形类*Ancyrodella rotundiloba*早期分子的首现为标志，位于牙形类*Mesotaxis falsiovalis*带的中间，比传统的下*asymmetricus*带略低一些。地质矿产部西安地质矿产研究所和中国科学院南京地质古生物研究所（1987）依据四射珊瑚和竹节石生物地层研究成果，将该界线置于蒲莱组上部，位于四射珊瑚*Grypophyllum mackenziense-Temnophyllum longiseptatums*组合带与*Sinodisphyllum-Pseudozaphrentis*组合带、竹节石*Nowakia*（*N.*）*postomari*带与*Striatostyliolina raristriata-Homoctenus krestovnikove*组合带之间。*Grypophyllum mackenziense*见于加拿大中泥盆统最顶部的生物带，其延限与牙形类上*hermanni-cristatus*带大致相当。当多沟剖面蒲莱组上部（176层）含竹节石*Striatostyliolina raristriata*（可见于广西上泥盆统榴江组下部，是*Nowakia regularis*带的一个重要标准分子）。此外，界线之上还包括较多弗拉阶常见化石分子，如牙形类*Icriodus symmetricus*、*Polygnathus* aff. *webbi*及介形类*Bairdia quasisymmetricus*和*Rectobaridia subtichomeirovi*等。由于本研究区内中-上泥盆统界线上下缺少作为界线标志的牙形类化石，因此其精确位置尚难以确定。

4. 泥盆系-石炭系界线

对于西秦岭地区泥盆系-石炭系界线，一直以来存在较多争议，还未确定其精确位置。总结前人的研究，对该界线共有三种划分方案，即陡石山组-益哇组岩性界面、益哇组中部白云岩段的顶界和益哇组中上段中的未确定界线（地质矿产部西安地质矿产研究所和中国科学院南京地质古生物研究所，1987）。由于原先划归为石炭纪类型的珊瑚类群（如*Beichuanophyllum*、*Cystophrentis*等）的赋存层位被重新划归为泥盆系顶部，而典型的石炭纪珊瑚*Uralinia gigantea*和腕足类*Eochoristites*等出现在益哇组上部，表明本研究区的泥盆系-石炭系界线应位于益哇组的中部。然而益哇组中段地层生物化石匮乏，泥盆系-石炭系界线准确位置尚无法确定，有待进一步研究。

4.4 贵州独山大河口剖面

贵州独山大河口剖面位于贵州独山县城及周边（图4.13）。下泥盆统至中泥盆统主要分布在独山县城东10km的猴儿山一带，而中泥盆统上部至上泥盆统主要在县城附近出露。大河口泥盆系剖面下、中、上统大致连续，各门类化石齐全，尤以浅水底栖生物化石为盛，具有近百年的研究历史，是华南浅水相泥盆系标准剖面之一。前期研究主要涉及地层（乐森璕，1929；田奇瑰，1938；丁文江，

1947；王钰等，1964；廖卫华和邓占球，2009）、珊瑚（俞昌民和廖卫华，1978；邓占球，1979；廖卫华，2003）、遗迹化石（王约等1997，2006）、介形类（施从广，1964；Song和Gong，2019）和生物礁（李旭，2011；吴义布，2011；王野等，2014；Huang等，2020）等方面。自下而上划分为3统9个组，包括丹林组（D₁d）、舒家坪组（D₁s）、猴儿山组（D₂h）、独山组（D₂d）、望城坡组（D₂₋₃w）、尧梭组（D₃y）、者王组（D₃z）、革老河组（D₃g）和汤耙沟组（D₃-C₁t）（图4.14和图4.15）。

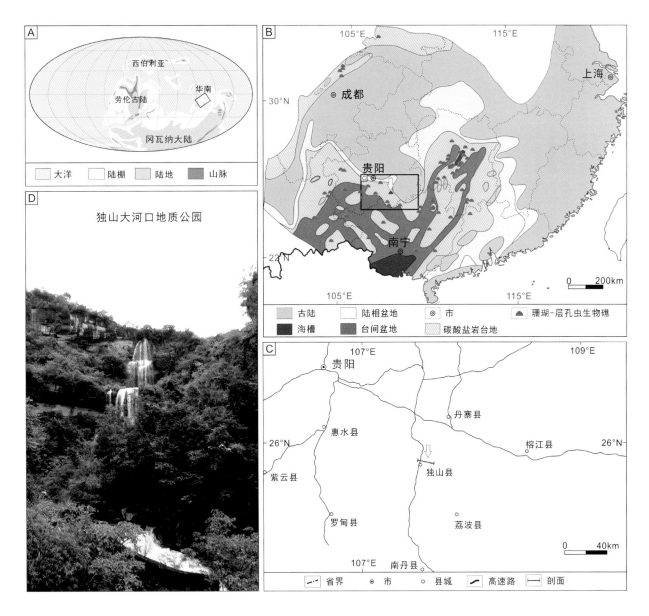

图 4.13　贵州独山大河口泥盆系剖面古地理位置图和交通位置图
A. 泥盆纪吉维特期全球古地理重建图；B. 吉维特期华南沉积古地理背景图；C. 独山大河口泥盆系剖面位置图；D. 独山大河口地质公园景区，出露地层为独山组鸡窝寨段礁灰岩、灰岩和泥质灰岩、钙质泥岩

图 4.14　贵州独山大河口下—中泥盆统剖面野外露头照片

A. 独山猴儿山丹林组和舒家坪组；B. 独山大河口剖面猴儿山组龙洞水段；C. 独山猴儿山组屯上段顶部粉砂岩和石英砂岩，独山组鸡泡段底部瘤状灰岩；D. 独山组鸡泡段中四射珊瑚、介壳层；E. 独山组鸡泡段中腕足类介壳层；F. 独山组鸡泡段灰岩和宋家桥段砂岩

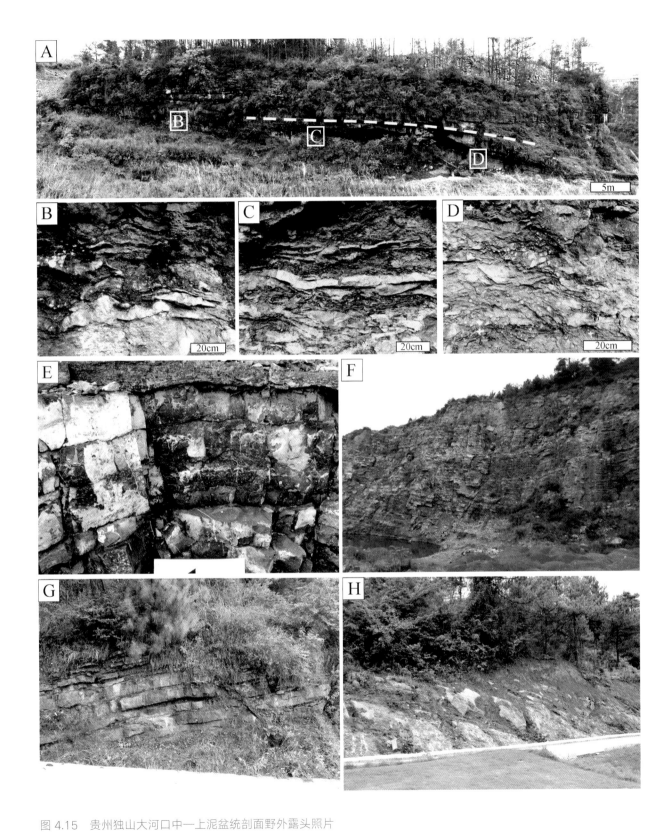

图 4.15　贵州独山大河口中—上泥盆统剖面野外露头照片

A-D. 独山大河口剖面独山组鸡窝寨段层孔虫 - 珊瑚 - 刺毛类点礁及主要造礁生物（Huang 等，2020）；E. 独山大河口剖面望城坡组贺家寨段灰岩、白云质灰岩和 *Amphipora* 白云质灰岩；F. 上泥盆统尧梭组中层白云岩和白云质灰岩；G. 上泥盆统革老河组薄—中层微晶灰岩、含泥质灰岩；H. 上泥盆统汤耙沟组底部薄层灰岩、泥质条带灰岩

关于独山地区泥盆纪地层的划分方案，历来存在争议，分歧最大的为中泥盆统。丁文江（1929）首先创立独山统，指代独山县城附近的中泥盆世地层，自下而上包括邦寨砂岩、鸡泡灰岩、宋家桥砂岩和鸡窝寨灰岩，时代大致属于吉维特期。田奇㻖（1938）将邦寨砂岩归于象县群，鸡泡灰岩、宋家桥砂岩和鸡窝寨灰岩划归独山群。王钰等（1964）认为原属邦寨组的地层在厚度、岩性和化石组合方面均与三都水族自治县烂土乡附近的典型剖面差异显著，在独山地区以大河口段和屯上段替代邦寨组，并将原属邦寨组的地层整体归入独山组。1974年，中国科学院南京地质古生物研究所西南队将原先鸡窝寨段上部既无鸭头贝又不含弓石燕的一套地层命名为贺家寨段。廖卫华（1977）根据贺家寨段中四射珊瑚组合面貌将其划归上泥盆统。廖卫华（2003）认为大河口段和屯上段不含吉维特期特征腕足类化石鸭头贝，将其划入下伏猴儿山组，时代归属于艾菲尔期，吉维特阶则包括鸡泡段、宋家桥段和鸡窝寨段，本书沿用此划分方案。

4.4.1 岩石地层

丹林组（D_1d）：由云贵石油勘探处104队于1964年创名于独山猴儿山丹林寨西1.5km的山沟旁，原指志留纪翁项群之上、龙洞水组（段）之下的一套灰白色中—厚层石英砂岩夹页岩的地层，时代为早泥盆世。下部为石英砂岩，产鱼化石*Houershanolepis change*；中部为厚层石英砂岩，夹少量薄层页岩，底部钙质粉砂岩中产植物*Psilophytites*? sp.、孢子*Reticulatisporites* sp.、*Dictyotriletes* sp.等；上部为厚层石英砂岩，夹薄层页岩及砂质页岩，页岩中产较丰富的孢子化石（如*Archaeozonotriletes* sp.、*Lycospora* sp.、*Verrucosisporites* sp.等），总厚178m左右（图4.16）。与下伏志留系韩家店组呈假整合接触关系，与上覆舒家坪组以含砾砂岩出现为界。在利山一带的相当层位中产植物*Drepanophycus spinaeformis*、*Zosterophyllum yunnanicum*、*Z. dushanensis*等。丹林组时代大致相当于早泥盆世布拉格期，可能缺失洛赫考夫期地层。

舒家坪组（D_1s）：由王钰和俞昌民于1964年创名于独山城东10km猴儿山舒家坪寨，原指猴儿山组丹林段之上、龙洞水组（段）之下的一套灰黑色砂质黏土岩、铁质砂岩的地层。现在定义的舒家坪组以石英砂岩夹页岩为主，产腕足动物*Euryspirifer paradoxus shujiapingensis*，厚76.7m左右。舒家坪组含*Euryspirifer*的层位属于埃姆斯阶上部，可与四川龙门山谢家湾组和广西象州大乐组层位相对比。舒家坪组大致相当于埃姆斯阶。

猴儿山组（D_2h）：自下而上分为3个岩性段。下部龙洞水段由云贵石油勘探处104队于1964年创名于独山县城东10km的龙洞水东侧，以灰岩和泥灰岩为主，主要产腕足类*Athyrisina squamosaeformis*、*Eospiriferina lachrymosa*、*Xenospirifer fongi*和*Kwangsia yohi*，珊瑚*Utaratuia sinensis*、*Calceola sandalina alta*、*Sociophyllum minor*和*Breviseptophyllum kochanensis*等化石，可以与广西象州应堂组、广西北流鸭壤组和广西平南的"白马页岩"进行对比，厚55.3m；中部大河口段由王钰等（1964）创名于独山县城东的大河口附近，以纯净的石英砂岩为主，包括少量粉砂岩和含铁质石英砂岩，基本未见化石，局部含少量植物化石碎片，厚137m；上部屯上段由王钰等（1964）创名于独山县城东的屯上附近，以灰岩、泥灰岩与砂岩（有交错层理）或页岩互层为岩性特征，产腕足类

Bornhardtina、*Rensselandia*，珊瑚*Dendrostella*、*Columnaria*等，厚148.7m。依据腕足类和珊瑚化石的特征，猴儿山组的时代大致相当于艾菲尔期（图4.16）。

独山组（D_2d）：由丁文江（1929）创名于独山县城附近，现自下而上划分为3段。下部鸡泡段以灰色厚层灰岩为主，顶、底部发育瘤状灰岩，产腕足类*Stringocephalus obesus*，有时形成介壳层，主要包括珊瑚*Paramixogonaria hunanensis*、*Argutastraea dushanensis*，厚146.7m左右，大致相当于吉维特阶下部；中部宋家桥段厚88.7m，以石英砂岩为主，见少量介形类及腕足动物碎片，交错层比较发育；上部鸡窝寨段厚约100m，以灰岩、泥灰岩、白云岩为主，产腕足类*Stringocephalus burtini*、*Spinatrypa*、*Undispirifer*、*Athyris*及珊瑚*Endophyllum*、*Sunophyllum*、*Argutastraea*等。独山组有些层段发育生物礁层，主要由珊瑚、层孔虫等组成，时代为吉维特期晚期（图4.16）。

望城坡组（$D_{2-3}w$）：由丁文江（1929）创名于独山县城南的望城坡寨。1974年，中国科学院南京地质古生物研究所西南队将望城坡组底界移至贺家寨段之底，并将该组划分为贺家寨段和卢家寨段。下部贺家寨段以灰岩、白云质灰岩为主，厚96.4m。在此段地层中既没有发现中泥盆世典型的穿孔贝*Stringocephalus*，也没有发现晚泥盆世标准的弓石燕类*Cyrtospirifer*。腕足类主要有*Schizophoria*、*Atrypa*、*Athyris*、*Desquamatia*、*Crurithyris*、*Emanuella*等。贺家寨段珊瑚与下伏地层中的类型差异较大，出现了大量的新生分子，如*Mictophyllum*、*Temnophyllum*、*Sinodisphyllum*、*Argutastraea*、*Pseudozaphrentis*等。这些珊瑚与上覆地层中的类型十分相似。廖卫华（1977）倾向于将贺家寨段划归上泥盆统。另外，贺家寨段产出的*Emanuella*与广西等地中泥盆统吉维特阶产出的*Emanuella*差别较大，很可能是其他属或者一个新属。根据腕足类和珊瑚的组合特征，贺家寨段应对应吉维特阶上部—弗拉阶下部。上部卢家寨段由灰黑色泥质灰岩、灰岩（夹白云质灰岩）组成，厚156.4m。含腕足类*Cyrtospirifer*、*Tenticospirifer*，珊瑚*Wapitiphyllum*、*Pseudophyllum*、*Disphyllum*和*Mictophyllum*等。卢家寨段的时代为晚泥盆世弗拉期（图4.16），大致可与四川龙门山的小岭坡组、沙窝子组和湖南的佘田桥组对比。

尧梭组（D_3y）：由丁文江（1929）创名于独山县城南望城坡与革老河村之间的尧梭村。1974年，中国科学院南京地质古生物研究所将该组进一步划分为两段。下部四方坡段以白云岩和白云质灰岩为主，厚212.4m（图4.16）。该段下部的白云质灰岩中可见较多珊瑚和层孔虫化石，但距底界80m之上的白云岩中化石稀少，表明F-F生物灭绝事件层和F-F界线大致位于四方坡段底界之上80m处，然而其精确界线还需进一步研究。上部五里桥段以灰岩和硅质灰岩为主，厚162.1m，顶部产介形类*Leperditia* sp.和*Cavellina* sp.等。尧梭组相当于弗拉阶顶部—法门阶中、下部，可大致与湖南冷水江地区的长龙界组、锡矿山组和欧家冲组进行对比。

者王组（D_3z）：由邓峰林创名于都匀墨冲镇南西7km者王寨，用以指代位于珊瑚*Cystophrentis*带之下，介形类*Leperditia*层之上的一套深灰、浅灰色泥质灰岩和页岩所组成的地层，厚44m左右（图4.16）。者王组笛管类横板珊瑚丰富，可见少量腹足类、藻类和腕足类化石，中部产大量层孔虫*Stylostroma*、*Platiferostroma*等。在大河口剖面，者王组与下伏尧梭组和上覆革老河组均为整合接触关系。

革老河组（D₃g）：丁文江（1931）在独山县城南11km的甲捞河附近创名革老河灰岩。下部为灰黑色泥晶灰岩，夹少量泥页岩，局部为似瘤状灰岩，可见腕足类*Schuchertella*、*Composita*、*Cleiothyridina*和*Athyris*等；中部为薄层泥晶灰岩与泥灰岩互层，可见较多横板珊瑚*Syringoporida*；上部为灰黑色中厚层泥晶灰岩和泥灰岩，四射珊瑚*Cystophrentis*富集成层，另有横板珊瑚、双壳类、苔藓虫、有孔虫和孢子化石等。革老河组与下伏者王组整合接触。该组以产腕足动物的瘤状灰岩出现为底界，层位相当于法门阶最上部层位（图4.16）。

汤耙沟组（D₃-C₁t）：命名源自独山县城南14km的汤耙沟村。丁文江（1931）创名汤耙沟砂岩。汤耙沟组岩性主要为灰—深灰色中—厚层泥晶灰岩、泥质条带灰岩、瘤状灰岩、泥质灰岩、砂质灰岩，夹石英砂岩、粉砂岩及页岩，代表一套混积碳酸盐岩-硅质碎屑岩台地沉积，产珊瑚、腕足类、介形类、腹足类、有孔虫、牙形类和棘皮类动物等。底部以泥质条带泥晶灰岩与下伏革老河组、上覆祥摆组砂岩均为平行不整合接触关系。汤耙沟组底部的泥质条带泥晶灰岩中基本不含宏体生物化石，对应四射珊瑚*Cystophrentis-Uralinia*间隔带，仅见少量牙形类、有孔虫、钙球等微体生物化石（图4.16）。Qie等（2016）通过牙形类生物地层和碳同位素地层综合研究，认为汤耙沟组底部灰岩记录了泥盆纪末Hangenberg碳同位素偏移事件，泥盆系-石炭系界线应位于该底部灰岩的顶部，对应牙形类*Polygnathus spicatus*带底界。这表明汤耙沟组是一个跨泥盆系-石炭系界线的岩石地层单位。

4.4.2 生物地层

1. 珊瑚

珊瑚是独山大河口剖面最丰富、研究程度最高的生物门类之一，主要集中报道于猴儿山组、独山组、望城坡组和革老河组（廖卫华，2003），自下而上可划分出8个生物带，包括*Utaratuia-Sociophyllum*组合带、*Columnaria-Dendrostella*组合带、*Paramixogonaria-Jipaolasma*组合带、*Endophyllum-Sunophyllum-Argutastrea*组合带、*Sinodisphyllum-Pseudozaphrentis-Mictophyllum*组合带、*Wapitiphyllum-Pseudozaphrentis-Disphyllum*组合带、*Cystophrentis*组合带和*Cystophrentis-Uralinia*间隔带。

*Utaratuia-Sociophyllum*组合带分布于猴儿山组龙洞水段，珊瑚化石多样性较高，包括*Breviseptophyllum*、*Calceola*、*Cyathophyllum*、*Cystiphylloides*、*Dendrostella*、*Dohomophyllum*、*Grypophyllum*、*Lyrielasma*、*Macgeea*、*Pseudozonophyllum*、*Phacellophyllum*、*Sociophyllum*、*Tabularia*、*Trapezophyllum*、*Pycnactis*、*Utaratuia*、*Zonodigonophyllum*等。其中，*Utaratuia*最初在加拿大艾菲尔阶Hume组中被发现，后在华南中泥盆世地层（如四川养马坝组、广西北流鸭壤组、广西武宣应堂组和甘肃迭部鲁热组）中陆续发现。因此，龙洞水段时代应属于中泥盆世早期。

*Columnaria-Dendrostella*组合带见于猴儿山组屯上段，主要包括*Columnaria*、*Cystiphylloides*、*Fasciphyllum*、*Dendrostella*、*Disphyllum*、*Grypophyllum*和*Sociophyllum*?等属的分子。其中*Columnaria*、*Dendrostella*在俄罗斯的乌拉尔、阿尔泰山和萨拉依尔等地艾菲尔阶中常见，但是

年代地层			岩石地层		厚度(m)	岩性剖面	分层	岩性描述	生物地层		
系	统	阶	组	段					四射珊瑚	腕足类	植物
石炭系		杜内阶	汤耙沟组		1700			灰色、灰黑色的薄层泥质灰岩、钙质泥岩	*Uralinia* C.-U.间隔带	*Eochoristites-Martiniella*	
泥盆系	上泥盆统	法门阶	革老河组		1650				*Cystophrentis*	*Composita-Schuchertella*	
			者王组		1600			深灰色厚层泥晶灰岩			
			尧梭组	五里桥段	1550 1500 1450		80-83	灰黑色中层硅质灰岩和部分厚层灰岩，产介形类			
				四方坡段	1400 1350 1300 1250		77-79	灰黑色薄—厚层白云质灰岩			
		弗拉阶	望城坡组	卢家寨段	1200 1150		75-76	青灰色燧石结核、燧石条带灰岩，底部为白云质灰岩	*Wapitiphyllum-Pseudozaphrentis-Disphyllum*	*Cyrtospirifer-Tenticospirifer*	
					1100 1050		69-74 64-68	灰黑色、青灰色的厚层灰岩、泥质灰岩，底部为黄灰色粉砂岩 灰色薄—厚层白云质灰岩夹中厚层泥质灰岩，产珊瑚、腕足类*Cyrtospirifer*			
	?	?		贺家寨段	1000 950		58-63	灰色、灰黑色的中厚层白云质灰岩，产层孔虫*Amphipora*；底部灰色薄层泥灰岩、钙质泥岩、石英砂岩	*Sinodisphyllum-Pseudozaphrentis-Mictophyllum*		
	中泥盆统	吉维特阶	独山组	鸡窝寨段	900		53-57 45-52	灰色薄中层泥质灰岩、灰黑色中厚层白云质灰岩，底部为薄层粉砂岩 灰色中厚层生物礁灰岩、泥质灰岩、钙质泥岩	*Endophyllum-Sunophyllum-Argutastrea*		*Protolepidodendron schasyanum-Barrandeina dusliana*
				宋家桥段	850 800 750		39-44	黄褐色薄—厚层石英砂岩，具交错层		*Stringocephalus* 顶峰带	
				鸡泡段	700 650		36-38 35 34 30-33	灰色薄—厚层瘤状灰岩，产腕足类鸦头贝和珊瑚 黄色厚层石英砂岩 灰色中层灰岩、灰黑色薄层瘤状灰岩，产鸦头贝 灰色薄—厚层灰岩与薄中层石英砂岩互层	*Paramixogonaria-Jipaolasma*		
		艾菲尔阶	猴儿山组	屯上段	600 550 500		27-29 25-26 24 23	灰白色、黄褐色薄—厚层石英砂岩和铁质石英砂岩，夹灰白色薄中层泥质灰岩 灰色中厚层灰岩，产珊瑚化石 灰黄色厚层粉砂岩夹灰色薄中层泥质灰岩 深灰色中厚层灰岩、薄层泥质条带灰岩夹黄褐色粉砂岩	*Columnaria-Dendrostella*	*Bornhardtina uncitoides*	
				大河口段	450 400 350		22 20-21	浅黄色中层含钙质砂岩，含动植物化石碎片 深褐色厚—巨厚层铁质石英砂岩，交错层理发育		*Acrospirifer houershanensis*	
				龙洞水段	300 250		13-19	灰黑色、灰褐色薄—中厚层灰岩，珊瑚、腕足化石丰富	*Utaratuia-Sociophyllum*	*Xenospirifer fongi* *Euryspirifer paradoxus shujiapingensis*	
	下泥盆统	埃姆斯阶—布拉格阶	舒家坪组		200		4-12	灰色、黄褐色、肉红色含铁质石英砂岩			
			丹林组		150 100		2-3	灰白色厚层石英砂岩夹青灰色薄层页岩			*Zosterophyllum yunnanicum-Drepanophycus spinaeformis*
					50 0		1	浅灰—深灰色薄—厚层石英细砂岩			

砂岩	粉砂岩	页岩	钙质砂岩	灰岩	泥质灰岩	白云质灰岩	硅质灰岩

图 4.16 贵州独山大河口剖面综合柱状图

依据珊瑚组合无法判断其属于艾菲尔阶或吉维特阶。由于未见标准的吉维特期动物群（如珊瑚 *Stringophyllum*、*Endophyllum*、*Argutastrea* 及腕足类 *Stringocephalus* 等），暂将屯上段归为艾菲尔阶的上部。

Paramixogonaria-Jipaolasma 组合带对应独山组鸡泡段，产珊瑚 *Argutastrea*、*Cystiphylloides*、*Disphyllum*、*Glossophyllum*、*Hexagonaria*、*Jipaolasma*、*Paramixogonaria*、*Stringophyllum* 和 *Temnophyllum* 等。其中 *Stringophyllum* 的模式种产自德国 Iserlohn 附近吉维特期地层，也是西欧和澳大利亚等地吉维特阶常见分子。

Endophyllum-Sunophyllum-Argutastrea 组合带分布于独山组鸡窝寨段，产珊瑚 *Argutastrea*、*Cystiphylloides*、*Calceola*、*Endophyllum*、*Mesophyllum*、*Mictophyllum*、*Spinophyllum*、*Stringophyllum*、*Sunophyllum*、*Tabulophyllum* 和 *Temnophyllum* 等。其中 *Endophyllum* 是华南地区吉维特期标准化石，广泛见于我国广西东岗岭组、四川观雾山组、湖南棋梓桥组，以及德国 Sauerland 和英国 Torquay。

Sinodisphyllum-Pseudozaphrentis-Mictophyllum 组合带位于望城坡组贺家寨段，常见珊瑚包括 *Grypophyllum*、*Hexagonaria*、*Mictophyllum*、*Pseudozaphrentis*、*Sinodisphyllum* 和 *Temnophyllum* 等。

Wapitiphyllum-Pseudozaphrentis-Disphyllum 组合带见于望城坡组卢家寨段，产珊瑚 *Disphyllum*、*Hexagonaria*、*Mictophyllum*、*Pseudozaphrentis*、*Sinodisphyllum*、*Spinophyllum*、*Temnophyllum* 和 *Wapitiphyllum* 等。*Mictophyllum* 和 *Wapitiphyllum* 最初报道于加拿大的弗拉期地层中，在我国华南地区上泥盆统中亦广泛分布，其余化石属种均为欧亚等地中—上泥盆统的常见分子。

Cystophrentis 组合带见于革老河组，以单一的 *Cystophrentis* 属种为特征，包括 *Cystophrentis kolaohoensis*、*C. flabelliformis* 和 *C. tieni* 等，该带中可见法门期最晚期有孔虫化石。因此，革老河组时代为法门期最晚期。*Cystophrentis-Uralinia* 间隔带位于汤耙沟组底部。泥盆纪末 Hangenberg 事件导致了珊瑚的大量灭绝，因此华南地区汤耙沟组底部不含任何宏体四射珊瑚化石。石炭纪四射珊瑚 *Uralinia* 的首现位于汤耙沟组中部。据 Qie 等（2016），该间隔带的底部位于法门阶顶部，对应泥盆纪最后一个牙形类生物带，即上 *Siphonodella praesulcata* 带。

2. 腕足类

独山大河口剖面腕足类化石丰富，生物多样性高，生物群落更替明显（董卫平，1997），自下而上可以识别出 *Euryspirifer shujiapingensis* 组合带、*Xenospirifer fongi* 组合带、*Acrospirifer houershanensis* 组合带、*Bornhardtina uncitoides* 组合带、*Stringocephalus* 顶峰带、*Cyrtospirifer-Tenticospirifer* 组合带和 *Composita glabosa-Schuchertella gelaohoensis* 组合带等7个生物带。

下泥盆统：仅包括 *Euryspirifer shujiapingensis* 组合带。该组合带见于猴儿山舒家坪组上部，以展翼、多褶的石燕大量发育为特征，包括 *Euryspirifer shujiapingensis*、*Nadiastrophia shujiapingensis*、*Cyrtina* sp.、*Otospirifer daleensis*、*Alatiformia alatiformis* 等，代表了华南地区埃姆斯阶顶部的腕足类组合，与 *Trigonispirifer-Otospirifer-Euryspirifer* 带相对应。

中泥盆统：*Xenospirifer fongi*组合带对应猴儿山组龙洞水段下部，特征是石燕贝类中两翼十分宽展的石燕已消失不见，出现了奇石燕、小嘴贝和鹰头贝。本组合带中共生分子包括*Gypidula biplicata*、*Dushanirhynchia inflata*、*Uncinulus longdongi*等。*Acrospirifer houershanensis*组合带分布于独山猴儿山和利山一带的龙洞水段上部，常见共生分子包括*Indospirifer maoerchuanensis*、*Eospirifer lachrymosa*、*Longdongshia subaequata*、*Amboglossa transversa*、*Athyrisina squamosaeformis*等。*A. houershanensis*的外部形态与西欧艾菲尔阶的*Acrospirifer superaspiciosus*较为接近，表明其可能为中泥盆世艾菲尔期早期动物群。*Bornhardtina uncitoides*组合带见于独山大河口剖面猴儿山组屯上段，以命名标准化石发育为特征，伴有*Rensselandia circularia*等。*Stringocephalus*顶峰带分布于独山组鸡泡段至鸡窝寨段，以*Stringocephalus*大量繁盛为特征，其中*Bornhardtina*的数量减少，穿孔贝类等地方性分子发育。共生分子常见*Athyris tushanensis*、*Spinatrypa aspera*、*Undispirifer undiferus*、*Emanuella plicata*、*Atrypa desquamata magna*、*Indospirifer ovata*等，其时代大致对应于中泥盆世吉维特期。

上泥盆统：*Cyrtospirifer-Tenticospirifer*组合带见于独山大河口剖面的望城坡组，常见腕足类分子包括*Cyrtospirifer chaoi*、*C. extensus*、*C. wangleighi*、*C. sinensis*、*Tenticospirifer tenticulum*、*Atrypa* sp.、*Spinatrypa* sp.等，表明其为早泥盆世弗拉期动物群；*Composita glabosa-Schuchertella gelaohoensis*组合带对应独山大河口剖面革老河组下部，以*Composita*为主，常见分子包括*Composita ovata*、*Composita hunanensis*、*Cleiothyridina media*、*Cleiothyridina submabranacea*、*Cyrtospirifer* sp.、*Tenticospirifer* sp.和*Fusella* sp.等。

3. 植物

贵州独山地区泥盆系中含植物化石较少，主要分布于下、中泥盆统陆源碎屑岩中，可分别识别出*Zosterophyllum yunnanicum-Drepanophycus spinaeformis*组合带和*Protolepidodendron schasyanum-Barrandeina dusliana*组合带。

*Zosterophyllum yunnanicum-Drepanophycus spinaeformis*组合带见于丹林组中上部，共生有*Zosterophyllum dushanensis*、*Pilophyton* cf. *goldschmidtii*、*Taeniocrada robusta*等；*Protolepidodendron schasyanum-Barrandeina dusliana*组合带见于宋家桥段，该带还包括*Lepidodendropsis arborescens*、*Drepanophycus spinosus*、"*Protoperidium*" *minudum*等。

4.4.3　年代地层

1. 中-上泥盆统界线

独山地区的中—上泥盆统以浅水台地相碳酸盐岩沉积为特征，沉积速率快，而生物化石以底栖生物群落（如珊瑚和腕足类）为主，缺乏浮游相生物化石，导致中-上泥盆统界线难以精确限定。独山组鸡窝寨段上部至望城坡组贺家寨段为一套厚约144m的白云质灰岩和灰岩地层，既不含典型吉维特阶腕足类*Stringocephalus*，亦不含典型弗拉阶腕足类*Cyrtospirifer*，仅见少量*Undispirifer* sp.、*Emanuella* sp.、*Schizophoria* sp.、*Athyris* sp.和*Costatrypa dushanensis*。望城坡组的珊瑚组合与下伏独山组鸡窝寨段中珊瑚组合差异显著：在鸡窝寨段上部，中泥盆世特有的属（如*Argutastrea*、*Calceola*、*Cystiphylloides*、*Endophyllum*、*Mesophyllum*、*Stringophyllum*和*Sunophyllum*等）灭绝；望城坡组贺家寨段下部，则以*Sinodisphyllum*的大量发育为特征。廖卫华（2003）依据大河口剖面的珊瑚生物组合特征将独山地区中-上泥盆统界线暂置于贺家寨段底界附近。

2. 泥盆系-石炭系界线

独山地区是我国早石炭纪亚纪年代地层、岩石地层和生物地层最重要的研究区域之一。我国区域年代地层单位（如岩关统、汤耙沟阶、旧司阶、上司阶）的标准层型均在此建立。然而，关于泥盆系-石炭系界线，即岩关统和汤耙沟阶底界的界线位置一直以来存在较多争议（丁文江，1931；Qie等，2016；聂婷，2019）。独山地区传统的泥盆系-石炭系界线位于革老河组之底，对应珊瑚*Cystophrentis*带底界。然而，随着有孔虫和牙形类等微体化石的研究进展表明革老河组对应法门阶顶部Strunian，这一界线观点逐渐被废弃。由于缺少标准化石，目前对独山地区泥盆系-石炭系界线的划分主要存在以下两种意见：①革老河组泥灰岩和汤耙沟组条带灰岩之间，对应岩性界线和介形类、腕足类生物群落的明显更替（Song等，2019；聂婷，2019）；②汤耙沟组底部条带灰岩之顶，位于牙形类*Polygnathus spicatus*带底界和Hangenberg碳同位素正偏事件之后的负向偏移区内（Qie等，2016）。独山地区泥盆系-石炭系界线精确位置尚需要进一步研究。

4.5　湖南冷水江锡矿山剖面

湖南冷水江锡矿山剖面位于湘中锡矿山地区（图4.17），相关研究工作从1915年至今已有上百年历史。1915年，美国地质学家F. R. Tegengren首次到锡矿山进行地质调查，认为锑矿赋存于下古生代或前寒武纪石英砂岩中。1929年，田奇㻪等首次确定含矿层位实际为上泥盆统，并创建"锡矿山系"和"岳麓系"。1938年，田奇㻪将长龙界页岩、兔子塘灰岩、马牯脑石灰岩组成的锡矿山系作为中国南方上泥盆统法门阶的标准年代地层单位，得到国内外学者的广泛认可。1981年，吴望始等对湘中及华南邵东段珊瑚进行研究，建立下部*Ceriphyllum elegantum*和上部*Caninia dorlodoti*组合带，认为其时代为石炭纪。之后经历10多年争论后，锡矿山地区泥盆纪地层序列才真正建立起来，自下而上包括中—上泥盆统9个组，分别为棋梓桥组（D_2q）、龙口冲组（D_3lk）、七里江组（D_3q）、老江冲组（D_3ljc）、长龙界组（D_3c）、锡矿山组（D_3x）、欧家冲组（D_3o）、邵东组（D_3s）和孟公坳组（D_3m）。前人的古生物学研究涉及众多化石门类，包括珊瑚、牙形类、植物、孢粉、几丁虫、有孔虫、介形类、层孔虫和腕足类等（王根贤等，1986；马学平和宗普，2010）。

4.5.1　岩石地层

棋梓桥组（D_2q）：由田奇㻪和王晓青于1933年命名，正层型为湖南湘乡棋梓桥剖面，现在定义为一套厚—巨厚层灰岩夹白云质灰岩、白云岩沉积，富含珊瑚、层孔虫、腕足类等浅水底栖生物化

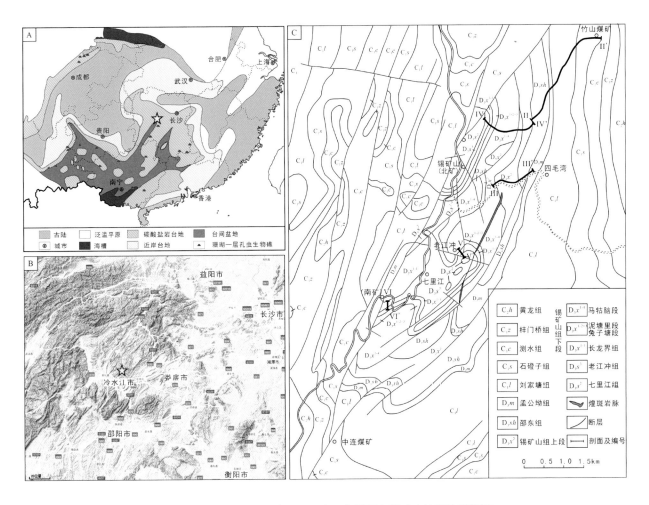

图 4.17　湖南冷水江锡矿山剖面晚泥盆世古地理位置图、交通位置图和锡矿山地区地质简图
地质简图据王根贤等（1986）修改。Ⅱ-Ⅱ′锡矿山欧家冲至竹山煤矿公路上泥盆统邵东组至孟公坳组剖面；Ⅲ-Ⅲ′
锡矿山童家院至四毛湾上泥盆统锡矿山组上段至邵东组剖面；Ⅳ-Ⅳ′锡矿山陶塘至欧家冲公路上泥盆统老江冲组至锡
矿山组马牯脑段剖面；Ⅴ-Ⅴ′锡矿山老江冲上泥盆统老江冲组至长龙界组剖面；Ⅵ-Ⅵ′锡矿山南矿井下11-13中段
中泥盆统棋梓桥组至上泥盆统七里江组剖面

石，与下伏易家湾组和上覆龙口冲组均呈整合接触关系，厚度300～1000m。1938年，田奇瑰建立棋
梓桥系，包括下部易家湾页岩和上部棋梓桥灰岩。谭正修等（1987）将其定义为易家湾页岩之上的一
套连续沉积的碳酸盐岩，并认为该组具有穿时性，最大时代范围是中泥盆统上部至上泥盆统弗拉阶。
锡矿山地区该组出露较少，仅见其顶部厚50m左右的地层（1—3层），为深灰色厚—巨厚层微晶灰
岩，夹含生屑灰岩、含生屑白云质灰岩，产珊瑚*Temnophyllum*、*Disphyllum*、*Thamnopora*和*Alveolites*
等，腕足类*Desquamatia*、*Spinatrypina*、*Ilmenia*等，层孔虫*Amphipora*、*Stachyodes*、*Stromatopora*和
*Hermatostroma*等化石。需要指出的是，1979年江汉石油管理局在距锡矿山矿区西4km的姜家凼钻取深
井，打穿了泥盆系，其中棋梓桥组视厚为884.5m。

　　龙口冲组（D₃*lk*）：1933年田奇瑰等创名龙口冲层。正层型为湖南湘乡市棋梓桥镇龙口冲剖面。
龙口冲组现在定义为一套砂岩、粉砂岩、粉砂质页岩沉积，产腕足类、双壳类和珊瑚化石，与下伏棋

梓桥组和上覆七里江组均呈整合接触关系。锡矿山剖面该组下部（4—5层）为黑色泥质粉砂岩、粉砂质页岩，夹少量灰黑色、深灰色薄层泥质灰岩和条带状钙质砂岩；中部（6层）为黑色白云质粉砂岩、泥岩；上部（7—12层）主要为灰黑色薄层泥质砂岩、粉砂岩、钙质砂岩、粉砂质泥岩。该组下部含腕足类化石*Cyrtospirifer sinensis*、*C. disjunctus*、*Desquamatia richthofeni*和*Spinatrypa* sp.等，珊瑚类*Sinodisphyllum simplex*、*S. variabile*、*Cladopora* sp.和*Thamnopora* sp.等，时代为中泥盆世弗拉期早期。

七里江组（D₃q）：1934年王曰伦和张兆瑾在冷水江锡矿山创名七里江石英砂岩，以指代锡矿山地区含锑矿层位，并将其归入余田桥系。七里江组现在定义为一套厚层、巨厚层灰岩沉积，夹少量泥质灰岩，富含珊瑚*Disphyllum*、*Sinodisphyllum*、*Hexagonaria*和*Alveolites*等，腕足类*Desquamatia*、*Tenticospirifer*、*Cyrtospirifer*和*Spinatrypina*等，以及牙形类等生物化石，与下伏龙口冲组和上覆老江冲组均整合接触，时代为晚泥盆世弗拉期。锡矿山地区七里江组下部（13—24层）为灰黑色厚层泥晶灰岩、生屑灰岩、层孔虫灰岩，夹少量泥质白云岩、泥质粉砂岩、砂质泥岩和页岩；中部（25层）为灰、灰黑色薄层生屑泥晶灰岩与深灰色中厚层生屑泥晶灰岩互层，偶夹薄层黑色页岩、砂质页岩；上部（26—39层）主体为灰黑色中—厚层生屑泥晶灰岩、白云质灰岩，夹黑色页岩、粉砂岩、钙质砂岩和泥质灰岩。

老江冲组（D₃ljc）：王根贤等（1986）于锡矿山地区创名老江冲泥灰岩段。原始定义中，老江冲泥灰岩段归属余田桥组上段，相当于原长龙界页岩下段。老江冲组现在定义为一套深灰色、灰绿色泥质灰岩和钙质泥岩，夹页岩和生屑灰岩，与下伏七里江组、上覆长龙界组均为整合接触关系，产四射珊瑚*Phillipsastraea macouni*、*Hexagonaria* sp.、*Disphyllum cylindricum*、*Peneckiella* sp.、*Pseudozaphrentis difficile*、*Sinodisphyllum simplex*、*Hunanophrentis uniforme*和*Mictophyllum* sp.等，腕足类*Atrypa* cf. *grossheimi*、*A. desquamata*、*Spinatrypina* sp.、*Cyrtospirifer* sp.、*Tenticospirifer* cf. *komi*和*Hunanospirifer* cf. *ninghsiangensis*等，时代为晚泥盆世弗拉期。锡矿山地区该组下部（40—41层）为灰绿色粉砂质页岩、深灰色薄层泥灰岩，夹生屑灰岩，产珊瑚和腕足类化石；中部（42层）为青灰色薄层页岩，夹钙质页岩；上部（43—45层）为灰绿色薄层泥灰岩、页岩和钙质页岩，夹少量薄层生屑灰岩，顶部产丰富的珊瑚、腕足类、苔藓虫、层孔虫、海百合等化石（图4.18和图4.19）。

长龙界组（D₃c）：1934年王曰伦和张兆瑾创名长龙界页岩。典型剖面位于冷水江锡矿山。长龙界组现在定义为整合于老江冲组之上、锡矿山组之下的一套页岩和泥灰岩夹薄层灰岩沉积（图4.18），富含腕足类*Yunnanella*、*Nayunnella*、*Tenticospirifer*、*Leioproductus*等，牙形类*Icriodus deformatus*、*Palmatolepis crepida*?等，时代为晚泥盆世法门期早期。该组下部（46—48层）岩性为浅灰色、青灰色的生屑灰岩、页岩和泥灰岩，产腕足类*Yunnanella triplicata*、*Tenticospirifer* sp.和*Crytospirifer* sp.；中部（49层）为黄色页岩；上部（50层）为黄色砂质页岩，夹泥灰岩（图4.19）。

锡矿山组（D₃x）：1929年田奇㻪等创名锡矿山系。标准地点位于冷水江锡矿山。原始定义中，锡矿山系自下而上包括三部分：含锑石英砂岩（厚20~30m）、砂质页岩（厚30m）和石灰岩（厚160m），其层位与欧洲法门阶相当。锡矿山组现在定义为一套整合于长龙界组之上、欧家冲组之下的厚层灰岩、泥灰岩、泥质灰岩，夹页岩和砂质页岩沉积，自下而上划分为三段，包括兔子塘段、泥塘

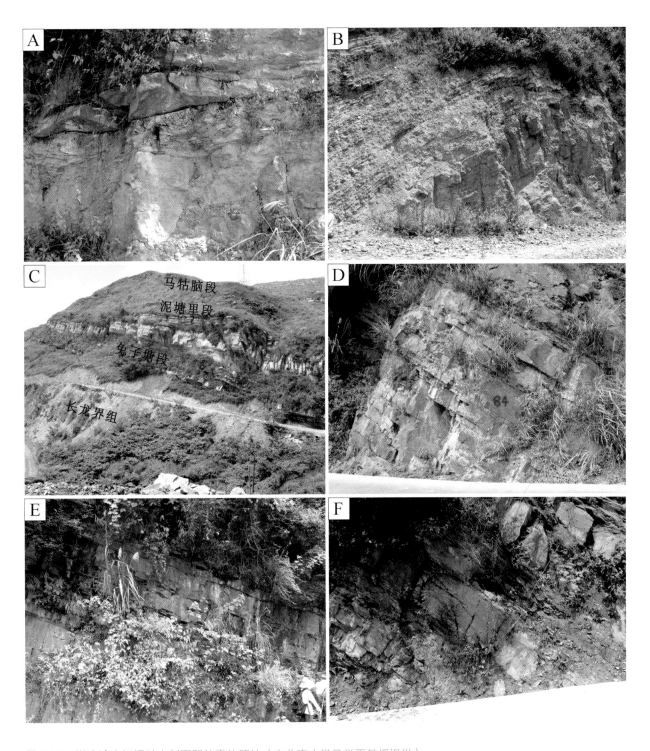

图 4.18　湖南冷水江锡矿山剖面野外露头照片（由北京大学马学平教授提供）

A. 锡矿山地区老江冲组顶部含泥灰岩、黑色页岩（夹灰岩透镜体）和长龙界组底部中—厚层状生屑灰岩；B. 锡矿山地区长龙界组中部；C. 锡矿山地区长龙界组和锡矿山组兔子塘段、泥塘里段和马牯脑段；D. 欧家冲组中部浅灰色中厚层砂岩；E. 邵东组中下部薄—中厚层钙质砂岩，夹不同厚度泥页岩；F. 孟公坳组上部灰色含泥灰岩

里段和马牯脑段，富含腕足类*Yunnanella*、*Tenticospirifer*、*Hunanospirifer*、*Ptychomaletoechia*和牙形类*Polyganthus semicostatus*、*Palmatolepis rhomboidea*、*Pa. glabra*等，时代相当于法门期早—中期。兔子塘段（51—52层）岩性为青灰色、深灰色中厚层灰岩，产较多腕足类化石；泥塘里段（53—56层）为青灰色、深灰色、黄绿色的页岩和砂质页岩，夹紫红色鲕状赤铁矿，产腕足类、苔藓虫、双壳类、介形类和棘皮类化石；马牯脑段（57—76层）为青灰色、深灰色的薄—厚层灰岩、瘤状灰岩、泥灰岩，夹少量砂质灰岩、白云质灰岩和页岩，产腕足类、苔藓虫和牙形类化石（图4.19）。

欧家冲组（D_3o）：1978年黄大信创名欧家冲段，指位于锡矿山组马牯脑段之上、"邵东段"之下的一套含鱼类、植物化石的砂岩、页岩沉积，并将其归为"锡矿山组第五段"，命名剖面为锡矿山欧家冲剖面。这套陆源碎屑沉积曾被称为岳麓系或岳麓砂岩（田奇瑰等，1929，1933）。侯静鹏（1982）在层型剖面中首次发现孢子*Retispora lepidophyta*，认为其属法门期晚期。谭正修（1987b）将其提升为欧家冲组。欧家冲组现在定义为石英砂岩、粉砂岩，夹砂质页岩，下部夹少量粉砂质页岩及少量灰岩透镜体（图4.18），见植物、孢子、鱼类、双壳类和腕足类等化石。欧家冲组与下伏锡矿山组和上覆邵东组均为整合接触关系，时代为法门期中晚期。在锡矿山地区，该组下部（77—86层）为灰绿色、灰—灰黑色的泥质粉砂岩、碳质页岩和钙质页岩，夹少量泥灰岩，含腕足类、植物、孢粉、疑源类、虫腭和几丁虫化石；中部（87—99层）为灰绿色、灰黄色、灰白色、灰黑色的砂岩、粉砂质页岩和泥质粉砂岩，可见植物、孢粉和虫腭化石，顶部见腕足类*Cyrtospirifer* sp.、*Lingula* sp.等；上部（100—101层）为灰黑色粉砂质泥岩、泥质粉砂岩和石英砂岩，夹少量灰黑色砂质灰岩，含腕足类和介形类化石（图4.19）。

邵东组（D_3s）：由乐森璕和侯鸿飞于1962年创名于湖南邵东县界岭西北刘家塘剖面，以陆源碎屑岩页岩、粉砂岩、细粒砂岩为主，夹少量灰岩和泥灰岩，含腕足类、四射珊瑚、层孔虫、有孔虫（如*Septatournayella rauserae pseudopulchra*、*Quasiendothyra communis*）和牙形类（如*Bispathodus aculeatus pulumulus-Clydagnathus cavusformis*动物群）等。与下伏欧家冲组和上覆孟公坳组均为整合接触关系，分布在湘中涟源、新化、新邵和邵阳等地，厚70～150m。锡矿山地区该组下部（102—104层）为灰黑色页岩、粉砂质泥岩、砂岩，夹泥质粉砂岩，产腕足类、双壳类、棘皮类、介形类和孢粉等化石；中部（105—108层）为灰绿色钙质页岩、粉砂质页岩、泥质粉砂岩，夹泥灰岩，产腕足类（如*Pleuropugnoides kinlingensis*、*Echinoconchus elegans*等）、双壳类、介形类和孢粉等化石；上部（109—113层）为深灰色粉砂质页岩、泥质粉砂岩、石英砂岩，夹少量泥灰岩和钙质泥岩（图4.19）。

孟公坳组（D_3m）：田奇瑰和王晓青于1932年在邵东县界岭孟公坳剖面创名孟公坳系，原指"岳麓系"之上、石磴子灰岩之下的一套砂、页岩夹灰岩沉积，时代为石炭纪杜内期。1956年，中国地质学编辑委员会和中国科学院地质研究所改称为孟公坳组。1962年，侯鸿飞将孟公坳组进一步细分为邵东段、孟公坳段和刘家塘段，之后提升为组。孟公坳组现在定义为整合于邵东组之上、马栏边组（原刘家塘组下部）之下的一套页岩、粉砂岩、砂岩和灰岩沉积，富含珊瑚、腕足类、有孔虫、孢粉和牙形类化石。锡矿山地区该组下部（114层）黄绿色钙质页岩夹浅灰色中厚层含铁灰岩，产珊

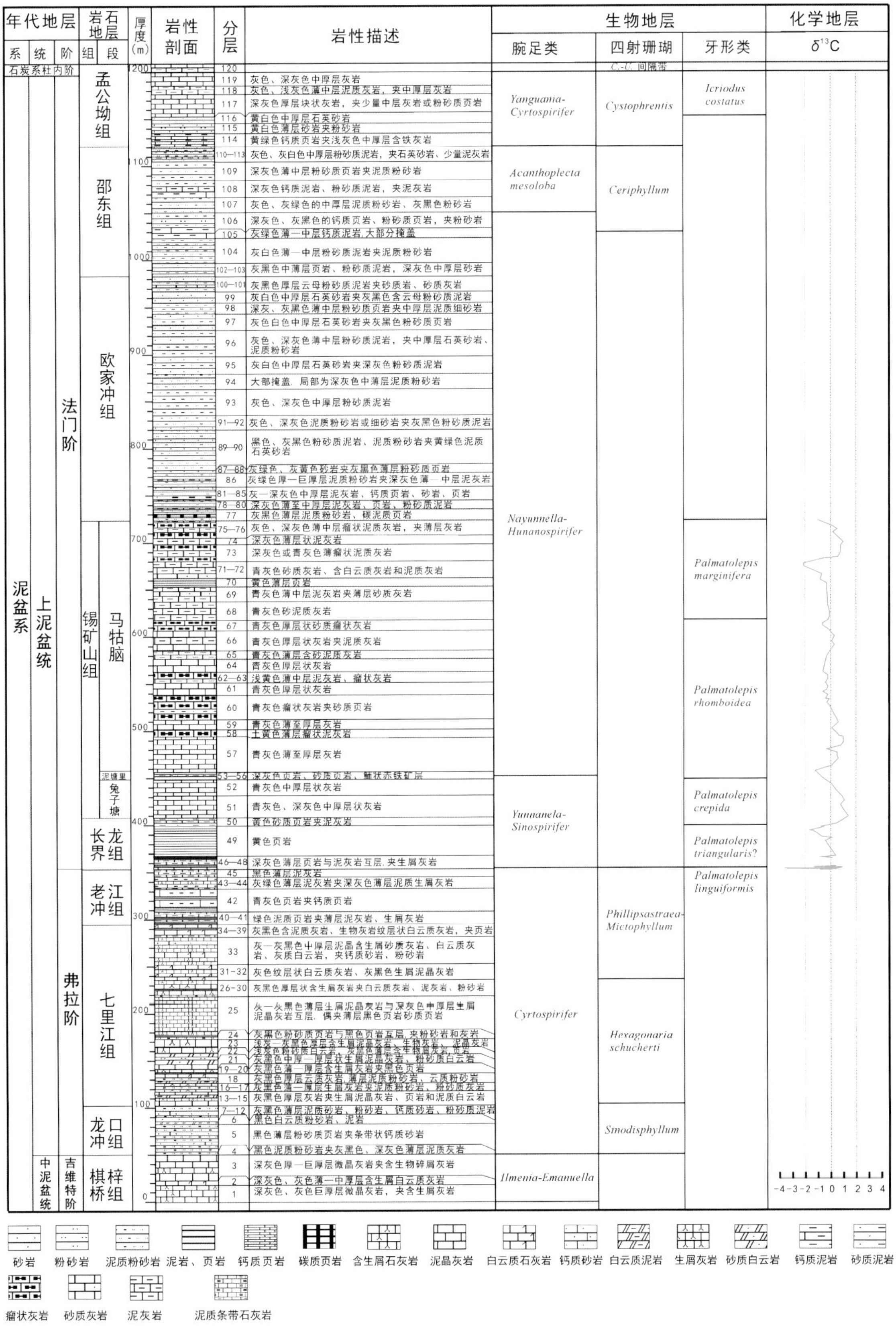

年代地层			岩石地层		厚度(m)	岩性剖面	分层	岩性描述	生物地层			化学地层
系	统	阶	组	段					腕足类	四射珊瑚	牙形类	δ¹³C
石炭系杜内阶			孟公坳组				120			C₁-C₁ 间隔带		
							119	灰色、深灰色中厚层灰岩	Yanguania-Cyrtospirifer	Cystophrentis	Icriodus costatus	
							118	灰色、浅灰色薄中厚层泥质灰岩，夹中厚层灰岩				
							117	深灰色厚层块状灰岩，夹少量中层灰岩或粉砂质页岩				
							116	黄白色中厚层石英砂岩				
							115	黄白色薄层砂岩夹页岩				
							114	黄绿色钙质页岩夹浅灰色中厚层含铁灰岩				
			邵东组		100		110-113	灰色、灰白色中厚层粉砂质泥岩，夹石英砂岩、少量泥灰岩	Acanthoplecta mesoloba	Ceriphyllum		
							109	深灰色薄中层粉砂质页岩夹灰白色粉砂岩				
							108	深灰色钙质泥岩，粉砂质泥岩，夹灰岩				
							107	灰色、灰绿色的中厚层泥质粉砂岩，灰黑色粉砂岩				
							106	深灰色、灰黑色的钙质页岩，粉砂岩，夹粉砂岩				
							105	灰绿色薄一中层钙质泥岩,大部分掩盖				
					100		104	灰白色薄一中层粉砂质泥岩夹泥质粉砂岩				
							102-103	灰黑色中厚层页岩、粉砂质泥岩，深灰色中厚层砂岩				
泥盆系	上泥盆统	法门阶	欧家冲组				100-101	灰黑色厚层云母粉砂质泥岩夹砂质泥岩				
							99	灰白色中厚层石英砂岩夹灰黑色含云母粉砂质泥岩				
							98	深灰、灰黑色薄中层粉砂质泥岩夹中厚层泥质细砂岩				
							97	灰白色中厚层石英砂岩夹灰黑色粉砂质页岩				
					900		96	灰色、深灰色薄中层粉砂质泥岩，夹中厚层石英砂岩、泥质粉砂岩				
							95	灰白色中厚层石英砂岩夹深灰色粉砂质泥岩				
							94	大部掩盖，局部为深灰色中薄层泥质粉砂岩				
							93	灰色、深灰色中厚层粉砂质泥岩				
							91-92	灰色、深灰色泥质粉砂岩或细砂岩夹灰黑色粉砂质泥岩	Nayunnella-Hunanospirifer			
					800		89-90	黑色、灰黑色粉砂质泥岩，泥质粉砂岩夹黄绿色泥质石英砂岩				
							87-88	灰绿色、灰黄色砂岩夹灰黑色薄层粉砂质页岩			Palmatolepis marginifera	
							86	灰绿色厚一巨厚层泥质粉砂岩夹深灰薄一中层泥灰岩				
							81-85	灰一深灰色中厚层泥灰岩、钙质页岩、砂岩、页岩				
							78-80	深灰色薄至中厚层泥质粉砂岩、粉砂质页岩				
							77	灰黑色薄层泥质粉砂岩、碳泥质页岩				
		锡矿山组	马牯脑组		700		75-76	灰色、深灰色薄中层瘤状泥灰岩，夹薄层灰岩				
							74	灰黑色薄层状灰岩				
							73	深灰色或青灰色薄层状泥灰岩				
							71-72	青灰色砂质灰岩，含白云质灰岩和泥质灰岩				
							70	黄色泥质页岩				
							69	青灰色薄中层泥灰岩夹薄层砂质页岩				
							68	青灰色砂质泥灰岩				
							67	青灰色厚层状砂质瘤状灰岩				
					600		66	青灰色厚层灰岩夹泥质灰岩				
							65	青灰色薄层含砂质泥灰岩				
							64	青灰色厚层状灰岩				
							62-63	浅灰色薄中层泥灰岩、瘤状灰岩			Palmatolepis rhomboidea	
							61	青灰色厚层灰岩				
							60	青灰色瘤状灰岩夹砂质灰岩				
					500		59	青灰色薄至厚层灰岩				
							58	土黄色薄层瘤状泥灰岩				
							57	青灰色薄至厚层灰岩				
			兔子塘段	泥塘里			53-56	深灰色页岩、砂质页岩、鲕状赤铁矿层				
					400		52	青灰色中厚层状灰岩	Yunnanela-Sinospirifer		Palmatolepis crepida	
							51	青灰色、深灰色中厚层状灰岩				
							50	黄色砂质页岩夹泥灰岩				
		长界组	龙界组				49	黄色页岩			Palmatolepis triangularis?	
							46-48	深灰色薄层页岩与泥灰岩互层，央生屑灰岩				
							45	黑色薄层泥灰岩			Palmatolepis linguiformis	
			老江冲组				43-44	灰绿色薄层泥灰岩夹深灰色薄层泥质生屑灰岩				
							42	青灰色页岩夹钙质页岩				
					300		40-41	绿色泥质岩夹薄层泥灰岩、生屑灰岩		Phillipsastraea-Mictophyllum		
泥盆系		弗拉阶					34-39	灰黑色含泥质粉砂岩，生物灰岩纹层状白云质灰岩，夹页岩				
							33	灰一灰黑色中厚层泥晶含生屑砂质灰岩、白云质灰岩、夹灰白灰岩，夹钙质砂岩，粉砂岩	Cyrtospirifer			
							31-32	灰色纹层状白云质灰岩、灰黑色生屑泥晶灰岩				
			七里江组		200		26-30	灰黑色厚层状含生屑灰岩夹白云质灰岩、泥灰岩、粉砂岩				
							25	灰一灰黑色生屑泥晶灰岩夹页岩与深灰色中厚层生屑泥晶灰岩互层，偶夹薄层页岩或砂质页岩		Hexagonaria schucherti		
							24	灰黑色粉砂质泥岩与黑色页岩互层，夹粉砂岩和灰岩				
							23	灰黑色粉砂质泥岩含生屑泥晶砂质生物灰岩				
							22	灰黑色中一厚层状生屑泥晶灰岩、粉砂质白云岩				
							21	灰黑色中一厚层状生屑泥晶灰岩、粉砂质白云岩				
							19-20	灰黑色薄层一厚层含生屑泥灰岩夹黑色页岩				
							18	灰黑色中厚层状泥质灰岩夹灰黑色粉砂岩、云质砂岩				
					100		16-17	灰黑色中厚层状含生屑泥灰岩夹粉砂岩				
							3-15	灰黑色厚层灰岩夹生屑泥晶灰岩、粉砂岩和泥质白云岩				
			龙口冲组				7-12	灰黑色薄层泥质粉砂岩、粉砂岩、钙质粉砂质泥岩		Sinodisphyllum		
							6	黑色白云质粉砂岩、泥岩				
							5	黑色薄层粉砂岩页岩夹单带状钙质砂岩				
							4	黑色砂质粉砂岩夹灰黑、深灰色薄层泥质灰岩				
			棋梓桥组				3	深灰色厚一巨厚层微晶灰岩夹含生物碎屑灰岩	Ilmenia-Emanuella			
中泥盆统		吉维特阶			0		2	深灰色、灰色薄一中厚层含生屑灰岩				
							1	深灰色、灰色巨厚层微晶灰岩，夹含生屑灰岩				-4 -3 -2 -1 0 1 2 3 4

岩例图例：砂岩　粉砂岩　泥质粉砂岩　泥岩、页岩　钙质页岩　碳质页岩　含生屑石灰岩　泥晶灰岩　白云质石灰岩　钙质砂岩　白云质泥岩　生屑灰岩　砂质白云岩　钙质泥岩　砂质泥岩

瘤状灰岩　砂质灰岩　泥灰岩　泥质条带石灰岩

图 4.19　湖南冷水江锡矿山剖面综合柱状图（δ¹³C 曲线据宗普等，2017）

瑚（如*Cystophrentis* cf. *kolaohoensis*、*Fuchungopora* sp.等）、有孔虫*Chernyshinella* sp.、牙形类（如*Apatognathus scalna*、*Clydaganthus cavusformis*）等；中部（115—116层）为黄白色砂岩，夹粉砂岩；上部（117—119层）为灰色、深灰色的中—厚层灰岩、泥质灰岩，夹少量粉砂质页岩，产珊瑚*Cystophrentis*、腕足类和有孔虫等（图4.19）。

4.5.2　生物地层

1. 腕足类

冷水江锡矿山地区泥盆纪腕足动物研究历史悠久（田奇㻏，1938）。锡矿山剖面中腕足类是最丰富，也是研究程度最高的生物化石门类，以发育浅水台地相区的底栖群落为特征（谭正修等，1987）。锡矿山地区自下而上可识别出6个腕足类组合带，简述如下。

*Ilmenia-Emanuella*组合带位于锡矿山剖面棋梓桥组顶部，腕足类*Stringocephalus*带之上，主要以一套个体小、丰度较低的*Ilmenia sinensis*、*Emanuella takwanensis*为特征，其他共生腕足类化石稀少，仅见*Desquamatia* sp.、*Spinatrypina* cf. *bodini*。*Emanuella*在华南自艾菲尔期开始出现，但一般认为该组合带的分布范围介于*Stringocephalus*顶峰带和*Cyrtospirifer*组合带之间，分别以鸮头贝在大部分地区的消失和弓石燕的出现为底、顶界线。*Ilmenia-Emanuella*组合带对应中泥盆统顶部，亦可以延伸至上泥盆统底部，大致相当于牙形类*Sc. hermanni*带至*Pa. punctata*带。

*Cyrtospirifer*组合带在锡矿山地区分布于龙口冲组、七里江组、老江冲组中，以*Cyrtospirifer*的出现为底界，终止于弗拉阶-法门阶界线处，其上为法门阶*Yunnanella-Sinospirifer*组合带。该组合主要属种包括其他具褶的石燕贝类（如*Tenticospirifer*、*Conispirifer*和*Pyramidaspirifer*等）、一些小嘴贝类及无洞贝类分子（如*Hypothyridina*、*Radiatrypa yangi*和*Spinatrypina lungkouchungensis*等），以及从下面延伸上来的分子。该组合带大致相当于牙形类*Pa. hassi*带至*Pa. linguiformis*带。在湘中其他地区，该组合带可进一步划分为下亚组合带（未命名）和*Hunanotoechia*-"*Ripidiorhynchus*"上亚组合带（马学平和宗普，2010）。

*Yunnanella-Sinospirifer*组合带见于湘中地区长龙界组和锡矿山组兔子塘段，以带化石的出现为底界，腕足类的分异度和丰度均较高。除小嘴贝类*Yunnanella*外，还有大量的*Ptychomaletoechia*、弓石燕类及长身贝类等，主要包括*Sinospirifer*、*Plicapustula*、*Lamarckispirifer*、*Pseudocyrtiopsis*、*Productella*、*Praewaagenoconcha*和*Leioproductus*，以及壳体十分独特的*Cyrtiopsis*和*Platyspirifer*等。该组合带大致相当于牙形类*Pa. triangularis*带至上*Pa. crepida*带。

*Nayunnella-Hunanospirifer*组合带分布在锡矿山组泥塘里段和马牯脑段、欧家冲组，以*Yunnanella*的消失为底、*Nayunnella*的消失为顶。*Nayunnella*在下伏*Yunnanella-Sinospirifer*组合带中已出现，在本带大量发育。弓石燕类具大型化特征，以*Hunanospirifer*的大量出现最令人瞩目。*Nayunnella-Hunanospirifer*组合带主要分子包括*Nayunnella synplicata*、*N. grandis*、*N. abrupta*、*Hunanospirifer wangi*、*H. ninghsiangensis*、*Tenticospirifer supervilis*、*T. triplisinosus*、*T. tiani*、*Cyrtospirifer kwangsiensis*、*Xinshaoella huaqiaoensis*、*Ptychomaletoechia hsikuangshanensis*、*Athyris gurdoni*等，大致

相当于法门期早中期牙形类*Palamtolepis crepida*带至*Pa. marginifera*带顶部。

*Acanthoplecta mesoloba*组合带见于湘中孟公坳组下部，除带化石外，主要分子包括*Plicochonetes*、*Schuchertella*、*Semicostata*、*Plicatifera*、*Hunanoproductus*、*Mesoplica*、*Ptychomaletoechia*和*Cyrtospirifer*等。此带大致相当于珊瑚*Caninia dorlodoti*带。

*Yanguania-Crytospirifer-Paulonia*组合带位于湘中孟公坳组中上部，以*Yanguania*的首次出现为底，以*Cyrtospirifer*的绝灭为顶，并以带化石的共同产出为特征。*Yanguania*主要产于此带，个别分子可延续至石炭系杜内阶；*Cyrtospirifer*主要是个体小、壳线简单的*Cyrtospirifer minor*，并绝灭于该带之顶；*Paulonia*仅见于此带，但数量较少。该组合带主要分子包括*Yanguania dushanensis*、*Cyrtospirifer minor*、*Tenticospirifer* sp.、*Paulonia menggongaoensis*、*Plicochonetes ornatus*、*Sentosia praesursor*、*Hunanoproductus hunanensis*、*Cleiothyridina serra*、*Cleiothyridina media*和*Ptychomaletoechia kinlingensis*等。

2. 珊瑚

冷水江锡矿山地区的泥盆纪珊瑚化石主要产于弗拉阶龙口冲组、七里江组、老江冲组及法门阶上部的邵东组和孟公坳组，自下而上可识别出6个珊瑚组合带，简述如下。

*Sinodisphyllum*组合带在锡矿山地区见于龙口冲组和七里江组下部，以*Sinodisphyllum variabile*的大量产出为特征，主要分子有*S.* cf. *simplex*、*Pseudozaphrentis* sp.、*Donia* sp.、*Thamnopora* sp.、*Scoliopora* sp.、*Alveolites* sp.和*Disphyllum* sp.等，对应腕足类*Cyrtospirifer*组合带的下部，属于晚泥盆世弗拉期早期。

*Hexagonaria schucherti*组合带在湘中地区主要见于七里江组、佘田桥组下部，主要分子有*Hexagonaria schucherti*、*H. orientale*、*H. philomena*、*Disphyllum caespitosum*、*D. cylindricum*、*Donia hunanensis*、*Pseudozaphrentis* sp.、*Temnophyllum* sp.和*Sinodisphyllum* sp.等。此带以群体珊瑚为主，单体珊瑚相对较少，时代属于晚泥盆世弗拉期。

*Phillipsastraea-Mictophyllum*组合带在锡矿山剖面对应七里江组上部和老江冲组，珊瑚分异度和丰度高，以带化石的大量出现为特征。该组合带在湘中地区广泛发育，主要属种包括*Phillipsastraea macauni*、*Ph. sinensis*、*Ph. hunanense*、*Haplothecia qiziqiaoense*、*Sulcorphyllum hunanense*、*Phacellophyllia petaluris*、*Phacellophyllia elegantula*、*Mictophyllum gigantum*、*M. sinense*、*Pseudozaphrentis difficile*、*Hunanophrentis uniforme*、*H. zaphrentoides*等。该组合带时代属于晚泥盆世弗拉期晚期，代表了F-F生物大灭绝事件之前最后的高分异度珊瑚动物群。

*Ceriphyllum*组合带主要见于湘中地区邵东组中、上部，除带化石外，还包括*Complanophyllum compressus*、*Complanophyllum minor*、*Caninia patula*、*Caninia jielingensis*、*Caninia shaodongensis*、*Diphyphyllum antiquatum*、*Dematophyllum minor*、*Dematophyllum hunanense*、*Zaphrentoides steroseptatus*、*Zaphrentis konincki*和*Z. delanouei*等，时代为法门晚期。

*Cystophrentis*延限带在锡矿山地区分布在孟公坳组，以*Cystophrentis*的出现和消失为其底、顶

界线，主要属种包括*C. kolaohoensis*、*C. tieni*、*C. flabelliformis*、*C. gigantata*、*C. triangulatis*、*C. xinhuaensis*、*C. xinningensis*、*Caninia* sp.和*Zaphrentis* sp.等。自Yü（1931）建立*Cystophrentis*延限带以来，*Cystophrentis*延限带一直被认为是下石炭统的标准珊瑚带，但近年来的研究表明，此带应属上泥盆统顶部，大致对应牙形类*Polygnathus obliquicostatus*带和*Icriodus costatus*带、有孔虫*Quasiendothyra communis-Q. kobeitusana*带、腕足类*Yanguania-Cyrtospirifer-Paulonia*带。

*Cystophrentis-Uralinia*间隔带，在*Cystophrentis*消失之后和*Uralinia*出现之前，在湘中地区普遍为一套厚约40m的巨厚层灰岩、白云质灰岩，基本未见宏体生物化石。该带位于湘中孟公坳组顶部至马栏边组下部，其下部对应泥盆纪末牙形类*Siphonodella praesulcata*带至上*Siphonodella praesulcata*带。

3. 牙形类

冷水江锡矿山剖面位于湘桂台地内部，水体较浅，牙形类含量较少，以*Icriodus*、*Polygnathus*为主，仅见少量浮游相*Palmatolepis*分子，牙形类生物地层序列研究程度较低。

*Palmatolepis linguiformis*带见于锡矿山剖面老江冲组上部，季强（1991）将该牙形类组合归为palmatolepid-polygnathid生物相，并认为在老江冲组中*Palmatolepis*的含量高达30%以上，*Polygnathus*的含量为4%~10%。老江冲组顶部*Palmatolepis*和*Polygnathus*含量急剧降低，至*Pa. triangularis*带，*Icriodus*含量突然增加。

*Palmatolepis triangularis*带分布于锡矿山剖面长龙界组，并未发现标准带化石，仅见少量*Icriodus deformatus*和*I. iowaensis iowaensis*（Ma等，2002）。该带底界对应弗拉期典型生物化石的消失，顶界以*Pa. crepida*的首次出现为标志（张纯臣，1997）。

*Palmatolepis crepida*带见于锡矿山组兔子塘段（季强，1994），以带化石首现为底界，以*Palmatolepis rhomboidea*的首现为顶界，除带化石外，还包括*Pa. minuta*、*Pa. wolshajae*、*Pa. triangularis*、*Pa. subperlobata*、*Pa. perlobata*、*Pa. quadrantinodosalobata*等。在湘中大部分区域该带可向上延伸至马牯脑段下部。

*Palmatolepis rhomboidea*带见于锡矿山地区锡矿山组马牯脑段中部，以带化石首现为底界，以*Palmatolepis marginifera*的首现为顶界。除带化石外，主要分子有*Pa. minuta*、*Polygnathus semicostatus*等。该带时代为法门期中期。

*Palmatolepis marginifera*带见于锡矿山组马牯脑段上部，以带化石的首次出现为底界，锡矿山组顶界为项，其上欧家冲组未见牙形类化石。除带化石外，主要分子包括*Palmatolepis quadrantinodosa inflex*、*Pa. glabra*、*Pa. delicatula*、*Polygnathus semicostatus*、*Polylophodonta linguiformis*等。

*Icriodus costatus*带见于湘中地区孟公坳组中上部，以带化石的出现为特征，其他分子主要有*Icriodus sujiapingensis*、*Polygnathus communis communis*、*P. normalis*和*Apatognathus varians*等。此带大致相当于珊瑚*Cystophrentis*延限带中部，可以与牙形类*Palmatolepis expansa*带进行对比，属于法门期晚期。

4.5.3 年代地层

1. 弗拉阶-法门阶界线

湖南地区的弗拉阶-法门阶（F-F）界线，即我国地方性年代地层单位佘田桥阶-锡矿山阶界线，一直以来被置于长龙界组及相当层位之底，以无洞贝类和弗拉期珊瑚的消失及腕足类 *Yunnanella-Nayunnella* 动物群的出现为标志。该界线对应F-F之交生物大灭绝事件，牙形类 *Pa. linguiformis* 带的顶界和 *Pa. triangularis* 带的底界，在全球范围内均可以得到较好的识别。湘中地区冷水江锡矿山剖面、祁阳黎家坪剖面在F-F界线附近均发育一套黑色碳质页岩沉积。这套黑色碳质页岩沉积在世界范围内普遍分布，反映了一次全球海洋缺氧事件，是F-F界线重要的辅助识别标志。

2. 泥盆系-石炭系界线

谭正修等（1987）指出，湘中地区传统的泥盆系-石炭系界线应位于孟公坳组和马栏边组之间，略高于孢子 *Valatisporites pusillites-Retispora lepidophyta* 组合带，并略低于牙形类 *Siphonodella levis* 带，而原先归属于石炭系的珊瑚 *Cystophrentis* 延限带和腕足类 *Yanguania-Cyrtospirifer-Plauonia* 组合应属于泥盆系顶部。由于缺少标准化石，目前对湘中地区泥盆系-石炭系界线主要存在以下两种划分意见：①马栏边组底界，对应岩性界线和生物群落的明显更替；②马栏边组下部，位于牙形类 *Siphonodella levis* 带之下和Hangenberg碳同位素正偏事件之后的负向偏移区内（Qie等，2015）。湘中地区泥盆系-石炭系界线的精确位置尚存在一定的争论。

4.6 广西象州马鞍山剖面

象州马鞍山剖面位于广西壮族自治区来宾市象州县大乐镇西南的军田村东侧，省道307南侧，得名于形似马鞍的山峰——马鞍山（图4.20）。马鞍山剖面及周边地区的泥盆系最早为徐瑞麟（1938）所报道，刘金荣（1978）、乐森璕和白顺良（1978）、白顺良等（1979，1982）先后对周边地区的泥盆系进行了研究。侯鸿飞等（1986）详细论述了马鞍山剖面中上泥盆统界线附近的生物地层，韩迎建（1987）、Jia等（1988）、Ji（1989）对该剖面弗拉阶-法门阶界线附近的生物地层进行了研究。马鞍山剖面周边吉维特阶-弗拉阶、弗拉阶-法门阶界线上下的同位素地球化学特征也曾被报道（白顺良等，1990；Bai等，1994；王大锐和白志强，2002）。钟铿等（1992）、Bai等（1994）对该地区泥盆系的岩石地层、生物地层、化学地层等进行了综合论述。现根据前人的研究资料，马鞍山剖面及其周边地层序列自下而上包括大瑶山群（D_1dy）、小山组（D_1x）、同庚组（D_1t）、落脉组（D_1lm）、侣塘组（D_1lt）、大乐组（D_1d）、应堂组（D_2y）、东岗岭组（D_2d）、巴漆组（D_2b）和融县组（D_3r）（图4.21和图4.22）。

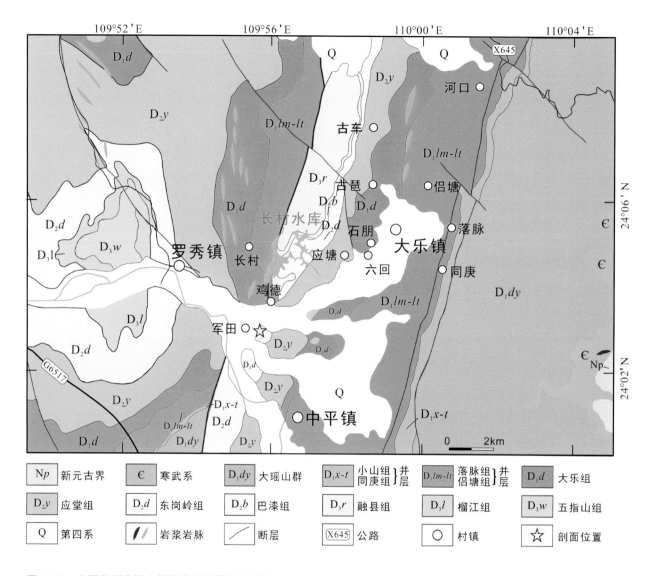

图 4.20　广西象州马鞍山剖面交通位置及地质图

4.6.1　岩石地层

　　大瑶山群（D_1dy）：由白顺良等（1979）命名于广西象州大乐剖面，指一套厚达千米的紫红色细粒石英砂岩（夹泥质粉砂岩），底部以 $2\sim8m$ 厚的砾岩层与下伏寒武系呈角度不整合接触。大瑶山群主要分布于广西南丹、荔浦、金秀等地。象州大乐—金秀河口剖面上大瑶山群厚度超过1100m，分为上下两部分：下部为原莲花山组，主要岩性为灰白色、肉红色、紫红色厚层中—细粒岩屑石英砂岩；上部为原那高岭组，主要由紫红色夹灰绿色中厚层细粒岩屑石英砂岩、含泥岩屑石英粉砂岩和泥质石英粉砂岩组成。象州大乐—金秀河口剖面的大瑶山群与下伏寒武系呈角度不整合接触，与上覆同庚组整合接触，时代大致为洛赫考夫期至布拉格期。大瑶山群化石稀少，含有少量瓣鳃类、鱼类和植物的化石碎片（钟铿等，1992）。

图 4.21　广西象州马鞍山剖面野外露头照片
A. 广西象州马鞍山剖面远眺图；B. 广西象州马鞍山剖面应堂组古琶段露头；C. 广西象州马鞍山剖面东岗岭组分珊瑚
（*Disphyllum*）；D. 广西象州马鞍山剖面巴漆组至融县组露头

　　小山组（D_1x）：由徐瑞麟（1938）报道命名，初称"小山石英岩"，介于下伏四排页岩和上覆
吴村层之间（表4.1），命名地位于金秀瑶族自治县桐木镇小山村附近，"岩质为少层理而坚致之石
英岩，颜色呈白或褐黄色，中含不清楚之海百合茎等化石痕迹，厚三十余公尺"，最初其被认定为
中泥盆统下部。《中国区域地层表（草案）》中采用了小山砂岩　名，其上覆地层称郁江组。后王钰
和俞昌民（1962）将象州—中坪一带四排组和东岗岭组之间的一段地层统称为郁江组，将小山砂岩包
括在内。白顺良等（1979）曾将大乐一带大瑶山群之上，郁江阶下部的灰绿色砂岩、灰色粉砂岩命
名为同庚组。周怀玲等（1987）进一步研究后认为白顺良等（1979）所指同庚组实际等同于徐瑞麟
（1938）所称"小山石英岩"，因此采用了小山组一名，而将上覆的水淋组灰绿色泥岩改称同庚组，
此方案被钟铿等（1992）采纳。Bai等（1994）在钟铿等（1992）地层划分方案的基础上，将小山组
[原文称"郁江组"小山段，对应白顺良（1979）所指同庚组]上部8.1m的灰色粉砂岩划归到同庚组[原
文称"郁江组"同庚段，对应白顺良（1979）所指水淋组]。本书遵从Bai等（1994）的划分方案（表
4.1），即小山组只包含厚度约41m的灰绿色中厚层粉—细粒石英砂岩。在象州大乐—马鞍山一带，小
山组与下伏大瑶山群和上覆同庚组均为整合接触关系，时代大致为布拉格期晚期。小山组中目前已有

的化石记录包括腕足类*Orientospirifer wangi*等。

　　同庚组（D₁*t*）：由白顺良等（1979）命名于广西象州大乐剖面，代表大瑶山群之上，郁江阶下部的灰绿色中厚层粉—细粒石英砂岩、灰色粉砂岩。周怀玲等（1987）将上覆水淋组灰绿色泥岩改称同庚组，废弃水淋组一名。Bai等（1994）在周怀玲等（1987）和钟铿等（1992）地层划分方案的基础上，将小山组上部8.1m的钙质粉砂岩划归到同庚组。本书采用Bai等（1994）的方案（表4.1），即象州大乐一带的同庚组包括了白顺良等（1979）所指的同庚组上部灰色粉砂岩与水淋组灰色、灰绿色泥岩，总厚度约为170m。同庚组只分布于广西鹿寨四排以南，经象州大乐、中平，武宣妙皇，至武宣朋村一带（钟铿等，1992），与下伏和上覆地层均为整合接触关系，时代大致为埃姆斯期早期。同庚组化石较为丰富，包括腕足类*Orientospirifer*、*Rostrospirifer*、*Elymospirifer*、*Howellella*、*Nadiastrophia*、*Dicoelostrophia*、*Cymostrophia*、*Athyris*等。其他化石门类包括珊瑚*Calceola*、三叶虫*Gravicalymene*和*Basidechenella*等（Bai等，1994）。

　　落脉组（D₁*lm*）：由白顺良等（1979）年创立于象州大乐剖面，为深灰、灰绿色泥岩，深灰色灰岩和泥灰岩。该组分布于鹿寨寨沙以南，象州大乐、中平、大樟，武宣乐梅、朋村、通挽一带的狭长地带（钟铿等，1992）。在命名剖面，落脉组厚度约106m，与下伏同庚组和上覆侣塘组均为连续沉积，时代大致为埃姆斯期早期。落脉组所含化石包括腕足类*Howellella*、*Rostrospirifer*，珊瑚*Cystolyrielasma*、*Lyrielasma*、*Pseudomicroplasma*、*Xiangzhouphyllum*，菊石*Erbenoceras*等（Bai等，1994）。

　　侣塘组（D₁*lt*）：由侯鸿飞和鲜思远于1975年命名于象州大乐至林场剖面，原称郁江组侣塘段，指介于上伦白云岩和四排组石朋段之间的厚度大于300m的灰色钙质泥岩、泥质灰岩、生物灰岩、白云质泥岩及泥质粉砂岩。后续研究者所称侣塘组则是经修订后，仅包括原侣塘段上部白云质灰岩、白云岩和泥岩的地层（贾慧贞和杨德骊，1979；白顺良等，1979a；周怀玲等，1987；钟铿等，1992；Bai等，1994）。侣塘组分布局限，仅限于象州大乐、中平及金秀七建一带（钟铿等，1992），厚度约为335m，与下伏落脉组和上覆大乐组均为整合接触关系，时代大致为埃姆斯期早期。侣塘组生物较单调，已报道的化石包括腕足类*Trigonospirifer*、*Howellella*、*Glyptospirifer*、*Nadiastrophia*，三叶虫*Shipaia*，介形类*Paramoelleritia*，竹节石*Nowakia praecursor*等（钟铿等，1992；Bai等，1994）。

　　大乐组（D₁*d*）：由贾慧贞和杨德骊（1979）命名，命名剖面位于广西象州大乐乡西南低山。因与四排页岩的腕足动物面貌接近，象州大乐一带下泥盆统上部最初沿用侯鸿飞和鲜思远于1975年建立的四排阶一名，自下而上分为石朋段、六回段和丁山岭段。但因该地区以碳酸盐岩沉积为主，贾慧贞和杨德骊（1979）改称其为大乐组，仍保留原划分的三个岩性段。石朋段为灰—深灰色灰岩、泥质灰岩，夹黑色页岩，底部和顶部为白云质灰岩，厚约152m；六回段为灰—深灰色灰岩、泥质灰岩和介壳灰岩，夹泥岩，厚约234m；丁山岭段为灰色中厚层灰岩、泥灰岩，上部含燧石团块，厚约66m。大乐组的分布区域北起金秀七建，经金秀桐木、象州大乐和妙皇，南到武宣二塘屯头一带（钟铿等，1992），与下伏侣塘组和上覆应堂组均为整合接触关系，时代大致为埃姆斯晚期。大乐组中可识别出三个腕足类组合带，自下而上为*Trigonospirifer trigonata-Athyrisina plicata*组合带，*Otospirifer*

表 4.1　大瑶山西侧象州大乐—马鞍山一带地层划分沿革

研究者 地层	徐瑞麟(1938)	中国区域地层表(华案)1956*	全国地层委员会(1962)	侯鸿飞 鲜思远(1975)	刘金荣(1978)	乐森璕和白顺良(1978)	白顺良等(1979)	白顺良等(1982)	周怀玲等(1987)	侯鸿飞等(1988)	钟铿等(1992)	Bai等(1994)	本书
上泥盆统	古化石灰岩	融县灰岩	榴江组	东岗岭组	榴江组	榴江组	三里组	锡矿山阶	融县组	融县组	融县组	融县群	融县组
	桂林灰岩												
	榴江组												
中泥盆统	东岗岭层	东岗岭灰岩	东岗岭组		东六蒙岭段 斗莲段 花恩段 沐恩段	东岗岭组	榴江组 巴漆段 鸡德段 长村组	佘田桥阶 巴漆段 鸡德段 长村段	军田组 巴漆组 鸡德组 长村组	巴漆组 鸡德组 长村组	谷闭组 巴漆段 鸡德段 长村组	巴漆段 鸡德段 长村组	巴漆组 东岗岭组 长村段
	吴村层	郁江组	郁江组	长村段 古车段 古琶段	上段 中段 下段	应堂组	古车组 古琶组	古车段 古琶段	古车组 古琶组	古车段 古琶段	古车段 古琶段	应堂组 古车段 古琶段	应堂组 古车段 古琶段
	小山石英岩	小山砂岩		应堂组	应堂阶		应堂阶	应堂阶					
下泥盆统	四排页岩	四排页岩	四排组	丁山岭段 六回段 石朋段 四排阶	丁山岭段 六回段 石朋段 四排阶	四排组	丁山岭段 六回段 石朋组 四排组	大丁山岭亚段 大乐六回亚段 石朋亚段 四排段	大乐组 侣塘段 洛脉段	大丁山岭段 乐六回段 石朋组 侣塘组 洛脉组	大丁山岭段 乐六回段 石朋组 侣塘组 洛脉组	大乐段 侣塘段 洛脉段	大丁山岭段 乐六回段 石朋组 侣塘组 洛脉组
	金竹坳砂岩	莲花山组	莲花山组	吕塘段 上伦段 郁江组 "那高岭组"	红妮段 吕方段 上伦段 郁江阶 那高岭阶	郁江组	吕塘组 洛脉段 水淋组 同庆组 郁江阶	水淋段 同庆段 郁江阶	同庆组 小山组 脉渠组 金务组 下叶山组	水淋组 同庆组 小山组	同庆组 小山组	同庆组 小山段	同庆组 小山组
				莲花山组	莲花山组	那高岭组 莲花山组	大瑶山群	大瑶山群	大瑶山群	大瑶山群	大瑶山群	莲花山群	大瑶山群

* 著者为中国地质学编辑委员会，中国科学院地质研究所

*daleensis*组合带，*Euryspirifer paradoxus*组合带（侯鸿飞等，2000）。另有珊瑚*Trapezophyllum*、*Psydracophyllum*、*Favosites*和*Mesofavosites*等，牙形类*Polygnathus inversus*和*P. serotinus*等（图4.22）。

应堂组（D_2y）：由侯鸿飞和鲜思远于1975年命名于大乐应堂至长村水库剖面，用以指代大乐组（原称四排组）和东岗岭组之间的地层，自下而上划分为古琶段、古车段和长村段。白顺良等（1979）将三个段均提升为独立的组，之后的研究中多采用该方案（周怀玲等，1987；侯鸿飞等，1988）。钟铿等（1992）考虑到应堂组一名被广西地质工作者和泥盆系学者广泛习用，因而恢复该名称，将其提升为应堂群，包括古琶组、古车组和长村组。Bai等（1994）仍采用应堂组一名，下分三段，本书遵循此方案。应堂组古琶段以泥岩为主，厚约86m；古车段为灰岩、泥质灰岩，夹泥岩，厚约130m；长村段为黄绿色泥岩，夹薄层泥灰岩，厚约250m。应堂组分布于象州大乐至金秀七建一带，与下伏大乐组和上覆东岗岭组间均为连续沉积，时代大致为艾菲尔期（图4.22）。

应堂组古琶段富含腕足类和珊瑚。腕足类可划分为下部*Xenospirifer fongi*组合和上部*Eospiriferina lachrymosa*组合，珊瑚包括*Cylindrophyllum*、*Phacellophyllum*等（侯鸿飞等，2000）。古车段中腕足类*Acrospirifer houershanensis*组合带包括*Athyrisina*、*Acrospirifer*、*Indospirifer*、*Emanuella*、*Eospiriferina*、*Yingtangella*、*Uncinulus*等属；珊瑚可识别出*Breviseptophyllum kochanensis-Utaratuia sinensis*组合带，包括*Utaratuia*、*Calceola*、*Breviseptophyllum*等属。长村段生物化石较少，已报道的包括腕足类*Septothyris*、*Atrypa*、*Schizophoria*等，双壳类*Paracyclas*、*Pholadella*、*Limoptera*等（钟铿等，1992）。

东岗岭组（D_2d）：由乐森璕于1928年命名，命名剖面位于象州县城东的东岗岭（又称斗篷岭）。命名剖面上东岗岭组出露不完整，马鞍山剖面为东岗岭组的主要参考剖面。徐瑞麟（1938）称该段地层为东岗岭层。1959年以后的区测工作中普遍使用东岗岭组一名。侯鸿飞和鲜思远（1975）对东岗岭组含义进行明确，指代限于应堂阶之上、桂林组或榴江组之下的地层单位。白顺良等（1979）根据象州大乐剖面将东岗岭阶划分为下部鸡德组和上部巴漆组，两者岩性与生物内容均存在明显差异。侯鸿飞等（2000）认为，东岗岭组命名剖面出露的地层相当于白顺良等（1979）所指鸡德组，而巴漆组应代表另一独立岩组。东岗岭组分布于金秀七建、桐木，象州大乐、中平，武宣二塘，以及桂北的兴安、临桂、贺州、钟山、灵川、荔浦、鹿寨等地（钟铿等，1992）。在象州地区，东岗岭组厚度约400m，与下伏应堂组和上覆巴漆组均为整合接触关系，时代大致为吉维特期早期。

东岗岭组富含腕足类、珊瑚、层孔虫等底栖生物。腕足类包括*Stringocephalus*、*Bornhardtina*、*Acrothyris*、*Emanuella*等。珊瑚可见*Temnophyllum*、*Endophyllum*等。层孔虫异常发育，主要有*Anostylostroma*、*Trupetostroma*、*Pseudoactinodictyon*、*Stromatopora*等属（钟铿等，1992）。

巴漆组（D_2b）：由白顺良等（1979）命名于象州县大乐乡巴漆村附近，代表东岗岭阶上部灰岩沉积。长期以来许多研究者将这段地层称为东岗岭组巴漆段，作为鸡德段的上覆地层（钟铿等，1992；Bai等，1994），后侯鸿飞等（2000）明确其为独立的岩组单元，并废除鸡德段一名。巴漆组分布于桂中象州、鹿寨，桂西北河池、环江，桂北兴安、灵川、永福、阳朔、桂林等地（侯鸿飞等，2000）。在马鞍山剖面，巴漆组厚度约45m，与下伏及上覆地层均为整合接触关系，时代大致为吉维特晚期。巴漆组中的腕足类以*Leiorhynchus*为代表，含有少量*Stringocephalus*。另有竹节石*Homoctenus*，以及牙形类*varcus*带至*asymmetricus*带的分子。

融县组（D₃r）：命名于广西融县（现广西融水县）附近，原称"融县灰岩"，为"色白质纯之石灰岩"（田奇瑛，1938）。全国地层委员会（1962）称其为融县组，自此该名称被广泛采用，指代桂林组之上、额头村组之下一套以浅灰色、灰白色的中—厚层球粒-砂屑灰岩、鲕粒灰岩、粒屑灰岩、白云质灰岩、白云岩为主的地层序列。该组分布于广西全境，与上、下地层整合接触，时代大致为法门期。象州马鞍山剖面的融县组未见顶，出露厚度超过400m，为灰白色厚层中—粗晶灰岩、鲕粒灰岩。据白顺良等（1982），象州大乐地区的融县组含腕足类*Tenticospirifer*、*Yunnanella*，珊瑚*Mictophyllum*，牙形类*Palmatolepis perlobata*、*Pa. glabra prima*、*Pa. minuta minuta*、*Pa. delicatula delicatula*、*Pa. tenuipunctata*和*Polygnathus procerus*等。

4.6.2 生物地层

广西象州马鞍山及周边剖面是华南象州型泥盆系的经典研究区，对其底栖生物（如腕足动物、珊瑚）及浮游生物（如牙形类、竹节石等）均有大量前期研究。

1. 牙形类

马鞍山及周边地区的泥盆系牙形类生物地层研究程度较高（白顺良等，1982；Wang和Ziegler，1983b；侯鸿飞等，1986；季强等，1986；韩迎建，1987；Bai等，1994），其中吉维特阶-弗拉阶界线附近及弗拉阶-法门阶界线附近的牙形类生物地层更是备受关注。

根据Guo等（2018）对白顺良等（1982）和Bai等（1994）大乐地区生物地层的厘定，马鞍山周边的大乐地区落脉组中可见牙形类*Polygnathus excavatus excavatus*和*P. perbonus*，对应埃姆斯阶下部的*excavatus*带。大乐组下部和中上部分别可见*P. inversus*和*P. serotinus*带的标志分子，应堂组可见*costatus*带标志分子，而东岗岭组则可见*varcus*带标志分子（Bai等，1994）。

东岗岭组、巴漆组和融县组牙形类生物地层的研究较为成熟（侯鸿飞等，1986；季强等，1986；韩迎建，1987；Bai等，1994），可建立吉维特阶至法门阶的牙形类带，自卜而上包括*varcus*带、*hermanni*带、*disparilis*带、*falsiovalis*带、*transitans*带、*punctata*带、*hassi*带、*jamieae*带、*rhenana*带、*linguiformis*带和*triangularis*带。

2. 竹节石

珠胚节石在马鞍山及周边地区的泥盆系中并不丰富，根据Bai等（1994），在同庚组中可见*Nowakia zlichovensis*，在落脉组至大乐组下部可见*N. gr. praecursor*，大乐组中部含*N. holynensis*，应堂组下部可见*N. sulcata*。

3. 珊瑚

钟铿等（1992）总结了广西泥盆纪四射珊瑚组合带，其中在广西象州地区出现的包括*Lyrielasma*

年代地层 系	统	阶	岩石地层 组	段	厚度(m)	分层	岩性描述	牙形类	竹节石	珊瑚	腕足类
泥盆系	上泥盆统	法门阶（弗拉阶）	融县组		3200–3100	228	深灰色块状砾屑灰岩	*triangularis / linguiformis / rhenana / jamieae / hassi / punctata / transitans / falsiovalis / disparilis / hermanni*			*Tenticospirifer – Yunnanella*
			巴漆组			182–227	灰色中薄层含生屑泥晶灰岩，夹泥灰岩和硅质岩				*Leiorhynchus*
	中泥盆统	吉维特阶	东岗岭组		3000	181	灰色中薄层含泥质灰岩			*Endophyllum – Dialythophyllum*	*Stringocephalus*
					2900	179–180	灰色中厚层泥灰岩和灰绿色页岩	*varcus*			*Bornhardtina*
				长村段	2800	178–172	灰色、灰绿色中厚层泥岩				
						171	灰色、黄色中厚层泥岩				
					2700	170	灰绿色中薄层含泥灰岩				
						169	灰绿色钙质页岩				
						168	灰绿色薄层龟裂纹泥灰岩				
					2600	167	灰绿色页岩				
		艾菲尔阶	应堂组	古车段		165–166	灰、黄色中层泥灰岩，夹灰绿色页岩				
					2500	163–164	灰绿色页岩夹薄层泥灰岩			*Breviseptophyllum kochanensis / Utaratuia sinensis*	*Acrospirifer houershanensis*
						162	深灰色中薄层泥灰岩				
				古鼎段	2400	161	灰色厚层灰岩，下部夹燧石条带及结核	*costatus*			
				丁山岭段		159–160	黄灰色中层灰岩，顶部深灰色中层灰岩		*sulcata*		*Eospiriferina lachrymosa / Xenospirifer fongi*
					2300	157–158	灰绿色页岩偶夹薄层灰岩				
						156	灰色页岩夹燧石团块				
					2200	155	灰色厚层灰岩，含燧石结核				
				六回段		154	灰色薄层灰岩夹灰岩				*Euryspirifer paradoxus*
			大乐组			152	灰色中层灰岩与灰岩互层	*serotinus*	*holynensis*	*Trapezophyllum cystostum*	
					2100	150–151	深灰色中层灰岩与泥质灰岩互层				
						149	深灰色中层灰岩与含泥灰岩互层				
		埃姆斯阶			2000	146–148	灰色中层灰岩，夹页岩	*inversus*			*Otospirifer daleensis*
						145	灰色中层灰岩与含泥灰岩互层				
						144	灰色中层灰岩含砂细晶灰岩互层				
				石朋段	1900	143	深灰色中层灰岩，局部夹黑色页岩				
						140–142	深灰色中层灰岩，泥质灰岩，局部夹黑色页岩，底部为深灰色中…				
			倘塘组		1800	136–139	灰色中厚层白云岩，上部夹页岩	*nothoperbonus*	*praecursor*		*Trigonospirifer trigonata – Athyrisina plicata*
						135	灰色白云岩				
						134	撞盖				
					1700	133	深灰色厚层白云岩				
						132	灰绿色厚层白云岩				
						131	灰色中层灰岩云岩与灰岩互层				
					1600	130	灰绿色中层灰岩云岩与灰岩互层				
						129	灰绿色页岩				

化学地层 δ¹³C_carb: $\delta^{13}C_{carb}$ （刻度 -3 -2 -1 0 1 2 3）

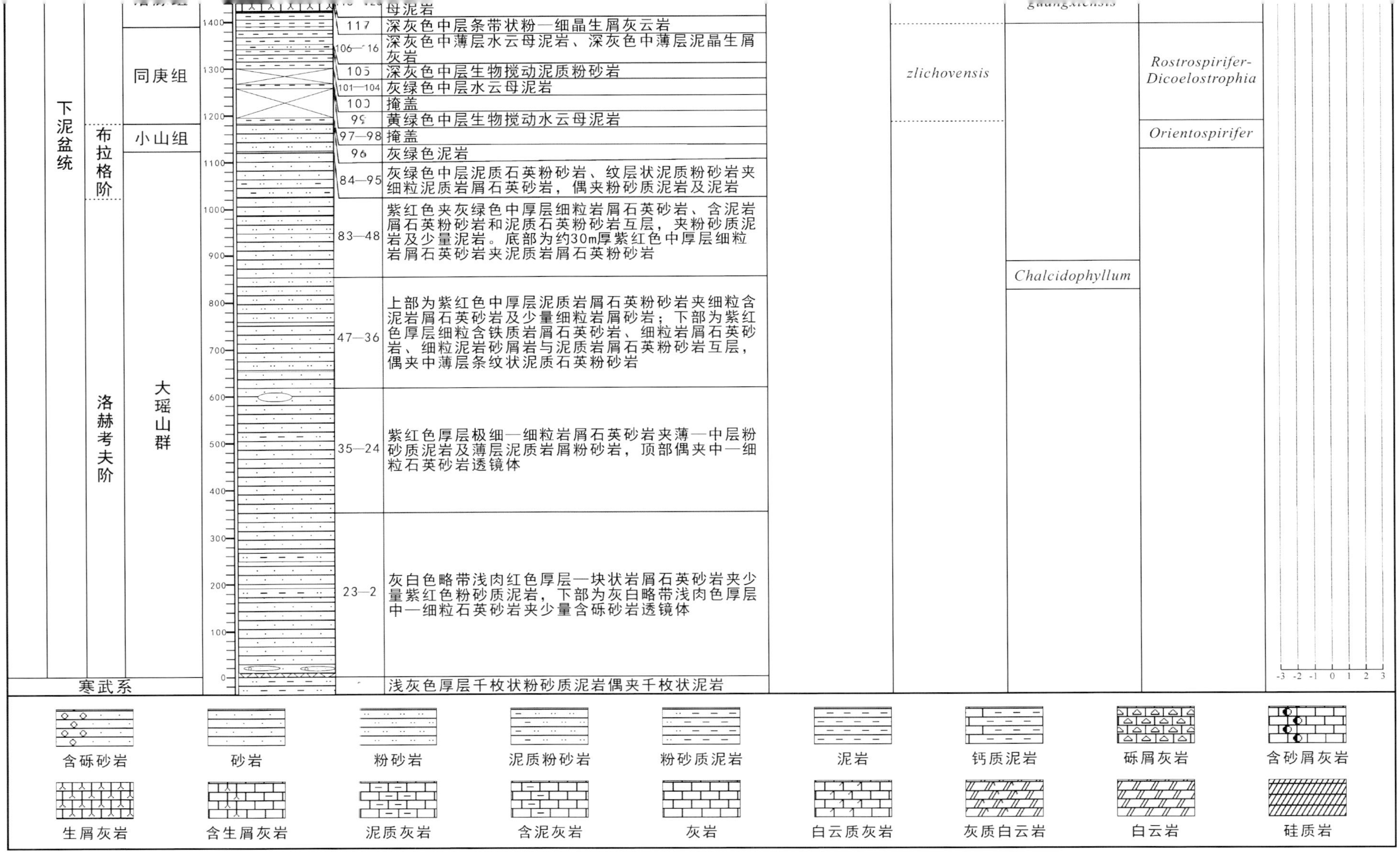

图 4.22 广西象州马鞍山剖面综合柱状图

地层划分（左侧）

下泥盆统 — 布拉格阶、洛赫考夫阶；同庚组、小山组、大瑶山群
寒武系

生物带：Rostrospirifer-Dicoelostrophia、Orientospirifer、Chalcidophyllum、zlichovensis、guangxiensis

岩性描述（分层）

- 117　深灰色中层条带状粉—细晶生屑灰岩
- 106—116　深灰色中薄层泥晶生屑灰岩，深灰色中薄层粉砂岩
- 105　深灰色中层生物碎屑粉砂岩
- 101—104　深灰色中层水云母泥岩
- 99—100　灰绿色中层生物扰动水云母泥岩
- 97—98　黄绿色掩盖
- 96　灰绿色泥岩
- 84—95　灰绿色中层泥质粉砂岩、纹层状粉砂岩夹细粒石英砂岩，偶夹粉砂质泥岩及泥岩
- 83—48　紫红色中厚层绿灰色中厚层细粒石英砂岩、纹层状粉砂岩夹粉砂质泥岩；底部为约30m紫红色中厚层细粒石英砂岩夹泥质石英粉砂岩
- 47—36　上部为紫红色中厚层绿灰色夹粉砂岩细粒石英砂屑岩夹细粒含红石英砂屑砂岩及中厚层含铁质含细粒石英砂屑岩与细粒石英砂屑岩互层，偶夹中薄层紫红层石英砂岩纹层状紫红粉砂岩
- 35—24　紫红色厚层极细—细粒石英砂屑岩粉砂岩及薄层泥质石英砂岩透镜体
- 23—2　灰白色略带浅肉红色厚层—块状灰岩，下部为少量含砾砂屑石英砂岩夹少量细—中粒细粒石英砂屑浅肉色厚层透镜体
- 浅灰色厚层千枚状粉砂质泥岩偶夹千枚状泥岩

图例

符号	岩性
生屑灰岩	含生屑灰岩	灰岩	泥岩	灰质白云岩	砾屑灰岩	含砂屑灰岩
含砾砂岩	粉砂岩	粉砂质泥岩	白云质灰岩	钙质泥岩	白云岩	硅质岩
砂岩	泥质粉砂岩	泥质灰岩	白云岩	含砂屑灰岩		

105

*guangxiensis*组合带、*Trapezophyllum cystosum*组合带、*Breviseptophyllum kochanensis-Utaratuia sinensis*组合带和*Endophyllum-Dialythophyllum*组合带。

*Lyrielasma guangxiensis*组合带，存在于落脉组，代表属种包括*Lyrielasma guangxiensis crassa*、*L. g. gracile*和*Xiangzhouphyllum minor*等。

*Trapezophyllum cystosum*组合带，存在于大乐组，共生分子包括"*Hexagonaria*" *simplex*、*Leptoenophyllum*、*Embolophyllum*、*Cystohexagonaria*、*Nardophyllum*、*Pseudomicroplasma*、*Phillipsastraea*和*Pseudozonophyllum*等。

*Breviseptophyllum kochanensis-Utaratuia sinensis*组合带，见于应堂组，伴生有*Sociophyllum minor*、*Neospongophyllum blomerulatum*、*Stringophyllum*、*Atelophyllum*、*Calceola*、*Phacellophyllum*、*Xystriphyllum*、*Nardophyllum*、*Microplasma*和*Wedekindophyllum*等。

*Endophyllum-Dialythophyllum*组合带见于东岗岭组，是华南吉维特阶广泛分布的珊瑚组合。除标志分子外，还可见*Disphyllum*、*Hexagonaria*、*Temnophyllum*、*Billingsatrae*、*Phillipsaraea*、*Macgeea*、*Stringophyllum*、*Dendrostella*、*Fasciphyllum*、*Atelophyllum*、*Pseudomicroplasma*和*Cystiphylloides*等属。

4. 腕足类

马鞍山剖面及周边地区发育丰富的泥盆纪底栖生物类型，其中腕足动物尤为丰富。据Bai等（1994）报道，大乐地区小山组可见*Orientospirifer wangi*，这是华南布拉格期广泛分布的*Orientospirifer*组合带的标志分子之一。同庚组中*Rostrospirifer*、*Elymospirifer*、*Howellella*、*Nadiastrophia*、*Dicoelostrophia*、*Cymostrophia*和*Athyris*等腕足动物的出现则证明*Rostrospirifer-Dicoelostrophia*组合（或称"东京石燕动物群"）的存在。根据前人研究，大乐地区六回、应堂一带的大乐组中含丰富的腕足类，可划分为三个腕足动物组合：下部为*Trigonospirifer trigonata-Athyrisina plicata*组合带，中部为*Otospirifer daleensis*组合带，上部为*Euryspirifer paradoxus*组合带。三个组合的标志分子在马鞍山剖面均有报道，但彼此的界线并不清晰（Chen和Yao，1999）。

应堂组古琶段富含腕足类，可划分为下部*Xenospirifer fongi*组合和上部*Eospiriferina lachrymosa*组合（侯鸿飞等，2000），而古车段则含腕足类*Acrospirifer houershanensis*组合带（钟铿等，1992）。据钟铿等（1992）报道，象州地区东岗岭组中可见*Stringocephalus*、*Bornhardtina*、*Acrothyris*和*Emanuella*等腕足动物，证明华南中泥盆世广泛分布的*Stringocephalus-Bornhardtina*组合在该地区存在。

巴漆组含*Leiorhynchus kwangsiensis*组合带（侯鸿飞等，1986），以标志分子*Leiorhynchus*的大量发育为特征。据白顺良等（1982）报道，象州大乐地区的融县组含腕足类*Tenticospirifer*、*Yunnanella*等，此处暂称其为*Tenticospirifer-Yunnanella*组合带。

4.6.3 年代地层

1. 弗拉阶底界

前人对广西象州地区吉维特阶-弗拉阶界线的识别开展了大量工作（如白顺良等，1982；季强等，1986），一般认为该地区的界线位置应位于巴漆组近顶部。Wang和Ziegler（1983b）对马鞍山剖面的牙形类序列进行了初步报道，认为弗拉阶底界大致位于巴漆组顶部附近。侯鸿飞等（1986）对马鞍山剖面中上泥盆统的牙形类生物地层进行了详细研究，在东岗岭组顶部至融县组底部识别出了下 *varcus* 带、中 *varcus* 带、上 *varcus* 带、下 *hermanni-cristatus* 带、上 *hermanni-cristatus* 带、*disparilis* 带、最下 *asymmetricus* 带、下 *asymmetricus* 带、中 *asymmetricus* 带、上 *asymmetricus* 带、*triangularis* 带和下 *gigas* 带。其中下 *asymmetricus* 带以 *Ancyrodella rotundiloba rotundiloba* 的首现为标志，距离巴漆组顶部约4m，可以此为依据作为弗拉阶底界的识别标志。

2. 法门阶底界

韩迎建（1987）对马鞍山剖面上泥盆统的牙形类动物群进行了系统研究，在融县组中部识别出最上 *gigas* 带（对应 *linguiformis* 带）、下 *triangularis* 带及中 *triangularis* 带。在下 *triangularis* 带的底界附近，牙形类生物面貌发生明显更替：在界线之下，*Pa. gigas*、*Pa. subrecta*、*Ancyrodella nodosa* 等全部消失，随之出现 *Pa. triangularis* 及大量 *Icriodus* 种群。该界线位于韩迎建（1987）所标示的295层下部。

4.7 广西横县六景剖面

广西南宁至横县六景镇之间的泥盆系出露广泛，地层序列完整，呈带状平行分布于郁江两岸（图4.23）。广西六景剖面位于横县六景镇火车站北面的霞义岭至车站东南约2km的那祖村，总长度约4.6km，是我国南方最重要的标准泥盆系剖面之一。六景剖面出露良好，自下而上包括莲花山组（D_1l）、那高岭组（D_1n）、郁江组（D_1y）、莫丁组（D_1md）、那叫组（$D_{1-2}nj$）、民塘组（D_2mt）、谷闭组（$D_{2-3}gb$）和融县组（D_3r），是我国泥盆纪年代地层单位那高岭阶和郁江阶的命名地点和层型剖面所在地，各门类化石丰富，是著名的早泥盆世"东京石燕动物群"主要产地和研究剖面之一（王钰等，1964；王钰和戎嘉余，1986；Yu等，2018；图4.24）。1989年，邝国敦等对六景剖面的生物地层学、沉积学等方面进行了系统总结，提供了丰富的基础地质资料。近年来，Lu等（2016，2019）对六景剖面及相邻的大村-1剖面的那高岭组和郁江组开展了详细的牙形类系统分类学和生物地层学研究，首次在我国华南板块识别出牙形类分子 *P. kitabicus*，揭示华南地区下泥盆统埃姆斯阶底界的准确位置位于郁江组石洲段的底部。此外，刘疆和白志强（2009）、曾雄伟等（2010）对六景剖面中泥盆统及F-F界线层开展了地球化学相关的研究工作（图4.25）。

4.7.1 岩石地层

莲花山组（D_1l）：朱庭祜（1928）创立"莲花山系"，命名剖面在贵县（今贵港市）龙山圩附近的莲花山，最初用来代表广西东南部的泥盆系和部分志留系。1941年李四光等厘定莲花山系的含义，仅指代广西境内早泥盆世早期的海陆交互相沉积。《中国区域地层表（草案）》将莲花山系改称莲花山组，代表上古生界加里东（广西）运动后开始沉积的砾岩、砂岩、页岩地层。莲花山组与下伏寒武

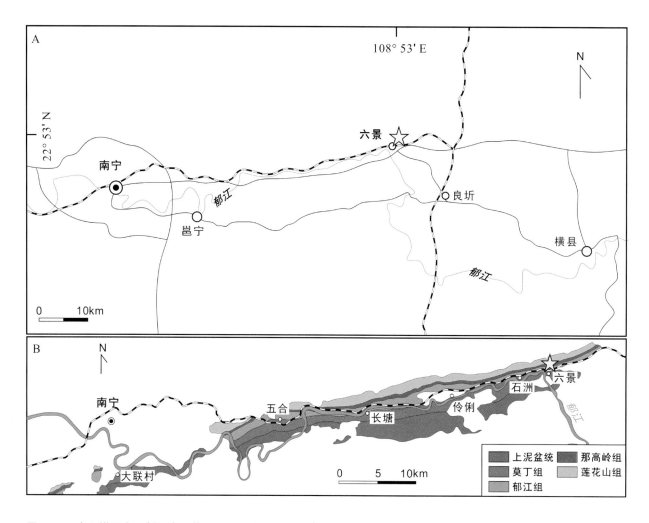

图 4.23　广西横县六景剖面交通位置图和泥盆系地质图（据 Lu 等，2017 修改）

系呈角度不整合接触，与上覆那高岭组整合接触。该组厚约330m，自下而上可划分为三段：伶俐段主要由砾岩、石英砂岩、细砂岩和泥质粉砂岩组成；横县段为泥质粉砂岩夹细砂岩；六坎口段主要为粉砂岩与泥质粗砂岩。莲花山组广泛分布于广西南部，推断其时代不晚于布拉格期中期，但因海侵由南向北进行，因而在不同地区呈现越往北时代越新的趋势。

　　在六景剖面，莲花山组伶俐段中化石较少，仅见少量鱼化石碎片、双壳类、介形类和舌形贝类腕足动物；中部横县段和上部六坎口段中化石较多，含较丰富的双壳类（如*Leiodysodonta*、*Dysodonta*、*Cypricardella*等）、介形类（*Beyrichia*、*Leperditia*等）及鱼类（*Yunnanolepis*）等门类化石。

　　那高岭组（D_1n）：王钰等（1956）将六景剖面上莲花山组与郁江组之间的一段绿色页岩夹灰岩薄层命名为"那高岭页岩"。王钰等（1964）对那高岭页岩进一步研究后，改称其为那高岭组，并明确其含义为：下部为黄褐、黄绿色薄层泥岩及钙质、砂质泥岩；中上部为灰绿色粉砂质泥岩，夹泥灰岩透镜体。侯鸿飞和鲜思远（1975）认为那高岭组包括三段，自下而上分别为高岭段、蚂蝗岭段和霞义岭段，认为其代表一个完整的海进—海退序列。但在实际应用中，那高岭组的识别一般遵循原始含

108

义，只包括泥岩沉积，即高岭段和蚂蝗岭段，其上的石英细砂岩的霞义岭段多被归入上覆的郁江组。那高岭组广泛分布于广西南部，在六景剖面，其厚度约为150m，与下伏莲花山组和上覆郁江组之间均为整合接触关系，其时代大致为布拉格期。

那高岭组是加里东运动之后第一段生物繁盛的地层，各门类生物较为丰富，以腕足动物为主，其代表性的类型为*Orientospirifer*、*Aseptalium*等，主要分布于那高岭组的中上部。双壳类在那高岭组也很丰富，底部以*Leiodysodonta*、*Dysodonta*为主，中部以*Edmondia*和*Sanguinolites*为主，而上部则以*Eoschizodus*为代表。竹节石、珊瑚、海百合、介形类、牙形类等其他门类在那高岭组中亦有相关报道。

图 4.24　广西横县六景剖面野外露头照片

A. 中国海相泥盆系标准剖面——六景剖面纪念碑；B. 六景剖面莲花山组横县段 - 六坎口段界线；C. 六景剖面民塘组薄—中层灰岩；D. 六景剖面谷闭组和"融县组"灰岩；E. 谷闭组薄层、瘤状灰岩，为图 D 中白框部分放大

郁江组（D_1y）：最初为赵金科（1947）在横县六景剖面报道命名，包含下部滨岸碎屑岩沉积和上部碳酸盐台地相沉积。该段地层历史上采用过的岩石地层名称和年代地层名称包括郁江层（赵金科，1956）、郁江建造（王钰，1956）、郁江统（赵金科和张文佑，1958）、郁江阶（全国地层委员会，1962）等。1956年的《中国区域地层表》称其为郁江组。王钰等（1964）年将郁江组自下而上划分为霞义岭段（砂岩、粉砂岩为主）、石洲段（灰岩、粉砂岩为主）、大联村段（泥质灰岩为主）和六景段（泥岩、泥灰岩为主），该划分方案被广泛接受并沿用至今。侯鸿飞和鲜思远（1975）认为宜将霞义岭段划入下伏那高岭组，以代表一个完整的海进—海退序列。此处郁江组的定义遵循王钰等（1964）的方案。郁江组主要分布于横县六景周边，东至贵港蒙公，西至崇左大新、龙州一带，在六景剖面其厚度约220m，与下伏那高岭组和上覆莫丁组之间均为整合接触关系。根据牙形类生物地层，郁江组包括布拉格阶上部和埃姆斯阶下部（Lu等，2017，2019）。

郁江组中各门类化石非常丰富，东京石燕动物群即产出于此段地层，其中腕足动物大约35属70种，是华南泥盆系腕足动物生物多样性及研究程度最高的动物群，又可分为下部霞义岭段和石洲段中的*Dicoelostrophia crenata-Atrypa variabilis*组合与大联村段和六景段中的*Eosophragmophora sinensis-Parathyrisina tangnae*组合（王钰和戎嘉余，1986）。郁江组的珊瑚可分为两个组合：石洲段中以复体四射珊瑚*Xystriphylloides*为代表，其余类型包括横板珊瑚*Favosites*、*Squameofavosites*等，往往能够形成生物层，以贵港蒙公地区最为典型；六景段中的四射珊瑚仅见单体类型，如*Breviphrentis*、*Stereolasma*等，另有蜂巢珊瑚类的横板珊瑚（Yu等，2018）。六景地区郁江组中代表性的牙形类包括*Polygnathus sokolovi*、*P. pireneae*、*P. kitabicus*、*P. excavatus excavatus*、*P. excavatus* ssp. 114、*P. perbonus*、*P. nothoperbonus*等具有地层指示意义的分子，以及*Ozarkodina*、*Pandorinellina*等（Lu等，2016，2017，2018，2019）。郁江组中报道有少量竹节石，以厚壳类型为主，上部可见珠胚节石类的*Nowakia praecursor*。除此之外，郁江组中也可见腹足类、双壳类、介形类、三叶虫等。

莫丁组（D_1md）：原被归为那叫组底部，阮亦萍等（1979）将其单独分出，暂称为"未命名组"，后于《广西壮族自治区区域地质志》中改称莫丁组，代表郁江组与那叫组之间的一套深灰色白云岩、硅质岩夹黑色燧石条带。该组分布于广西南宁、武鸣、靖西、德保等地，在命名剖面，即六景剖面，莫丁组只出露了一部分，厚度大于19m，与下伏郁江组整合接触，与上覆那叫组为断层接触，大致相当于早埃姆斯晚期。

莫丁组包含的生物化石以深水型为主，如竹节石*Nowakia barrandei*、*N.* cf. *elegans*、*Viriatellina* sp.等，菊石*Anetoceras*、*Teicherticeras*、*Mimagoniatites*等（钟铿等，1992），牙形类*Polygnathus excavatus excavatus*、*P. excavatus* ssp. 114、*P. perbonus*、*P. nothoperbonus*等（Lu等，2017）。底栖生物可见腕足类*Acrospirifer*、*Cyrtina*、*Brevispirifer*、*Howellella*、*Gypidula*和*Atrypa*等，珊瑚*Favosites*、*Siphonophrentis*和*Calceola*等。

那叫组（$D_{1-2}nj$）：该组的命名剖面为六景剖面，最初被划归东岗岭组。王钰等（1965）将六景剖面原东岗岭组的下部白云岩改称那叫组，而将上部灰岩层命名为民塘组。阮亦萍等（1979）将那叫组底部含菊石、竹节石的白云岩和硅质岩分出，称为"未命名组"，即后来的莫丁组。那叫组典型岩性为生物碎屑中—细晶白云岩及微层状白云岩，为后期白云岩化产物。该组分布较为局限，主要见于横县、隆安和靖西。在六景剖面，那叫组厚度约为250m，与下伏莫丁组为断层接触，与上覆民塘组整合接触。该组时代为埃姆斯期晚期至艾菲尔期。

那叫组中生物碎屑较多，但大都保存较差。中上部见腕足类*Zdimir*、*Megastrophia*，牙形类*Polygnathus serotinus*、*P. costatus*、*P. pseudofoliatus*等。珊瑚、海百合茎、苔藓虫、层孔虫可见于那叫组下部，但多为碎片，难以鉴定。

民塘组（D_2mt）：命名剖面为六景剖面，位于六景车站南，最初被划归为东岗岭组。王钰等（1965）将六景地区原东岗岭组下部的白云岩改称那叫组，而上部灰岩层命名为民塘组。民塘组岩性以灰色薄板状灰岩、生物碎屑灰岩与角砾状灰岩为主，厚度约90m，与下伏那叫组和上覆谷闭组均为整合接触关系。该组主要分布于六景一带，时代为艾菲尔期最晚期至弗拉期早期。

民塘组富含生物化石，腕足类包括*Stringocephalus*、*Bornhardtina*、*Omolonia*、*Changtangella*、*Rhynchospirifer*、*Emanuella*、*Acrothyris*、*Atrypa*、*Uncinulus*等（孙元林，1986）。民塘组中的四射珊瑚可识别出两个组合带：民塘组中部的*Stringophyllum minor*组合带和民塘组上部的*Truncicarinulum involutum-Haplothecia*组合带（邝国敦等，1989），前者的重要属种包括*Stringophyllum crassum*、*Pexiphyllum multum*、*Nadotia crossa*、*Sociophyllum semiseptatum*及*Temnophyllum*，后者的重要属种包括*Truncicarinulum aiense*、*Haplothecia*（*Kwangxiastraea*）*filata*、*Temnophyllum*等。层孔虫十分丰富，以*Plectostroma*、*Pseudoactinodictyon*、*Glyptostroma*、*Trupetostroma*、*Stromatopora*、*Actinostroma*为主。竹节石可见*Nowakia otomari*。报道的牙形类有*Tortodus kockelianus kockelianus*、*Polygnathus linguiformis*、*P. foliformis*、*P. varcus*、*Schmidtognathus hermanni*等重要分子。

谷闭组（$D_{2-3}gb$）：由邝国敦等（1989）命名，命名剖面位于六景东南2km的谷闭村。该组下部为薄—中层含泥质条带粉晶灰岩，上部为灰色薄层扁豆状生物碎屑泥晶灰岩。谷闭组为斜坡相沉积，同时期各地区斜坡相沉积的岩性和生物差异比较明显。为避免地层单位过多引起混乱，钟铿等（1992）将具有斜坡沉积特征的岩石组合统归为谷闭组。谷闭组的分布范围除层型剖面六景地区以外，还包括阳朔、荔浦、信都、德保、象州等地区。在六景地区，谷闭组厚度约为80m，与下伏及上覆地层均为整合接触关系，时代为弗拉期。

在六景地区，谷闭组中牙形类化石丰富，自下而上可识别出*Palmatolepis disparilis*带、*Mesotaxis asymmetricus*带和*Pa. gigas*带。珊瑚可见于谷闭组下部，已报道类型包括*Amplexocarinia*、*Columnaria*、*Tabulophyllum*、*Temnophyllum*、*Pseudozaphrentis*、*Pexiphyllum*、*Frechastraea*。层孔虫也集中产出于下部层位，包括枝状层孔虫*Stachyodes*、*Amphipora*、*Paramphipora*，块状层孔虫*Actinostroma*、*Clathrostroma*、*Clathrocoilona*和*Gerronostroma*等。

"融县组"（D_3r）：命名于广西融县（现融水县）（田奇瑰，1938），由浅灰色厚层球粒-砂屑灰岩、鲕粒灰岩、粒屑灰岩、白云质灰岩等组成。六景剖面上泥盆统的上部岩性、沉积环境、生物面貌与典型的融县组有较大差别，顶部出露不全，与石炭系关系不明，难以另立新组，故一般仍沿用"融县组"一名。六景剖面的"融县组"出露约350m，与下伏谷闭组整合接触。"融县组"下部以灰色中厚层细—粉晶砾屑灰岩为主；中上部为中厚层藻粉晶灰岩，夹薄层泥晶灰岩及细—中晶白云岩；顶部未出露，被古近系红色砂砾岩覆盖。六景剖面的"融县组"出露部分为法门阶下部。

在六景剖面，"融县组"中报道有牙形类*Palmatolepis minuta minuta*、*Pa. tenuipunctata*、*Pa. crepida*、*Pa. quadrantinodosalobata*等，上部含较丰富腕足类，包括*Pseudoleiorhynchus*、*Pugnax*和*Tenticospirifer*等。

4.7.2　生物地层

广西六景泥盆系剖面的各门类生物多样性和化石数量均很丰富，是华南研究程度很高的经典剖面。邝国敦等（1989）对该剖面主要化石门类的生物地层进行了详尽的阐述，本书仅对六景地区泥盆纪主要生物门类的研究新进展做简单介绍。

1. 牙形类

依据目前牙形类在地层中的分布特征，六景泥盆系剖面可识别出16个牙形类生物带，自下而上包括下泥盆统*P. pireneae*带、*P. kitabicus*带、*P. excavatus*带、*P. nothoperbonus*带、*P. inversus*带、*P. serotinus*带、*P. c. patulus*带；中泥盆统*P. c. costatus*带、*kockelianus*带、*ensensis*带、*varcus*带、*hermanni*带、*disparilis-asymmetricus*带、*Pa. gigas*带和上泥盆统*Pa. triangularis*带和*Pa. crepida*带。

六景剖面是我国那高岭阶和郁江阶单位层型剖面，近年来牙形类生物地层相关工作取得较大进展，对埃姆斯阶底界GSSP修订产生了积极影响。六景地区那高岭组至郁江组中可识别出牙形类*P. pireneae*带、*P. kitabicus*带、*P. excavatus*带和*P. nothoperbonus*带。其中，*P. pireneae*带是布拉格阶顶部的牙形类生物带，其底界以*Polygnathus pireneae*首现为标志，顶界位于郁江组石洲段最下部，除标志分子外，该带重要的伴生牙形类分子包括*P. sokolovi*等。*P. kitabicus*的首现是埃姆斯阶底界的标志，在六景地区该带底界位于郁江组石洲段最下部，伴生有*P. pireneae*。*P. excavatus*带底界标志分子*P. excavatus excavatus*最低层位的化石记录见于石洲段顶部，距离大联村段底界约4.83m。除标志分子外，*P. excavatus*带内还可见*P. perbonus*。*P. nothoperbonus*带底界位于石洲段顶部，以*P. nothoperbonus*出现为标志，伴生有*P. excavatus excavatus*、*P. excavatus* ssp. 114和*P. perbonus*等重要类群（Lu 等，2016，2018，2019）。

2. 珊瑚

六景剖面及周边地区的珊瑚化石比较丰富，自下而上可识别出7个组合带。其中层位最低的四射珊瑚组合出现于那高岭组高岭段上部，为*Chalcidophyllum nakaolingensis*组合带。该组合带属种单调，除标志分子外尚可见*Eoglossophyllum*。

郁江组的珊瑚可分为两个组合：石洲段中以复体四射珊瑚*Xystriphylloides*为代表，其他分子包括*Heterophaulactis*、*Favosites*、*Squameofavosites*等，往往形成生物层，称为*Xystriphylloides-Heterophaulactis*组合；六景段中的四射珊瑚仅见单体类型，如*Breviphrentis*、*Amplexiphyllum*、*Stereolasma*等，另有蜂巢珊瑚类的横板珊瑚，称为*Breviphrentis-Amplexiphyllum*组合。郁江组中珊瑚面

貌的更替被视作"郁江事件"首幕的标志之一（Yu等，2018）。

民塘组中的四射珊瑚动物群是广西碳酸盐岩台地边缘相类型中的代表，分为两个组合：*Stringophyllum minor*组合带，分布于民塘组中部，种类丰富，包含*Stringophyllum*、*Pexiphyllum*、*Nadotia*、*Sociophyllum*和*Temnophyllum*等；*Truncicarinulum involutum-Haplothecia*组合带，位于民塘组上部，除标志分子外，重要属种包括*Truncicarinulum aiense*、*Haplothecia*（*Kwangxiastraea*）*filata*和*Temnophyllum columnare*等。

*Paracolumnaria-Tabulophyllum*组合带分布于谷闭组下部，主要属种有*Paracolumnaria liujingensis*、*Tabulophyllum subgracile*、"*Amplexicarinia*" *guangxiensis*、*Pseudozaphrentis* sp.、*Temnophyllum*（*Truncicarinulum*）*liujingense*和*Frechastraea* sp.等。*Peneckiella-Neotemnophyllum*组合位于融县组下部，主要属种有*Peneckiella liujingensis*、*P. guangxiensis*、*Neotemnophyllum liujingensis*和*N. minor*等。

六景剖面还包括3个横板珊瑚组合，自下而上为：郁江组石洲段的*Favosites goldfussi* var. *eifelensis*组合、郁江组六景段的*Favosites goldfussi*组合，以及民塘组近底部的*Stelliporella-Heliolites*组合。民塘组中上部及谷闭组可见少量横板珊瑚，如*Thamnopora*及*Alveolites*等。

3. 腕足类

六景地区的泥盆纪腕足动物属种繁多，最早的化石记录出现于莲花山组，存在少量无铰类的*Lingula*和有铰类的*Kwangsirhynchus*。

那高岭组代表了六景地区正常浅海沉积的开始，腕足动物迅速发展，出现了该时期华南地区广泛分布的*Orientospirifer-Aseptalium*组合，除标志分子外还存在*Kwangsirhynchus*、*Protathyris*、*Corvinopugnax*等。郁江组中保存有典型的"东京石燕动物群"，腕足动物化石种类和数量均很丰富。该动物群在郁江组又分为两个组合带：下部*Dicoelostrophia crenata-Atrypa variabilis*组合带，包括霞义岭段和石洲段；上部*Eosophragmophora sinensis-Parathyrisina tangnae*组合带，包括大联村段和六景段。王钰和戎嘉余（1986）对两个组合带中的组成分子进行了细致报道。六景地区"东京石燕动物群"上下两个组合带的更替及该动物群在郁江组顶部的消失分别被认为是"郁江事件"首幕和主幕的标志之一（Yu等，2018）。*Zdimir*组合是华南台地边缘相区广泛分布的腕足动物群类型，在六景地区见于那叫组中上部，共生的腕足动物类型还包括*Megastrophia*、*Atrypa*等。

中泥盆统民塘组中报道有华南吉维特阶广泛存在的*Stringocephalus-Bornhardtina*组合，伴生腕足类*Acrothyris*、*Rhynchospirifer*等。*Ilmenia*组合带见于谷闭组，重要属种包括*Ilmenia*、*Tenticospirifer*、*Atrypa*和*Spinatrypa*等。

*Pseudoleiorhynchus*组合带位于融县组上部，共生的腕足动物类型包括*Pugnax*和少量*Tenticospirifer*等，对应法门阶底部。

化学地层 生物地层 岩性地层 年代地层综合柱状图

年代地层 系	统	阶	组	段	厚度(m)	岩性剖面	分层	岩性描述	牙形类	竹节石	珊瑚	腕足类	δ¹³C_carb
古近系					1600		71	红色砂砾岩					
泥盆系	上泥盆统	法门阶	融县组		1550–1500–1450–1400–1350		63–70	浅灰色厚层白云质灰岩、蓝藻屑灰岩、局部为蓝绿藻屑灰岩，夹白云岩透镜体；灰色厚层泥—粉晶灰岩	crepida / triangularis			Pseudo-leiorhynchus	
					1300		62	浅灰色厚层—块状蓝藻粉晶灰岩及花斑状蓝藻屑泥—粉晶灰岩					
					1250		61	浮土掩盖					
		弗拉斯阶	谷闭组		1200		60	灰色厚层含蓝藻泥—粉晶灰岩，藻粘结岩夹藻屑岩大小不均	gigas		Peneckiella-Neotemnophyllum		
					1200		59	浅灰色厚层—块状、角砾状灰岩	disparilis-asymmetricus				
	中泥盆统	吉维特阶	民塘组		1150		57–58	深灰色薄—中层含生屑灰岩，条带状含生屑灰岩，夹硅质灰岩			Paracolumnaria-Tabulophyllum	Ilmenia	
					1100		56	灰—深灰色薄层粉晶生屑灰岩，局部为厚层生屑灰岩	hermanni				
					1100		55	灰色中薄层生屑灰岩，夹薄层微晶灰岩	varcus		Truncicarinulum-Haplothecia	Stringocephalus-Bornhardina	
					1100		53–54	灰色中薄层含生物碎屑灰岩	ensensis / kockelianus	otomari	Stringophyllum		
		艾菲尔阶			1050		51–52	深灰色中厚层含生物碎屑灰岩，纹层发育					
					1050		48–50	灰色中薄层含生物碎屑细—中晶白云岩	costatus				
			那叫组		1000		46–47	灰色中厚层细—微晶白云岩					
					950		45	灰色中厚层细晶白云岩，底部为具细纹层的薄层生物碎屑微晶白云岩	patulus				
		埃姆斯阶			900		43–44	灰黄色中厚层含生屑细晶白云岩，细晶灰岩	serotinus				
					850		41–42	深灰色含生屑灰岩夹薄层泥灰岩	inversus				
					850		37–40	灰黄色泥岩及含泥含生物碎屑灰岩，底部为生物碎屑微晶灰岩				Zdimir-Megastrophia	
			黄丁组		800		35–36	深灰色含生屑灰岩，细晶灰岩	nothoperbonus	barrandei			
					750		33–34	灰黄色中厚层泥岩及含泥含生物碎屑灰岩夹薄层泥质泥岩		praecursor	Breviphrentis-Amplexiphyllum	Eosophragmophora-parathyrisina	
			郁江组	六景段	750		32	灰黄色含泥岩及含泥含生物碎屑灰岩夹薄层灰绿色泥质泥岩	excavatus				
					700		31	黑灰色泥岩、含泥含生物碎屑灰岩及灰绿色粉砂质泥岩	kitabicus		Xystriphylloides-Neoxyzophyllum...	Dicoelostrophia-...	
			石洲...	大联村段	700		30	灰黄色含泥含生物碎屑灰岩，含泥质泥岩	pireneae				
					650		29	上部灰绿色含泥粉砂岩，含泥岩及薄层灰绿色含泥石英细砂岩，下...					

114

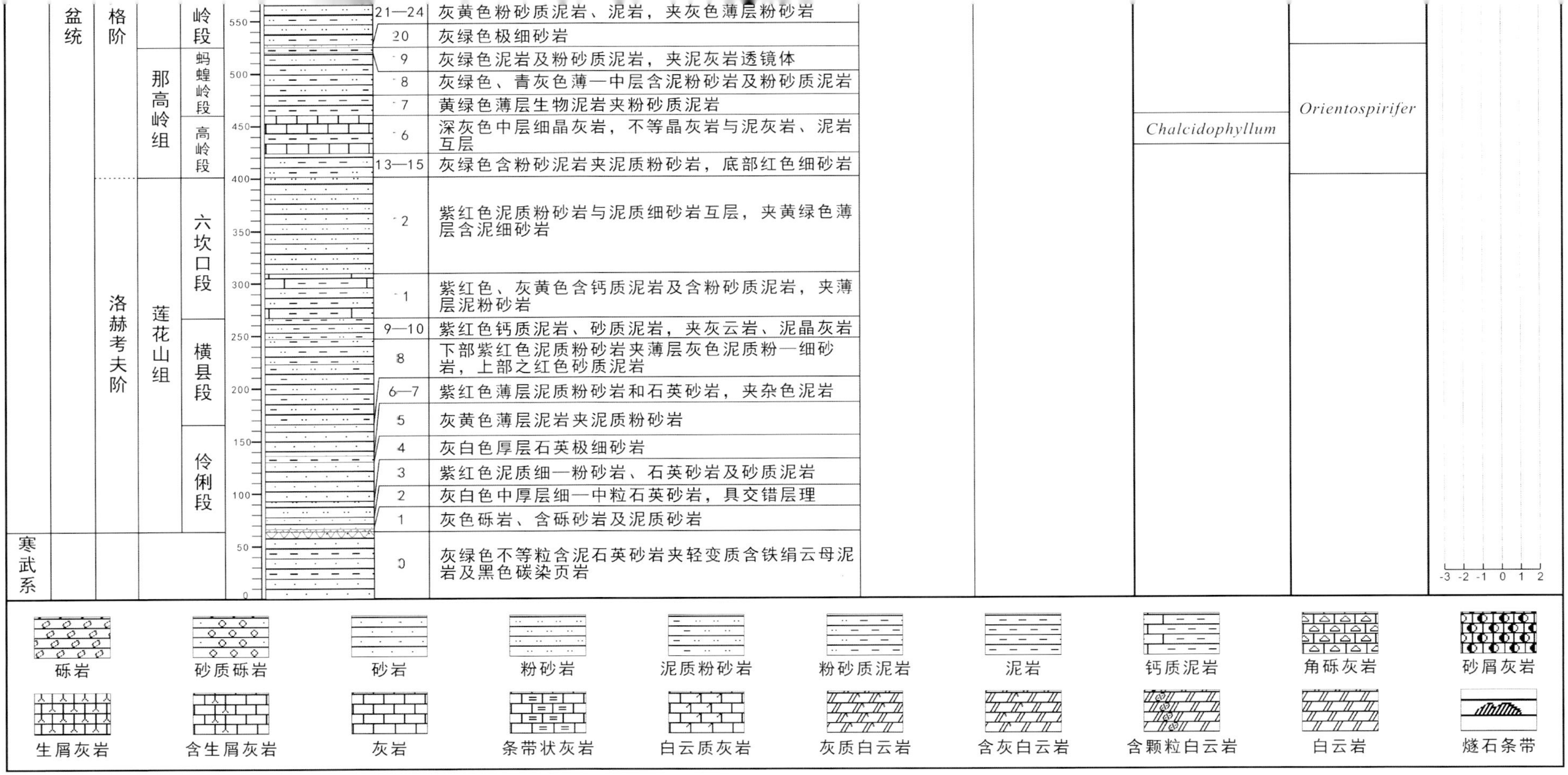

Orientospirifer

Chalcidophyllum

岩性图例		
砂屑灰岩		燧石条带
角砾灰岩		白云岩
钙质泥岩		含颗粒白云岩
泥岩		含灰白云岩
粉砂质泥岩		灰质白云岩
泥质粉砂岩		白云质灰岩
粉砂岩		条带状灰岩
砂岩		灰岩
砂质砾岩		含生屑灰岩
砾岩		生屑灰岩

岩性描述栏（自上而下）:

层号	岩性描述
21～24	灰黄色粉砂质泥岩、泥岩，夹灰色薄层粉砂岩
20	灰绿色泥岩及粉细砂岩
9	灰绿色泥岩及粉砂质泥岩，夹泥灰岩透镜体
8	灰绿色、青灰色薄一中层含泥粉砂岩及粉砂质泥岩
7	黄绿色薄层生物泥岩夹粉砂质泥岩
6	深灰色中层泥晶灰岩，不等晶灰岩与泥灰岩、泥岩互层
13～15	黄绿色含粉砂泥岩夹泥质细砂岩，底部红色细砂岩
·2	紫红色泥质粉砂岩与泥质细砂岩互层，夹黄绿色薄层含泥细砂岩
·1	紫红色、灰黄色含钙质泥岩及含粉砂质泥岩，夹薄层灰岩
9～10	紫红色泥岩、砂质泥岩，夹灰色云岩、泥晶—细砂
8	下部紫红色泥质粉砂岩夹薄层灰色砂岩，上部之红岩、不等粒层灰岩与泥质粉砂互层
6～7	紫红色薄层泥质粉砂岩夹泥质极细砂岩
5	灰黄色薄层厚层石英细—粉砂岩
4	紫红色泥质中厚层细—中粒石英砂岩、石英砂岩，夹交错层理
3	紫红色中厚层细—中粒含砂岩及泥质砂岩
2	灰绿色砾岩、含砾砂岩及黑色碳染页岩
0	灰绿色不等粒含泥石英砂岩夹轻变质含铁含绢云母泥

地层划分栏:

系	统	阶	组	段
泥盆系	盆统	格阶	那高岭组	岭段
				蚂蝗岭段
				高岭段
		洛赫考夫阶	莲花山组	六坎口段
				横县段
				伶俐段
寒武系				

δ13C 刻度: -3 -2 -1 0 1 2

厚度刻度（m）: 550, 500, 450, 400, 350, 300, 250, 200, 150, 100, 50, 0

图 4.25 广西横县六景剖面综合柱状图
$\delta^{13}C$ 数值来自刘鑫和白志强（2009）

4.7.3 年代地层

1. 埃姆斯阶底界

1989年，国际地层委员会泥盆系分会建议将乌兹别克斯坦Zinzil'ban Gorge作为埃姆斯阶底界的层型剖面，以牙形类*Polygnathus dehiscens*首现作为埃姆斯阶开始的标志（Oliver和Chlupáč，1991）。而*Polygnathu dehiscens*在六景剖面的那高岭组和郁江组中都有报道（邝国敦等，1989）。后续研究指出，*Polygnathus dehiscens*的分类位置存在问题，Zinzil'ban Gorge原定为*P. dehiscens*的标本被重新命名为*P. kitabicus*（Yolkin等，1994）。1997年，国际地质科学联合会正式批准以Zinzil'ban Gorge剖面的*Polygnathus kitabicus*首现为埃姆斯阶底界的GSSP方案（Yolkin等，1997）。

近年来，国内学者围绕六景地区布拉格阶-埃姆斯阶界线附近的牙形类生物地层开展了大量工作（Lu和Chen，2016；Lu等，2016，2017，2018，2019）。目前在六景地区郁江组石洲段的最下部识别出*P. kitabicus*，伴生*P. pireneae*（Lu等，2019），*P. excavatus excavatus*、*P. excavatus* ssp. 114、*P. perbonus*和*P. nothoperbonus*等重要类群在上覆地层中均有发现。由此可知，在六景地区，埃姆斯阶底界的位置不高于石洲段的最下部。

2. 弗拉阶底界

弗拉阶的底界以牙形类*Ancyrodella rotundiloba*早期类型（*An. rotundiloba pristina*或称*An. pristina*）的出现作为标志（Gradstein等，2012），位于*Mesotaxis falsiovalis*带下部。

江大勇（1997）及江大勇等（2000）对六景地区民塘组和谷闭组的牙形类生物地层进行研究，自下而上识别出了下*varcus*带、上*varcus*带、下*hermanni-cristatus*带、上*hermanni-cristatus*带、*disparilis*带、下*falsiovalis*带、上*falsiovalis*带、*transitans*带、*punctata*带、*hassi*带和*jamieae*带的连续序列，并识别出了*Ancyrodella binodosa*→*An. rotundiloba*早期类型→*An. rotundiloba*晚期类型的演化序列，据此将弗拉阶底界置于谷闭组底部之上1.8m处。

3. 法门阶底界

法门阶的底界与下*Palmatolepis triangularis*带底界重合。曾雄伟等（2010）对六景剖面谷闭组至融县组的牙形类生物地层进行分析，在谷闭组上部至融县组底部识别出上*rhenana*带，在融县组下部识别出*linguiformis*带和*triangularis*带。*Pa. triangularis*首次出现于融县组底部之上约15m处，伴随有*Pa. minuta minuta*、*Pa. delicatula delicatula*，其下10多米角砾状灰岩中未发现牙形类。考虑到沉积的连续性，曾雄伟等（2010）等将F-F界线下移至角砾灰岩底部，距离融县组底部约3.3m，该层位较Ji（1989）识别的F-F界线低约13m。

4.8 广西南丹罗富剖面

罗富剖面位于广西壮族自治区南丹县罗富镇附近的塘丁村至镇东的岈口处（图4.26；起点GPS坐标：24°58′30.85″N，107°22′50.59″E），是华南南丹型泥盆系的代表剖面，其中浮游和游泳生物占优势，并以较深水的台间盆地沉积为特征。该区泥盆系出露完全、化石丰富、演化迅速、生物地层分带明显。该剖面于1958年由广西石油普查大队发现。随后，地质部第五普查勘探大队于1961年组织专题队对该剖面进行研究，并创建了塘丁组（$D_{1-2}t$）和罗富组（D_2l）。地质部于1963年组织黔桂泥盆系专题研究队再次研究，并创建益兰组（D_1y）、纳标组（D_2n）等组名。国内外众多地层学和古生物学学者对罗富剖面开展了多次考察研究，主要化石门类包括介形类、竹节石、牙形类等。广西地质研究所于1982年对罗富剖面进行了详细的地层和古生物描述。

罗富剖面位于罗富背斜的东翼，未见底，地层出露较为完整，构造简单，未见明显的沉积间断现象（图4.27），与欧洲捷克波西米亚地区沉积序列相似。依据最新的划分方案，罗富剖面泥盆系自下而上可划分为大瑶山群（D_1d）、益兰组（D_1y）、塘丁群（$D_{1-2}t$）、罗富组（D_2l）、榴江组（D_3l）和五指山组（D_3w），总厚约1760m。

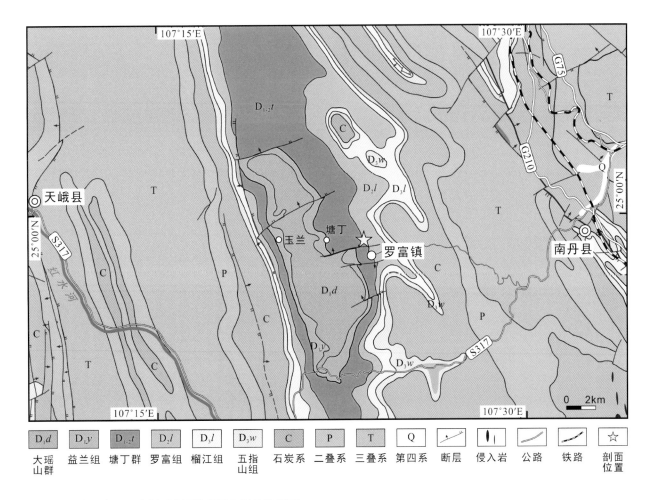

图 4.26　广西南丹罗富剖面交通位置图和周边地质图

图 4.27　广西南丹罗富剖面泥盆系野外露头照片
A. 罗富剖面宏观照片（下泥盆统部分）；B. 大瑶山群浅灰色、肉红色细砂岩；C. 塘丁组黑色、褐色泥岩；D. 五指山组深灰色泥灰岩

4.8.1　岩石地层

　　大瑶山群（D_1d）：由白顺良等（1979）命名于广西象州大乐剖面，指一套厚达千米的紫红色细粒石英砂岩夹泥质粉砂岩沉积序列，底部以2～8m厚的砾岩层与下伏寒武系呈角度不整合接触。大瑶山群主要分布于广西南丹、荔浦、金秀等地。在罗富地区，广西南部广泛分布的下泥盆统莲花山组和那高岭组相变为大瑶山群的紫红色、肉红色的石英砂岩、细砂岩（夹灰绿色泥质粉砂岩），其底部被掩盖，出露厚度超过660m，与上覆地层益兰组整合接触。大瑶山群的时代大致为洛赫考夫期至布拉格期。大瑶山群化石稀少，仅见少量鱼类*Polybranchiaspis*、腕足类*Lingula*、植物*Taeniocrada*。上部偶见腕足类*Orientospirifer*。

　　益兰组（D_1y）：由地质部原第四普查大队于内部报告中创建，后于1965年引用于"黔桂地区泥盆系专题报告"中，原始含义为7m多厚的含有"东京石燕动物群"的灰色、灰黄色薄层泥岩。该组命名剖面即罗富剖面，得名于益兰村（现称玉兰村）。鲜思远等（1980）经过进一步研究，认为在含有"东京石燕动物群"的层位之上、典型的塘丁组之下尚有厚40多米、含大量光壳节石*Styliolina*和小型腕足类*Strophochonetes*的灰黑色薄层泥岩及含砂质泥岩，并将其一并归入益兰组内，作为益兰组的上段，而含"东京石燕动物群"的层位作为益兰组下段。钟铿等（1992）认为益兰组与滇东南坡脚组（Yin，1938）层位相当，岩石组合及化石内容接近，命名时间较后者晚，因此建议废除益兰组一名而使用坡脚组来指代罗富地区大瑶山群与塘丁组之间的地层。此处仍沿用益兰组一名而未采用坡脚组，理由为：坡脚组岩性为褐色、灰色页岩和粉砂质泥岩（夹泥质粉砂岩），化石以底栖生物为主（Yin，1938；金善燏等，2005），整体为潮间带至浅潮下带沉积，对应牙形类生物带*P. excavatus*带（Lu和Chen，2016）。罗富剖面益兰组下段为含底栖生物"东京石燕动物群"的泥岩，向上过渡为含大量薄壳竹节石和小型腕足类的泥岩沉积（鲜思远等，1980），表现出明显的海水加深过程。这一过程同样体现在罗富以南约5km处的莫德剖面（Guo等，2015，2018；郭文，2017）。莫德剖面上益兰组下部为土黄色至淡紫色中层砂质泥岩，中部为厚层深色泥质灰岩夹泥岩，上部为灰黑色泥岩夹泥灰岩夹层或透镜体。其中，下—中部地层均含"东京石燕动物群"腕足类化石，下部尤为富集；上部泥岩中则产出小型无窗贝类为主的*Sinathyris*动物群。薄壳竹节石*Nowakia*及*Viriatellina*自中部开始出现，向上逐渐增多。从牙形类生物地层来看，莫德剖面的益兰组中—下部对应*P. excavatus*带，中—上部对应*P. nothoperbonus*带下部。因此，南丹罗富周边的益兰组与滇东南的坡脚组在岩石序列、生物面貌、反映的沉积环境、地质时代上均存在区别，与同时期的郁江组也不相同，因此保留益兰组一名。益兰组目前仅限于广西南丹地区，厚度50~70m，与下伏大瑶山群和上覆塘丁群均为整合接触关系，时代为埃姆斯期早期。

益兰组中腕足类生物化石丰富，中—下部含"东京石燕动物群"的标志分子，如*Rostrospirifer*、*Dicoelostrophia*、*Howellella*、*Nadiastrophia*、*Megastrophia*和*Athyris*等；上部则以小型且单调的腕足动物组合为主。珊瑚*Calceola*等产出于下部。益兰组中—上部含厚壳竹节石*Homoctenus qinjiaensis*和*H.* sp.，薄壳竹节石*Nowakia* cf. *praecursor*、*N. sporata*、*Viriatellina* cf. *anomalis*及*Styliolina*sp.等，自下而上薄壳竹节石逐渐增多。在罗富南部的莫德剖面，益兰组中—上部含牙形类*Polygnathus excavatus excavatus*、*P. excavatus* ssp. 114、*P. perbonus*、*P. nothoperbonus*、*Ozarkodina midundenta*、*O. prolata*和*Pandorinellina exigua philipi*。

塘丁群（$D_{1-2}t$）：塘丁组由地质部第五普查勘探大队于1961年命名，命名剖面位于广西南丹罗富之西。根据生物内容的不同，早期曾被分为塘丁段和纳标段。后地质部泥盆系专题研究队（1965）将塘丁段和纳标段提升为组。钟铿等（1992）认为塘丁段和纳标段岩性一致，将其重新合并，回归原始定义，称塘丁群，以区别于塘丁段提升而来的塘丁组。侯鸿飞等（2000）也采用将两段重新合并的岩组划分方案。塘丁群主要分布于南丹周边，向东南可延伸至上林，西北可达贵州望谟，呈狭长状分布（钟铿等，1992），厚度约430m，主要岩性为紫灰—灰黑色泥岩、碳质泥岩互层，顶部夹白云质泥灰岩和石英砂岩，与下伏益兰组和上覆罗富组均为整合接触关系。塘丁群的时代跨度较大，从埃姆斯期中期至吉维特早期。

塘丁群中化石丰富，以浮游类生物为主。竹节石带自下而上可识别出*Nowakia subtilis*带、

*N. praecursor*带、*N. elegans*带、*N. cancellata*带、*N. richteri*带、*N. praemaureri*带、*N. multicostata*带、*N. maureri*带、*N. holyocera*带、*N. procera*带、*N. pumilio*带和*Viriatellina guangxiensis*；菊石带自下而上可划分为*Anetoceras*（*E.*）*elegantulum*带、*Convoluticeras discordans*带、*Anarcestes noeggerati*带和*Pinacites jugleri*带（图4.28）。三叶虫化石常见*Ductina vietnamica*、*Plagiolaria nandanensis*、*Phacops luofuensis*、*Phacops capax*、*Phacops guangxiensis*、*Cyphaspides orientalis*。浮游介形类则主要包括*Parabolbina*? sp.、*Bolbozoe largiglobosa*、*Entomozoe*（*E.*）*porifera*、*E.*（*Richteria*）*exilis*、*Bisulcoentomozoe tuberculata*、*Tetrasacoulus* sp.等（钟铿等，1992）。塘丁群的下部产小型、薄壳的腕足动物群，以扭月贝类、无窗贝类、戟贝类为主，如*Luofuia*、*Costanoplia*、*Paracostanoplia*、*Paraplicanoplia*、*Tangxiangia*、*Plectodonta*、*Nabiaoia*、*Perichonetes*等（许汉奎，1977，1979）。

　　罗富组（D₂*l*）：由地质部第五普查勘探大队于1961年命名，位于南丹罗富以西，代表中泥盆世晚期一套台间海槽相沉积。由于南丹罗富剖面的罗富组出露好，研究程度高，钟铿等（1992）将其确立为罗富组的层型剖面，岩性为黑色含碳质泥岩，黑色含碳质、泥质粉砂岩（夹含钙质、碳质粉砂岩）、硅质生屑粉晶灰岩。罗富组主要分布于广西河池、百色、南宁、钦州、桂林等地。罗富剖面上罗富组厚度约400m，与下伏塘丁群和上覆榴江组均为整合接触关系，时代大致为吉维特期。

　　罗富组生物化石以珠胚节石为主，可识别出*N. otomari*带、*N. postotomari*带或*Viriatellina minuta*带、*V. multicostata*带。此外尚有少量薄壳腕足类、菊石、三叶虫、牙形类、介形类等。

　　榴江组（D₃*l*）：由冯景兰于1929年所创，原称榴江系，包括了"绿色及红色页岩及其所夹之扁豆状石灰岩等岩层"，命名地在鹿寨县寨沙镇（旧榴江县城）附近。后续研究者则将榴江组限定为扁豆状灰岩之下的硅质岩部分（侯鸿飞，1978；白顺良等，1982；阮亦萍等，1985）。榴江组在广西全境及黔南惠水—长顺一带均有分布。罗富剖面的榴江组厚度约200m，主要为硅质泥岩、硅质岩、灰岩及泥质条带灰岩，与下伏罗富组及上覆五指山组均为整合接触关系，时代大致为弗拉期。

　　南丹罗富剖面的榴江组化石以浮游生物为主，产大量薄壳竹节石、浮游介形类、菊石等。竹节石包括*Nowakia regularis*带、*Homoctenus acutus-Homoctenus ultimus ultimus*组合带。浮游介形类可识别3个化石带，自下而上为*Ungerella torleyi*带、*Bertillonella cicatricosa*带、*B. reichi*带。菊石类可见*Mesobeloceras*、*Manticoceras*等。

　　五指山组（D₃*w*）：由张兆瑾于1941年所创，原称五指山层，指代"下部为灰白或绿色薄层硅质灰岩，外表及内部均呈扁豆状或角鳞状之结构"的一套深水沉积，命名剖面位于南丹大厂东部之五指山。同年，张更和吴磊将五指山层下部称为蜡烛台层（代表硅质岩层），使五指山层仅限于上部扁豆状灰岩，1956年的《中国区域地层表》改称五指山组。五指山组广泛见于广西境内，呈条带状展布，其时代大致为法门期。在罗富地区，五指山组岩性主要为浅灰—灰色扁豆状灰岩、泥质条带灰岩，上部见硅质泥岩夹层，与下伏榴江组和上覆下石炭统均为整合接触关系。

　　南丹罗富地区五指山组中底栖生物不发育，化石以浮游型生物为主，其中牙形类可识别出*Palmatolepis delicatula*、*Pa. minuta minuta*、*Pa. glabra pectinata*、*Pa. marginifera*、*Pa. gracilis*等重要分子。浮游介形类可识别出*Ungerella sigmoidale*、*Entomozoe*（*Richteria*）*serratostriata*、

E.（*Nehdentomis*）*nehdensis*、*Richterina*（*R.*）*eocostata*、*Maternella hemisphaerica*和*M. dichotoma*等（钟铿等，1992）。

4.8.2 生物地层

罗富剖面是南丹型泥盆系经典剖面，所含化石以竹节石、菊石等深水型生物为主，底栖生物主要见于下泥盆统。

1. 牙形类

罗富地区泥盆纪灰岩沉积不甚发育，牙形类生物地层研究程度有限，主要集中在益兰组-塘丁组底部和五指山组。牙形类生物带自下而上包括下泥盆统*P. excavatus*带、*P. nothoperbonus*带（Guo等，2018）和上泥盆统上*Pa. triangularis*带、最上*Pa. crepida*带和*Pa. marginifera*带（钟铿等，1992）。

在罗富剖面以南约7km处的莫德剖面，Guo等（2018）在下泥盆统益兰组中识别出埃姆斯期牙形类*P. excavatus*带和*P. nothoperbonus*带，常见分子包括*P. excavatus excavatus*、*P. excavatus* 114、*P. perbonus*和*P. nothoperbonus*等。其中，*P. excavatus*带和*P. nothoperbonus*带底部对应腕足类 "*Spirifer*" *tonkinensis*动物群，*P. nothoperbonus*带下部发育*Sinathyris*动物群。上泥盆统五指山组扁豆状灰岩下部可识别出上*Pa. triangularis*带、最上*Pa. crepida*带和*Pa. marginifera*带。五指山组上部牙形类动物群的研究程度较弱，钟铿等（1992）仅报道一些法门阶长延限分子，详细的生物带划分有待进一步研究。

2. 竹节石

广西南丹地区是泥盆纪竹节石生物地层的经典研究区域，罗富剖面及周边的益兰组至榴江组含有丰富的竹节石化石。已建立的详细竹节石生物地层格架是南丹地区深水沉积地层划分和横向对比的主要依据。前人的研究工作（鲜思远等，1980；穆道成和阮亦萍，1983a，1983b；阮亦萍和穆道成，1983，1989；王金星，1984；李酉兴，1995）已对罗富剖面竹节石生物地层进行了详尽的阐述。此处遵循阮亦萍和穆道成（1989）所总结的生物带划分方案，并转述如下。

据阮亦萍和穆道成（1989），益兰组及塘丁群下部对应竹节石*Nowakia subtilis*带。此化石带标志分子*N. subtilis*特征易于识别，且在华南分布广泛，因此罗富剖面采用该带而非国际通用的*N. zlichovensis*带，两者可横向对比。Guo等（2018）在罗富剖面附近的莫德剖面益兰组上部发现厚壳竹节石*Homoctenus qinjiaensis*、*H.* sp.，薄壳竹节石*Nowakia* cf. *praecursor*、*N. sporata*、*Viriatellina* cf. *anomalis*以及*Styliolina* sp.等。

塘丁群中竹节石化石丰富，自下而上可识别出*Nowakia subtilis*带、*N. praecursor*带、*N. elegans*带、*N. cancellata*带、*N. richteri*带、*N. praemaureri*带、*N. multicostata*带、*N. maureri*带、*N. holyocera*带、*N. procera*带、*N. pumilio*带和*Viriatellina guangxiensis*带的化石序列。根据*N. sulcata*的演化谱系，相当于*N. maureri*带上部至*N. alberti*带下部的层位又可识别出*N. sulcata antiqua*亚带和*N. sulcate sulcata*亚带；罗富组自下而上可识别出*N. otomari*带、*V. minuta*带和*V. multicostata*带，其中*V. minuta*带可与欧洲和非

年代地层 系	统	阶	岩石地层 组	段	厚度(m)	分层	岩性描述
石炭系	下石炭统	杜内阶	鹿寨组		1800	216-218	灰黑色薄层泥岩夹硅质岩
泥盆系	上泥盆统	法门阶	五指山组		1700	212-215	深灰色薄层条带灰岩，上部夹硅质泥岩，楼石条带
						211	灰—深灰色中—厚层扁豆状灰岩夹扁豆状灰岩，偶见楼石条带
						208-210	灰黑色中厚层—厚层扁豆状灰岩
		弗拉阶	榴江组		1600	205-207	灰黑色中薄—厚层泥质条带灰岩夹扁豆状灰岩
						202-204	浅灰—深灰色泥质泥岩，底部为中薄层灰岩
						200-201	灰—深灰色泥质条带灰岩，泥质条带灰岩
						198-199	灰黑色钙质泥质
						196-197	灰黑色薄层泥岩夹少许泥质条带灰岩
					1500	192-195	深灰色薄层灰岩、泥岩，夹少量硅质泥岩
						189-191	灰—深灰色薄层泥岩、硅质泥岩，夹硅质岩
						180-188	灰色、黑色薄层硅质岩夹泥质泥岩、碳质泥岩、硅质泥岩，见竹节石、介形石由化石
						176-179	灰色、黑色薄层硅质泥岩与硅质泥岩互层
	中泥盆统	吉维特阶	罗富组		1400	174-175	黑色薄层泥岩、硅质泥岩
						173-164	泥岩夹少量钙质泥岩，局部见磷结核，竹节石常见
					1300	162-163	泥灰质钙质页岩
						160-161	钙质页岩夹钙质泥岩及泥岩，局部见铁质条带
		艾菲尔阶				157-159	泥灰岩夹硅质页岩及泥岩透镜体
						156-150	风化呈褐灰色、褐黄色泥岩
						149	浮土掩盖
					1200	148-143	风化呈褐灰色、灰白色泥岩，见竹节石，腕足类，见三叶虫化石
						140-142	黑色泥岩，上部夹含泥质灰岩，见竹节石
						137-139	灰黑色泥岩，上部夹少量深灰色粉粒石英砂岩
		埃姆斯阶	塘丁群		1100	136-130	黑色泥岩夹钙质泥岩，风化后呈褐黄、褐灰色，见竹节石化石
						129-121	黑色泥岩，顶部夹钙质泥岩，风化后呈褐黄色，见竹节石化石
					1000	118-120	黑色泥岩，含菊石类，易风化，风化后呈褐黄色，见竹节石化石
						117-114	灰—黄灰色泥岩，风化后呈灰白色、紫灰色菊石类，见大量竹节石化石
						113-108	灰黄色、紫红色泥岩夹粉砂质泥岩，含大量竹节石化石
					900	107	浅灰黄色、浮土掩盖
						106	灰色、浮土掩盖，紫红色泥岩
						105	灰黄色、紫红色泥岩夹粉砂质泥岩

生物地层 (Biostratigraphy):

介形类 (Ostracods):
- *Maternella hemisphaerica-M. dichotoma*
- *Richterina (Richterina) eocostata*
- *Entomozoe (Richteria) serratostriata- E. (Nehdentomis) nehdensis*
- *Bertillonella reichi*
- *Bertillonella cicatricosa*
- *Ungerella torleyi*
- *Bertillonella praeerecta- B. suberecta*
- *Entomozoe (Richteria) longisulcata*
- *Paramoelleritia xiangzhouensis magra*

腕足类 (Brachiopods):
- *Luofugia*

菊石 (Ammonites):
- *Wocklumenia*
- *Claymenia*
- *Manticoceras cordatum*
- *Probeloceras applanatum*
- *Pinacites jugleri*
- *Anarcestes (Latanarcestes) noeggerati*
- *Convoluticeras discordans*
- *Erbenoceras*

竹节石 (Tentaculitids):
- *regularis*
- *multicostata*
- *minuta*
- *otomari*
- *guangxiensis*
- *pumilio*
- *procera*
- *holyocera*
- *maureri*
- *multicostata*
- *praemaureri*
- *richteri*
- *cancellata*

牙形类 (Conodonts):
- *marginifera*
- *Pa. glabra pectinata*
- *Pa. minuta minuta*

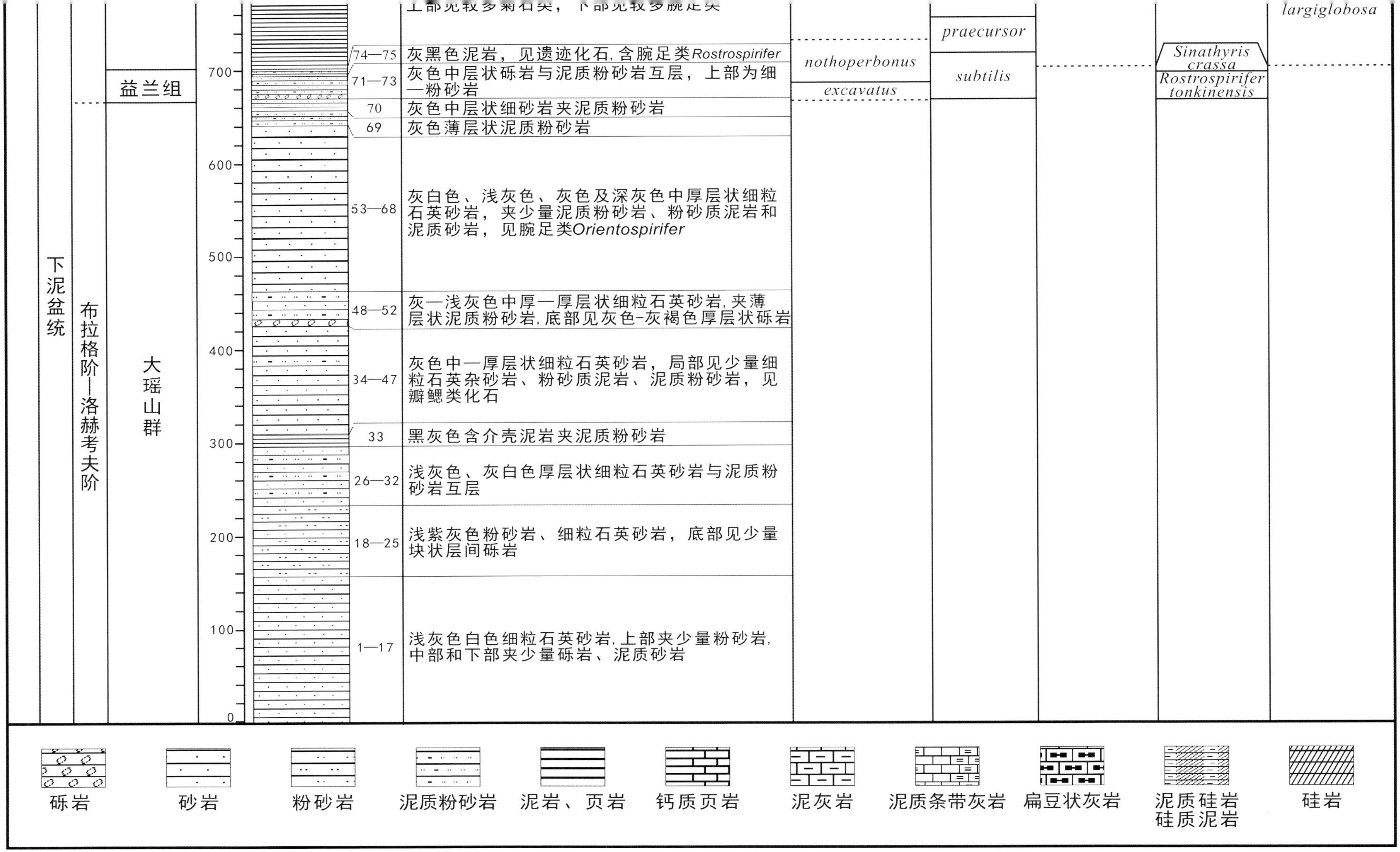
上部见较多菊石类，下部见较多腕足类
74—75
灰黑色泥岩，见遗迹化石，含腕足类Rostrospirifer
71—73
灰色中层状砾岩与泥质粉砂岩互层，上部为细—粉砂岩
70
灰色中层状细砂岩夹泥质粉砂岩
69
灰色薄层状泥质粉砂岩
53—68
灰白色、浅灰色、灰色及深灰色中厚层状细粒石英砂岩，夹少量泥质粉砂岩、粉砂质泥岩和泥质砂岩，见腕足类Orientospirifer
48—52
灰—浅灰色中厚—厚层状细粒石英砂岩，夹薄层状泥质粉砂岩，底部见灰色-灰褐色厚层状砾岩
34—47
灰色中—厚层状细粒石英砂岩，局部见少量细粒石英杂砂岩、粉砂质泥岩、泥质粉砂岩，见瓣鳃类化石
33
黑灰色含介壳泥岩夹泥质粉砂岩
26—32
浅灰色、灰白色厚层状细粒石英砂岩与泥质粉砂岩互层
18—25
浅紫灰色粉砂岩、细粒石英砂岩，底部见少量块状层间砾岩
1—17
浅灰色白色细粒石英砂岩，上部夹少量粉砂岩，中部和下部夹少量砾岩、泥质砂岩
下泥盆统
布拉格阶—洛赫考夫阶
益兰组
大瑶山群
700
600
500
400
300
200
100
0
nothoperbonus
excavatus
praecursor
subtilis
Sinathyris crassa
Rostrospirifer tonkinensis
largiglobosa
砾岩
砂岩
粉砂岩
泥质粉砂岩
泥岩、页岩
钙质页岩
泥灰岩
泥质条带灰岩
扁豆状灰岩
泥质硅岩
硅质泥岩
硅岩
图 4.28 广西南丹罗富剖面综合柱状图

洲北部的*N. postotomari*带进行对比；榴江组下部的竹节石带为*Nowakia regularis*带，之上的地层所产化石以厚壳竹节石为主，未正式建带。

3. 菊石

南丹地区泥盆系中深水相化石丰富，罗富剖面是华南泥盆纪菊石生物地层研究最为充分的剖面之一。阮亦萍（1979）对包括罗富剖面在内若干地区的菊石生物带进行了划分，钟铿等（1992）在此基础上对广西的菊石生物地层进行了总结。据此，罗富剖面自下而上可划分为*Anetoceras*（*Erbenoceras*）*elegantulum*带、*Convoluticeras discordans*带、*Anarcestes*（*Latanarcestes*）*noeggerati*带、*Pinacites jugleri*带、*Probeloceras applanatum*带、*Manticoceras cordatum*带、*Claymenia*带和*Wocklumenia*带。

Anetoceras（*Erbenoceras*）*elegantulum*带是中国最早的菊石生物带，报道于南丹罗富剖面原塘丁组中上部，对应竹节石*Nowakia praecursor*带至*N. barrandei*带（阮亦萍，1979），其层位与世界范围内的第一次菊石辐射相近（Becker和Aboussalam，2011）。

*Convoluticeras discordans*带见于原纳标组底部，该带内原始的*Anetoceras*已经消失，而Anarcestidae科分子尚未出现。该菊石带常与竹节石*Nowakia cancellata*共生。

Anarcestes（*Latanarcestes*）*noeggerati*带位于原纳标组下部，相当于竹节石*N. cancellata*带上部至*N. holynensis*带。除标志分子外，该带内其他菊石类型包括*Gyroceratites gracilis*、*Subanarcestes macrocephalus*、*Mimagoniatites fecundus*和*M. bohemicus*等。

*Pinacites jugleri*带见于原纳标组上部，相当于竹节石*N. sulcata*带。除标志分子外，该带内其他菊石类型包括*Foordites platypleura*、*F. occultus*等，可与欧洲同名菊石带对比。

*Probeloceras applanatum*带见于榴江组底部，包括菊石*Probeloceras applanatum*、*P. forcipiferum*、*Synpharciceras* sp.和*Tornoceras*（*T.*）sp.等，可与欧洲和北非的*Pharciceras lunulicosta*带对比。

*Manticoceras cordatum*带位于榴江组内，菊石属种丰富，以出现大量*Manticoceras*、*Eobeloceras*和*Mesobeloceras*等属为特征，与欧洲同名菊石带大致相当。

*Claymenia*带见于五指山组，主要包括*Claymenia*、*Progonioclymenia*、*Kosmoclymenia*和*Cyrtoclymenia*等属菊石，可与欧洲、北非等地的*Platyclymenia*带相对比。

*Wocklumenia*带位于五指山组上部，主要包括*Wocklumenia*、*Parawocklumenia*、*Kosmoclymenia*、*Cymaclymenia*和*Imitoceras*等属菊石，可与欧洲的同名菊石带对比。

4. 腕足类

罗富剖面的腕足动物主要见于益兰组及塘丁群上部（原纳标组或塘丁组），数量很少且保存不佳，鲜有研究。

罗富剖面益兰组含有华南下泥盆统郁江阶常见的"东京石燕动物群"。*Rostrospirifer*、*Howellella*、*Dicoelostrophia*、*Nadiastrophia*、*Huananochonetes*、*Eosophragmophora*等"东京石燕动物群"常见组成分子在罗富剖面均有产出（鲜思远等，1980；钟铿等，1992）。该动物群在与罗富剖面相邻的莫德剖面亦有保存（Guo等，2019）。

益兰组上部已逐渐过渡为深水沉积。在罗富剖面相邻的莫德剖面，益兰组上部"东京石燕动物群"消失之后，出现一个单调的腕足动物群。这是典型的深水型腕足动物群，其中小型无窗贝*Sinathyris crassa*占据绝对优势，个体数量占据全部腕足动物总数的99%以上，伴随有少量的*Eosophragmophora*、*Athyris*和*Punctatrypa*（Guo等，2015，2019）。

塘丁群上部的腕足动物多为个体小、薄壳类型，以扭月贝类、无窗贝类、戟贝类为主，如*Luofuia*、*Costanoplia*、*Paracostanoplia*、*Paraplicanoplia*、*Tangxiangia*、*Plectodonta*、*Nabiaoia*、*Perichonetes*等（许汉奎，1977，1979），代表了较深水环境下的腕足动物组合。该组合在华南其他地区未有发现，此处暂称为*Luofuia*组合。

5. 介形类

南丹罗富剖面产出丰富的浮游介形类，可识别出多个浮游介形类生物带（王尚启，1979，1983；王尚启和张晓彬，1983），在地层的划分和对比中起到了重要作用。钟铿等（1992）对广西介形类生物带进行了总结。在罗富地区，自下而上可识别出的浮游介形类组合或生物带如下：

*Bolbozoe largiglobosa*组合，见于塘丁群下部，与竹节石*N. subtilis*共生。

Entomozoe（*Richteria*）*longisulcata*组合，见于原纳标组，主要分子有*Bisulcoentomozoe tuberculata*、*Entomozoe*（*Richteria*）*longisulcata*、*Entomozoe*（*Richteria*）*exilis*、*Entomoprimitia aethis*等，与竹节石*Nowakia sulcata*及*Viriatellina guangxiensis*共生。

*Bertillonella praeerecta-B. subrecta*带，见于罗富组，除标志分子外尚有*B. subcircularis*和*Ungerella latesulcata*等。

*Ungerella torleyi*带，见于罗富组，共生分子包括*U. brevispinata*、*U. latesulcata*等。

*Bertillonella cicatricosa*带，见于榴江组下部，共生分子包括*Entomoprimitia nitida*、*E. paeckelanni*、*Ungerella calcarata*、*Entomozoe*（*Nehdentomis*）*pseudorichterina*、*Entomozoe*（*Nehdentomis*）*tenera*、*Entomozoe*（*Nandania*）*pseudophthalmus*等。

*Bertillonella reichi*带，在罗富剖面产于榴江组上部，除带化石外共生分子有*B. erecta*、*Entomoprimitia nitida*、*Ungerella calcarata*、*Entomozoe*（*Nehdentomis*）*pseudorichterina*、*Entomozoe*（*Nehdentomis*）*tenera*、*Entomozoe*（*Nandania*）*pseudophthalmus*等。

*Entomoprimitia splendens*带见于榴江组上部，共生分子包括*Ungerella calcarata*、*Entomoprimitia nitida*、*Bertillonella erecta*、*Entomozoe*（*Nehdentomis*）*pseudorichterina*、*Entomozoe*（*Nehdentomis*）*tenera*、*Entomozoe*（*Nandania*）*pseudophthalmus*、*Entomozoe*（*Nandania*）*asymmetrica*等。

*Ungerella sigmoidale*带见于五指山组底部，主要分子有*Ungerella calcarata*、*U. sigmoidale*、*Bertillonella erecta*、*Entomozoe*（*Nehdentomis*）*pseudorichterina*、*Entomozoe*（*Nehdentomis*）*tenera*、*Entomozoe*（*Nandania*）*pseudophthalmus*、*Entomozoe*（*Nandania*）*asymmetrica*等。

Entomozoe（*Richteria*）*serratostriata-E.*（*Nehdentomis*）*nehdensis*带见于五指山组底部，常见分子

有*Ungerella fasciculata*?、*U. subtriangulata*、*Entomoprimitia sandbergeri*等。

Richterina（*Richterina*）*eocostata*带产于五指山组下部，共生分子有*Entomoprimitia rabieni*、*Entomozoe*（*Richteria*）*serratostriata*、*Entomozoe*（*Nehdentomis*）*nehdensis*、*Entomozoe*（*Nehdentomis*）*pseudorichterina*、*Entomozoe*（*Nehdentomis*）*tenera*、*Entomozoe*（*Nehdentomis*）*subfusiformis*、*Entomozoe*（*Nehdentomis*）*elliptica*?、*Entomozoe*（*Nandania*）*tuberculata*、*Entomozoe*（*Nandania*）*asymmetrica*等。

*Maternella hemisphaerica-M. dichotoma*带见于榴江组顶部，组成分子有*Maternella hemisphaerica*、*M. dichotoma*、*M. exornata*、*M. gyrata*、*Kuzminaella venusta*?、*K. subelliptica*、*Entomozoe*（*Nehdentomis*）*acuta*、*Richterina*（*Richterina*）*striatula*、*R.*（*R.*）*costata*等。

除上述浮游介形类组合带之外，在塘丁群上部还可识别出底栖介形类*Paramoelleritia xiangzhouensis magna*组合带，除标志分子外还伴生有*Paramoelleritia miaohuangensis*、*Carinabeyrichia tripartita*、*Alatacavellina ovata*等属种。

4.8.3 年代地层

由于罗富剖面泥盆系灰岩沉积不发育，牙形类生物地层研究程度有限，主要的年代地层界线无法精确确定，仅能依靠竹节石、浮游介形类生物带进行大致推定。

罗富地区洛赫考夫阶、布拉格阶和埃姆斯阶的底界均处于非海相沉积或浅海碎屑岩沉积之中，难以确定。在罗富剖面以南约7km处的莫德剖面，下泥盆统益兰组的灰岩沉积对应的牙形类生物带为埃姆斯阶的*excavatus*带和*nothoperbonus*带（Guo等，2018）。

中泥盆统艾菲尔阶的底界，大致对应*Nowakia sulcata antiqua*亚带和*N. s. sulcata*亚带之间，或*N. holyocera*带和*N. procera*带之间。在罗富剖面，该界线位于原纳标组上部（阮亦萍和穆道成，1989）。吉维特阶的底界位于竹节石*Nowakia otomari*带内（Walliser等，1995）。在罗富剖面，*Nowakia otomari*带对应罗富组的下部。

弗拉阶的底界位于竹节石*Nowakia regularis*带内。在罗富剖面，该竹节石带对应罗富组顶部至榴江组底部，与浮游介形类*Ungerella torleyi*带大致相当。法门阶底部大致对应浮游介形类*Ungerella sigmoidale*带，之上为*Entomozoe*（*Richteria*）*serratostriata-E.*（*Nehdentomis*）*nehdensis*带（Gradstein等，2012）。在罗富剖面，五指山组底部已出现*Entomozoe*（*Richteria*）*serratostriata*，该层位的牙形类记录有*Palmatolepis perlobata perlobata*、*Pa. delicatula*、*Pa. quadratinodosalobata*，说明五指山组底部已处于法门阶内。

4.9 四川龙门山甘溪剖面

四川龙门山地区泥盆系剖面地层序列清楚，下、中、上统出露完全，底栖相和浮游相门类化石丰富，是我国研究泥盆纪地层的经典地区之一。龙门山甘溪剖面（起点GPS坐标：31°58′39.80″N，

104°38′27.60″E）地处龙门山脉中段的绵阳市北川羌族自治县桂溪—沙窝子一带，位于江油市西北20多千米的猿王洞自然风景区内（图4.29），岩石地层、生物地层、年代地层、层序地层、化学地层和沉积相等研究程度高，是我国西南地区泥盆系的重点和标准剖面之一（中国地质科学院成都地质矿产研究所和中国地质科学院地质研究所，1988；郑荣才等，2016）。

龙门山地区泥盆系的地质研究工作始于20世纪30年代，赵亚曾和黄汲清（1931）、侯德封和杨敬之（1941）及朱森等（1942）先后对龙门山地区泥盆纪地层进行了野外调查和古生物化石的采集，开展了初步的地质调查工作，但由于交通不便等问题，并未发现本剖面。新中国成立后，西南石油地质调查处沿新开通的江油—平武公路系统测制了泥盆系剖面。在前期工作的基础上，乐森璕（1956）开展了生物地层的深入研究，并将这个地区的泥盆系划分为下、中、上3统和6个组，包括下统平驿铺组石英砂岩、甘溪组砂泥岩与灰岩，中统养马坝组砂泥岩与灰岩、观雾山组灰岩、上统沙窝子组白云岩和茅坝组灰岩，奠定了龙门山地区泥盆纪地层格架。嗣后，全国地层委员会（1962）、地质部西南地质科学研究所（1965）、陈源仁（1975）、万正权（1980，1981，1983）分别对这个地区泥盆系不同岩石地层单位和古生物化石进行了深入探讨和研究，逐步完善了甘溪剖面泥盆系的划分和对比。1988年，中国地质科学院成都地质矿产研究所与地质研究所以甘溪剖面为主要研究对象，对龙门山地区的泥盆纪地层、古生物、构造地质学、沉积岩石学和岩相古地理进行了系统总结，取得了许多重要的成果。

20世纪90年代至今，对甘溪剖面的研究不断深入，在生态地层、碳和锶同位素地层、沉积相、遗迹相、层序地层等方面（鲜思远等，1995；黄思静，1997；Zhang等，2016；Zhang和Zhao，2016；郑荣才等，2016）均取得了重要进展。甘溪剖面泥盆系总厚度>4600m，岩石地层划分主要参照1988年侯鸿飞等提出的方案，自下而上共划分为16个组，包括桂溪组（D_1gx）、木耳厂组（D_1mr）、观音庙组（D_1gy）、关山坡组（D_1gs）、白柳坪组（D_1bl）、甘溪组（D_1ga）、谢家湾组（D_1xj）、二台子组（D_1et）、养马坝组（$D_{1-2}ym$）、金宝石组（D_2jb）、观雾山组（$D_{2-3}gw$）、土桥子组（D_3tq）、小岭坡组（D_3xl）、沙窝子组（D_3sw）、茅坝组（D_3mb）和长滩子组（D_3ct）（图4.30和图4.31）。

4.9.1　岩石地层

桂溪组（D_1gx）：由侯鸿飞、万正权等于1988年命名，正层型为四川省北川羌族自治县桂溪村粮站剖面，厚689m，主要由浅灰色厚层石英砂岩、泥质粉砂岩及砂质泥岩等组成，含腕足类和遗迹化石。桂溪组可进一步划分为照壁岩段和饶河坝段，与下伏志留系茂县群呈角度不整合接触，与上覆木耳厂组整合接触（图4.32）。下段照壁岩段（1—6层）为浅灰色、深灰色的中—厚层细粒石英砂岩、泥质粉砂岩、含砂泥岩，遗迹化石比较发育，砂质泥岩中偶见腕足动物*Lingula*、少量双壳类和鱼化石碎片。上段饶河坝段（7—9层）为褐色中—厚层砂质泥岩和灰黑色泥质粉砂岩，夹细粒石英砂岩、杂砂岩，交错层理十分发育，杂砂岩中遗迹化石丰富，砂质泥岩可见少量腕足动物化石碎片。

木耳厂组（D_1mr）：由侯鸿飞等于1988年命名，正层型为四川省北川羌族自治县云龙乡木耳厂村剖面，岩性主要为浅灰色细粒石英砂岩和灰—深灰色细粒石英杂砂岩，夹少量粉砂岩和粉砂质泥岩，

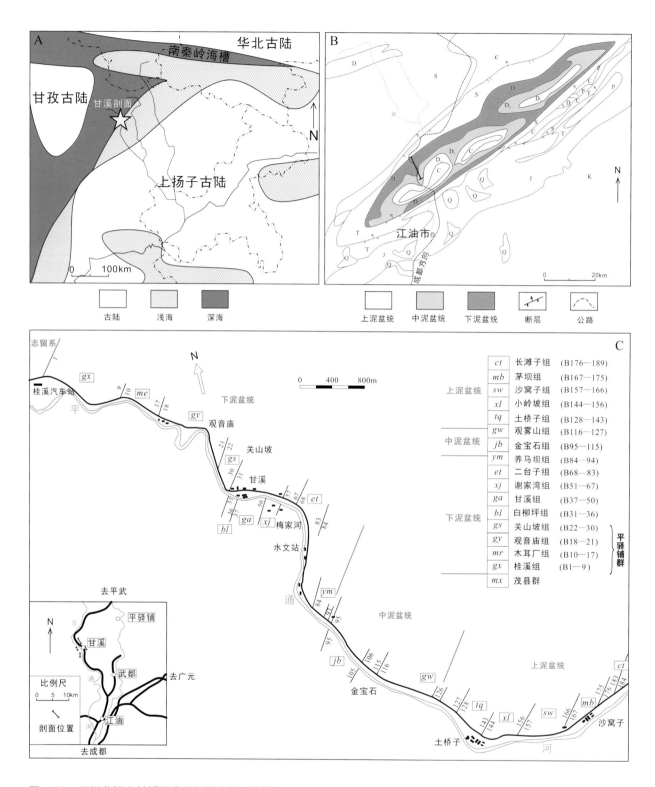

图 4.29　四川龙门山甘溪泥盆系剖面古地理位置图、研究区地质图和剖面路线图

与下伏桂溪组及上覆观音庙组均呈整合接触关系。龙门山甘溪剖面木耳厂组自下而上划分为3段：滴水岩段（10—11层）由浅水色中—厚层状细—中粒石英砂岩、石英杂砂岩（夹少量深灰色泥质粉砂岩和泥岩）组成，发育大型交错层理和遗迹化石，产植物化石和鲨类化石碎片；中段干沟段（12层）为一套深黑色薄—中层泥岩、砂质泥岩和褐灰色细粒石英杂砂岩，局部见较多腕足类、介形类、苔藓虫、海百合茎和孢子化石；上段灵官庙段（13—17层）主要由浅灰色、深灰色中—厚层状细—中粒石英砂岩和石英杂砂岩组成，夹少量泥质粉砂岩，发育大型交错层理、波状交错层理、冲洗层理、沙纹层理等，产遗迹化石、孢子化石，以及少量鱼类、介形类和植物等化石碎片。

观音庙组（D_1gy）：由侯鸿飞、万正权等于1988年命名，正层型位于四川省北川羌族自治县甘溪镇观音庙一带。观音庙组（18—21层）主要为浅灰色、灰色中—厚层状细粒石英砂岩，夹杂砂岩，含鲨类、植物及孢子化石等碎片，与下伏木耳厂组及上覆关山坡组均呈整合接触关系，厚270m左右（图4.32）。

关山坡组（D_1gs）：由侯鸿飞、万正权等于1988年命名，正层型为四川省北川羌族自治县甘溪镇西北剖面。关山坡组（22—30层）主要由褐灰、浅灰色中—厚层细粒石英砂岩、泥质粉砂岩夹杂砂岩等组成，含鱼类（胴甲鱼类、节甲鱼类）、双壳类、介形类、无铰纲腕足类（*Howellella* sp.、*Orientospirifer* cf. *wangi*）、古植物、孢子及遗迹化石等。与下伏观音庙组及上覆白柳坪组均呈整合接触关系，厚约242m。该组主要分布在四川省北川羌族自治县甘溪、唐王寨，江油市雁门坝及平武县一带，顶部地层大致相当于广西六景地区的那高岭组。

白柳坪组（D_1bl）：由陈源仁（1975）依据生物地层将其从原甘溪组下部划分出来，正层型剖面位于甘溪镇东2km的白柳坪村附近，厚24m左右，与下伏平驿铺群关山坡组为整合接触。白柳坪组（31—36层）主要为浅灰色、黄绿色的粉砂岩、粉砂质泥岩和少量石英砂岩，顶部夹生物碎屑岩，产腕足类*Orientospirifer wangi*、*O. nakaolingensis*、*Protochonetes bailiupingensis*、*Acrospirifer primaevus*等，三叶虫*Gravicalymene ganxiensis*、*Dechenella*（*Praedechenella*）*intermedia*?，牙形类*Polygnathus excavatus*，双壳类*Paracyclas rugosa*，介形类*Microcheilinella regularis*等。白柳坪组大致相当于广西那高岭组上部和郁江组底部的层位。

甘溪组（D_1ga）：由包茨、彭开启等于1953年命名，乐森璕（1956）首次正式介绍，层型剖面位于甘溪镇平通河南岸。甘溪组现在定义为一套灰—深灰色薄至中层粉砂质泥岩、石英粉—细砂岩沉积，夹泥晶或亮晶生屑灰岩、泥灰岩。甘溪组（37—50层）厚195m左右，产腕足类*Orientospirifer wangi*、*Dicoelostrophia punctata*、*Rostrospirifer tonkinensis*、*Eosophragmophora sinensis*、*Parathyrisina tangnae*等，三叶虫*Gravicalymene longmenshanensis*、*Dechenella sichuanensis*，牙形类*Polygnathus excavatus*、*P. perbonus*、*Spathognathodus exigus philipi*、*Ozarkodina denckmanni*，皱纹珊瑚*Longmenshanophyllium ganxiense*、*Lyrielasma sichuanense*、*Hallia sichuanensis*，双壳类*Beichuania tetraedrica*、*Mytilarcaguanxiensis*，介形类*Microcheilinella regularis*和少量横板珊瑚。甘溪组大致相当于广西横县六景地区郁江组的中部地层。

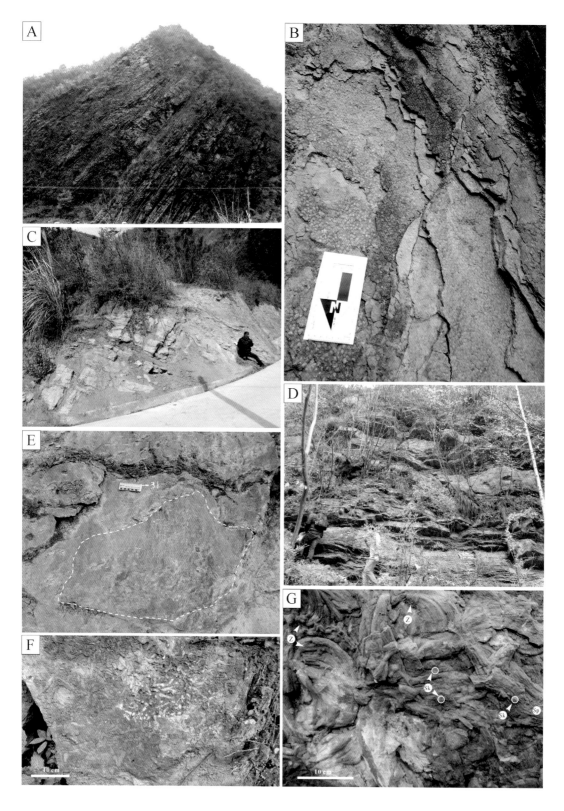

图 4.30　四川龙门山甘溪下泥盆统野外露头照片

A. 平驿铺群中层细粒石英砂岩、杂砂岩；B. 白柳坪组泥质粉砂岩中戟贝类介壳层；C. 甘溪组生屑灰岩；
D. 谢家湾组石英砂岩、生屑灰岩；E. 二台子组厚层灰岩中倒伏的大型复体珊瑚化石；F. 养马坝组生物
灰岩；G. 养马坝组风暴沉积序列中遗迹化石（据 Zhang，2014）

图 4.31　四川龙门山甘溪中—上泥盆统野外露头照片

A. 金宝石组石英砂岩和灰色厚层生屑灰岩；B. 观雾山组礁灰岩；C. 土桥子组遗迹化石（Zhang 等，
2016）；D. 甘溪剖面土桥子组和小岭坡组界线；E. 小岭坡组枝状层孔虫生物层；F. 沙窝子组灰质白云岩；
G. 茅坝组藻纹层灰岩；H. 长滩子组中—厚层砂屑灰岩、生屑灰岩

生物-化学地层 stratigraphic column

年代地层			岩石地层		厚度(m)	岩性剖面	分层	岩性描述	牙形类	介形类	四射珊瑚	腕足类	层孔虫	$\delta^{13}C_{carb}$
系	统	阶	组	段										

生物-化学地层

层孔虫（Stromatoporoids）
- Rosenella sichuanensis-Labechia semiglobosa
- Atelodictyon angustum-Hammatostroma kaiovense
- Stromatopora hupschii-Tremato. perexpansum-Actinostroma stellulatum
- Actinostroma clabratum-Parallelopora ostiolata-Hermatostroma schlüteri
- Salairella multicaulense-Atopostroma erraticense

腕足类（Brachiopods）
- Hispella beichuanensis-Schizophoria miafiarni
- Leiorhynchus kwangsiensis-Cochleorhynchus triplicata
- Rhyssochonetes-Devonoproductus
- Strungocephalus 泥灰带
- Schiz. kitsungensis-Uncinulus zoukoudang-Leptodontella imbogliosa elongate-Eleutherokomma rare-Calceola striatula
- Indospirifer sichuanensis, Zdimir顶端带, Vandercella chuankouensis, Devonospirifer sichuanensis, uangwellia striatida
- Otospirifer ""intda-lihyiana obesa
- Megastropha ertaiensis-Mesodoulina (M.) ertaiensis
- Otospirifer trigonalis-Tagrania ertaiensis
- Otospirifer beichuanensis-E. paraikous sichuanensis
- Dicoelostropha punctata-Rostrospirifer tonkinensis
- Acrospirifer nedaus-Strophochonetes ganxiensis-Orientospirifer nakaolingensis
- Protochonetes-Strophochonetes ganxiensis

四射珊瑚（Rugose corals）
- Cystophrentis kolaohoensis
- Siphono. stereoseptata-Caninia zhongguoensis
- Guerichi elegantum-Guerichi jinongi
- Tarphyphyllum elegantum-Tarphyphyllum zhongguoense
- Wapitiphyllum sichuanense-Disphyllum tuqiaoense
- Pseudozaph. tenella-Micto. intermedium-Nalix. sichuanensis
- "Peneckiella" rariabulata-"Peneckiella" irregularis
- Pexiphyllum sichuanense-Radiastraca beichuanensis
- Sinospongophyllum pseudocarinatum-Temnophyllum complanatum
- Neospongo. sichuanense-Stringophyllum duplex
- Argutastrea shizyanensis-Dendrostella ganxiensis-Calceola sandalina
- Utaratuia sinensis-Tremato. dictotum
- Exilii. sichuanense-Haplothecia fiuta-Zono. beichuanense-Pseudochonophyllum
- Trapezophyllum cystosum-beichuanense
- Xystriphyllum beichuanense-Martinophyllum ertaiense
- Hallia sichuanensis-Chalcidophyllum ganxiense-Lyrielasma sichuanense
- Carlinastraea ganxiensis
- Longmenshanophyllum

介形类（Ostracods）
- Pseudoleperditia poolei-Coryellina subobesa
- Leperditia mansueta-Bairdia silovae
- Spinoscapha spinosa-Samarella minuta
- Tuberokloedena biuberculata-Orthocypris inclinata
- Scrobicula rotundata-Orthobairdia beichuanensis
- Trapezoidalla sinensis-Baschkirina subivanovae
- Eocarinabeyrichia carinata-Bairdia ganxiensis
- Parabolbina ventrispinosa-Svisinella ertangensis
- Sulcella sichuanensis-Microcheilinella regularis

牙形类（Conodonts）
- P. znepolensis-P. changianensis
- Polygnathus asymmetricus
- Polygnathus varcus
- Eognathodus bipennatus-P. paraxebbi
- P. costatus partitus
- Polygnathus serotinus
- Polygnathus perbonus
- Polygnathus excavatus

岩石地层（组/段）（自上而下）
长滩子组、茅坝组、沙窝子组、小岭坡组、土桥子组、观雾山组、金宝石组、莱马坝组、二台子组、谢家湾组、甘溪组、平驿铺组、白柳坪组

阶（自上而下）
法门阶、弗拉阶、吉维特阶、艾菲尔阶、埃姆斯阶、布拉格阶

统：上泥盆统、中泥盆统、下泥盆统

系：泥盆系

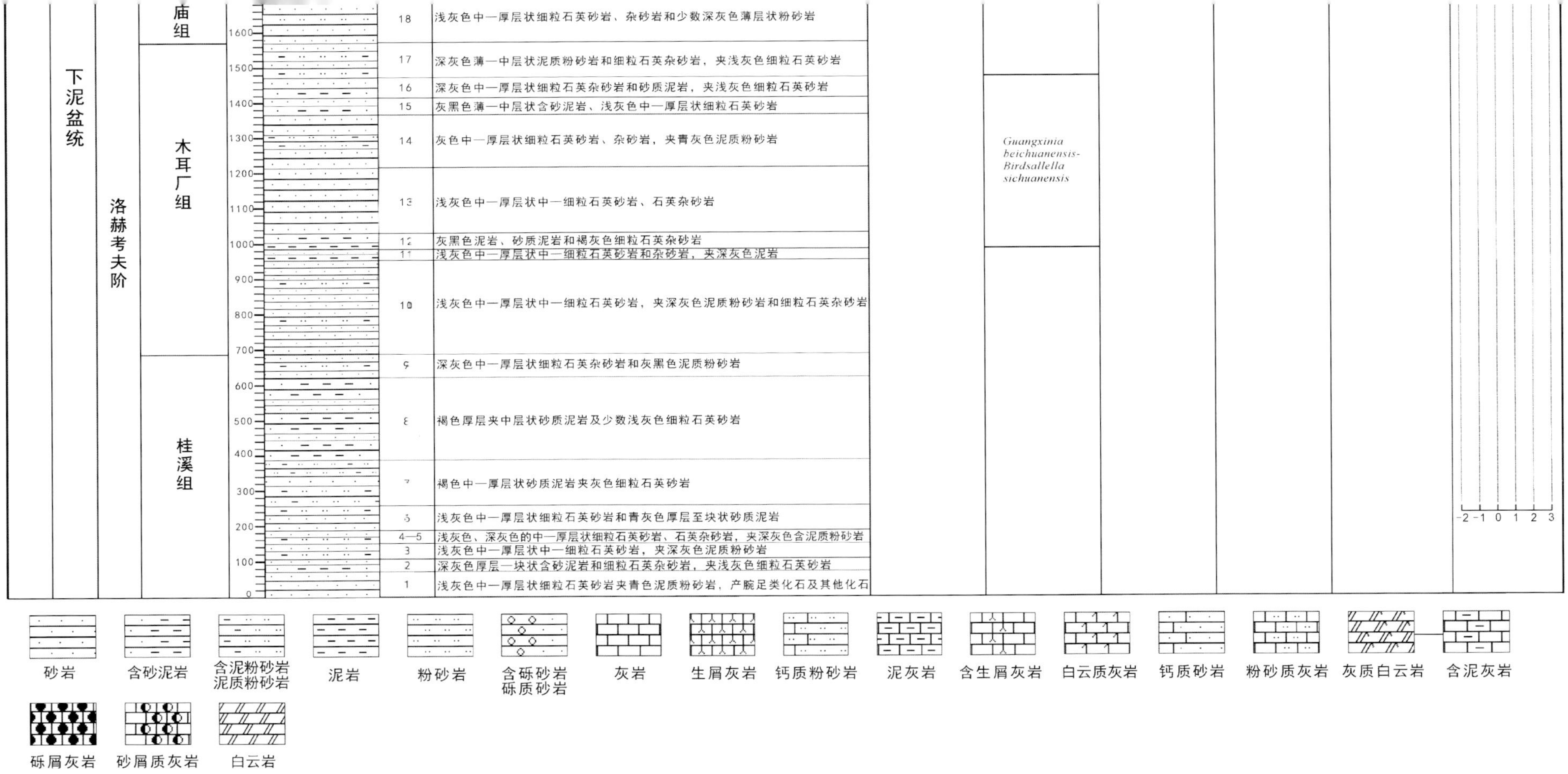
下泥盆统
洛赫考夫阶
庙组
木耳厂组
桂溪组
18 浅灰色中一厚层状细粒石英砂岩、杂砂岩和少数深灰色薄层状粉砂岩
17 深灰色薄一中层状泥质粉砂岩和细粒石英杂砂岩，夹浅灰色细粒石英砂岩
16 深灰色中一厚层状细粒石英杂砂岩和砂质泥岩，夹浅灰色细粒石英砂岩
15 灰黑色薄一中层状含砂泥岩、浅灰色中一厚层状细粒石英砂岩
14 灰色中一厚层状细粒石英砂岩、杂砂岩，夹青灰色泥质粉砂岩
13 浅灰色中一厚层状中一细粒石英砂岩、石英杂砂岩
12 灰黑色泥岩、砂质泥岩和褐灰色细粒石英杂砂岩
11 浅灰色中一厚层状中一细粒石英砂岩和杂砂岩，夹深灰色泥岩
10 浅灰色中一厚层状中一细粒石英砂岩，夹深灰色泥质粉砂岩和细粒石英杂砂岩
9 深灰色中一厚层状细粒石英杂砂岩和灰黑色泥质粉砂岩
8 褐色厚层夹中层状砂质泥岩及少数浅灰色细粒石英砂岩
7 褐色中一厚层状砂质泥岩夹灰色细粒石英砂岩
6 浅灰色中一厚层状细粒石英砂岩和青灰色厚层至块状砂质泥岩
4—5 浅灰色、深灰色的中一厚层状细粒石英砂岩、石英杂砂岩，夹深灰色含泥质粉砂岩
3 浅灰色中一厚层状中一细粒石英砂岩，夹深灰色泥质粉砂岩
2 深灰色厚层—块状含砂泥岩和细粒石英杂砂岩，夹浅灰色细粒石英砂岩
1 浅灰色中一厚层状细粒石英砂岩夹青色泥质粉砂岩，产腕足类化石及其他化石
Guangxinia beichuanensis-Birdsallella sichuanensis
-2 -1 0 1 2 3
砂岩
含砂泥岩
含泥粉砂岩
泥质粉砂岩
泥岩
粉砂岩
含砾砂岩
砾质砂岩
灰岩
生屑灰岩
钙质粉砂岩
泥灰岩
含生屑灰岩
白云质灰岩
钙质砂岩
粉砂质灰岩
灰质白云岩
含泥灰岩
砾屑灰岩
砂屑质灰岩
白云岩

图 4.32　四川龙门山甘溪剖面综合柱状图

缩写：*Siphono.=Siphonophylloides*，*Guerichi.=Guerichiphyllum*，*Pseudozaph.=Pseudozaphrentis*，*Micto.=Mictophyllum*，*Naliv.=Nalivkinella*，*Neoco.=Neocolumnaria*，*Neospong.=Neospongophyllum*，*Tremato.=Trematophyllum*，*Exili.=Exilifrons*，*Zono.=Zonophyllum*，*Schizo.=Schizophoria*，*Indepen.=Independatrypa*，*Subresse.=Subresselandia*，*Hermato.=Hermatostroma*

谢家湾组（D₁xj）：由万正权于1974年首次提出，陈源仁（1975）正式引用，建组剖面位于甘溪镇南的谢家湾一带，隶属于原甘溪组上部。谢家湾组下段梅家院段（51—55层）由灰色薄层细砂岩、粉砂岩（夹薄层或透镜状灰岩）组成，上段火神庙段（56—68层）为灰色、青灰色的泥质粉砂岩、页岩与生屑灰岩的不等厚互层（图4.32）。谢家湾组含腕足类*Euryspirifer paradoxus sichuanensis*、*Euryspirifer paradoxus shujiapingensis*、*Euryspirifer beichuanensis*、*Otospirifer xiejiawanensis*、*Howellella yukiangensis*、*Ferganella* sp.，双壳类*Beichuania rectangular*，三叶虫*Praedechenella sichuanensis*，介形类*Parabolbina guangxiensis*和牙形类*Polygnathus perbonus*、*Spathognathodus exigus philipi*等。

二台子组（D₁et）：由万正权（1981年）命名，命名剖面位于谢家湾二台子，厚192m左右，用以指代龙门山地区产腕足类*Euryspirifer paradoxus*与*Otospirifer xiejiawanensis*动物群的谢家湾组和产*Xenospirifer fongi*动物群的养马坝组之间的一套灰岩地层。二台子组可划分出下、上两段。下段（69—73层）为深灰色中层—块状含生屑灰岩、含砂生屑灰岩、细晶灰岩，产横板珊瑚、介形类、牙形类和遗迹化石；上段（74—83层）由深灰色薄—厚层生屑灰岩、白云质生屑泥晶灰岩和深灰色厚层—块状礁灰岩组成，含珊瑚*Pseudamplexus tabulus*、*Fasciphyllium xiejiawanensis*、*Acanthophyllum dermontense*、*Crypophyllum beichuanensis*、*Lyrielasma chapmani*、*Xystriphyllum beichuanense*、*Thamnopora paraebarroisi*等，层孔虫*Anostylostroma ertaiziensis*、*Salairella mutticea*、*Syringostromella sichuanensis*、*Atopostroma ertaiziense*、*Synthetostroma actinostromaoides*等，此外可见少量腕足类、介形类、竹节石和牙形类等门类化石。

养马坝组（D₁₋₂ym）：建组剖面位于江油市养马坝村南苦麻柳附近。养马坝组现定义为一套以灰—深灰色厚层至块状泥晶-亮晶砂屑、生屑灰岩（夹礁灰岩）为主，夹少量灰色薄层状石英粉砂岩、粉砂质泥岩及鲕状赤铁矿透镜体的地层，含丰富的珊瑚、腕足类、三叶虫、头足类、介形类及牙形类化石。甘溪剖面养马坝组下段赤竹笼段（84—87层）为灰色薄—中层状砂质泥灰岩、生屑灰岩，偶见鲕状赤铁矿透镜体；中段石沟里段（88—91层）为灰色厚层—块状生屑灰岩、石英细砂岩、粉砂岩互层；上段石梁子段（92—94层）为深灰色中—厚层状生屑灰岩、石英杂砂岩和白云质生屑泥晶灰岩。养马坝组中含大量腕足类、珊瑚、层孔虫、竹节石、介形类、三叶虫、牙形类化石，其中上部产中泥盆统底部的标准牙形类带化石*Polygnathus costatus partitus*和珊瑚*Utaratuia*等，表明养马坝组是跨下—中泥盆统的一个穿时的岩石地层单位。

金宝石组（D₂jb）：由万正权于1983年正式命名，正层型位于甘溪镇南约5km的金宝石一带，相当于乐森璕创立的观雾山石灰岩下部，剖面厚度约270m（图4.32）。金宝石组（95—115层）为浅灰色中层—块状细—中粒石英砂岩与灰色中—厚层泥晶生屑灰岩、礁灰岩不等厚互层，夹少量粉砂岩、泥晶灰岩和鲕状赤铁矿透镜体，富含珊瑚、层孔虫类、腕足类、介形类及牙形类等生物化石。金宝石组自下而上可划分出3个腕足类生物带，分别为*Athyrisina rara-Amboglossa eleganta-Subresselandia transversa*组合带、*Schizophoria kutsingensis-Independatrypa zonataeformis*组合带和*Stringocephalus*延限带的下部；包括2个珊瑚组合带，分别是*Dendrostella ganxiensis-D. convexus*组合带和*Temnophyllum irregulare-Argutastrea shiziyaensis*组合带。金宝石组时代为中泥盆世艾菲尔期。

观雾山组（D₂gw）：最初被乐森璕（1956）称为观雾山石灰岩，命名剖面位于江油市西北约20km的观雾山。观雾山组现定义为金宝石组之上、土桥子组之下的一套灰色、深灰色的薄—中厚层状生屑泥晶灰岩、白云质灰岩、白云岩和生物礁灰岩地层，富含珊瑚、层孔虫和腕足类化石。甘溪剖面观雾山组可划分为两段：下段鸡公岭段（116—118层）主要由灰色、深灰色泥晶生屑灰岩和礁灰岩组成，产层孔虫、珊瑚类、腕足、牙形类、介形类化石；上段海角石段（119—127层）主要为灰色、深灰色的薄—中厚层白云质泥晶灰岩、白云质生屑灰岩和生屑泥晶灰岩。观雾山组产腕足类*Stringocephalus*、*Athyris*、*Emanuella*、*Subresselandia*、*Undispirifer*、*Schizophoria*和*Spinatrypa*等，珊瑚*Sunophyllum*、*Endophyllum*、*Argutastraea*、*Temnophyllum*，牙形类*Polygnathus varcus*和*P. xylus*等，还包括层孔虫、少量介形类化石等。观雾山组顶部产牙形类*Ancyrodella rotundiloba rotundiloba*，表明观雾山组顶部已进入晚泥盆世弗拉期。

土桥子组（D₃tq）：由陈源仁于1978年命名，正层型为四川省北川羌族自治县土桥子村附近剖面，厚约211m，代表了中泥盆统腕足类*Stringocephalus*消失之后，上泥盆统*Cyrtospirifer*未出现前的一段地层。土桥子组（128—143层）为灰黑色薄—中层泥晶灰岩、生屑灰岩、团粒生屑灰岩，夹少量含泥质泥晶灰岩和页岩，含腕足类*Calvinaria simplex*、*Pugnax triplicata*、*Leiorhynchus orientalia*、*Zhonghuacoelia bispina*、*Spinatrypa* sp.等，珊瑚*Peneckiella shawoziensis*、*Temnophyllum*、*Pseudozaphrentis dushanensis*、*Pseudozaphrentoides* sp.、*Nalivkinella sichuanensis*，牙形类*Polygnathus asymmetricus asymmetricus*、*P. procerus*、*P. alatus*等，与下伏观雾山组整合接触。土桥子组的时代为晚泥盆世早期，大致可与贵州独山剖面的贺家寨段对比。

小岭坡组（D₃xl）：由侯鸿飞于1985年命名，正层型为四川北川羌族自治县土桥子村附近的小岭坡剖面，厚约266m，以一层厚约50cm的核形石泥晶灰岩与下伏土桥子组为界。小岭坡组（144—155层）岩性以灰色中—厚层状泥晶灰岩、枝状层孔虫灰岩、礁灰岩和藻纹层泥晶灰岩为主，含丰富的层孔虫、珊瑚化石，还可见腕足类、介形类和轮藻等化石。层孔虫主要包括*Amphipora*、*Atelodictyon*、*Clathrodictyon*、*Ferestromatopora*、*Paramphipora*等10多个属；珊瑚大致可分为两个组合带，自下而上为*Pseudozaphrentis tenella-Mictophyllum intermedium*带和*Wapitiphyllum sichuanense-Disphyllum tuqiaoziense*组合带。

沙窝子组（D₃sw）：由乐森璕（1956）命名于四川北川羌族自治县沙窝子村附近，原称沙窝子白云岩，厚约357m。现定义：沙窝子组（156—166层）以浅灰色薄—厚层状细晶白云岩为主，夹白云质灰岩、生屑泥晶灰岩和藻团粒灰岩。沙窝子组含珊瑚*Wapitiphyllum sichuanense*、*Disphyllum* sp.，牙形类*Polygnathus lagowiensis*，层孔虫*Anostylostroma beichuanense*、*Amphipora pervesiculata*、*Paramphipora tschussovensis*等，可见少量横板珊瑚和介形类化石。沙窝子组与下伏小岭坡组和上覆茅坝组均为整合接触关系，主要分布在四川省北川羌族自治县、江油市、广元市、汶川县一带。

茅坝组（D₃mb）：由乐森璕于1956年命名于四川省江油市雁门坝西北约4km的茅坝村附近，原始含义是指沙窝子白云岩之上的一套基本不含化石的浅灰色、灰白色灰岩。甘溪剖面茅坝组（167—175层）为浅灰色、灰白色的中—厚层团粒泥晶灰岩、球粒灰岩、鲕粒灰岩和藻纹层灰岩，基本未见宏体生物化石，厚173m左右。含腕足类*Cyrtospirifer*，牙形类*Polygnathus znepolensis*、*P. obliguicostatus*、*Spathognathodus stabilis*、*S. strigosus*，以及介形类*Leperditia mansueta*等。

长滩子组（D₃*ct*）：由范影年于1980年命名，正层型为四川省北川羌族自治县沙窝子村以东长滩子对岸的石灰窑剖面，含珊瑚*Cystophrentis*动物群，代表了龙门山地区泥盆系最顶部的一套地层。鉴于廖卓庭等（2010）在上覆黑岩窝组顶部亦发现了泥盆纪晚期珊瑚*Cystophrentis*，因此本书中长滩子组（176—189层）相当于范影年（1980）创立的长滩子组及其上的黑岩窝组，主要为灰色泥晶团粒灰岩、泥晶砂砾屑灰岩、藻纹层灰岩、生屑灰岩、白云质灰岩和白云岩，局部含珊瑚、层孔虫、有孔虫和牙形类化石。长滩子组产单体珊瑚*Guerichiphyllum elegantum*、*G. jirongi*、*Siphonophylloides stereoseptata*、*Caninia ateles*、*C. zhongguoensis*、*Cystophrentis*、*Beichuanophyllum*、*Neobeichuanophyllum*等，其时代相当于法门阶的上部，可与贵州革老河组、湖南孟公坳组及广西额头村组进行对比。

4.9.2 生物地层

四川龙门山泥盆系剖面以发育陆源碎屑岩台地、碳酸盐岩台地和混积台地沉积为主要特征，生物化石丰富、类型多样，中国地质科学院成都地质矿产研究所和中国地质科学院地质研究所（1988）在甘溪剖面已建立了牙形类、介形类、竹节石、四射珊瑚、横板珊瑚、层孔虫、腕足类、三叶虫、双壳类、古脊椎动物、孢子植物和几丁虫生物地层序列，并初步实现了生物地层单位综合对比（图4.32）。本书简述如下。

1. 牙形类

泥盆纪龙门山地区为浅水台地沉积环境，牙形类动物生境受限，此外沉积速率大，沉积物厚度大于4800m，导致牙形类丰度和分异度均较低。近千块样品中仅87个层位发现牙形类化石（中国地质科学院成都地质矿产研究所和中国地质科学院地质研究所，1988）。这些牙形类化石分布在白柳坪组上部至长滩子组顶部。在龙门山地区自下而上共识别出8个牙形类生物带，分别为*Polygnathus excavatus*带（原*Polygnathus dehiscens*带）、*Polyganthus perbonus*带、*Polygnathus serotinus*带、*Polygnathus costatus partitus*带、*Eognathodus bipennatus-Polygnathus parawebbi*带、*Polygnathus varcus*带、*Polygnathus asymmetricus*带和*Polygnathus znepolensis-P. changtanziensis*组合带。

2.介形类

四川龙门山甘溪剖面介形类化石十分丰富，分异度高，且均为底栖类型。迄今为止，在该剖面共识别出3个目13个超科28个科，有94属（亚属）和232种（亚种），分布在平驿铺群至长滩子组。自下而上共划分出10个介形类组合，包括下泥盆统*Guangxinia beichuanensis-Birdsallella sichuanensis*组合、*Sulcella sichuanensis-Microcheilinella regularis*组合、*Parabolnina ventrispinosa-Svislinella ertangensis*组合、*Eocarinabeyrichia carinata-Bairdia ganxiensis*组合、中泥盆统*Trapezoidalla sinensis-Baschkirina subivanovae*组合、*Scrobicula rotundata-Orthobairdia beichuanensis*组合、上泥盆统*Tuberokloedenia* *bituberculata-Orthocypris inclinata*组合、*Spinoscapha spinosa-Samarella minuta*组合、*Leperditia mansueta-Bairdia sitovae*组合和*Pseudoleperditia poolei-Coryellina subobesa*组合。

3. 四射珊瑚

四川龙门山甘溪剖面四射珊瑚广泛分布于甘溪组至长滩子组地层中，数量丰富，分异度极高，在金宝石和观雾山组中局部可形成厚1～2m的生物层。早泥盆世四射珊瑚结构较简单，多以泡沫板发育类型为主；中泥盆世初期，横板开始分化，具有侧斜板的珊瑚增多，隔壁发育；中泥盆世晚期，各种复杂结构类型珊瑚开始涌现，鳞板形态多样，大型泡沫状、小球状、马蹄形，隔壁带可发育脊板，但中轴尚不发育；晚泥盆世，以隔壁呈楔形加厚，具有马蹄形鳞板的珊瑚占优势，亦发育内部结构简单化的一些分子（其横板完整，鳞板和二级隔板退化）。龙门山剖面自下而上可识别出21个珊瑚生物带，包括下泥盆统*Longmenshanophyllum ganxiense-Lyrielasma sichuanense*组合带、*Hallia sichuanensis-Aulacophyllum minor*组合带、*Carlinastraea ganxiensis*富集带、*Xystriphyllum beichuanense-Martinophyllum ertaiziense*组合带、*Trapezophyllum cystosum-Sulcorphyllum beichuanense*组合带、*Zonophyllum beichuanense-Calceola ganxiensis*组合带、*Exilifrons sichuanense-Haplothecia flata*组合带，中泥盆统*Utaratuia sinensis-Trematophyllum dictotum*组合带、*Dendrostella ganxiensis-D. convexus*组合带、*Temnophyllum irregulare-Argutastrea shiziyaensis*组合带、*Neospongophyllum sichuanense-Stringophyllum duplex*组合带、*Sinospongophyllum pseudocarinatum-Temnophyllum*（*Truncicarinulum*）*complanatum*组合带、*Pexiphyllum sichuanense-Radiastraea beichuanensis*组合带，上泥盆统"*Peneckiella*" *raritabulata*-"*Peneckiella*" *irregularis*组合带、*Nalivkinella sichuanensis-Neocolumnaria multitabulata*组合带、*Pseudozaphrentis tenella-Mictophyllum intermedium*组合带、*Wapitiphyllum sichuanense-Disphyllum tuqiaoziense*组合带、*Tarphphyllum elegantum-Tarphphyllum zhongguoense*组合带、*Guerichiphyllum elegantum-Guerichiphyllum jirongi*组合带、*Siphonophylloides stereoseptata-Caninia zhongguoensis*组合带和*Cystophrentis kolaohoensis*组合带。

4. 腕足类

龙门山泥盆系剖面中腕足动物群极为丰富，其生物组合与华南其他地区可以进行高精度的对比，包含许多常见的、广泛分布于老世界大区的化石分子，如*Aesopomum*、*Schizophoria*、*Parachonetes*等，亦存在大量的地方性分子，如*Athyrisina*、*Zhonghuacoelia*等。鲜思远等（1995）主要依据龙门山地区泥盆系腕足类生物组合开展生态地层研究，共识别出24个群落；而中国地质科学院成都地质矿产研究所和中国地质科学院地质研究所（1988）共识别出腕足类70属105种，自下而上划分出18个生物带。这18个生物带包括下泥盆统*Strophochonetes ganxiensis-Protochonetes-Orientospirifer nakaolingensis*组合带、*Acrospirifer medius-Parathyrisina-Athyrisina*组合带、*Dicoelostrophia punctata-Rostrospirifer tonkinensis*组合带、*Euryspirifer beichuanensis-E. paradoxus sichuanensis*组合带、*Otospirifer xiejiawanensis*顶峰带、*Otospirifer trigonalis-Vagrania ertaiziensis*组合带、*Megastrophia ertaiziensis-Mesodouvillina*（*M.*）*chuanbeiensis*组合带、*Otospirifer? nitidus-Athyrisina obesa*组合带、

*Otospirifer sichuanensis-Luanguella striatula*组合带，中泥盆统*Neocoelia sinensis-Chuanostrophia scitula*组合带、*Zdimir*顶峰带、*Athyrisina rara-Amboglossa elongate-Subresselandia transversa*组合带、*Schizophoria kutsingensis-Independatrypa zonataeformis*组合带、*Stringocephalus*延限带、*Rhyssochonetes-Devonoproductus*组合带，上泥盆统*Leiorhynchus kwangsiensis-Coeloterorhynchus triplicata*组合带、*Leiorhynchus mansuyi-L. orientalis*组合带、*Gypidula beichuanensis-Schizophoria macfarlani*组合带。

5. 层孔虫

四川龙门山甘溪剖面层孔虫较为发育，自甘溪组延续至长滩子组，主要集中在二台子组上段、金宝石组和观雾山组下部、小岭坡组、沙窝子组和长滩子组，局部富集形成生物礁灰岩。中国地质科学院成都地质矿产研究所和中国地质科学院地质研究所（1988）对该剖面层孔虫自下而上划分出5个组合带，包括*Salairella multicea-Atopostroma ertaiziense*组合带、*Actinostroma clathrotum-Parallelopora ostiolata-Hermatostroma schliiteri*组合带、*Stromatopora hiipschii-Hermatostroma perseptatum-Actinostroma stellulatum*组合带、*Atelodictyon angustum-Hammatostroma katovense*组合带和*Rosenella sichuanensis-Labechia semigiobasa*组合带。其中，金宝石组和观雾山组中的*Actinostroma clathrotum-Parallelopora ostiolata-Hermatostroma schliiteri*组合带和*Stromatopora hiipschii-Hermatostroma perseptatum-Actinostroma stellulatum*组合带为两个礁相组合带，出现了大量具有浓郁中泥盆世特色的分子，包括*Actinostroma*、*Bifariostroma*、*Clathrocoilona*、*Ferestromatopora*、*Gerronostroma*、*Hermatostroma*、*Idiostroma*、*Parallelopora*、*Pseudoactinodictyon*、*Stachyodes*、*Stromatopora*和*Synthetostroma*等类群。

4.9.3 年代地层

1. 泥盆系底界

平驿铺群桂溪组之下为茂县群的一套浅变质粉砂岩及粉砂质板岩夹薄层灰岩地层。平驿铺群和茂县群呈不整合接触关系。龙门山甘溪剖面下伏茂县群中未处理出任何标准化石，因此其时代尚未确定，与邻区对比之后其可能为下—中志留统。在桂溪组、木耳厂组至观音庙组中处理出大量的孢子化石。其中，桂溪组下部主要以*Retusotriletes*、*Apiculiretusispora*、*Anapiculatisporites*等属占优势。建立的*Streelispora newportensis-Synorisporites verrucatus*组合带可以与云南曲靖下泥盆统翠峰群西山村组和西屯组孢子组合对比，大致对应西欧地区的*micrornatus-newportensis*组合带，其时代应属于早泥盆世洛赫考夫期—布拉格期。然而，由于缺少志留系-泥盆系界线附近的标准生物化石，泥盆系底界在剖面中的位置尚不能确定，存在缺失的可能。

2. 下-中泥盆统界线

下-中泥盆统界线，即艾菲尔阶底界位于牙形类*P. c. patulus*带和*P. c. partitus*带之间，并以*P. c. partitus*的首现作为标志。龙门山甘溪剖面养马坝组93层底界之上10cm位置产牙形类*P. c. partitus*，表明其已属于中泥盆统，但是由于下伏地层中并未识别出*P. c. patulus*，牙形类*P. serotinus*带的顶界尚难以确定，亦不能确定本剖面中*P. c. partitus*的出现即为中泥盆统的底界。因此，龙门山甘溪剖面93层之底为一个参考界线，下-中泥盆统界线可能位于该层之下。此外，93层中可识别出腕足类*Zdimir*顶峰带。*Zdimir*顶峰带以发育大型的*Zdimir*、*Aviformia*为特征，包括3属5种，具低分异度、高丰度的特点。华南地区*Zdimir*顶峰带对应埃姆斯阶上部和艾菲尔阶下部，同样指示下-中泥盆统界线层位。

3. 中-上泥盆统界线

中-上泥盆统界线，即弗拉阶底界，位于*Mesotaxis guanwushanensis*带的下部（Becker等，2012；郄文昆等，2019），以牙形类*Ancyrodella rotundiloba*早期分子的首次出现为标志。龙门山甘溪剖面观雾山组最上部127层中产牙形类*An. rotundiloba*，并位于由*Ancyrodella binodosa*向*An. rotundiloba*连续演化谱系内，界线位置比较可靠，确定在观雾山组127层底界之上1.8m处。这一年代地层界线位于观雾山组顶部，并且与腕足类和四射珊瑚生物带界线不一致，位于腕足类*Leiorhynchus*延限带和四射珊瑚"*Peneckiella*" *shawoziensis-Pexiphyllum sichuanense*组合带的内部。需指出的是，观雾山组第126层已开始出现一些典型的晚泥盆世四射珊瑚分子，包括世界范围内主要见于弗拉阶的"*Peneckiella*"、*Pexiphyllum*属的众多分子和*Pseudozaphrentis*，后者见于华南晚泥盆世佘田桥组的中、上部。

4. 泥盆系-石炭系界线

范影年（1980）最早测制了长滩子剖面，并将其与上覆马角坝段均归属石炭系杜内阶。中国地质科学院成都地质矿产研究所和中国地质科学院地质研究所（1988）将长滩子段和马角坝段提升为组，并在长滩子组之上建立黑岩窝组，并依据生物群落组合特征提出泥盆系-石炭系界线应从长滩子组内部通过，而牙形类化石则表明黑岩窝组时代应为石炭纪。廖卓庭等（2010）在长滩子剖面上部对黑岩窝组开展了详细研究，将黑岩窝组划分为下、中和上三部分。其中，下部13m为中厚层黑灰色白云质灰岩，产有面貌类似长滩子组的四射珊瑚*Beichuanophyllum* sp.、*Cystophrentis*、*Syringopora* spp.，腕足类*Crurithyris* sp.和*Ptychomarotoechia* sp.，以及层孔虫类*Labechia* sp.等化石，但属种和个体数量较为稀少。在黑岩窝组顶部发现四射珊瑚*Cystophrentis*，表明其依旧属于晚泥盆世法门期。龙门山地区泥盆系-石炭系界线应位于黑岩窝组之上，精确位置仍需进一步研究。

4.10 西藏昌都剖面

西藏昌都剖面由芒康县海通剖面、芒康县邦达丁宗隆—卓戈洞剖面和昌都县妥坝区羌格剖面复合而成（图4.33），隶属于羌塘—三江地层区中昌都地层分区的芒康小区（四川省地质局区域地质调查队和中国科学院南京地质古生物研究所，1982）。昌都地层分区新元古代草曲群浅变质岩系为本区的变质基底，代表了活动陆缘建造，而奥陶系—泥盆系为边缘海建造，主要发育陆源碎屑岩和碳酸盐岩沉积。昌都地区泥盆系通常缺失下统或下统不全，而中、上泥盆统较为发育，厚度变化较大。其生物化石以底栖生物组合为特征，主要包括腕足类、珊瑚、层孔虫、腹足类和双壳类等，局部生物富集，形成层孔虫-珊瑚生物礁。泥盆纪时，昌都地区生物组合面貌与华南地层区较为相似，生物亲缘性强，

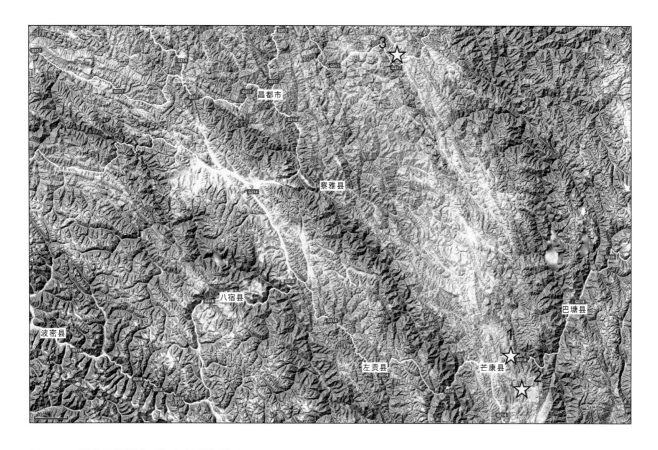

图 4.33　西藏昌都泥盆系复合剖面位置图
1. 芒康县海通剖面；2. 芒康县邦达丁宗隆—卓戈洞剖面；3. 妥坝区羌格剖面

同属于特提斯大区北带。

　　芒康县海通剖面（GPS坐标：29°44′11.75″N，98°39′26.32″E）位于芒康县之东川藏公路上，出露下奥陶统青泥洞群（O_1qn）、海通群（$D_{1-2}h$）、丁宗隆组（D_2d）和卓戈洞组（D_3z）底部；芒康县邦达丁宗隆—卓戈洞剖面位于芒康县之南东，是丁宗隆组和卓戈洞组的层型剖面，最早由四川地质局第三区测队（1971）实测；妥坝区羌格剖面位于昌都县妥坝区以北，是羌格组的层型剖面，构造简单、层序清楚，与下伏卓戈洞组和上覆下石炭亚系乌青纳组均为整合接触。西藏昌都泥盆系复合剖面自下而上包括海通组（$D_{1-2}h$）、丁宗隆组（D_2d）、卓戈洞组（D_3z）和羌格组（D_3q）（图4.34）。

4.10.1　岩石地层

　　海通组（$D_{1-2}h$）：由四川第三区域地质调查大队于1974年命名，正层型为芒康县城东邦达丁宗隆剖面（GPS坐标：29°41′N，98°30′E）。其原始定义为深灰色、紫红色碎屑岩夹碳酸盐岩地层，产腕足类*Acrospirifer increbescens*和*Indospirifer chui*等，时代归属于中泥盆世；现在定义（1—2层）为一套以灰色、灰紫色含碳质板岩夹砂岩、含砾砂岩为主的地层（含少量生物碎屑灰岩），含腕足类、珊瑚类、竹节石、腹足类及三叶虫等生物化石。海通组与下伏下奥陶统青泥洞群平行不整合接触，与上覆

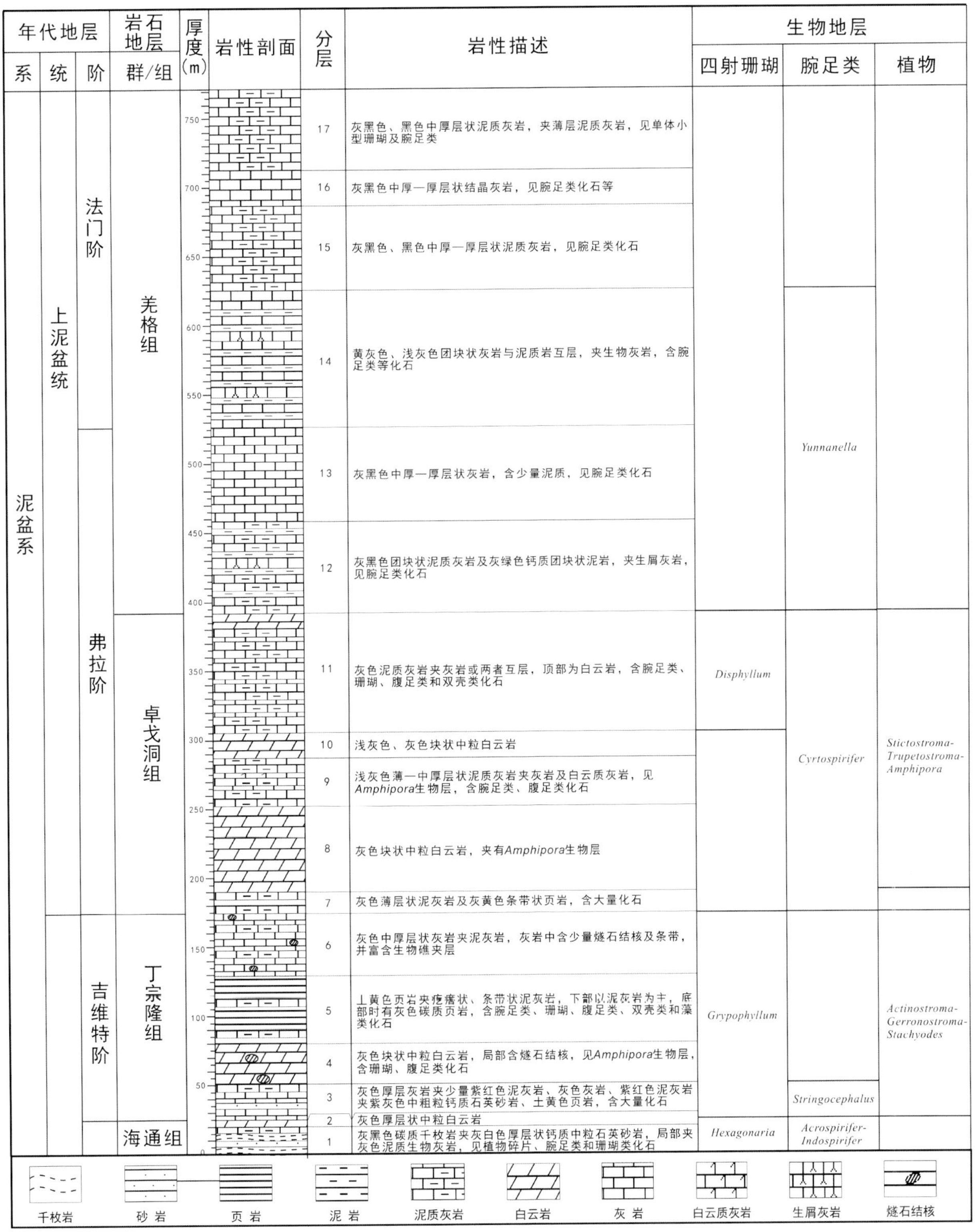

年代地层			岩石地层	厚度(m)	岩性剖面	分层	岩性描述	生物地层		
系	统	阶	群/组					四射珊瑚	腕足类	植物
泥盆系	上泥盆统	法门阶	羌格组			17	灰黑色、黑色中厚层状泥质灰岩，夹薄层泥质灰岩，见单体小型珊瑚及腕足类		Yunnanella	
						16	灰黑色中厚—厚层状结晶灰岩，见腕足类化石等			
						15	灰黑色、黑色中厚—厚层状泥质灰岩，见腕足类化石			
						14	黄灰色、浅灰色团块状灰岩与泥质岩互层，夹生物灰岩，含腕足类等化石			
						13	灰黑色中厚—厚层状灰岩，含少量泥质，见腕足类化石			
		弗拉阶	卓戈洞组			12	灰黑色团块状泥质灰岩及灰绿色钙质团块状泥岩，夹生屑灰岩，见腕足类化石	Disphyllum		
						11	灰色泥质灰岩夹灰岩或两者互层，顶部为白云岩，含腕足类、珊瑚、腹足类和双壳类化石		Cyrtospirifer	Stictostroma-Trupetostroma-Amphipora
						10	浅灰色、灰色块状中粒白云岩			
						9	浅灰色薄—中厚层状泥质灰岩夹灰岩及白云质灰岩，见Amphipora生物层，含腕足类、腹足类化石			
						8	灰色块状中粒白云岩，夹有Amphipora生物层			
						7	灰色薄层状泥质灰岩及灰黄色条带状页岩，含大量化石			
		吉维特阶	丁宗隆组			6	灰色中厚层状灰岩夹泥灰岩，灰岩中含少量燧石结核及条带，并富含生物礁夹层	Grypophyllum		Actinostroma-Gerronostroma-Stachyodes
						5	上黄色页岩夹疙瘩状、条带状泥灰岩，下部以泥灰岩为主，底部时有灰色碳质泥岩，含腕足类、珊瑚、腹足类、双壳类和藻类化石			
						4	灰色块状中粒白云岩，局部含燧石结核，见Amphipora生物层，含珊瑚、腹足类化石			
						3	灰色厚层灰岩夹少量紫红色泥灰岩、灰色灰岩，紫红色泥灰岩夹紫灰色中粗粒钙质灰石英砂岩，土黄色页岩，含大量化石		Stringocephalus	
			海通组			2	灰色厚层状中粒白云岩	Hexagonaria	Acrospirifer-Indospirifer	
						1	灰黑色碳质千枚岩夹灰白色厚层状钙质中粒石英砂岩，局部夹灰色泥质生物灰岩，见植物碎片、腕足类和珊瑚类化石			

图例：千枚岩　砂岩　页岩　泥岩　泥质灰岩　白云岩　灰岩　白云质灰岩　生屑灰岩　燧石结核

图 4.34　西藏昌都泥盆系剖面综合柱状图

丁宗隆组整合接触，分布在西藏昌都江达、芒康一带，厚100～1100m。

丁宗隆组（D₂d）：由四川第三区域地质调查大队于1974年命名，正层型为芒康县海通剖面（GPS坐标：29°24′N；98°30′E）。其原始定义为一套碳酸盐岩地层，含腕足类*Stringocephalus* sp.、*Spinatrypa* sp.、*Desquamatia* sp.和*Reticulariopsis* sp.，珊瑚*Hexagonaria* cf. *pentagona*、*Temnophyllum* sp.、*Thamnopora kuznetskiensis*、*Crassialveolites* sp.和*Grypophyllum* sp.，代表中泥盆统上部；现在定义（3—6层）为一套白云岩、疙瘩状泥灰岩和生物灰岩地层，含腕足类、双壳类、腹足类、层孔虫及珊瑚等生物化石。丁宗隆组与下伏海通组和上覆卓戈洞组均为整合接触关系，分布在西藏芒康、贡觉、江达及四川西部，厚160～412m。

卓戈洞组（D₃z）：由四川第三区域地质调查大队于1974年命名，建组剖面位于西藏芒康县邦达丁宗隆、卓戈洞（GPS坐标：29°24′N，98°38′E）。其原始定义为一套浅灰色灰岩、白云岩沉积，与我国华南佘田桥组相当，属于晚泥盆世早期；现在定义（7—11层）为一套以青灰色厚层—块状石灰岩、白云质灰岩为主的地层，产腕足类*Cyrtospirifer sinensis*、*Tenticospirifer tenticulum*、*Hypothyridina hunanensis*，以及珊瑚、牙形类、层孔虫、双壳类等生物化石。卓戈洞组与下伏丁宗隆组和上覆羌格组均为整合接触关系，局部地区与早石炭亚纪东风岭组平行不整合接触，分布在西藏昌都察雅、芒康等地，地层厚度变化范围较大（65～570m）。

羌格组（D₃q）：由四川第三区域地质调查大队于1972年命名，正层型为妥坝区羌格剖面。夏代祥和刘世坤（1997）认为羌格组与卓戈洞组之间未见明显的岩性突变，均为一套灰色灰岩，仅依据生物化石相区别，并不能作为岩石地层单位，将其归属于卓戈洞组上部。羌格组现在定义（12—17层）主要为灰黑、黑色的泥质灰岩、灰岩，夹生物灰岩及钙质泥岩。其生物化石主要为腕足类，包括*Nayunnella abrupta*、*Yunnanella hiskuangshanensis*、*Tenticospirfer tenticulum*、*Cyrtospirifer* sp.、*Ambocoelia* sp.、*Camarotoechia livoniciformis*等。羌格组与下伏卓戈洞组及上覆下石炭亚系乌青纳组均为整合接触关系。羌格组主要分布于西藏昌都妥坝、芒康邦达一带，厚380m。

4.10.2 生物地层和年代地层

西藏昌都地区泥盆系研究程度较低，古生物化石报道的门类主要包括腕足类、珊瑚、层孔虫、腹足类和双壳类等，生物地层和年代地层自20世纪80年代以来近乎无进展，详细的生物地层序列和精确的年代地层界线尚待进一步完善。

芒康县海通剖面中含腕足类*Acrospirifer* sp.、*A. increbescens*、*Indospirifer chui*、*Athyrisina* cf. *squamosa*和*Atrypa* sp.，珊瑚*Hexagonaria* sp.等，分别划归*Acrospirifer-Indospirifer*腕足类组合带和*Hexagonaria*珊瑚组合带。此外，芒康县南部纳西民族乡附近的海通群中可见竹节石类*Nowakia barrandei*、*Styliolina fissurella*等（埃姆斯期和艾菲尔期常见分子），表明海通组时代应属于早泥盆世晚期至中泥盆世早期。

丁宗隆组主要为一套以灰色中层—块状灰岩、白云岩、瘤状灰岩为主的地层，可见少量的页岩和燧石结核，并富含生物礁夹层。在该组底部可见腕足类*Stringocephalus dorsalis*、*Athyrisina* sp.、*Atrypa richthofeni*、*Crurithyris* sp.、*Emanuella* sp.、*Schizophoria striatula*和*Spinatrypa* sp.，表明该组底部属于艾菲尔期晚期—吉维特期。向上可见多层*Amphipora*生物层和层孔虫-珊瑚生物礁灰岩，珊瑚*Grypophyllum* sp.、*Caliapora battersbyi*、*Crassialveolites* sp.、*Thamnopora tumeoforma*、*T.* aff. *dunbeiensis*和*T. kuznetskiensis*，层孔虫*Actinostroma devonense*、*Gerronostroma grossum*、*G.uralense*、*Idiostroma* aff. *uralicum*、*Parallelopora ostiolata*、*P. typicalis*、*Paramphipora markamensis*、*Pseudoactinodictyon bullulosum*、*Stachyodes costulata*、*Stachyodes paralleloporides*、*Syringostroma micropertusum*和*Syringostroma perfuscum*等，表明其时代为中泥盆世吉维特期。

卓戈洞组底部含腕足类*Cyrtospirifer* sp.、*Atrypa* sp.、*Caryorhynchus nana*和*Xiaobangdaia pentagonalis*等，中上部包括珊瑚*Disphyllum* cf. *cylindricum*、*Alveolites* aff. *densatus*、*Cladopora gracilis*、*Macgeea* sp.、*Nalivkinella* sp.、*N. profunda*、*Neostringophyllum* cf. *heterophylliodes*、*Temnophyllum* cf. *leei*和*T.*（*Temnocarinia*）*heterophylloides*等，分别划归腕足类*Cyrtospirifer*和珊瑚*Disphyllum*组合带，其时代主体为晚泥盆世弗拉期。

羌格组中生物化石主要为腕足类，顶部见少量单体小型珊瑚，下部主要发育腕足类*Yunnanella*动物群，常见分子包括*Yunnanella hsikuangshanensis*、*Y.* sp.、*Nayunnella abrupta* var. *globosa*、*Athyris* sp.、*Bornhardtina* sp.、*Camarotoechia hsikuanghanensis*、*C. hunanensis*、*Cyrtospirifer* sp.、*Productella* sp.和*Tenticospirifer tenticulum*等，表明其时代为晚泥盆世法门期。

5　中国泥盆纪标志化石图集

牙形类，又称牙形刺或牙形石，是已灭绝了的牙形动物的骨骼器官成分，广泛分布于寒武纪晚期—三叠纪海相地层中，由于其演化迅速，形态多样，具有十分重要的生物地层意义。其一般呈齿状或刺状，个体较小，通常在0.2～2mm之间，最大可达25mm。

5.1.1　牙形类的器官分类

每个牙形类器官可包含不同形态和种类的分子（图5.1）。牙形类的分类以器官分类为主，对于尚未重建其器官构成的牙形类，仍采用形态分类。根据器官分类建立的属种称为器官属种，可分为多分子器官和单分子器官属种。多分子器官属种具有两个以上形态不同的牙形类分子。在实际研究中，以自然集群的方式保存的标本建立的器官属种可反映器官中不同分子的真实比例。由于在岩石样品中获得的化石分子多以分散形式出现，人们根据自然集群规律，按照不同形态分子的一定比例，将几对或几种分离的牙形类组合在一起，建立器官属种，力求接近自然分类。

牙形类自然集群中的分子是成对的，居侧方位置（左右），而非像颚一样的上、下位置，左右类型互为镜像对称。在研究以刷形分子和枝形分子为主的器官属种时，通常采用P、M和S分子等来表示各类形态分子在器官中的不同位置。P分子通常位于牙形类器官的后方两侧，M分子在中部两侧，S分子位于牙形类器官的前部（图5.2）。

符号记法可以反映相应的器官类型。对于未发现自然集群的器官属种，一般采用Pa、Pb、M、Sa、Sb、Sc和Sd的符号记法。对于依据或参照自然集群重建的器官属种，一般采用P_1、P_2、M、S_0、S_{1-2}和S_{3-4}的符号记法，如图5.2对*Ozarkodinid*器官便采用了这种记法。泥盆纪牙形类中，Pa或P_1分子常为星状和梳状刷形分子，Pb或P_2分子多为三角状刷形分子，M分子多为锄状枝形分子，S分子通常为枝形分子。对于锥形分子组成的器官，通常采用pt、qt、ae和qg等符号来表示相应的同源物。

因此，同一个形态属可以在不同的自然集群中出现，而同一个形态属存在于两个不同的集群时，有时可发现其被相同构造、形态类型相似的属所代替。

5.1.2　牙形分子形态分类和结构术语

根据牙形类的外部形态，一般可将其分为锥形、枝形、耙形和刷形分子（Sweet，1988）。这4种类型的分子，在泥盆纪均较为常见（图5.3）。

主齿（cusp）：位于基腔顶尖之上的齿状构造。

基部（base）：通常指锥形分子接近刺体反口面的部分。

基腔（basal cavity）：齿层的生长中心，反口面的空腔，在刺体中凹陷。

生长中心（growth centre）：刺体生长围绕的中心点，基腔的顶尖点。

口方（oral）：基腔相对的一面。

反口缘（aboral）：反口方，即基腔所在一面，侧视轮廓的边缘。

肋脊（rib）：锥形分子刺体侧面凸出的脊状构造。

齿台（platform）：刷形分子中刺体在基腔内、外两侧或其中一侧膨大的台状构造。

齿槽（trough）：齿台分子中部的槽，一般较宽。

齿沟（groove）：刺体表面的沟或槽状构造，一般较窄。

齿片（blade）：亦称自由齿片，具有齿台的刷形分子中向前方延伸而超出齿台的部分，一些分子

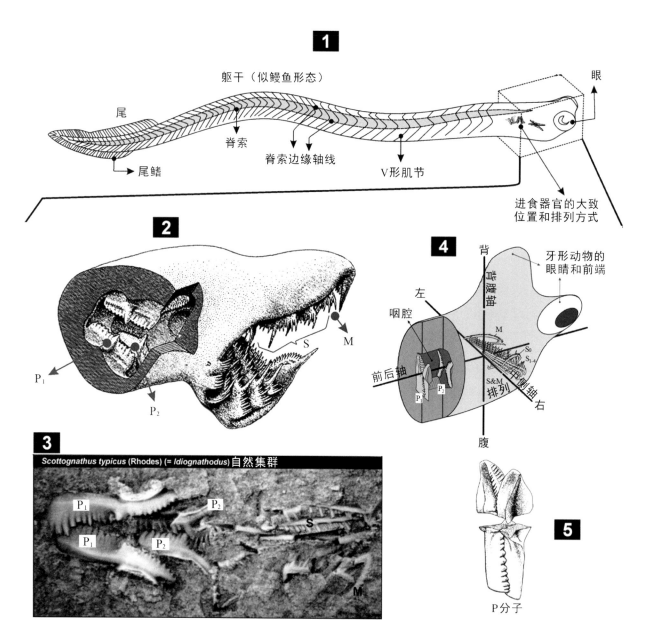

图 5.1　牙形动物形态结构特征和多分子骨骼器官型式

据 Jain（2017）修改

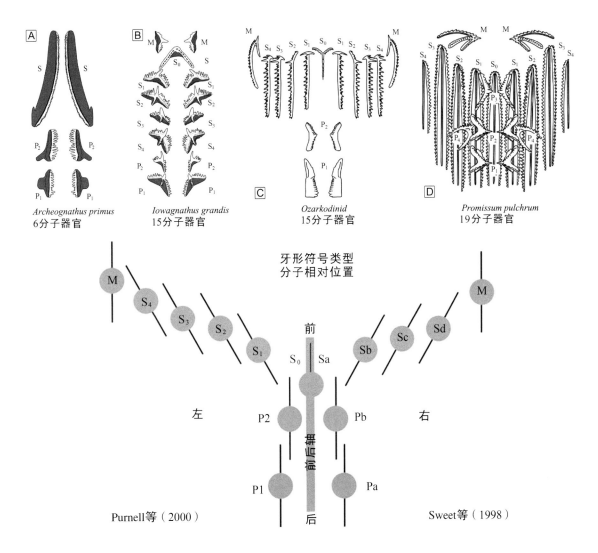

图 5.2　牙形类多分子器官构成型式和拓扑视图
据 Jain（2017）修改

后部也具该构造。

齿突（process）：复合型的台型牙形类具细齿的齿片构造，如前齿突、后齿突、侧齿突。后齿突等具有细齿或不具有细齿。

齿叶（lobe），或称附着齿叶（accessory lobe）：叶片状的突伸，通常见于刷形分子中，可具有或不具有细齿，可能是分叉的。

齿垣（parapet）：齿台上的墙状凸起构造。

横脊（transverse ridge）：齿台口面与短轴平行或近平行的脊。

基腔膨大区（expansion of the basal cavity）：基腔向齿台两侧延伸出来的较低的光滑区域，一般外侧较大。

基部褶皱带（basal wrinkles）：接近刺体底缘，由很多长度相近的纵向肋脊或齿沟组合形成的

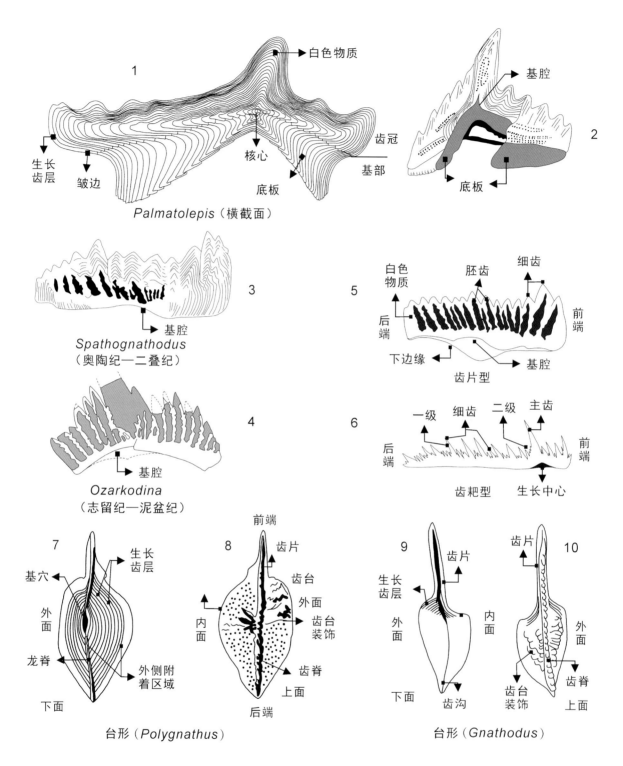

图 5.3　牙形类形态术语描述

1. 晚泥盆世 *Palmatolepis* 横切面揭示出齿台不等周生长模式；2. 基腔；3. *Spathognathodus*（奥陶纪—二叠纪）牙形类纹层构造的内部结构，含较少的白色物质；4. *Ozarkodina*（志留纪—泥盆纪）纹层构造充填大量白色物质；5. 齿片分子；6. 耙形分子；7—10. 台形分子（7—8. *Polygnathus*；9—10. *Gnathodus*）。据 Jain（2017）修改

区域。

瘤齿（node）：刺体口面的装饰，口面突起的瘤或结节状的齿。

龙脊（keel）：锥形分子中的龙脊是指刺体前缘或后缘较为锐利的脊；刷形分子中的龙脊是指刺体反口面上的脊状构造。

M分子（M element）：多为锄形、双羽状和指掌状分子，即在牙形类器官位置中占据M位置的分子。

Pa分子（Pa element）：也称P_1分子（P_1 element），即在牙形刺器官位置中占据Pa位置的分子。

Pb分子（Pb element）：也称P_2分子（P_2 element），即在牙形刺器官位置中占据Pb位置的分子。

S分子（S element）：多为枝形分子占据，即占据S位置的分子，可分为S_0（Sa）、S_1（Sb）、S_2（Sc）、S_3（Sd）等位置。

5.1.3　牙形类图版

图版 5-1-1 说明

（比例尺 =100μm）

1 过渡似锚刺 Ancyrodelloides transitans（Bischoff et Sanneman，1958） 引自王成源和张守安（1988）

口视。登记号：101614。主要特征：刺体粗壮、齿片直、基腔膨大，齿台、齿叶上发育与齿片相垂直的脊。产地：新疆塔里木盆地北缘库车河剖面。层位：洛赫考夫阶阿拉塔格组 *delta* 带。

2 三角似锚刺 Ancyrodelloides trigonicus Bischoff et Sanneman，1958 引自王成源和张守安（1988）

口视。登记号：101616。主要特征：自由齿片长而壮，齿台发育一个窄而尖的后齿叶和两个略宽的呈斜角状向前的前齿叶。齿叶上发育瘤齿组成的齿脊，反口面基穴小，发育龙脊和次龙脊。产地：新疆塔里木盆地北缘库车河剖面。层位：洛赫考夫阶阿拉塔格组 *delta* 带。

3，4 宽锚刺 Ancyrodella alata Glenister et Klapper，1968 引自Ji和Ziegler（1993）

口视。采集号：3－LL-115，4－LL-114。登记号：3－9100062，4－9100078。主要特征：齿台宽大、三角形，前齿叶发育，齿台上布满小的瘤齿，内外两侧发育次级龙脊。产地：广西宜州拉利剖面。层位：弗拉阶老爷坟组。

5 布凯伊锚刺 Ancyrodella buckeyensis Stauffer，1938 引自侯鸿飞等（1986）

a－口视，b－反口视。采集号：MC7。登记号：21021。主要特征：齿台三角形，两侧缘侧凸或直，两侧齿脊向前斜伸，由瘤齿组成。产地：广西象州马鞍山剖面。层位：弗拉阶桂林组下部。

6 弯曲锚刺 Ancyrodella curvata（Branson et Mehl，1934） 引自Bai等（1994）

a－口视，b－反口视。采集号：Ma6/0.8。登记号：93013。主要特征：齿台上发育散乱的瘤齿，具有明显的、有次级齿脊和次级龙脊的后外侧齿叶。产地：广西象州马鞍山剖面。层位：弗拉阶再沉积。

7 巨大锚刺 Ancyrodella gigas Youngquist，1947 引自Ji和Ziegler（1993）

口视。采集号：LL-107。登记号：910015。主要特征：以齿台较长和口面瘤齿不规则排列为特征，侧齿叶前缘由瘤齿排列成次级齿脊。产地：广西宜州拉利剖面。层位：弗拉阶老爷坟组。

8 胡德勒锚刺 Ancyrodella hudlei Ji et Ziegler，1993 引自Ji和Ziegler（1993）

口视。采集号：LL-114。登记号：9100077/LL-114。主要特征：以齿台宽翼状为特征，外侧有一发育的后侧齿叶，基穴小、呈菱形。产地：广西宜州拉利剖面。层位：弗拉阶老爷坟组。

9 箭形锚刺 Ancyrodella ioides Ziegler，1958 引自Wang和Ziegler（2002）

口视。采集号：D19-8m。登记号：D19-8m/30250。主要特征：没有或仅有相当萎缩的齿台，两个侧齿肢指向前方，形成钝角。产地：广西桂林垌村剖面。层位：弗拉阶谷闭组。

10 叶片锚刺 Ancyrodella lobata Branson et Mehl，1934 引自侯鸿飞等（1986）

a－口视，b－反口视。采集号：MC23。登记号：MC23-21005。主要特征：两个前侧齿叶大小不等，一个前侧齿叶后方有一个齿叶状的突伸，表面有不规则排列的瘤齿或脊。产地：广西象州马鞍山剖面。层位：弗拉阶巴漆组。

11 瘤齿锚刺 Ancyrodella nodosa Ulrich et Bassler，1926 引自Wang和Ziegler（2002）

口视。采集号：D19-8f。登记号：D19-8f/130254。主要特征：齿台后方强烈下弯，后齿叶收缩变窄，宽度与前齿叶相近。产地：广西桂林垌村剖面。层位：弗拉阶谷闭组。

12 原始锚刺 Ancyrodella pristina Khalumbadzha et Chernysheva，1970 引自Ji和Ziegler（1993）

口视。采集号：LL-114。登记号：9100024/LL-114。主要特征：齿台矛形或三角形，基腔中等大小、十字形或T形，口面齿脊两侧各有一个大的瘤齿。产地：广西宜州拉利剖面。层位：弗拉阶老爷坟组。

13 圆叶锚刺宽翼亚种 Ancyrodella rotundiloba alata Glenister et Klapper，1968 引自金善燏等（2005）

a－口视，b－反口视。采集号：②-Cp-牙-65-1。登记号：00597。主要特征：齿台横向宽，发育两个前齿叶，仅一个次级龙脊延伸到皱边，瘤齿不规则。产地：云南文山菖蒲塘剖面。层位：弗拉阶东岗岭组。

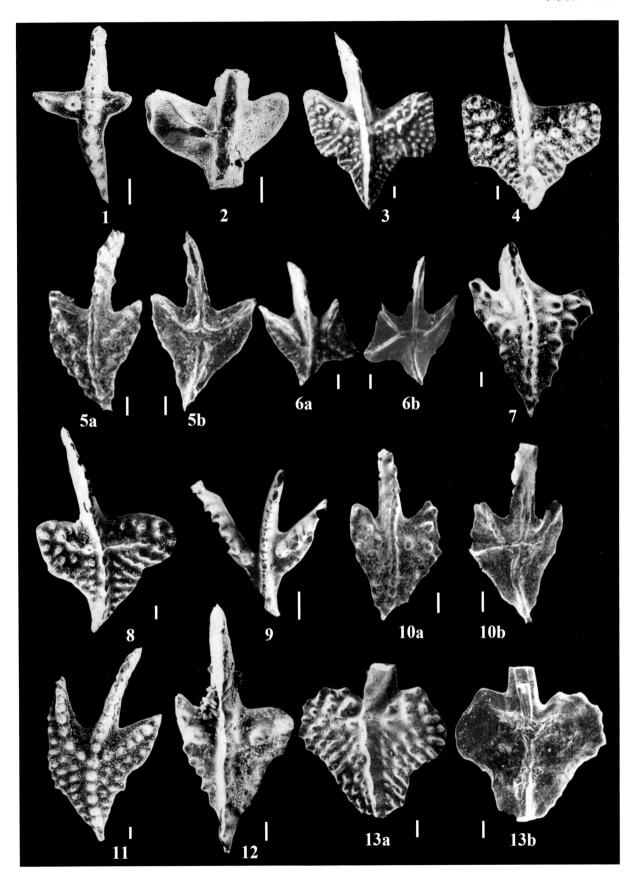

图版 5-1-2 说明

（比例尺 =100μm）

1 圆叶锚刺双瘤亚种 *Ancyrodella rotundiloba binodosa* Uyeno，1967　引自熊剑飞等（1988）

a－口视，b－侧视。登记号：LCn-852084。主要特征：齿台三角形，两个大的前齿叶上各有一个或仅一个齿叶上有一个大的瘤齿。产地：四川龙门山剖面。层位：弗拉阶观雾山组海角石段。

2，3　圆叶锚刺方形亚种 *Ancyrodella rotundiloba quadrata* Ji，1986　引自季强等（1986）

口视和反口视。采集号：XFC-15。登记号：2－84756，3－84757。主要特征：齿台宽大，轮廓近方形，口面布满小瘤齿，无次级齿脊，反口面基腔小。产地：广西象州大乐剖面。层位：弗拉阶桂林组。

4　皱锚刺 *Ancyrodella rugosa* Branson et Mehl，1934　引自Bai等（1994）

口视。采集号：J12/5.8。登记号：93013。主要特征：齿台箭头状，口面发育等大的、排列成行的瘤齿，瘤齿规则，与齿脊和次级齿脊平行。产地：广西象州军田剖面。层位：弗拉阶巴漆组。

5　圆叶锚刺圆叶亚种 *Ancyrodella rotundiloba rotundiloba*（Bryant，1921）　引自熊剑飞等（1988）

a－口视，b－反口视。登记号：LCn-852098。主要特征：齿台三角形，具有粗的瘤齿装饰，次级龙脊在反口面发育不明显。产地：四川龙门山剖面。层位：弗拉阶观雾山组海角石段。

6　解决锚刺 *Ancyrodella soluta* Sandberg，Ziegler et Bultynck，1989　引自Ji和Ziegler（1993）

口视。采集号：LL-117。登记号：9100036。主要特征：齿台箭头形到三角形，有中等大小、十字形的基腔，其前缘横向外翻成沟。产地：广西宜州拉利剖面。层位：弗拉阶老爷坟组。

7　阿玛纳锚颚刺 *Ancyrognathus amana* Müller et Müller，1957　引自Wang和Ziegler（2002）

口视。采集号：L19-k。登记号：130264。主要特征：齿台锚状，外齿台发育窄而尖的齿叶，次级齿脊与主齿脊近于垂直，由规则瘤齿组成。产地：广西桂林龙门剖面。层位：弗拉阶谷闭组。

8　锚颚刺状锚颚刺 *Ancyrognathus ancyrognathoideus*（Ziegler，1958）　引自Wang Chengyuan（1994）

a－口视，b－反口视。采集号：D14-5。登记号：119542。主要特征：发育卵圆形的齿台，齿台表面光滑、粒面革状。产地：广西桂林垌村剖面。层位：弗拉阶东岗岭组。

9　不对称锚颚刺 *Ancyrognathus asymmetricus*（Ulrich et Bassler，1926）　引自Ji和Ziegler（1993）

口视。采集号：LL-91。登记号：9100272。主要特征：齿体呈三角形，齿台后方强烈分开，发育两个不对称的后侧齿台，无自由齿片。产地：广西宜州拉利剖面。层位：弗拉阶香田组中部。

10　倒钩状锚颚刺 *Ancyrognathus barbus* Sandberg et Ziegler，1992　引自Wang（1994）

口视。采集号：CD370-1。登记号：119549。主要特征：齿台强烈拱曲，前端尖，表面瘤齿发育，侧齿叶尖，指向前方。产地：广西德保四红山剖面。层位：弗拉阶榴江组。

11　分岔锚颚刺 *Ancyrognathus bifurcatus*（Ulrich et Bassler，1926）　引自赵治信和王成源（1990）

口视。采集号：B6。登记号：1399。主要特征：齿台三角形到近四边形，后侧齿脊与主齿脊呈45°相交，基穴位于口面齿脊分岔点的下方。产地：新疆准噶尔布龙果尔剖面。层位：法门阶洪古勒楞组。

12　柯恩锚颚刺? *Ancyrognathus coeni*? Klapper，1991　引自Wang（1994）

口视。采集号：L12-1。登记号：119558。主要特征：刺体近于对称，具有边缘瘤齿或边缘齿脊，发育一个短的、指向后方的外侧齿叶和前方高的中部齿脊。产地：广西桂林龙门剖面。层位：弗拉阶榴江组。

13　光滑锚颚刺 *Ancyrognathus glabra* Shen，1982　引自Wang（1994）

a－口视，b－反口视。采集号：CD373。登记号：119543。主要特征：齿台三角形，表面光滑、粒面革状，侧齿叶指向前方或侧方并与主齿脊形成锐角或直角。产地：广西德保四红山剖面。层位：弗拉阶榴江组。

14　广西锚颚刺 *Ancyrognathus guangxiensis* Wang，1994　引自Wang（1994）

a－口视，b－反口视。采集号：CD370。登记号：119547。主要特征：侧齿叶指向前方，齿台强烈拱曲，有钝的强烈皱起的吻部，齿台边缘有瘤齿或横脊。产地：广西德保四红山剖面。层位：弗拉阶榴江组。

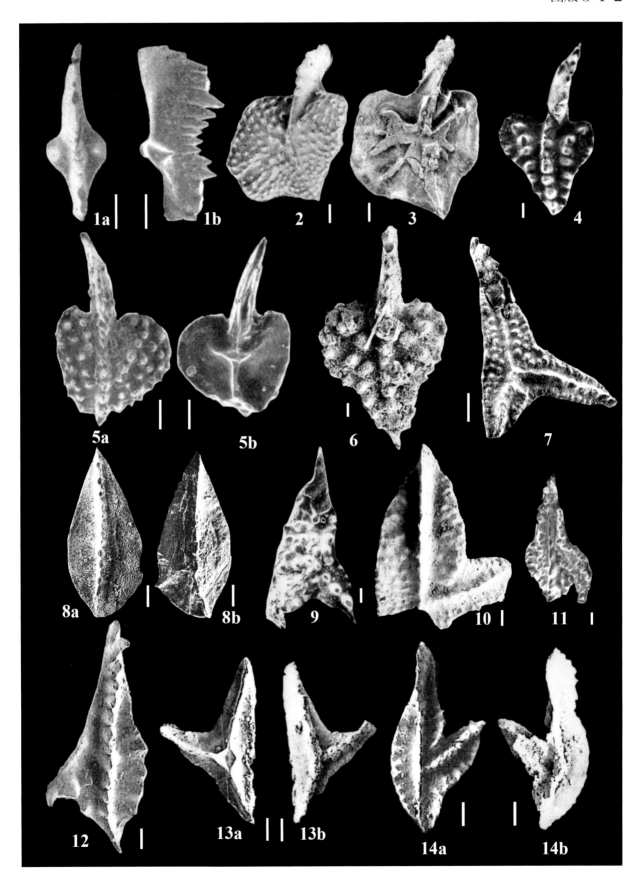

图版 5-1-3 说明

（比例尺 =100μm）

1 塞敦锚颚刺 *Ancyrognathus seddoni* Klapper，1991　引自 Wang 和 Ziegler（2002）

口视。采集号：D19-8k。登记号：130263。主要特征：自由齿片缺失或很短，后齿脊和次级齿脊间的夹角为锐角或近于直角，口面上布满不规则的瘤齿。产地：广西桂林垌村剖面。层位：弗拉阶谷闭组。

2 三角锚颚刺 *Ancyrognathus triangularis* Youngquest，1945　引自 Wang（1994）

口视。采集号：L16-5。登记号：119555。主要特征：齿台呈三角形，外齿叶齿脊与主齿脊斜交或垂直，齿台上具有不规则的瘤齿，反口面基穴呈菱形。产地：广西桂林龙门剖面。层位：弗拉阶榴江组。

3 随遇锚颚刺 *Ancyrognathus ubiquitus* Sandberg，Ziegler et Dreeesen，1988　引自郎嘉彬和王成源（2010）

a－口视，b－侧视。采集号：WBC-04。登记号：151649。主要特征：外齿叶长而尖，次齿脊远端有较大的扁瘤齿，与齿台前缘以钝角相接。产地：内蒙古乌努尔剖面。层位：弗拉阶—法门阶大民山组。

4 耳双羽刺 *Bipennatus auritus*（Bai，Ning et Jin，1979）　引自白顺良等（1979b）

a－口视，b－反口视，c－侧视。采集号：D61-1。登记号：93035，7910。主要特征：齿台舟形，中部及后部膨大，末端收缩，两排横脊被一弱的中脊所隔，基腔耳状。产地：广西象州大乐剖面。层位：吉维特阶东岗岭组。

5 双羽双羽刺双羽亚种 *Bipennatus bipennatus bipennatus*（Bischoff et Ziegler，1957）　引自王成源（1989）

口视。采集号：Xm 23-7。登记号：75103。主要特征：刺体直或微弯，发育窄而浅的齿槽，两侧光滑或有瘤齿，齿片后部为瘤齿列或横脊。产地：广西象州马鞍山剖面。层位：吉维特阶东岗岭组。

6 双羽双羽刺蒙特亚种 *Bipennatus bipennatus montensis*（Weddige，1977）　引自王成源（1989）

a－口视，b－侧视。采集号：XD29-1。登记号：75106。主要特征：刺体中部有一个宽而浅的齿槽，基腔位于齿片中部，齿唇舌形、向两侧平伸。产地：广西象州大乐剖面。层位：艾菲尔阶应堂组。

7 双羽双羽刺梯状亚种 *Bipennatus bipennatus scalaris*（Mawson，1993）　引自王成源（1989）

a－口视，b－侧视。采集号：CT3-9。登记号：75109。主要特征：刺体直或微弯，中后齿片上缘平，发育横脊，基腔上方或其前方有浅的齿槽。产地：广西邕宁长塘剖面。层位：吉维特阶那叫组。

8，9 中间双羽刺 *Bipennatus intermedius*（Ji，1986）　引自侯鸿飞等（1986）

a－口视，b－侧视。采集号：Mc82。登记号：8－21014，9－21016。主要特征：基腔位于齿片中部，中齿沟发育于齿片中部1/3处，齿片后部为横脊纹饰。产地：广西象州马鞍山剖面。层位：吉维特阶鸡德组。

10 棘刺双铲齿刺棘刺亚种 *Bispathodus aculeatus aculeatus*（Branson et Mehl，1934）　引自 Wang 和 Yin（1988）

口视。采集号：NbII-4a-1。登记号：107236。主要特征：基腔小、外张，但不达后端，上方齿片中部右侧存在一个或几个附生细齿。产地：广西桂林南边村剖面。层位：法门阶顶部。

11 棘刺双铲齿刺前后角状亚种 *Bispathodus aculeatus anteposticornis*（Scott，1961）　引自 Wang 和 Yin（1988）

口视。采集号：NbIII-11。登记号：107232。主要特征：齿片右侧基腔前方或基腔前缘上存在一个大的侧瘤齿。产地：广西桂林南边村剖面。层位：法门阶顶部。

12 棘刺双铲齿刺羽状亚种 *Bispathodus aculeatus plumulus*（Rhodes，Austin et Druce，1969）　引自王成源（1989）

a－口视，b－侧视。采集号：CD332。登记号：75247。主要特征：以具有羽状前齿片为特征。产地：广西靖西三联剖面。层位：法门阶融县组顶部。

13 肋脊双铲刺 *Bispathodus costatus*（Branson，1934）　引自 Wang 和 Yin（1988）

a－口视，b－侧视。采集号：NbIII-19。登记号：107229。主要特征：齿片右侧的侧瘤齿或侧横脊一直延伸到齿片后端或接近齿片的后端。齿片左侧基腔之后无装饰。产地：广西桂林南边村剖面。层位：法门阶南边村组。

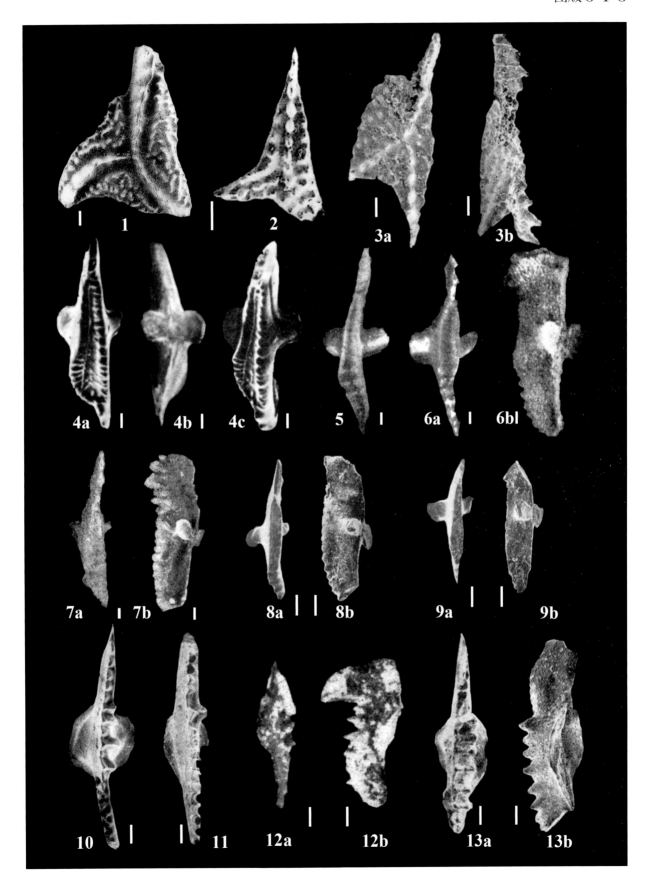

图版 5-1-4 说明

（比例尺 =100μm）

1 结合双铲刺 *Bispathodus jugosus*（Branson et Mehl，1934） 引自王成源和王志浩（1978a）

口视。采集号：ACE368。登记号：36473。主要特征：右侧细齿列延至齿片后端。基腔大，延至或接近齿片后端。齿片后部齿列之间，常有一列短的胚齿。产地：贵州惠水王佑剖面。层位：法门阶五指山组。

2 稳定双铲刺 *Bispathodus stabilis*（Branson et Mehl，1934） 引自王成源和王志浩（1978a）

a－口视，b－侧视。采集号：ACE360。登记号：36521。主要特征：*Bispathodus*最原始的种。齿片上方没有分化出双齿列，也没有附生细齿。基腔对称或不对称。产地：贵州惠水王佑剖面。层位：法门阶五指山组。

3 三齿双铲刺 *Bispathodus tridentatus*（Branson，1934） 引自王成源和王志浩（1978a）

a－口视，b－侧视。采集号：ACE359。登记号：36472。主要特征：前齿片高，有3~4个高的细齿。基腔大、对称，其内侧上方有3~4个侧方细齿。产地：贵州惠水王佑剖面。层位：法门阶五指山组。

4 齐格勒双铲刺 *Bispathodus ziegleri*（Rhodes，Austin et Druce，1969） 引自熊剑飞（1983）

a－口视，b－反口视。采集号：77-3p-151。主要特征：齿片左侧基腔后方存在横脊，基腔较大。产地：贵州盘县石坝剖面。层位：法门阶五指山组。

5 波伦娜娜布兰梅尔刺格迪克亚种 *Branmehla bolenana gediki* Çapkinoglu，2000 引自王成源和王志浩（1978）

a－口视，b－反口视，c－侧视。采集号：ACE366。登记号：36539。主要特征：前齿片长而直，明显高于后齿片。主齿明显，居于刺体后1/4处。产地：贵州代化剖面。层位：上泥盆统五指山组。

6，7 无饰布兰梅尔刺 *Branmehla inornatus*（Branspn et Mehl，1934） 引自Wang和Yin（1988）

侧视。采集号：6－NbII-48-7，7－NbIIa-1c。登记号：6－107378，7－107341。主要特征：刺体小，底缘较直或两端向上弯。口缘侧视呈弧形。基腔膨大，接近刺体后端。产地：广西桂林南边村剖面。层位：南边村组*praesulcata*带。

8 高位布兰梅尔刺 *Branmehla supremus* Ziegler，1962 引自王成源和王志浩（1978a）

a－口视，b－侧视。采集号：ACE361。登记号：36514。主要特征：前齿片长，后齿片极短，最高处位于基腔之上。宽大的基腔位于刺体后端，明显不对称。产地：贵州长顺代化剖面。层位：上泥盆统五指山组。

9，10 维尔纳布兰梅尔刺 *Branmehla werneri*（Ziegler，1962） 引自Wang和Yin（1988）

侧视。采集号：9－NbIIa-3b-2，10－NbIIa-3b-4。登记号：9－107337，10－107339。主要特征：主齿明显，前齿片长而高，后齿片短而低，基腔不对称。产地：广西南边村剖面。层位：南边村组*Si. praesulcata*带。

11 前斜克利赫德刺 *Clydagnathus antedeclinatus* Shen，1982 引自沈启明（1982）

a－口视，b－反口视，c－侧视。采集号：东－94。主要特征：前齿片居中，齿台短，前宽后尖，齿台前明显下凹，形成深的倒置的三角形，前方有两列瘤齿。产地：湖南东安井头圩剖面。层位：法门阶锡矿山组。

12 凹形克利赫德刺 *Clydagnathus cavusformis* Rhodes，Austin et Druce，1969 引自秦国荣等（1988）

口视。采集号：C85-6-78。登记号：33621。主要特征：前齿片短，侧视为亚三角形，位于齿台一侧。齿台窄而长，具有两列侧瘤齿。产地：广东牛田剖面。层位：法门阶孟公坳组中部。

13 基尔温克利赫德刺 *Clydagnathus gilwernensis* Rhodes，Austin et Druce，1969 引自秦国荣等（1988）

口视。采集号：C85-2-55。登记号：33637。主要特征：前齿片短而高，位于齿台中间。齿台呈矛形，口面齿垣由瘤齿组成，被宽而浅的中沟分开。产地：广东曲江黄沙坪剖面。层位：法门阶孟公坳组。

14，15 湖南克利赫德刺 *Clydagnathus hunanensis* Shen，1982 引自沈启明（1982）

a－口视，b－反口视。采集号：东－95。主要特征：前齿片居中，齿台前方有特别粗大高起的瘤齿，齿台上横脊较密集。产地：湖南东安井头圩剖面。层位：法门阶锡矿山组。

16 单角克利赫德刺 *Clydagnathus unicornis* Rhodes，Austin et Druce，1969 引自董振常（1987）

a－口视，b－侧视。采集号：大-48-39。登记号：HC112。主要特征：前齿片由一个大的愈合细齿构成，位于齿台右侧。齿台口面发育两条由瘤齿组成的齿垣。产地：湖南新邵陡岭坳剖面。层位：法门阶石磴子组。

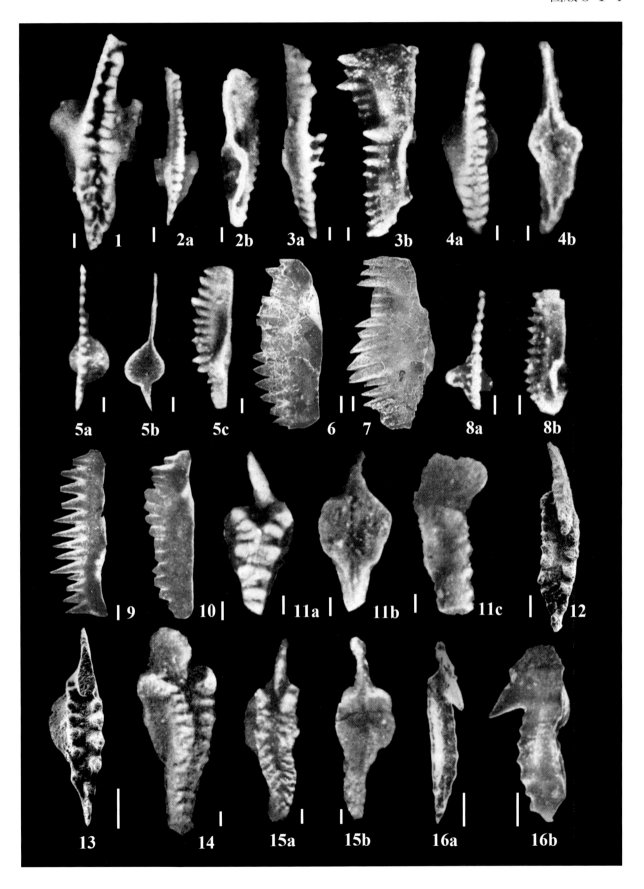

图版 5-1-5 说明

（比例尺 =100μm）

1—3　沃施密特尾贝刺 *Caudicriodus woschmidti*（Ziegler，1960）　引自王成源等（2009）

口视。采集号：1，2 – Bs20-3；3 – Bs20-2。登记号：1 – 149114，2 – 149115，3 – 149116。主要特征：齿台中前部发育横脊而非三个纵向齿列。刺体后部侧齿突发育，向侧方弯曲。产地：四川盐边稗子田剖面。层位：洛赫考夫阶榕树村组。

4，5　沃施密特尾贝刺沃施密特亚种 *Caudicriodus woschmidti woschmidti*（Ziegler，1960）　4引自王平（2001）、5引自王成源（1981）

口视。采集号：4 – BT-1，5 – 72IIP14F-14。登记号：4 – 132173，5 – 31309。主要特征：主齿台上无或发育非常弱的纵向脊，有一个明显的向侧弯的后齿突。产地：内蒙古巴特敖包剖面、四川诺尔盖剖面。层位：洛赫考夫阶阿鲁共组、普通沟组。

6　沃施密特尾贝刺西方亚种 *Caudicriodus woschimidti hesperius* Klapper et Murphy，1975　引自王平（2001）

a – 口视，b – 侧视。采集号：BT13-5，登记号：32177。主要特征：主齿突窄而长，其上发育4~7个横脊，纵向齿列不明显。产地：内蒙古巴特敖包剖面。层位：洛赫考夫阶阿鲁共组。

7—9　新沃施密特尾贝刺 *Caudicriodus neowoschimidti* Wang，Weddige et Ziegler，2005　引自Wang等（2005）

a – 口视，b – 侧视。采集号：7—9 – M-42。登记号：7 – BCSP546，8 – BCSP547，9 – BCSP5478。主要特征：齿台上发育连续、强壮的横脊。中齿脊向后延伸成弯曲的后齿突。爪突近三角形，具平直的前缘，与齿台轴部近乎垂直。产地：蒙古国Shine Jinst地区Bayan-Khoshuu Ruins剖面。层位：洛赫考夫阶中部Tsagaanbulag组。

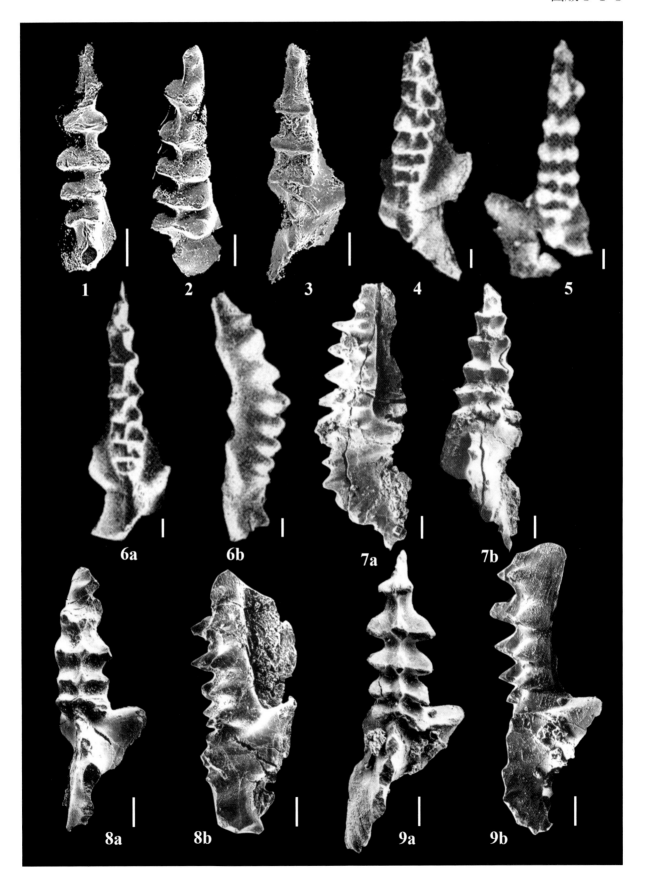

图版 5-1-6 说明

（比例尺 =100μm）

1　贵州斧颚刺 Pelekysgnathus guizhouensis Wang et Wang，1978　引自王成源和王志浩（1978a）

a－口视，b－口方侧视，c－反口视，d－侧视。采集号：ACE361。登记号：36508。主要特征：底缘直，基腔位于刺体后端，膨大，口视成梨形，两侧近对称，其长为刺体长的1/2。产地：贵州长顺县代化剖面。层位：上泥盆统五指山组。

2　锯齿斧颚刺膨大亚种 Pelekysgnathus serata expansa Wang et Ziegler，1983　引自Wang和Ziegler（1983b）

a－口视，b－口方侧视。采集号：CD437。登记号：75184。主要特征：基腔在后方强烈膨大，主齿小，近直立齿片侧视呈矩形。产地：广西德保都安镇四红山剖面。层位：下泥盆统坡折落组P. c. costatus带。

3—6　平斧颚刺 Pelekysgnathus planus Sannemann，1955　引自Wang和Ziegler（1983b），Wang和Ziegler（2002）

3a－口视，3b－侧视，4—6－侧视。采集号：3－CD350，4－L19-k，5－L21-a，6－D20-27。登记号：3－75183，4－130287，5－130299，6－130289。主要特征：刺体侧视近于矩形，口视刺体直或微向内侧弯。口缘平直，有5~10个小的近三角形的细齿。后方主齿比细齿大。产地：广西德保都安镇四红山剖面，广西桂林龙门剖面、垌村剖面。层位：上泥盆统三里组crepida带，谷闭组上部linguiformis带、中crepida带。

7—9　锯齿斧颚刺长亚种（比较亚种）Pelekysgnathus serrata cf. elongata Carls et Gandle，1969　引自Wang和Ziegler（1983b）

7－侧视，8，9－侧视。采集号：7，9－CD432，8－CD437。登记号：7－75186，8－75188，9－75187。主要特征：齿片底缘较直，侧方扁，基腔窄。主齿不太发育，口缘上有小的细齿。产地：广西德保都安镇四红山剖面。层位：分水岭组、坡折落组P. c. costatus带。

10　锯齿斧颚刺锯齿亚种 Pelekysgnathus serratus serratus Jentzsch，1962　引自王成源（2019）

侧视。采集号：Bc7。登记号：03BC。主要特征：反口缘直，有7个尖的细齿。基腔窄，位于主齿下方，较深。产地：捷克Barrandian地区。层位：布拉格阶Praha组。

11　锯齿斧颚刺布朗维森斯亚种 Pelekysgnathus serratus brunsvicensis Valenzuela-Rios，1994　引自王成源（2019）

侧视。采集号：14PO。登记号：Sp.No.086PO。主要特征：主齿后缘直立，基腔膨大，齿片前端微弯。产地：捷克Pozary剖面。层位：布拉格阶Praha组。

12　提升斧颚刺 Pelekysgnathus elevatus（Branson et Mehl，1938）　引自Wang和Ziegler（2002）

侧视。采集号：L19-z8t。登记号：130248。主要特征：刺体高为长的一半，长为宽的8倍，由7个侧方扁的细齿组成。细齿大小不太规则，前端细齿较大。细齿交替地向左右斜伸，像锯的锯齿一样。产地：广西桂林龙门剖面。层位：上泥盆统谷闭组上部上triangularis带。

13—16　普莱福德刺 Playfordia primitiva（Bischoff et Ziegler，1957）　引自熊剑飞等（1988），Ziegler和Wang（1985），季强（1986）（见：侯鸿飞等，1986）

a－口视，b－侧视，c－反口视。采集号：13－B27y5，14－CD375，15－MC12，16－MC23。登记号：13－LCn-852136，14－87098，15－21145，16－21147。主要特征：齿台宽大、椭圆形，齿脊直立并沿整个齿台长度延伸到末端，齿脊的细齿与齿台呈120°角相交。产地：13－四川龙门山剖面，14－广西德保都安镇四红山剖面，15，16－象州马鞍山剖面。层位：13－观雾山组海角石段，14—16－弗拉阶asymmetricus带。

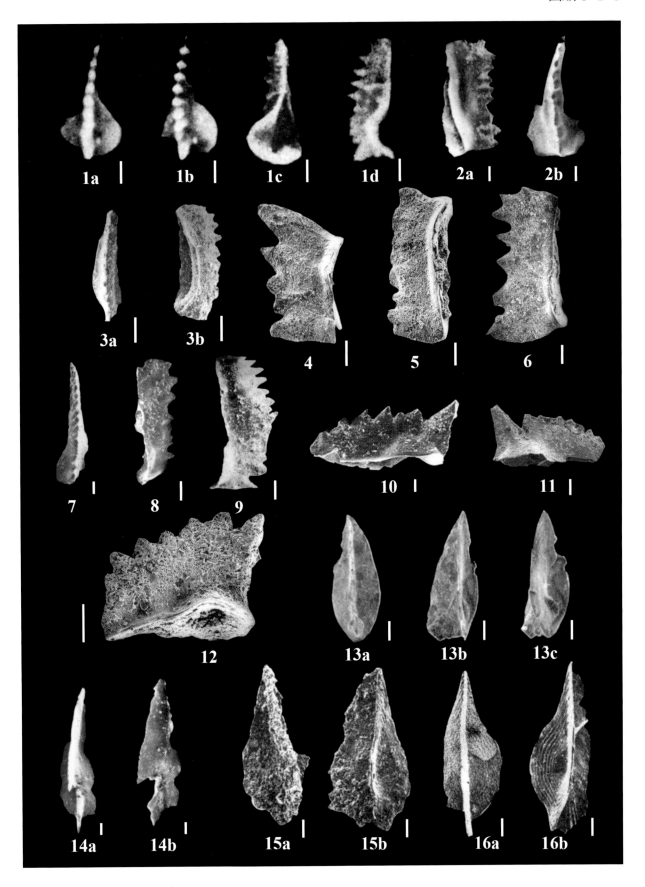

图版 5-1-7 说明

（比例尺 =100μm）

1，2　似窄尾贝刺双齿亚种 *Caudicriodus angustoides bidentatus* Carls et Gandle，1969　引自王成源（1983），王平（2001）

1a，2－口视，1b－侧视，1c－反口视。采集号：1－H87，2－AL12-5。登记号：1－68138，2－132166。主要特征：无侧齿突或爪突，主齿台上发育横脊，中齿列向后延伸出齿突，具两个较大的细齿。产地：内蒙古阿鲁共剖面。层位：洛赫考夫阶阿鲁共组。

3　似窄尾贝刺卡斯替里恩亚种 *Caudicriodus angusoides castilianus* Carls，1969　引自王平（2001）

口视。采集号：Al12-5。登记号：132175。主要特征：主齿台上发育愈合的横脊，中齿列向后延伸为后齿突，具两个细齿，远端的最大。基腔后方膨大，具内爪突。产地：内蒙古阿鲁共剖面。层位：洛赫考夫阶至布拉格阶阿鲁共组。

4—6　似窄尾贝刺欧抠利亚亚种 *Caudicriodus angustoides alcoleae* Carls，1969　引自王成源（1983），王平（2001）

4a，5，6－口视，4b－侧视，4c－反口视。采集号：4－H6下，5－AL12-5，6－BT5-2。登记号：4－48143，5－132167，6－132168。主要特征：主齿台上发育3~6个横脊，中齿列向后延伸出后齿突，基腔较窄。产地：内蒙古噶少庙剖面、阿鲁共剖面、巴特敖包剖面。层位：洛赫考夫阶西别河组、阿鲁共组。

7，8　小腔尾贝刺（比较种） *Caudicriodus* cf. *culicellus*（Bultynck，1976）　引自王成源等（1986）

7－口视，8－后视。采集号：7－ADX12，8－ADX11。登记号：7－915881，8－91580。主要特征：主齿台上瘤齿发育。中瘤齿列明显，略高于侧瘤齿列。反口面不完整，基腔基本对称。产地：黑龙江密山虎林珍珠山剖面。层位：艾菲尔阶黑台组。

9　窄尾贝刺 *Caudicriodus angustus*（Stewart et Sweet，1956）　引自王成源等（1986）

a－口视，b－侧视，c－反口视。采集号：ADX 19。登记号：91586。主要特征：齿台窄，两个侧瘤齿列明显。中瘤齿不明显，被发育的横脊所代替。中瘤齿列向后增高并愈合，形成大的主齿状构造。反口面窄，基腔后方膨胀、不对称。产地：黑龙江密山虎林珍珠山剖面。层位：艾菲尔阶黑台组。

10—12　窄尾贝刺尾亚种（比较亚种） *Caudicriodus angustus* cf. *cauda* Wang et Weddige，2005　引自郎嘉彬和王成源（2010）

口视。采集号：WBC-03。登记号：11－151622，12－151621，13－151623。主要特征：主齿台上横脊发育，中齿列微弱，后齿突向侧方弯。产地：内蒙古乌奴耳剖面。层位：艾菲尔阶泥鳅河组。

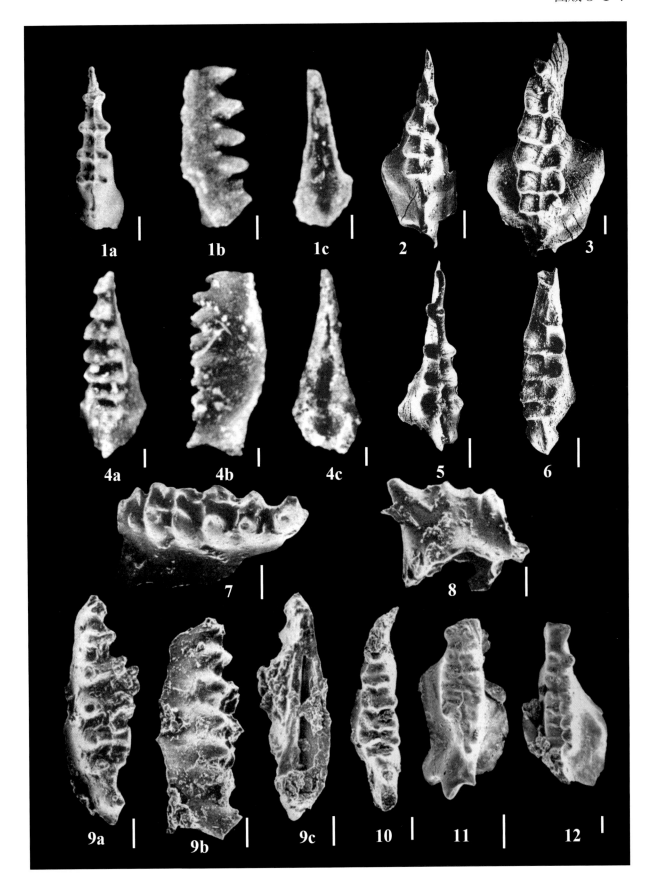

图版 5-1-8 说明

（比例尺 =100μm）

1 舒尔策弗莱斯刺 *Flajsella schulzei*（Badashev，1989） 引自王宝瑜等（2001）

a－口视，b－反口视，c－侧视。采集号：XI-11-11。登记号：130833。主要特征：Pa分子口视时前、后齿片均在同一直线上，基腔位于刺体后端。产地：新疆库车剖面。层位：洛赫考夫阶阿尔腾克斯组。

2 可恨弗莱斯刺 *Flajsella stygia*（Flajs，1967） 引自王成源和张守安（1988）

a－口视，b－侧视。主要特征：前齿片直，由密集的直立的细齿组成，在近主齿处向外弯。主齿强大、直立，侧视近三角形。产地：西藏定日西山剖面。层位：普鲁组。

3 潘多拉突唇刺α形态型 *Masaraella pandora* Murphy，Matti et Walliser，1981 α morphotype 引自韩春元等（2014）

a－口视，b－反口视，c－侧视。采集号：ETN16（2）-7。登记号：160330。主要特征：齿片较高，细齿密集、较短，基腔表面光滑而无瘤齿。产地：内蒙古套伊根剖面。层位：布拉格阶泥鳅河组二段。

4 潘多拉突唇刺π形态型 *Masaraella pandora* Murphy，Matti et Walliser，1981 π morphotype 引自王平（2006）

a－口视，b－侧视。采集号：Gu-1。登记号：132193。主要特征：齿片直或微微侧弯，细齿分离。基腔膨大，向后方收缩变尖。产地：内蒙古巴特敖包弧山剖面。层位：布拉格阶阿鲁共组。

5 潘多拉突唇刺ω形态型 *Masaraella pandora* Murphy，Matti et Walliser，1981 ω morphotype 引自韩春元等（2014）

a－口视，b－反口视，c－侧视。采集号：ETN16（2）-7。登记号：160328。主要特征：齿片齿脊较厚。基腔浅、膨大，向前方变窄或呈深沟状。产地：内蒙古套伊根剖面。层位：布拉格阶泥鳅河组二段。

6 贵州马斯科刺 *Mashkovia guizhouensis*（Xiong，1983） 引自熊剑飞（1983）

a－口视，b－反口视，c－侧视。采集号：76-015。主要特征：齿台近菱形或箭头形。自由齿片短而高，与外齿台边缘细齿列相接。齿台外缘瘤齿增高，基腔大，两齿叶半圆形。产地：贵州惠水剖面。层位：法门阶岩关组。

7 短窄颚齿刺 *Spathognathodus breviatus* Wang et Wang，1978 引自王成源和王志浩（1978a）

a－口视，b－反口视，c－侧视。采集号：ACE365。登记号：36530。主要特征：刺体短，口视直或微向内弯，基腔向两侧膨大，近纺锤形。产地：贵州长顺代化剖面。层位：上泥盆统五指山组。

8 无饰窄颚齿刺 *Spathognathodus inornatus*（Branson et Mehl，1934） 引自Wang和Ziegler（1982）

a－反口视，b－侧视。采集号：ADS930。登记号：70225。主要特征：刺体直。基腔位于刺体中后部，对称，中等大小。底缘直，上缘拱曲。前齿片长，后齿片略短。产地：湖南界岭剖面。层位：法门阶邵东组。

9 平凸窄颚齿刺 *Spathognathodus planicovexus* Wang et Ziegler，1982 引自Wang和Ziegler（1982）

a－外侧视，b－内侧视。采集号：ADS930。登记号：70232。主要特征：刺体内侧面和细齿具有特别平的平面而外侧面较凸，基腔位于刺体中部，基腔浅。产地：湖南界岭剖面。层位：法门阶邵东组。

10 枭窄颚齿刺 *Spathognathodus strigosus*（Branson et Mehl，1934） 引自王成源和王志浩（1978a）

侧视。采集号：ACE367。登记号：36537。主要特征：齿片薄而高，基腔小而窄，前齿片底缘直，后齿片底缘拱曲。产地：贵州长顺代化剖面。层位：上泥盆统五指山组。

11 王佑窄颚齿刺 *Spathgnathodus wangyouensis* Wang et Wang，1978 引自王成源和王志浩（1978a）

a－口视，b－侧视。采集号：ACE359。登记号：36538。主要特征：刺体长，细齿近于等大，无主齿，口缘拱，后齿片底缘拱曲，基腔窄。产地：贵州惠水王佑剖面。层位：泥盆系-石炭系界线王佑组。

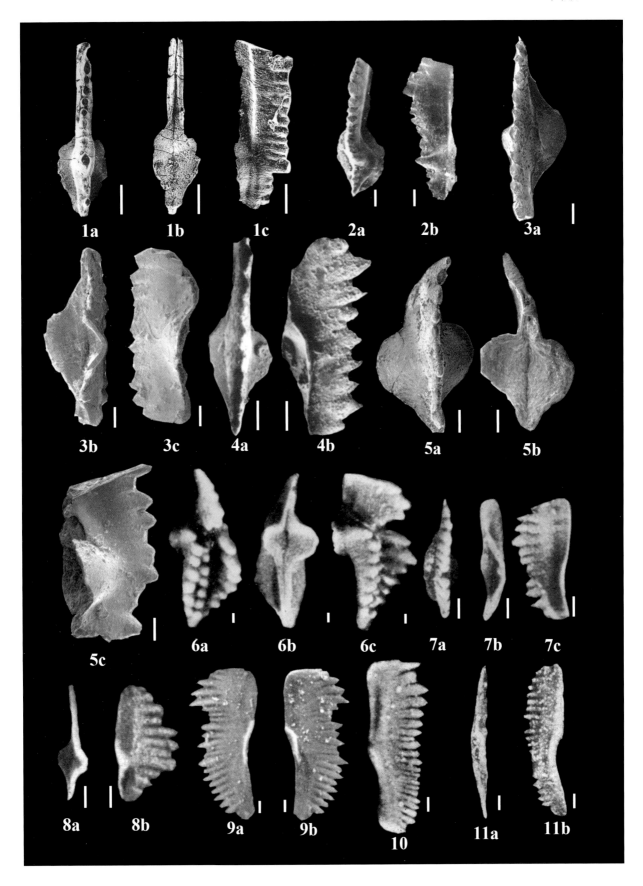

图版 5-1-9 说明

（比例尺 =100μm）

1—5　短枝鸟足刺 *Pedavis breviramus* Murphy et Matti，1982　引自王平（2001）

1，2 -（I分子）口视；3—5（M1、M1、M2分子）侧视。采集号：AL1-2。登记号：1 - 132187，2 - 13188，3 - 132186，4 - 132189，5 - 132190。主要特征：其I分子有两个短的侧齿突，并与主齿突成直角。后齿突短。主齿突上有 4～6个由细齿组成的横脊，由纵向脊连接。其M分子为有细线纹的锥状体。产地：内蒙古阿鲁共剖面。层位：下泥盆统阿鲁共组。

6，7　贝克曼侧贝刺 *Latericriodus beckmanni*（Ziegler，1962）　引自王成源和王志浩（1978）

a - 口视，b - 反口视。采集号：D17。登记号：6 - 31536，7 - 31571。主要特征：齿台后半部强烈膨大，至少发育两个侧齿突，齿台上部发育平行的齿脊。产地：云南广南达莲塘剖面。层位：下泥盆统埃姆斯阶达莲塘组。

8　斯台纳赫侧贝刺 η 形态型 *Latericriodus steinachensis*（Al-Raxi，1977）η morphotype Klapper et Johnson，1980　引自王平（2001）

a - 口视，b - 反口视。采集号：BT14-1。登记号：132174。主要特征：主齿台呈后方宽的纺锤形，横脊、中齿脊和齿台后齿突发育，无侧齿脊。后齿突上有 3 个分离的发育瘤齿，与主齿台中脊几近直角相交。产地：内蒙古巴特敖包剖面。层位：下泥盆统阿鲁共组。

9—12　云南侧贝刺 *Latericriodus yunnanensis* Wang，1982　引自王成源（1982）

a - 口视，b - 反口视，c - 侧视。采集号：ACJ66。登记号：9 - 51466，10 - 51468，11 - 51467，12 - 51469。主要特征：主齿台呈纺锤形，横脊十分发育。侧齿突齿轴与主齿台中齿列后方第2个瘤齿相连，与主齿台呈近90° 相交。产地：云南丽江阿冷初剖面。层位：下泥盆统埃姆斯阶班满到地组。

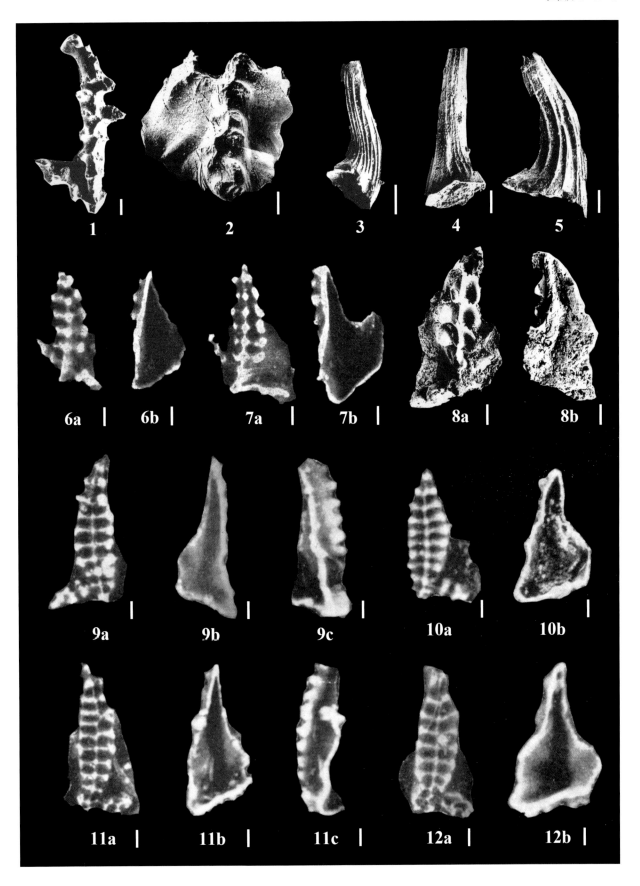

图版 5-1-10 说明

（比例尺 =100μm）

1　线始颚齿刺 *Eognathous linearis* Philip，1966　引自王宝瑜等（2001）

a－口视，b－反口视，c－侧视。采集号：1488。登记号：130832。主要特征：前齿片长，由愈合的细齿组成。基腔膨大，位于后端，心形，较浅。产地：新疆库车剖面。层位：下泥盆统布拉格阶阿尔腾克斯组。

2　线始颚齿刺线亚种 *Eognathodus linearis linearis* Philip，1966→*Eognathodus linearis postclinatus*（Wang et Wang，1978）　引自王成源（1989）

a－口视，b－侧视。采集号：HL-21。登记号：75105。主要特征：齿脊后端向后倾斜，基腔后方底缘不呈半圆形。产地：广西横县六景剖面。层位：下泥盆统那高岭组 *E. sulcatus* 带。

3　线始颚齿刺后倾亚种 *Eognathodus linearis postclinatus*（Wang et Wang，1978）　引自王成源和王志浩（1978）

a－口视，b－侧视。采集号：ACE248。登记号：31542。主要特征：齿脊后端向后倾斜，基腔后方边缘呈半圆形，齿脊由一列密集的、横向拉长的瘤齿组成。产地：广西横县六景剖面。层位：下泥盆统那高岭组 *E. sulcatus* 带。

4，5　邝氏始颚齿刺 *Eognathodus kuangi* Lu et al.，2016　引自Lu等（2016）

a－口视，b－反口视，c－侧视。采集号：AGP-LJ-74。登记号：4－NIGP163163，5－NIGP163164。主要特征：齿台狭长，表面平坦光滑。反口面基腔膨大，向后端变窄。产地：广西横县六景剖面。层位：下泥盆统布拉格阶那高岭组 *pireneae* 带。

6，7　那高岭始颚齿刺 *Eognathodus nagaolingensis* Xiong，1980　引自Lu等（2016）

a－口视，b－反口视，c－侧视。采集号：AGP-LJ-74。登记号：6－NIGP163161，7－NIGP163162。主要特征：齿台呈心形，边缘发育瘤齿。齿台中间宽，平坦光滑，有稀散的瘤齿。基腔膨大，占据整个反口面。产地：广西横县六景剖面。层位：下泥盆统布拉格阶那高岭组 *P. pireneae* 带。

8　维尔纳窄颚齿刺 *Spathognathodus werneri* Ziegler，1962　引自王成源和王志浩（1978）

a－口视，b－反口视，c－侧视。采集号：ACE 366。登记号：36539。主要特征：刺体短而细，前齿片长而高，后齿片短而矮，主齿明显，基腔膨大不对称。产地：贵州长顺代化剖面。层位：上泥盆统五指山组。

9　谢家湾窄颚齿刺 *Spathognathodus xiejiawanensis* Xiong，1983　引自熊剑飞（1983）

a－反口视，b－侧视。采集号：76-070。主要特征：齿片长且中部上拱，细齿粗大，前齿片之后为一个低矮的缺刻。基腔居中，较深。产地：四川龙门山剖面。层位：下泥盆统埃姆斯阶谢家湾组。

10　养马坝窄颚齿刺 *Spathognathodus yangmabaensis* Xiong，1988　引自熊剑飞等（1988）

a－口视，b－侧视。登记号：LCn 852063。主要特征：刺体齿片状，长约为宽的两倍，前后缘近于平行并与底缘近直角相交，主齿突出，反口面底缘直，基腔中等大小。产地：四川龙门山剖面。层位：下泥盆统养马坝组。

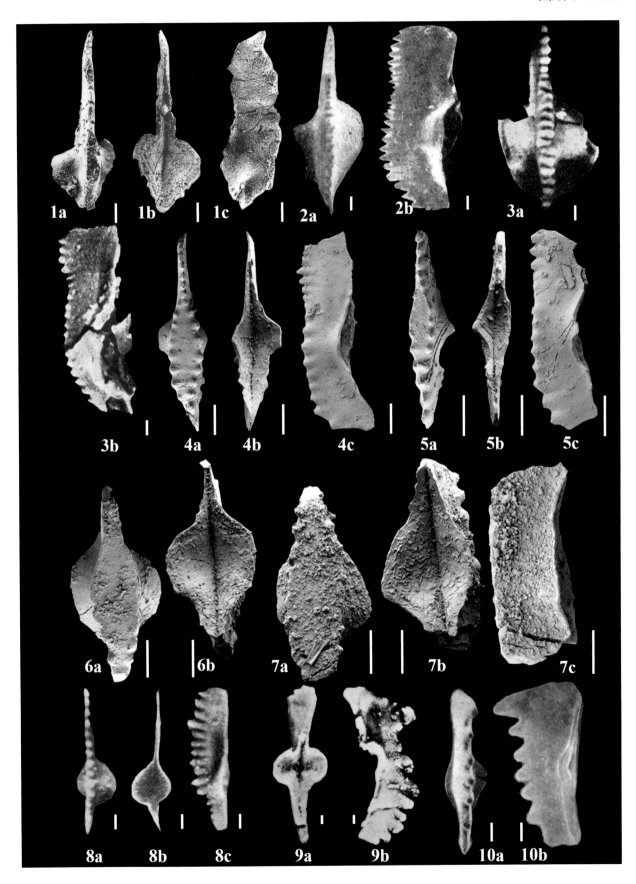

图版 5-1-11 说明

（比例尺 =100μm）

1—4 交替贝刺交替亚种 *Icriodus alternatus alternatus* Branson et Mehl，1934 引自Ji和Ziegler（1993）

口视。采集号：1—3 – LL-82，4 – LL-86。登记号：1 – 9100490，2 – 9100484，3 – 9100483，4 – 9100417。主要特征：中瘤齿列发育较弱，瘤齿发育相对较小。两个侧瘤齿列发育明显，与中瘤齿列的瘤齿交替排列。产地：广西宜州拉利剖面。层位：法门阶五指山组下部晚*rhenana*带至晚*crepida*带。

5，6 交替贝刺荷尔姆斯亚种 *Icriodus alternatus helmsi* Sandberg et Dreesen，1984 引自Wang和Ziegler（2002）

口视。采集号：5 – L19-z8m，6 – L19-z8m。登记号：5 – 130281，6 – 130282。主要特征：两个侧瘤齿列发育，中瘤齿列不发育，后方主齿发育并与侧瘤齿排列在一条直线上，中瘤齿列的瘤齿在高度和大小上均缩小。产地：广西桂林龙门剖面。层位：法门阶五指山组下部晚*rhenana*带至晚*crepida*带。

7，8 娇美贝刺 *Icriodus* cf. *amabilis* Bultynck et Hillard，1980 引自熊剑飞等（1988）

7，8a – 口视；8b – 反口视。采集号：B101by21。登记号：7 – LCn-852186，8 – LCn-852187。主要特征：中齿脊与两个侧齿脊十分发育，齿台前端发育两个横脊。反口面基腔前部窄于齿台，在中部膨大呈宽圆形。产地：四川龙门山剖面。层位：中泥盆统金宝石组。

9—11 阿尔空贝刺 *Icriodus arkonensis* Stauffer，1938 引自熊剑飞等（1988），Ji等（1992）

9a，10，11 – 口视；9b – 反口视。采集号：9 – B122y3，10 – LC-4，10 – LC-7。登记号：9 – LCN-852200，10 – 91-Y013，10 – 91-Y014。主要特征：齿台后部宽，中齿列低且后端向内弯，细齿小。侧齿列瘤齿粗大，在齿台前部与中齿列连成发育的横脊。外侧侧齿列瘤齿向外斜。产地：9 – 四川龙门山剖面，10—11 – 广西永福剖面。层位：9 – 中泥盆统观雾山组海角石段，10—11 – 中泥盆统东岗岭组中部*ensensis*带。

12—14 短贝刺 *Icriodus brevis* Stauffer，1940 引自王成源（1989）和熊剑飞等（1988）

12a，13a，14 – 口视；12b – 侧视；13b – 反口视。采集号：12 – HL15-13，13 – B126By90，14 – B127By5。登记号：12 – 75114，13 – LCn852216，14 – LCn852217。主要特征：齿台细长。中齿列后方超出侧齿列，有3～5个细齿，但并不比其他细齿高，最后一个细齿可能较大。齿台两侧各有2～4个分离的小细齿。产地：12 – 广西横县六景剖面；13，14 – 四川龙门山剖面。层位：12 – 上泥盆统法门阶融县组*P. triangularis*带；13，14 – 观雾山组海角石段B126、127层。

15，16 角贝刺全瘤齿亚种 *Icriodus corniger pernodosus* Wang et Ziegler，1981 引自Wang和Ziegler（1981）

a – 口视，b – 反口视，c – 侧视。采集号：15 – W26P1B81，16 – W26P1B79。登记号：15 – 67915，16 – 67916。主要特征：齿台狭长，两侧各有9～12个瘤齿，有2～3个中齿列的瘤齿超出侧齿列末端，中齿列末端发育大的主齿；刺体基腔后侧内缘发育一个明显的指向侧方的爪突，其边缘平直。产地：内蒙古喜桂图旗。层位：中泥盆统霍博山组。

17 角贝刺角亚种 *Icriodus corniger corniger* Wittekindt，1966 引自Wang和Ziegler（1981）

a – 口视，b – 反口视，c – 侧视。采集号：W26P1B80。登记号：67917。主要特征：齿台狭长，两侧各有7～8个瘤齿构成的侧齿列。基腔膨大，前缘较直，与齿轴垂直，基腔后方内侧缘略呈弧形，爪突不明显，外侧缘略呈方形。产地：内蒙古喜桂图旗。层位：中泥盆统霍博山组。

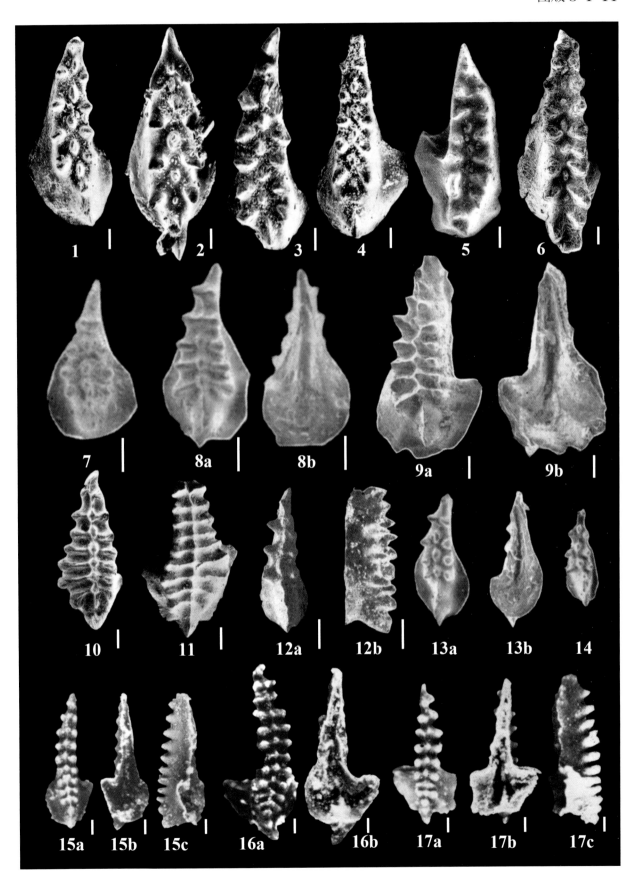

图版 5-1-12 说明

（比例尺 =100μm）

1—3　角突贝刺 Icriodus cornutus Sannemann，1955　引自王成源（1989）

1a，2，3 – 口视；1b – 侧视。采集号：1 – CD350，2 – W6-6919-9，3 – SL-2。登记号：1 – 77403，2 – 77404，3 – 75119。主要特征：主齿强壮，强烈向后倾斜。中齿脊后方与主齿愈合成脊状，齿台上侧齿列细齿与主齿列细齿交替出现。产地：广西德保都安四红山剖面、广西武宣三里剖面。层位：法门阶下部三里组 P. crepida - P. rhomboidea 带。

4—6　横脊贝刺横脊亚种 Icriodus costatus costatus（Thomas，1949）　引自董振常（1987），Bai等（1994）

4a，5，6 – 口视；4b – 侧视；6b – 反口视。采集号：4 – 牙-10，5 – Hm7/0.3，6 – Hm4/0.4。登记号：4 – HC104，5 – 93081，6 – 93082。主要特征：刺体拱曲，两侧向内弯，主齿粗壮明显、后倾，侧方瘤齿列之瘤齿与中瘤齿列之瘤齿间有横脊相连。产地：湖南新邵马栏边剖面、广西武宣黄卯剖面。层位：法门阶孟公坳组。

7—10　横脊贝刺达尔焙亚种 Icriodus costatus darbyensis（Thomas，1949）　引自秦国荣（1988）

口视。采集号：7 – k86/2.4，8 – C-86-2-53，9 – C-87-7-93，10 – C85-7-93。登记号：7 – 93079，8 – 83601，9 – 83618，10 – 23618。主要特征：齿台平直，口面具三列瘤齿，两侧瘤齿呈圆球状，口视齿台边缘呈粗锯齿状。产地：广西南峒剖面、乐昌茶园剖面、乳源扁山剖面。层位：上泥盆统法门阶帽子峰组、孟公坳组。

11　弯曲贝刺 Icriodus curvatus Branson et Mehl，1938　引自熊剑飞等（1988）

a – 口视，b – 反口视。采集号：B134y2。登记号：LCn852190。主要特征：齿台轮廓狭长，两侧近平行，中齿脊较长，后端两个瘤齿愈合成脊，内侧发育一个不明显的齿突。产地：四川龙门山剖面。层位：中泥盆统土桥子组134层。

12—14　变形贝刺不对称亚种 Icriodus deformatus asymmetricus Ji，1989　引自Ji（1989），Ji和Ziegler（1993）

口视。采集号：12 – MAS39，13 – MAS28，14 – LL-86。登记号：12 – 88102，13 – 88103，14 – 9100413。主要特征：齿台上中齿列和侧齿列发育不规则的瘤齿。中齿列的瘤齿发育微弱。侧齿列的瘤齿强壮，有时与中齿列的小瘤齿相连形成短斜脊。后方主齿与侧齿列排在一条线上。产地：广西象州马鞍山剖面、宜州拉利剖面。层位：上泥盆统法门阶五指山组下 triangularis 带。

15—18　变形贝刺变形亚种 Icriodus deformatus deformatus Han，1987　引自Ji和Ziegler（1993）

口视。采集号：15—17 – LL-76，18 – LL-79。登记号：15 – 9100686，16 – 9100689，17 – 9100688，18 – 9100616。主要特征：齿台口面瘤齿发育极不规则，或缺瘤齿，或融合成不整齐的短横脊。齿台后端分离瘤齿渐变为愈合的齿脊。产地：广西宜州拉利剖面。层位：上泥盆统法门阶五指山组下部中 crepida 带。

19—20　疑难贝刺 Icriodus difficilis Ziegler，Klapper et Johnson，1976　引自季强等（1986）

a – 口视，b – 反口视。采集号：19 – MC62，20 – MC70。登记号：19 – 23758，20 – 23759。主要特征：基腔后方内缘发育一个明显指向前方的爪突和相应的凹缘。侧齿列细齿纵向上较密，断面圆形，与中齿列细齿以微弱的细齿相连。产地：广西象州马鞍山剖面。层位：中泥盆统巴漆组下部中 varcus 带。

21　疑难贝刺（比较种）Icriodus cf. difficilis Ziegler，Klapper et Johnson，1976　引自熊剑飞等（1988）

a – 口视，b – 反口视。采集号：B123by71。登记号：LCn852208。主要特征：齿台轮廓圆锥形，侧齿脊发育5～6个瘤齿，中齿脊发育8个瘤齿，彼此分离。后端两个粗大的细齿融合成高的齿脊，具明显而圆滑的内齿突。产地：四川龙门山剖面。层位：中泥盆统观雾山组海角石段。

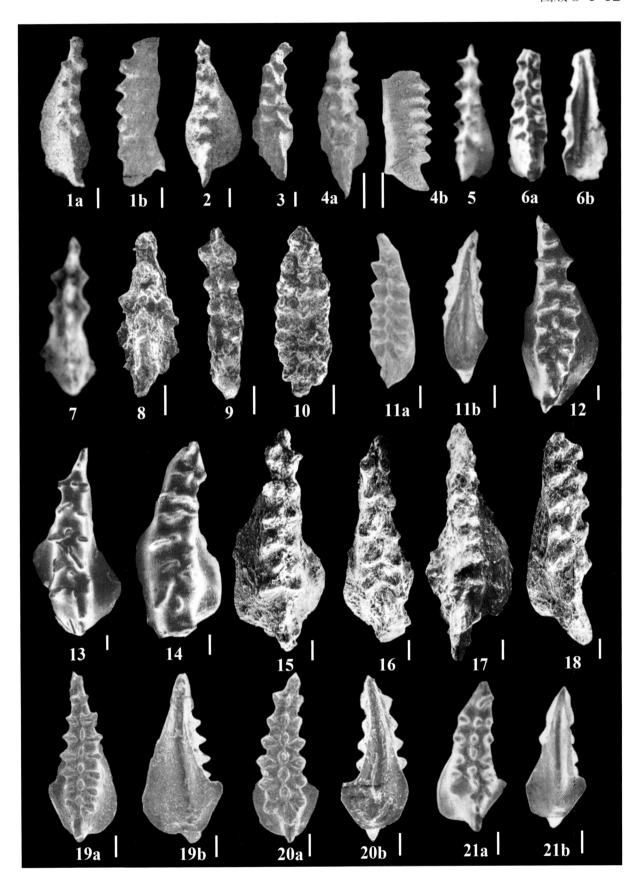

图版 5-1-13 说明

（比例尺 =100μm）

1，2 凹穴贝刺（比较种） *Icriodus* cf. *excavatus* Weddige，1984 引自Ji等（1992）

a－口视，b－反口视。采集号：LC-4。登记号：1－91-Y011，2－91-Y02。主要特征：齿台侧瘤齿列瘤齿发育成横脊状，中瘤齿列在齿台中部较低，基腔膨大、近于对称。产地：广西永福李村剖面。层位：东岗岭组中部*ensensis*带。

3，4 膨胀贝刺 *Icriodus expansus* Branson et Mehl，1938 引自Wang和Ziegler（1981）

3a，4－口视；3b－侧视。采集号：W26P113-5。登记号：3－67925，4－67924。主要特征：刺体中等大小。齿台双凸，近中部最宽。中齿列比侧齿列微高。基腔全部凹入，前端两侧向后张开并形成深的沟，后半部突然张开。产地：内蒙古喜桂图旗剖面。层位：中泥盆统下大民山组。

5，6 膨帐贝刺（比较种） *Icriodus* cf. *expansus* Branson et Mehl，1938 引自Wang和Ziegler（1981）

a－口视，5b－侧视，6b－反口视。采集号：W26P113-5/。登记号：5－67926，6－67928。主要特征：侧瘤齿列之瘤齿与中瘤齿列之瘤齿连接成横脊，中瘤齿列比侧瘤齿列高而不同于典型的*Icriodus expansus*。产地：内蒙古喜桂图旗剖面。层位：中泥盆统下大民山组。

7 内升贝刺 *Icriodus introlevatus* Bultynck，1970 引自Wang和Ziegler（1981）

a－口视，b－反口视。采集号：W26P1B80。登记号：67912。主要特征：基腔膨大、对称、较宽，宽约占总长的一半，基腔加宽，外侧面规则拱曲，内侧面发育一个向上弯曲突起。产地：内蒙古喜桂图旗剖面。层位：中泥盆统霍博山组。

8 衣阿华贝刺弯曲亚种 *Icriodus iowaensis ancylus* Sandberg et Dreesen，1984 引自Bai等（1994）

口视。采集号：B4/1.4。登记号：93088。主要特征：齿台窄而长，侧弯，侧视拱曲。主齿低，与中齿列直接相连，发育连接三列齿列的横脊。产地：广西巴漆剖面。层位：再沉积产出于*rhomboidea*带。

9，10 衣阿华贝刺衣阿华亚种 *Icriodus iowaensis iowaensis* Youngquist et Peterson，1947 引自Bai等（1994）

口视。采集号：9－L9/0.25，10－Ma6/0。登记号：9－93086，10－93087。主要特征：齿台宽大，后方主齿低，与侧齿列的细齿等高，主齿与纵齿列偏离的横脊或斜脊相连。产地：湖南锡矿山剖面、广西象州马鞍山剖面。层位：上泥盆统法门阶中*triangularis*带。

11，12 莱佩那塞贝刺 *Icriodus lesperancei* Uyeno，1997 引自金善燏等（2005）

a－口视，b－反口视。采集号：②-CP-牙-64a-1，。登记号：11－00591，00900，12－00899，00590。主要特征：齿台为直而长的纺锤形。中齿列的后方方向后延伸2～3个侧方扁平、与其他细齿等高的细齿。基腔外形窄而长，向后逐渐加宽，后缘钝尖或窄圆。产地：云南文山菖蒲塘剖面。层位：吉维特阶*varcus*带。

13，14 林德贝刺 *Icriodus lindensis* Weddige，1977 引自Ji等（1992）

口视。采集号：LC-7。登记号：13－91-Y006，14－91-Y007。主要特征：中齿列瘤齿与侧齿列瘤齿交替出现，无横脊相连。中齿列瘤齿间有很窄的细脊相连。基腔大，在刺体中后部强烈膨大、不对称。产地：广西永福李村剖面。层位：中泥盆统东岗岭组中部*ensinsis*带。

15 零陵贝刺 *Icriodus linglingensis* Zhao et Zuo，1983 引自赵锡文和左自壁（1983）

a－口视，b－反口视，c－侧视。采集号：村西m23-3。主要特征：主齿台长，近楔形，最前端仅由两排中瘤齿组成，最后端两个相对较大的瘤齿超越侧瘤齿列，形成略向后倾的主齿。中瘤齿列与侧瘤齿列组成明显的横脊。刺后半部膨大成圆形。产地：湖南零陵花桥剖面。层位：上泥盆统佘田桥组下部。

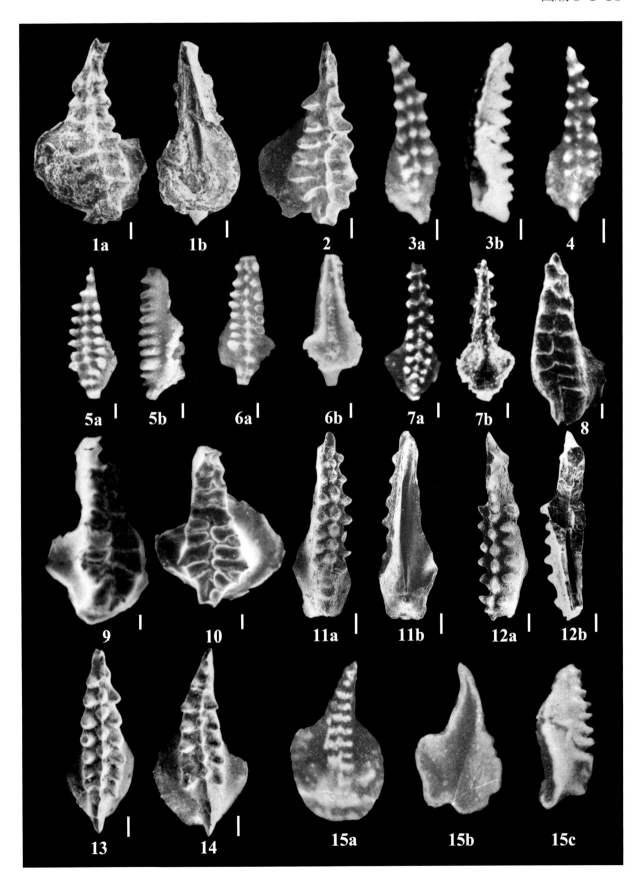

图版 5-1-14 说明

（比例尺 =100μm）

1—5　龙门山贝刺 *Icriodus longmenshanensis* Han，1988　引自熊剑飞等（1988）

1a，2a，3，4a，5－口视；1b，2b，4－反口视。采集号：1－B126By63，2－B126By101，3—5－B134y2。登记号：1－LCn-852201，2－LCn-852203，3－LCn-852202，4－LCn-852204，5－LCn-852207。主要特征：齿台狭长，两侧近平行，前后两端微收缩，长大约为宽的4倍。中齿列后端两个瘤齿大而愈合。反口面基腔前半部窄于齿台，后半部逐渐加宽。产地：四川龙门山剖面。层位：中—上泥盆统观雾山组、土桥子组。

6，7　多脊贝刺侧亚种 *Icriodus multicostatus lateralis* Ji et Ziegler，1993　引自Ji和Ziegler（1993）

口视。采集号：LL-76。登记号：6－910684，7－910690。主要特征：齿台上齿列间横脊发育。后方主齿低，偏向侧方并与横脊相连。产地：广西宜州拉利剖面。层位：上泥盆统法门阶五指山组下部中*crepida*带。

8—12　多脊贝刺多脊亚种 *Icriodus multicostatus multicostatus* Ji et Ziegler，1993　引自Ji和Ziegler（1993）

口视。采集号：8－LL-75，9—12－LL-76。登记号：8－910718，9－9100687，10－9100694，11－9100692，12－9100553。主要特征：齿台上齿列间横脊发育，后方主齿低，齿台上后方主齿低，居中并与横脊相连。产地：广西宜州拉利剖面。层位：上泥盆统法门阶五指山组下部中*crepida*带。

13，14　南宁贝刺 *Icriodus nanningensis* Bai，1994　引自Bai等（1994）

a－口视，b－反口视，c－侧视。采集号：13－Lj14/1，14－Lm5/2.6。登记号：13－93056，14－93054。主要特征：主齿中等大小，微向后倾斜。中齿列前端伸长部分有3～6个瘤齿，形成较高的底缘上翘的自由齿片（该种以中齿列向前伸长且远远超过侧齿列为特征）。侧齿列之瘤齿与中齿列之瘤齿微呈交替排列。基腔不对称。内侧有爪突，爪突前缘较平直。产地：广西横县六景剖面。层位：中泥盆统吉维特阶*hemiansatus*带。

15，16　肥胖贝刺 *Icriodus obesus* Han，1988　引自熊剑飞等（1988）

a－口视，b－反口视。采集号：15－B126by43，16－B126by47。登记号：15－LCn-882188，16－LCn-882189。主要特征：齿台轮廓宽圆，中齿列前端与侧齿列融合，后端有2～3个粗大的端齿融合成高的齿脊。反口面基腔从前1/3处开始膨胀，呈宽圆形，内侧具有一个不明显的齿突。产地：四川龙门山剖面。层位：中泥盆统观雾山组海角石段。

17，18　斜缘贝刺 *Icriodus obliquimarginatus* Bischoff et Ziegler，1957　引自王成源（1989）

17－口视，18－侧视。采集号：CD403。登记号：17－75120，18－77405。主要特征：齿台窄，中齿列向后延伸至超越侧齿列的部分较长，其后端发育3个以上的较高细齿，后方缘脊倾斜。齿台上侧齿列细齿与中齿列细齿交替并通常连接在一起。产地：广西德保四红山剖面。层位：中泥盆统分水岭组*ensensis*带。

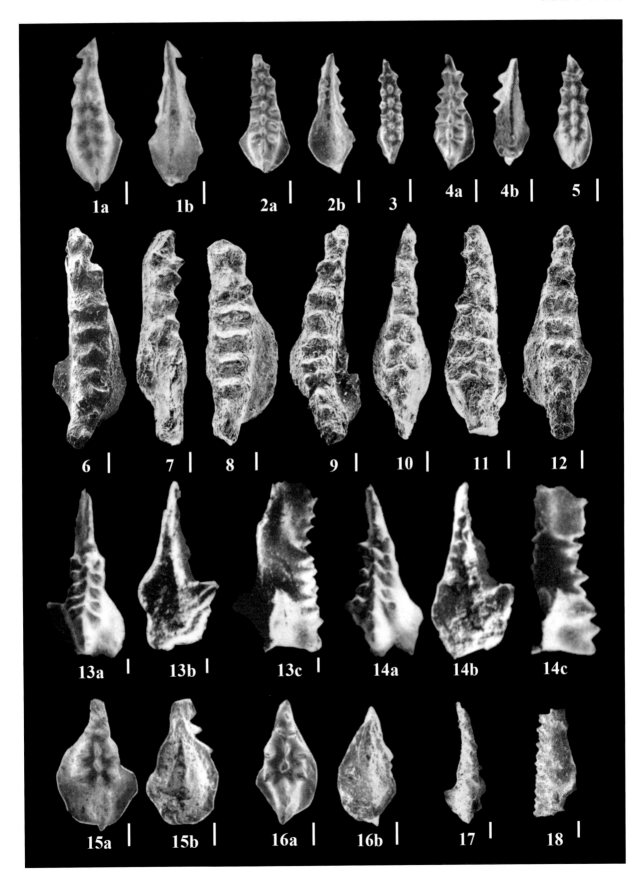

图版 5-1-15 说明

（比例尺 =100μm）

1 后突贝刺 *Icriodus postprostatus* Xiong，1983 引自熊剑飞（1983）

a－口视，b－反口视。采集号：78-5-3A。主要特征：刺体较长。齿台齿脊中部不发育细齿或瘤齿，后端为一个强大的主齿。主齿宽大、较高，向上斜伸。齿台后部侧方瘤齿与中齿脊相连呈横脊状。产地：贵州长顺代化剖面。层位：上泥盆统五指山组。

2，3 先交替贝刺 *Icriodus praealternatus* Sandberg，Ziegler et Dreesen，1992 引自Wang和Ziegler（2002）

口视。采集号：2－L19-z8t，3－L19-z8s。登记号：2－130273，3－130275。主要特征：中齿列和侧齿列的细齿纵向相互交替，中齿列细齿与后方主齿排列成一线，与侧齿列细齿等高或比之略高。产地：广西桂林龙门剖面。层位：上泥盆统法门阶谷闭组中—晚*triangularis*带。

4—6 蛹贝刺 *Icriodus pupus* Han，1988 引自熊剑飞等（1988）

a－口视，b－反口视。采集号：4－B126By74，5－B126By47，6－B126By5。登记号：4－LCn-852194，5－LCn-852191，6－LCn-852193。主要特征：齿台轮廓前后部收缩近相等，刺体粗壮，中齿列由4～5个分离的圆瘤齿和后端的高齿脊组成，反口面基腔强烈膨胀，内齿突不明显。产地：四川龙门山剖面。层位：中泥盆统观雾山组B126层。

7 雷蒙德贝刺 *Icriodus raymondi* Sandberg et Ziegler，1979 引自秦国荣等（1988）

口视。采集号：C85-7-93。登记号：33619。主要特征：齿台宽平，最大宽度位于后部，横断面呈楔形，口面具三排瘤齿。主齿位于齿台最后部，粗大且后倾。反口面基腔窄而浅，占据整个反口面。产地：广东乳源扁山剖面。层位：孟公坳组下部*Icriodus raymondi-I. costatus darbyensis*组合带。

8，9 规则脊贝刺 *Icriodus regularicrescens* Bultynck，1970 引自Wang和Ziegler（1981）

a－口视，8b－反口视，9b－侧视。采集号：8－W26P1B80，9－W26P1B79。登记号：8－67910，9－67911。主要特征：口面较窄，前后端较尖，三纵齿列同等发育，无横脊，侧齿列之瘤齿与中齿列之瘤齿微呈交替状，基腔不对称，外缘规则膨大近半圆形，内缘有不太发育的爪突。产地：内蒙古喜桂图旗剖面。层位：中泥盆统霍博山组。

10 高端贝刺 *Icriodus subterminus* Youngqust，1947 引自Wang和Ziegler（1981）

a－口视，b－侧视。采集号：W26P113-5。登记号：67926。主要特征：刺体短而壮，基腔外缘外张，中瘤齿列有5～8个瘤齿，两端的瘤齿大，有一个或两个特别高的后方主齿或瘤齿，反口缘明显外张。产地：内蒙古喜桂图旗剖面。层位：中泥盆统下大民山组。

11—13 高端贝刺（比较种）*Icriodus* cf. *subterminus* Youngquist，1947 引自熊剑飞等（1988），白顺良等（1982）

口视。采集号：11－B126By1，12－B126By83，13－云7-1。登记号：11－LCn-852195，12－LCn-852196，13－7904。主要特征：两侧齿列各具4个稀疏分离的瘤齿，中齿列有3～4个分离的矮小瘤齿和后端愈合的齿脊，反口面基腔中等膨胀，无齿突。产地：四川龙门山剖面、云南上林云潘剖面。层位：中泥盆统观雾山组海角石段、三里组。

14，15 苏家坪贝刺 *Icriodus sujiapingensis* Dong，1987 引自董振常（1987）

a－口视，b－侧视。采集号：牙-4。登记号：14－HC098，15－HC099。主要特征：刺体呈箭头形，前窄后宽，中齿脊向后突出形成明显的主齿，侧瘤齿列与中齿脊之间为浅的近脊沟。基腔浅、外张，宽度超过齿台的宽度。产地：湖南隆回周旺铺剖面。层位：上泥盆统孟公坳组。

16，17 对称贝刺 *Icriodus symmetricus* Branson et Mehl，1934 引自Ji等（1992）

口视。采集号：91-Y008。登记号：16－91-Y008/LC-57，17－LC-58。主要特征：齿台长，中齿列的中后部细齿愈合成扁的中脊，比侧齿列高，有两个以上的细齿超出侧齿列，侧齿列细齿与中齿列细齿趋于连成横脊。反口缘窄，两侧平行，仅后方膨大，略不对称。产地：广西永福剖面。层位：上泥盆统弗拉阶付合组上部*transitans*带。

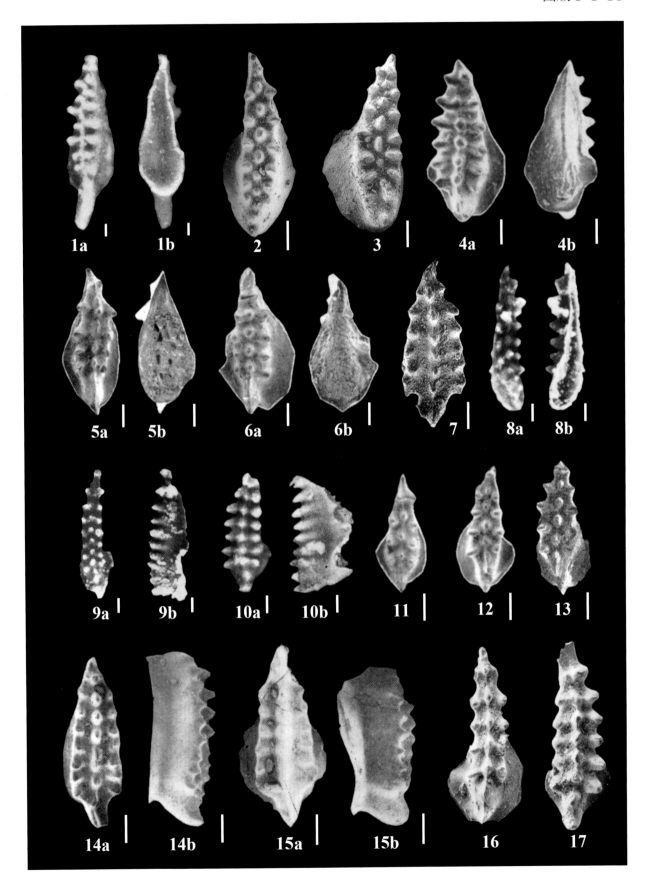

图版 5-1-16 说明

（比例尺 =100μm）

1 特罗简贝刺 *Icriodus trojani* Johnson et Klapper，1981 引自金善燏等（2005）

a－口视，b－反口视。采集号：⑦-CP-牙-28-1。登记号：00862，00544。主要特征：齿台纺锤形，主齿台上横脊发育，有一个或两个高于齿脊的主齿。后齿突可能有细齿，微微向外弯。内突缘中等发育或很发育。产地：云南文山剖面。层位：下泥盆统埃姆斯阶 *inversus* 带。

2，3 土桥子贝刺 *Icriodus tuqiaoziensis* Han，1988 引自熊剑飞等（1988）

a－口视，b－反口视。采集号：B137y5。登记号：2－LCn-852213，3－LCn-852214。主要特征：齿台两侧近平行，前端稍收缩，长是宽的4倍。齿脊由圆形瘤齿组成。中齿列后端具高大齿脊或端脊。反口面后1/3部分呈圆形膨胀，并向上翻转。产地：四川龙门山剖面。层位：上泥盆统土桥子组B137层。

4 维尔纳贝刺 *Icriodus werneri* Weddige，1977 引自李晋僧（1987）

口视。登记号：XC 1015。主要特征：齿台小而短，细齿分离、稀少，侧齿列瘤齿明显分开并高于中齿列，主齿高大且向后倾斜。产地：甘肃迭部当多沟剖面。层位：中泥盆统鲁热组底部。

5—7 先交替贝刺野蛮亚种 *Icriodus praealternatus ferus* Wang et al.，2016 引自Wang等（2016）

口视。采集号：5－TP82-18-4，6－TP82-18-1，7－TP82-18-4。登记号：5－GMM B9A-1，6－GMM B9A-2，7－GMM B9A-3。主要特征：齿台狭长、较直，中齿列和侧齿列的细齿相互交替，部分瘤齿不规则或拉长成横脊或呈斜脊状。产地：新疆准噶尔盆地乌兰柯顺剖面。层位：上泥盆统洪古勒楞组F-F界线至法门阶下部。

8—10 斯泰诺思鲁兹贝刺准噶尔亚种 *Icriodus stenoancylus junggarensis* Wang et al.，2016 引自Wang等（2016）

口视。采集号：8－TP28-20-2，9－TP82-21-5，10－TP28-19-4。登记号：8－GMM B9A-16，9－GMM B9A-17，10－GMM B9A-15。主要特征：齿台十分狭长，发育不规则的横脊或斜脊。基腔膨大，后端强烈向下弯曲。产地：新疆准噶尔盆地乌兰柯顺剖面。层位：上泥盆统洪古勒楞组法门阶下部。

11，12 多瘤贝刺 *Icriodus plurinodosus* Wang et al.，2016 引自Wang等（2016）

11a，12－口视；11b－侧视。采集号：11－TP82-21-9，12－TP82-21-7。登记号：11－GMM B9A-24，12－GMM B9A-23。主要特征：齿台狭长、直或略弯曲，中齿列与侧齿列细齿交替出现。基腔较窄，向后段延伸仅仅略超出齿台。产地：新疆准噶尔盆地乌兰柯顺剖面。层位：上泥盆统洪古勒楞组法门阶下部。

13 天赋贝刺比较种 *Icriodus* cf. *talenti* Ashouri，2006 引自Wang等（2016）

a－口视，b－侧视。采集号：TP82-19-3。登记号：GMM B9A-11。主要特征：中齿列和侧齿列瘤齿交替出现，基腔大。与 *I. talenti* 相比，该种齿台后端缺少其特征的长而大的主齿。产地：新疆乌兰柯顺剖面。层位：上泥盆统洪古勒楞组法门阶下部。

14 斯泰诺思鲁兹贝斯泰诺思鲁兹亚种 *Icriodus stenoancylus stenoancylus* Johnston et Chatterton，2001引自Wang等（2016）

a－口视，b－侧视。采集号：TP82-21-5。登记号：GMM B9A-22。主要特征：齿台直窄，口面齿瘤不规则，可连成横脊或斜脊。产地：乌兰柯顺剖面。层位：洪古勒楞组法门阶下部。

15，16 泥盆桔卡吉尔刺 *Jukagiria devonicus*（Wang et Wang，1978） 引自王成源和王志浩（1978a）、侯鸿飞等（1985）

侧视。采集号：15－ACE361，16－GMII-15。登记号：15－36586，16－DC84514。主要特征：刺体薄片状，口缘半圆形，反口缘倒V形，无主齿和细齿。产地：贵州长顺代化、睦化剖面。层位：法门阶五指山组。

17 半圆桔卡吉尔刺 *Jukagiria hemirotundus*（Xiong，1983） 引自熊剑飞（1983）

a－前视，b－后视。登记号：78-5-6A。主要特征：刺体片状，在同一平面内拱曲成半圆形。细齿均匀，大部愈合，放射状分布。齿片中部微向前突出，两个细齿宽大。产地：贵州长顺代化剖面。层位：上泥盆统法门阶代化组。

18，19 薄片桔卡吉尔刺 *Jukagiria laminatus*（Ji，Xiong et Wu，1985） 引自季强和熊剑飞（1985）

侧视。采集号：18－GMII-32，19－GMII-29。登记号：18－DC84511，19－DC84512。主要特征：刺体呈半圆形，无主齿，由两个极薄的齿片组成。两齿片以连接端为轴微微向外对称折曲，下部缓缓向内弯曲。产地：贵州长顺睦化剖面。层位：法门阶顶部五指山组—杜内阶底部王佑组。

180

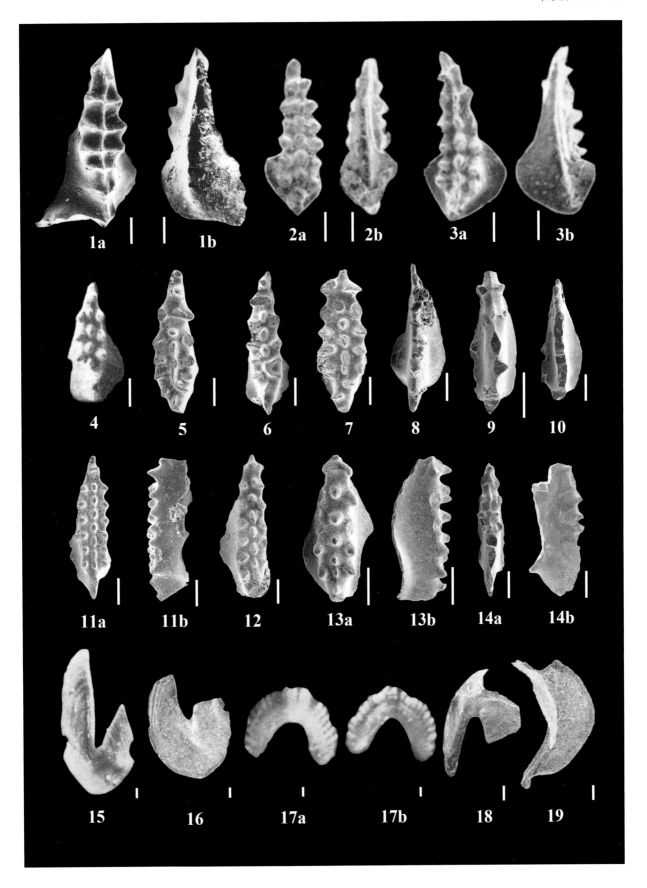

图版 5-1-17 说明

（比例尺 =100μm）

1，2　不同克拉佩尔刺 *Klapperina disparalvea* Orr et Klapper，1968　引自Bai等（1994）

a－口视，b－反口视。采集号：1－CD375-6d，2－Jtl/-2.8。登记号：1－87086，2－93388。主要特征：齿台宽大，表面有粗的瘤齿。外齿台明显大于内齿台，且发育齿叶。反口面基腔为L型。产地：广西德保四红山剖面。层位：弗拉阶榴江组。

3　全异克拉佩尔刺 *Klapperina disparata*（Ziegler et Klapper，1982）　引自Ziegler和Wang（1985）

a－口视，b－反口视。采集号：CD375-6d。登记号：587119。主要特征：齿台表面有细的、间距较密的瘤齿。反口面基坑小、不对称，位于同心生长线的中部。产地：广西德保四红山剖面。层位：弗拉阶榴江组。

4，5　异克拉佩尔刺 *Klapperina disparalis*（Ziegler et Klapper，1976）　引自Ziegler和Wang（1985）

a－口视，b－反口视。采集号：4－CD375-6c，5－CD375-6e。登记号：4－87087，5－87120。主要特征：齿台卵圆形至三角形，不对称，但外齿台缺少明显的齿叶。反口面的基腔L形并高于反口面。产地：广西德保四红山剖面。层位：弗拉阶榴江组。

6　圆克拉佩尔刺 *Klapperina ovalis*（Ziegler et Klapper，1964）　引自Wang（1994）

a－口视，b－反口视。采集号：CD375-5a。登记号：119572。主要特征：齿台卵圆形，两侧近于对称，后方较尖，齿台最大宽度在齿台中前方，无中瘤齿；齿台上布满不规则分布的小至中等大小的瘤齿。基穴相对较大，强烈不对称。产地：广西德保四红山剖面。层位：弗拉阶榴江组。

7，8　欧莫阿尔法莱恩刺 *Lanea omoalpha* Murphy et Valenzuella-Rios，1999　引自王平（2001）

7a，8－口视；7b－侧视。采集号：7－Al12-5，8－AL12-3。登记号：7－132197，8－132208。主要特征：齿台、齿叶较大，其上台阶比齿叶边缘宽，反口面基腔膨大。产地：内蒙古巴特敖包剖面。层位：下泥盆统阿鲁共组。

9　薄梅尔刺 *Mehlina strigosa*（Branson et Mehl，1934）　引自王成源（2019）

a－口视，b－反口视，c－侧视。采集号：GMM B9A.3-95。主要特征：特征齿片薄而高，前齿片底缘直，后齿片底缘拱曲。基腔极窄，缝隙状，居中。细齿侧方扁，紧密排列。产地：在中国还没有可靠的报道。层位：下泥盆统*marginifera*带下部至密西西比亚系杜内阶*S. sandbergi*带上部。

10，11　不对称中列刺 *Mesotaxis asymmetricus*（Bischoff et Ziegler，1957）　引自Wang（1994）

10－口视，11－反口视。采集号：10－L10-5，11－D12-3。登记号：10－119568，11－119571。主要特征：齿台卵圆形，两侧不对称，外齿台稍大于内齿台，齿台表面布满不规则的近于等大的瘤齿。基穴小、对称，不位于生长纹的中心。产地：广西桂林龙门、垌村剖面。层位：上泥盆统弗拉阶东岗岭组。

12，13　横脊形中列刺 *Mesotaxis costalliformis*（Ji，1986）　引自Ji和Ziegler（1993）

口视。采集号：12－LL-115，13－LL-116。登记号：12－9100070，13－9100055。主要特征：齿台不对称，心形、卵圆形，布满小至中等大小的散乱分布的瘤齿。前齿片短，齿脊直，延伸到齿台后端。基穴小、对称，卵圆形，位于齿台中部朝前的位置。产地：广西宜州拉利剖面。层位：上泥盆统弗拉阶老爷坟组。

14　假椭圆中列刺 *Mesotaxis falsiovalis* Sandberg，Ziegler et Bultynck，1989　引自Wang（1994）

a－口视，b－反口视。采集号：CD375-3。登记号：119567。主要特征：齿台卵圆形，两侧近似等大，齿台表面有小至中等大小的散乱分布的瘤齿。基穴小、对称，位于齿台中部的前方。产地：广西德保四红山剖面。层位：上泥盆统弗拉阶榴江组。

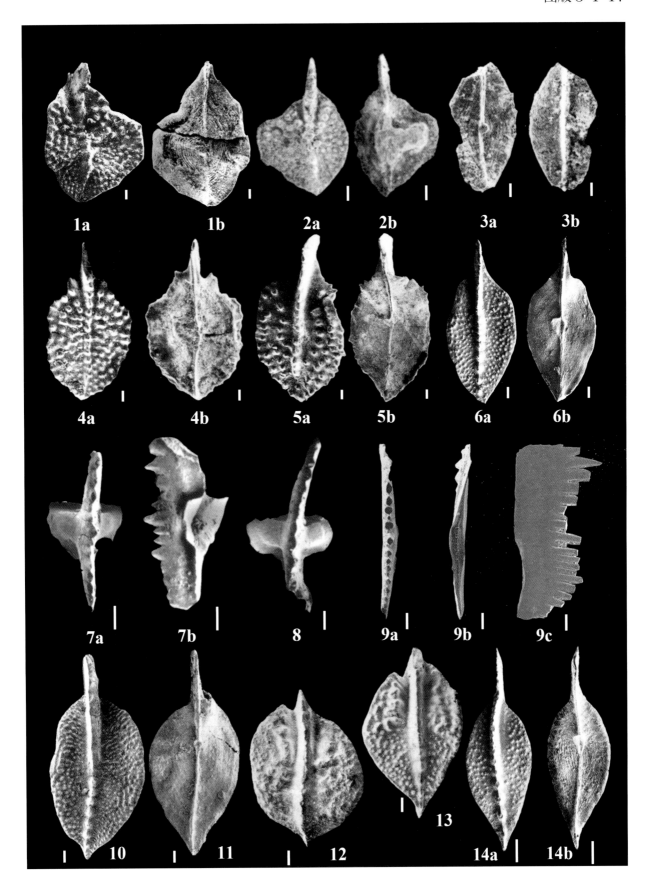

1a 1b 2a 2b 3a 3b

4a 4b 5a 5b 6a 6b

7a 7b 8 9a 9b 9c

10 11 12 13 14a 14b

图版 5-1-18 说明

（比例尺 =100μm）

1　普通新多颚刺脊亚种 *Neopolygnathus communis carinus*（Hass，1959）　引自季强（1987）

a－口视，b－反口视。采集号：HJDS 31-11。登记号：705856。主要特征：齿台前端两侧各有一条与齿脊斜交的短脊。基腔小，之后有明显的凹坑，位于齿台前部。产地：湖南江华剖面。层位：上泥盆统法门阶上部至下石炭亚系杜内阶。

2　普通新多颚刺柯林森亚种 *Neopolygnathus communis collinsoni* Druce，1969　引自季强（1987）

a－口视，b－反口视。采集号：HJDS22-6。登记号：70585。主要特征：齿台前方有两个或两个以上的吻脊，基腔小，位于齿台中前部，其后有一个明显的凹坑。产地：湖南江华剖面。层位：上泥盆统法门阶孟公坳组。

3　普通新多颚刺普通亚种 *Neopolygnathus communis communis*（Branson et Mehl，1934）　引自Wang和Ziegler（2002）

a－口视，b－反口视。采集号：TP28-18-6。登记号：GMM B9A-5。主要特征：齿台长约为宽的2倍，两侧边缘向上加厚并略微包卷。产地：新疆乌兰柯顺剖面。层位：上泥盆统洪古勒楞组法门阶。

4　普通新多颚刺长方亚种 *Neopolygnathus communis quadratus*（Wang，1989）　引自王成源（1989）

a－口视，b－反口视。采集号：CD332。登记号：77646。主要特征：齿台长方形，两侧向上加厚包卷，光滑无饰。产地：广西靖西三联剖面。层位：泥盆系顶部至石炭系底部。

5—7　普通新多颚刺齿亚种 *Neopolygnathus communis dentatus*（Druce，1969）　引自Ji和Ziegler（1993），Qie等（2016）

5，6－口视，7－反口视。采集号：5－LL-47，6－CQL5/1，7－LL-49。登记号：5－9100933，6－CQL14020008，7－9100919。主要特征：齿台前方有细齿边缘，两侧加厚向上卷，齿脊两侧的近脊沟深。产地：广西拉利、贵州其林寨剖面。层位：法门阶五指山组中部、汤耙沟组底部。

8，9　上庙背新多颚 *Neopolygnathus shangmiaobeiensis* Qin，Zhao et Ji，1988　引自秦国荣等（1988）

8－口视，9－反口视。采集号：C85-5-30。登记号：8－33627，9－33628。主要特征：齿台上有4个或多于4个的光滑的纵脊和相应的齿沟，与齿脊平行。产地：广东韶关上庙背剖面。层位：法门阶孟公坳组下部。

10　回隽新多颚 *Neopolygnathus huijunae* Wang et al.，2016　引自Wang和Ziegler（2002）

a－口视，b－反口视。采集号：TP82-19-1。登记号：GMM B9A-8。主要特征：前齿片较短，齿台不对称、略弯曲，齿台前端较窄，近脊沟深而窄，齿台后部边缘发育横脊或瘤齿。产地：新疆准噶尔盆地乌兰柯顺剖面。层位：上泥盆统洪古勒楞组法门阶底部。

11—13　等高多颚刺 *Polygnathus aequalis* Klapper et Lane，1985　引自Ji和Ziegler（1993）

口视。采集号：11－LL-87；12，13－LL-92。登记号：11－9100325，12－9100268，13－9100269。主要特征：齿台前方边缘等高，齿台上的装饰变化较大。产地：广西拉利剖面。层位：上泥盆统香田组。

14—16　宽翼多颚刺 *Polygnathus alatus* Huddle，1934　引自Ji和Ziegler（1993）

口视。采集号：14－LL-108；15，16－LL-117。登记号：14－9100125，15－9100040，16－9100041。主要特征：齿台前方窄，边缘明显上翻，前方外缘显著、较高，口面光滑或有微弱的横脊。产地：广西拉利剖面。层位：上泥盆统老爷岭组中部。

17—19　锚颚刺形多颚刺 *Polygnathus ancyrognathoideus* Ziegler，1958　引自侯鸿飞等（1986）

a－口视，b－反口视。采集号：MC7。登记号：17－21049，18－21048，19－21047。主要特征：齿台长圆形、光滑，前方齿片高，有较高的细齿，不超出齿台前缘或仅超出少许。产地：象州马鞍山剖面。层位：上泥盆统桂林组下部。

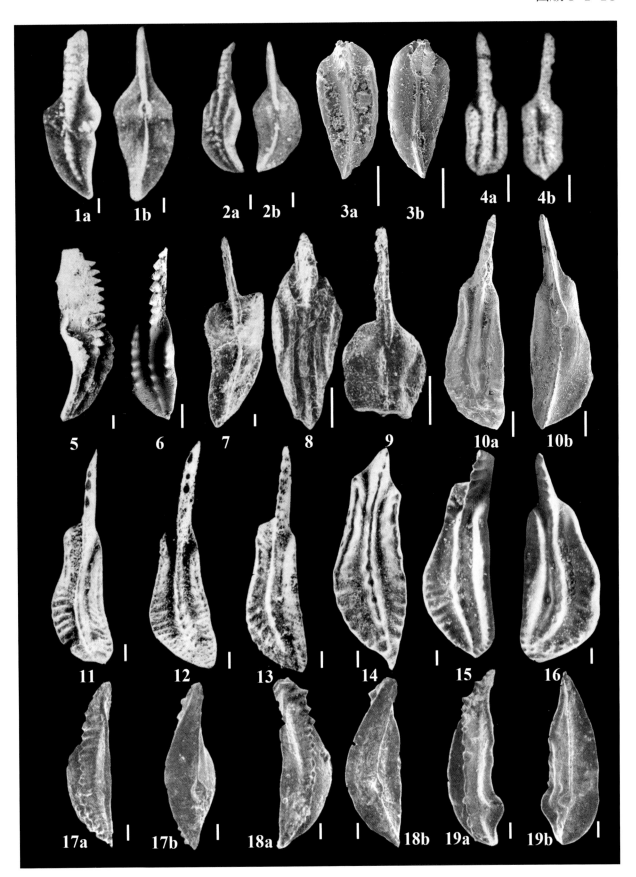

图版 5-1-19 说明

（比例尺 =100μm）

1 窄脊多颚刺 *Polygnathus angustiscostatus* Witteckindti，1966 引自王成源（1989）

a－口视，b－侧视。采集号：CD424。登记号：77212。主要特征：齿台边缘通常有强壮的瘤齿或短的横脊，近脊沟深，齿脊延伸超出齿台后端。产地：广西德保都安四红山剖面。层位：艾菲尔阶分水岭组。

2 窄台多颚刺 *Polygnathus angustidiscus* Youngquist，1945 引自王成源（1989）

a－口视，b－反口视，c－侧视。采集号：Zn35。登记号：75190。主要特征：自由齿片直而高，齿脊后端超出齿台，齿台近于对称，边缘光滑或有1~3个小细齿。产地：广西崇左那艺剖面。层位：上泥盆统分水岭组。

3 窄羽多颚刺 *Polygnathus angustipennatus* Bischoff et Ziegler，1957 引自Wang和Ziegler（1983b）

a－口视，b－反口视。采集号：CD435。登记号：77623。主要特征：齿台小，边缘细齿分离。自由齿片较长，约为刺体长的一半。齿脊向后延伸。基腔中等大小，位于齿台前方。产地：广西德保都安四红山剖面。层位：上泥盆统分水岭组。

4 柄多颚刺 *Polygnathus ansatus* Ziegler et Klapper，1976 引自王成源（1989）

a－口视，b－侧视。采集号：CD384。登记号：75213。主要特征：自由齿片比齿台稍长或等长，齿台光滑，或有微弱的瘤齿、强壮的脊，在口面外膝曲点上有明显的收缩。产地：广西德保都安四红山剖面。层位：中泥盆统上部分水岭组。

5 前窄多颚刺 *Polygnathus anteangustus* Shen，1982 引自沈启明（1982）

a－口视，b－反口视，c－侧视。采集号：A-31。主要特征：自由齿片与齿台近乎等长，齿台光滑，前方边缘收缩、上翻且因高度相近而形成吻部，有时在齿台前缘有不明显的锯齿。产地：湖南临武香花岭剖面。层位：弗拉阶佘田桥组 *P. gigas* 带。

6 贝克曼多颚刺 *Polygnathus beckmanni* Bischoff et Ziegler，1957 引自侯鸿飞等（1986）

a－口视，b－反口视。采集号：Mc78。登记号：21065。主要特征：齿台窄而长，后部一般向内扭曲，齿台表面有粗壮的横脊和瘤齿。产地：广西象州马鞍山剖面。层位：吉维特阶鸡德组。

7，8 本德尔多颚刺 *Polygnathus benderi* Weddige，1977 引自王成源（1989）

口视。采集号：CD427。登记号：7－77643，8－75211。主要特征：齿台卵圆形，前方偶尔可见极不发育的吻部，近脊沟两侧可见短而低的横脊，反口面基腔周围和龙脊微凸。产地：广西德保都安四红山剖面。层位：艾菲尔阶分水岭组。

9，10 短齿台多颚刺 *Polygnathus brevilaminus* Branson et Mehl，1934 引自Ji和Ziegler（1993）

口视。采集号：LL-86。登记号：9－9100425，10－9100422。主要特征：齿台窄，边缘锯齿化，齿脊延伸到齿台后端，2~3个瘤齿超出齿台。产地：广西宜州拉利剖面。层位：法门阶五指山组底部*triangularis*带。

11 短多颚刺 *Polygnathus brevis* Miller et Youngquist，1947 引自龚黎明等（2012）

a－口视，b－反口视。采集号：黔濯6-2-1。登记号：154932。主要特征：齿台中前部近于对称，两侧发育横脊。齿台后1/3发育齿舌，齿舌向内弯，横脊发育并横贯齿舌。齿脊仅延伸到齿舌前部。产地：渝东南。层位：弗拉阶写经寺组。

12，13 长滩子多颚刺 *Polygnathus changtanziensis* Ji，1988 引自熊剑飞等（1988）

a－口视，b－局部放大。采集号：12－C181-63，13－C182-83。登记号：12－LCn-852225，13－LCn-852226。主要特征：齿台口面布满精细的斜脊纹饰，较肥厚，反口缘平直或微凸，前齿片高大且平直，几乎与齿台等长，反口面龙脊窄而高。基腔小，呈卵形。产地：四川龙门山剖面。层位：法门阶长滩子组。

14 陈元年多鄂刺 *Polygnathus chengyuannianus* Dong et Wang，2003 引自董致中和王伟（2006）

a－口视，b－反口视。采集号：Mp-12。登记号：0021032213。主要特征：齿台前端收缩，前缘端点有两个较高的瘤齿，后端呈浑圆形，基腔后无龙脊，同心环发育。产地：云南施甸马鹿塘剖面。层位：埃姆斯阶—艾菲尔阶西边塘组。

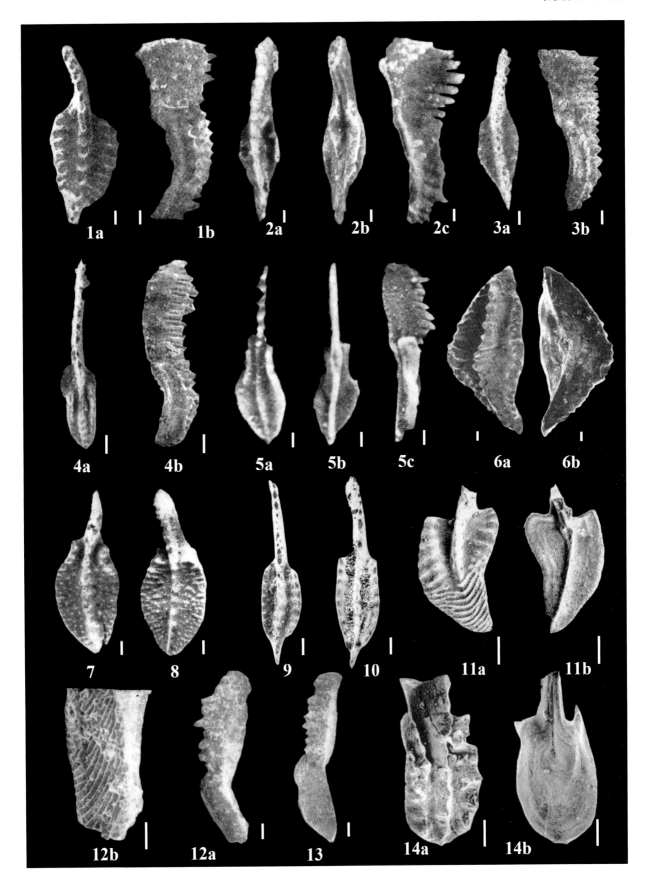

1a 1b 2a 2b 2c 3a 3b

4a 4b 5a 5b 5c 6a 6b

7 8 9 10 11a 11b

12b 12a 13 14a 14b

图版 5-1-20 说明

（比例尺 =100μm）

1，2 重庆多颚刺 *Polygnathus chongqingensis* Wang，2012 引自龚黎明等（2012）

a－口视，b－反口视，c－侧视。采集号：7-1-1。登记号：1－151926，2－15927。主要特征：齿台矛状，外齿台前缘高高上翻并形成与固定齿脊平行的、墙状边缘，右侧分子内齿台发育一个短的、斜的吻脊，而左侧分子内齿台发育短的横脊，齿台后部具有密集的、平行的横脊。产地：重庆黔江区水泥厂剖面。层位：弗拉阶上*rhenana*带到*linguiformis*带。

3 丘尔金多颚刺 *Polygnathus churkini* Savage et Funai，1980 引自Bai等（1994）

口视。采集号：Ma4/0.4。登记号：93359。主要特征：齿台前方边缘向上弯转，外边缘比内边缘高，口面发育较细的斜脊，近脊沟将其与齿脊分开，齿脊达齿台后端。产地：广西象州马鞍山剖面。层位：弗拉阶标本再沉积到法门阶下*triangularis*带。

4，5 库珀多颚刺锯齿亚种 *Polygnathus cooperi secus* Klapper，1978 引自Bai等（1994），熊剑飞（1983）

a－口视，b－反口视。采集号：4－Ny9/16，5－76。登记号：4－93280，5－76-194。主要特征：齿台厚，齿台上横脊发育，齿台边缘呈锯齿状，外齿台外缘呈弧状，内齿台边缘呈微弱的S形。反口面不平，表面肋脊状，龙脊发育。基腔小而深，位于齿台中前部。产地：广西那艺剖面、贵州普安剖面。层位：下泥盆统埃姆斯阶*patulus*带至中泥盆统。

6，7 库珀多颚刺亚种 A *Polygnathus cooperi* subsp. A Wang et Ziegler，1983 引自Wang和Ziegler（1983b），王成源（1989）

口视。采集号：6－CD440，7－CD431。登记号：6－75220，7－75221。主要特征：齿舌短而尖，向下并向内侧弯。齿台上具少数几个横脊，横脊有时被齿脊阻断。齿台外2/3与后方齿舌呈弧形连接。内齿台中部凸，不呈直线状。产地：广西德保四红山剖面。层位：艾菲尔阶坡折落组—分水岭组。

8，9 肋脊多颚刺肋脊亚种 *Polygnathus costatus costatus* Klapper，1971 引自王成源（1989）

a－口视，b－侧视。采集号：8－CT5-2，9－CT4-7。登记号：8－75205，9－77608。主要特征：齿脊延续到齿台后端。齿台前方收缩，最宽处位于齿台后方1/3处。齿台上具有发育的横脊。产地：广西邕宁长塘剖面。层位：艾菲尔阶那叫组*costatus*带。

10，11 肋脊多颚刺斜长亚种 *Polygnathus costatus oblongus* Weddige，1977 引自王成源（1989）

a－口视，b－侧视。采集号：CT4-7。登记号：10－75206，11－75207。主要特征：齿台长，后端向内弯，近脊沟窄。齿台前方边缘高，略呈吻状。齿台上具有横脊，自由齿片长约为齿台长的一半。产地：广西邕宁长塘剖面。层位：艾菲尔阶那艺组*P. c. costatus*带。

12 肋脊多颚刺斜长亚种 *Polygnathus costatus partitus* Klapper，Ziegler et Mashkova，1978 引自熊剑飞等（1988）

a－口视，b－反口视，c－侧视。采集号：B93y1。登记号：Lcn852045。主要特征：*Polygnathus costatus*的一个亚种，发育窄的齿台，齿台内缘和外后缘特别直，形成箭头状的轮廓。产地：四川龙门山剖面。层位：艾菲尔阶养马坝组石梁子段。

13，14 肋脊多颚刺斜长亚种 *Polygnathus costatus patulus* Klapper，1971 引自Bai等（1994）

13a，14－口视；13b－反口视。采集号：13－Ny9/12.5，14－Ny10/7.8。登记号：13－93281，14－93284。主要特征：齿脊在齿台末端前终止或达末端。齿台宽，最大宽度在齿台中部，齿台前方收缩不明显。产地：广西崇左那艺剖面。层位：埃姆斯阶—艾菲尔阶坡折落组。

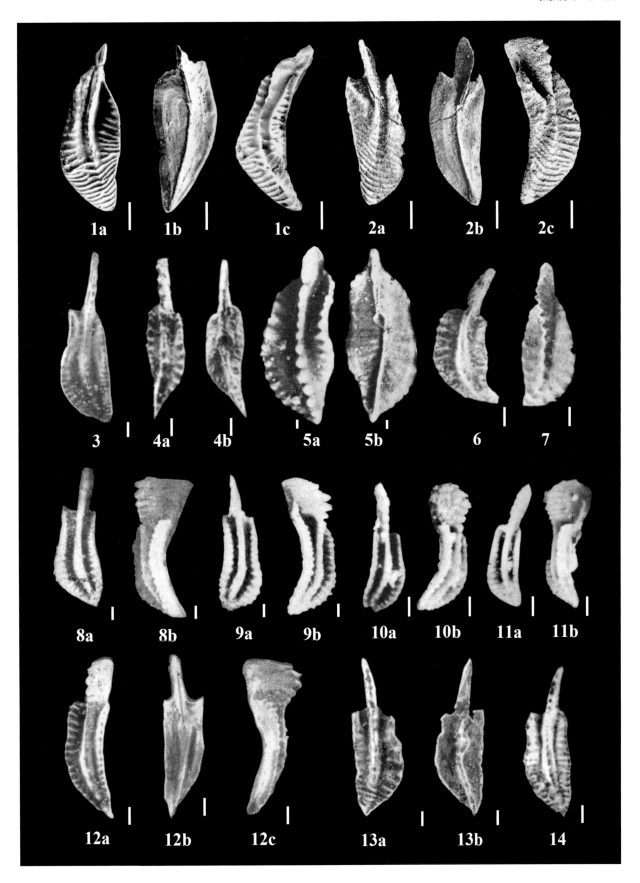

图版 5-1-21 说明

（比例尺 =100μm）

1，2　肋脊多颚刺斜长亚种 *Polygnathus cristatus* Hinde，1979　引自侯鸿飞等（1986）

a－口视，b－反口视。采集号：1－MC38，2－MC37。登记号：1－21114，2－21087。主要特征：齿台对称，后方尖，长圆形或横圆形，齿台表面有较粗的瘤齿装饰，瘤齿均匀分布或排列成不规则的脊。产地：广西象州马鞍山剖面。层位：吉维特阶巴漆组。

3　钦甲多颚刺 *Polygnathus debaoensis* Xiong，1980　引自熊剑飞（1980）

a－口视，b－反口视。登记号：109。主要特征：齿台前方宽，后方窄。齿台后端强烈向下弯，几乎与主齿台成直角。齿舌上有横脊。基腔相对较大，基腔后的龙脊发育。产地：广西德保钦甲剖面。层位：下中泥盆统平恩组下段。

4　肋脊多颚刺斜长亚种 *Polygnathus declinatus* Wang，1979　引自王成源（1979）

a－口视，b－反口视，c－侧视。采集号：YS109。登记号：46279。主要特征：齿舌外缘和内缘强烈地向内折曲，齿舌窄而长，有密集的横脊。齿台边缘横脊短，齿舌上横脊长、连续。产地：广西象州马鞍山剖面。层位：埃姆斯阶四排组石朋段至六回段。

5，6　肋脊多颚刺斜长亚种 *Polygnathus decorosus* Stauffer，1938　引自郎嘉彬和王成源（2010）

a－口视，b－侧视。采集号：WBC04。登记号：5－151636，6－151637。主要特征：自由齿片比齿台略长，侧视呈矩形。齿台窄，近于对称，呈尖的箭头状。齿台中部可见短的横脊。产地：内蒙古乌努尔剖面。层位：弗拉阶大民山组上部角砾岩层。

7，8　肋脊多颚刺斜长亚种 *Polygnathus dehiscens abyssus* Mawson，1987　引自金善燏等（2005）

a－口视，b－反口视。采集号：7－①-CP-牙-6a，8－①-CP-牙-1a。登记号：7－00851，00530，8－00522，00844。主要特征：齿台反口面基腔大而深，占据了除皱边之外的大部分，其边缘横截面呈V字形。产地：云南文山菖蒲塘、古木剖面。层位：埃姆斯阶*P. excavatus*带。

9　肋脊多颚刺斜长亚种 *Polygnathus dehiscens dehiscens* Philip et Jackson，1967　引自金善燏等（2005）

a－口视，b－反口视。采集号：①-CP-牙-1a。登记号：00846，00525。主要特征：齿台反口面具有很大的基腔，占据反口面的大部分区域，基腔后部平或浅槽状。产地：云南文山菖蒲塘、古木剖面。层位：埃姆斯阶*P. excavatus*带。

10　登格勒多颚刺 *Polygnathus dengleri* Bischoff et Ziegler，1957　引自侯鸿飞等（1986）

a－口视，b－反口视。采集号：MC27。登记号：21125。主要特征：齿台较对称，后方尖，边缘高起，有很短的横脊，常常横脊向齿脊方向分化成小的瘤齿。产地：广西象州马鞍山剖面。层位：巴漆组上部下*asymmetricus*带。

11，12　德汝斯多颚刺 *Polygnathus drucei* Bai，1994　引自Bai等（1994）

11a，12－口视；11b－反口视；11c－侧视。采集号：11－B1a/0.2，12－Ma4/0.1。登记号：11－93362，12－93368。主要特征：齿台拱曲，侧弯。齿台表面向两端斜，齿台后部横脊穿过齿脊，齿脊不明显。产地：广西象州马鞍山剖面。层位：弗拉阶再沉积到下*rhomboidea*带-下*triangularis*带。

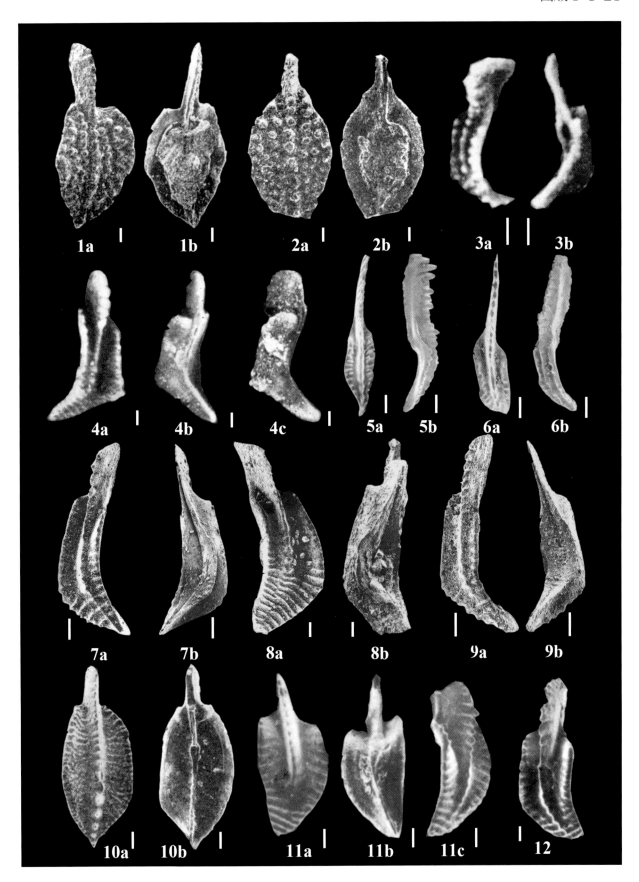

图版 5-1-22 说明

（比例尺 =100μm）

1，2　存疑多颚刺 *Polygnathus dubius* Hinde，1879　引自Ji和Ziegler（1993）

口视。采集号：1－LL-118，2－LL-117。登记号：1－9100032，2－9100043。主要特征：齿台披针形，前方微收缩并有较长横脊，口面具横脊或由瘤齿组成的纹饰，反口面基腔亚圆形。产地：广西宜州拉利剖面。层位：弗拉阶老爷坟组早 *falsiovalis* 带。

3，4　存疑多颚刺（狭义）*Polygnathus dubius* sensu Klapper et Philip，1971　引自Ji和Ziegler（1993）

口视。采集号：LL-122。登记号：3－9100020，4－9100015。主要特征：齿台为伸长的披针状，前端半圆形并形成吻部，齿台边缘有薄而长的横脊。产地：广西宜州拉利剖面。层位：中泥盆统上 *hermanni-cristatus* 带到下泥盆统下 *hassi* 带。

5，6　多岭山多颚刺 *Polygnathus duolingshanensis* Ji et Ziegler，1993　引自Ji和Ziegler（1993）

5－口视，6－侧视。采集号：LL-39。登记号：5－9101008，6－9101007。主要特征：齿台小，对称，三角形。齿台表面饰有短的边缘脊或瘤齿。基腔大，椭圆形，位于齿台前端。产地：广西宜州拉利剖面。层位：法门阶五指山组上部 *trachytera* 带。

7，8　艾菲尔多颚刺 *Polygnathus eiflius* Bischoff et Ziegler，1957　引自王成源（1989）

7a，8－口视；7c－侧视。采集号：7－CD404，8－CD416。登记号：7－75228，8－77614。主要特征：齿台前方有两个斜脊，齿台上可见脊状装饰，齿台外侧侧方膨大。产地：广西德保四红山剖面。层位：中泥盆统分水岭组 *kockelianus* 带。

9，10　艾菲尔多颚刺 *Polygnathus elegantulus* Klapper et Lane，1985　引自Ji和Ziegler（1993）

口视。采集号：LL-83。登记号：9－9100460，10－9100462。主要特征：齿台短，只有刺体长的30%～50%，具有高的愈合的齿脊，齿台边缘有短的横脊或瘤齿。基穴近齿台前方，具有边缘生长线。产地：广西宜州拉利剖面。层位：法门阶五指山组下部中 *triangularis* 带。

11，12　始光滑多颚刺 *Polygnathus eoglaber* Ji et Ziegler，1993　引自Ji和Ziegler（1993）

11，12a－口视；12b－侧视。采集号：11－LL-67，12－LL-62。登记号：11－9100865，12－9100889。主要特征：齿台小、光滑、心形。齿脊高于齿台，向后延伸并超出齿台，形成很短的后齿片。基腔相对较大，卵圆形，位于或接近齿台前端。产地：广西宜州拉利剖面。层位：法门阶五指山组中部。

13，14　清楚多颚刺 *Polygnathus evidens* Klapper et Lane，1985　引自龚黎明等（2012）

13a，14－口视；b－反口视，c－侧视。采集号：13－黔水7-1-1，14－黔水7-2-1。登记号：13－154923，14－154924。主要特征：齿台前部边缘强烈向上翻转。在近脊沟齿台前半部深而宽，而在后半部很浅。齿脊不达齿台后端。齿台两侧横脊发育。产地：重庆黔江水泥厂剖面。层位：弗拉阶写经寺组上部。

15，16　凹穴多颚刺凹穴亚种 *Polygnathus excavatus excavatus* Carls et Gandle，1969　引自Lu等（2016）

a－口视，b－反口视。采集号：15－AGP-LJ-85，16－AGP-LJ-86。登记号：15－NIGP161866，16－NIGP163173。主要特征：基腔深而大，基腔后方无翻转，侧缘在后端封闭。齿舌上的横脊是阻断的或半横穿齿台，齿脊靠近内齿台边缘。产地：广西六景剖面。层位：埃姆斯阶郁江组。

17　凹穴多颚刺格罗贝格亚种 *Polygnathus excavatus gronbergi* Klapper et Johson，1976　引自金善燏等（2005）

a－口视，b－反口视。采集号：⑨-CP-牙-16-1/00653。登记号：00653，00534。主要特征：基腔相当大，占据齿台反口面宽的皱边以外的大部分，在后端反转。齿台上具有短的、断续的横脊。产地：云南文山菖蒲塘、古木剖面。层位：埃姆斯阶坡折落组 *gronbergi* 带。

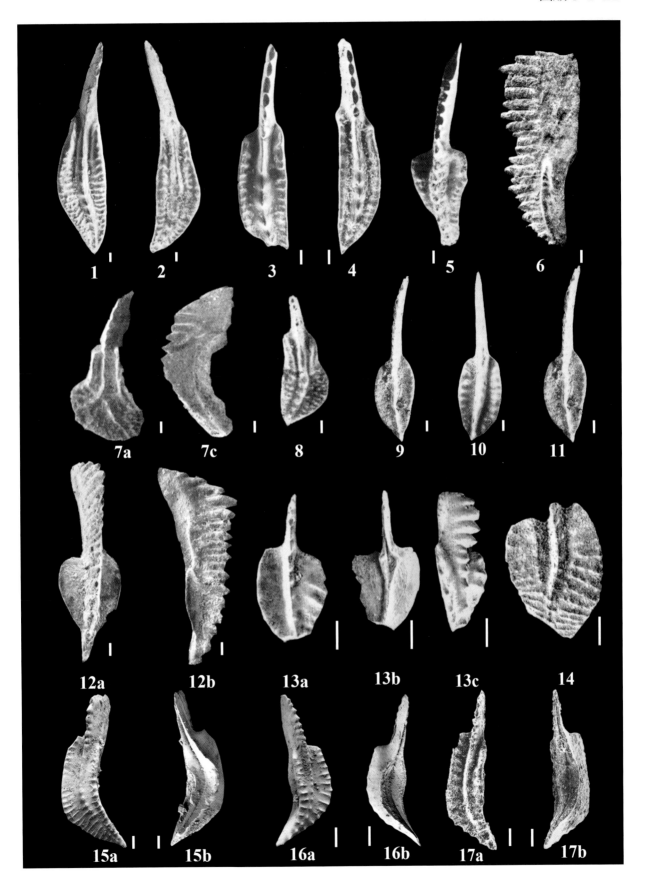

图版 5-1-23 说明

（比例尺 =100μm）

1 凹穴多颚刺114亚种 *Polygnathus excavatus* '114' Carls et Valenzuela-Ríos，2002 引自Lu等（2016）

a－口视，b－反口视。采集号：AGP-LJ-97。登记号：NIGP163179。主要特征：基腔后部闭合而不反转。产地：广西横县六景剖面。层位：埃姆斯阶郁江组。

2 高脊多颚刺 *Polygnathus excelsacarinata* Wang，1989 引自王成源（1989）

a－口视，b－侧视。采集号：CD313。登记号：75218。主要特征：齿台小，长为刺体长的一半，最大宽度在中部，轮廓呈卵圆形。齿台表面光滑。固定齿脊在齿台中部，很高，完全愈合。固定齿脊后缘与口缘和齿台几乎呈直角，整个固定齿脊呈高墙状。产地：广西靖西三联剖面。层位：法门阶融县组。

3，4 叶形多颚刺 *Polygnathus foliformis* Snigireva，1978 引自熊剑飞（1980）

a－口视，b－反口视。登记号：3－084，4－184。主要特征：齿台不对称，向内弯，外后方膨大，末端尖。齿台上有短的肋脊。基腔小。龙脊发育。产地：广西隆林含山、邕宁长塘剖面。层位：下一中泥盆统平恩组、东岗岭组。

5 秘密多颚刺 *Polygnathus furtivus* Ji，1986 引自侯鸿飞等（1986）

a－口视，b－反口视。采集号：MC27。登记号：21126。主要特征：特征齿台不对称，近于三角形，口面为不规则的横脊和瘤肋纹饰，前齿片短而壮，反口面基腔小。产地：广西象州马鞍山剖面。层位：弗拉阶巴漆组下*asymmetricus*带。

6 吉尔伯特多颚刺 *Polygnathus gilberti* Badashev，1986 引自卢建峰（2013）

a－口视，b－反口视。采集号：BH-8-1。登记号：NIGP157703。主要特征：齿台前方近脊沟较深，向后逐渐加宽，后1/3侧弯。前方内外齿台有横脊，齿台边缘不平行。齿舌发育，具有连续的横脊。自由齿片短。产地：广西天等把荷剖面。层位：埃姆斯阶那叫组*serotinus*带。

7，8 光滑多颚刺双叶亚种 *Polygnathus glaber bilobatus* Ziegler，1962 引自王成源（1998）

口视。采集号：89kf25。登记号：7－116745，8－116746。主要特征：齿台前半部明显膨大，后方尖。齿台平，无近脊沟。自由齿片为刺体长的一半。齿台有时不对称。产地：新疆皮山国庆桥—神仙湾公路62km之东小山上。层位：法门阶下*marginifera*带。

9，10 光滑多颚刺光滑亚种 *Polygnathus glaber glaber* Ulrich et Bassler，1926 引自Ji和Ziegler（1993）

口视。采集号：9－LL-69，10－LL-71。登记号：9－9100819，10－9100802。主要特征：齿台小，口面光滑，箭头形，后端尖。自由齿片约为齿台长的一半。近脊沟较深。产地：广西宜州拉利剖面。层位：法门阶五指山组*rhomboidea*带。

11，12 光滑多颚刺中间亚种 *Polygnathus glaber medius* Helms et Wolska，1967 引自Ji和Ziegler（1993）

口视。采集号：11－LL-61，12－LL-69。登记号：11－9100897，12－9100818。主要特征：齿脊由分离的瘤齿组成，前槽缘向前倾斜，龙脊明显，基穴小。产地：广西宜州拉利剖面。层位：法门阶五指山组中部。

13 广西多颚刺 *Polygnathus guangxiensis* Wang et Ziegler，1983 引自Wang和Ziegler（1983b）

a－口视，b－侧视。采集号：CD434。登记号：75240。主要特征：齿台拱曲、内弯，齿台上有均匀分布的肋脊，齿台最宽处近齿台中前部。产地：广西德保四红山剖面。层位：艾菲尔阶分水岭组底部 *P. c. costatus* 带。

14 观雾山多颚刺 *Polygnathus guanwushanensis* Tian，1988 引自熊剑飞等（1988）

a－口视，b－反口视，c－侧视。登记号：LCn-852118。主要特征：齿台对称、椭圆形，口面布满瘤齿，自由齿片极短或无自由齿片，基腔小。产地：四川龙门山剖面。层位：吉维特阶观雾山组海角石段。

15—17 半柄多颚刺 *Polygnathus hemiansatus* Bultynck，1987 引自Bai等（1994）

15，16－口视；17－反口视。采集号：15，16－Lj15/0.4；17－Lj14/9.3。登记号：15－93342，16－93327，17－93343。主要特征：齿台外前槽缘强烈地向外弓曲。齿台内缘几乎是直的，边缘发育锯齿。齿台上有瘤齿或齿脊装饰。产地：广西横县六景剖面。层位：吉维特阶那叫组。

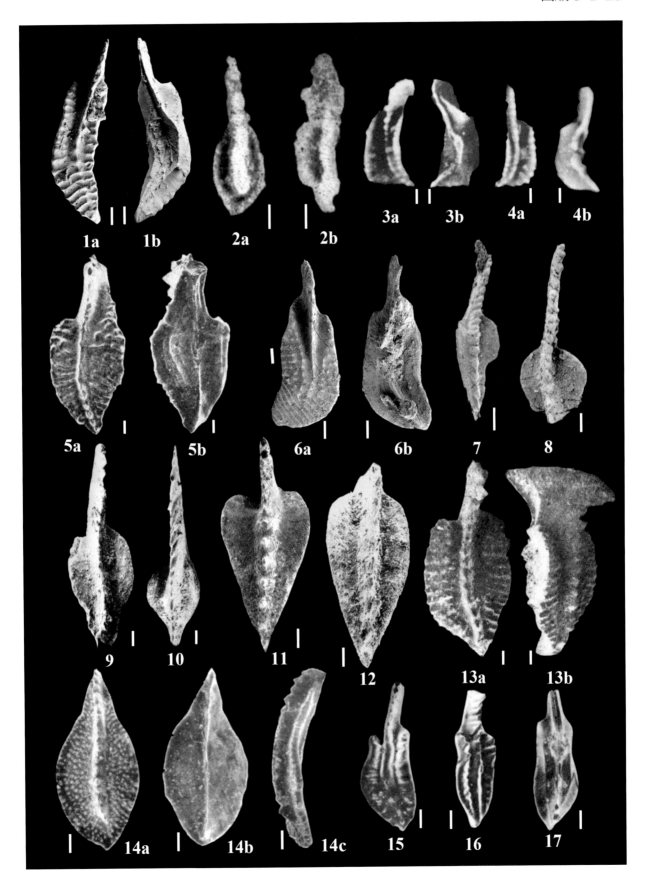

图版 5-1-24 说明

（比例尺 =100μm）

1，2　无饰多颚刺 *Polygnathus inornatus* E. R. Branson，1934　引自Wang和Ziegler（1982），季强（1987）

a－口视，b－反口视，c－侧视。采集号：1－ADS921，2－HJDS 30-5。登记号：1－70217，2－70587。主要特征：刺体较长，齿台不对称，外齿台前半部的上缘比内齿台的上缘高得多。口视两侧缘平行，向后逐渐收缩。反口面龙脊高；基腔中等大小，位于中前部。产地：湖南界岭、江华剖面。层位：法门阶孟公㘭组。

3　翻多颚刺 *Polygnathus inversus* Klapper et Johnson，1975　引自金善燏等（2005）

a－口视，b－反口视。采集号：Z-牙-9-1。登记号：3442，3482。主要特征：齿台前方外缘大约与齿脊和内缘等高，宽而深的近脊沟将外齿台与齿脊分开。反口面有一个相当大的基穴，位于龙脊向内强烈折曲的前方。基腔后方全部翻转。产地：云南文山。层位：下泥盆统埃姆斯阶*inversus*带。

4　拉戈威多颚刺 *Polygnathus lagowiensis* Helms et Wolska，1967　引自熊剑飞等（1988）

a－口视，b－反口视，c－侧视。登记号：LCn-852165。主要特征：齿台柳叶形，两侧具有粗壮、形态不规则的瘤齿。两侧近脊沟较宽，光滑无饰。基腔位于中前部。产地：四川龙门山剖面。层位：弗拉阶沙窝子组。

5　矛瘤多颚刺 *Polygnathus lanceonodosus* Shen，1982　引自沈启明（1982）

a－口视，b－反口视，c－侧视。采集号：白-103。主要特征：齿台呈矛形，自由齿片短，齿台前方微收缩，两边缘上翻并近于平行，齿台上布满小的瘤齿，龙脊锐利。基腔小，位于齿台前1/4处，仅后部下凹。产地：湖南邵阳白仓剖面。层位：法门阶锡矿山组*crepida*带。

6　宽肋多颚刺 *Polygnathus laticostatus* Klapper et Johnson，1975　引自卢建峰（2013）

a－口视，b－反口视。采集号：BH-9。登记号：157708。主要特征：齿脊通常不达后端，两侧有窄的近脊沟，近脊沟侧旁有宽的横脊。反口面发育大的基穴，位于龙脊向内偏转的前方。产地：广西天等把荷剖面。层位：埃姆斯阶达莲塘组*P. inversus*带至*P. serotinus*带。

7　宽沟多颚刺 *Polygnathus latiforsatus* Wirth，1967　引自熊剑飞等（1988）

a－口视，b－反口视，c－侧视。登记号：LCn-852142。主要特征：齿台窄，长约为刺体长的1/2，边缘有小瘤齿。反口面基腔大，位于齿台前端。产地：四川龙门山剖面。层位：吉维特阶观雾山组海角石段。

8　宽多颚刺 *Polygnathus latus* Wittekindt，1966　引自王成源（1989）

a－口视，b－侧视。采集号：CD376。主要特征：齿台宽而长，拱曲，最大宽度在前方。齿台两侧发育并分布均匀的肋脊。基穴小，位于齿台前端与中点之间。产地：广西德保四红山剖面。层位：弗拉阶榴江组*P. asymmetricus*带。

9，10　交界多颚刺 *Polygnathus limitaris* Ziegler，Klapper et Johnson，1976　引自沈建伟（1995）

a－口视，b－反口视。采集号：9－WGY-0，10－WGY-2。主要特征：齿台矛形、不对称，口面具不规则的瘤齿。近脊沟短而深，位于齿台前部。产地：广西桂林岩山圩剖面。层位：吉维特阶东岗岭组*P. varcus*带。

11　舌形多颚刺布尔廷科亚种α形态型 *Polygnathus linguiformis bultyncki* Weddige α morphotype Wang et Ziegler，1983　引自王成源（1989）

口视。采集号：11－XD15-20。登记号：11－75209。主要特征：齿舌窄而长，齿舌初始处有密集的横脊。齿台外缘向内折曲，形成角突。外齿台前方呈凸缘状。产地：广西象州大乐剖面。层位：埃姆斯阶四排组*serotinus*带。

12　舌形多颚刺布尔廷科亚种β形态型 *Polygnathus linguiformis bultyncki* Weddige β morphotype Wang et Ziegler，1983　引自王成源（1989）

口视。采集号：12－CD448。登记号：12－75208。主要特征：齿舌初始处与前方齿台呈缓的曲线状，没有形成尖角。前方齿台外缘与齿脊和内缘等高或略高。基腔外侧无隆起。产地：广西德保四红山剖面。层位：埃姆斯阶坡折落组*serotinua*带。

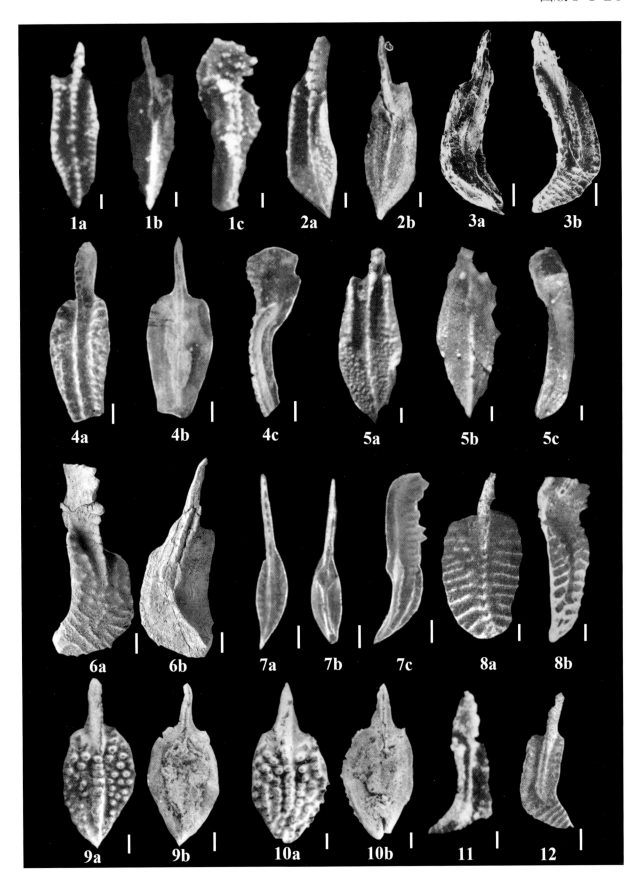

1a 1b 1c 2a 2b 3a 3b

4a 4b 4c 5a 5b 5c

6a 6b 7a 7b 7c 8a 8b

9a 9b 10a 10b 11 12

图版 5-1-25 说明

（比例尺 =100μm）

1，2 舌形多颚刺舌形亚种 α 形态型 *Polygnathus linguiformis linguiformis* Hinde α morphotype Bultynck，1970 引自王成源（1989）

a－口视，b－反口视。采集号：1－CD171，2－75259。登记号：1－CD175，2－77605。主要特征：横脊贯穿齿台后方齿舌，外缘在折曲处没有向外侧膨大。产地：广西那坡三叉河。层位：埃姆斯阶—艾菲尔阶坡折落组。

3 舌形多颚刺舌形亚种 δ 形态型 *Polygnathus linguiformis linguiformis* Hinde δ morphotype Bultynck，1970 引自金善燏等（2005）

a－口视，b－反口视。采集号：②-CP-牙-61a-1。登记号：00585，00894。主要特征：齿台后端仅有几个微弱的横脊或齿脊延伸达齿台末端，外齿台边缘呈均匀宽缓的、凸出的弧线。产地：云南文山菖蒲塘剖面。层位：吉维特阶东岗岭组 *varcus* 带。

4，5 舌形多颚刺舌形亚种 ε 形态型 *Polygnathus linguiformis linguiformis* Hinde ε morphotype Bultynck，1970 引自金善燏等（2005）

a－口视，b－反口视。采集号：4－②-CP-牙-61，5－②-CP-牙-61a-1。登记号：4－00895，00586，5－00892，00584。主要特征：齿舌上有很发育的横脊，前外齿台不发育凸缘状边缘。产地：云南文山菖蒲塘剖面。层位：吉维特阶东岗岭组 *varcus* 带。

6，7 舌形多颚刺舌形亚种 γ 形态型 *Polygnathus linguiformis linguiformis* Hinde γ morphotype Bultynck，1970 引自王成源（1989）

口视。采集号：6－CD378，7－CD377。登记号：6－75269，7－75268。主要特征：横脊贯穿齿舌，前外齿台横切面呈槽状，近脊沟深，前方外缘明显比齿脊和内缘高。产地：广西德保四红山剖面。层位：吉维特阶榴江组底部 *varcus* 带。

8 舌形多颚刺肥胖亚种 *Polygnathus linguiformis pinguis* Weddige，1977 引自Bai等（1994）

a－口视，b－反口视。采集号：Ny10。登记号：8.5，93295。主要特征：齿台长仅为齿台宽的2/3。齿舌短，不到齿台长的1/3。产地：广西崇左那艺剖面。层位：艾菲尔阶 *costatus* 带。

9 洛定多颚刺 *Polygnathus lodinensis* Pölster，1969 引自Ji和Ziegler（1993）

a－口视，b－侧视。采集号：LL-88。登记号：9100302。主要特征：齿台矛状至披针状。在齿台前半部齿槽宽而深，向后变窄。沿光滑的齿台边缘有小的瘤齿。产地：广西宜州拉利剖面。层位：弗拉阶香田组 *linguiformis* 带。

10 陌生多颚刺 *Polygnathus mirabilis* Ji，1986 引自侯鸿飞等（1986）

a－口视，b－反口视。采集号：Mc71。登记号：21064。主要特征：齿台不对称，口面具有稀疏的、不规则分布的瘤齿，反口面基腔中等大小、卵形。产地：广西象州马鞍山剖面。层位：吉维特阶巴漆组 *varcus* 带。

11，12 奇异多颚刺 *Polygnathus mirificus* Ji et Ziegler，1993 引自Ji和Ziegler（1993）

11a，12－口视；11b－侧视。采集号：LL-87。登记号：11－9100328，12－9100324。主要特征：齿台矛形，外齿台边缘强烈上翻，在前端具3~5个大的细齿。产地：广西宜州拉利剖面。层位：弗拉阶香田组 *linguiformis* 带。

13 新晚成多颚刺 *Polygnathus neoserotinus* Bai，1994 引自Bai等（1994）

a－口视，b－反口视。采集号：Ny0/5.6。登记号：93293。主要特征：横脊占据或穿过齿台后1/3。基穴在龙脊弯曲处的前方，基穴外侧有小的半圆形的台状突伸。产地：广西崇左那艺剖面。层位：艾菲尔阶 *costatus* 带。

14 正常多颚刺 *Polygnathus normalis* Miller et Youngquist，1947 引自Ji和Ziegler（1993）

口视。采集号：LL-108。登记号：9100120。主要特征：齿台不对称，均匀内弯。前缘两侧近于平行，微微上弯，高度相近。齿台两侧发育横脊，与齿脊近于垂直或微微斜交。产地：广西宜州拉利剖面。层位：弗拉阶老爷坟组 *punctata* 带。

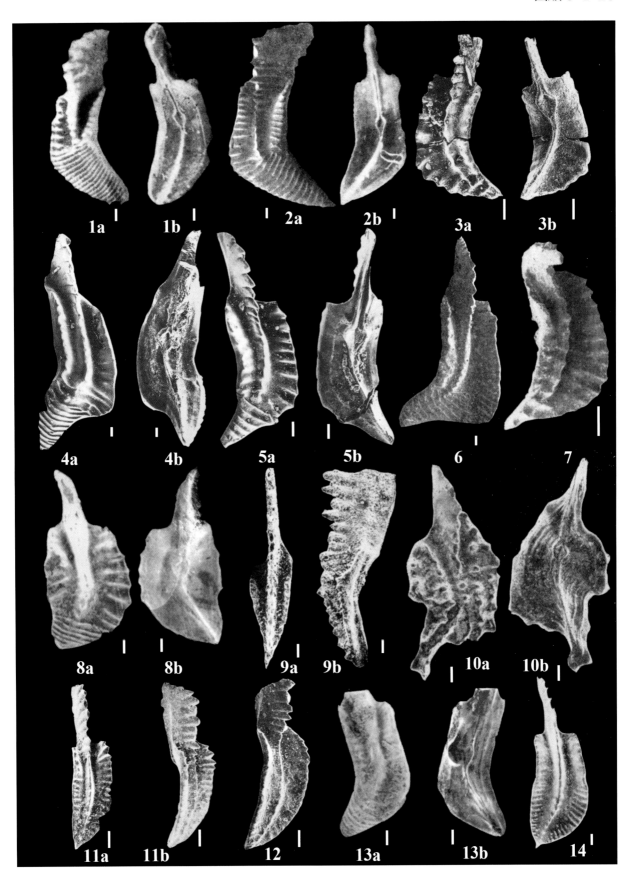

图版 5-1-26 说明

（比例尺 =100μm）

1　疑似优美多颚刺 *Polygnathus nothoperbonus* Mawson，1987　引自Lu等（2016）

a－口视，b－反口视。采集号：AGP-LJ-97。登记号：NIGP163184。主要特征：基腔中等大小、浅、平坦，在齿台向内偏斜前之下膨大。齿台口面后1/3横脊不连续。产地：广西横县六景剖面。层位：埃姆斯阶郁江组*nothoperbonus*带。

2　斜脊多颚刺 *Polygnathus obliquicostatus* Ziegler，1962　引自Wang和Ziegler（1982）

a－口视，b－反口视。采集号：ADS904。登记号：ADS904/70207。主要特征：自由齿片仅为齿台长的一半，内外齿台均有密集的斜脊，向主齿脊倾斜齿脊两侧近脊沟发育。产地：湖南界岭剖面。层位：法门阶邵东段。

3　椭圆瘤多颚刺 *Polygnathus ovatinodosus* Ziegler et Klapper，1976　引自侯鸿飞等（1986）

a－口视，b－反口视。采集号：MC43。登记号：MC43-21089。主要特征：齿台椭圆形，表面具有瘤齿，前端呈特殊的短喙状。基腔位于齿台中前部。产地：广西象州马鞍山剖面。层位：吉维特阶巴漆组。

4，5　似华美多颚刺 *Polygnathus paradecorosus* Ji et Ziegler，1993　引自Ji和Ziegler（1993）

口视。采集号：4－LL-118，5－LL-117。登记号：4－9100033/LL-118，5－9100048/LL-117。主要特征：齿台细长、披针状，长为宽的三倍。口面有短的横脊。前齿片较长，为齿台长的3/4。齿台中部齿脊的几个细齿明显增大。产地：广西宜州拉利剖面。层位：弗拉阶老爷坟组。

6　似卫伯多颚刺 *Polygnathus parawebbi* Chatterton，1974　引自熊剑飞等（1988）

a－口视，b－反口视。登记号：LCn-85158。主要特征：齿台近长方形，左右不对称，右侧宽，其上发育横脊。齿台和齿脊后端强烈向后弯。基腔位于齿台前部，卵形。产地：四川龙门山剖面。层位：吉维特阶金宝石组B99层。

7　羽翼多颚刺 *Polygnathus pennatus* Hinde，1879　引自侯鸿飞等（1986）

a－口视，b－反口视。采集号：MC39。登记号：MC39-21119。主要特征：齿台卵圆形或披针形，两边翘起，两侧有横脊，近脊沟明显。反口面基腔小，椭圆形。产地：广西象州马鞍山剖面。层位：吉维特阶巴漆组。

8，9　优美多颚刺 *Polygnathus perbonus*（Philip，1966）　引自Lu等（2016）

a－口视，b－反口视。采集号：AGP-LJ-86。登记号：8－NIGP163185，9－NIGP163186。主要特征：齿舌上横脊发育，前外齿台边缘与前内齿台边缘高度相近，外缘向内折曲且较锐利。基腔向前后延伸成齿槽，至少在后方是上翻的。产地：广西横县六景剖面。层位：埃姆斯阶郁江组。

10　皮氏多颚刺 *Polygnathus pireneae* Boersma，1974　引自Lu等（2016）

a－口视，b－反口视。登记号：NIGP75196。主要特征：齿台狭长，无近脊沟，两侧缘锯齿状。基腔大，几乎占据整个齿台的反口面。产地：广西横县六景剖面。层位：布拉格阶郁江组。

11，12　高片多颚刺 *Polygnathus procerus* Sannemann，1955　引自Ji和Ziegler（1993）

11a，12－反口视；11b－侧视。采集号：11－LL-99，12－LL-87。登记号：11－9100175/LL-99，12－9100327/LL-87。主要特征：自由齿片高，齿台与自由齿片近乎等长。齿台两边向上翘起，形成深而宽的近脊沟，表面光滑或具弱的横脊。产地：广西宜州拉利剖面。层位：弗拉阶老爷坟组、香田组。

13，14　假叶多颚刺 *Polygnathus pseudofoliatus* Wittekindt，1966　引自王成源（1989）

13，14a－口视；14b－侧视。采集号：13－CD428，14－CT2-1。登记号：13－CD428/75232，14－CT2-1/77617。主要特征：齿台上有横脊或横向排列的瘤齿，横脊和瘤齿被近脊沟和齿脊分开，齿台前方收缩。产地：广西德保都安四红山剖面、那坡三叉河剖面。层位：艾菲尔阶分水岭组。

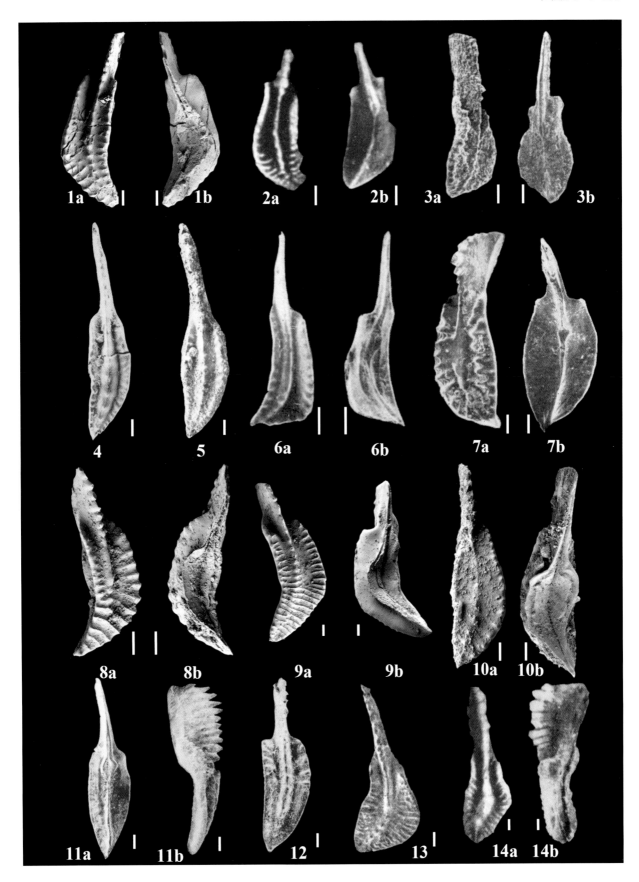

图版 5-1-27 说明

（比例尺 =100μm）

1 假后多颚刺 *Polygnathus pseudoserotinus* Mawson，1987　引自金善燏等（2005）

a－口视，b－反口视。采集号：④-CP-牙-53-3。登记号：00574，00885。主要特征：齿台明显向内弯曲，前外齿台边缘比前内齿台边缘高而宽，基底凹窝外侧发育半圆形的陆棚状突起。产地：云南文山剖面。层位：埃姆斯阶*patula*带。

2 钦甲多颚刺 *Polygnathus qinjiaensis* Xiong，1980　引自熊剑飞（1980）

a－口视，b－反口视，c－侧视。登记号：105。主要特征：齿台近舌形。齿台后1/3为齿舌。齿舌向内弯，其上发育横脊。齿台前部齿脊两侧有两列吻脊，由瘤齿组成。产地：广西德保钦甲剖面。层位：下—中泥盆统平恩组。

3 莱茵河多颚刺 *Polygnathus rhenanus* Klapper，Philip et Jackson，1970　引自金善燏等（2005）

a－口视，b－反口视。采集号：④-CP-牙-64。登记号：00905，00596。主要特征：自由齿片长，约为刺体长的1/3。齿台光滑。基腔恰好位于自由齿片和齿台前端连接处。产地：云南文山菖蒲塘剖面。层位：中泥盆统吉维特阶*varcus*带。

4，5 壮脊多颚刺 *Polygnathus robusticostatus* Bischoff et Ziegler，1957　引自金善燏等（2005）

a－口视，b－反口视。采集号：4－②-CP-牙-64，5－④-CP-牙-59b。登记号：4－00595，00904，5－00891，00580。主要特征：齿台呈心形，齿台两侧具有粗壮的横脊，近脊沟较深，齿台最宽处接近齿台中前部。产地：云南文山菖蒲塘剖面。层位：中泥盆统吉维特阶*varcus*带。

6 半脊多颚刺 *Polygnathus semicostatus* Branson et Mehl，1934　引自Wang和Ziegler（1982）

a－口视，b－反口视，c－侧视。采集号：ADS921。登记号：70217。主要特征：齿台窄，纵向上强烈上凸，中后部有多个相互平行的弧形横脊，前部发育纵向的齿脊或不连续的短横脊，齿脊仅延伸到齿台中部。产地：湖南邵东界岭剖面。层位：法门阶邵东段底部。

7，8 晚成多颚刺 γ 形态型 *Polygnathus serotinus* γ morphotype Telford，1975　引自金善燏等（2005）

a－口视，b－反口视。采集号：7－④-CP-牙-50-1，8－①-CP-牙-48a。登记号：7－00567，00881，8－00917，00882。主要特征：后齿台与主齿台结合部为浑圆的或直角的小基穴，基穴位于龙脊强烈内弯折曲点的前方，基穴外侧有一小的、半圆形的、陆棚状的突伸。产地：云南文山菖蒲塘剖面。层位：埃姆斯阶*patulus*带。

9 晚成多颚刺 δ 形态型 *Polygnathus serotinus* δ morphotype Telford，1975　引自王成源（1989）

a－口视，b－反口视。采集号：CD460。登记号：75235。主要特征：齿舌发育，与前方齿台呈尖角状连接，基底凹窝小，恰好位于龙脊明显向内弯曲的前方。产地：广西德保四红山剖面。层位：埃姆斯阶坡折落组*serotinus*带。

10，11 肖卡罗夫多颚刺 *Polygnathus sokolovi* Yolkin et al.，1994　引自Lu等（2016）

a－口视，b－反口视。采集号：AGP-LJ-78。登记号：10－NIGP163195，11－NIGP161862。主要特征：齿台平、窄，前方微微收缩，外齿台边缘在齿台中部明显弯曲，齿台边缘的瘤齿分离或愈合并与假的近脊沟形成明显的脊。产地：广西横县六景剖面。层位：布拉格阶郁江组。

12 施特雷尔多颚刺 *Polygnathus streeli* Dreesen，Dusar et Graessens，1976　引自Wang和Ziegler（1982）

a－口视，b－反口视，c－侧视。采集号：ADS937。登记号：70208。主要特征：自由齿片短而高。齿台不对称，外齿台强烈上翻。反口面龙脊高；基腔小，位于齿台中部偏前的位置。产地：湖南邵东界岭剖面。层位：法门阶孟公坳组。

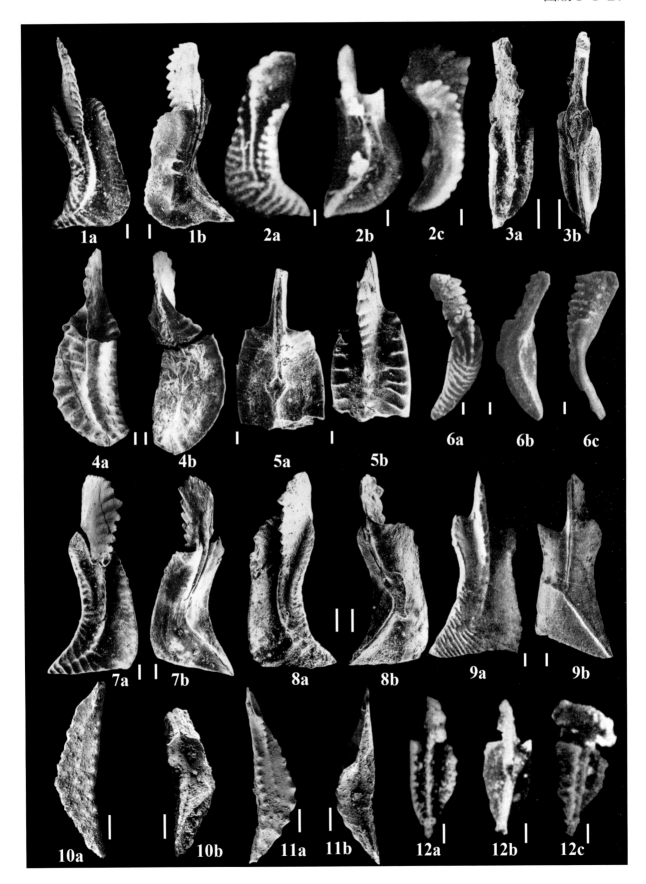

图版 5-1-28 说明

（比例尺 =100μm）

1 三列多颚刺 Polygnathus trilinearis（Cooper，1973） 引自Lu等（2016）

a－口视，b－反口视。采集号：AGP-LJ-75。登记号：NIGP163197。主要特征：齿台对称、平，有三行瘤齿列，中齿列线状，由几个小的、分离的瘤齿组成，边缘瘤齿列在齿台前半部由小的、分离的瘤齿组成，齿台后半部为很短的横脊。产地：广西横县六景剖面。层位：布拉格阶那高岭组高岭段下部。

2 帝汶多颚刺 Polygnathus timorensis Klapper，Philip et Jackson，1970 引自王成源（1989）

a－口视，b－侧视。采集号：CD386。登记号：77621。主要特征：齿台窄，对称或不对称，外前槽缘向外弯，比内前槽缘向前延伸些，齿台边缘瘤齿状，膝曲点一般不相对。产地：广西德保四红山剖面。层位：吉维特阶分水岭组上部varcus带。

3，4 三角多颚刺 Polygnathus trigonicus Bischoff et Ziegler，1957 引自王成源（1989）

口视。采集号：3－CD409，4－CT3-11。登记号：3－75263，4－75262。主要特征：齿台呈三角形，口面上有不规则的瘤齿或肋脊。产地：广西德保都安剖面、那坡三叉河剖面。层位：中泥盆统分水岭组。

5 长齿片多颚刺 Polygnathus varcus Stauffer，1940 引自王成源（1989）

a－口视，b－侧视。采集号：HL12-7。登记号：75251。主要特征：齿台短，对称，自由齿片长，为齿台长的2～3倍，基腔在自由齿片与齿台的连接处。产地：广西德保都安剖面。层位：吉维特阶分水岭组上部varcus带。

6，7 福格斯多颚刺 Polygnathus vogesi Ziegler，1962 引自王成源和王志浩（1978a）

a－口视，b－反口视。采集号：6－ACE367，7－ACE370。登记号：6－36596，7－36597。主要特征：齿台近心形，前1/3向下偏斜，形成开阔的前槽，前方有两个明显的前侧脊，后2/3口面光滑，基穴极小，不易辨认。产地：贵州长顺剖面。层位：法门阶五指山组上部。

8 王氏多颚刺 Polygnathus wangi（Bardashev，Weddige et Ziegler，2002） 引自王成源（1989）

a－口视，b－反口视。采集号：CD449。登记号：75234。主要特征：齿台宽，前2/3边缘近于平行，后1/3近乎直角偏转，前外缘高，饰有短的横脊，齿舌上有连续的横脊。产地：广西德保四红山剖面。层位：埃姆斯阶坡折落组。

9，10 韦伯多颚刺 Polygnathus webbi Stauffer，1938 引自Ji和Ziegler（1993）

口视。采集号：LL-109。登记号：9－9100100，10－9100101。主要特征：自由齿片约为刺体总长的1/3，固定齿脊达齿台后端，齿台上有发育的横脊，近脊沟向前变深，齿台前槽缘略向前斜伸。产地：广西宜州拉利剖面。层位：弗拉阶老爷坟组中部punctata带。

11 香花岭多颚刺 Polygnathus xianghualingensis Shen，1982 引自沈启明（1982）

a－口视，b－反口视，c－侧视。采集号：A-101。主要特征：齿台强烈不对称，外齿台宽深，强烈上翻，后方膨大，上缘呈半圆形，边缘有锯齿，内齿台窄，其上发育一条与齿脊平行的前方高后方矮的脊。产地：湖南临武香花岭剖面。层位：法门阶顶部。

12 光台多颚刺恩辛亚种 Polygnathus xylus ensensis Ziegler，Klapper et Johnson，1976 引自王成源（1989）

a－口视，b－反口视。采集号：CD407。登记号：75257。主要特征：膝曲点后的齿台边缘明显呈锯齿状，锯齿后方的齿台强烈向下弯。产地：广西德保四红山剖面。层位：中泥盆统分水岭组。

13 光台多颚刺光台亚种 Polygnathus xylus xylus Stauffer，1940 引自金善燏等（2005）

a－口视，b－反口视。采集号：②-CP-牙-63a-2。登记号：00898，00589。主要特征：膝曲点后方的齿台边缘锯齿化不明显，齿台后方并未强烈向下拱曲。产地：云南文山。层位：吉维特阶varcus带。

14，15 慈内波尔多颚刺 Polygnathus znepolensis Spassov，1965 引自熊剑飞等（1988）

14，15a－口视；15b－反口视。采集号：14－C174，15－C177。登记号：14－LCn-852228，15－LCn-852230。主要特征：齿台两侧不对称。内齿台较窄，其上有斜向排列齿脊。外齿台宽、半圆形，齿脊与外齿台边缘间的齿台光滑。产地：四川龙门山剖面。层位：法门阶茅坝组174层、长滩子组177层。

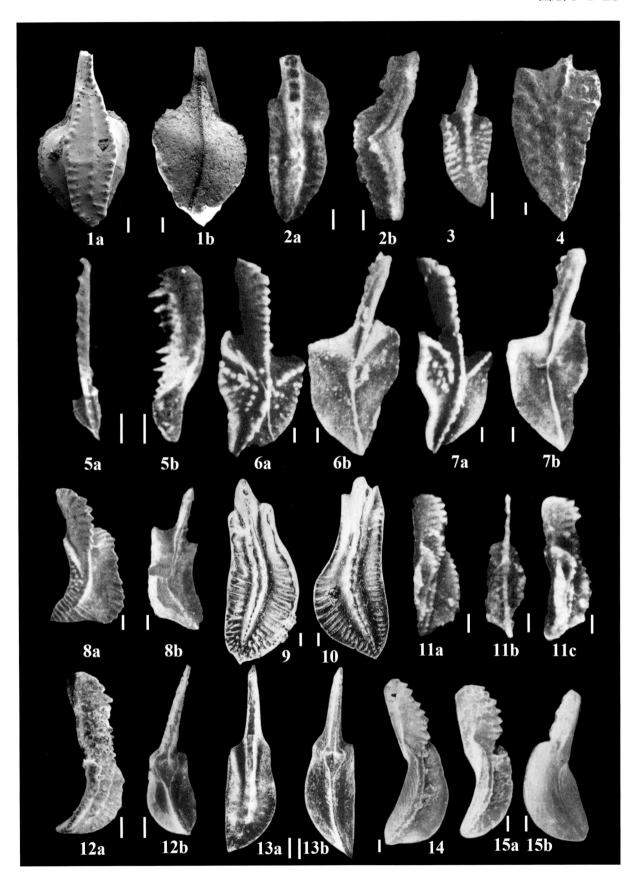

图版 5-1-29 说明

（比例尺 =100μm）

1　鲍加特多颚刺 *Polynodosus bouchaerti* Dresen et Dusar，1974　引自季强（1987）

a－口视，b－反口视。采集号：HJDS 18-4。登记号：HJDS 18-4/70609。主要特征：齿台前端发育2～3条粗大的吻脊。内齿台较窄，有断续排列的、微微前弯的横脊。外齿台宽大，呈半圆形，口面布满断续排列的、微微内弯的纵脊，齿脊后部有一条宽而浅的中沟。产地：湖南江华三百工剖面。层位：法门阶三百工村组。

2，3　大坪多瘤刺 *Polynodosus dapingensis*（Qin，Zhao et Ji，1988）　引自秦国荣等（1988）

口视。采集号：2-C85-3-116，3-C85-1-14。登记号：2-33632，3-33642。主要特征：齿台宽卵形，两侧各有两列纵向排列有序、瘤齿间距相等、横向上左右瘤齿相互对应的脊。反口面基腔中等大小，卵形。产地：广东乐昌大坪剖面。层位：法门阶天子岭组上段 *marginifera*带。

4　埃特雷梅多瘤刺 *Polynodosus ettremae*（Pickett，1972）　引自Bai等（1994）

a－口视，b－侧视。采集号：B4。登记号：93335。主要特征：齿台明显不对称，中部沿齿脊方向强烈拱起。内外齿台上有纵向排列的脊。齿脊短，不达齿台后端。产地：广西象州巴漆剖面。层位：法门阶下*rhomboidea*带。

5　芽多瘤刺 *Polynodosus germanus* Ulrich et Bassler，1926　引自王成源（1989）

a－口视，b－侧视。采集号：HL14-9。登记号：77661。主要特征：齿脊两侧齿台上有与齿脊平行的1～3个瘤齿列，最靠近齿脊的瘤齿列几乎与齿脊等大。产地：广西横县六景剖面。层位：法门阶融县组。

6　瘤粒多瘤刺 *Polynodosus granulosus*（Branson et Mehl，1934）　引自王成源（1989）

a－口视，b－侧视。采集号：SL23。登记号：75265。主要特征：齿台厚，边缘不对称。齿脊通常不达齿台末端。口面瘤齿分布散乱，没有排列成行，齿台前方瘤齿略大。产地：广西武宣三里剖面。层位：法门阶三里组。

7　相似不规则多瘤刺 *Polynodosus homoirregularis* Ziegler，1971　引自Ji和Ziegler（1993）

口视。采集号：LL-32。登记号：9101033。主要特征：齿台厚度中等，不对称，前半部有两个次级齿脊，后半部有散乱的小瘤齿且有排列成行的趋向。产地：广西宜州拉利剖面。层位：法门阶五指山组*expansa*带。

8　艾尔曼多颚刺 *Polynodosus ilmensis*（Zhulavlev，2003）　引自龚黎明等（2012）

a－口视，b－反口视，c－侧视。采集号：黔水7-1-1。登记号：154939。主要特征：齿台矛状，侧边缘向上隆起并形成与齿脊平行的边缘脊。齿脊光滑，直达齿台后端。产地：重庆黔江水泥厂剖面。层位：弗拉阶写经寺组。

9　温雅多瘤刺 *Polynodosus lepidus* Ji，1987　引自季强（1987）

a－口视，b－反口视。采集号：HJDS 18-9。登记号：70569。主要特征：齿台矛形，后端向内弯曲，齿台前2/3有4～6个与齿脊平行的纵脊，齿台后1/3有与齿脊垂直的横脊。产地：湖南江华剖面。层位：上泥盆统三百工村组。

10　似瘤脊多瘤刺 *Polynodosus nodocostatoides*（Qin，Zhao et Ji，1988）　引自秦国荣等（1988）

a－口视，b－反口视。采集号：C85-7-151。登记号：33607。主要特征：齿台卵圆形，口面具4～6条光滑的纵脊。反口面基腔大，亚圆形，位于齿台前端。产地：粤北水罗田剖面。层位：法门阶"孟公坳组"。

11　瘤脊多瘤刺 *Polynodosus nodocostatus*（Branson et Mehl，1934）　引自王成源（1989）

口视。采集号：SL20。登记号：75264。主要特征：齿台卵圆形或长圆形，口面两侧各发育3～4条近纵向排列的纵脊，由瘤齿组成。产地：广西武宣三里剖面。层位：法门阶三里组*P. marginifera*带。

12　纵向多瘤刺 *Polynodosus ordinatus*（Bryant，1921）　引自熊剑飞等（1988）

a－口视，b－反口视，c－侧视。采集号：B127y3。登记号：LCn-852322。主要特征：自由齿片短，齿台平或微微拱曲，口面具瘤齿，瘤齿排列成行并与齿脊平行。产地：四川龙门山剖面。层位：观雾山组海角石段。

13　奇异多瘤刺 *Polynodosus peregrinus*（Ji，1987）　引自季强（1987）

a－口视，b－反口视。采集号：HJDS18-1。登记号：70608。主要特征：齿台不对称，齿台前端发育2～3条粗大的吻脊。内齿台有断续排列的、微微前弯的横脊。外齿台呈半圆形，口面布满断续排列的、微微内弯的纵脊，齿脊后部有一条宽而浅的中沟。产地：湖南江华剖面。层位：上泥盆统三百工村组。

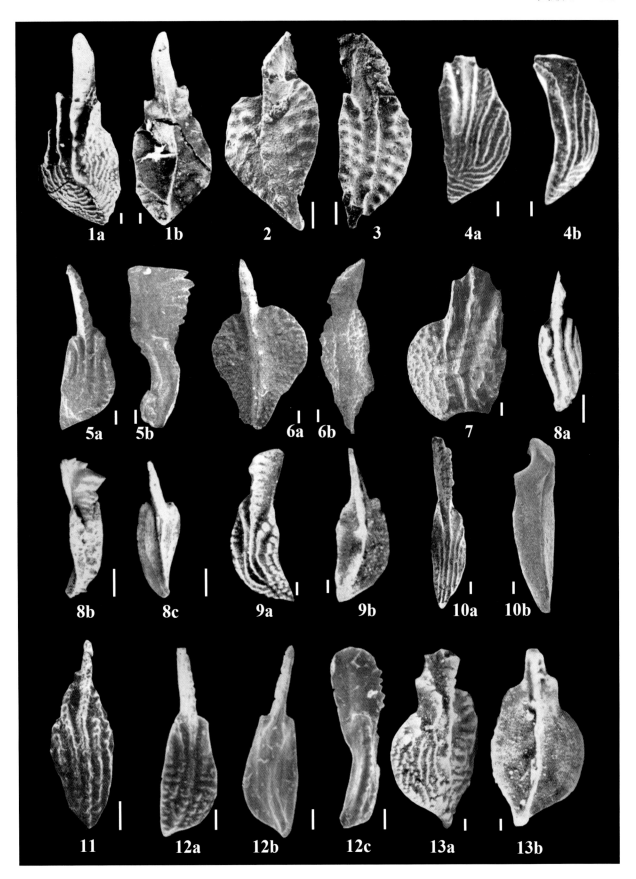

图版 5-1-30 说明

（比例尺 =100μm）

1　小丛多瘤刺 *Polynodosus perplexus*（Thomas，1949）　引自李晋僧（1987）

口视。登记号：XC 1071。主要特征：齿台不对称。通常内外齿台各有三列纵脊，由低矮的瘤齿组成。外齿台前方有一个明显的向外前方散开的吻脊，但齿台内前方缺少吻脊。产地：甘肃迭部当多沟剖面。层位：上泥盆统陡石山组中、上部。

2，3　安息香多瘤刺 *Polynodosus styriacus*（Ziegler，1957）　引自王成源和王志浩（1978a）

a－口视，b－反口视。采集号：ACE365。登记号：2－36590，3－36594。主要特征：整个齿台口面有小瘤齿分布，两侧齿台前1/3处形成与齿脊交角较大的前侧齿脊，齿台前1/3下倾明显。产地：贵州长顺、惠水县剖面。层位：法门阶五指山组。

4　近不规则多瘤刺 *Polynodosus subirregularis*（Sandberg et Ziegler，1979）　引自秦国荣等（1988）

口视。采集号：C86-1-9。登记号：33606。主要特征：齿台卵圆形至菱形。齿台前部有两个瘤齿列，与齿脊近于平行，近脊沟将其与齿脊分开。产地：粤北乳源五峰剖面。层位：法门阶帽子峰组上段。

5　科林森原颚齿刺 *Protognathodus collinsoni* Ziegler，1969　引自季强和熊剑飞（1985）

a－口视，b－侧视。登记号：DC84415。主要特征：前齿片直或微微向内弯，齿杯对称或近于对称，在齿杯的内侧或外侧仅一个瘤齿。产地：贵州睦化剖面Ⅱ。层位：法门阶五指山组顶部上 *praesulcata* 带。

6　科克尔原颚齿刺 *Protognathodus kockeli*（Bischoff，1957）　引自季强和熊剑飞（1985）

a－口视，b－侧视。登记号：DC84420。主要特征：齿杯不对称，齿脊的两侧有一列或两列瘤齿。产地：贵州睦化剖面Ⅱ。层位：五指山组顶部上 *praesulcata* 带至王佑组下部 *sulcata* 带。

7　迈斯奈尔原颚齿刺 *Protognathodus meischneri* Ziegler，1969　引自季强和熊剑飞（1985）

a－口视，b－侧视。登记号：DC84412。主要特征：齿杯对称，卵圆形，表面光滑，齿杯宽而浅。产地：贵州睦化剖面Ⅱ。层位：法门阶格董关层上 *praesulcata* 带。

8　短羽假多颚刺 *Pseudopolygnathus* cf. *brevipennatus* Ziegler，1962　引自Wang和Yin（1988）

口视。采集号：NbII-02。登记号：197234。主要特征：齿台右侧发育一列瘤齿，接近齿台后端；左侧发育几个瘤齿。基腔大，近于对称。产地：广西桂林南边村剖面。层位：法门阶顶部上 *praesulcata* 带。

9　线齿假多颚刺 *Pseudopolygnathus dentilineatus* Branson，1934　引自季强和熊剑飞（1985）

a－口视，b－反口视。采集号：GM II-34。登记号：DC84560。主要特征：齿台披针形，两侧边缘各有一列瘤齿。反口面基腔大，呈心形。产地：贵州长顺睦化剖面Ⅱ。层位：法门阶顶部—杜内阶底部王佑组。

10　纺锤形假多颚刺 *Pseudopolygnathus fusiformis* Branson et Mehl，1934　引自Wang和Yin（1988）

口视。采集号：NBII-48-7。登记号：107362。主要特征：齿台纺锤形，窄而对称，边缘发育微弱的横脊或小瘤齿。反口面基腔大，稍窄于齿台，占据反口面的2/3。产地：广西桂林南边村剖面。层位：法门阶顶部下 *praesulcata* 带。

11　后瘤齿假多颚刺 *Pseudopolygnathus postinodosus* Rhodes，Austin et Druce，1969　引自Wang和Yin（1988）

a－口视，b－侧视。采集号：NbII-3b-2。登记号：107295。主要特征：齿脊后部伸出齿台，并有一个或两个较大的、向内倾斜的细齿。产地：广西桂林南边村剖面。层位：法门阶顶部上 *praesulcata* 带。

12—14　三角假多颚刺 *Pseudopolygnathus trigonicus* Ziegler，1962　引自王成源和王志浩（1978），Wang和Yin（1988）

12a，13，14－口视；b－反口视。采集号：12－ACE361；13，14－NBIII-709-4。登记号：12－36576，13－107223，14－103664。主要特征：齿台三角形，口面有小瘤齿，前端发育3条侧齿脊，两内侧齿脊交角一般小于90°。产地：贵州长顺剖面、广西桂林南边村剖面。层位：法门阶顶部。

15　齿缘假多鄂刺 *Pseudopolygnathus dentimarginatus* Qie et al.，2016　引自Qie等（2016）

a－口视，b－反口视。采集号：CQL 9/1。登记号：CQL14020036。主要特征：齿台两侧边缘发育大的瘤齿，齿脊仅发育在齿台后部并延伸出齿台。产地：贵州独山其林寨剖面。层位：法门阶汤耙沟组底部。

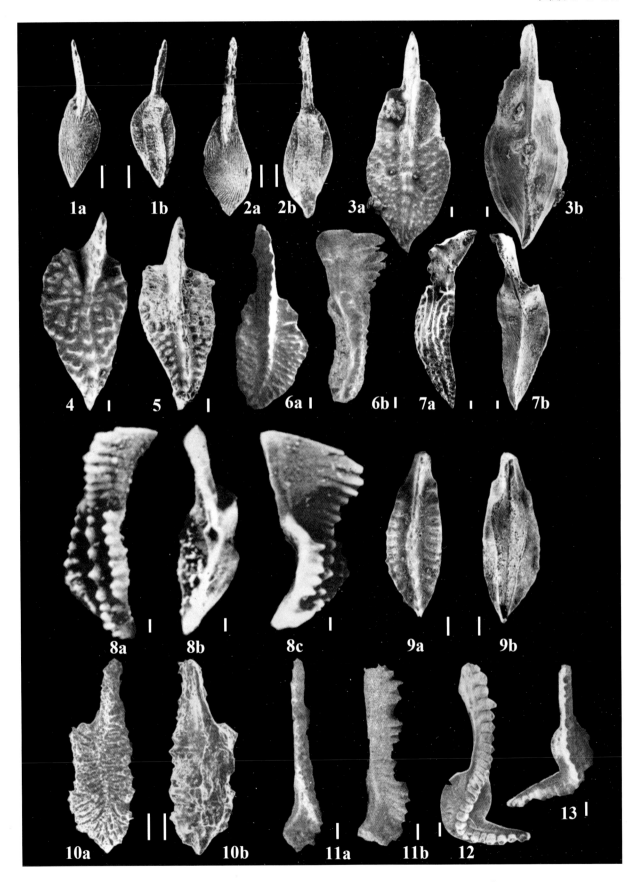

图版 5-1-32 说明

（比例尺 =100μm）

1，2 矛尖掌鳞刺 *Palmatolepis barba* Ziegler et Sandberg，1990 引自 Bai 等（1994）

口视。采集号：1－D64/6，2－K60/0.2。登记号：1－93097，2－93098。主要特征：齿台前部发育一个长的、指向外侧的齿叶；后方矛尖状，明显上翘。产地：广西象州大乐、武宣南峒剖面。层位：弗拉阶榴江组。

3，4 圆掌鳞刺 *Palmatolepis circularis* Szulzewski，1971 引自 Bai 等（1994）

口视。采集号：3－B4/0，4－B7/0.2。登记号：3－93204，4－93205。主要特征：齿台亚圆形，中瘤齿后方齿脊不发育。在中瘤齿下方，龙脊强烈地弯向上方。产地：广西象州巴漆剖面。层位：法门阶 *rhomboidea* 带。

5 克拉克掌鳞刺 *Palmatolepis clarki* Ziegler，1962 引自 Ji 和 Ziegler（1993）

口视。采集号：LL-83。登记号：9100475。主要特征：齿台长而窄，外齿叶突出但很短，齿台表面光滑至有微弱的瘤齿，沿边缘发育瘤齿或褶皱。产地：广西宜州拉利剖面。层位：法门阶五指山组中 *triangularis* 带。

6 拖鞋掌鳞刺 *Palmatolepis crepida* Sannemann，1955 引自 Ji 和 Ziegler（1993）

口视。采集号：FA-63_001。主要特征：齿台轮廓近滴珠状，最大宽度近齿台中部或中后部，中瘤齿后方齿脊微弱，齿台后端明显地向上弯。产地：广西桂林杨堤剖面。层位：法门阶五指山组。

7—9 娇柔掌鳞刺娇柔亚种 *Palmatolepis delicatula delicatula* Branson et Mehl，1934 引自 Wang 和 Ziegler（2002）

口视。采集号：7，8－L19-z8n；9－L19-z8t。登记号：7－130191，8－130193，9－130194。主要特征：齿台短、宽、三角形，无齿饰，内齿台前、后半部几乎等大。产地：广西桂林龙门剖面。层位：法门阶谷闭组上部。

10 娇柔掌鳞刺平板亚种 *Palmatolepis delicatula platys* Ziegler et Sandberg，1990 引自 Wang 和 Ziegler（2002）

口视。采集号：L19-z10。登记号：130186。主要特征：外齿台前半部比后半部大得多。产地：广西桂林龙门剖面。层位：法门阶谷闭组上部。

11 娇柔掌鳞刺娇柔后亚种 *Palmatolepis delicatula postdelicatula* Schülke，1995 引自 Ji 和 Ziegler（1993）

口视。采集号：LL-82。登记号：9100505。主要特征：内、外齿台的前缘起点明显错开，外齿台前方边缘有明显的皱边。产地：广西宜州拉利剖面。层位：法门阶五指山组。

12 华美掌鳞刺 *Palmatolepis elegantula* Wang et Ziegler，1983 引自 Wang 和 Ziegler（1983b）

a－口视，b－侧视。采集号：HL 15g。登记号：75142。主要特征：齿台圆形，中瘤齿发育，口缘近半圆形，底缘直。产地：广西横县六景剖面。层位：法门阶融县组。

13 埃德尔掌鳞刺 *Palmatolepis ederi* Ziegler et Sandberg，1990 引自 Wang（1994）

口视。采集号：CD365。登记号：119484。主要特征：齿台卵圆形，中瘤齿向后齿台平或向上翘，侧齿叶不明显至缺失。产地：广西德保四红山剖面。层位：弗拉阶榴江组晚 *rhenana* 带。

14 优瑞卡掌鳞刺 *Palmatolepis eureka* Ziegler et Sandberg，1990 引自 Wang 和 Ziegler（2002）

口视。采集号：D19-j。登记号：130195。主要特征：齿台短而圆，缺少侧齿叶，中瘤齿之后的齿台平或向上翘。产地：广西桂林峒村剖面。层位：弗拉阶谷闭组 *linguiformis* 带。

15，16 小叶掌鳞刺 *Palmatolepis foliacea* Youngguist，1945 引自 Wang（1994）

口视。采集号：15－CD371，16－L16-5。登记号：15－119438，16－119439。主要特征：前齿脊直，齿台发育短的吻部，后方较短。产地：广西德保四红山、桂林龙门剖面。层位：弗拉阶谷闭组 *rhenana* 带。

17 巨掌鳞刺伸长亚种 *Palmatolepis gigas extensa* Zigler et Sandberg，1990 引自 Wang（1994）

口视。采集号：CD366。登记号：119465。主要特征：齿台细长，微微拱曲，有长的吻部，发育特别突出、强烈向外延伸的外齿叶。产地：广西德保四红山。层位：弗拉阶榴江组晚 *rhenana* 带。

18，19 巨掌鳞刺巨亚种 *Palmatolepis gigas gigas* Miller et Younguist，1947 引自 Wang 和 Ziegler（2002）

口视。采集号：18－D19-m，19－D19-n。登记号：18－130212，19－130216。主要特征：齿台强烈拱曲，外齿叶中等—大，吻部中等长度。产地：广西桂林峒村剖面。层位：弗拉阶谷闭组。

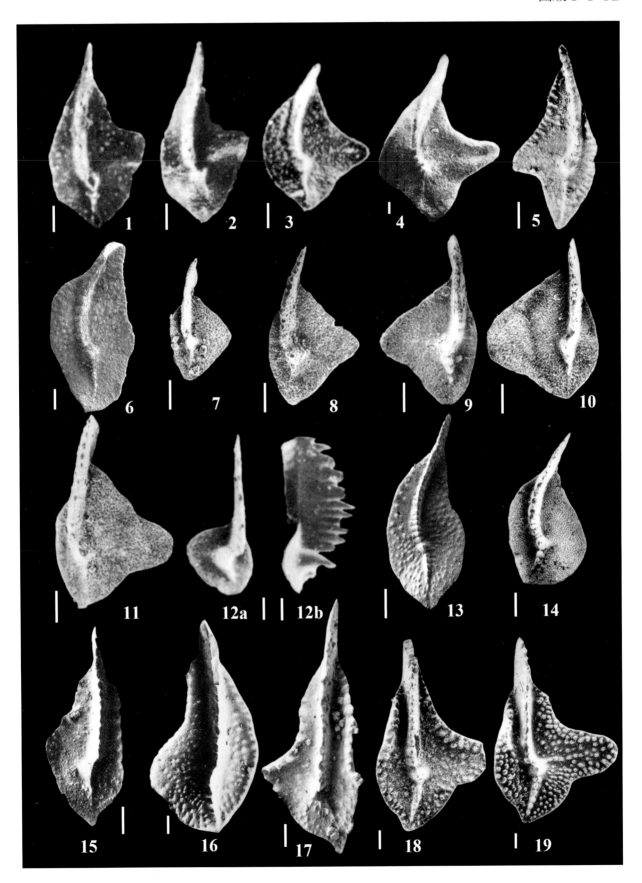

图版 5-1-33 说明

（比例尺 =100μm）

1，2 巨掌鳞刺似巨亚种 *Palmatolepis gigas paragigas* Ziegler et Sandberg，1990　引自Wang（1994），Wang和Ziegler（2002）

口视。采集号：1－L16-3，2－L19-k。登记号：1－119463，2－130217。主要特征：齿脊直至微反曲，吻部短至中等大小。产地：广西桂林龙门剖面。层位：弗拉阶谷闭组—榴江组。

3 光滑掌鳞刺尖亚种 *Palmatolepis glabra acuta* Helms，1963　引自Ji和Ziegler（1993）

口视。采集号：LL-70。登记号：9100816。主要特征：齿台窄而长，表面光滑。外齿台具有一齿垣脊，与齿脊呈近45°角。外齿台前缘几乎与齿脊垂直。产地：广西宜州拉利剖面。层位：法门阶五指山组中部*rhomboidea*带。

4 光滑掌鳞刺大新亚种 *Palmatolepis glabra daxinensis* Xiong，1980　引自熊剑飞（1980）

口视。登记号：150。主要特征：内齿台后半部强烈向外呈弧形膨大，齿脊在齿台中后部近直角折转。产地：广西大新揽圩剖面。层位：上泥盆统三里组。

5，6 光滑掌鳞刺反曲亚种 *Palmatolepis glabra distorta* Branson et Mehl，1934　引自Ji和Ziegler（1993）

口视。采集号：LL-44。登记号：5－9100964，6－9100962。主要特征：齿台窄、长，强烈反曲。外齿台上齿垣发育，与齿脊平行延伸。产地：广西宜州拉利剖面。层位：法门阶五指山组中部。

7，8 光滑掌鳞刺光滑亚种 *Palmatolepis glabra glabra* Ulrich et Bassler，1926　引自Ji和Ziegler（1993）

口视。采集号：7－LL-73，8－LL-69。登记号：7－9100745，8－9100821。主要特征：外齿台前缘直，与前齿片以直角相交。外齿垣边缘与齿脊平行。产地：广西宜州拉利剖面。层位：法门阶五指山组中部。

9，10 光滑掌鳞刺瘦亚种 *Palmatolepis glabra lepta* Ziegler et Huddle，1969　引自Ji和Ziegler（1993）

口视。采集号：LL-38。登记号：9－9101012，10－9101013。主要特征：外齿台上发育三角形向上弯的齿垣。产地：广西宜州拉利剖面。层位：法门阶五指山组上部。

11，12 光滑掌鳞刺梳亚种 *Palmatolepis glabra pectinata* Ziegler，1962　引自Ji和Ziegler（1993）

口视。采集号：LL-44。登记号：11－9100975，12－9100932。主要特征：齿垣长，靠近前齿片并与前齿片平行。产地：广西宜州拉利剖面。层位：法门阶五指山组中部。

13—15 光滑掌鳞刺原始亚种 *Palmatolepis glabra prima* Ziegler et Huddle，1969　引自Ji和Ziegler（1993）

口视。采集号：LL-72。登记号：13－9100766，14－9100777，15－9100774。主要特征：*P. glabra*相对纤细的一个亚种，外齿台外缘发育圆的、突起的齿垣。产地：广西宜州拉利剖面。层位：法门阶五指山组中部。

16 细掌鳞刺膨大亚种 *Palmatolepis gracilis expansa* Sandberg et Ziegler，1979　引自Ji和Ziegler（1993）

口视。采集号：LL-18。登记号：9101067。主要特征：齿台相对窄小、表面光滑，龙脊在中瘤齿下方强烈向侧方偏转，齿台中部明显加宽。产地：广西宜州拉利剖面。层位：法门阶五指山组上部。

17 细掌鳞刺角海神亚种 *Palmatolepis gracilis gonioclymeniae* Müller，1956　引自Ji和Ziegler（1993）

口视。采集号：LL-28。登记号：9101049。主要特征：外齿台前缘发育宽圆的肩角，内齿台有伸长的肿凸。产地：广西宜州拉利剖面。层位：法门阶五指山组上部。

18 细掌鳞刺细亚种 *Palmatolepis gracilis gracilis* Branson et Mehl，1934　引自Ji和Ziegler（1993）

口视。采集号：LL-37。登记号：9101018。主要特征：刺体细长，齿台相对短而窄，齿脊高。齿台上方表面边缘形成凸起、浑圆的边。产地：广西宜州拉利剖面。层位：法门阶五指山组上部。

19，20 细掌鳞刺反曲亚种 *Palmatolepis gracilis sigmoidalis* Ziegler，1962　引自Ji和Ziegler（1993）

口视。采集号：LL-34。登记号：19－9101031，20－9101032。主要特征：齿脊强烈反曲，齿台短且特别小，齿台围绕水平长轴方向偏转并与齿片在横切面上形成锐角。产地：广西宜州拉利剖面。层位：法门阶五指山组上部。

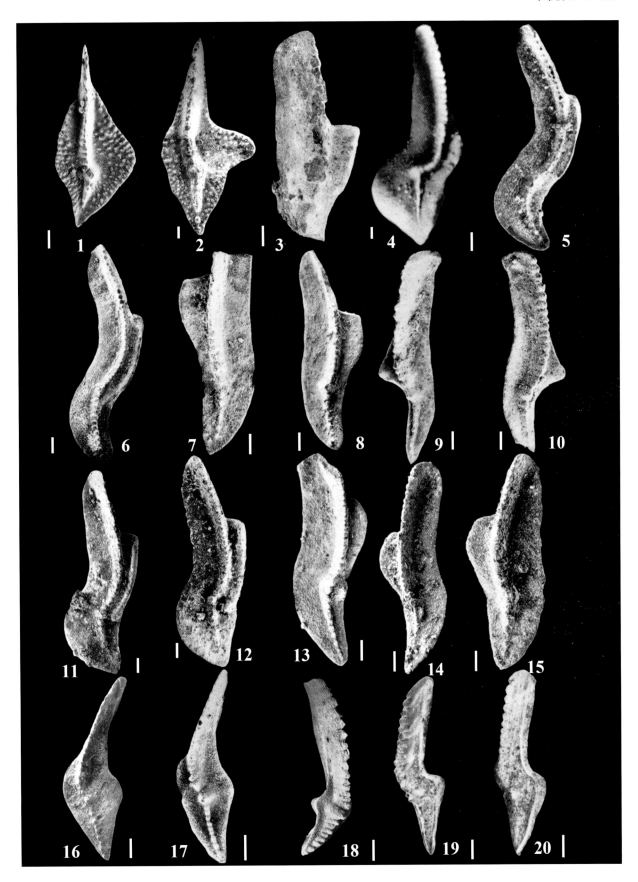

图版 5-1-34 说明

（比例尺 =100μm）

1　韩氏掌鳞刺 *Palmatolepis hani* Bai，1994　引自Bai等（1994）

a－口视，b－反口视，c－口方侧视。采集号：K64/0.2。登记号：93129。主要特征：前齿脊反曲，后齿脊不清晰或无，后齿脊明显向下弯，外齿叶短并指向前方，齿台表面光滑或有微弱的瘤齿。产地：广西武宣南峒剖面。层位：弗拉阶*linguiformis*带。

2　哈斯掌鳞刺 *Palmatolepis hassi* Müller et Müller，1957　引自Wang（1994）

口视。采集号：CD370-1。登记号：119453。主要特征：外齿叶发育，呈窄、浑圆的三角形，位于独瘤齿之前，边缘有两个深的缺刻，齿台后边缘外凸。产地：广西德保四红山剖面。层位：弗拉阶榴江组。

3　杰米掌鳞刺 *Palmatolepis jamieae* Ziegler et Sandberg，1990　引自Wang（1994）

口视。采集号：CD370-1。登记号：119494。主要特征：齿台为不规则的四边形，有弱至强的皱边，外齿叶不明显或短，内齿台膨大或有肿凸。产地：广西德保四红山剖面。层位：弗拉阶榴江组早*rhenana*带。

4　军田掌鳞刺 *Palmatolepis juntianensis* Han，1987　引自Wang和Ziegler（2002）

口视。采集号：L19-m。登记号：130222。主要特征：齿台长、光滑、非常萎缩，齿台最宽处接近齿台后端。产地：广西桂林龙门剖面。层位：弗拉阶谷闭组*linguiformis*带。

5　吉列娃掌鳞刺 *Palmatolepis kireevae* Ovnatanova，1976　引自郎嘉彬和王成源（2010）

口视。采集号：WBC-04。登记号：151614。主要特征：齿台近三角形，表面粒面革状，后端稍尖并向下弯曲。后齿脊薄，由2～6个小的瘤齿组成。产地：内蒙古乌努尔剖面。层位：弗拉阶大民山组。

6　克拉佩尔掌鳞刺 *Palmatolepis klapperi* Sandberg et Ziegler，1973　引自Ji和Ziegler（1993）

口视。采集号：LL-71。登记号：9100782。主要特征：齿台表面粒面革状，无内齿叶，外齿台高于内齿台而形成齿垣。产地：广西宜州拉利剖面。层位：法门阶五指山组中部。

7，8　舌形掌鳞刺 *Palmatolepis linguiformis* Müller，1956　引自Wang和Ziegler（2002）

口视。采集号：L19-k。登记号：7－130197，8－130198。主要特征：齿台舌形，两侧相对较直且近于平行，齿脊强烈弯曲，齿台口面光滑或有等大瘤齿。产地：广西桂林龙门剖面。层位：弗拉阶谷闭组。

9　列辛科娃掌鳞刺 *Palmatolepis ljashenkovae* Ovnatanova，1976　引自郎嘉彬和王成源（2010）

口视。采集号：WBC-04。登记号：151609。主要特征：齿台长，近三角形。齿叶浑圆、较小，指向前方。沿齿台边缘有小的瘤齿排列，在前方形成细齿状的边缘。产地：内蒙古乌努尔剖面。层位：弗拉阶大民山组。

10，11　角叶掌鳞刺 *Palmatolepis lobicornis* Schülke，1995　引自Ji和Ziegler（1993）

口视。采集号：10－LL-75，11－/LL-76。登记号：10－9100709，11－9100668。主要特征：齿台平，有一个明显的外齿叶。外齿叶顶尖与齿脊之间有一个突起的脊。产地：广西宜州拉利剖面。层位：法门阶五指山组下部。

12　蕾埃奥掌鳞刺 *Palmatolepis lyaiolensis* Khrustcheva et Kuzmin，1996　引自郎嘉彬和王成源（2010）

口视。采集号：WBC-04。登记号：151611。主要特征：齿台为浑圆的三角形，很不发育的齿叶位于中瘤齿水平线的上方，齿台后端尖并向下拱曲。产地：内蒙古乌努尔剖面。层位：弗拉阶大民山组。

13　宽缘掌鳞刺双脊亚种 *Palmatolepis marginifera duplicata* Sandberg et Ziegler，1973　引自Bai等（1994）

口视。采集号：K85/0.8。登记号：93225。主要特征：齿台强烈弯曲、伸长，有外齿垣和内齿垣。产地：广西武宣南峒剖面。层位：法门阶五指山组。

14—16　宽缘掌鳞刺宽缘亚种 *Palmatolepis marginifera marginifera*（Helms），1961　引自Ji和Ziegler（1993）

口视。采集号：14，15－LL-53；16－LL-46。登记号：14－9100910，15－9100908，16－9100940。主要特征：齿台圆至卵圆形，齿垣向后连续延伸到中瘤齿。产地：广西宜州拉利剖面。层位：法门阶五指山组中部。

17　宽缘掌鳞刺瘤齿亚种 *Palmatolepis marginifera nodosus* Xiong，1983　引自熊剑飞（1983）

口视。登记号：78-5-11A。主要特征：内齿台上有散乱的瘤齿，近齿脊处有一列与齿脊平行的瘤齿列。产地：贵州长顺剖面。层位：法门阶五指山组。

216

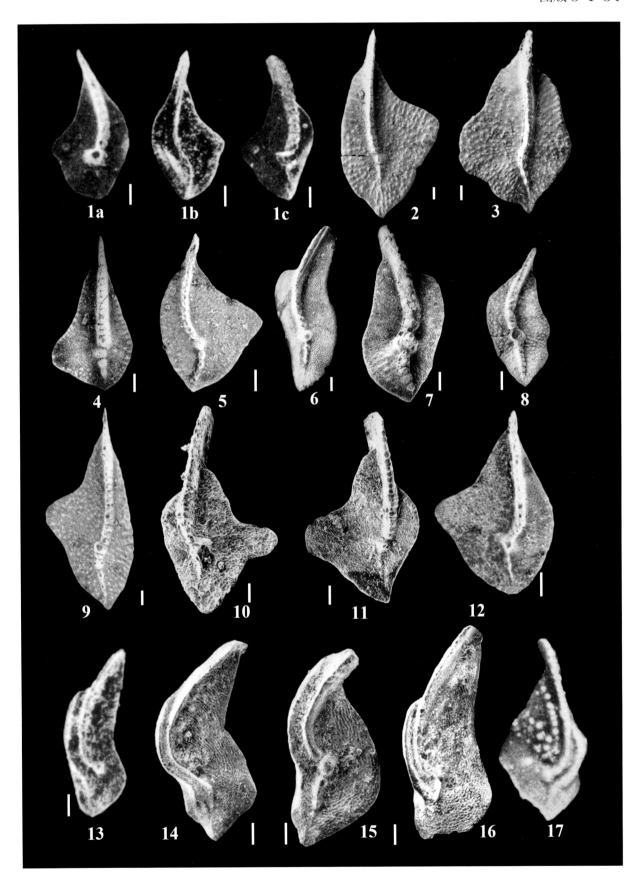

图版 5-1-35 说明

（比例尺 =100μm）

1　宽缘掌鳞刺中华亚种 *Palmatolepis marginifera sinensis* Ji et Ziegler，1993　引自Ji和Ziegler（1993）

口视。采集号：LL-44。登记号：9100955。主要特征：外齿垣向后延伸直到齿台后端，前齿脊明显弯曲。产地：广西宜州拉利剖面。层位：法门阶五指山组中部。

2　宽缘掌鳞刺犹他亚种 *Palmatolepis marginifera utahensis* Ziegler et Sandberg，1934　引自Ji和Ziegler（1993）

口视。采集号：LL-54。登记号：9100954。主要特征：内齿台前方有瘤齿，外齿台后方非常窄，齿台后方尖并向内弯。产地：广西宜州拉利剖面。层位：法门阶五指山组中部。

3，4　小掌鳞刺叶片亚种 *Palmatolepis minuta loba* Helms，1963　引自Ji和Ziegler（1993）

口视。采集号：LL-70。登记号：3－9100809，4－9100808。主要特征：外齿叶分化发育、明显，中瘤齿强壮。产地：广西宜州拉利剖面。层位：法门阶五指山组中部。

5　小掌鳞刺小亚种 *Palmatolepis minuta minuta* Branson et Mehl，1934　引自Ji和Ziegler（1993）

口视。采集号：LL-68。登记号：9100833。主要特征：具有小的、亚圆形至伸长的齿台。产地：广西宜州拉利剖面。层位：法门阶五指山组中部。

6，7　小掌鳞刺施莱茨亚种 *Palmatolepis minuta schleizia* Helms，1963　引自Ji和Ziegler（1993）

口视。采集号：6－LL-39，7－LL-48。登记号：6－9100999，7－9100927。主要特征：齿脊在中瘤齿附近明显偏转，发育内齿叶或齿叶状的突伸，齿台边缘凸起。产地：广西宜州拉利剖面。层位：法门阶五指山组。

8—10　小掌鳞刺沃尔斯凯亚种 *Palmatolepis minuta wolskae* Szulczewski，1971　引自Ji和Ziegler（1993）

口视。采集号：LL-76。登记号：8－9100667，9－9100663，10－9100666。主要特征：中瘤齿之后缺少齿脊，内齿叶较平。产地：广西宜州拉利剖面。层位：法门阶五指山组。

11　宁氏掌鳞刺 *Palmatolepis ningi* Bai，1994　引自Bai等（1994）

a－口视，b－反口视。采集号：B2/0.1。登记号：93197。主要特征：齿台表面有粗壮的瘤齿，在垣脊区有纵齿列，外齿叶前方有几个指向前侧方的齿列。产地：广西象州巴漆剖面。层位：法门阶融县组。

12　似菱形掌鳞刺 *Palmatolepis pararhomboidea* Ji et Ziegler，1992　引自Ji和Ziegler（1992）

口视。采集号：YT-6。登记号：92014。主要特征：齿台宽大，外齿台有一个齿坡，齿坡止于中瘤齿与齿台后端的连线。产地：广西桂林白沙镇堰塘剖面。层位：法门阶融县组。

13，14　小叶掌鳞刺赫姆斯亚种 *Palmatolepis perlobata helmsi* Ziegler，1962　引自Ji和Ziegler（1993）

口视。采集号：13－LL-40，14－LL-39。登记号：13－9100983，14－9101003。主要特征：齿片扇形，个体长，齿台窄，齿台后端强烈上翘。产地：广西宜州拉利剖面。层位：法门阶五指山组上部。

15　小叶掌鳞刺格罗斯亚种 *Palmatolepis perlobata grossi* Ziegler，1960　引自Ji和Ziegler（1993）

口视。采集号：LL-44。登记号：9100953。主要特征：个体较细，内齿台窄，分布有横脊或瘤齿。产地：广西宜州拉利剖面。层位：法门阶五指山组中部。

16　小叶掌鳞刺小叶亚种 *Palmatolepis perlobata perlobata* Ulrich et Bassler，1934　引自王成源和王志浩（1978）

口视。采集号：ACE365。登记号：36569。主要特征：齿台大、齿台表面装饰粗。产地：贵州长顺代化剖面。层位：法门阶五指山组。

17　小叶掌鳞刺后亚种 *Palmatolepis perlobata postera* Ziegler，1960引自王成源和王志浩（1978）

口视。采集号：ACE366。登记号：36566。主要特征：内齿台后半部较宽，其上瘤齿排列倾向于与齿台边缘平行。产地：贵州长顺代化剖面。层位：法门阶五指山组。

18，19　小叶掌鳞刺辛德沃尔夫亚种 *Palmatolepis perlobata schindewolfi* Müller，1956　引自Ji和Ziegler（1993）

口视。采集号：18－LL-37，19－LL-39。登记号：18－9101020，19－9100997。主要特征：齿台大而长，有细粒的粒面革装饰。产地：广西宜州拉利剖面。层位：法门阶五指山组。

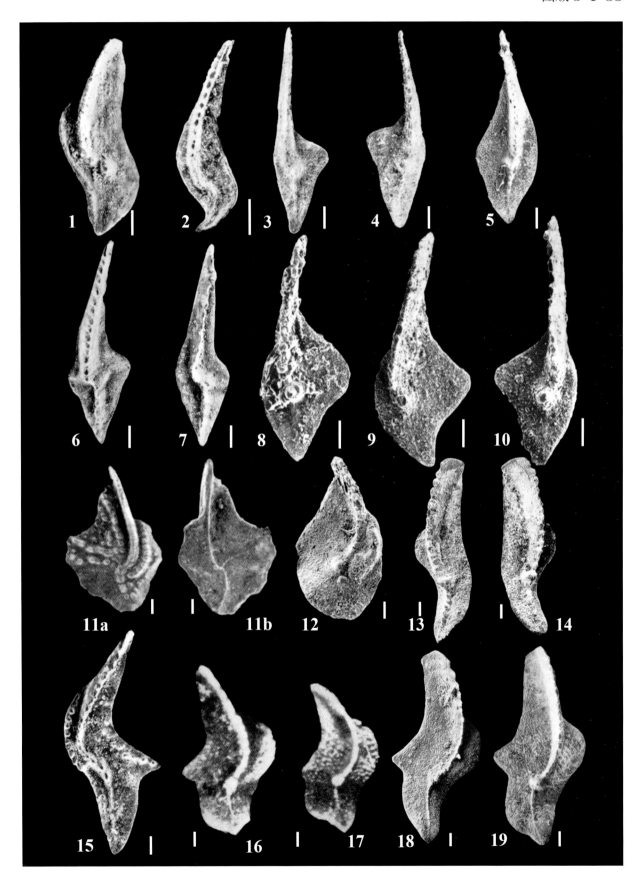

图版 5-1-36 说明

（比例尺 =100μm）

1　小叶掌鳞刺反曲亚种 *Palmatolepis perlobata sigmoidea* Ziegler，1962　引自王成源（1989）

a－口视，b－侧视。采集号：Sl-20。登记号：75155。主要特征：长轴强烈 S形反曲，齿台后端强烈上弯。产地：广西武宣三里剖面。层位：法门阶三里组*P. marginifera* 带。

2，3　平掌鳞刺 *Palmatolepis plana* Ziegler et Sandberg，1990　引自Wang（1994）

口视。采集号：L11-2a。登记号：2－L11-2a/119456，3－119457。主要特征：外齿叶短，具前凹缘，吻部不发育或很短，齿台表面装饰为瘤齿。产地：广西桂林龙门剖面。层位：弗拉阶榴江组。

4　普尔掌鳞刺 *Palmatolepis poolei* Sandberg et Ziegler，1973　引自王成源（1989）

口视。采集号：Sl-4。登记号：75144。主要特征：瘤齿在齿台前半部强壮而在中瘤齿之后微弱。外齿叶微弱，发育瘤齿串形成的高齿垣。产地：广西武宣三里剖面。层位：法门阶三里组下*rhomboidea*带。

5，6　前三角掌鳞刺 *Palmatolepis praetriangularis* Ziegler et Sannemann，1988　引自Wang和Ziegler（1982）

口视。采集号：D20-48c。登记号：5－132546，6－132547。主要特征：齿台近三角形，中瘤齿后的齿台区水平或微微下弯。产地：广西桂林垌村剖面。层位：弗拉阶谷闭组*linguiformis*带。

7　原菱形掌鳞刺 *Palmatolepis protorhomboides* Sandberg et Ziegler，1973　引自Wang和Ziegler（2002）

口视。采集号：L19-z10。登记号：130202。主要特征：后方齿台光滑，在齿垣区有几个微弱的瘤齿，齿台前内边缘有褶皱，外齿叶短。产地：广西桂林龙门剖面。层位：法门阶谷闭组上部。

8，9　前伸掌鳞刺 *Palmatolepis proversa* Ziegler，1958　引自Wang（1994）

口视。采集号：CD370-1。登记号：8－119437，9－119440。主要特征：外侧齿叶窄，指向前方，其前缘与齿台褶皱的吻部后端形成一个明显的凹缘。产地：广西德保四红山剖面。层位：弗拉阶榴江组下*rhenana*带。

10，11　斑点掌鳞刺 *Palmatolepis punctata*（Hinde，1879）　引自Ji和Ziegler（1993）

口视。采集号：10－LL-109，11－LL-107。登记号：10－9100113，11－9100156。主要特征：外齿叶短、钝圆，指向侧方，居中瘤齿之前的位置。吻部短。齿台表面有粗壮的紧密排列的瘤齿。产地：广西宜州拉利剖面。层位：弗拉阶老爷坟组中部。

12，13　方形瘤齿掌鳞刺弯曲亚种 *Palmatolepis quadrantinodosa inflexa* Müller，1956　引自Ji和Ziegler（1993）

口视。采集号：LL-67。登记号：12－9100855，13－9100861。主要特征：齿台大、亚圆形，前内齿台延伸到齿台的前端，前外齿台止于齿片前端和中瘤齿中间的位置。产地：广西宜州拉利剖面。层位：法门阶五指山组中部。

14　方形瘤齿掌鳞刺弯曲亚种 *Palmatolepis quandrantinodosa inflexoidea* Zigler，1962　引自Ji和Ziegler（1993）

口视。采集号：LL-65。登记号：9100885。主要特征：齿台长，中瘤齿的位置较后。产地：广西宜州拉利剖面。层位：法门阶五指山组中部。

15，16　方形瘤齿掌鳞刺叶亚种 *Palmatolepis quandrantinodosa lobata* Sannemann，1955　引自Ji和Ziegler（1993）

口视。采集号：15－LL-73，16－LL-79。登记号：15－9100627，16－9100537。主要特征：齿台近三角形，内齿台前方发育粗的瘤齿，齿台后方向上弯而末端向下。产地：广西宜州拉利剖面。层位：法门阶五指山组下部。

17　直脊掌鳞刺 *Palmatolepis rectcarina* Shen，1982　引自沈启明（1982）

口视。采集号：A-14。主要特征：齿台三角形，外齿叶明显分化并且后端向外侧包裹呈钩弯状，齿台前边缘有粗壮的瘤齿。产地：湖南临武香花岭剖面。层位：上泥盆统佘田桥组。

18　莱茵掌鳞刺短亚种 *Palmatolepis rhenana brevis* Ziegler et Sandberg，1990　引自Wang（1994）

口视。采集号：CD370-1。登记号：119451。主要特征：齿脊强烈反曲。前齿片高而长，侧视呈三角形。外齿叶长。齿台短，亚圆形。产地：广西桂林龙门剖面。层位：弗拉阶榴江组。

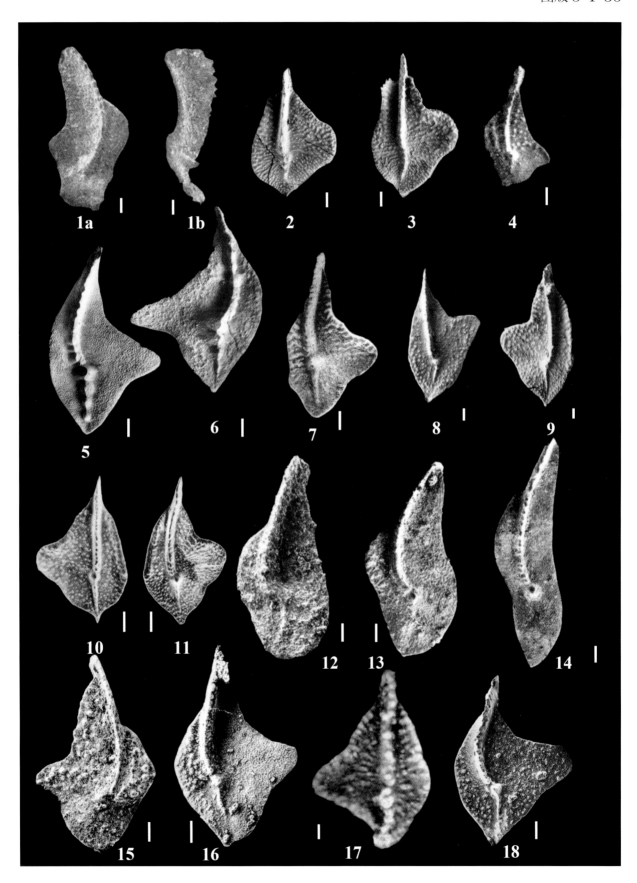

图版 5-1-37 说明

（比例尺 =100μm）

1，2　莱茵掌鳞刺鼻状亚种 *Palmatolepis rhenana nasuda* Müller，1957　引自 Wang（1994）

口视。采集号：1 - CD370-1，2 - L18-2。登记号：1 - 119448，2 - 119449。主要特征：齿台长，中等宽度，齿台后端外侧较宽。产地：广西德保四红山剖面。层位：弗拉阶榴江组。

3，4　莱茵掌鳞刺莱茵亚种 *Palmatolepis rhenana rhenana* Bischoff，1956　引自 Wang 和 Ziegler（2002）

口视。采集号：D19-f。登记号：3 - 130177，4 - 130178。主要特征：齿台长、细，外齿台边缘浑圆状，齿脊强烈反曲。产地：广西桂林峒村剖面。层位：弗拉阶谷闭组。

5　菱形掌鳞刺 *Palmatolepis rhomboidea* Sannemann，1955　引自 Ji 和 Ziegler（1993）

口视。采集号：LL-69。登记号：9100825。主要特征：齿台小，菱形或卵圆形，内齿台前缘始于齿片前端之后，齿片一齿脊反曲。产地：广西宜州拉利剖面。层位：法门阶五指山组中部。

6，7　圆掌鳞刺 *Palmatolepis rotunda* Ziegler et Sandberg，1990　引自 Wang 和 Ziegler（2002）

口视。采集号：6 - CD363，7 - CD361-7-1。登记号：6 - 130219，7 - 130220。主要特征：齿脊强烈反曲，中瘤齿后的齿脊微弱，外侧齿台边缘几乎圆形。产地：广西德保四红山剖面。层位：弗拉阶谷闭组。

8　粗糙掌鳞刺大亚种 *Palmatolepis rugosa ampla* Müller，1956　引自 Bai 等（1994）

口视。采集号：K86/9.4。登记号：93238。主要特征：在齿垣区有很多散乱的小瘤齿，在内齿台有一列大的瘤齿形成的纵脊。产地：广西武宣南峒剖面。层位：法门阶中 *expansa* 带。

9　粗糙掌鳞刺粗糙亚种 *Palmatolepis rugosa rugosa* Branson et Mehl，1934　引自王成源和王志浩（1978）

a - 口视，b - 反口视。采集号：ACE366。登记号：36577。主要特征：齿台宽，S 形弯曲，有中等大小的内齿叶。中瘤齿前方齿脊强烈弯曲。外齿台齿垣区的瘤齿粗或有横脊。内齿台前部有大而粗的瘤齿列。产地：贵州长顺代化剖面。层位：法门阶五指山组。

10，11　粗糙掌鳞刺粗面亚种 *Palmatolepis rugosa trachytera* Ziegler，1960　引自 Ji 和 Ziegler（1993）

口视。采集号：LL-40。登记号：10 - 9100992，11 - 9100991。主要特征：齿片一齿脊强烈反曲，内齿叶很小，内齿台后方呈半圆形。产地：广西宜州拉利剖面。层位：法门阶五指山组。

12，13　桑德伯格掌鳞刺 *Palmatolepis sandbergi* Ji et Ziegler，1993　引自 Ji 和 Ziegler（1993）

口视。采集号：12 - LL-82，13 - LL-81。登记号：12 - 9100540，13 - 9100566。主要特征：外齿台凸起、有明显的瘤齿，而内齿台光滑或有微弱的、稀少的瘤齿。产地：广西宜州拉利剖面。层位：法门阶五指山组。

14　半圆掌鳞刺 *Palmatolepis semichatovae* Ovnatanova，1976　引自 Wang（1994）

口视。采集号：L15-1。登记号：119468。主要特征：齿台短，亚圆形，有长的外齿叶，近脊沟止于中瘤齿或中瘤齿之前。产地：广西桂林龙门剖面。层位：弗拉阶榴江组。

15，16　四红山掌鳞刺 *Palmatolepis sihongshanensis* Wang，1989　引自王成源（1989）

口视。采集号：15 - CD351，16 - CD353。登记号：15 - 75158，16 - 75157。主要特征：齿台平而宽、近四边形。外齿台很发育，大致呈三角形。产地：广西德保四红山剖面。层位：法门阶三里组。

17，18　简单掌鳞刺 *Palmatolepis simpla* Ziegler et Sandberg，1990　引自 Wang（1994）

口视。采集号：L13-3。登记号：17 - 119454，18 - 119452。主要特征：齿台为宽的卵圆形。外侧齿叶短，指向前方，吻部微微褶皱。产地：广西桂林龙门剖面。层位：弗拉阶榴江组。

19　斯托普尔掌鳞刺 *Palmatolepis stoppeli* Sandberg et Ziegler，1973　引自 Ji 和 Ziegler（1993）

口视。采集号：LL-67。登记号：9100864。主要特征：刺体近圆形，外齿台始于自由齿片最前端，发育高而窄的齿垣，齿垣与齿脊间为窄而深的沟。产地：广西宜州拉利剖面。层位：法门阶五指山组。

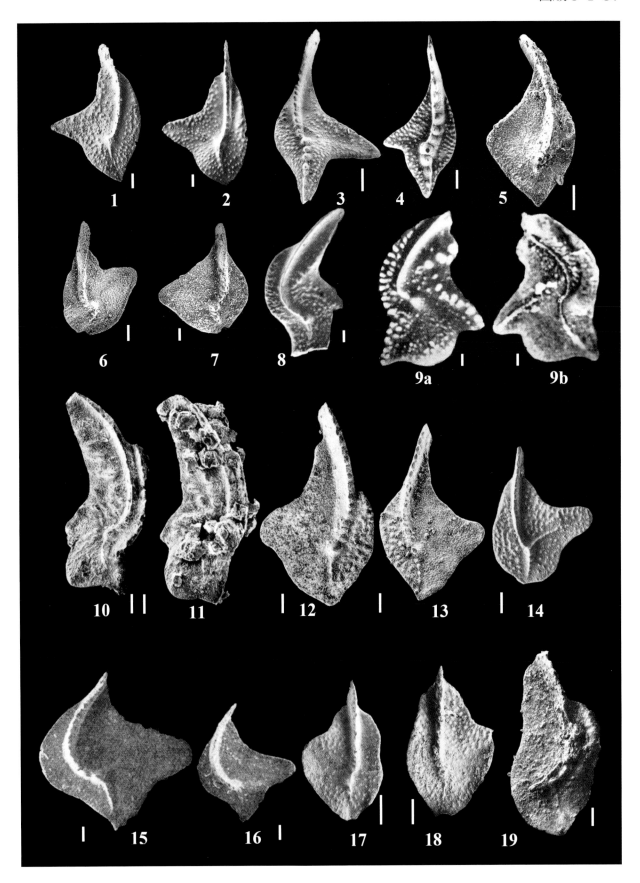

版 5-1-38 说明

（比例尺 =100μm）

1　亚镰状掌鳞刺 *Palmatolepis subdrepaniformis* Shen，1982　引自沈启明（1982）

a-口视，b-反口视。采集号：A-36。主要特征：刺体为略拱曲的亚镰刀状，内齿台发育有巨大的外齿叶，中瘤齿明显，齿脊不达齿台后端。产地：湖南临武香花岭剖面。层位：弗拉阶佘田桥组。

2，3　亚小叶掌鳞刺 *Palmatolepis subperlobata* Branson et Mehl，1934　引自Ji和Ziegler（1993）

口视。采集号：2-LL-82，3-LL-81。登记号：2-9100548，3-9100589。主要特征：齿台近四边形，外齿叶指向前方或后方，可能有次级齿脊，齿片—齿脊中等至强烈反曲。产地：广西宜州拉利剖面。层位：弗拉阶五指山组。

4　近直掌鳞刺 *Palmatolepis subrecta* Miller et Youngquist，1947　引自Wang和Ziegler（2002）

口视。采集号：D19-f。登记号：130206。主要特征：前齿脊直，后齿脊微微反曲，齿台中等程度拱曲，前齿台长而窄，一般沿其内边缘微微翘起或褶皱。产地：广西桂林垌村剖面。层位：弗拉阶谷闭组。

5　近对称掌鳞刺 *Palmatolepis subsymmetrica* Wang et Wang，1989　引自王成源和王志浩（1978a）

a-口视，b-反口视。采集号：ACE366。登记号：36564。主要特征：齿台椭圆形，后端尖，近于对称，口面有瘤齿，齿脊直，齿台后方无齿脊。产地：贵州长顺代化剖面。层位：弗拉阶五指山组。

6，7　细斑点掌鳞刺 *Palmatolepis tenuipunctata* Sannemann，1955　引自Ji和Ziegler（1993）

口视。采集号：6-LL-76，7-LL-77。登记号：6-9100659，7-9100633。主要特征：外齿叶小。齿台后端尖、向上弯。齿台表面粒面革状，有规则的小瘤齿。产地：广西宜州拉利剖面。层位：法门阶五指山组。

8　端点掌鳞刺 *Palmatolepis termini* Sannemann，1955　引自Ji和Ziegler（1993）

口视。采集号：LL-75。登记号：9100703。主要特征：齿台小，卵圆形。外齿台前方的冠脊由一列紧密的或愈合的瘤齿组成，与齿台边缘平行，或由中瘤齿向前方斜角伸出。产地：广西宜州拉利剖面。层位：法门阶五指山组。

9，10　过渡掌鳞刺 *Palmatolepis transitans* Müller，1956　引自Wang（1994）

口视。采集号：9-L10-3a，10-CD375-3。登记号：9-119445，10-119443。主要特征：齿脊直，外齿叶没有分化，齿台表面粒面革状，两侧不对称。产地：广西桂林龙门、德保四红山剖面。层位：弗拉阶榴江组。

11，12　三角掌鳞刺 *Palmatolepis triangularis* Sannemann，1955　引自Wang和Ziegler（1982）

口视。采集号：11-D20-64，12-D20-54。登记号：11-132542，12-132544。主要特征：齿台三角形，口面见小瘤齿。齿台在中瘤齿后方向上弯曲，至后端向下弯。产地：广西桂林垌村剖面。层位：法门阶谷闭组。

13　威迪格掌鳞刺 *Palmatolepis weddigei* Ji et Ziegler，1993　引自Ji和Ziegler（1993）

口视。采集号：LL-82。登记号：9100522。主要特征：齿台小而宽，内齿叶非常发育、圆形，齿台表面平，齿片—齿脊直。产地：广西宜州拉利剖面。层位：法门阶五指山组。

14　独角掌鳞刺 *Palmatolepis unicornis* Miller et Youngquist，1947　引自王成源（1989）

a-口视，b-侧视。采集号：CD362。登记号：77549。主要特征：齿台宽大，后端向下弯。固定齿脊在中瘤齿后方不发育。产地：广西德保四红山剖面。层位：弗拉阶三里组。

15—17　威尔纳掌鳞刺 *Palmatolepis werneri* Ji et Ziegler，1990　引自Ji和Ziegler（1993）

口视。采集号：15，16-LL-79；17-LL-82。登记号：15-9100614，16-9100615，17-9100624。主要特征：齿台中等大小，表面有瘤齿。内齿叶短，不发育。齿台后端向上翘或几乎平直。产地：广西宜州拉利剖面。层位：法门阶五指山组。

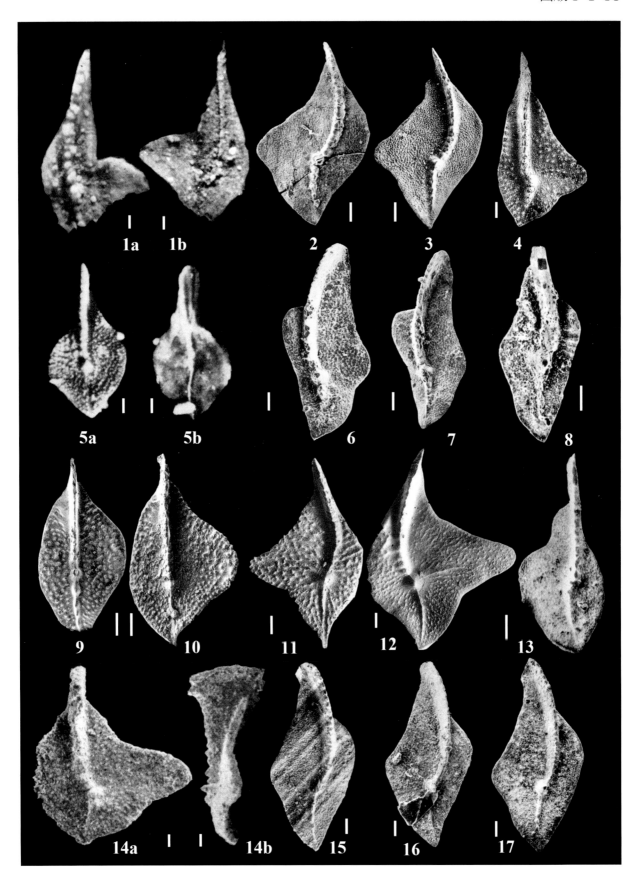

5.2 介形类

5.2.1 介形类结构和术语

恩托莫介超科（Entomozoidea）和豆石介目（Leperditicopida）构造见图5.4和图5.5。

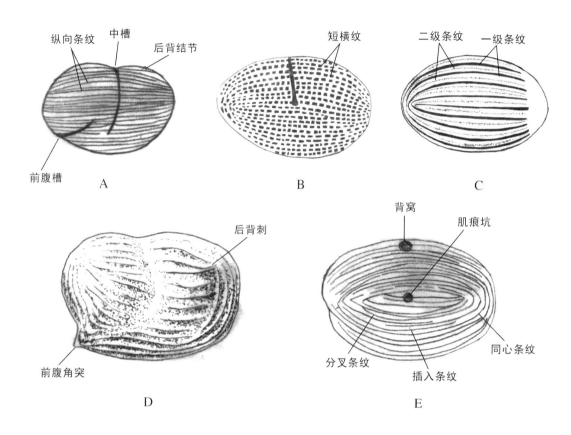

图 5.4 恩托莫介超科（Entomozoidea）构造

A. *Bisulcoentomozoe tuberculate* Wang & Zhang，1983；B. *Nehdentomis nehdensis* Matern，1929；C. *Richterina* （*Richterina*）*eocostata* Wang，1983；D. *Franklinella* （*Franklinella*）*lysogorensis* Olempska，2002；E. *Richterina* （*Volkina*）*zimmermanni* （Volk），1939。据王尚启（2009）

前腹槽（antero-ventral furrows）：始于壳侧前腹部，向前下方延伸到前腹边缘的槽状构造或凹陷。

中槽（sulcus）：自背边中部向下延伸到壳侧体中线附近或以下的槽状构造。

前腹角突/前腹角刺（antero-ventral spin）：壳侧前腹方的一个向前下方延伸的刺状物。

同心条纹（concentric ribs）：以中央肌痕坑或者某一点为中心，呈同心状排列的条纹。

纵向条纹（longitudinal ribs）：指呈纵向排列的条纹，可自壳侧一端延伸到另一端，也可以是同心条纹内呈纵向排列的条纹。

一级条纹（primary ribs）和二级条纹（secondary ribs）：在纵向条纹中常发育有粗、高和细、低相间的条纹，前者为一级条纹，又称突纹（flange），后者称为二级条纹或次级条纹。

短横纹（cross-ribs）：与相邻的两条纵向条纹或者同心状条纹垂直相交的短纹。

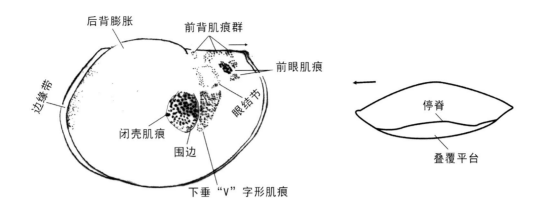

图 5.5 豆石介目（Leperditicopida）构造
据王尚启（2009）

插入条纹（intercalated ribs）：指出现在主条纹之间的条纹，可以纵向排列，也可同心状排列。

分叉条纹（bifurcating ribs）：由主要条纹（纵向或同心条纹）分叉形成，一端与主要条纹相连接。

背窝（dorsal pit）：靠近背边中部的坑状或窝状凹陷，也称为背坑或背部凹陷。

肌痕坑（muscle pit）：壳侧近中部的坑状或凹陷状构造，通常为闭壳肌痕所致，又称中央坑。

后背刺（postero-dorsal spine）：位于壳侧后背边或后背部的向后背方突起的刺状物。

后背结节（postero-dorsal）：位于壳侧后背部的结节状突起。

眼结节（eye tubercle）：位于下垂"V"字形肌痕或"V"字形肌痕之上和前背边之下的结节状突起。

前眼肌痕（anterior eye-tubercle muscle scar）：位于眼结节前方，由许多小的肌痕点组成。

前背肌痕群（antero-dorsal muscle scar）：由位于眼结节之上和前背边的几组细小的肌痕组成。

闭壳肌痕（adductor muscle scar）：壳侧前中部由许多肌束附着点组成的大的椭圆形或卵形肌痕区。

"V"字形肌痕（chevron muscle scar）：由一些细结节组成的"V"字形肌痕区，位于眼结节下方和闭壳肌痕前上方。

下垂"V"字形肌痕（trailing chevron muscle scar）：指位于眼结节下方和闭壳肌痕前方，由许多结节组成的短到长锥状或弯锥状肌痕区。

后背膨胀（postero-dorsal inflation）：指两壳中、后背部的隆起。

边缘带（marginal brim）：沿壳瓣自由边，特别是两端边缘发育的扁平构造，又称展平带。

围边（peripheral rim）：包围闭壳肌痕区的扁平的环形脊状构造。

停脊（stop ridge）：沿左壳腹面内侧发育的脊状构造，其作用是为了限制右壳叠覆左壳的深度。

叠覆平台（overlap platform）：位于左壳腹面，停脊和自由边之前的光滑面，被右壳包覆的部分。

5.2.2 介形类图版

图版 5-2-1 说明

（所有标本均保存在中国科学院南京地质古生物研究所，比例尺 =100μm）

1, 2　瘢痕小贝尔提隆介 *Bertillonella cicatricosa*（Matern，1929）　引自王尚启（2009）

1-左壳外模，2-右壳（?）外模，侧视。采集号：GNL-84。登记号：1-NIGP73349，2-NIGP70980。主要特征：壳体较大，侧视近圆形至截椭圆形。中槽位于近背中部，常为浅的凹陷。壳面条纹由细结节呈同心状排列而成。产地：广西南丹罗富剖面。层位：上泥盆统弗拉阶榴江组蜡烛台段中部。

3, 4　敏捷小贝尔提隆介 *Bertillonella erecta*（Rabien，1954）　引自王尚启（2009）

外模侧视。采集号：3-GNL-87，4-GNL-84。登记号：3-NIGP70978，4-NIGP73346。主要特征：壳体大，侧视多呈截卵形和截圆形，背边近直，前、后背角钝，腹边缓和至强烈外突，两端近等圆，在背中部偏前位置发育弱中槽，条纹呈同心状排列。产地：广西南丹罗富剖面。层位：上泥盆统弗拉阶榴江组蜡烛台段。

5, 6　早敏捷小贝尔提隆介 *Bertillonella praeerecta* Wang，1984　引自王尚启（1984）

左壳外模侧视。采集号：5-GNL-66，6-W-074。登记号：5-NIGP73340，6-NIGP148890。主要特征：壳体大，侧视一般近圆形，中槽为短的、靠近背边的横向凹陷，中槽后侧具有近肾形的条纹区，区内条纹向下延伸并呈螺旋状排列。产地：广西南丹罗富和黄江剖面。层位：中泥盆统吉维特阶罗富组。

7　近圆形小贝尔提隆介 *Bertillonella subcircularis* Stewart et Hendrix，1945　引自王尚启（2009）

外模侧视。采集号：GNL-74。登记号：NIGP70977。主要特征：壳体较大，侧视近截椭圆形或截圆形，中槽不甚明显。中部条纹排列成卵形；其余条纹沿与边缘一致的方向围绕中部卵形条纹区延伸，呈同心状排列。产地：广西南丹罗富剖面。层位：上泥盆统弗拉阶榴江组蜡烛台段。

8, 9　近敏捷小贝尔提隆介 *Bertillonella suberecta* Wang，1983　引自王尚启（1983）

外模侧视。采集号：8-GNL-60，9-GNL-74。登记号：8-NIGP70975，9-NIGP70976。主要特征：壳体大，侧视近圆形至近椭圆形，中槽不明，条纹细、密。在壳侧中部具有一个圆的条纹中心，其余条纹围绕此中心呈同心状排列。产地：广西南丹罗富剖面。层位：中泥盆统吉维特阶罗富组。

10　结节双槽恩托莫介 *Bisulcoentomozoe tuberculata* Wang et Zhang，1983　引自王尚启和张晓彬（1983）

a-右壳外模侧视，b-同一标本的铸模。采集号：Lf-40a。登记号：NIGP76090。主要特征：壳体大，侧视椭圆形，壳面具有2个横槽和1个前腹槽。前腹槽位于前槽的前下方，自前中部延伸到前腹边缘，不与前槽相连。背、腹半部的条纹在两端相连成环形至弧形弯曲。产地：广西南丹罗富剖面。层位：下泥盆统埃姆斯阶塘丁群下部。

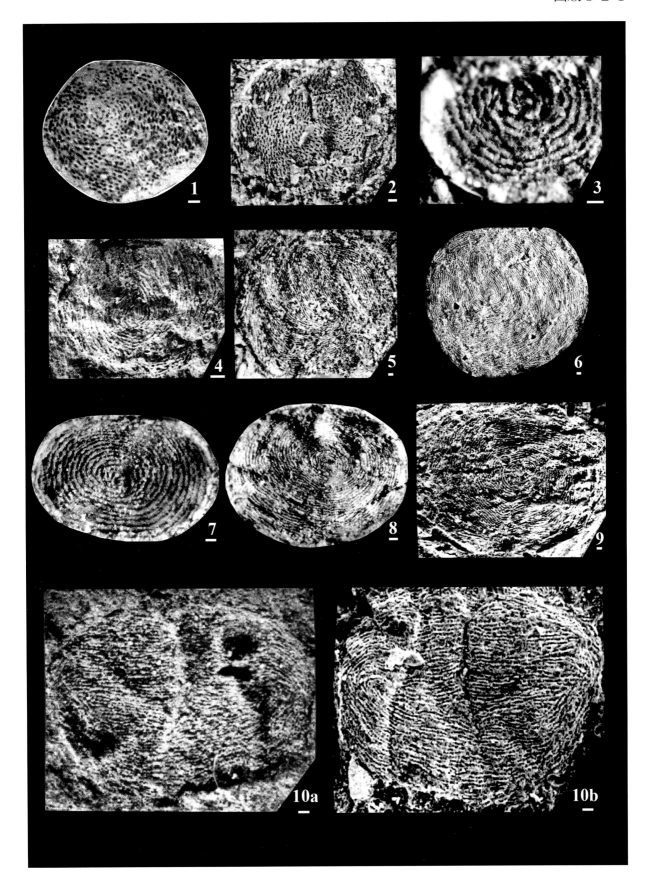

图版 5-2-2 说明

（所有标本均保存在中国科学院南京地质古生物研究所，比例尺 =100μm）

1，2　耀艳恩托莫原始介 *Entomoprimitia nitida*（Roemer，1850）　引自王尚启（2009）

1－右壳外模侧视，2－左壳外模侧视。采集号：GNL-89a。登记号：1－NIGP73352，2－NIGP73351-1。主要特征：壳体较小；背边近直到微拱，腹边强烈外突，两端圆，近等宽；中槽较宽、深，自背边中部向下延伸到体中线以下；中央坑发育；条纹细、密，围绕中央坑呈同心状排列。产地：广西南丹罗富剖面。层位：上泥盆统弗拉阶榴江组蜡烛台段。

3　散氏恩托莫原始介 *Entomoprimitia sandbergeri*（Matern，1929）　引自王尚启（2009）

左壳侧视。采集号：GNL-91。登记号：NIGP73357。主要特征：壳体大，侧视近圆形；中槽自背边中部向下延伸并进入中央坑，向前弯曲；条纹细密，以中央坑为起点，（按逆时针方向）呈涡轮状排列。产地：广西南丹罗富剖面。层位：上泥盆统弗拉阶榴江组—法门阶五指山组下部。

4，5　扎氏恩托莫原始介 *Entomoprimitia sartenaeri* Casier，1975　引自王尚启（2009）

4－右壳外模侧视，5－左壳外模侧视。采集号：P656。登记号：4－NIGP97181，5－NIGP148907。主要特征：壳体大，侧视短椭圆形至圆三角形，中槽弱，中央坑发育，内部条纹大致排列成三角形式样，外部条纹沿边缘一致方向且围绕内部三角形条纹延伸。产地：广西桂平木圭剖面。层位：上泥盆统弗拉阶榴江组蜡烛台段上部。

6，7　紧缩恩托莫原始介 *Entomoprimitia splendens*（Waldschmidt，1885）　引自王尚启（2009）

6－左壳外模侧视，7－壳体右视。采集号：6－M-37，7－M-39。登记号：6－NIGP73369，7－NIGP73367。主要特征：壳体大，侧视近宽卵形至近截圆形，中槽发育，中央坑位于壳侧中部偏下位置，条纹细、密，内侧条纹组成三角形式样，其前腹角比后腹角更锐，外侧条纹大致呈同心状排列。产地：广西桂平木圭剖面。层位：上泥盆统弗拉阶榴江组蜡烛台段顶部。

8　近散氏恩托莫原始介 *Entomoprimitia subsandbergeri* Wang，2009　引自王尚启（2009）

a－右壳外模侧视，b－同一标本的铸模。采集号：G1-523-7j。登记号：NIGP148897。主要特征：壳体较大，侧视近圆形至近椭圆形；中槽自背边中部向下延伸并进入中央坑；槽前条纹以纵向排列为主调，向下弯曲成弧形；槽后条纹以横向排列为特征。产地：广西南丹罗富剖面。层位：上泥盆统弗拉阶榴江组—法门阶五指山组。

9　矩状小弗兰克林介 *Franklinella calcarata*（Richter，1856）　引自王尚启（2009）

右壳外模侧视。采集号：GNL-89a。登记号：NIGP73323。主要特征：壳体较大，侧视近三角形到近椭圆形；中槽自背边中部向下延伸达到壳高的3/4，向前弯曲；后背刺大且向后上方突起；前腹刺宽大，强烈地向前下方伸出；条纹呈纵向排列且大致与背、腹边平行。产地：广西南丹罗富剖面。层位：上泥盆统弗拉阶榴江组蜡烛台段。

10　宽槽小弗兰克林介 *Franklinella latesulcata*（Paeckelmann，1921）　引自王尚启（2009）

左壳外模侧视。采集号：GNL-82a。登记号：NIGP70972。主要特征：壳体大，侧视近三角形；中槽自背边中部向下延伸至或超过壳高的2/3；在中槽的前下方和前腹刺的上方，具有近似三角形的条纹区；沿壳之外侧通过的环行条纹有2～4条。产地：广西南丹罗富剖面。层位：中泥盆统吉维特阶罗富组顶部到上泥盆统弗拉阶榴江组蜡烛台段底部。

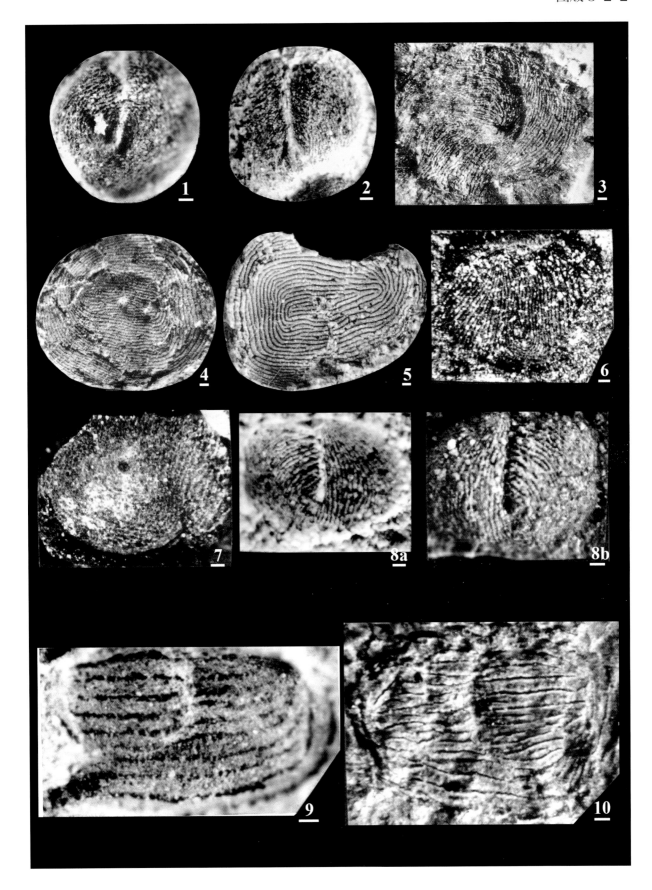

图版 5-2-3 说明

（所有标本均保存在中国科学院南京地质古生物研究所，比例尺 =100μm）

1 S形小弗兰克林介 *Franklinella sigmoidale* Müller-Steffen，1964 引自王尚启（2009）

a－左壳外模侧视，b－同一标本的铸模。采集号：G1-523-2j。登记号：NIGP92126。主要特征：壳体大，侧视近三角形，中槽自背边中部向下延伸超过壳高的2/3，前腹刺位于前腹角处，条纹较疏，中槽前侧下部条纹的前端大约以90°角向下弯曲。产地：广西南丹罗富剖面。层位：上泥盆统弗拉阶榴江组—法门阶五指山组下部。

2 托氏小弗兰克林介 *Franklinella torleyi*（Matern，1929） 引自王尚启（2009）

右壳外模的铸模侧视。采集号：Y-297。登记号：NIGP92118。主要特征：壳体较大，侧视近三角形；中槽自背边中部向下延伸，向前弯曲；条纹较疏，呈纵向排列。中槽前侧条纹的前端有约4条或4条以上的垂直条纹。产地：广西崇左那艺和鹿寨寨沙剖面。层位：中泥盆统吉维特阶罗富组顶部—上泥盆统弗拉阶榴江组蜡烛台段。

3 库孜敏介（未定种）*Kuzminaella* sp. 引自王尚启（2009）

右壳外模侧视。采集号：GNL-105。登记号：NIGP148973。主要特征：壳体较大，侧视近圆形；条纹相对细密，由前到后大致可分为半月形条纹区、三角形条纹区和半月形条纹区；短横纹发育，在外模上反映为细结节状。产地：广西南丹罗富剖面。层位：上泥盆统弗拉阶榴江组—法门阶五指山组上部。

4 近椭圆形库孜敏介 *Kuzminaella subelliptica* Wang，1984 引自王尚启（1984）

右壳（？）外模侧视。采集号：GNL-107。登记号：NIGP73457。主要特征：壳体大，侧视近圆形；条纹细密，包括中部卵形条纹区（由纵向排列的条纹组成）和外侧结节区（由排列成线状的细结节组成）。产地：广西南丹罗富剖面。层位：上泥盆统弗拉阶榴江组—法门阶五指山组上部。

5，6 环肋马氏介 *Maternella circumcostata* Rabien，1960 引自王尚启（2009）

外模的铸模侧视。采集号：5－Gg-6650-3，6－Gg-6650-4。登记号：5－NIGP148954，6－NIGP112777。主要特征：壳体大，侧视呈短卵形至近圆形；壳侧近中部具有一肌痕区；条纹稀疏，均等发育，自边缘到中部，一般8～12条，外侧条纹呈同心状排列，中部条纹排列式样为短卵形、透镜形或三角形。产地：广西桂林剖面。层位：下石炭亚系杜内阶鹿寨组。

7，8 异饰马氏介 *Maternella dichotoma*（Paeckelmann，1913） 引自王尚启（2009）

7－外模的铸模侧视，8－外模侧视。采集号：7－Gg-6647-2，8－GNL-106。登记号：7－NIGP112769，8－NIGP70989。主要特征：壳体较小，侧视宽卵形至近圆形。内侧条纹细而密，呈纵向排列，有时在两端以锐角相交；外侧条纹细而疏，呈螺旋状排列（约5～7圈）。产地：广西桂林和南丹罗富剖面。层位：上泥盆统弗拉阶榴江组—法门阶五指山组上部。

9 巨大马氏介 *Maternella gigantea*（Gründel，1979） 引自王尚启（2009）

外模侧视。采集号：GNL-100。登记号：NIGP73450。主要特征：壳体大，侧视椭圆形至近圆形；壳面条纹细密，均等发育，呈环形排列。外侧条纹为椭圆形式样；内侧条纹一般纵长，窄卵形或楔形。产地：广西南丹罗富剖面。层位：上泥盆统法门阶顶部？—下石炭亚系杜内阶鹿寨组。

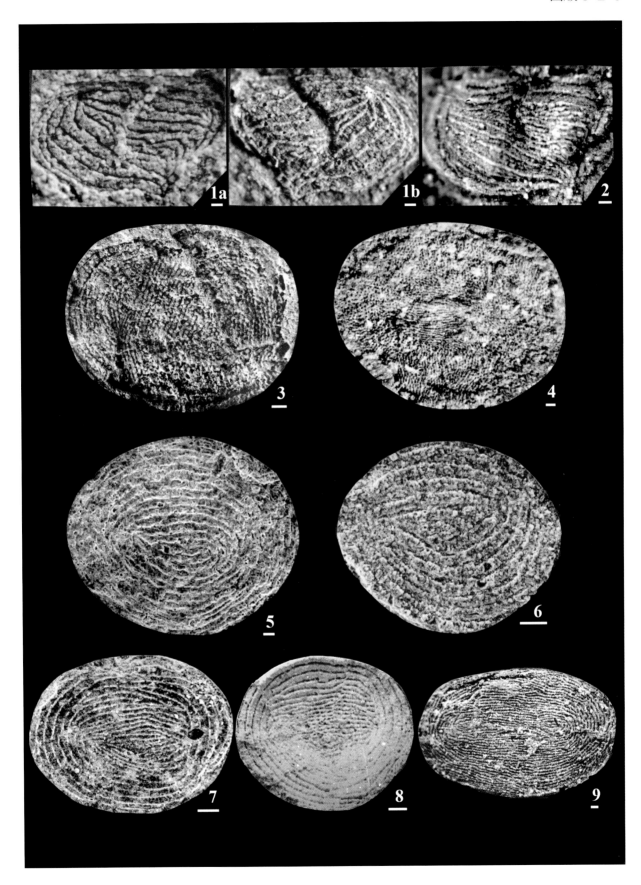

图版 5-2-4 说明

（所有标本均保存在中国科学院南京地质古生物研究所，比例尺 =100μm）

1，2 半圆形马氏介 *Maternella hemisphaerica*（Richter，1848） 引自王尚启（2009）

外模侧视。采集号：1－HM611-2，2－GNL-105。登记号：1－NIGP73437，2－NIGP70990。主要特征：壳体较小，侧视短椭圆形至近圆形；壳面由两组条纹组成。内部条纹3～5条，呈纵向排列；外部条纹向外呈螺旋状延伸，2～3圈。产地：广西大新榄圩和南丹罗富剖面。层位：上泥盆统弗拉阶榴江组—法门阶五指山组上部。

3，4 新半圆形马氏介 *Maternella neohemisphaerica* Wang，2009 引自王尚启（2009）

外模侧视。采集号：Z32-2。登记号：3－NIGP148946，4－NIGP148947。主要特征：壳体中等大小，侧视呈短卵形或近椭圆形；内部条纹3～5条，呈纵向排列；外部条纹沿与边缘大致平行的方向呈螺旋状向外延伸，2～3圈；条纹宽，条纹间距近于相等。产地：广西鹿寨寨沙剖面。层位：上泥盆统法门阶顶部？—下石炭亚系杜内阶鹿寨组。

5，6 赛莱尔马氏介 *Maternella seilerensis* Koch，1970 引自王尚启（2009）

外模的铸模侧视。采集号：Gg-6649-2。登记号：5－NIGP112781，6－NIGP112780。主要特征：壳体较大，侧视近圆形；壳面条纹疏、细，均等发育，呈螺旋状排列，自边缘到中部约13圈，内侧条纹排列成圆形至宽卵形式样。产地：广西桂林剖面。层位：上泥盆统法门阶顶部？—下石炭亚系杜内阶鹿寨组。

7，8 近三角形马氏介 *Maternella subtriangulata* Wang，2009 引自王尚启（2009）

7－右壳（？）外模的铸模侧视，8－左壳（？）外模的铸模侧视。采集号：Gg-3003-27a。登记号：7－NIGP112778，8－NIGP148960。主要特征：壳体较大，侧视近三角形至近圆形；壳面条纹相对较细、疏，均等发育，以肌痕区为中心，按螺旋状延伸，15～18圈，壳之外侧条纹大致与边缘方向一致，内部条纹呈圆三角形式样。产地：广西桂林剖面。层位：上泥盆统法门阶顶部？—下石炭亚系杜内阶鹿寨组。

9，10 北均塘单槽恩托莫介 *Monosulcoentomozoe beijuntangensis*（Wang，1986） 引自王尚启（1986）

9－右壳外模的铸模侧视，10－左壳外模侧视。采集号：GB-2。登记号：9－NIGP103707，10－NIGP103706。主要特征：壳体大，侧视近截圆形；中槽自背边向下延伸超过壳高的2/3，向前弯曲；壳面条纹主要由细结节组成，前侧条纹呈横向排列，后侧条纹呈纵向排列。产地：广西玉林樟木剖面。层位：下泥盆统洛赫考夫阶北均塘组上部。

11 单槽单槽恩托莫介 *Monosulcoentomozoe monosulcata* Wang，1989 引自王尚启（1989）

a－右壳外模侧视，b－同一标本的铸模。采集号：4278-8。登记号：NIGP103698。主要特征：壳体大，侧视椭圆形；中槽自背中部向下延伸；壳面条纹大致呈横向排列；在中槽后侧上部有一亚条纹区，由6～8条顶端不相连的条纹组成。产地：广西玉林樟木剖面。层位：下泥盆统布拉格阶良禾塘组。

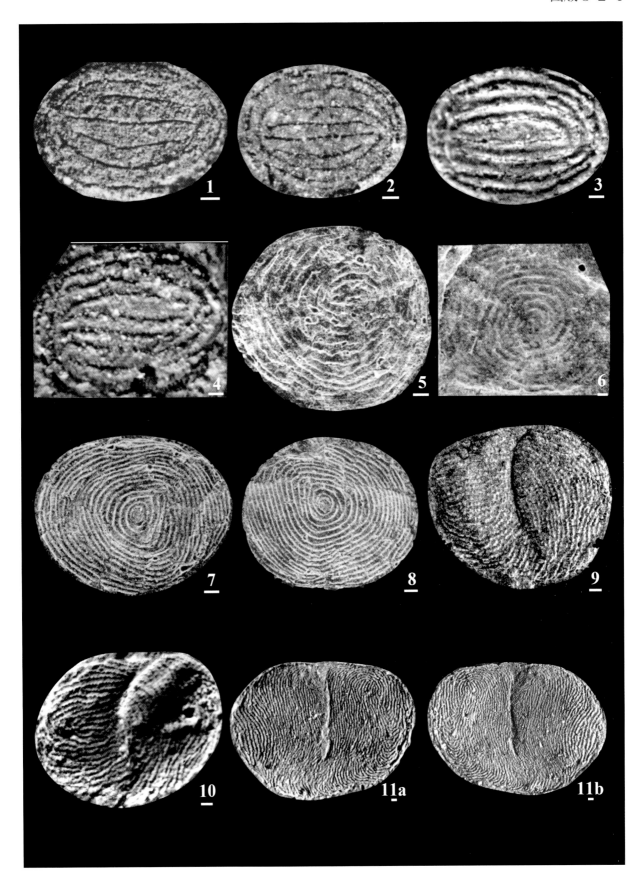

图版 5-2-5 说明

（所有标本均保存在中国科学院南京地质古生物研究所，比例尺 =100μm）

1，2　不对称南丹介 *Nandania asymmetrica*（Koch，1967）　引自王尚启（2009）

1 - 左壳外模的铸模侧视（背朝下），2 - 右壳内模侧视。采集号：1 - GNL-91，2 - GNL-89。登记号：1 - NIGP73405，2 - NIGP73406。主要特征：壳体较大，侧视近长椭圆形或近圆长方形；中槽自背边中部偏前向下延到中央坑，向前弯曲；壳面条纹细密，大致呈纵向排列，围绕纵槽的后端向前延伸。产地：广西南丹罗富剖面。层位：上泥盆统弗拉阶榴江组蜡烛台段上部—法门阶五指山组。

3，4　类结核南丹介 *Nandania pseudophthalmus*（Volk，1939）　引自王尚启（2009）

3 - 左壳内模侧视，4 - 左壳外模铸模侧视。采集号：GNL-91。登记号：3 - NIGP73412，4 - NIGP73411。主要特征：壳体较小，侧视近椭圆形至近截圆形；中槽自背边中部向下延到体中线附近，末端为中央坑；在中槽后侧有一个较大的凹坑；条纹一般较细、密，40~60条，背、腹部条纹在两端相连成弧形弯曲，似呈同心状排列。产地：广西南丹罗富剖面。层位：上泥盆统弗拉阶榴江组蜡烛台段—法门阶五指山组。

5　结节南丹介 *Nandania tuberculata* Wang，1984　引自王尚启（1984）

a - 右壳外模侧视，b - 同一标本的铸模。采集号：GNL-93a。登记号：NIGP73416。主要特征：壳体较小，侧视呈卵形至近圆形，中槽自背边向下延到中央坑，在中槽后侧有一个卵形至近圆形的凹坑。在中槽后侧，条纹相当细、密，中槽前侧为网纹，在外模上反映为小节结状或颗粒状。产地：广西南丹罗富剖面。层位：上泥盆统弗拉阶榴江组—法门阶五指山组。

6，7　纳赫德纳赫德介 *Nehdentomis nehdensis* Matern，1929　引自王尚启（2009）

左壳外模铸模侧视。采集号：GNL-93a。登记号：6 - NIGP93392，7 - NIGP148916。主要特征：壳体中等大，侧视窄卵形；中槽自背边中部向下延到中央坑；壳面条纹由细结节规则地排列而成，径直通过壳面，在两端集中，彼此相交或不相交。产地：广西南丹罗富剖面。层位：上泥盆统弗拉阶榴江组—法门阶五指山组。

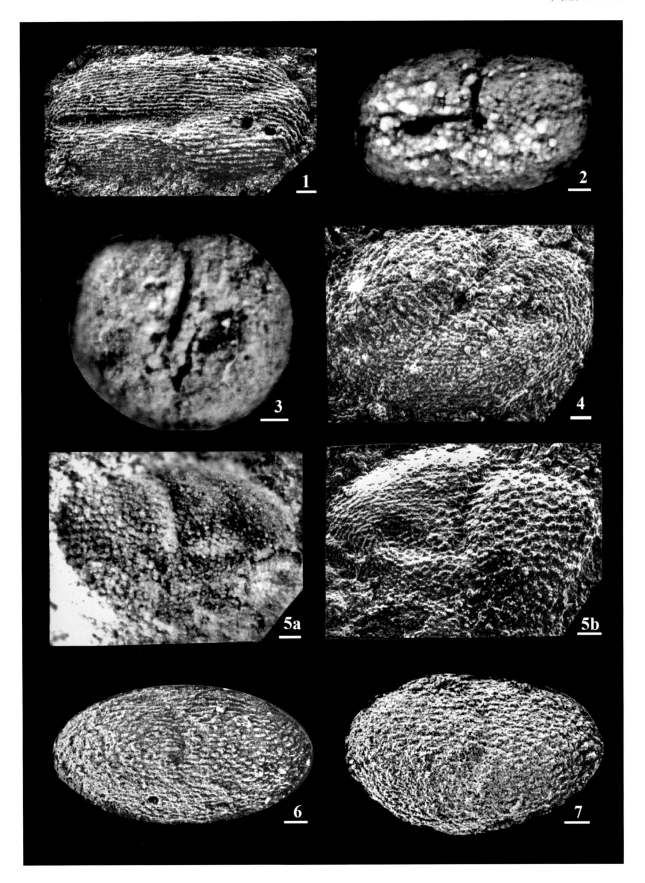

图版 5-2-6 说明

（所有标本均保存在中国科学院南京地质古生物研究所，比例尺 =100μm）

1，2 类里氏纳赫德介 *Nehdentomis pseudorichterina* Matern，1929 引自王尚启（2009）

1 - 右壳外模（?）侧视，2 - 右壳侧视。采集号：1 - GNL-91，2 - SII35。登记号：1 - NIGP73394，2 - PUM03124。主要特征：壳体较大，侧视卵形至近椭圆形；中槽窄且细弱，自背边中部向下延到中央坑；条纹相对较疏，呈纵向排列。背半部条纹一般近直或微弯曲；腹半部条纹沿与腹边缘一致的方向向上弯曲，与背半部条纹在两端相交。产地：湖南湘中佘田桥剖面和广西南丹罗富剖面。层位：上泥盆统弗拉阶佘田桥组和榴江组—法门阶五指山组。

3 罗富似小翁盖尔介 *Paraungerella luofuensis* Wang，1986 引自王尚启（1986）

左壳外模的铸模侧视。采集号：G1-523-12j。登记号：NIGP92128。主要特征：壳体较大，侧视形似蝌蚪；中槽较细、弱，自背边中部向下延伸到中央坑；中央坑位于壳侧中下方，小而明晰；前腹刺位于前腹边的内侧，向前下方突出，长而粗壮；壳面条纹细密，自背边开始，呈伞状向下弯曲。产地：广西南丹罗富剖面。层位：上泥盆统弗拉阶榴江组—法门阶五指山组。

4 南丹似小翁盖尔介 *Paraungerella nandanensis* Wang，1986 引自王尚启（1986）

左壳外模的铸模侧视。采集号：G1-523-9j。登记号：NIGP92127。主要特征：壳体较大，侧视形似蝌蚪；中槽较细、浅，自背边中部向下延伸到中央坑；前腹刺位于前腹边的内侧，向前下方突出，长而粗壮；条纹较密，呈横向排列。产地：广西南丹罗富剖面。层位：上泥盆统弗拉阶榴江组—法门阶五指山组。

5 过渡小拉拜因介 *Rabienella intermedia*（Matern，1929） 引自王尚启（2009）

a - 左壳外模侧视，b - 同一标本的铸模侧视。采集号：309-50-11。登记号：NIGP97176。主要特征：壳体较大，侧视近椭圆形；条纹较密，自后端边缘到中继线有10~12条。外侧条纹排列成近长方形式样，其长轴与壳体长轴方向一致；内侧条纹排列也大致呈近长方形式样，但其长轴与壳体长轴方向垂直。产地：广西隆林含山剖面。层位：上泥盆统弗拉阶响水洞组。

6 马氏小拉拜因介 *Rabienella materni*（Volk，1939） 引自王尚启（2009）

双壳外模，a - 右壳外模的铸模，b - 左壳外模的铸模。采集号：536-6ed。登记号：NIGP97163。主要特征：壳体较大，侧视后端宽、前端较窄，近楔形；通常存在浅的中槽或背部凹陷，在内核上尤为清晰；条纹宽，但较稀疏，自后端边缘到中继线有7~8条，向前延伸成三角形或楔形式样。产地：广西隆林含山剖面。层位：上泥盆统弗拉阶响水洞组。

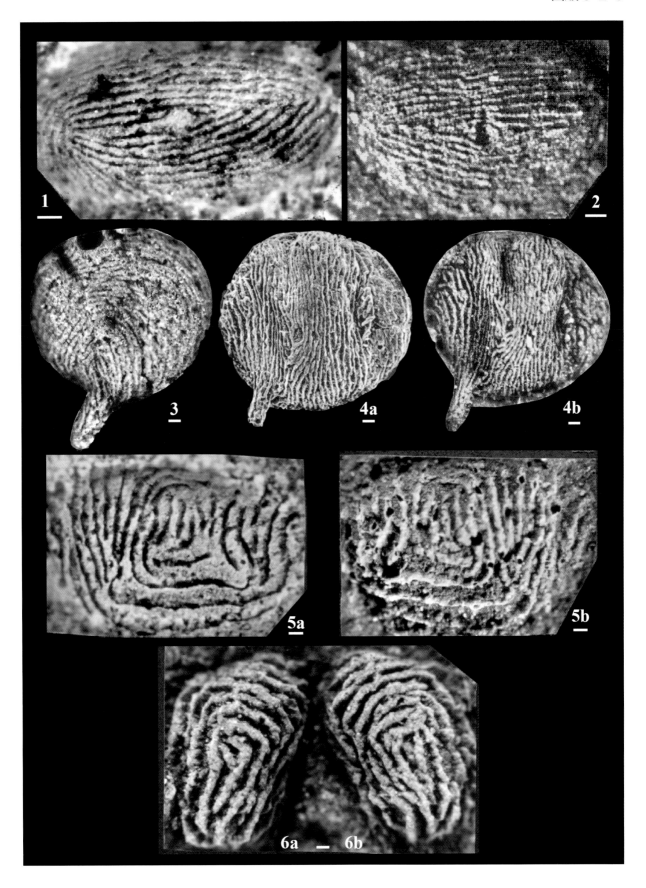

图版 5-2-7 说明

（所有标本均保存在中国科学院南京地质古生物研究所，比例尺 =100μm）

1，2 赖氏小拉拜因介 *Rabienella reichi*（Matern，1929） 引自王尚启（2009）

左壳外模侧视。采集号：1－309-50-16，2－GNL-87。登记号：1－NIGP97175，2－NIGP70981。主要特征：壳体较大，侧视近椭圆形；条纹稀疏，自后端边缘到中继线7～8条；外侧条纹沿与边缘一致方向延伸，排列成近长方形式样；内侧条纹长轴与壳体长轴垂直，亦排列成近长方形式样；在前部，3～4条条纹通常向前弯折。产地：广西隆林含山和南丹罗富剖面。层位：上泥盆统弗拉阶响水洞组和榴江组。

3，4 施氏小拉拜因介 *Rabienella schmidti*（Rabien，1958） 引自王尚启（2009）

右壳外模侧视。采集号：309-50-10。登记号：3－NIGP97170，4－NIGP97171。主要特征：壳体较大，侧视近短卵形到近长方形；条纹稀疏，自后端边缘到中继线6～7条，排列成长方形或近长方形式样，在内侧尤为典型。产地：广西隆林含山剖面。层位：上泥盆统弗拉阶响水洞组。

5，6 福氏小拉拜因介 *Rabienella volki*（Rabien，1958） 引自王尚启（2009）

5－右壳外模侧视，6－右壳外模的铸模侧视。采集号：5－309-50-10，6－309-50-15。登记号：5－NIGP97166，6－NIGP97169。主要特征：壳体较大，侧视大致呈短楔形；条纹稀疏，自后端边缘到中继线5～9条，向前延伸，构成短、宽的三角形或楔形式样。产地：广西隆林含山剖面。层位：上泥盆统弗拉阶响水洞组。

7，8 细弱里氏介 *Richteria exilis* Wang et Zhang，1983 引自王尚启和张晓彬（1983）

7－右壳外模侧视，8－左壳外模侧视。采集号：Lf-45b。登记号：7－NIGP76086，8－NIGP76088。主要特征：壳体较大，侧视近卵形；中槽自背边中部向下延伸，达到或超过壳高的2/3，前腹槽不甚明显；条纹细密，呈纵向排列；在中槽后侧，背、腹半部条纹在后端以锐角相交。产地：广西南丹罗富剖面。层位：中泥盆统艾菲尔阶塘丁群。

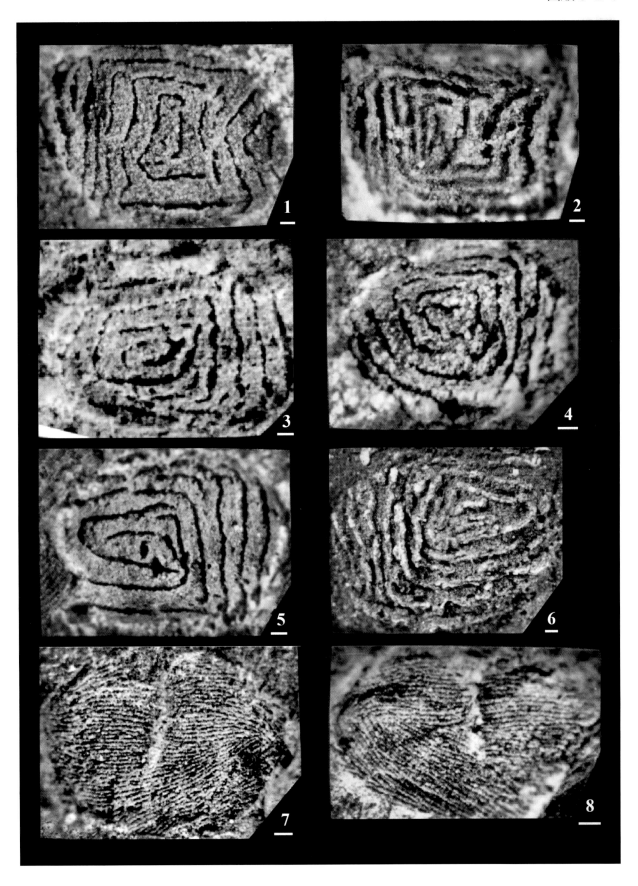

图版 5-2-8 说明

（所有标本均保存在中国科学院南京地质古生物研究所，比例尺 =100μm）

1，2　弯曲里氏介 *Richteria kurtis*（Wang et Zhang，1983）　引自王尚启和张晓彬（1983）

1 – 右壳侧视，2 – 左壳外模侧视。采集号：GNL-35。登记号：1 – NIGP76084，2 – NIGP76085。主要特征：壳体较大，侧视近肾形；中槽自背边中部偏前向下延伸，达到或超过壳高的2/3，前腹槽发育；条纹细密，大致呈纵向排列；在中槽后侧，背、腹部条纹彼此相连，并形成波浪式弯曲。产地：广西南丹罗富剖面。层位：中泥盆统艾菲尔阶塘丁群。

3　那芝里氏介 *Richteria nayiensis* Wang et Zhang，1983　引自王尚启和张晓彬（1983）

左壳外模侧视。采集号：CJ-2b。登记号：NIGP87356。主要特征：壳体大，侧视近椭圆形；中槽自背边中部偏前向下延伸，达到壳高的2/3，前腹槽通常发育较好；条纹细密，纵向排列，背、腹半部的条纹分别在两端相交成弧形弯曲。产地：贵州罗甸床井、望谟桑郎剖面和广西崇左那芝剖面。层位：中泥盆统吉维特阶罗富组。

4，5　长槽里氏介 *Richteria longisulcata* Wang et Zhang，1983　引自王尚启和张晓彬（1983）

4 – 右壳外模侧视，5 – 右壳侧视。采集号：Lf-50。登记号：4 – NIGP76098，5 – NIGP148911。主要特征：壳体较大，侧视卵形；前腹槽发育，常与中槽相连续；条纹相对较密，呈纵向排列；在中槽前下方和前腹角的上方有一个卵形条纹区，区内条纹向着背方呈弧形或钝角状弯折。产地：广西南丹罗富剖面。层位：中泥盆统艾菲尔阶塘丁群。

6，7　锯齿状条纹里氏介 *Richteria serratostriata*（Sandberger，1845）　引自王尚启（2009）

6 – 左壳外模侧视，7 – 右壳外模的铸模侧视。采集号：6 – GNL-93a，7 – G1-523-13j。登记号：6 – NIGP70982，7 – NIGP148914。主要特征：壳体较大，侧视卵形；中槽自背边中部向下延伸到体中线附近；壳面条纹较细密，呈纵向排列，其中部分或全部条纹由细节结组成；在后端，背、腹半部条纹相连成与后端边大致平行的弧形弯曲。产地：广西南丹罗富剖面。层位：上泥盆统弗拉阶榴江组—法门阶五指山组。

8　中国里氏介 *Richteria sinensis* Wang，1989　引自王尚启（1989）

左壳外模的铸模侧视。采集号：4278-8。登记号：NIGP103710。主要特征：壳体大，侧视肾形；中槽细、弱，自背边中部偏前向下延伸到体中线附近；壳面条纹较密，呈纵向排列，背、腹部条纹在两端的体中线偏上位置彼此相连。产地：广西玉林樟木剖面。层位：下泥盆统上洛赫考夫阶北均塘组。

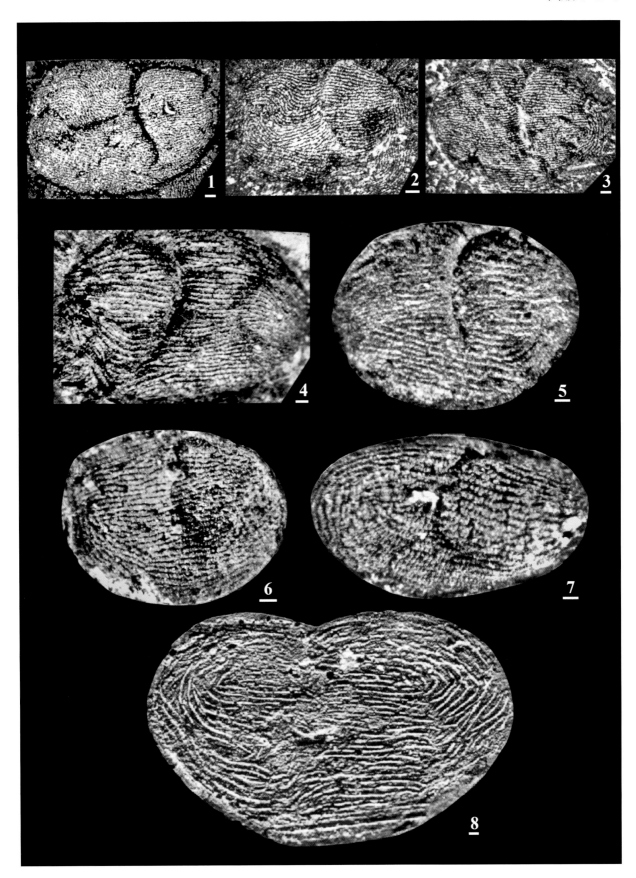

图版 5-2-9 说明

（所有标本均保存在中国科学院南京地质古生物研究所，比例尺 =100μm）

1　肋间窝状小里氏介 *Richterina（Fossirichterina）intercostata* Matern，1929　引自王尚启（2009）

外模的铸模侧视。采集号：G1-525-2j。登记号：NIGP148921。主要特征：壳体较大，侧视近椭圆形，具有一个光滑的肌痕区；壳面条纹相对较疏，呈纵向排列，外侧少数条纹有时在两端相连成弧形弯曲。产地：广西南丹罗富剖面。层位：上泥盆统弗拉阶榴江组—法门阶五指山组。

2，3　近莫腊菲窝状小里氏介 *Richterina（Fossirichterina）submoravica* Wang，1984　引自王尚启（1984）

2 - 左壳侧视，3 - 右壳外模侧视。采集号：2 - GNL-91，3 - G1-523-9j。登记号：2 - NIGP73429，3 - NIGP148924。主要特征：壳体较小，侧视近菱形；中央坑小；壳面条纹相对细密，大致呈纵向排列，前部上、下部条纹在前端中部刺状突出中相汇或相交。产地：广西南丹罗富剖面。层位：上泥盆统弗拉阶榴江组—法门阶五指山组。

4，5　肋小里氏小里氏介 *Richterina（Richterina）costata*（Richter，1869）　引自王尚启（2009）

4 - 外模的铸模侧视，5 - 右壳（？）侧视。采集号：4 - G1-525-2j，5 - HM-611。登记号：4 - NIGP148935，5 - NIGP73424。主要特征：壳体较大，侧视窄椭圆形；在壳侧前、后端中部，分别具有1根向前、后方指向的刺；条纹较疏，次级条纹发育或不发育，呈纵向排列。产地：广西南丹罗富和大新榄圩剖面。层位：上泥盆统弗拉阶榴江组—法门阶五指山组。

6—8　始肋小里氏小里氏介 *Richterina（Richterina）eocostata* Wang，1983　引自王尚启（1983）

6 - 外模侧视，7 - 外模的铸模侧视，8 - 外模（碎片）侧视。采集号：6 - H-H-2，7 - GNL-93a，8 - GNL-104。登记号：6 - NIGP73426，7 - NIGP148932，8 - NIGP70986。主要特征：壳体中等大，侧视呈长椭圆形；条纹较疏，由呈纵向排列的两级条纹组成。一级条纹8～10条，较粗壮；位于一级条纹之间的二级条纹8～11条，较细弱。产地：广西天等含香和南丹罗富剖面。层位：上泥盆统弗拉阶榴江组—法门阶五指山段。

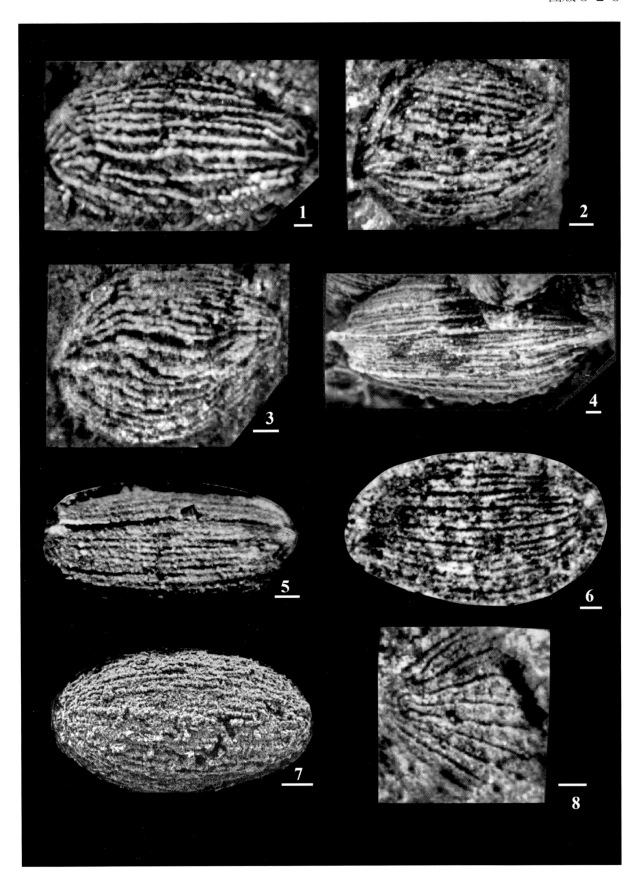

图版 5-2-10 说明

（所有标本均保存在中国科学院南京地质古生物研究所，比例尺 =100μm）

1，2　宽阔小里氏小里氏介 *Richterina*（*Richterina*）*latior* Rabien，1960　引自王尚启（2009）

1－外模的铸模侧视，2－右壳（？）侧视。采集号：1－Gg-6650-1，2－Z32-2。登记号：1－NIGP112775，2－NIGP148936。主要特征：壳体较大，侧视短椭圆形至近圆形；中央肌痕区通常不显；条纹相对较细密，均等发育，其中有6～12条条纹沿与边缘一致的方向通过壳面，呈同心状或环形排列。产地：广西桂林和鹿寨寨沙剖面。层位：上泥盆统法门阶顶部？—下石炭亚系杜内阶鹿寨组。

3，4　条纹小里氏小里氏介 *Richterina*（*Richterina*）*striatula*（Richter，1848）　引自王尚启（2009）

3－外模的铸模侧视，4－外模侧视。采集号：3－Gg6692-2，4－HM-611。登记号：3－NIGP148934，4－NIGP73423。主要特征：壳体较大，侧视椭圆形；条纹细、密，均等发育，呈纵向排列；外侧少数条纹在两端相连并沿与边缘一致的方向通过壳面，呈同心状排列。产地：广西桂林和大新榄圩剖面。层位：上泥盆统弗拉阶榴江组—法门阶五指山组。

5　近椭圆形三槽恩托莫介 *Trisulcoentomozoe subelliptica* Wang，1989　引自王尚启（1989）

右壳外模的铸模侧视。采集号：GB-11。登记号：NIGP103725。主要特征：壳体大且瘦长，侧视近肾形；壳侧具有3个横槽和1个前腹槽。3个横槽将壳面分割成4个叶状；前腹槽较浅，其上端通常与前槽的下端相连接；后槽的后侧为极细的弧形条纹。产地：广西玉林樟木剖面。层位：下泥盆统布拉格阶良禾塘组。

6，7　三槽三槽恩托莫介 *Trisulcoentomozoe trisulcata* Wang，1989　引自王尚启（1989）

6－右壳内模侧视，7－左壳外模的铸模侧视。采集号：GB-11。登记号：6－NIGP103721，7－NIGP103719。主要特征：壳体大，侧视截圆形；壳侧具有3个横槽和1个前腹槽。3个横槽将壳面分割成4叶状，前腹槽自前中部延伸到前腹边缘。前叶相对短宽，第二叶窄长，第三叶葫芦状，第四叶呈弧形弯曲和窄叶状。产地：广西玉林樟木剖面。层位：下泥盆统布拉格阶良禾塘组。

8，9　三刺玉林恩托莫介 *Yulinentomozoe trispinosa* Wang，1989　引自王尚启（1989）

右壳外模的铸模侧视。采集号：GB-11。登记号：8－NIGP103688，9－NIGP103679。主要特征：壳体大，侧视近三角形；中槽自背边中部偏前向前下方延伸到后腹刺的前上方；壳面具有3根刺或结节，即前背刺、后背刺和中腹刺；壳面条纹较密，大致呈环形排列。产地：广西玉林樟木剖面。层位：下泥盆统布拉格阶良禾塘组。

图版 5-2-11 说明

（所有标本均保存在中国科学院南京地质古生物研究所，比例尺 =400μm）

1　中等短豆石介 *Paramoelleritia*（*Brevileperditia*）*media*（Sun et Wang，1985）　引自孙全英和王承先（1985）

a－左壳侧视，b－同一标本放大。采集号：Zt-3。登记号：NIGP122158。主要特征：壳体中等大小（壳长为12.60mm），背边直，背角钝，腹边突，两端圆，侧视近短卵形；闭壳肌痕近卵形，真长轴与壳体长轴微斜交，由许多枚小结节状次级肌痕组成；下垂"V"字形肌痕弯锥状，表面由许多枚坑组成。产地：广西象州中平剖面。层位：下泥盆统埃姆斯阶大乐组丁山岭段。

2，3　近圆形短豆石介 *Paramoelleritia*（*Brevileperditia*）*subcircularis* Wang，1994　引自王尚启（1994）

2a－壳体右视，2b－同一标本透视，3a－壳体左视，3b－背视。采集号：2－Zt-1，3－Ys-125。登记号：2－NIGP122156，3－NIGP122155。主要特征：壳体较小（最大壳长约为11.00mm），背边直，背角钝，腹边显著外突，侧视近截短卵形。在透视标本和内模上，闭壳肌痕近卵形，长轴与壳体长轴近乎垂直相交，由许多枚结节状次级肌痕组成（内模上为网孔状）；下垂"V"字形肌痕微弯曲，锥状。产地：广西象州中平剖面。层位：下泥盆统埃姆斯阶大乐组丁山岭段。

4　广西似豆石介 *Paramoelleritia*（*Paraleperditia*）*guangxiensis*（Sun，1978）　引自关绍曾等（1978）

内核左视。登记号：IV65712。主要特征：壳体中等或较大（最大壳长>12.30mm），背边短、直，背角钝，腹边突，后端圆且宽于前端，侧视近长方形；闭壳肌痕较大，卵形，长轴与壳体长轴近乎垂直相交，围边显著；下垂"V"字形肌痕窄锥形，微向后弯曲，由许多枚细小且界线不清的结节组成。产地：广西象州大乐剖面。层位：下泥盆统埃姆斯阶郁江组？。

5　似豆石介（未定种1）*Paramoelleritia*（*Paraleperditia*）sp. 1　引自王尚启（2009）

左壳内模（碎片）侧视。采集号：BD635。登记号：NIGP150452。主要特征：壳体中等大（壳长可达12.00mm），背边直，背角钝，腹边突，后端圆，侧视近卵形；在内模上，闭壳肌痕短卵形，近乎垂直，由许多枚网孔状次级肌痕组成，围边保存较好；下垂"V"字形肌痕窄锥形。产地：广西北流剖面。层位：下泥盆统埃姆斯阶贵塘组。

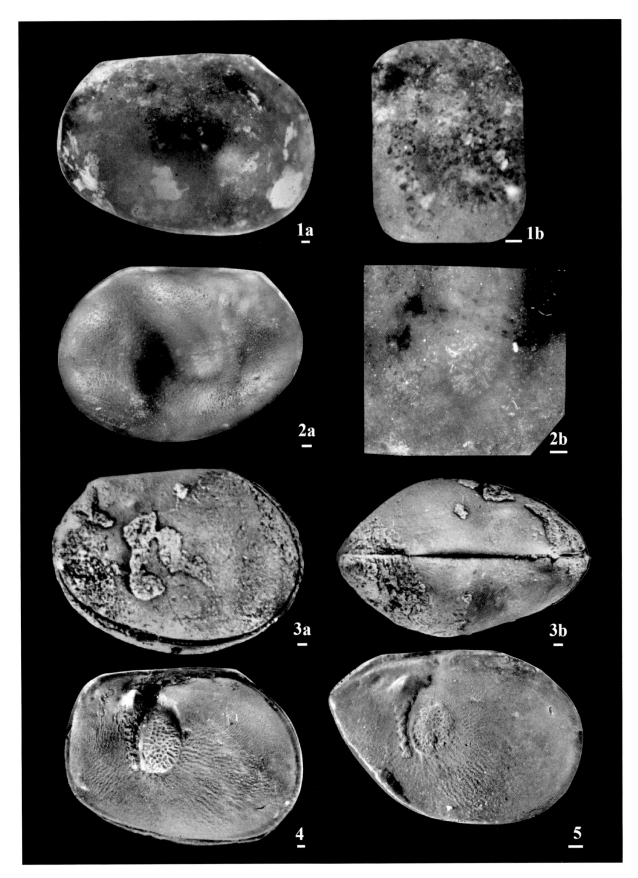

图版 5-2-12 说明

（所有标本均保存在中国科学院南京地质古生物研究所，比例尺 =400μm）

1，2　王氏似豆石介 *Paramoelleritia*（*Paraleperditia*）*wangchengyuani* Wang et Lundin，2004　引自Wang 和Lundi（2004）

1a－右壳侧视，1b－同一标本透视，2－左壳透视。采集号：Sh-2。登记号：1－NIGP129028，2－NIGP129023。主要特征：壳体大（最大壳长约32.00mm），背边直，背角钝，前端圆，侧视近截短卵形，两端边缘带发育。闭壳肌痕卵形，从近乎垂直到微向后倾斜，长轴与壳体长轴从近乎垂直相交到微斜交，由80枚以上的次级肌痕组成；下垂"V"字形肌痕锥形，由50～80枚细结节或坑组成。产地：广西象州妙皇剖面。层位：下泥盆统埃姆斯阶上伦组。

3　似豆石介（未定种2）*Paramoelleritia*（*Paraleperditia*）sp. 2　引自王尚启（2009）

右壳内核侧视。采集号：BD635。登记号：NIGP129039。主要特征：壳体较小（最大壳长约为9.00mm），背边直，前、后背角钝，腹边缓突，两端圆，体中线附近壳体最长，侧视截圆形至圆长方形。闭壳肌痕较大，短卵形，由许多枚网孔状次级肌痕组成，每一枚次级肌痕又包含有一些更小的次级肌痕。围边明显，前侧的较宽。th/ah值的变化范围为1.010～1.065。产地：广西北流剖面。层位：下泥盆统埃姆斯阶贵塘组。

4　似豆石介（未定种4）*Paramoelleritia*（*Paraleperditia*）sp. 4　引自王尚启（2009）

右壳侧视。采集号：Zt-1。登记号：NIGP122154。主要特征：壳体中等大小（最大壳长12.00mm），背边直，前、后背角钝，腹边较突，两端圆、钝，后端更宽，侧视近截圆形。闭壳肌痕卵形，长轴与壳体长轴近乎垂直，由许多枚细小的次级肌痕组成；下垂"V"字形肌痕弯锥状。th/ah = 1.08±。产地：广西象州中平剖面。层位：下泥盆统埃姆斯阶大乐组丁山岭段。

5—7　老人山似默勒介 *Paramoelleritia*（*Paramoelleritia*）*laorenshanensis*（Wang，1994）　引自王尚启（1994）

右壳侧视。采集号：5-6－675-1，7－T22-1。登记号：5－NIGP150412，6－NIGP122135，7－NIGP150415。主要特征：壳体小（最大壳长约9.00mm），背边直，后背角钝，侧视近截短卵形。后背膨胀发育，前背可见槽状凹陷，但相对较弱。闭壳肌痕椭圆形或短卵形，长轴与壳体长轴近乎垂直相交，由许多枚网孔状次级肌痕组成；下垂"V"字形肌痕微弯锥状。一般th/ah>1.20。产地：广西桂林剖面。层位：上泥盆统弗拉阶桂林组。

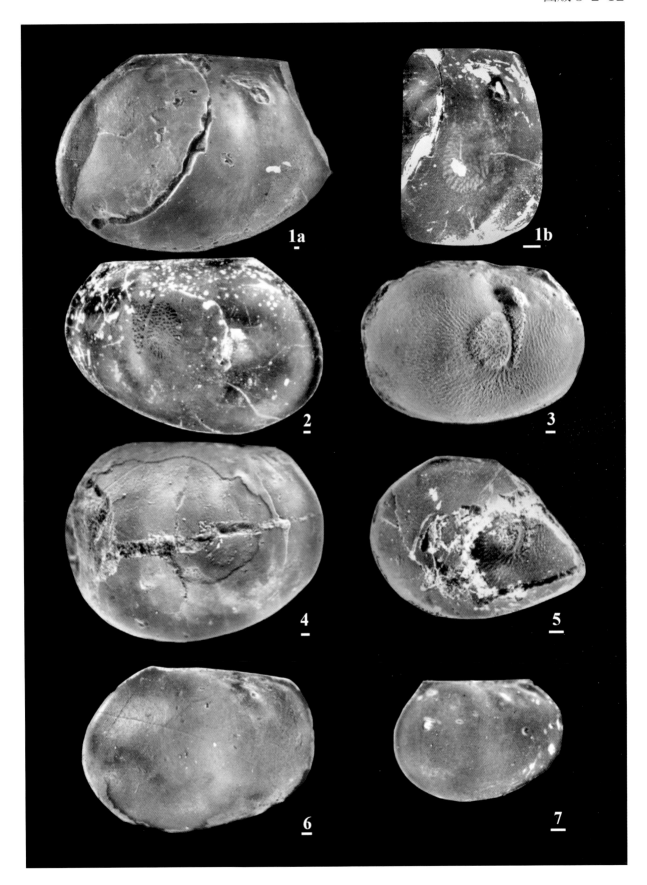

1a 1b

2

3

4

5

6

7

图版 5-2-13 说明

（所有标本均保存在中国科学院南京地质古生物研究所，比例尺 =400μm）

1 广西似默勒介 Paramoelleritia（Paramoelleritia）guangxiensis Sun，1978 引自关绍曾等（1978）

1a－右壳侧视，1b－同一标本的透视。登记号：IV65701。主要特征：壳体大（最大壳长可达28.60mm），背边直，背角钝，后背角更钝，腹边强烈外突，中部偏后尤甚，侧视近圆三角形。后背膨胀强烈发育，呈驼峰状。闭壳肌痕大，短卵形，边缘部分的次级肌痕为长条状；下垂"V"字形肌痕微弯锥状。th/ah = 1.00±。产地：广西象州中平剖面。层位：下泥盆统埃姆斯阶大乐组石朋段。

2，3 小似默勒介（比较种）Paramoelleritia（Paramoelleritia）cf. parva Wang，1976 引自王尚启（1976）

2－右壳侧视，3－左壳侧视。采集号：BD-654。登记号：2－NIGP41124，3－NIGP149071。主要特征：壳体大（最大壳长可达25.00mm），背边直，前、后背角钝，腹边较突，前端窄圆，侧视近卵形或截卵形。闭壳肌痕卵形，中部具有一枚较大的网孔状中心，次级肌痕围绕此中心分布；下垂"V"字形肌弯锥状。th/ah = 1.12±。产地：广西北流剖面。层位：中泥盆统艾菲尔阶鸭壤组下部。

4 象州似默勒介 Paramoelleritia（Paramoelleritia）xiangzhouensis Wang，1976 引自王尚启（1976）

4a－左壳内模侧视，4b－同一标本的肌痕放大。采集号：Ys-166。登记号：NIGP41113。主要特征：壳体大到相当巨大（最大壳长可达40.00mm），背边直，背角钝，腹边缓和外突，中部偏后相对较突，前端宽且圆钝，侧视近圆三角形。边缘带发育，较宽。闭壳肌痕大，卵形，向后倾斜，长轴与壳体长轴斜交。th/ah值的变化范围均在1.00左右或微大于1.00。产地：广西象州中平剖面。层位：下泥盆统埃姆斯阶大乐组石朋段。

5 似默勒介（未定种2）Paramoelleritia（Paramoelleritia）sp. 2 引自王尚启（2009）

左壳内模侧视。采集号：Zs-1。登记号：NIGP122153。主要特征：壳体大（最大壳长大于20.00mm），前端边缘带发育，后端不明，后背膨胀强烈发育，前背槽状凹陷显著。闭壳肌痕大，近卵形，向后倾斜，中部具有一枚较大的网孔状次级肌痕，其余网孔状次级肌痕以此为中心分布。th/ah = 0.98±。产地：广西象州中平剖面。层位：下泥盆统埃姆斯阶大乐组石朋段。

6 似默勒介（未定种3）Paramoelleritia（Paramoelleritia）sp. 3 引自王尚启（2009）

右壳内模侧视。采集号：NL-39。登记号：NIGP76072。主要特征：壳体大（最大壳长25.00mm），背边直，背角钝，腹边突，前端上部近直、向前倾斜，侧视近截卵形。前、后端边缘带发育，较窄。闭壳肌痕大，短卵形，长轴与壳体长轴近乎垂直；下垂"V"字形肌痕弯锥状。th/ah = 1.00±。产地：广西南丹罗富剖面。层位：下泥盆统埃姆斯阶塘丁群下段。

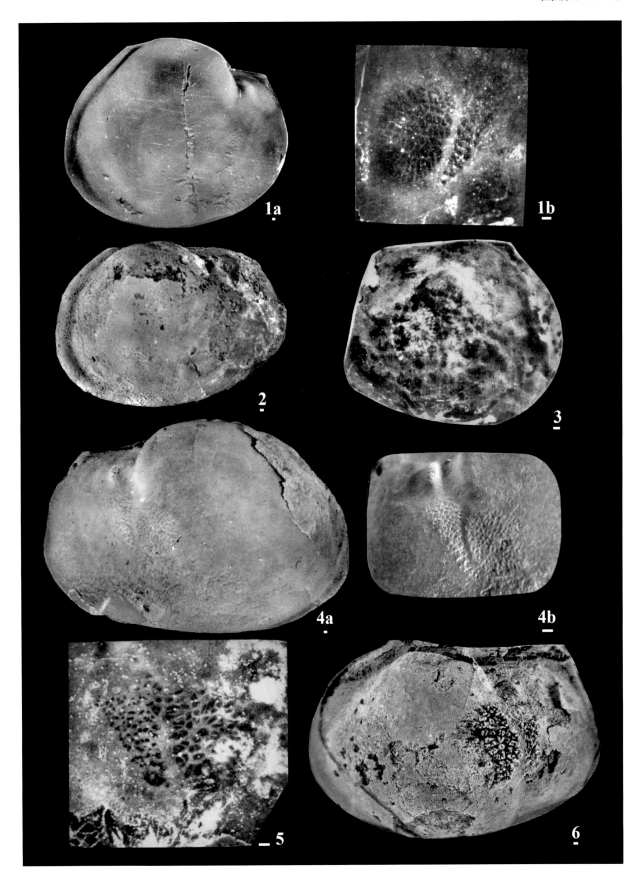

图版 5-2-14 说明

（所有标本均保存在中国科学院南京地质古生物研究所，比例尺 =400μm）

1　似默勒介（未定种9）*Paramoelleritia*（*Paramoelleritia?*）sp. 9　引自王尚启（2009）

左壳侧视。采集号：Zy–2。登记号：NIGP149085。主要特征：壳体小（最大壳长6.00mm），背边直，背角钝，腹边显著外突，前端窄、圆且微上翘，后端显著宽于前端，侧视近截短卵形。前背槽状凹陷显著，发育下垂"V"字形肌锥状。th/ah = 1.13±。产地：广西象州中平剖面。层位：中泥盆统艾菲尔阶应堂组古车段。

2—4　东村假粗壮介 *Sinoleperditia*（*Pseudobriartina*）*dongcunensis*（Wang，1994）　引自王尚启（1994）

2 – 左壳侧视，3 – 左壳内模侧视，4 – 右壳内模（碎片）侧视。采集号：T48–1。登记号：2 – NIGP150421，3 – NIGP150424，4 – NIGP122141。主要特征：壳体小（最大壳长约6.50mm），背边直，背角钝，后背角更钝，腹边缓突，前、后端圆，侧视近截短卵形。闭壳肌痕一般较小，卵形，长轴与壳体的长轴斜交；下垂"V"字形肌痕长、大。th/ah值的变化范围为1.245～1.30，平均比值为1.266。产地：广西桂林剖面。层位：上泥盆统法门阶东村组。

5—7　桂林假粗壮介 *Sinoleperditia*（*Pseudobriartina*）*guilinensis*（Wang，1994）　引自王尚启（1994）

5a – 右壳侧视，5b – 同一标本透视，6 – 左壳内模侧视，7 – 左壳侧视。采集号：5 – 675–2，6 – Gj–2192–1，7 – T17–2。登记号：5 – NIGP122131，6 – NIGP122133，7 – NIGP122132。主要特征：壳体小（最大壳长约8.00mm），背边直，背角钝，腹边缓突，两端圆、近等宽或前端稍窄，侧视近长方形至截椭圆形。闭壳肌痕短卵形，长轴与壳体的长轴近乎垂直相交到微斜交。在内模上，闭壳肌痕由许多枚网孔状次级肌痕组成；下垂"V"字形肌痕长、大。th/ah值的变化范围为1.213～1.240。产地：广西桂林和阳朔剖面。层位：上泥盆统弗拉阶桂林组。

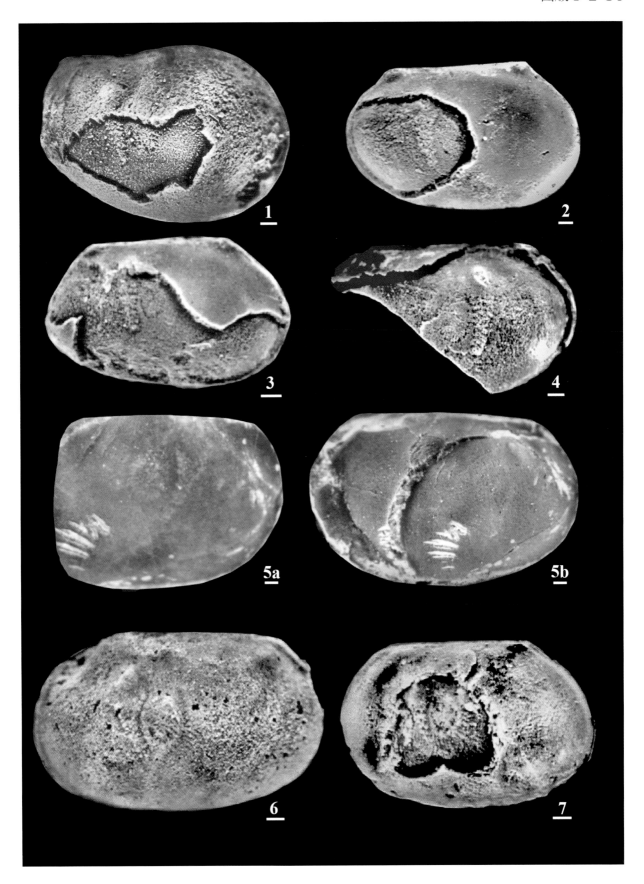

图版 5-2-15 说明

（所有标本均保存在中国科学院南京地质古生物研究所，比例尺 =400μm）

1 倒锥形假粗壮介 Sinoleperditia（Pseudobriartina）obsubulata Wang，1994 引自王尚启（1994）

右壳内模侧视。采集号：T3–1。登记号：NIGP122113。主要特征：壳体小（最大壳长约11.00mm），背边直，前、后背角钝，腹边突，两端圆，后端稍宽，侧视近截圆形。闭壳肌痕卵形，长轴与壳体长轴微斜交，围边可见；下垂"V"字形肌痕大，由许多枚界线不清且相对较大的结节组成。th/ah值的变化范围为1.10～1.14，平均比值为1.122。产地：广西桂林唐家湾剖面。层位：中泥盆统吉维特阶唐家湾组。

2—4 钝假粗壮介 Sinoleperditia（Pseudobriartina）obtusa（Wang，1994） 引自王尚启（1994）

2–左壳内模（碎片）侧视，3–左壳内模（碎片）侧视，4–左壳侧视。采集号：T48–1。登记号：2–NIGP150428，3–NIGP122142，4–NIGP150429。主要特征：壳体小（最大壳长约7.00mm），背边直，背角钝、近等，腹边缓突，体中线偏下向后最为突出，侧视近截卵形。闭壳肌痕卵形，长轴与壳体长轴微斜交，围边明显；下垂"V"字形肌痕大。th/ah值的变化范围为1.210～1.256，平均比值为1.23。产地：广西桂林剖面。层位：上泥盆统法门阶东村组。

5，6 平行假粗壮介 Sinoleperditia（Pseudobriartina）parallela Wang，1994 引自王尚启（1994）

右壳内模侧视。采集号：5–T4–1，6–1218–22。登记号：5–NIGP122125，6–NIGP122119。主要特征：壳体中等大小（最大壳长约13.00mm），背边直，背角钝，腹边突，前端圆，后端宽于前端，侧视近截卵形。右壳大，沿腹部叠覆左壳。闭壳肌痕卵形，长轴与壳体长轴近乎垂直相交，围边明显；下垂"V"字形肌痕长、大，相邻结节连接成行且彼此平行。th/ah值变化范围为1.156～1.18，平均比值为1.168。产地：广西桂林唐家湾和阳朔剖面。层位：中泥盆统吉维特阶唐家湾组。

7 假柔顺假粗壮介 Sinoleperditia（Pseudobriartina）pseudomansueta Wang，2009 引自王尚启（2009）

右壳内模侧视。采集号：T48-1。登记号：NIGP149029。主要特征：壳体小（最大壳长约8.00mm），背边直，背角钝，腹边相突，前端圆、窄，侧视近截短卵形。闭壳肌痕卵形，长轴与壳体长轴近乎垂直相交，由许多枚形状多变的网孔状次级肌痕组成；下垂"V"字形肌痕大。th/ah值变化范围为1.200～1.373，平均比值为1.273。产地：广西桂林。层位：上泥盆统法门阶东村组。

8 近倒锥形假粗壮介 Sinoleperditia（Pseudobriartina）subobsubulata Wang，1994 引自王尚启（1994）

右壳内模侧视。采集号：T9-1。登记号：NIGP122120。主要特征：壳体相对较小（最大壳长约11.00mm），背边直，背角钝，腹边突，前端圆、较窄且微上翘，侧视近截椭圆形。边缘带明显，但较窄。闭壳肌痕卵形，长轴与壳体长轴近乎垂直相交，围边发育；下垂"V"字形肌痕长、大，垂直锥形。th/ah = 1.18±。产地：广西桂林唐家湾剖面。层位：中泥盆统吉维特阶唐家湾组。

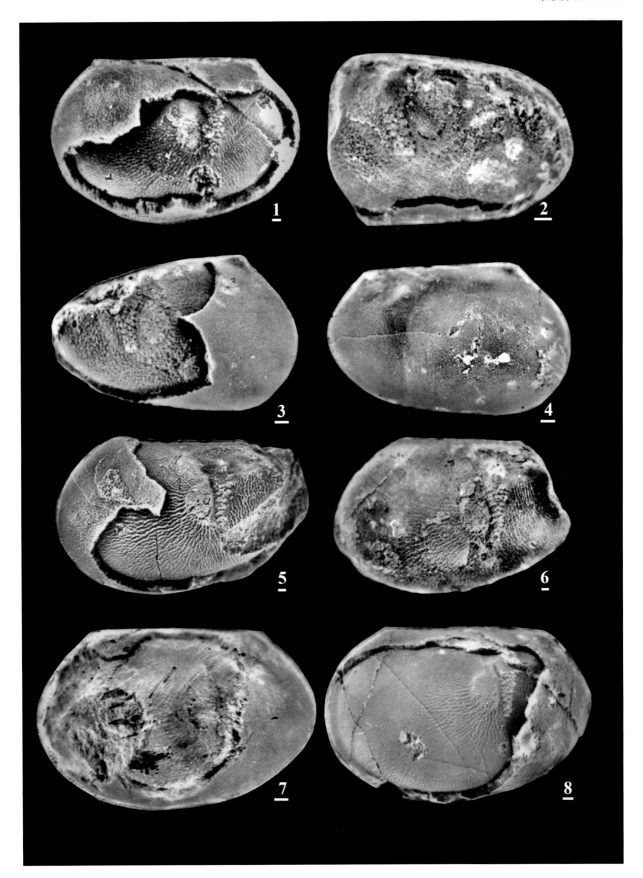

图版 5-2-16 说明

（所有标本均保存在中国科学院南京地质古生物研究所，比例尺 =400μm）

1，2　瘦假粗壮介 _Sinoleperditia_（_Pseudobriartina_）_scariosa_ Wang，1994　引自王尚启（1994）

1 - 右壳内模侧视，2 - 左壳内模侧视。采集号：Zy-4。登记号：1 - NIGP122106，2 - NIGP122104。主要特征：壳体较小（最大壳长约为10.00mm），背边直，背角钝，腹边突，两端圆、突，侧视近卵形或截短卵形。闭壳肌痕大，卵形，长轴与壳体长轴近乎垂直相交；下垂"V"字形肌痕长，窄锥形。th/ah值的变化范围为1.08～1.11。产地：广西象州中平剖面。层位：中泥盆统艾菲尔阶应堂组古车段。

3　近锐假粗壮介 _Sinoleperditia_（_Pseudobriartina_）_subacuta_ Wang，2009　引自王尚启（2009）

a - 右壳侧视，b - 同一标本放大。采集号：BD192。登记号：NIGP149021。主要特征：壳体小（最大壳长约9.00mm），背边直，背角钝、近等，腹边较突，两端突出，侧视近尖卵形。闭壳肌痕卵形，微后倾，长轴与壳体长轴微斜交；下垂"V"字形肌痕长，锥形。th/ah值变化范围为1.133～1.180，平均比值为1.157。产地：广西武宣剖面。层位：中泥盆统吉维特阶唐家湾组。

4　近平行假粗壮介 _Sinoleperditia_（_Pseudobriartina_）_subparallela_ Wang，2009　引自王尚启（2009）

左壳内模侧视。采集号：BD192。登记号：NIGP149003。主要特征：壳体小（最大壳长约9.00mm），背边直，背角钝，后背角通常更钝，腹边缓和外突，两端圆、钝，侧视近椭圆形或近短卵形。闭壳肌痕卵形，长轴与壳体长轴近乎垂直相交；下垂"V"字形肌痕长、大。th/ah = 1.123±。产地：广西武宣剖面。层位：中泥盆统吉维特阶唐家湾组。

5　近瘦假粗壮介（比较种）_Sinoleperditia_（_Pseudobriartina_）cf. _subscariosa_ Wang，1994　引自王尚启（1994）

右壳内模侧视。采集号：Zy-4。登记号：NIGP122112。主要特征：壳体较小（最大壳长9.50mm），背边直，前、后背角不明，腹边突，两端圆、钝，后端较宽，侧视近椭圆形。闭壳肌痕大，卵形，长轴与壳体长轴近乎垂直相交；下垂"V"字形肌痕长，棒状，微向后弯曲，由许多枚细小且界线不清的结节组成。th/ah = 1.17±。产地：广西象州中平剖面。层位：中泥盆统艾菲尔阶应堂组古车段。

6，7　垂直假粗壮介 _Sinoleperditia_（_Pseudobriartina_）_verticalis_ Wang，1994　引自王尚启（1994）

6 - 右壳内模侧视，7 - 右壳内模（碎片）侧视。采集号：Zy-4。登记号：6 - NIGP119420A，7 - NIGP122103。主要特征：壳体相对较小（最大壳长约为11.00mm），背边直，背角钝，腹边突，前端窄、圆，侧视近截椭圆形或近截短卵形。闭壳肌痕大，卵形，长轴与壳体长轴斜交，围边发育；下垂"V"字形肌痕几近垂直，棒状。th/ah值变化范围为1.10～1.15，平均比值为1.125。产地：广西象州中平剖面。层位：中泥盆统艾菲尔阶应堂组古车段。

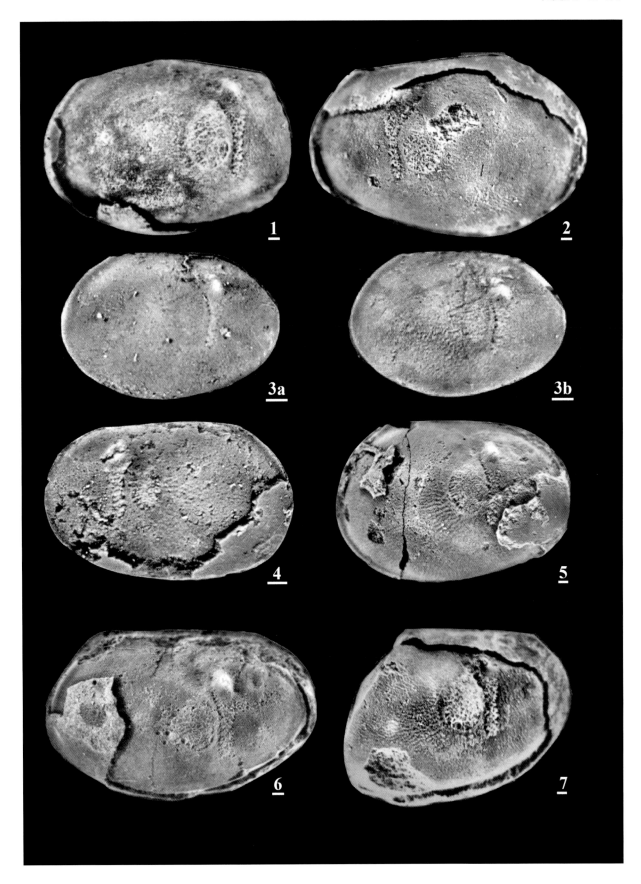

图版 5-2-17 说明

（所有标本均保存在中国科学院南京地质古生物研究所，比例尺 =400μm）

1，2　假粗壮介（未定种8） *Sinoleperditia（Pseudobriartina）* sp. 8　引自王尚启（2009）

左壳内模（碎片）侧视。采集号：T48-1。登记号：1－NIGP122144，2－NIGP122145。主要特征：壳体小（最大壳长约7.00mm），背边直，前、后背角钝，腹边缓突，两端圆，后端宽于前端，侧视近卵形或近截卵形。闭壳肌痕卵形，长轴与壳体长轴几近垂直相交，围边可见；下垂"V"字形肌痕大。th/ah值变化范围为1.21～1.23，平均比值为1.22。产地：广西桂林剖面。层位：上泥盆统法门阶东村组。

3　前锐中华豆石介 *Sinoleperditia（Sinoleperditia）anteracuta* Wang，1996　引自王尚启（1996）

左壳内模侧视。采集号：Na-1。登记号：NIGP124908。主要特征：壳体小（最大壳长约6.00mm），背边直，前、后背角钝，腹边突，前端微上翘，后端圆，侧视近截短卵形。闭壳肌痕卵形，长轴与壳体长轴近乎垂直相交，围边窄；下垂"V"字形肌痕宽锥形。th/ah值变化范围为0.70～0.71，平均比值微大于0.70。产地：广西隆安刘家剖面。层位：下泥盆统布拉格阶那高岭组下部。

4—6　短中华豆石介 *Sinoleperditia（Sinoleperditia）brevis* Wang et Liu，1994　引自王尚启和刘正明（1994）

4－右壳内模侧视，5－右壳内模侧视（前半部分放大），6－左壳内模侧视。采集号：YQCH-1。登记号：4－NIGP119393，5－NIGP119397，6－NIGP119396。主要特征：壳体小，背边短、直，背边长为体长的1/2～3/5，背角钝，后背角更钝，腹边突，前端圆，体中线以上向前上方突出最剧，后端显著宽于前端，侧视截短卵形。下垂"V"字形肌痕位于闭壳肌痕的前上方，上宽下窄，呈短弯锥形。th/ah值变化范围为0.60～0.67，平均比值为0.64。产地：云南曲靖下西山村剖面。层位：下泥盆统洛赫考夫阶下西山村组。

7　完美中华豆石介（比较种） *Sinoleperditia（Sinoleperditia）* cf. *delicatis*（Jiang，1981）　引自蒋志文（1981）

左壳内模侧视。采集号：YQCH-1。登记号：NIGP119401。主要特征：壳体小（最大壳长约5.50mm），背边直，背角钝，腹边缓和外突，前端圆，后端圆突且微宽于前端，侧视近圆长方形。在内模上，围绕闭壳肌痕发育放射条纹。闭壳肌痕卵形，长轴与壳体长轴几近垂直；下垂"V"字形肌痕短弯锥形。th/ah值的变化范围为0.65～0.67，平均比值为0.66。产地：云南曲靖下西山村剖面。层位：下泥盆统洛赫考夫阶下西山村组下部。

8　隆安中华豆石介 *Sinoleperditia（Sinoleperditia）longanensis*（Sun，1978）　引自关绍曾等（1978）

右壳内模侧视。采集号：Na-1。登记号：NIGP124920。主要特征：壳体小（最大壳长约5.30mm），背边直，前、后背角钝，腹边突，后端圆，侧视近截卵形。闭壳肌痕大，卵形，长轴与壳体长轴斜交，围边发育，闭壳肌痕前侧较宽；下垂"V"字形肌痕近弯锥形。th/ah值变化范围为0.76～0.77，平均比值微大于0.76。产地：广西隆安刘家剖面。层位：下泥盆统布拉格阶那高岭组下部。

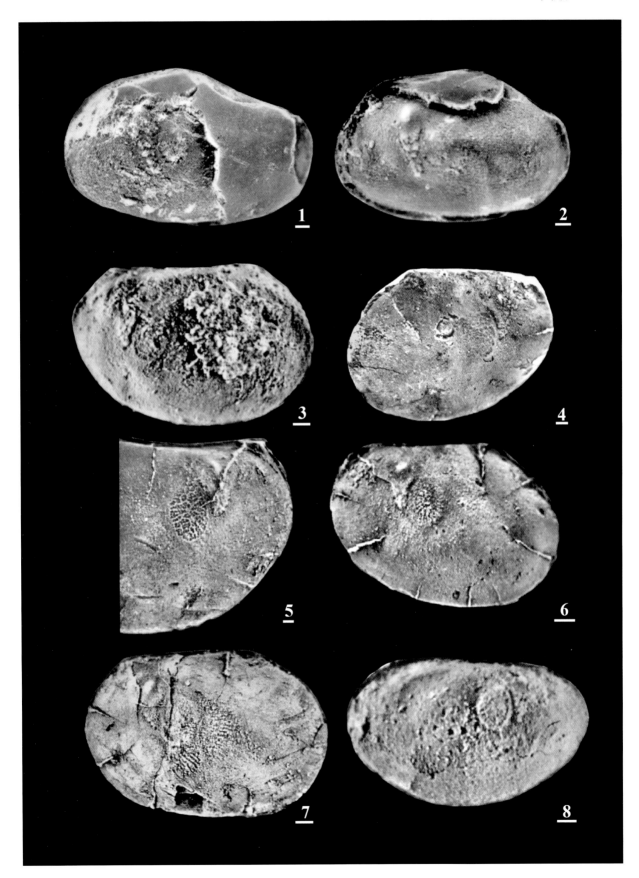

图版 5-2-18 说明

（所有标本均保存在中国科学院南京地质古生物研究所，比例尺 =400μm）

1，2　宽中华豆石介 Sinoleperditia（Sinoleperditia）lata Wang，1996　引自王尚启（1996）

1－左壳内模侧视，2－右壳内模（碎片）侧视。采集号：Na-1。登记号：1－NIGP150443，2－NIGP150444。主要特征：壳体小（最大壳长约7.40mm），背边直，前、后背角钝，腹边突，前端圆，后端圆，侧视近截短卵形。闭壳肌痕大，短卵形，长轴与壳体长轴微斜交，围边窄；下垂"V"字形肌痕短弯锥形。th/ah值的变化范围为0.73～0.76，平均比值微大于0.74。产地：广西隆安刘家剖面。层位：下泥盆统布拉格阶那高岭组下部。

3，4　船形中华豆石介 Sinoleperditia（Sinoleperditia）lemboda Wang，1996　引自王尚启（1996）

3－右壳内模侧视，4－左壳内模（碎片）侧视。采集号：Na-1。登记号：3－NIGP124913，4－NIGP124912。主要特征：壳体小（最大壳长约5.80mm），背边直，背角钝，腹边突，前端圆，侧视近截短卵形。闭壳肌痕卵形，长轴与壳体长轴微斜交；下垂"V"字形肌痕长。th/ah值变化范围为0.77～0.80，平均比值微大于0.78。产地：广西隆安刘家剖面。层位：下泥盆统布拉格阶那高岭组下部。

5，6　六景中华豆石介 Sinoleperditia（Sinoleperditia）liujingensis Wang，1996　引自王尚启（1996）

5－左壳内模侧视，6－右壳内模侧视。采集号：Gj-4。登记号：5－NIGP124905，6－NIGP119407。主要特征：壳体相对较小（最大壳长约7.00mm），背边短、直，背角钝，腹边强烈外突，前端圆、微上翘，侧视近截短卵形，通常两端边缘带发育。闭壳肌痕卵形，长轴与壳体长轴近于垂直相交；下垂"V"字形肌痕呈锥形或短弯锥形。th/ah值的变化范围为0.67～0.71，平均比值接近0.70。产地：广西横县六景剖面。层位：下泥盆统洛赫考夫阶莲花山组下部。

7，8　近短中华豆石介 Sinoleperditia（Sinoleperditia）subbrevis Wang，1994　引自王尚启（1994）

7－右壳侧视，8－右壳内模侧视。采集号：119b。登记号：7－NIGP122097，8－NIGP122098。主要特征：壳体相对较小（最大壳长约7.40mm），背边直，背角钝，腹边突，前、后端圆，侧视截短卵形，两端边缘带发育。闭壳肌痕大，短卵形，长轴与壳体长轴从近乎垂直到微斜交；下垂"V"字形肌痕呈短弯锥形。th/ah值的变化范围为0.70～0.71，平均比值微大于0.70。产地：云南曲靖西屯剖面。层位：下泥盆统洛赫考夫阶西屯组中部。

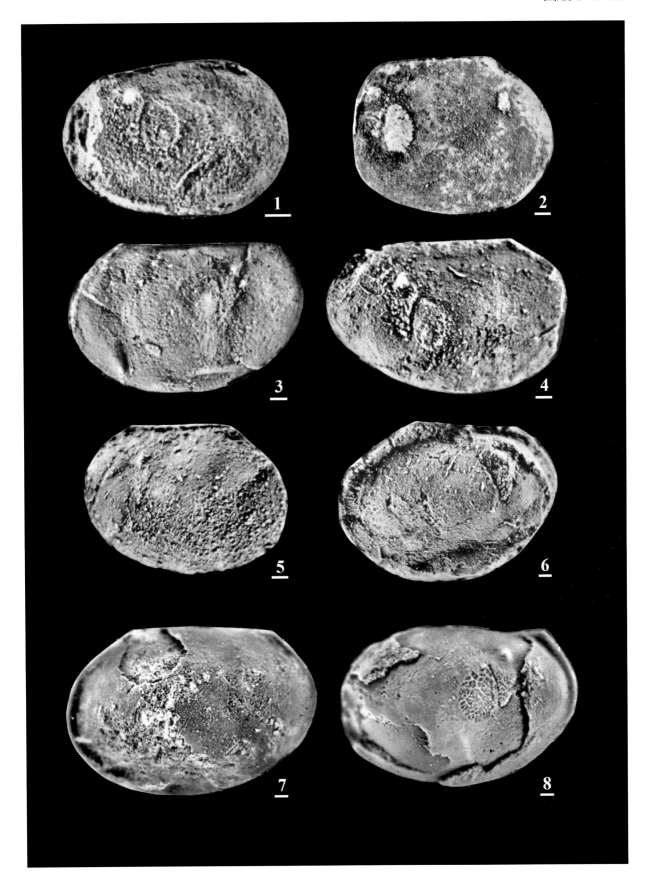

图版 5-2-19 说明

（所有标本均保存在中国科学院南京地质古生物研究所，比例尺 =400μm）

1—3　妙皇中华豆石介 *Sinoleperditia*（*Sinoleperditia*）*miaohuangensis*（Sun，1978）　引自关绍曾等（1978）

1－壳体右侧视，2－左壳内模侧视，3－右壳内模侧视。采集号：2，3－Sh-1-1。登记号：1－IV65710，2－NIGP129008，3－NIGP129009。主要特征：壳体大（最大壳长约30.00mm），背边直，背角钝，腹边缓和到显著外突，侧视近截短卵形，两端边缘带明显。闭壳肌痕卵形，微向后倾，长轴与壳体长轴微斜交，围边相对较窄；下垂"V"字形肌痕窄长。th/ah值变化范围为0.88～0.923，平均比值为0.90。产地：广西象州妙皇剖面。层位：下泥盆统埃姆斯阶上伦组。

4　上伦中华豆石介 *Sinoleperditia*（*Sinoleperditia*）*shanglunensis* Wang et Lundin，2004　引自Wang和Lundi（2004）

左壳内模侧视。采集号：Sh-1-1。登记号：NIGP129018。主要特征：壳体相对较大（最大壳长约14.50mm），背边长、直，前、后背角钝，腹边缓突，两端圆，后端稍宽，侧视近截椭圆形。闭壳肌痕短卵形，长轴与壳体长轴斜交，围边显著；下垂"V"字形肌痕呈窄长弯锥形。th/ah = 0.95±。产地：广西象州妙皇剖面。层位：下泥盆统埃姆斯阶上伦组。

5，6　近椭圆中华豆石介 *Sinoleperditia*（*Sinoleperditia*）*subelliptica* Wang，1996　引自王尚启（1996）

5－左壳内模侧视，6－右壳内模侧视。采集号：5－119b，6－Gj-4。登记号：5－NIGP148981，6－NIGP124901。主要特征：壳体小（最大壳长约6.40mm），背边直，背角钝，腹边缓突，两端圆、近等宽，侧视近椭圆形。闭壳肌痕卵形，从近垂直到微向后倾斜，围边发育；下垂"V"字形肌痕短弯锥形。th/ah值变化范围为0.69～0.75，平均比值微大于0.70。产地：云南曲靖下西山村、广西横县六景剖面。层位：下泥盆统洛赫考夫阶西屯组、莲花山组。

7，8　玉林中华豆石介 *Sinoleperditia*（*Sinoleperditia*）*yulinensis* Wang，1994　引自王尚启（1994）

7－左壳内模侧视，8－右壳侧视。采集号：7－Gu1-023-37，8－119b。登记号：7－NIGP103672，8－NIGP122096。主要特征：壳体相对较小（最大壳长约8.00mm），背边直，背角钝，腹边缓突，一般近后1/3相对较剧，前端圆至微斜圆，侧视截卵形。右壳大，叠覆左壳。两端边缘带发育。闭壳肌痕近卵形，长轴与壳体长轴微斜交，围边发育；下垂"V"字形肌痕呈短弯锥形。th/ah值变化范围为0.69～0.71，平均比值为0.70。产地：广西玉林樟木剖面、云南曲靖西屯剖面。层位：下泥盆统洛赫考夫阶北均塘组、西屯组。

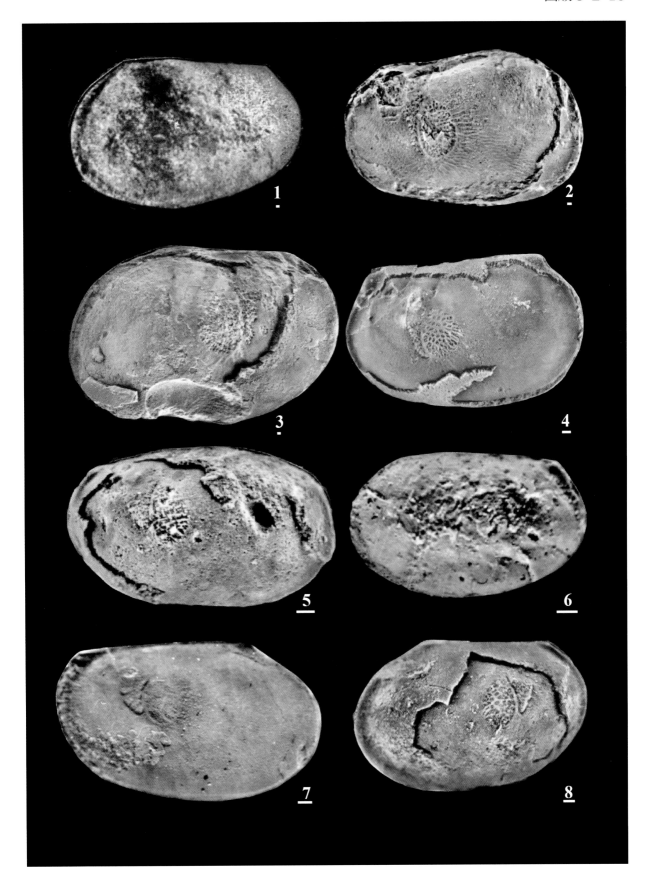

图版 5-2-20 说明

（所有标本均保存在中国科学院南京地质古生物研究所，比例尺 =400μm）

1　中华豆石介（未定种2）*Sinoleperditia*（*Sinoleperditia*）sp. 2　引自王尚启（2009）

右壳内模（碎片）侧视。采集号：119b。登记号：NIGP148983。主要特征：壳体中等大小（最大壳长约9.10mm），腹边缓突，前、后端圆，侧视近长椭圆形。两端边缘带发育。闭壳肌痕大，卵形，长轴与壳体长轴微斜交，由一些较大且形状多变的网孔状次级肌痕组成；次级肌痕由许多更小的肌痕组成；下垂"V"字形肌痕短弯锥形。th/ah = 0.68±。产地：云南曲靖下西山剖面。层位：下泥盆统洛赫考夫阶西屯组中部。

2　中华豆石介（未定种6）*Sinoleperditia*（*Sinoleperditia*）sp. 6　引自王尚启（2009）

右壳内模侧视。采集号：Na-1。登记号：NIGP124916。主要特征：壳体小（最大壳长大于7.00mm），背边直，前、后背角钝，腹边强烈外突，两端圆，侧视近截圆形。闭壳肌痕大，近肾形，凹面朝前；下垂"V"字形肌痕近乎垂直，短锥形。th/ah = 0.75±。产地：广西隆安刘家剖面。层位：下泥盆统布拉格阶那高岭组下部。

3　中华豆石介（未定种10）*Sinoleperditia*（*Sinoleperditia*）sp. 10　引自王尚启（2009）

左壳内核侧视。采集号：Sh-1-1。登记号：NIGP129021。主要特征：壳体较小或中等大小，背边直，腹边强烈外凸，前端斜圆，侧视近截卵形。闭壳肌痕大，卵形，长轴与壳体长轴微斜交；下垂"V"字形肌痕弯锥形，由一些界线不清的细小结节组成。th/ah= 0.92±。产地：广西象州妙皇剖面。层位：下泥盆统埃姆斯阶上伦组。

4　等角尧梭豆石介 *Sinoleperditia*（*Yaosuoleperditia*）*equiangularis*（Hou et Shi），1964　引自王尚启（2009）

左壳内核侧视。采集号：GY090。登记号：NIGP14062。主要特征：壳体较小，背边直，侧视近长方形至近截椭圆形。闭壳肌痕大，卵形，长轴与壳体的长轴斜交；下垂"V"字形肌痕锥形，由一些界线不清的较大结节组成，末端微增大。th/ah = 1.23±。产地：贵州独山、都匀羊头脑。层位：上泥盆统法门阶尧梭组顶部。

5，6　柔顺尧梭豆石介 *Sinoleperditia*（*Yaosuoleperditia*）*mansueta*（Shi，1964）　引自施从广（1964）

5－右壳侧视，6－右壳内模（碎片）侧视。采集号：5－GY088，6－Hs-7。登记号：5－NIGP14054，6－NIGP122136。主要特征：壳体小（最大壳长约8.00mm），背边短、直，背边长约为壳的1/2，背角钝，腹边较突，两端圆，侧视近截短卵形。闭壳肌痕卵形，达到或超过壳高的1/3，长轴与壳体长轴近乎垂直相交；下垂"V"字形肌痕细长，末端明显增大呈"滴"状。th/ah值的变化范围为1.20~1.22。产地：贵州独山、都匀羊头脑和威宁豆芽沟剖面。层位：上泥盆统法门阶尧梭组顶部。

7　朴素尧梭豆石介 *Sinoleperditia*（*Yaosuoleperditia*）*severa*（Shi，1964）　引自施从广（1964）

左壳内模侧视。采集号：GY088。登记号：NIGP14060。主要特征：壳体小（最大壳长约5.19mm），背边长、直，背角钝，腹边近直，两端圆、突，侧视近长方形。壳侧凸起较大，近中部最为强烈。闭壳肌痕大，短卵形，长轴与壳体长轴几近相交；下垂"V"字形肌痕锥形，末端增大。th/ah值变化范围为1.200~1.235。产地：贵州独山、都匀羊头脑和威宁豆芽沟剖面。层位：上泥盆统法门阶尧梭组顶部。

8　中卫尧梭豆石介 *Sinoleperditia*（*Yaosuoleperditia*）*zhongweiensis* Wang，1994　引自王尚启（1994）

右壳内模侧视。采集号：Q91-HB-2。登记号：NIGP122137。主要特征：壳体小（最大壳长约7.00mm），背边短、直，背角钝，腹边强烈外突，前端窄、圆，后端圆且显著宽于前端，侧视近截短卵形。闭壳肌痕较小，卵形，长轴与壳体的长轴微斜交；下垂"V"字形肌痕锥形，末端明显增大。th/ah值变化范围为1.23~1.25。产地：宁夏卫宁盆地。层位：上泥盆统法门阶中宁组下部。

9，10　近中卫尧梭豆石介 *Sinoleperditia*（*Yaosuoleperditia*）*subzhongweiensis* Wang，2009　引自王尚启（2009）

9－右壳内模侧视，10－左壳内模侧视。采集号：Q91-HB-2。登记号：9－NIGP149045，10－NIGP149046。主要特征：壳体小（最大壳长约6.60mm），背边短、直，背角钝，腹边突，侧视近截短卵形。闭壳肌痕短卵形，长轴与壳体长轴从近乎垂直到斜交；下垂"V"字形肌痕锥形，末端明显增大。th/ah值变化范围为1.250~1.314。产地：宁夏卫宁盆地。层位：上泥盆统法门阶中宁组下部。

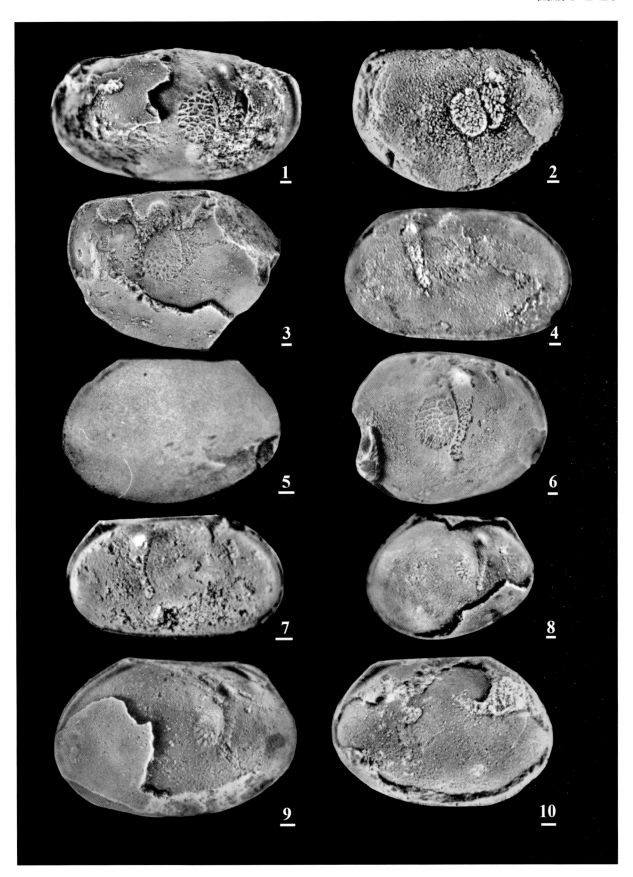

5.3 珊 瑚

5.3.1 珊瑚结构和术语

图5.6—5.8展示了皱纹（四射）珊瑚的构造。

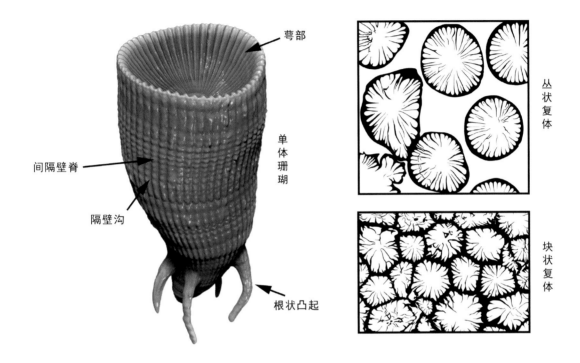

图 5.6　皱纹（四射）珊瑚的表面构造与类型

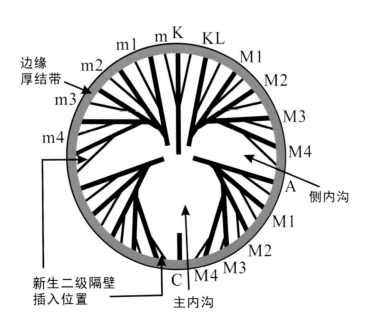

图 5.7　皱纹（四射）珊瑚的隔壁及其发生顺序

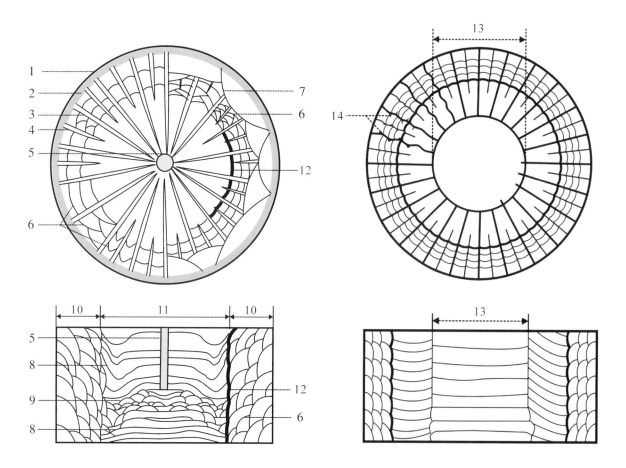

图 5.8 皱纹（四射）珊瑚横切面和纵切面结构

术语以 Hill（1935，1981）和俞建章等（1981）为主，并参考 Bamber & Fedorowski（1998）加以补充。图中将泥盆纪珊瑚各种可能出现的形态类型综合在一起，这些结构不一定同时在单个珊瑚个体中。1. 外壁；2. 边缘厚结带；3. 一级隔壁；4. 二级隔壁；5. 中轴；6. 鳞板；7. 泡沫板；8. 完整横板；9. 不完整横板；10. 鳞板带；11. 横板带；12. 内墙；13. 中管；14. 脊板

　　萼部（calice）：珊瑚体的顶（末）端部分，中央常有杯状凹陷，为珊瑚虫生长栖息之所。

　　隔壁沟（septal groove）：隔壁的产生引起体壁内陷，因此在外壁上呈现出垂直于横向生长纹的纵沟。

　　间隔壁脊（interseptal ridge）：隔壁沟之间隆起的纵脊。

　　根状凸起（radiciform process）：珊瑚个体的始端或复体珊瑚基部发育的构造，有利于更好地加固和支持珊瑚体。

　　单体珊瑚（solitary coral）：单体分泌的骨骼。

　　复体珊瑚（compound coral）：群体珊瑚的骨骼，分为丛状复体和块状复体两种类型。

　　C：主隔壁（cardinal septum），为最初在珊瑚个体近始端中央的对称面上先产生的一个连续隔壁。

　　A：侧隔壁（alar septum），在主隔壁外端的两侧出现的一对原生隔壁，逐渐向两侧分离而形成侧隔壁。

K：对隔壁（counter septum），与主隔壁相对一端的隔壁。

KL：对侧隔壁（counter-lateral septum），对隔壁两侧的一对隔壁。

M1—4：一级隔壁（major septum），发生在次级隔膜内腔中的隔壁，常与6个原生隔壁（主隔壁，侧隔壁，对隔壁，对侧隔壁）等长。

m1—4：二级隔壁（minor septum），在一级隔壁（包括原生隔壁）之间、多在隔膜外腔中发生的隔壁，长度通常较一级隔壁短。

主内沟（cardinal fossula）：在一级隔壁发生的后期，主隔壁常萎缩，加之晚生的一级隔壁常发育不全，使主隔壁内端及其附近形成明显凹陷。

侧内沟（alar fossula）：侧隔壁在内缘或顶缘退缩，使侧隔壁内端及其附近形成凹陷。

外壁（outer wall）：单体珊瑚或丛状复体珊瑚个体边缘的灰质壳，通常为两层结构，外侧厚度非常薄的称为表壁（epitheca），内侧较厚的致密层称为壁（theca）。壁为隔壁发生的地方。

边缘厚结带（peripheral stereozone）：隔壁始端有时会强烈灰质加厚而侧向接触，形成较厚的灰质带。

一级隔壁（major septa）：珊瑚个体内部辐射排列的纵向板状结构称隔壁，其中较长的为一级隔壁。

二级隔壁（minor septa）：两条一级隔壁间较短的隔壁为二级隔壁。二级隔壁有时不太发育，仅为短脊状或隐于外壁内。

中轴（collumella）：由一种坚实致密的钙质柱状体形成的轴部构造。

鳞板（dissepiment）：为珊瑚体边缘的小型弯曲或球状、向中心倾斜的纵向板状构造，鳞板按形状可分为规则鳞板或同心状鳞板、"人"字形或鱼骨状鳞板、朗士德珊瑚型鳞板；脱离隔壁而单独发育的鳞板，因其拱面可光滑无隔壁残留，称为泡沫珊瑚型鳞板。

泡沫板（transeptal dissepiment）：鳞板带外缘切割不连续的隔壁，向轴心凸的鳞板。

横板（tabulae）：是上下相叠的横向组织，将珊瑚虫软体不断上长而放弃的部分加以隔离。横板主要是横向骨骼构造，可上凸、水平或下凹，可中间凸起或轴部凹陷。每个连续的横板面可由单一的横板组成，称为完整横板；横板面由一系列亚球形小横板组成时，称为不完整横板。

鳞板带（dissepimentarium）：鳞板占有的边缘区称为鳞板带。

横板带（tabularium）：发育横板的区域。

内墙（inner wall）：鳞板带与横板带交界处最内侧的一列鳞板加厚形成的围壁结构。

中管（aulos）：通常由一级隔壁末端向同一方向弯折相接形成。有时中管由轴部横板两端下折相接形成，偶尔会与两侧的小板连续，在横切面上可表现为部分隔壁伸入中管。

脊板（carinae）：隔壁两侧的瘤状或短刺状小凸起。脊板的发育可影响到隔壁而使隔壁呈波曲状。

5.3.2　珊瑚图版

图版 5-3-1 说明

（比例尺 =2mm）

1—7 志留管轴珊瑚 *Syringaxon siluriense*（McCoy，1850）　引自廖卫华和蔡土赐（1987）

横切面。登记号：NIGP98973—98979。主要特征：小型单体珊瑚，个体高8~11mm。隔壁两级，隔壁数为16~25，基部和末端均加厚，相邻隔壁融连分别形成边缘厚结带和轴管。一级隔壁长，为个体半径的2/3~3/4，末端呈棒状加厚，侧向融合成圆形轴管。管壁厚0.2~1.5mm，轴管直径和隔壁数目从幼年期至成年期略有变化，而轴管则始终存在。二级隔壁长短不一，为一级隔壁的1/3~1/2，末端侧向与一级隔壁相接，似呈分叉状。主隔壁和对隔壁比其他一级隔壁长，对隔壁两侧的二级隔壁未发育。无鳞板。产地：新疆和布克赛尔县。层位：下泥盆统底部曼格尔组。

8，9 假弗里奇卡林星珊瑚 *Carlinastraea pseudofritchi*（Soshkina，1962）　引自俞昌民和廖卫华（1978）

8-横切面，9-纵切面。登记号：8-NIGP46120，9-NIGP46121。主要特征：块状群体珊瑚。个体为多角柱状，横切面5~8边形，直径4.4~5.8mm。外壁厚0.3~0.6mm。外壁内缘偶尔可以看到一些可能是隔壁雏形的突出，隔壁不发育或发育很差，在个体中央偶尔可见到一些发育较差的隔壁。边缘泡沫板非常发育，边缘泡沫带的宽度为0.8~1.4mm。横板带与个体直径之比为1/4~1/5。纵切面上，边缘泡沫板1~2列，向个体中央陡斜。个体中央为狭窄的横板带，横板薄、微微下凹。产地：云南丽江阿冷初。层位：下泥盆统底部山江组。

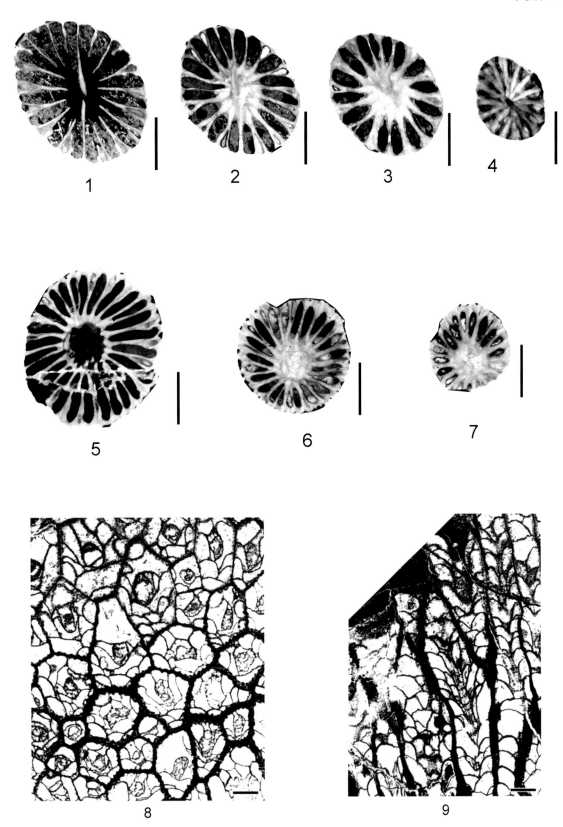

图版 5-3-2 说明

（比例尺 =2mm）

1—9　小型古舌珊瑚 *Eoglossophyllum minor* Yu，1974　引自王钰等（1974）

1，4 – 外形；2，5—9 – 横切面；3 – 纵切面。登记号：NIGP23681—23685。主要特征：小型弯锥状单体珊瑚，长13～25mm，宽16mm。隔壁短而粗，主隔壁突出。成年期个体直径8.4～11mm，隔壁数计（31～32）×2，一级隔壁长度不及个体半径之半。主部的隔壁在个体边缘较细，而在横板带内则呈楔状增厚，围绕主隔壁呈羽状排列。对部隔壁较细。靠近萼部所有隔壁均变细、短缩。在纵切面上，主部无鳞板，对部出现鳞板。外侧3列鳞板较小、半球形、陡斜；内侧3列鳞板较大、缓斜，并与横板相接。横板带宽、完整、平列或斜列，排列较稀。产地：广西横县六景。层位：下泥盆统那高岭组。

10—12　那高岭鱼脊珊瑚 *Chalcidophyllum nahkaolingense* Yu，1974　引自王钰等（1974）

10，11 – 横切面；12 – 纵切面。登记号：NIGP23676—23678。主要特征：单体珊瑚。在直径6.4mm的青年期个体横切面上，一级隔壁肥厚，计20个，伸达个体中心，两侧对称排列，主、对隔壁相连，二级隔壁呈短楔状。未见鳞板。在个体直径为21mm的成年期个体横切面上，隔壁数计29×2。一级隔壁细，稍弯曲，长度约为个体半径的1/2或稍长一些。二级隔壁的长度约为一级隔壁的1/2～2/3。隔壁基部略呈三角形加厚。个体中央有一个较宽的空间。鳞板在横切面上呈角圆形或"人"字形排列。鳞板带和横板带均较宽阔。鳞板有6～8列，陡斜状。轴部横板完整，平列、下凹或交叉；在5mm长度内，横板有5～8个，轴缘横板斜列状。产地：广西横县六景。层位：下泥盆统那高岭组。

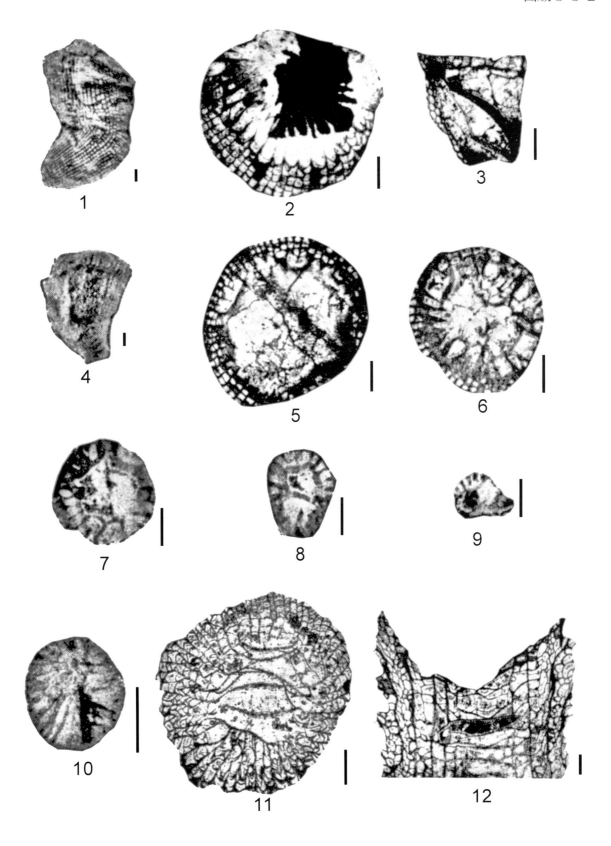

图版 5-3-3 说明

（比例尺 =2mm）

1—5　哈密尔顿抱合珊瑚 *Amplexiphyllum hamiltoniae*（Hall，1876）　引自王珏等（1974）

1—3，5－横切面；4－纵切面。登记号：NIGP18698—18702。主要特征：小型单体珊瑚。隔壁两级。青年早期阶段一级隔壁长，并在轴端相连形成灰质中轴；但在青年后期和成年期，隔壁逐渐变短呈包珊瑚型，隔壁长度一般不超过个体半径的1/3。从青年晚期一直到整个成年期，二级隔壁都很短，往往在边缘呈短脊状。横板完整，平列状或在个体中央微上凸，靠近个体边缘微微向外倾斜。无鳞板。产地：广西横县六景。层位：下泥盆统郁江组六景段。

6—9　漂亮似耙珊瑚 *Xystriphylloides nobilis* Yu，Liao et Deng，1974　引自王钰等（1974）

7，8－横切面；6，9－纵切面。登记号：NIGP18705—18708。主要特征：丛状群体珊瑚。个体圆柱形，直径4.0～6.5mm。隔壁数计（15～21）×2，一级隔壁较长，轴端直或微呈旋曲之势，二级隔壁的长度只有前者的1/3～1/2。鳞板2～3列，最内列较小，陡斜状。横板不完整，在2mm的长度内，轴部横板4～6个，轴缘侧板5～7个。产地：广西横县六景石洲村。层位：下泥盆统郁江组石洲段。

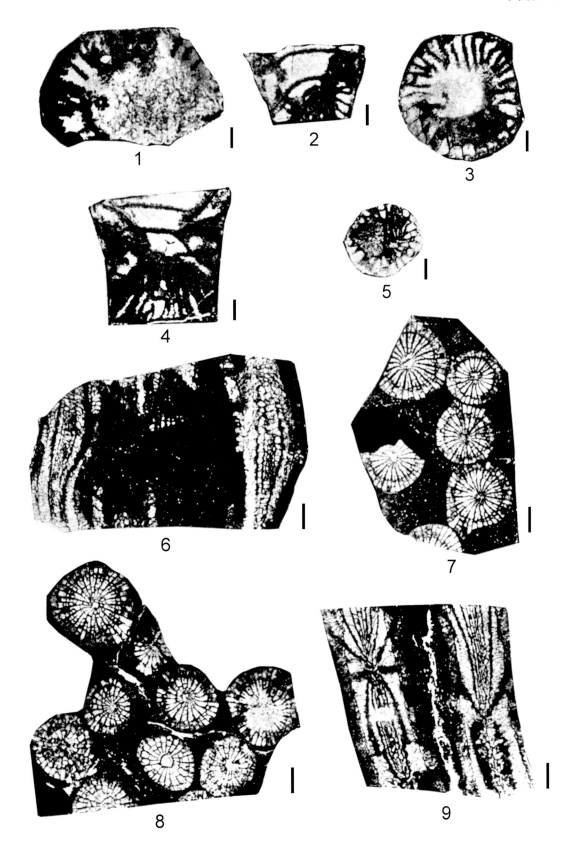

图版 5-3-4 说明

（比例尺 =5mm）

1—8　半厚状异半闭珊瑚 *Heterophaulactis semicrassa* Yu，1974　引自王钰等（1974）

1 - 外形；2，5—7 - 横切面；3，4 - 正视；8 - 纵切面。登记号：NIGP18687—18690。主要特征：较大型单体珊瑚，长107～117mm，直径45～47mm。外壁上有细弱的环纹及间隔壁脊。幼年期和青年期的隔壁很厚并侧向衔接，呈羽状排列。成年期和成年后期隔壁自主部向对部依次变细并短缩，主内沟渐趋明显，鳞板带相应增宽。在直径42mm的成年个体横切面内，隔壁数计（56～59）×2，主隔壁显著短缩，主内沟增宽，主部隔壁在横板带内增厚，对部隔壁全部变细。一级隔壁的长度约为个体半径的1/2，二级隔壁稍短于一级隔壁，轴端依附于相邻的一级隔壁之上。在纵切面上，鳞板半球形。鳞板带宽，但个体主部与对部的鳞板数目并不相同，对部多达10～12列，而主部只有5～6列。横板形态和密度也不尽同。个体下部的横板比较简单且比较稀疏，10mm内有3～6个；个体上部的横板比较复杂而且密集，10mm内有8～12个。产地：广西横县六景石洲村。层位：下泥盆统郁江组下部的石洲段。

9—12　窄状管内沟珊瑚 *Siphonophrentis angusta*（Yu，1974）　引自王钰等（1974）

9，10 - 横切面；11 - 外形；12 - 纵切面。登记号：NIGP18684—18686。主要特征：较大型单体珊瑚，长72～129mm，直径17～25mm。一级隔壁33～46个，隔壁的长度约为个体半径之半，轴端微弯曲或呈旋曲状，部分隔壁轴端接触。二级隔壁的长度约为一级隔壁的1/2，轴端弯曲，常依附于相邻的一级隔壁之上。隔壁由纤细的晶榍组成，边部由层状组织所围，形成较窄的隔壁边缘厚结带。主内沟窄，主隔壁稍短或中等长度。对隔壁及其邻侧的二级隔壁均长于其他隔壁。在个体上部切面，所有隔壁均短缩。在纵切面上，横板较完整，轴部平列或微下凹，5mm内有横板3～7个，轴缘微上凸，边缘陡斜下倾。无鳞板。产地：广西横县六景及五合等地。层位：下泥盆统郁江组上部的六景段。

13，14　三带状角耙珊瑚 *Xystrigona trizonata* Yu，1974　引自王钰等（1974）

13 - 横切面；14 - 纵切面。登记号：13 - NIGP18711；14 - NIGP18712。主要特征：块状群体珊瑚，由多角柱状个体组成。个体横切面为5～6边形，直径5～8mm。隔壁数计（18～20）×2。隔壁中段呈梭状加厚，一级隔壁长，几乎伸达个体中心，轴端指向最长的一个隔壁，呈两侧对称状排列。二级隔壁的长度稍长于一级隔壁长度之半。鳞板带与横板带的交界处及轴缘侧板带与轴部横板带的交界处均有层状加厚现象。隔壁在这些部位也有增厚现象，致使个体内出现内墙或假内墙构造。在纵切面上，3个带的界限分明，边缘鳞板带由3～4列鳞板组成。在2mm长度内有6个横板、5～8个侧板。产地：广西横县六景。层位：下泥盆统郁江组石洲段。

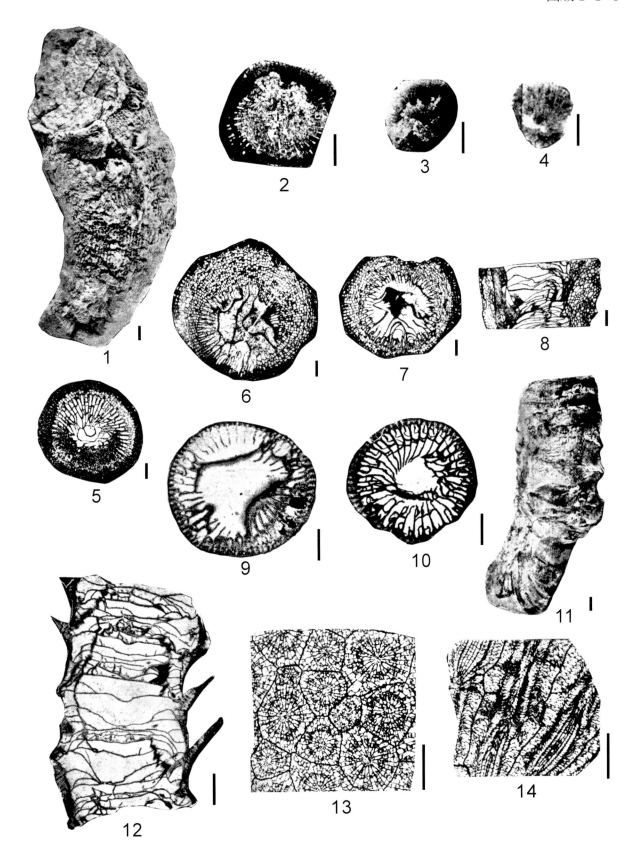

图版 5-3-5 说明

（比例尺 =5mm）

1—3　拖鞋珊瑚直角亚种 *Calceola rectagulata rectagulata* Yu，1957　引自王钰等（1974）

1 - 底视；2 - 正视；3 - 侧视。登记号：NIGP23686。主要特征：矮宽型拖鞋状珊瑚，个体底宽3.8mm，长22mm，顶端夹角近90°，对隔壁粗壮、突出。产地：广西横县六景。层位：下泥盆统郁江组六景段。

4—11　拖鞋珊瑚尖角亚种 *Calceola intermediata acuminata* Mansuy，1916　引自王钰等（1974）

5，6，8 - 底视；4，7 - 正视；9 - 侧视；10，11 - 萼盖外观。登记号：NIGP23687。主要特征：小型拖鞋珊瑚，顶角狭窄，30°～37°，顶端尖锐，底面平坦，个体外壁上有纤细的生长纹及间隔壁脊，偶尔也发育粗壮的环褶。对隔壁明显。产地：广西横县六景石洲村。层位：下泥盆统郁江组石洲段。

12—14　拖鞋珊瑚南宁亚种 *Calceola sandalina nanningensis* Yoh，1957　引自王钰等（1974）

12 - 外形；13 - 萼盖内视；14 - 萼盖外视。登记号：NIGP23689。主要特征：个体拖鞋状，个体宽2.5～4.0mm，长2.5～4.55mm，长宽比为0.9～1.2。个体顶角为50°～65°。对隔壁粗壮、突出，末端收缩，两侧各有18对长短相间排列的隔壁。萼盖半圆形，中等大小，萼内隔壁呈特殊的马蹄形凸起。产地：广西横县六景、云南昭通箐门。层位：下泥盆统郁江组及坡脚组。

15—18　四分小盘珊瑚 *Microcyclus quadripartites* Yu，1974　引自王钰等（1974）

15，18 - 正视；16 - 背视；17 - 侧视。登记号：15，16 - NIGP18678；17，18 - NIGP18679。主要特征：个体圆盘状，直径14.4～17.3mm，厚2.8～3.2mm，底平，中央有固着印痕。个体顶面稍凸，中央凹穴宽8～10mm。4个内沟明显，尤以主内沟下陷较深，外宽内窄。主隔壁短脊状，长2mm。对隔壁的长度只有个体半径的1/3。两个侧隔壁短于其他的一级隔壁。一级隔壁有18～20个，由个体边部延伸至中心相交，在中央凹穴的边缘骤然下倾。隔壁顶缘微呈锯齿状，外缘呈直立状。二级隔壁极短。产地：广西横县六景、石洲和南宁市郊大联村等地。层位：下泥盆统郁江组。

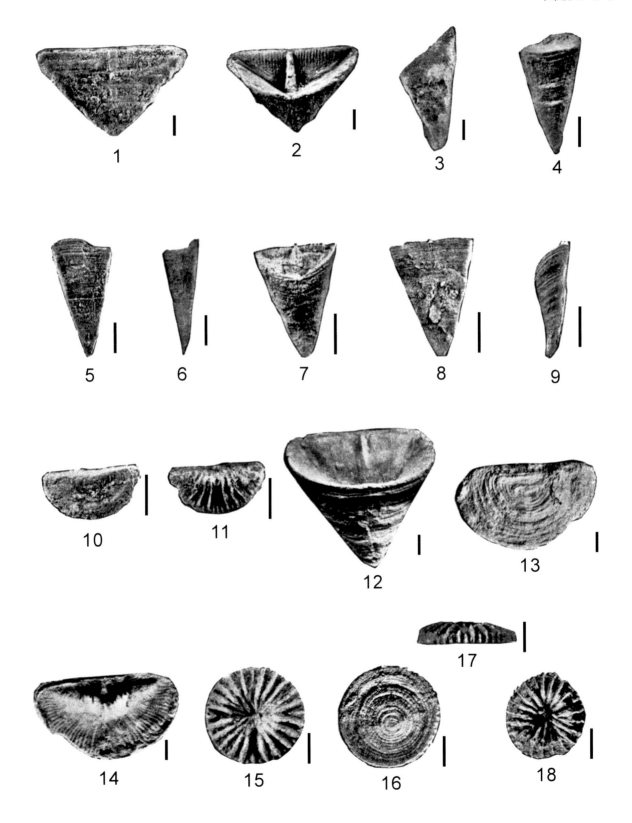

图版 5-3-6 说明

（比例尺 =5mm）

1—5　小型象州珊瑚 *Xiangzhouphyllum minor* Yu et Kuang，1980　引自俞昌民和邝国敦（1980）

1，3—5 – 横切面；2 – 纵切面。登记号：NIGP54533—54537。主要特征：单体珊瑚，个体直径8.0～16.6mm。隔壁数计（25～26）×2，辐射状排列，隔壁未伸达个体中央，在成年个体的横切面上留有宽达2mm的轴部空间。成年期个体隔壁的长度约为个体半径的3/5。早期隔壁的内缘增厚，成年期普遍变细，隔壁侧缘具细小的壁棘且呈之字形弯曲。鳞板带宽，中间的鳞板大，平列上凸，其两侧的倾向相反。横板宽，轴部平列上凸，横板带与鳞板带交界处有泡沫内斜的辅板。晶榍呈宽扇形排列，在鳞板带内缘呈45°斜伸。产地：广西象州大乐。层位：下泥盆统二塘组。

6　广西弦板珊瑚 *Lyrielasma guangxiense* Yu et Kuang，1980　引自俞昌民和邝国敦（1980）

横切面。登记号：NIGP54529。主要特征：丛状群体珊瑚，偶见边缘出芽现象。个体近圆柱状，直径10～13mm。隔壁两级，数计（18～23）×2，两侧对称排列或一侧羽状排列，而另一侧辐射对称排列。一级隔壁长，几乎伸达个体的中心，二级隔壁仅及其1/2的长度。主隔壁与对隔壁常相向伸展并连接，或仅有其中的一个伸达轴心。隔壁靠外壁部分厚，向个体中心逐渐变薄，在横板带内曲折状，曲折处伸出少许侧刺。靠近个体外壁处有一个边缘厚结带（或部分变为边缘泡沫板带）。晶榍肥厚，平行排列，指向个体的内上方，与水平面的夹角甚小。鳞板展长形，5列，陡斜状。横板由许多泡沫状小横板组成，轴部下凹，5mm内有11～14个。产地：广西武宣二塘和象州妙皇、大乐等地。层位：下泥盆统二塘组。

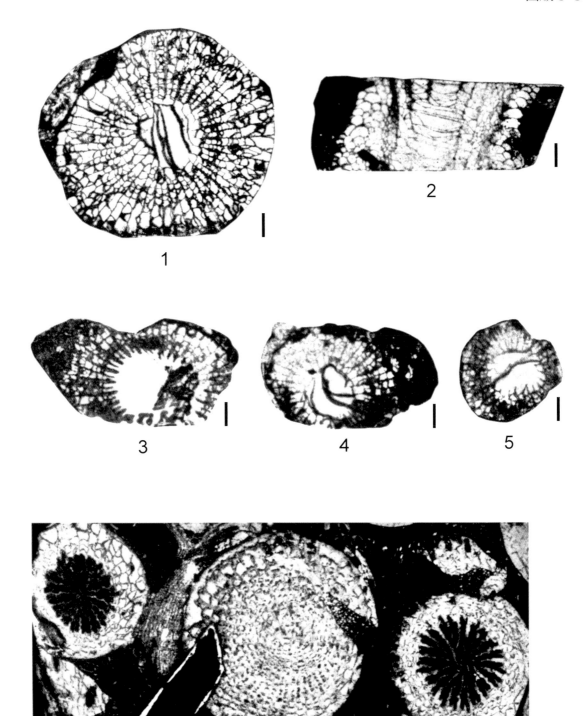

图版 5-3-7 说明

（比例尺 =5mm）

1，2　平柔始水泡珊瑚 *Eopsydracophyllum placidum*（Kuang，1977）　引自贾慧贞等（1977）

1－横切面；2－纵切面。登记号：IV16083。主要特征：锥柱状单体珊瑚，直径38mm。隔壁薄，数计35×2。一级隔壁几近个体中心，在轴端微旋卷。轴部尚有直径约5mm的空间。二级隔壁长为一级隔壁的3/4。隔壁外端不与外壁相连，边缘泡沫带宽为半径的1/3～1/2。泡沫板细密，大小不一，8～11列。横板不完整，轴部下凹，轴缘内倾。产地：广西武宣二塘。层位：下泥盆统大乐组（即所谓的"四排页岩"）。

3—5　泡沫始水泡珊瑚 *Eopsydracophyllum cystosum*（Kuang，1977）　引自贾慧贞等（1977）

3，4－横切面；5－纵切面。登记号：IV16084。主要特征：单体珊瑚，直径34mm，萼穴深凹，外壁薄。隔壁长而薄，微弯曲，数计32×2，隔壁外端不与外壁相连。一级隔壁长，伸达个体中央，轴端向一方旋转。主隔壁短，对隔壁很长。二级隔壁长约为一级隔壁的1/2。个体边缘发育了4～8列大小不等的泡沫板，边缘泡沫带在对部比较宽，而在主部较窄。横板不完整，泡沫状，中央横板下凹，两侧向内倾斜。产地：广西象州大乐。层位：下泥盆统大乐组（即所谓的"四排页岩"）。

6，7　泡沫桌珊瑚 *Trapezophyllum cystosum* Yu et Liao，1974　引自王钰等（1974）

6－横切面；7－纵切面。登记号：6－NIGP18730；7－NIGP18731。主要特征：块状群体珊瑚。个体多角柱状，横切面6～8边形。个体的体壁完整，厚0.05～0.10mm。在直径为4.2～8.0mm的横切面上，隔壁数计（14～19）×2。一级隔壁长，伸达轴缘。二级隔壁的长度约为一级隔壁的3/4～4/5。组成隔壁的晶榍呈扇状排列，晶榍直立部位与一列马蹄形鳞板相合，在隔壁的内端呈梭状加厚。在纵切面上，鳞板带由两种不同类型的鳞板组成。外列鳞板平列或斜列，多数上凸，也有泡沫状的，5mm内有11～13个；内列鳞板呈马蹄形，每个鳞板的凸起高度约0.20～0.35mm，5mm内有16个，在横切面上的相应部位出现不太规则的内墙。横板带宽3.2～4.2mm，横板简单，斜列或平列，轻微上凸或下凹，与鳞板交界处常分裂出泡沫状小板，5mm内有10个或11个。群体营边缘出芽繁殖。产地：广西鹿寨四排。层位：下泥盆统大乐组（即所谓的"四排页岩"）。

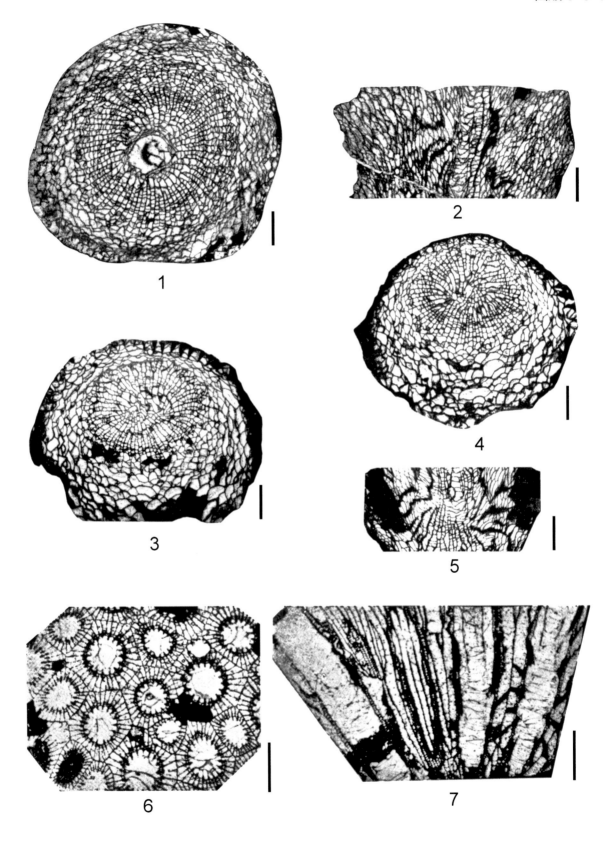

图版 5-3-8 说明

（比例尺 =5mm）

1—4　科汉短隔壁珊瑚 *Breviseptophyllum kochanense* Ermakova，1960　引自俞昌民和廖卫华（1978）

1，3 - 横切面；2，4 - 纵切面。登记号：NIGP39239—39240。主要特征：丛状群体珊瑚。个体横切面为圆形或椭圆形，相邻个体间距为1～3mm，亦有侧向连接的。个体直径4～8mm。隔壁短，仅为个体半径的1/4～1/3，一般不超出鳞板带的宽度，隔壁数计（20～21）×2。二级隔壁与一级隔壁等长或稍短一些。隔壁加厚不明显。在纵切面上，鳞板带窄，鳞板小、扁圆形，1～3列。横板带宽，横板完整，水平或偶呈交错状，5mm内有7个。产地：贵州独山平黄山。层位：中泥盆统龙洞水组。

5，6　三分芽枝星珊瑚 *Dendrostella trigemme*（Quenstedt，1879）　引自俞昌民和廖卫华（1978）

5 - 横切面；6 - 纵切面。登记号：5 - NIGP391248；6 - NIGP39249。主要特征：丛状群体珊瑚，个体营侧方出芽繁殖。个体之间距离不等，但也有的个体侧向邻接。个体横切面圆形或椭圆形，体径3.5～4.5mm。外壁内侧常形成一个厚约0.5mm的边缘厚结带。隔壁共两级，隔壁数计（13～15）×2。一级隔壁长，几乎伸达个体中心；二级隔壁的长度约为一级隔壁的1/3～1/2。在纵切面上，个体外壁厚。横板完整，水平或中央下凹，10mm内有13个，无鳞板。产地：贵州独山平黄山和半坡搭架湾。层位：中泥盆统龙洞水组。

286

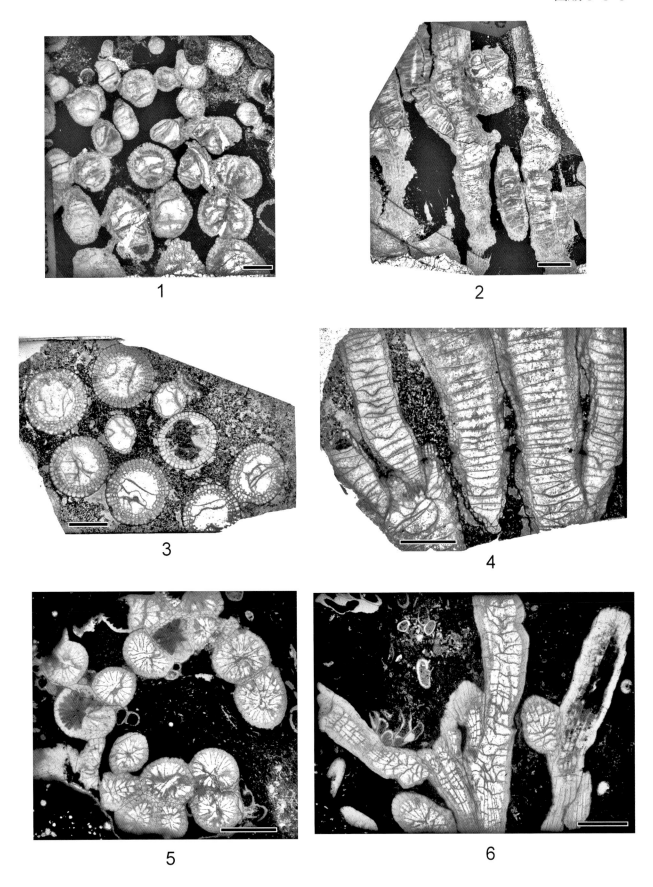

图版 5-3-9 说明

（比例尺 =5mm）

1，2　中华乌塔拉图珊瑚 *Utaratuia sinensis* Yu et Liao，1978　引自俞昌民和廖卫华（1978）

1－横切面；2－纵切面。登记号：1－NIGP18766；2－NIGP18767。主要特征：块状群体珊瑚。个体横切面为多角形。成年个体多数六方形，体径5×7mm；少数个体为五方形、七方形或九方形，体径4.5～7.6mm。幼年个体为四方形或角圆形，体径仅1.8～2.6mm。个体外壁厚0.2mm，中间有一条黑色的直或稍弯曲的中央线。个体体腔内被泡沫板所充填，但在个体中央留有一个宽约个体半径之半或稍小一些的空间。隔壁不发育，或仅呈三角形的隔壁刺，稀疏排列，使体壁具有锯齿状的轮廓，隔壁刺的长度一般不超过0.35mm。在纵切面上，位于个体边缘部分的泡沫板1～3列，半圆形，均向个体中心倾斜。个体中央由水平、微上凸、两侧下倾的小横板组成。产地：贵州独山屯上东锯木湾。层位：中泥盆统龙洞水组。

3，4　贵州桌珊瑚 *Trapezophyllum guizhouense* Yu et Liao，1978　引自俞昌民和廖卫华（1978）

3－横切面；4－纵切面。登记号：3－NIGP39307；4－NIGP39308。主要特征：块状群体珊瑚。群体营侧方出芽繁殖，幼体产自母体的外列鳞板带内，逐渐向上侧方生长。个体横切面为多角形、角圆形，部分为圆形。相邻个体之间常常只有1～3条边相接，因而个体间常常呈部分或完全分离。个体直径2.5～6.0mm，成年个体的直径平均为5mm。隔壁共有两级，一般不加厚，均未伸达个体中央，在个体中央留下一个宽约1.5mm的空间。隔壁数计（14～15）×2。一级隔壁长，长度约为个体半径的2/3～3/4；二级隔壁的长度约为一级隔壁的4/5。隔壁的晶榍呈扇状排列，晶榍的直立部位与一列马蹄形鳞板相合，在隔壁的内端呈梭状加厚，形成明显的内墙构造。在纵切面上，鳞板带窄，外列鳞板水平或上凸，少数亦可呈泡沫状，内列鳞板由一列细小的马蹄形鳞板构成，5mm内有30个，有时可被加厚的晶榍所掩匿。横板带宽，横板完整而水平，边缘有时可出现一些倾斜的侧板，5mm内有7～9个。产地：贵州独山半坡搭架湾。层位：中泥盆统龙洞水组。

5—9　贵州杜蒙珊瑚 *Dohmophyllum guizhouense* Yu et Liao，1978　引自俞昌民和廖卫华（1978）

5，6，8，9－横切面；7－纵切面。登记号：NIGP39258。主要特征：单体珊瑚，外形矮荷叶状，萼穴浅，萼台宽阔。个体直径25～47mm。隔壁两级，隔壁数计（27～29）×2。一级隔壁长，伸达个体中心，尤以其中相对的两个最长，其余隔壁的轴端指向它们并呈两侧对称排列。二级隔壁稍短于前者。隔壁在个体边缘部分变薄，进入横板带后显著加厚，在轴端又复变薄且微呈波折状。鳞板排列方式比较复杂，多呈同心状，但也有呈"人"字形的，间或有与隔壁相平行的水泡状的侧生鳞板，与横板带交界处常常形成一圈鳞板内墙。在纵切面上，鳞板带宽阔，鳞板多列，小半球形，靠近外壁附近的鳞板水平排列，靠近横板带附近的鳞板陡斜。横板带比较窄，横板薄，密叠，水平或微微下凹，相邻的横板常常绞结在一起。产地：贵州独山屯上东锯木湾。层位：中泥盆统龙洞水组。

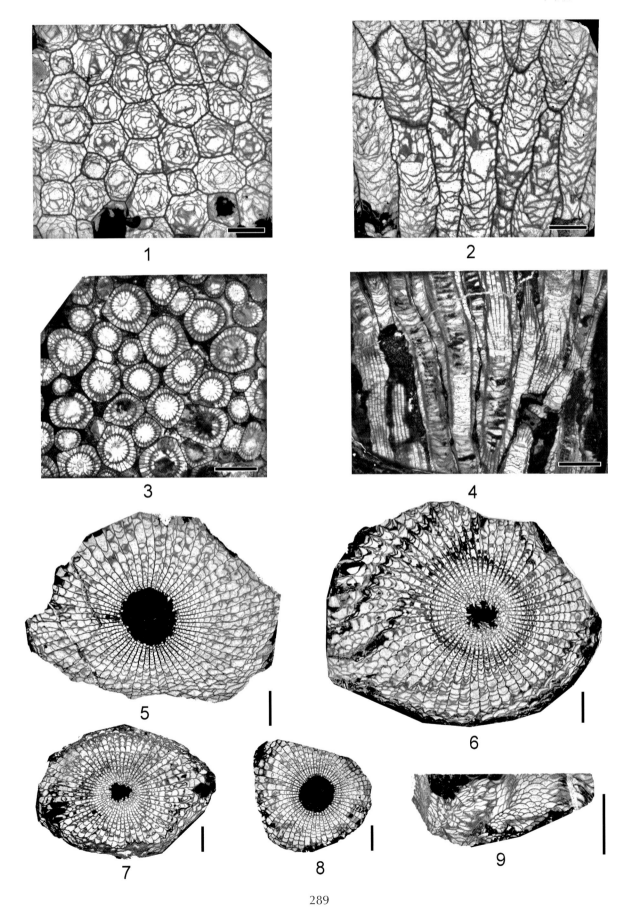

图版 5-3-10 说明

（比例尺 =5mm）

1，2　小型侣珊瑚 *Sociophyllum minor* Yu et Liao，1974　引自俞昌民和廖卫华（1978）

1－横切面；2－纵切面。登记号：1－NIGP18734；2－NIGP18735。主要特征：丛状群体珊瑚，由大小不等的圆柱形或亚圆柱形个体组成。个体直径6～15mm。个体的外壁厚度为0.25～0.3mm。有时在外壁内缘见稀疏的小刺。隔壁未达外壁，被边缘泡沫板所阻。不同个体隔壁的发育程度相差很大。在有些个体内，一级隔壁很长，轴端几达中心，数目可达30个以上；但在另外一些个体中轴端呈断续状，二级隔壁不连续或完全缺失。在纵切面上，边缘泡沫板大，1～2列，顶面高耸，内缘向中央陡斜。横板完整，中央下凹，分布较紧密，5mm内有7～9个。产地：贵州独山龙洞水。层位：中泥盆统龙洞水组。

3，4　东方侣珊瑚 *Sociophyllum orientale* Yu et Liao，1978　引自俞昌民和廖卫华（1978）

3－横切面；4－纵切面。登记号：3－NIGP18736；4－NIGP18737。主要特征：丛状群体珊瑚。个体大小不等，外形多为圆柱形、亚圆柱形，少数呈角圆柱形。个体直径5～11mm，外壁厚约0.25～0.30mm。一级隔壁很长，几近个体的中心，呈两侧对称状排列，有时在轴心分裂出隔壁裂片。多数隔壁不达外壁，被边缘泡沫板所阻，在泡沫带内呈断续的脊突状，个别的亦可与外壁相连。二级隔壁不发育或呈断续状。隔壁数计25～38。产地：贵州独山龙洞水。层位：中泥盆统龙洞水组。

5—9　猴儿山马基珊瑚 *Macgeea houershanensis* Yu et Liao，1978　引自俞昌民和廖卫华（1978）

5，6，8，9－横切面；7－纵切面。登记号：5—7－NIGP39294—39296；8－NIGP39300；9－NIGP39301。主要特征：弯锥柱状或曲柱状单体珊瑚。个体直径6.5～12.5mm，长27～33mm。隔壁数计（24～31）×2。成年期，一级隔壁长，几乎伸达个体中心，在个体半径外端1/5～2/5处（相当于马蹄形鳞板所在的位置）强烈加厚，故使隔壁在横切面上呈纺锤形，但向内则迅速变薄，并微呈波折状。二级隔壁的长度约为一级隔壁的2/5～1/2，全长均加厚。隔壁呈明显的两侧对称排列。主隔壁较短；对隔壁较长，有时几乎伸达个体中心。鳞板内墙位于体径的1/3处。成年后期，一级隔壁未伸达个体中心，在个体中央留下一个宽阔的空间，隔壁微微加厚，加厚最显著的仍在马蹄形鳞板所处，二级隔壁略短于一级隔壁。鳞板带由两列鳞板组成。外列水平，偶尔微微下凹或上凸，或呈泡沫状；内列为一列纵向叠置的马蹄形鳞板，有时可被扇状晶榍所遮掩。横板带较宽，中央部分的横板水平或微微下凹，有时呈泡沫状；轴缘的侧板泡沫状，向中央倾斜。产地：贵州独山屯上东锯木湾。层位：中泥盆统龙洞水组。

10—15　拖鞋珊瑚高形亚种 *Calceola intermediata alta* Richter，1916　引自俞昌民和廖卫华（1978）

10－纵切面；11－正视；12，14－侧视；13－萼盖外观；15－底视。登记号：10－NIGP39214；11—14－NIGP39215；15－NIGP39217。主要特征：单体珊瑚，个体扁平面的宽20～34mm，长26～35mm，顶角50°～60°，始端直或微上弯。萼面突起的高度为15～18mm。个体的外壁上密布环纹。萼盖的内面中央有一条粗壮的隔壁脊突，两侧也各有15条，细而短，微隆起。产地：贵州独山龙洞水。层位：中泥盆统龙洞水组。

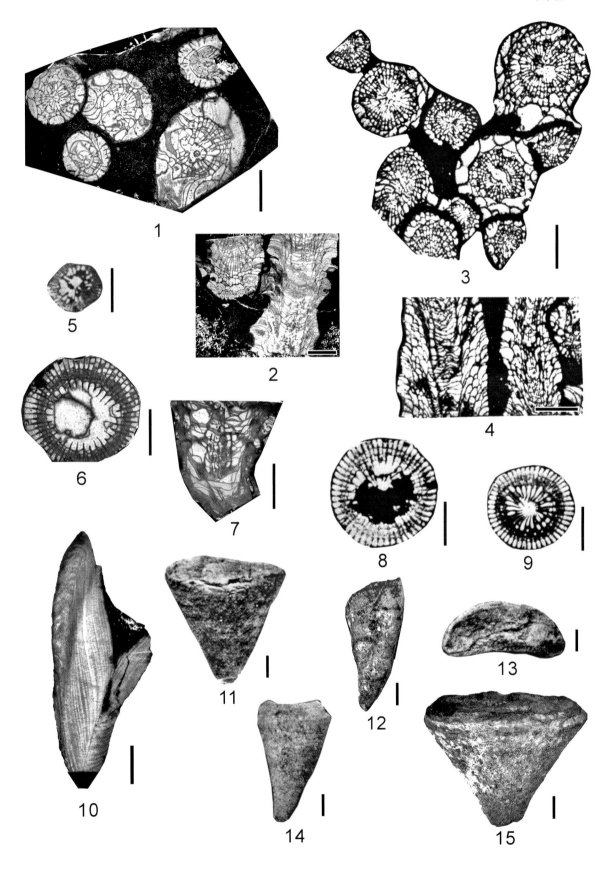

1

3

5

2

4

6

7

8

9

10

11

12

13

14

15

图版 5-3-11 说明

（比例尺 =5mm）

1—4　猴儿山臃珊瑚 *Digonophyllum houershanense* Yu et Liao，1978　引自俞昌民和廖卫华（1978）

1—3 - 横切面；4 - 纵切面。登记号：NIGP39363—39366。主要特征：单体珊瑚，中—大型，柱锥状或阔锥状，长115mm。横切面近圆形或椭圆形，隔壁锥已分裂成板状隔壁。成年期横切面的直径为44 ~ 49mm，隔壁数为（70 ~ 71）×2。一级隔壁长，近达中心，隔壁加厚的回春圈相当显著。隔壁在边部细薄，向内稍有加厚，然后又变薄，最后在轴端强烈加厚，其中有若干个一级隔壁延长较多。隔壁微呈羽状排列。二级隔壁呈断续状发育。有一个微弱的主内沟。在纵切面上，鳞板圆形或椭圆形，向中央倾斜。横板泡沫状，中央显著下凹。鳞板带与横板带的界线不明显。晶楣在泡沫板表面呈扇状分布。产地：贵州独山屯上东锯木湾。层位：中泥盆统龙洞水组。

5—8　贵州带臃珊瑚 *Zonodigonophyllum guizhouense* Yu et Liao，1978　引自俞昌民和廖卫华（1978）

横切面。登记号：NIGP18798—18801。主要特征：柱锥状单体珊瑚，始部弯曲，末部近乎直立，长66 ~ 70mm，直径11 ~ 38mm。隔壁两级，隔壁数计（58 ~ 60）×2。青年早期，隔壁几乎接近外壁，一级隔壁的轴端亦几乎伸达个体中心，隔壁始部较厚，向内逐渐变薄，但在个体中心又有一个由肥厚隔壁侧向衔接而成的同心层。成年期，个体出现两个同心状的隔壁环带，一级隔壁从外壁穿越两个同心带伸达个体中心，隔壁的厚度自外而内：先厚后薄，再复变厚，轴端又变薄。二级隔壁短。主内沟窄。主隔壁长。成年后期，隔壁显著短缩，边部被数列大型泡沫板所阻，隔壁分布于个体边部和轴部之间的中间地带。主内沟不明显。在纵切面上，边缘泡沫板带宽，泡沫板大，向内陡倾。个体中心为平列上凸的小横板。边缘泡沫板与个体中心的小横板之间逐渐过渡。产地：贵州独山龙洞水。层位：中泥盆统龙洞水组。

9—15　中间型假带珊瑚 *Pseudozonophyllum intermedium* Yu et Liao，1978　引自俞昌民和廖卫华（1978）

9 - 外形；10—14 - 横切面；15 - 纵切面。登记号：9 - NIGP18787；10，11 - NIGP18788；12 - NIGP18789；13 - NIGP18790；14 - NIGP18793；15 - NIGP39404。主要特征：阔锥状单体珊瑚，长34mm，直径7 ~ 28mm。隔壁数计（38 ~ 66）×2。幼年期，所有隔壁都明显增厚并侧向衔接，伸达个体中心，整个体腔几乎被肥厚的隔壁所填满。成年期，隔壁始端变细，一般不连外壁，被泡沫板所阻。一级隔壁长达个体中心，呈两侧对称排列。靠近隔壁内缘3/4的隔壁仍明显加厚并侧向衔接。二级隔壁断续状。主内沟明显。主隔壁短缩。在纵切面上，个体下部均被灰质加厚所掩。个体中、上部灰质加厚层被泡沫板分隔成间距均匀的倒锥层，锥顶较厚；个体边部的泡沫板细小，呈平行上凸形，向内变为斜倾状，至个体中部渐变为大型平列、泡沫状上凸的小横板。产地：贵州独山龙洞水。层位：中泥盆统龙洞水组。

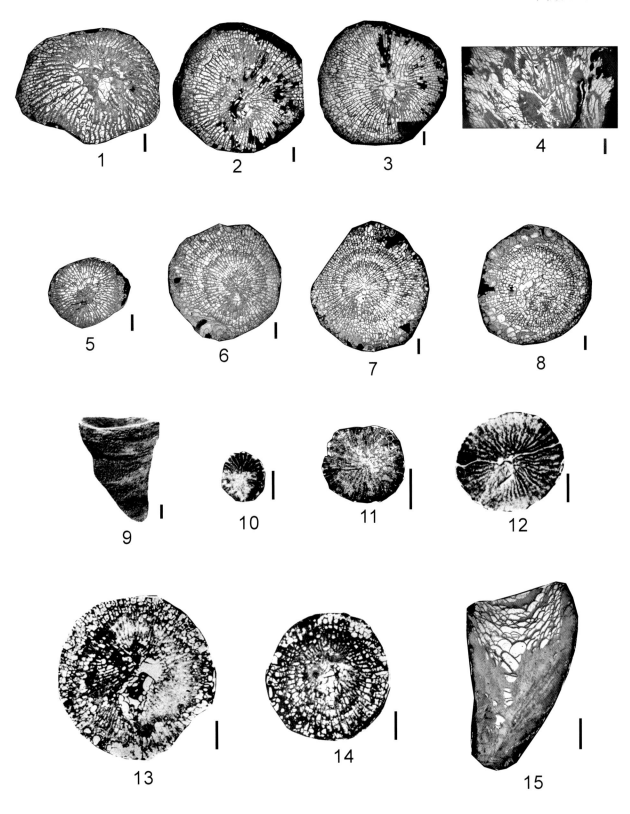

图版 5-3-12 说明

（比例尺 =5mm）

1，2　三分芽枝星珊瑚 *Dendrostella trigemme*（Quensted，1879）　引自Birenheide和Liao（1985）

1－横切面；2－纵切面。登记号：1－NIGP76696；2－NIGP76697。主要特征：丛状群体珊瑚。个体圆柱形，直径5.5～7.3mm，外壁厚0.7mm。隔壁数计（17～20）×2。一级隔壁长，二级隔壁较短，隔壁的基部均明显加厚，并常呈楔状插入外壁。横板薄，完整而简单，时呈波曲状。无鳞板。产地：贵州独山屯上。层位：中泥盆统屯上组。

3，4　刺柱珊瑚 *Columnaria spinosa* Liao et Birenheide，1985　引自Liao和Birenheide（1985）

3－横切面；4－纵切面。登记号：3－NIGP76781；4－NIGP76782。主要特征：块状群体珊瑚。个体为多角柱状，直径4.5～6.0mm。外壁薄。隔壁短刺状，数计14～15。一级隔壁长0.5～0.8mm，二级隔壁仅长0.2～0.4mm。在纵切面上，横板带宽约3.7～4.1mm，横板平列。鳞板带窄，鳞板只有1列。产地：贵州独山大河口。层位：中泥盆统屯上组。

5，6　大河口柱珊瑚 *Columnaria dahekouensis* Liao et Birenheide，1985　引自Liao和Birenheide（1985）

5－横切面；6－纵切面。登记号：5－NIGP76785；6－NIGP76786。主要特征：丛状至近块状群体珊瑚。幼体从母体边缘鳞板带内出芽繁殖。个体之间侧向紧密接触，个体横切面为角圆形，直径7～12mm。外壁厚度0.8mm。隔壁加厚现象不甚明显。一级隔壁的长度约为半径之半，数计24～25。二级隔壁很短。在纵切面上，横板带宽，横板平列，偶下凹或上凸。鳞板带窄，鳞板1列。产地：贵州独山大河口。层位：中泥盆统屯上组。

7—10　拖鞋珊瑚膨胀亚种 *Calceola intermediata inflata* Yoh，1956　引自俞昌民等（1974）

7－横切面；8－萼盖外视；9－底视；10－侧视。登记号：7－NIGP22553；8－NIGP22555；9，10－NIGP22556。主要特征：外形拖鞋状。萼部深陷、平直。边缘宽38mm，高约35mm，基部夹角40°～50°，主象限区膨胀甚剧，始端微微上弯。萼盖上对隔壁极为突出，其两侧各有13条隔壁，均呈脊状突起。产地：贵州惠水王佑。层位：中泥盆统独山组鸡窝寨段。

11，12　出芽分珊瑚 *Disphyllum gemmiferum* Liao et Birenheide，1985　引自Liao和Birenheide（1985）

11－横切面；12－纵切面。登记号：11－NIGP76791；12－NIGP76792。主要特征：丛状群体珊瑚。个体横切面为圆形或角圆形，不少个体侧向连接，个体直径8.5～11.5mm。幼体从母体萼内出芽贰亲繁殖。外壁厚0.4～0.6mm。隔壁两级，隔壁数计（22～25）×2。一级隔壁长，但尚未伸达个体中心，约为个体半径之2/3或稍短一些。二级隔壁稍短于一级隔壁。在纵切面上，横板带宽，横板平列或下凹、上凸。鳞板1～3列，向中心倾斜。产地：贵州独山大河口。层位：中泥盆统独山组鸡泡段。

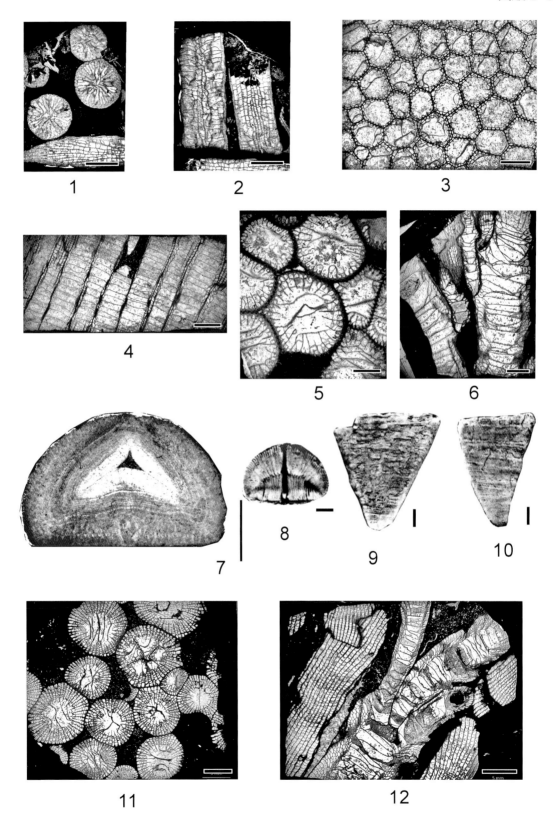

1

2

3

4

5

6

7

8

9

10

11

12

图版 5-3-13 说明

（比例尺 =5mm）

1—5　冯氏似泡沫珊瑚 *Cystiphylloides fongi* Yoh，1937　引自Yoh（1937）

1，3，5－横切面；2，4－纵切面。主要特征：单体珊瑚，横切面圆形，体径15～20mm，体腔内充填了大小不等、形状不一的泡沫板。隔壁脊突罕见。在纵切面上，两侧的泡沫板向个体中心倾斜，而中心部分的泡沫板则多呈水平状排列或上凸、下凹。产地：广西鹿寨寨沙。层位：中泥盆统。

6—10　广西似泡沫珊瑚 *Cystiphylloides kwangsiense* Yoh，1937　引自Yoh（1937）

6，8—10－横切面；7－纵切面。主要特征：圆柱状单体珊瑚，直径22～42mm。体腔内充填了大小不等、形状不一的泡沫板。隔壁不发育，但在外壁内侧见三角形的隔壁基部，在泡沫板上也有一些稀疏的细隔壁刺。在纵切面上，边缘部分的泡沫板向个体中央陡倾，中央部分泡沫板明显下凹。体内见一条条漏斗状的灰质加厚条带（即所谓的"隔壁锥"）。产地：广西象州东岗岭。层位：中泥盆统东岗岭组。

11—15　平板中华海绵珊瑚 *Sinospongophyllum planotabulatum* Yoh，1937　引自Yoh（1937）

11，13—15－横切面；12－纵切面。主要特征：圆柱形或宽锥形单体珊瑚，直径18～35mm。隔壁两级，隔壁数计（28～30）×2。青年晚期和成年期一级隔壁长，但尚未伸达个体中央，在轴缘向同一个方向旋转；成年后期隔壁稍有缩短。隔壁不与外壁相连，在个体边缘发育了一列大型边缘泡沫板，隔壁在边缘泡沫带中呈断续状发育。外壁内缘可见到一圈灰质加厚带及三角形的隔壁基部。在纵切面上，个体两侧是1列大型向中央陡倾的边缘泡沫板（偶为2列）。横板带宽阔，横板呈台式结构，即中央呈水平状，而轴缘的横板则向外斜倾。产地：广西平乐桥亭。层位：中泥盆统东岗岭组。

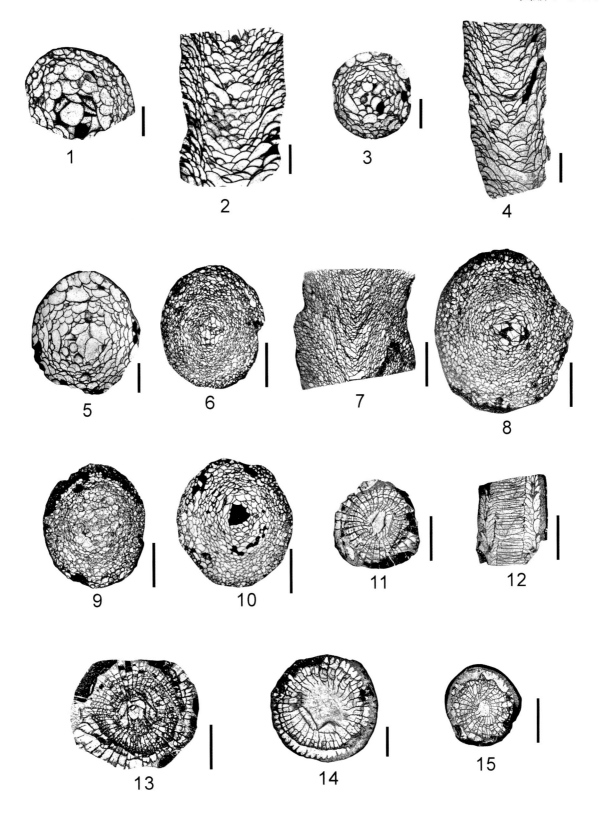

图版 5-3-14 说明

（比例尺 =5mm）

1—4　瓦尔特切珊瑚 *Temnophyllum waltheri* Yoh，1937　引自Yoh（1937）

1，3，4－横切面；2－纵切面。主要特征：单体珊瑚，直径13～17mm。隔壁数计（28～31）×2，隔壁在鳞板带内膨胀加厚，形成一个很宽的隔壁边缘厚结带。一级隔壁在横板带内变薄。在纵切面上，鳞板小球形，向中心倾斜。横板不完整，中央部分的小横板上隆。产地：广西昭平下关村。层位：中泥盆统东岗岭组。

5，6　变异分珊瑚贵县亚种 *Disphyllum varium kweihsienense* Yoh，1937　引自Yoh（1937）

5－横切面；6－纵切面。主要特征：丛状群体珊瑚。个体横切面圆形或角圆形，直径6～7mm。隔壁数计（18～20）×2，所有隔壁在边部微微加厚。在纵切面上，中央横板平列或微上凸，轴缘向外骤然下斜。鳞板带很窄。产地：广西贵港上石龙圩。层位：中泥盆统东岗岭组。

7，8　戈德福斯分珊瑚象县亚种 *Disphyllum goldfussi hsianghsienense* Yoh，1937　引自Yoh（1937）

7－横切面；8－纵切面。主要特征：丛状群体珊瑚。个体横切面圆形或角圆形，直径5～10mm。隔壁数计（20～21）×2，隔壁在鳞板带与横板带交界处加厚并形成内墙。在纵切面上，边部鳞板较大，呈平列状；内侧鳞板较小，呈斜列状。轴部横板平列；轴缘的侧板强烈凸起，呈斜列状。产地：广西象州东岗岭。层位：中泥盆统东岗岭组。

9，10　短隔壁分珊瑚 *Disphyllum breviseptatum* Yoh，1937　引自Yoh（1937）

9－横切面；10－纵切面。主要特征：丛状群体珊瑚。个体的横切面圆形或椭圆形，直径15mm。隔壁数计（22～24）×2。隔壁均未伸达中央并呈纺锤形加厚。隔壁两侧发育了脊板或凸板构造。在纵切面上，鳞板7～9列。横板平列或相互交错，两侧的横板急骤下倾。产地：广西武宣六狈山。层位：中泥盆统东岗岭组。

11，12　东岗岭锐星珊瑚 *Argutastrea pentagona tungkanlingensis*（Yoh，1937）　引自Yoh（1937）

11－横切面；12－纵切面。主要特征：块状群体珊瑚。个体横切面以五边形为主，直径为2～5mm。隔壁数计14×2。两级隔壁都短，隔壁的中段呈纺锤状加厚，内端复增厚，并侧向衔接。在纵切面上，鳞板带窄。横板带宽，横板不完整，泡沫状。产地：广西象州东岗岭。层位：中泥盆统东岗岭组。

13，14　六角锐星珊瑚 *Argutastrea hexagona*（Goldfuss，1826）　引自Yoh（1937）

13－横切面；14－纵切面。主要特征：块状群体珊瑚。个体横切面多为六边形，直径15.5mm。隔壁数计20×2。隔壁中段均有纺锤形加厚现象。在纵切面上，鳞板5～6列。中央横板水平或凹凸不平；轴缘侧板凸起，内倾斜。产地：广西象州东岗岭。层位：中泥盆统东岗岭组。

15，16　六角锐星珊瑚短隔壁亚种 *Argutastrea hexagona breviseptata*（Yoh，1937）　引自Yoh（1937）

15－横切面；16－纵切面。主要特征：本亚种与*Argutastrea hexagona*的主要区别是，其隔壁的长度不超过个体直径的1/3，隔壁内端呈纺锤形加厚并侧向衔接。产地：广西象州东岗岭。层位：中泥盆统东岗岭组。

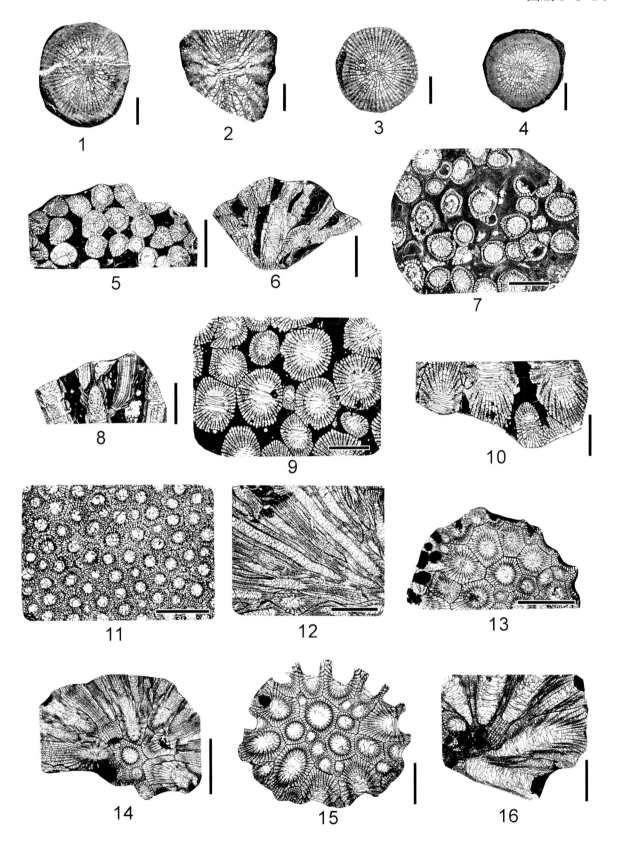

图版 5-3-15 说明

（比例尺 =5mm）

1，2　鸡窝寨锐星珊瑚 *Argutastrea jiwozhaiensis* Liao et Birenheide，1985　引自Liao和Birenheide（1985）

1－横切面；2－纵切面。登记号：1－NIGP76801；2－NIGP7680。主要特征：块状群体珊瑚。个体横切面为5～7边形，直径5～7mm。隔壁薄，隔壁数计（15～20）×2。一级隔壁常在个体中心相交，二级隔壁短。在横切面上，有一圈鳞板内墙。在纵切面上，鳞板3～5列。横板带较宽，中央部分的横板上凸或下凹，轴缘部分的侧板向个体中心斜倾。横板带与鳞板带之间界线明显。产地：贵州独山鸡窝寨。层位：中泥盆统鸡窝寨组。

3，4　巨大中珊瑚 *Mesophyllum maximum maximum*（Schlüter，1882）　引自Liao和Birenheide（1985）

3－横切面；4－纵切面。登记号：3－NIGP76546；4－NIGP76547。主要特征：大型单体珊瑚，直径70～75mm。体腔边缘部分充满小泡沫板和薄的隔壁。有的隔壁不与外壁相连，被泡沫板所阻隔。有的泡沫板亦可与外壁相连的。一级隔壁数约59个。产地：贵州独山鸡窝寨。层位：中泥盆统独山组鸡窝寨段。

5，6　隐蔽内板珊瑚 *Endophyllum abditum* Milne-Edwards et Haime，1851　引自Birenheide和Liao（1985）

5－横切面；6－纵切面。登记号：5－NIGP76694；6－NIGP76695。主要特征：块状群体珊瑚。个体横切面为较大的多角形，由厚壁围绕，外壁厚2～3mm。体径15～17mm。隔壁数计（22～31）×2。一级隔壁长，在轴端向同一个方向旋曲；二级隔壁的长度不及一级隔壁之半。所有隔壁的外端均不与外壁连接，个体周边发育大型而不规则的泡沫板。在纵切面上，轴部的横板水平或微下凹，轴缘横板的两端呈隆起状，在与鳞板带交界处侧板则为下凹状。鳞板带由2～5列大型的展长形的鳞板组成。产地：贵州独山鸡窝寨。层位：中泥盆统独山组鸡窝寨段底部。

7—10　典型孙氏珊瑚 *Sunophyllum typicum* Wang，1948　引自Birenheide和Liao（1985）

7，9，10－横切面；8－纵切面。登记号：NIGP76733—76736。主要特征：圆柱形单体珊瑚，体径10～14.5mm。一级隔壁数为29～33。一级隔壁长，伸达个体中心，靠近外壁处稍有加厚，向个体中心逐渐变细。一级隔壁可与外壁相连或偶被边缘泡沫板所阻。二级隔壁发育得很差或不发育。边缘泡沫板不连续发育。在纵切面上，鳞板半圆形，3～5列，边缘鳞板平列状，内侧鳞板内倾。轴部横板泡沫状、上穹，轴缘横板下凹。产地：贵州独山鸡窝寨。层位：中泥盆统独山组鸡窝寨段。

11—15　规则孙氏珊瑚 *Sunophyllum regulare* Yu et Liao，1974　引自俞昌民等（1974）

11，13，14－横切面；12，15－纵切面。登记号：NIGP76738—76742。主要特征：单体珊瑚，直径10.5～12mm。一级隔壁数为28，外端可不达外壁，被边缘泡沫板所阻，进入横板带后往往加厚，且向内逐渐变薄，未伸达中心。二级隔壁缺失。在纵切面上，鳞板带窄，鳞板1列，陡斜状。横板带宽，横板马鞍形，轴部明显下凹，轴缘强烈上凸，与鳞板带接壤处的横板复又下凹。产地：贵州独山鸡窝寨。层位：中泥盆统独山组鸡窝寨段。

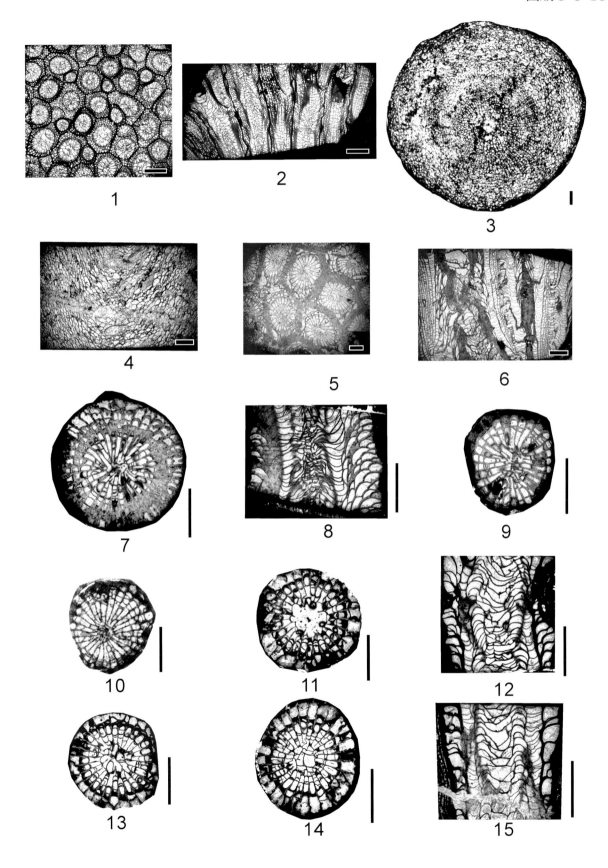

图版 5-3-16 说明

（比例尺 =5mm）

1—4　中国淆板珊瑚 *Mictophyllum sinense* Liao，1977　引自廖卫华（1977）

1 - 外观；2 - 纵切面；3，4 - 横切面。登记号：NIGP39457—39459。主要特征：单体珊瑚，弯柱状，直径25mm。隔壁两级，隔壁数计（32～33）×2。一级隔壁长达个体中心，始端微加厚，向内逐渐变细，进入横板带后更加纤细。二级隔壁短，约为一级隔壁的1/4～2/5。鳞板呈"人"字形排列。在纵切面上，鳞板6～7列，小球形。横板泡沫状，中央下凹。产地：贵州独山城北。层位：上泥盆统望城坡组贺家寨段。

5—7　短隔壁淆板珊瑚 *Mictophyllum breviseptatum* Liao，1977　引自廖卫华（1977）

5，6 - 横切面；7 - 纵切面。登记号：NIGP39460—39462。主要特征：单体珊瑚，弯柱状，长56mm，直径16～20mm。隔壁数计31×2，一级隔壁长度只有半径的1/2～3/5。二级隔壁甚短。隔壁较薄，但在始部或二级隔壁的末端呈三角形加厚。鳞板呈"人"字形排列。在纵切面上，鳞板4～5列。中央部分的横板完整而呈下凹状，轴缘的侧板呈泡沫状，向个体中央倾斜。产地：贵州独山城北。层位：上泥盆统望城坡组贺家寨段。

8—10　托马斯锐星珊瑚 *Argutastrea thomasi*（Stainbrook，1940）　引自廖卫华（1977）

8，9 - 横切面；10 - 纵切面。登记号：NIGP39466—39468。主要特征：块状群体珊瑚。个体多为6边形。成年个体直径为8～13mm。隔壁数计（19～22）×2。一级隔壁长，始端及中段明显加厚，末端变薄；但有些个体的始端变薄，呈曲折状，少数具凸板。二级隔壁较短，鳞板呈"人"字形或角状排列，少数亦可呈同心圆状。幼体营壁间出芽繁殖，新个体往往在母体的鳞板带内产生。在纵切面上，鳞板5～6列。横板带分化成中央倒杯状横板和轴缘的侧板两个部分。产地：贵州独山城北。层位：上泥盆统望城坡组贺家寨段。

11—14　马更些钩珊瑚 *Grypophyllum mackenziense*（Pedder，1963）　引自廖卫华（1977）

11—13 - 横切面；14 - 纵切面。登记号：11 - NIGP39072；12 - NIGP39073；13 - NIGP39203；14 - NIGP39204。主要特征：小型单体珊瑚，直径11mm。一级隔壁数为21，在横板带变薄，轴端微旋转，但在基部强烈膨胀并侧向融连成2mm宽的边缘厚结带。二级隔壁短或不发育。在纵切面上，鳞板带窄，且常被灰质加厚所掩匿。横板带宽，横板泡沫状。产地：贵州独山城北。层位：上泥盆统望城坡组贺家寨段。

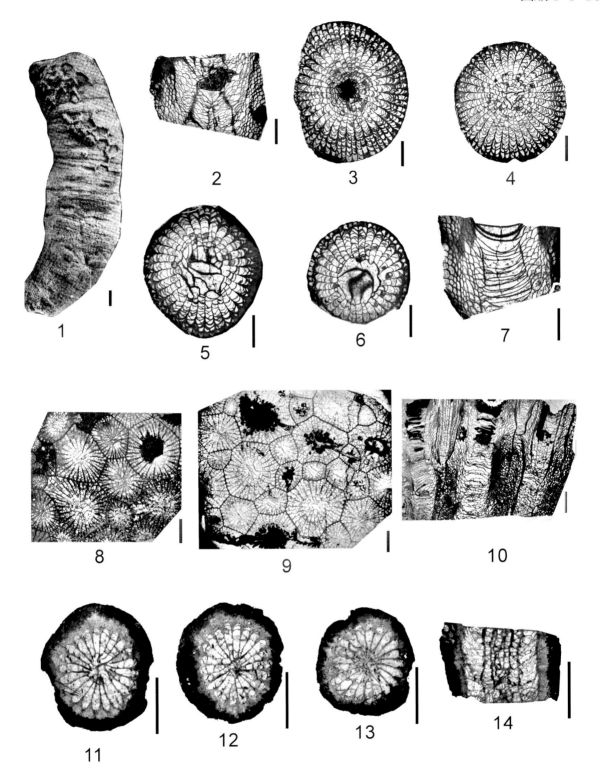

图版 5-3-17 说明

（比例尺 =5mm）

1—3 李氏切珊瑚 Temnophyllum leei Wang et Lee，1948 引自廖卫华（1977）

1 - 纵切面；2，3 - 横切面。登记号：NIGP39409—39411。主要特征：单体珊瑚，直径17～19mm。隔壁数计（26～31）×2。一级隔壁长达中心。二级隔壁长为一级隔壁的1/3～1/2。隔壁在始端强烈加厚并侧向衔接形成宽2.5～3.5mm的边缘厚结带，但进入横板带以后迅速变薄。鳞板呈"人"字形或同心状排列。纵切面上，鳞板多列，被灰质加厚掩匿。轴部小横板上凸，轴缘小横板下凹。产地：贵州独山城北。层位：上泥盆统望城坡组贺家寨段。

4，5，17—19 里特威诺维奇中华分珊瑚 Sinodisphyllum litvinovitshae（Soshkina，1949） 引自廖卫华（1977）

4，17，18 - 横切面；5，19 - 纵切面。登记号：4 - NIGP39426，5 - NIGP39427，17—19 - NIGP39463—39465。主要特征：圆柱状或角锥状单体珊瑚，直径12～22mm。隔壁数计（22～31）×2。一级隔壁伸达中心，在鳞板带和横板带边缘加厚，但在横板带变薄。二级隔壁较短，仅为一级隔壁长的1/3。鳞板呈"人"字形排列，靠近外壁附近则呈同心状排列。在纵切面上，鳞板多列。横板形态变化较大，中央部分的横板水平或下凹或呈泡沫状上凸，轴缘辅以泡沫状的侧板。产地：贵州独山城北。层位：上泥盆统望城坡组贺家寨段。

6—8 适度淆板珊瑚 Mictophyllum modicum Smith，1945 引自廖卫华（1977）

6，7 - 横切面；8 - 纵切面。登记号：NIGP39435—39437。主要特征：弯角锥状单体珊瑚，直径10～16mm。隔壁数计（26～28）×2。一级隔壁长，在外壁附近或鳞板带内缘加厚，但在横板带内变薄。二级隔壁较短，有时尚呈断续状发育。鳞板呈"人"字形排列。在纵切面上，鳞板多列。横板泡沫状，但也有的横板呈水平排列。产地：贵州独山城北。层位：上泥盆统望城坡组贺家寨段。

9—13 望城坡假内沟珊瑚 Pseudozaphrentis wangchengpoensis Yu et Liao，1974 引自廖卫华（1977）

9 - 外观；10 - 纵切面；11—13 - 横切面。登记号：NIGP39438—39441。主要特征：单体珊瑚，直径11～21mm。隔壁数计（27～35）×2，一级隔壁中段呈梭状增厚，形成内墙，但在内端及始部均较薄。二级隔壁短。鳞板呈"人"字形或同心状排列。在纵切面上，鳞板4～5列。横板带宽，轴部横板水平或下凹，轴缘辅以侧板。产地：贵州独山城北。层位：上泥盆统望城坡组贺家寨段。

14—16 独山假内沟珊瑚 Pseudozaphrentis dushanensis Liao，1977 引自廖卫华（1977）

14 - 纵切面；15，16 - 横切面。登记号：NIGP39448—39450。主要特征：横面与P. wangchengpoensis相似，但纵切面轴部横板下凹。隔壁数目固定。产地：贵州独山城北。层位：上泥盆统望城坡组贺家寨段。

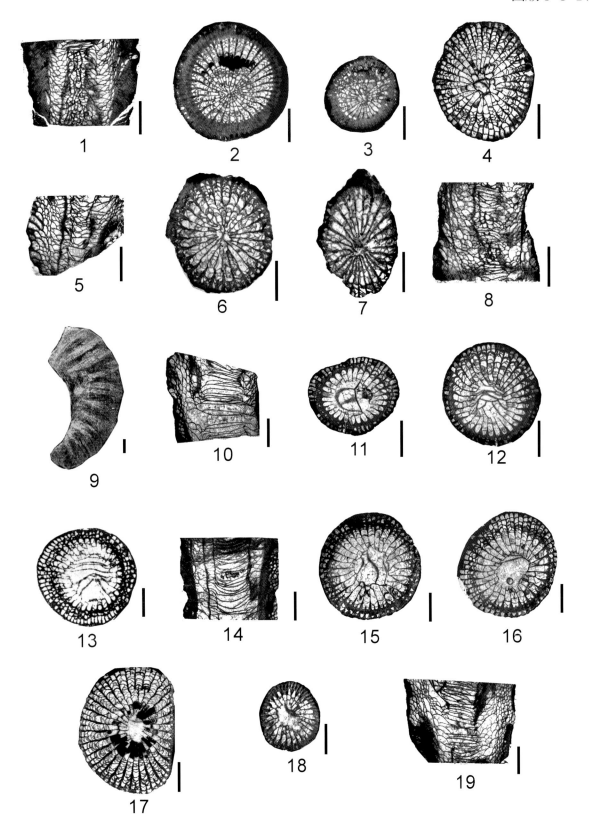

图版 5-3-18 说明

（比例尺 =5mm）

1—4, 17—20　过渡型淆板珊瑚 *Mictophyllum intermedium* Liao，1977　引自瘳卫华（1977），Liao和Birenheide（1989）

1—3, 18, 19 - 横切面；4, 20 - 纵切面；17 - 外观。登记号：NIGP90772—90775，17—20 - NIGP39451—39453。主要特征：单体珊瑚，直径18mm。一级隔壁数约30，一级隔壁长、楔状，在鳞板带内加厚，但进入横板带后变薄。二级隔壁较短。鳞板在横切面上呈"人"字形排列。在纵切面上，鳞板多列，向中央倾斜。轴部横板平列，轴缘横板向中央倾斜。产地：贵州独山城北卢家寨。层位：上泥盆统卢家寨段、贺家寨段。

5—8　都匀分珊瑚 *Disphyllum duyunense* Kong in Kong et Huang，1978　引自Liao和Birenheide（1989）

5, 7 - 横切面；6, 8 - 纵切面。登记号：NIGP90778—90781。主要特征：丛状群体珊瑚。个体横切面为圆形，直径6～8mm。一级隔壁数计20，未伸达中心，进入横板带后变细。二级隔壁短。有一圈明显的鳞板内墙。在纵切面上，鳞板带窄，鳞板2列。横板带宽，横板泡沫状。鳞板带与横板带分界明显。产地：贵州独山城北卢家寨。层位：上泥盆统卢家寨段。

9, 10　独山分珊瑚 *Disphyllum dushanense* Yu et Liao in Kong et Huang，1978　引自Liao和Birenheide（1989）

9 - 横切面；10 - 纵切面。登记号：9 - NIGP90782；10 - NIGP90783。主要特征：丛状群体珊瑚。个体横切面为圆形，直径9～11mm。一级隔壁数计20～24，几乎伸达中心，并在轴端向一个方向旋转。二级隔壁短。隔壁基部楔状加厚。在纵切面上，鳞板2～4列。横板带宽，横板泡沫状，中央部分的横板平列、上凸或下凹，轴缘横板向个体中央倾斜。横板带与鳞板带之间分界不明显。产地：贵州独山城北卢家寨。层位：上泥盆统卢家寨段。

11—14　白虎坡瓦匹提珊瑚 *Wapitiphyllum baihupoense* Liao et Birenheide，1989　引自Liao和Birenheide（1989）

11, 14 - 纵切面；12, 13 - 横切面。登记号：NIGP90761—90764。主要特征：块状群体珊瑚。个体横切面为多角形，直径7～8mm。外壁呈"之"字形曲折状。一级隔壁较长，几乎伸达个体中心，并微微加厚呈纺锤形，数计14～15。二级隔壁比一级隔壁短，其长度不超过鳞板带的宽度，厚度也比一级隔壁薄。隔壁常被边缘泡沫板所阻。在纵切面上，鳞板2～5列，平列或向中央倾斜。横板不完整，泡沫状、上凸或下凹。产地：贵州独山火车站西白虎坡。层位：上泥盆统卢家寨段。

15, 16　弗莱希角海绵珊瑚 *Spongonaria frechi* Liao et Birenheide，1989　引自Liao和Birenheide（1989）

15 - 横切面；16 - 纵切面。登记号：15 - NIGP90766；16 - NIGP90767。主要特征：块状群体珊瑚。个体横切面为多角形，直径7～8mm。一级隔壁短，数计17，仅伸达鳞板带的内缘，留下2.5～3.0mm宽的空间，并常在横板带留下一些隔壁刺。二级隔壁与一级隔壁几乎等长或被边缘泡沫板所阻。隔壁薄或发育了微弱的脊板。在纵切面上，鳞板多列，向中央倾斜。横板带较宽，横板平列、上凸或下凹。产地：贵州独山城北卢家寨。层位：上泥盆统卢家寨段。

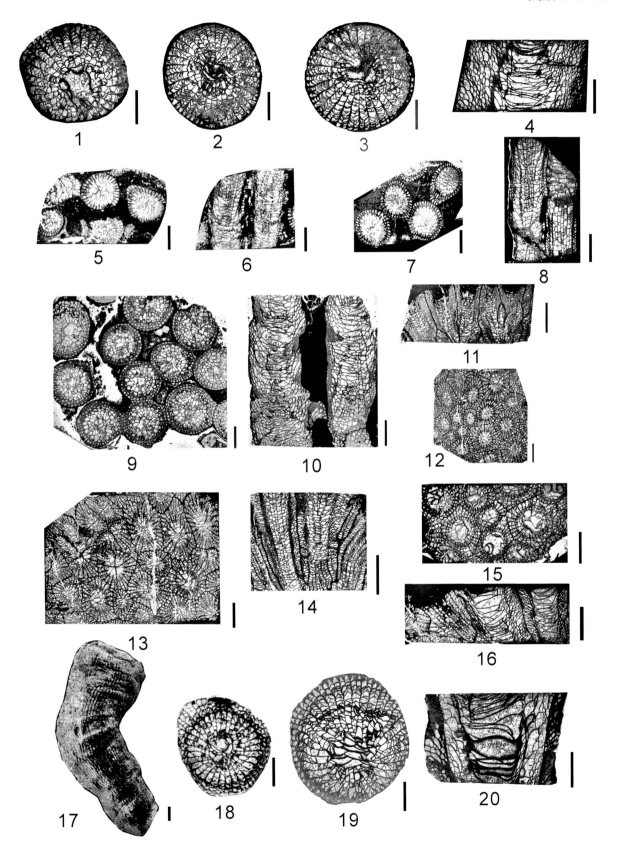

图版 5-3-19 说明

（比例尺 =2mm）

1—3　凹陷纳利夫金珊瑚 *Nalivkinella profunda* Soshkina，1939　引自廖卫华和蔡土赐（1987）

横切面。登记号：NIGP98918—98920。主要特征：小型圆锥形单体珊瑚。成年个体直径7.5mm。一级隔壁数为24，其长度只有半径的1/2，微加厚。二级隔壁未发育。青年个体隔壁末端侧向弯连形成管径2.5mm的圆形轴管。产地：新疆和布克赛尔敖图克。层位：上泥盆统洪古勒楞组下部（中、下法门阶）。

4—6　无轴珊瑚（未定种1） *Neaxon* sp. 1　引自廖卫华和蔡土赐（1987）

横切面。登记号：NIGP98937—98939。主要特征：小型弯锥形单体珊瑚，长12mm，萼部直径9mm。在直径为7.4mm的成年期横切面上，隔壁数计23×2，一级隔壁稍加厚，长约为个体半径的2/3，末端弯连组成直径为2.5mm的轴管。二级隔壁短脊状。在直径分别为6.2mm和4.5mm的青年期和幼年期的横切面上，一级隔壁数分别是22和21，轴管的直径为2.4mm和1.0mm。产地：新疆和布克赛尔布龙果尔。层位：上泥盆统洪古勒楞组下部（下法门阶）。

7—13　新疆和布克河珊瑚 *Hebukophyllum xinjiangense* Liao et Cai，1987　引自廖卫华和蔡土赐（1987）

7—9，11—13－横切面；10－纵切面。登记号：NIGP98925—98931。主要特征：小型圆柱形单体珊瑚。在直径为6.0mm的成年期横切面上，隔壁数计24×2。一级隔壁细而短，长度约为0.2～1.0mm，二级隔壁呈短脊状。个体边缘发育了1列窄长形的泡沫板。在纵切面上，横板完整，轴部横板水平或微上拱，两侧向外倾斜。鳞板1列，细长泡状，向内陡倾。产地：新疆和布克赛尔和布克河。层位：上泥盆统洪古勒楞组下部（中、下法门阶）。

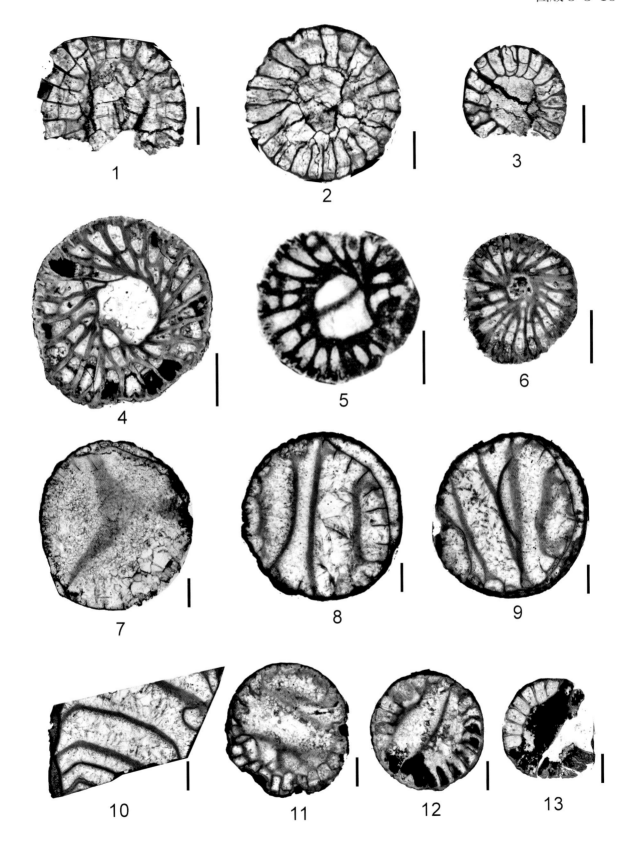

图版 5-3-20 说明

（比例尺 =5mm）

1—5　中国洪古勒楞珊瑚 *Honggulasma sinense* Liao et Cai，1987　引自廖卫华和蔡土赐（1987）

横切面。登记号：NIGP98964—98968。主要特征：小型弯锥状单体珊瑚，萼部直径9～15mm，长10～13mm。隔壁数计（20～22）×2。一级隔壁加厚，呈不规则的"之"字形弯曲，基部厚，向内逐渐变薄，隔壁没有伸达个体中心；二级隔壁短，部分末端侧向与一级隔壁相交。主隔壁短，但有时细长。主内沟开阔。无鳞板。幼年期一级隔壁内端侧向连成小的轴管。青年期一级隔壁加厚显著，个体边缘发育了窄的厚结带。产地：新疆和布克赛尔敖图克。层位：上泥盆统洪古勒楞组下部（中、下法门阶）。

6—9　细隔壁低轴管珊瑚 *Catactotoechus tenuiseptus*（Liao et Cai，1987）　引自廖卫华和蔡土赐（1987）

6—8－横切面；9－纵切面。登记号：NIGP98980—98983。主要特征：小型圆锥状单体珊瑚，长11mm，直径13mm。一级隔壁数为29，一级隔壁短，细而微弯曲，部分末端弯连组成圆形的隔壁内墙。二级隔壁短或不发育。在纵切面上，中管内横板完整，宽、平或微波状，5mm内有5个；中管外横板外斜。产地：新疆和布克赛尔布龙果尔。层位：上泥盆统洪古勒楞组下部（中、下法门阶）。

10—14　中国戈利兹珊瑚 *Gorizdronia sinensis* Liao et Cai，1987　引自廖卫华和蔡土赐（1987）

10，12—14－横切面；11－纵切面。登记号：NIGP98943—98947。主要特征：小型圆锥状单体珊瑚。成年期直径16.5mm。一级隔壁数为20，一级隔壁短、细、微弯曲，基部加厚呈三角形。二级隔壁短或不发育。边缘泡沫带不稳定。在纵切面上，边缘泡沫板小，拉长形，1～2列，向个体中心倾斜。产地：新疆和布克赛尔敖图克。层位：上泥盆统洪古勒楞组下部（中、下法门阶）。

15—21　中国居里希珊瑚 *Guerichiphyllum sinense* Liao et Cai，1987　引自廖卫华和蔡土赐（1987）

15，16，18—21－横切面；17－纵切面。登记号：NIGP98948—98954。主要特征：小型（少量为中型）圆筒-曲柱形单体珊瑚，长度25～40mm，萼部直径11～18mm。隔壁两级。一级隔壁长约为个体半径的1/2～2/3，在鳞板带内微加厚，而在横板带内变薄。二级隔壁的长度为一级隔壁的1/2～2/3。隔壁外端部分被不稳定的泡沫板所阻，不伸达外壁。主隔壁较短，主内沟开阔。在纵切面上，鳞板为窄长形，8～11列，内倾，排列紧密。横板完整，中部平坦、上拱或浅下凹，两侧横板下弯后向外倾斜，或与另一个横板相交。产地：新疆和布克赛尔敖图克。层位：上泥盆统洪古勒楞组下部（中、下法门阶）。

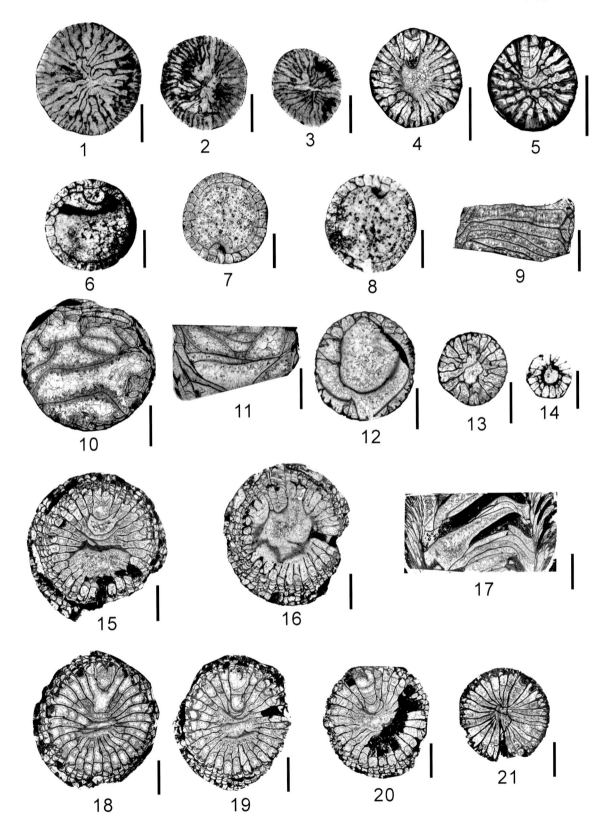

图版 5-3-21 说明

（比例尺 =5mm）

1—3，18—20 宜章始犬齿珊瑚 *Eocaninophyllum yizhangense* Zuo in Jia et al., 1977　引自吴望始等（1981），瘳卫华等（2008）

1，2，19，20－横切面；3，18－纵切面。登记号：1—3－NIGP52480—52482，18—20－NIGP52502—52504。主要特征：中型单体珊瑚，直径18～40mm。一级隔壁数为62～64，长达个体半径的2/3～3/5，成年期后虽仍较长但未伸达中心，在主部横板带内隔壁明显加厚。二级隔壁短。主隔壁短，主内沟长。青年期隔壁加厚并彼此相接，而成年期仅在主部横板带内加厚。在纵切面上，横板带宽，中央部分的横板水平或上拱，两侧缓缓下斜。鳞板2～4列，大小不等。产地：湖南隆回周旺等地。层位：上泥盆统邵东组（上法门阶）。

4—6 纤细角珊瑚 *Ceriphyllum elegantum* Wu et Zhao in Wu et al., 1981　引自吴望始等（1981）

横切面。登记号：NIGP52477—52479。主要特征：小型单体珊瑚，直径7～8mm。一级隔壁数为20，未伸达个体中心。二级隔壁缺失。主内沟比对内沟宽。鳞板只有1～3列。产地：湖南冷水江欧家冲。层位：上泥盆统邵东组（上法门阶）。

7—11 扁体扁珊瑚 *Complanophyllum compressum* Wu et Zhao in Wu et al., 1981　引自吴望始等（1981）

7，9，10－横切面；8，11－纵切面。登记号：NIGP52530—52534。主要特征：小型单体珊瑚，萼部为扁圆形。青年期隔壁呈四分排列，至成年期变为两侧对称。隔壁基部较厚，隔壁向内延伸时厚度略有减薄。在直径为11mm的横切面上，隔壁数计29×2。一级隔壁常于中心相交。二级隔壁在成年期明显发育。主隔壁很短，主内沟窄长形。对隔壁比对侧隔壁短，但没有形成显著的对内沟。成年期以后鳞板逐渐发育。产地：湖南邵东界岭。层位：上泥盆统邵东组（上法门阶）。

12—15 中国史密斯珊瑚 *Smithiphyllum sinense* Wang et Zuo，1983　引自王根贤和左自璧（1983）

12—14－横切面；15－纵切面。登记号：Hc0071。主要特征：圆柱形单体或松散的丛状（？）群体珊瑚。直径7～10mm。一级隔壁很短，数计22，长度仅及半径的1/3～1/4，一级隔壁经常不与外壁相连，被1列不连续的边缘泡沫板所阻。二级隔壁缺失。在纵切面上，横板带宽，中央部分的横板水平，两侧的横板向外倾斜。泡沫板向内倾斜。产地：湖南隆回石义杨家和道县拐子井。层位：上泥盆统锡矿山组（中、下法门阶）。

16，17 隆回史密斯珊瑚 *Smithiphyllum longhuiense* Wang et Zuo，1983　引自王根贤和左自璧（1983）

16－横切面；17－纵切面。登记号：Hc0077。主要特征：圆柱形单体或松散的丛状（？）群体珊瑚。直径6～7mm。一级隔壁很短，数计20～22，长度仅及个体半径的1/3～1/2。一级隔壁经常不与外壁相连，被1列不连续的边缘泡沫板所阻。二级隔壁缺失。在纵切面上，横板很宽，横板水平或微上拱。鳞板不连续。产地：湖南隆回石义杨家和道县拐子井。层位：上泥盆统锡矿山组（中、下法门阶）。

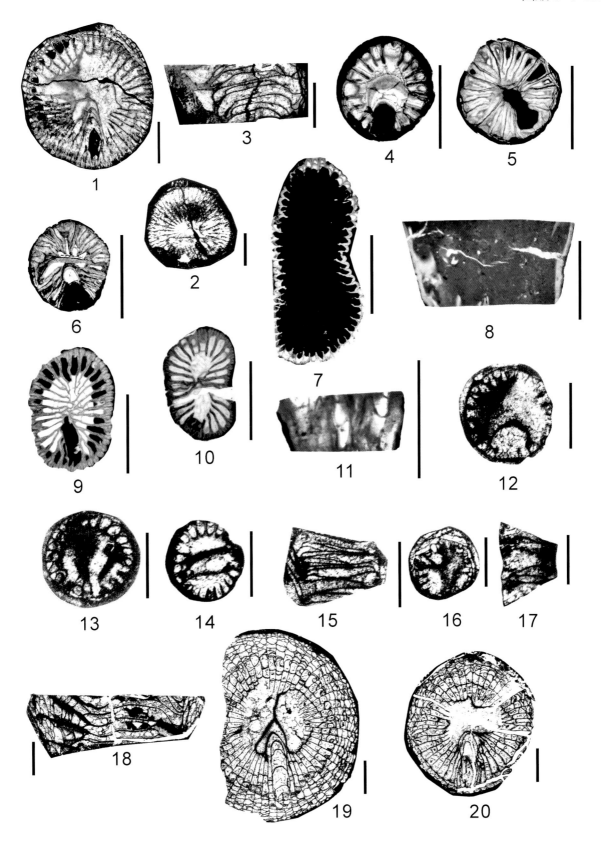

图版 5-3-22 说明

（比例尺 =5mm）

1，2　无轴珊瑚（未定种2）*Neaxon* sp. 2　引自廖卫华（1997）

1 - 横切面；2 - 纵切面。登记号：1 - NIGP103037；2 - NIGP103038。主要特征：小型柱状单体珊瑚，直径5mm。一级隔壁长，数计14。二级隔壁也长，约为一级隔壁的4/5或与之等长。轴管完整，圆形，管径1mm。在纵切面上，灰质加厚强烈。轴管内的横板平列，轴管外的横板长泡沫形，向内倾斜，少数向外倾斜。在个别标本的外壁内侧还可见少量泡沫板。产地：广西宜州峡口。层位：上泥盆统顶部下*praesulcata*带。

3—6　精美宜山珊瑚 *Yishanophyllum bellum* Wu et Liao，1988　引自廖卫华（1997）

3，5，6 - 横切面；4 - 纵切面。登记号：3 - NIGP103027；4 - NIGP103028；5 - NIGP103022；6 - NIGP103023。主要特征：小型柱锥状单体珊瑚，有的个体营萼外出芽繁殖。成年期横切面5mm，一级隔壁数约为16，主、对隔壁及另外几个一级隔壁在个体中心交接并末端加厚形成一个灰质中轴。成年后期有的隔壁从中心向边缘退缩，有的隔壁继续与中轴连接。在纵切面上，中轴明显可见，中轴两侧的横板呈泡沫状或交错状排列，向外侧倾斜。个体边缘发育了1～2列大小不等的鳞板。产地：广西宜州峡口。层位：上泥盆统顶部下*praesulcata*带。

7—12　革老河泡沫内沟珊瑚 *Cystophrentis kolaohoensis* Yu，1931　引自廖卫华等（2008）

7—11 - 横切面；12 - 纵切面。登记号：NIGP149410—149415。主要特征：弯锥状单体珊瑚，直径12～18mm。一级隔壁数为48～50，呈羽状排列，伸达中心，成年期隔壁不与外壁相连，边缘泡沫板发育。主隔壁强烈加厚，主内沟明显。在纵切面上，鳞板向内倾斜，横板不完整，中央下凹。产地：贵州独山其林寨水库。层位：上泥盆统革老河组（法门阶顶部）。

13，14　邵东始犬齿珊瑚 *Eocaninophyllum shaodongense* Wu et Zhao in Wu et al.，1981　引自吴望始等（1981）

13 - 横切面；14 - 纵切面。登记号：13 - NIGP52489；14 - NIGP52491。主要特征：小至中型单体珊瑚，成年期直径15～20mm。隔壁数计（34～36）×2。青年期主隔壁厚，二级隔壁短，主内沟和侧内沟都比较发育。成年期主隔壁亦减薄，明显后缩；主内沟深，二级隔壁短。在纵切面上，横板不完整，两侧下垂或下倾。产地：湖南邵东界岭。层位：上泥盆统邵东组（法门阶上部）。

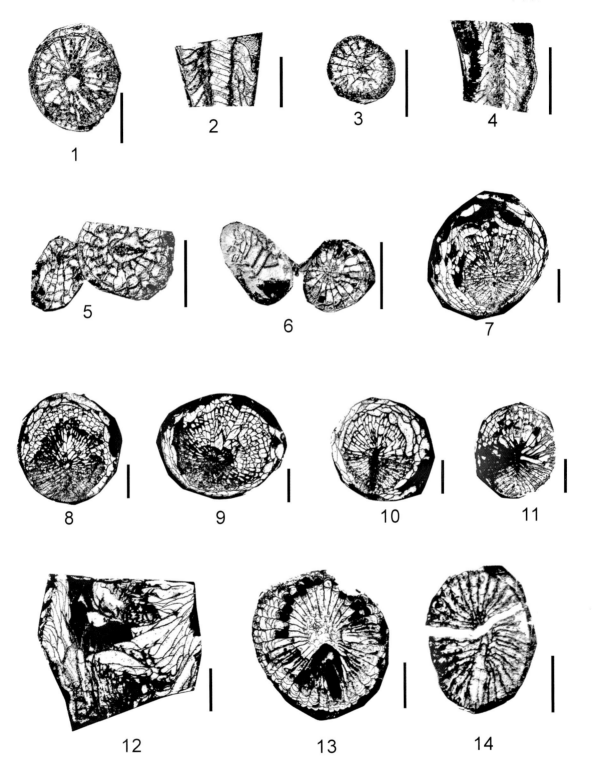

图版 5-3-23 说明

（比例尺 =2mm）

1—3　新疆脊板杯珊瑚 *Cyathocarinia xinjiangensis* Liao et Cai，1987　引自廖卫华（1997）

横切面。登记号：NIGP98987—98989。主要特征：小型角锥状珊瑚，长10mm，成年期直径4.5mm。隔壁数计17×2。一级隔壁末端与中轴相接，但界线分明。隔壁不进入中轴。二级隔壁在中心附近与一级隔壁相交。中轴圆形，宽1mm。个体内壁有一个0.3mm的边缘厚结带。隔壁两侧发育瘤状脊板。无鳞板。产地：新疆和布克赛尔俄姆哈。层位：上泥盆统顶部*praesulcata*带。

4—6　弯隔壁德勒维尔壁珊瑚 *Drewerelasma curviseptatum* Liao et Cai，1987　引自廖卫华（1997）

横切面。登记号：NIGP98990—98992。主要特征：小型角锥状珊瑚，长11mm，直径4.0～4.5mm。一级隔壁数为19～20，一级隔壁伸达个体中心，形成灰质中轴。一级隔壁弯曲，基部和末端灰质加厚显著，其两侧斜伸出不规则的脊板。二级隔壁未发育。无鳞板。产地：新疆和布克赛尔俄姆哈。层位：上泥盆统顶部*praesulcata*带。

7—12　俄吾哈德勒维尔珊瑚 *Drewerelasma omhaense*（Liao et Cai，1987）　引自廖卫华（1997）

横切面。登记号：7—9 - NIGP98984—98986；10—12 - NIGP98940—98942。主要特征：小型狭角锥状单体珊瑚，长10～13mm。体壁内缘发育窄的边缘厚结带。一级隔壁伸达中心，形成灰质中轴。隔壁灰质加厚微弱，2个或3个隔壁在近中心处相交。二级隔壁不发育。无鳞板。产地：新疆和布克赛尔俄姆哈。层位：上泥盆统顶部*praesulcata*带。

13—17　峡口乌非姆珊瑚 *Ufimia xiakouensis* Wu et Liao，1988　引自廖卫华（1997）

13—16 - 横切面；17 - 纵切面。登记号：NIGP103052—103056。主要特征：小型柱锥状单体珊瑚，直径3～5mm。一级隔壁数为18。侧、对侧隔壁明显加长，轴端微微加厚。主、对隔壁比较短。对隔壁的增速大于主部。二级隔壁不发育。在纵切面上，横板简单而完整，水平排列。无鳞板。产地：广西宜州峡口。层位：上泥盆统顶部下*praesulcata*带。

18—20　宜山原剑珊瑚 *Prosmilia yishanensis* Wu et Liao，1988　引自廖卫华（1997）

横切面。登记号：NIGP103048—103050。主要特征：小型柱锥状单体珊瑚。成年期直径5.5～6.5mm。一级隔壁数为18～20。隔壁在对部的增速大于主部。青年晚期，2个侧隔壁和2个对侧隔壁最长，主隔壁也比较长；成年期，主隔壁缩短，主内沟清晰，但侧、对侧隔壁仍然比较长。在有些个体中，部分隔壁不与外壁相连，个体边缘发育泡沫板。但在另一些个体中，隔壁的基部微微加厚。在纵切面上，鳞板1～2列，不连续。横板简单，平列、微微下凹或上凸。有时发育少数侧板。产地：广西宜州峡口。层位：上泥盆统顶部下*praesulcata*带。

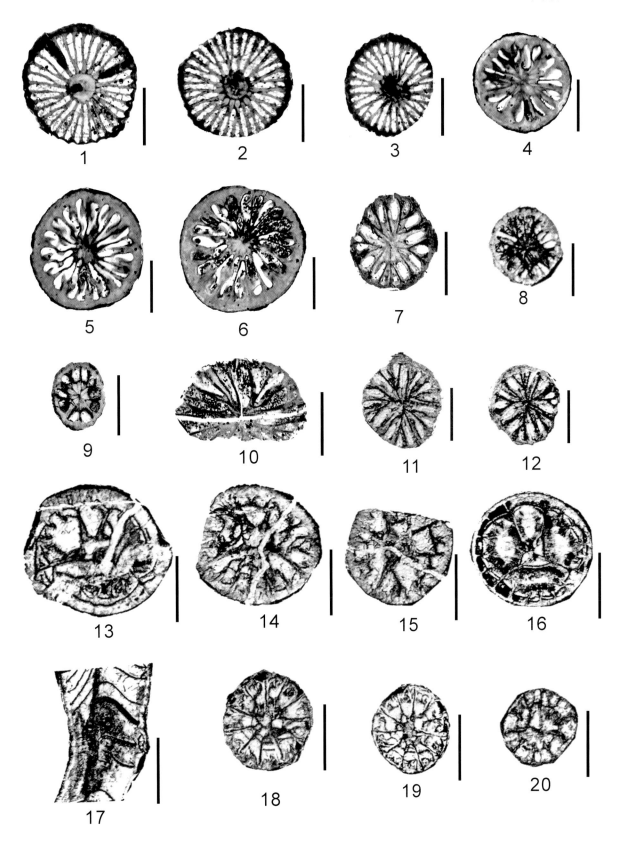

5.4 层孔虫

5.4.1 层孔虫结构和术语

层孔虫构造见图5.9—5.11。

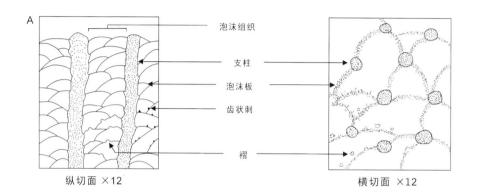

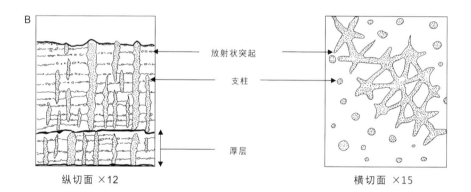

图 5.9　拉贝希层孔虫目和放射层孔虫目二维骨骼结构示意

A. 拉贝希层孔虫目（Labechiida）内部结构；B. 放射层孔虫目（Actinostromatida）内部结构。据 Stearn 等（1999）

泡沫板（cyst plates）：层孔虫骨骼较原始的横向骨素，呈平缓或稍作拱形的薄板状。

泡沫组织（cysts）：由许多泡沫板相互交叠组成。拉贝希层孔虫科的分子横向骨素大多由泡沫组织组成。

齿状刺（denticles）：泡沫板或层状板上小的锥状突起，对于属种的鉴定很重要。

支柱（pillars）：层孔虫的纵向骨骼。有长而连续的长支柱；也有仅限于相邻两细层之间的短支柱。其形状和排列常有变化，是层孔虫最重要的构造特征之一。

褶（crenulation）：泡沫板局部上拱形成的褶皱状组织。

放射状突起（colliculi）：由支柱延伸出来呈放射状、水平分布的杆状突起。

厚层（latilaminae）：亦称粗层，层孔虫骨骼中的层状构造，常由许多细层组成。

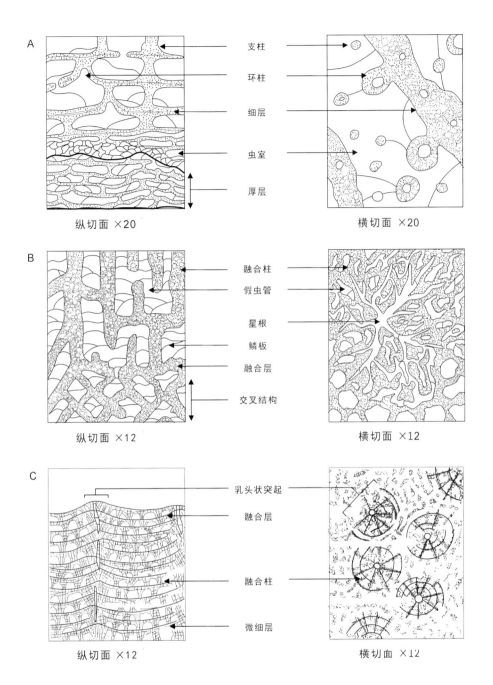

图 5.10　小层孔虫目、层孔虫目和，笛管层孔虫目二维骨骼结构示意
A. 小层孔虫目（Stromatoporellida）内部结构；B. 层孔虫目（Stromatoporida）内部结构；
C. 笛管层孔虫目（Syringostromatida）内部结构。据 Stearn 等（1999）

环柱（ring pillars）：由细层向上弯曲形成的圆环状孔洞。

细层（laminae）：为横向骨骼，是层孔虫构造骨架中一个很重要的构造。它有两种主要类型：①层状构造主要由放射状突起构成的"六射状网格"，在纵切面上显示为细层状；②由连续的细层构成的板状构造，有单层、双层或多层的，有的由若干微细层组成；有的在中央或边缘呈空泡状；有的具光亮的外边缘。细层的厚薄、排列的密度、内部结构及其微细构造等对属、种鉴定都很重要。

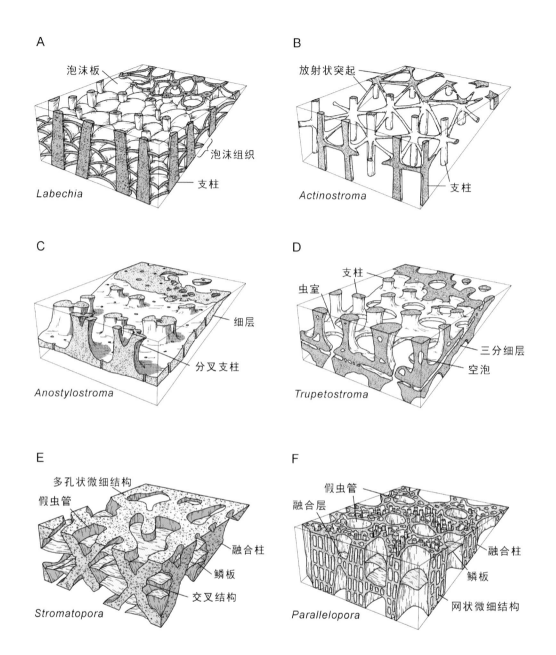

图 5.11　泥盆纪 6 个常见层孔虫目代表分子的三维结构特征

A. 拉贝希层孔虫目的代表分子 *Labechia*；B. 放射层孔虫目的代表分子 *Actinostroma*；C. 网格层孔虫目的代表分子 *Anostylostroma*；D. 小层孔虫目的代表分子 *Trupetostroma*；E. 层孔虫目的代表分子 *Stromatopora*；F. 笛管层孔虫目的代表分子 *Parallelopora*。图片改绘自 Stearn（1966）

虫室（galleries）：两细层和支柱之间的空间，是层孔虫软组织居住的地方。

融合柱（pachysteles）：层孔虫目和笛管层孔虫目常见分子所具有的垂向骨骼结构。

假虫管（allotubes/autotubes）：融合柱之间直立或不规则延伸的管孔，常含有横板。在层孔虫目内最发育，在弦切面中呈圆形、蠕虫状或不规则状。因无充分证据能说明其中是否曾居住过虫体，故称假虫管。假虫管的有无、大小、形状等对属种的鉴定都很重要。

星根（astrorhizae）：或称星状沟，是在骨骼表面上或是弦切面中见到的呈放射状或星状分布的沟槽，它们的排列呈规则或不规则状。在纵切面中表现为直立管和水平延伸至层间空隙内的沟孔。它的功能作用和生物学上的性质仍不清楚，但是它在层孔虫的构造中是个很重要的特征。

鳞板（dissepiments）：亦曾称为隔板、横板，一种经常出现在层间空隙或假虫管内的平直或稍呈拱形的薄板，它与泡沫板的结构相似。

融合层（pachystromes）：层孔虫目和笛管层孔虫目常见分子所具有的横向骨骼结构。

交叉结构（cassiculate structure）：Stromatopora属的标志性骨骼结构，表现为融合柱常呈交叉状。

乳头状突起（mamelons）：层孔虫生长过程中形成的上拱状骨骼，表面更为清晰明显。

微细层（microlaminae）：层孔虫内部很薄的水平层。

分叉支柱（branching pillars）：Anostylostroma属的典型结构特征，表现为支柱向上分叉。

三分细层（tripartite lamina）：由中央亮层、上下暗层，或中央暗层、上下亮层组成的细层构造。

空泡（vacuole）：层孔虫骨骼中不规则分布的泡状结构。

多孔状微细结构（cellular microstructure）：层孔虫目骨骼内部常见的密集细孔状微细结构。

网状微细结构（microreticulate microstructure）：笛管层孔虫目骨骼内部特征的微网状结构。

5.4.2　层孔虫图版

图版 5-4-1 说明

（比例尺 =2mm）

1，2　同心秃柱层孔虫（比较种）*Gerronostroma* cf. *concentricum* Yavorsky，1931　引自董得源（1985）

1-纵切面；2-横切面。采集号：H85-2。登记号：NIGP68202a—68202b。主要特征：骨骼为块状。细层较平整，2mm内有7～9层，每层厚0.12～0.15mm。支柱分布较稀疏，2mm内有8～9个，每个宽0.13～0.18mm，在弦切面上呈不规则点状，有些可以连接，但是不像*Actinostroma*属的那种由放射状突起物连接成的尖角状网状结构。星根发育微弱。产地：内蒙古达茂旗阿鲁共。层位：下泥盆统阿鲁共组。

3，4　典型平行层层孔虫 *Parallelostroma typicum*（Rosen，1867）　引自董德源（1984，1985）

3-纵切面；4-横切面。采集号：P102Tc15。登记号：NIGP80272。主要特征：骨骼中以横向骨素为主，不过在有的标本中是融混的。细层厚度变化大，0.05～0.10mm，2mm内有10～12层，有的含黑色致密层和空泡层。支柱短，常局限于每个层间区内。虫管多呈圆形或在同一水平上向两侧延伸，2mm内有10～12个，少数可穿过一层细层。在弦切面上，虫管呈圆形、卵形或不规则状，直径0.05～0.16mm。星根发育，中根直径0.15mm，每个星根含5～7个支根或小的分支根，相邻两星根间距为5～6mm。产地：内蒙古达茂旗嘎少庙、喜桂图旗免渡河。层位：下泥盆统阿鲁共组、乌努尔组。

5，6　混生纽层孔虫 *Intexodictyon hybridium* Dong，1984　引自董得源（1984）

5-纵切面；6-横切面。采集号：P30Tc62-1-1。登记号：NIGP80264。主要特征：骨骼为扁平状。细层的分布变化较大，有的较平整或稍呈波状分布，2mm内有4～5层，每层厚0.03～0.05mm；有的呈宽而平缓的泡沫状，与下部的细层交叠在一起，有的可以相互交叠。支柱发育不完全，有的未达到上层的下边或者下层的上面，常呈弯曲状，相互连接形成层间复杂的网状结构，有的横向连接犹如附加的细层。支柱一般宽0.08～0.12mm。虫室狭小，常呈圆形或不规则状。在弦切面上，支柱呈菱形或多角状，大多相互连接在一起。虫室呈不规则状，有的可以相互沟通。星根缺失，微细构造致密状、纤维状。产地：内蒙古鄂温克族自治旗红花尔基头道桥。层位：下泥盆统乌努尔组。

7，8　克拉克层孔虫 *Stromatopora clarkei* Parks，1909　引自董得源（1984）

纵切面。采集号：W26P1-16。登记号：NIGP80268。主要特征：骨骼组织中以纵向骨素为主，有的呈弯曲状，边缘参差不齐，有些边缘的横突起物相互连接似横耙构造。融合柱一般宽0.4～0.5mm，最宽可达0.7～0.8mm，2mm内有3～4个。横耙厚0.12～0.18mm，无明显融合层构造。假虫管非常发育，常呈管状、圆孔状或不规则状，2mm内有3～4个，每个直径0.20～0.3mm，内含厚0.02～0.03mm的横板。在弦切面上，融合柱大多相互连接组成不规则网状结构。假虫管呈圆孔状、蠕虫状或不规则状。星根不清楚。产地：内蒙古喜桂图旗乌努尔。层位：下泥盆统乌努尔组。

322

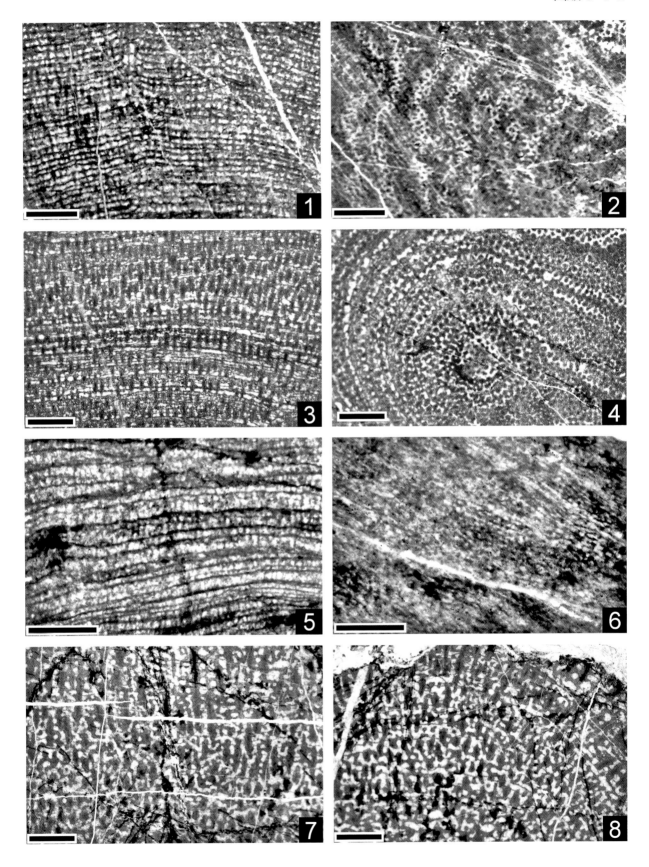

图版 5-4-2 说明

（比例尺 =2mm）

1，2　屯头奇异层孔虫 *Atopostroma tuntouense* Yang et Dong，1979　引自杨敬之和董得源（1979）

1－纵切面；2－横切面。采集号：Bd343-9。登记号：NIGP33141—33142。主要特征：细层薄而致密，2mm内有6～7层，局部可达9～10层，每层厚0.02～0.03mm。支柱较粗壮，向上稍变粗，在直立方向相互叠置，2mm内有6～8个，每个宽0.15～0.18mm。虫室的形状和大小变化很大。在弦切面上，支柱呈不规则点状，具3～5个放射状连接物，相互连接组成尖角状网状结构。微细构造的细孔直径为0.01mm，斑点直径约0.02mm。虫室圆孔状或不规则状，大多相互沟通。产地：广西武宣二塘。层位：下泥盆统郁江组。

3，4　次多管萨拉伊尔层孔虫 *Salairella submulticea* Wang，1988　引自王树碑（1988）

3－纵切面；4－横切面。采集号：B82f3。登记号：Lst-850046。主要特征：融合柱虽然多直立分布，但不太连续，有的可弯曲或倾斜而与相邻的融合柱连接，一般在2mm内有10～12个，每个宽0.12～0.15mm。融合层隐约可见，间距变化很大，呈暗色斑层，每层厚0.04～0.07mm。假虫管的形态和分布与融合柱大致相当，2mm内有11～12个，每个宽0.10～0.13mm。在弦切面上，融合柱多相互连接组成网状结构，假虫管呈圆孔状，少数为蠕虫状或不规则状。星根可能有，但未显示出来。产地：四川北川甘溪。层位：下泥盆统二台子组。

5，6　宁蒗双孔层孔虫 *Amphipora ninglangensis* Dong，1989　引自董得源（1989）

5－纵切面；6－横切面。采集号：ADL153-6。登记号：NIGP84049。主要特征：枝状骨骼的直径为2.0～2.3mm。纵向骨素很发育，向上、向外放射状分布，有的稍有弯折，边缘大多参差不齐，每个宽0.10～0.13mm。横向骨素不发育，只有少量在纵向骨素之间呈横向连接物。虫管很大，直径0.2～0.3mm，大多相互连通。轴管缺失。边缘泡沫带不明显，无完整的外壁构造。产地：云南宁蒗永宁泸沽湖。层位：下泥盆统—中泥盆统大槽子组。

7，8　泡沫似双孔层孔虫（比较种）*Paramphipora* cf. *vesiculosa* Yavorsky，1955　引自董得源（1989）

7－纵切面；8－横切面。采集号：ADL158-1。登记号：NIGP84052。主要特征：骨骼为枝状，直径变化较大，1.5～2.5mm。纵向骨素较粗壮，向上、向外展开分布，每个宽0.20～0.22mm，骨骼组织中无暗色中线。横向骨素不明显，在纵向骨素之间呈横耙状或连接在一起。虫管大多纵向展布，有的延伸较远，有的呈不规则状。轴管缺失，边缘泡沫带不发育。产地：云南宁蒗永宁泸沽湖。层位：下泥盆统—中泥盆统大槽子组。

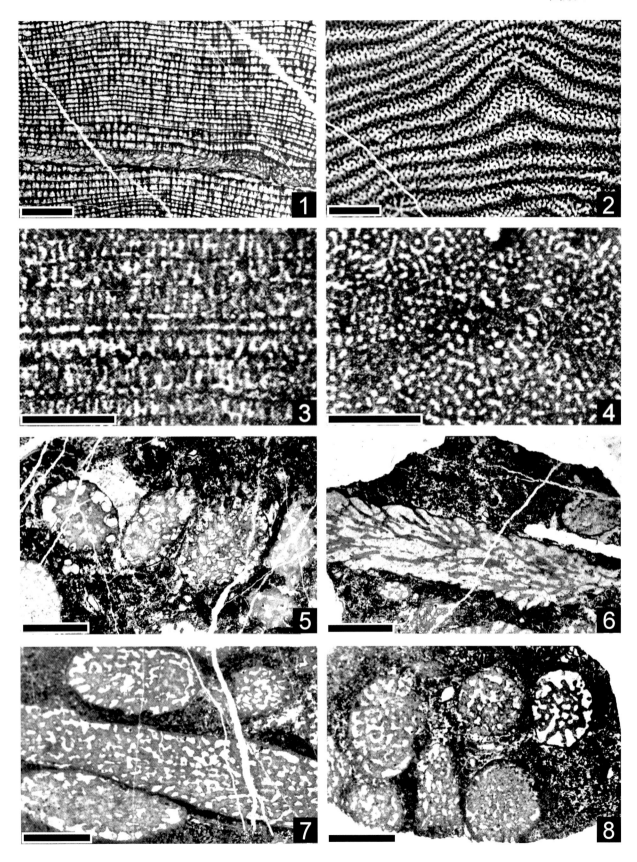

图版 5-4-3 说明

（比例尺 =2mm）

1，2 中国立方网层孔虫 Cubodictyon sinense Yang et Dong，1979 引自杨敬之和董得源（1979）

1－纵切面；2－横切面。采集号：Bd644$_a$-4。登记号：1－NIGP32959；2－NIGP32960。主要特征：骨骼由立方体的骨架垒叠而成，在水平方向上构成细层，2mm内有4～5层，每层厚0.03～0.04mm，中间为黑色致密层，厚0.01mm。纵向骨素虽然表现为支柱状，实际上由骨墙组成，2mm内有4～5个。骨墙的厚度变化较大，一般为0.03～0.05mm，有的达0.06～0.10mm。在每个立方体骨架的角上骨骼稍厚一些。虫室为立方体，少数为圆形。星根缺失。在弦切面上，骨墙相互连接组成网状结构。产地：广西北流贵塘。层位：中泥盆统北流组。

3，4 广西绞层孔虫 Plectostroma guangxiense Dong，1974 引自董得源（1974）

3－纵切面；4－横切面。登记号：3－NIGP21957；4－NIGP21958。主要特征：支柱长而连续，2mm内有7～9个，每个宽0.08～0.10mm。横向骨素主要由从支柱上自不同水平方向放射出去的放射突起所组成。它与临近的突起是不连续的，不能构成细层。但是骨骼中也有一些连续分布的水平细层，间距变化很大，一般在2mm内有2～4层，每层厚0.03～0.04mm。虫室多呈长卵形，含少数厚0.03mm的鳞板。在弦切面上，支柱呈多角状，宽约0.08mm，相互间被放射突起所连接而组成网状结构。星根发育，中根不显著，支根宽0.15～0.18mm。产地：广西北流贵塘。层位：中泥盆统北流组。

5，6 塞尔温小层孔虫 Stromatoporella selwyni Nicholson，1892 引自董得源（1974），杨敬之和董得源（1979）

5－纵切面；6－横切面。登记号：5－NIGP21959；6－NIGP21960。主要特征：常与笛管珊瑚共生在一起。骨骼由水平细层和环状支柱所组成。细层分布较平直，间距变化较大，一般在2mm内有6～7层，每层厚0.08～0.11mm。支柱常由细层向上弯曲而成并形成环状支柱，但多限于两细层之间，2mm内有7～9个，每个宽0.06～0.08mm。虫室大多呈长方形或卵形，内含少数鳞板，厚0.02mm。弦切面上的支柱呈圆孔状，即环状支柱，直径0.20～0.25mm，柱壁厚0.04～0.06mm，中央的圆孔直径约0.10mm。虫室之间连通。产地：广西北流贵塘。层位：中泥盆统北流组。

7，8 异常网格层孔虫 Clathrodictyon abnorme Yang et Dong，1979 引自杨敬之和董得源（1979）

7－纵切面；8－横切面。采集号：Bd644$_b$-7。登记号：7－NIGP32806；8－NIGP32807。主要特征：细层较平整，略呈拱形分布，2mm内有7～8层，每层厚0.03～0.05mm，个别达0.08mm。支柱短，大多局限于相邻两细层之间，少数可叠置，似穿过1～2层细层，2mm内有6～8个，每个宽0.08～0.10mm。虫室多为不规则的圆形或长方形。星根有但不明显，支根宽0.18～0.22mm。弦切面上的支柱呈孤立的不规则点状。产地：广西北流贵塘、南丹大寨和环江。层位：中泥盆统北流组、东岗岭组和上泥盆统桂林组。

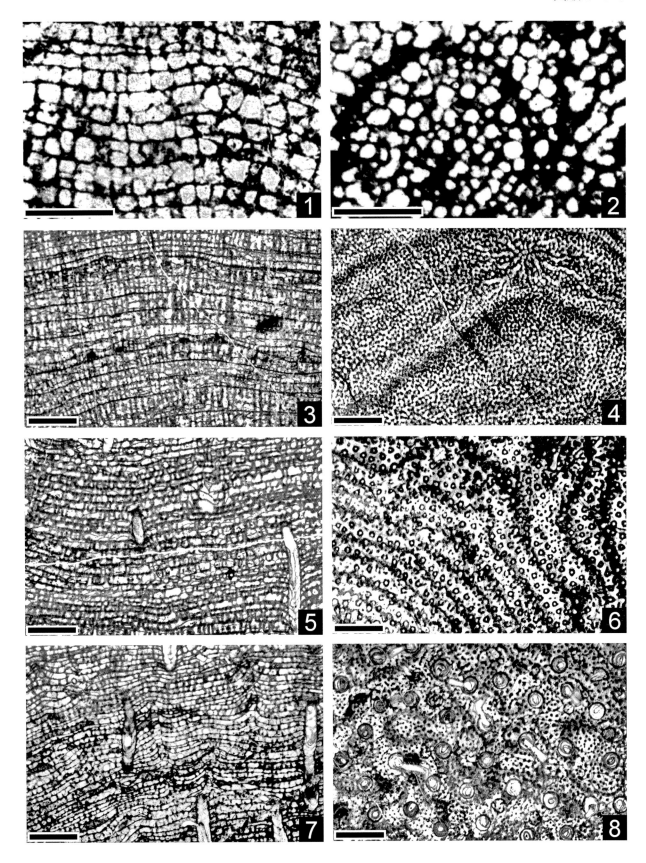

图版 5-4-4 说明

（比例尺 =2mm）

1，2 华丽秃柱层孔虫 Gerronostroma elegans Yavorsky，1931 引自杨敬之和董得源（1979）

1－纵切面；2－横切面。采集号：Bd189-22。登记号：1－NIGP32904；2－NIGP32905。主要特征：细层稍显波状，厚薄变化较大，2mm内有6～7层，每层厚0.05～0.11mm，有时有横穿细孔，但不是浅色层；少数含致密层，厚0.03mm。支柱较粗壮，可穿过若干细层，2mm内有5～6个，每个宽0.09～0.14mm。虫室呈圆形或次方形，直径约0.16～0.20mm，少数可达0.24mm，相互叠覆，少数被房间孔连通。弦切面上的支柱直径约0.09～0.13mm，中央有黑色细点；少数可延伸，有的可连接，但没有放射状突起，有时被鳞板连接。有星根构造，中根不清楚，支根宽约0.35mm。产地：广西武宣二塘。层位：中泥盆统东岗岭组。

3，4 易变秃柱层孔虫 Gerronostroma variabile Yang et Dong，1979 引自杨敬之和董得源（1979）

3－纵切面；4－横切面。采集号：Bd186-24。登记号：3－NIGP32908；4－NIGP32909。主要特征：骨骼为圆盘状，具融合层，间距2～4mm。细层排列较不规则，在较为宽松处2mm内有5～7层，在较紧密处2mm内可达8～10层，一般厚度小于0.06mm，少数有细孔穿过。支柱长而连续，有的短，排列不规则，2mm内有5～6个，每个宽0.09～0.11mm，最宽可达0.20mm。虫室多呈圆形或次方形，大小变化很大，内含鳞板。在弦切面上，细层同心状排列，支柱多呈孤立的点状，仅少数在细层附近的可连接。星根分布在同心层的轴部，中根直径0.40mm，支根不发育。产地：广西武宣二塘。层位：中泥盆统东岗岭组。

5，6 次层洞孔层孔虫 Trupetostroma sublamellatum Lecompte，1952 引自杨敬之和董得源（1963）

5－纵切面；6－横切面。登记号：5－NIGP13691；6－NIGP13692。主要特征：骨骼由同心状细层和线轴状支柱组成。细层波状分布，多呈黑色致密状，有的呈断续状，2mm内有11～13层，每层厚0.02mm。支柱较粗壮，在纵向上呈线轴状叠置，似穿越若干细层，2mm内有6～7个，每个宽0.15～0.20mm，常呈浅色纤维状，具黑线状外边缘。由叠置虫室形成的似假虫管构造较清楚，含有横板，横板有的为薄细层延伸而成。在弦切面上，细层同心状排列，骨骼组织多相互连接，虫室多呈不规则状。产地：贵州独山鸡窝寨。层位：中泥盆统独山组。

7，8 独山洞孔层孔虫 Trupetostroma dushanense Lecompte，1952 引自杨敬之和董得源（1963）

7－纵切面；8－横切面。登记号：7－NIGP13685；8－NIGP13686。主要特征：细层波状分布，2mm内有9～10层，中间为暗色致密层，厚0.016mm，上、下为浅色层所围绕，上层厚0.03mm，下层厚0.02mm；有的细层很厚，具厚度变化很大的浅色中间层，上、下为暗色层所围绕，上层厚0.09mm，下层厚0.12mm。支柱较粗，呈线轴状叠置，2mm内有5～6个，每个宽0.12～0.18mm。虫室多呈不规则卵圆形，纵向上连续叠置似假虫管，直径0.18～0.25mm。星根不明显。在弦切面上，支柱多呈不规则状，常与细层相互连接而组成网状结构。虫室多呈蠕虫状或不规则状。骨骼组织纤维状、丛毛状，有的有细孔，但无明显斑点。产地：贵州独山杨梅山。层位：中泥盆统独山组。

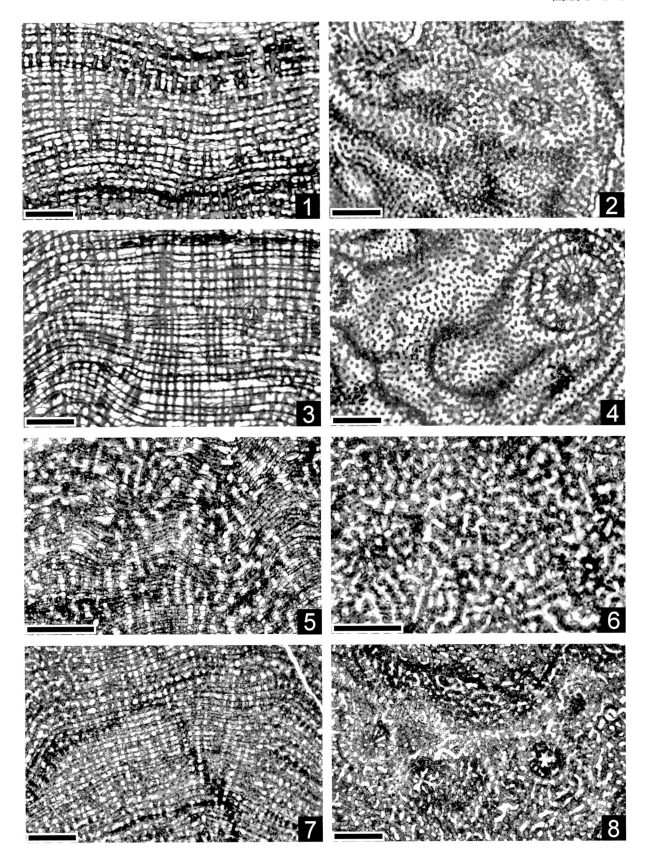

图版 5-4-5 说明

（比例尺 =2mm）

1，2　佩特罗夫放射层孔虫 Actinostroma petrovi Riabinin，1955　引自董得源和王成源（1982）

1－纵切面；2－横切面。采集号：在3-2。登记号：1－NIGP61170；2－NIGP61171。主要特征：细层较平整，2mm内有9～11层，每层厚0.03～0.05mm，中间的黑色致密层厚0.01mm，上、下为绒毛状纤维层。支柱较粗壮，2mm内有5～6个，每个宽0.16～0.20mm。虫室呈圆形、矩形、正方形，少数为不规则状，内含少数厚0.02mm的鳞板。产地：广西横县六景、融安泗顶和环江北山，云南华宁盘溪，四川北川甘溪。层位：上泥盆统桂林组、中泥盆统东岗岭组、上泥盆统一打得组、上泥盆统沙窝子组。

3，4　拥挤肥层孔虫 Ferestromatopora conferta Yang et Dong，1979　引自杨敬之和董得源（1979）

3－纵切面；4－横切面。采集号：Bd189-20。登记号：3－NIGP33034；4－NIGP33035。主要特征：骨骼组织相互连接或交融在一起，一般直径0.12～0.14mm。在融混的骨骼组织中有不显著的细层，分布不均匀，厚0.10～0.12mm。虫室多呈圆孔状，有的较狭长似假虫管。星根发育，轴部由5～7个中根组成，每个中根直径为0.15～0.17mm，支根直径0.12～0.14mm，相邻两星根的间距为6～8mm。产地：广西武宣二塘和南丹六寨、云南文山古木街。层位：中泥盆统东岗岭组、古木组。

5，6　星状层孔虫 Stromatopora asterisca Yang et Dong，1979　引自杨敬之和董得源（1979）

5－纵切面；6－横切面。采集号：Bd189-18。登记号：5－NIGP33006；6－NIGP33007。主要特征：横向骨素呈波状、断续状分布，每层厚0.05mm。融合柱较粗壮，纵向延伸较远，相互间常被断续延伸的融合层或横突起所连接，有的甚至可以合并，2mm内有5～7个，每个宽0.18～0.20mm，有的宽达0.25～0.30mm，个别可达0.45mm。微细构造斑状，含有许多细孔，有些似由黑、白相间的微细层组成，但呈断续状分布；有的融合柱边缘有小空泡。假虫管发育，直径0.12～0.15mm，边缘参差不齐，未见横板。星根发育，分布在横向骨素上拱的轴部，中根直径为0.50mm，支根延伸较远，直径0.40mm。未见横板，相邻两星根间距为8～9mm。在弦切面上，骨骼多相互连接，假虫管呈圆形、椭圆形，少数不规则状。产地：广西武宣二塘、云南宁蒗昔腊坪。层位：中泥盆统东岗岭组、中一上泥盆统拉古德组。

7，8　翁桥穗层孔虫 Stachyodes wongchiaoensis Yang et Dong，1963　引自杨敬之和董得源（1963）

7－横切面；8－纵切面。登记号：NIGP13697。主要特征：骨骼细柱状，有的呈树枝状，有的单独分布，直径4～5mm。在纵切面上，骨骼组织纤维状，含少而稀疏的斑孔。由于重结晶作用，细层和支柱模糊不清，常混合组成粗厚的网状结构，但还可以见到拱形融合层。融合柱呈放射状，几乎与细层垂直。中央管大而清楚，具弯曲横板，直径0.3～0.6mm，与少数支管连接，两者几近直交。支管的直径0.16～0.20mm。假虫管的大小和形状不规则，略纵向延伸，宽约0.1～0.2mm。骨骼组织中无黑色中线和边缘泡沫带。在横切面上，融合层和融合柱组成的网状组织混合在一起，但可见同心状结构。融合层和融合柱的宽度为0.08～0.15mm。中央管清楚，在横切面上呈圆形，直径0.60mm。假虫管多呈次圆形或不规则状，有的互相连通；组织纤维状，具细孔，颜色较浅。产地：贵州独山东南翁桥铁路旁。层位：中泥盆统独山组鸡窝寨段。

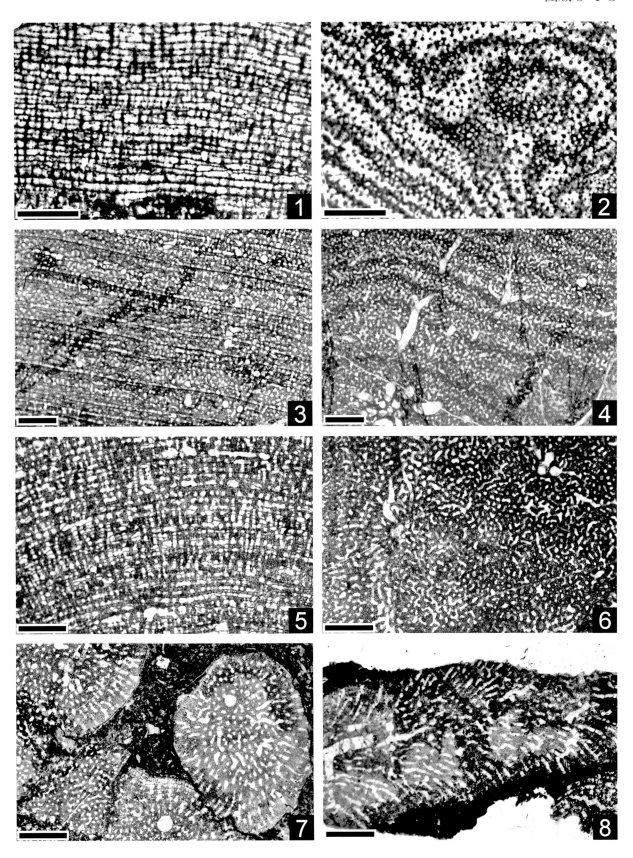

图版 5-4-6 说明

（比例尺 =2mm）

1，2　哲吉姆蕊柱层孔虫 *Hermatostroma djejimense* Riabinin，1955　引自王树碑等（1986）

1－纵切面；2－横切面。采集号：f12-A25-b。登记号：NIGP93957。主要特征：骨骼由细层和支柱组成，它们都具有暗色致密的中间层和光亮的外边缘，细层和支柱的外边缘是连通的。光亮层厚0.01～0.02mm，中心柱宽0.02mm。细层略呈波状分布，2mm内有9～10层，每层厚0.06～0.07mm。支柱长而连续，有的呈断续状分布，2mm内有6～7个，每个宽0.08～0.10mm。虫室呈圆形、卵形或不规则状，直径0.13～0.15mm，个别达0.18mm，内含少量厚0.01～0.02mm的鳞板。弦切面上的支柱呈点状、蠕虫状，有的相互连接，都有浅色外边缘。星根的支根宽0.15～0.20mm。产地：广西罗城峒坎。层位：上泥盆统桂林组。

3，4　广西缠结层孔虫 *Hammatostroma guangxiense* Yang et Dong，1979　引自杨敬之和董得源（1979）

3－纵切面；4－横切面。采集号：Bd101-6。登记号：3－NIGP32836；4－NIGP32837。主要特征：细层显著，略呈波状分布，2mm内有3～4层，每层厚0.08mm。支柱为长刺状、圆点状及锯齿状。呈刺状者多倾斜分布，自细层升起可达上面的细层，部分较短的未达一个层间的空隙；少数锯齿状或点状的很少缠结，一般宽0.08～0.10mm。层间有宽而平的甚至平行于细层的鳞板，常延伸到一定距离内与另一鳞板交叠；也有少数鳞板呈短拱形，中间致密板厚0.01mm，上、下为灰色细纤维所围绕。星根缺失。在弦切面上，细层同心状排列，支柱呈孤立的不规则点状且大小不一，相互间无连接物，少数为鳞板所连接。产地：广西象州白石良、融安泗顶。层位：中泥盆统东岗岭组、上泥盆统桂林组。

5，6　罗城不全网层孔虫 *Atelodictyon luochengense* Wang et Fu，1986　引自王树碑等（1986）

5－纵切面；6－横切面。采集号：f15-A9-b。登记号：NIGP93953。主要特征：细层略呈波状分布，2mm内有9～10层，每层厚0.08～0.10mm。细层中央常由平行分布的圆形孔组成浅色的中间层，厚0.03～0.04mm，上、下为黑色致密层。支柱短，相互间分异现象不明显，一般在2mm内有8～9个，每个宽0.08～0.11mm，有的支管内含有细孔。虫室呈圆形或不规则状，少数可叠置，有的被房间孔所连通似假虫管，宽0.05～0.08mm。星根很发育，中根直径0.25～0.32mm；支根延伸很长，直径约0.20mm；横根宽大，厚0.02～0.03mm。在弦切面上，细层同心状排列，支根表现为不规则点状，相互连接形成珠链状结构。产地：广西罗城峒坎。层位：上泥盆统桂林组。

7，8　北川不全网层孔虫 *Atelodictyon beichuanense* Wang，1978　引自王树碑（1978a）

7－纵切面；8－横切面。采集号：f-A6f。登记号：NIGP93951。主要特征：骨骼块状，由规则的细层和短的支柱组成。细层沿水平方向彼此平行分布，细层本身具有不连续的穿孔，层厚0.03～0.10mm，2mm内有12～14层。支柱短，呈锥形或线轴形，并局限于一个层间区，在垂直分布上很少重叠。支柱和细层在局部有次生加厚现象，支柱宽0.06～0.07mm，2mm内有10～12个。虫室卵圆形或柱形。在横切面上，支柱呈不规则的小点，并由不显著的放射状突起所连接，呈现为不发育且不规则的网状。星根发育，中央沟宽0.5～1.0mm，支沟宽0.5mm，并延伸到较远的空间，微细组织致密状。产地：四川北川沙窝子、广西罗城峒坎。层位：上泥盆统沙窝子组下部、桂林组。

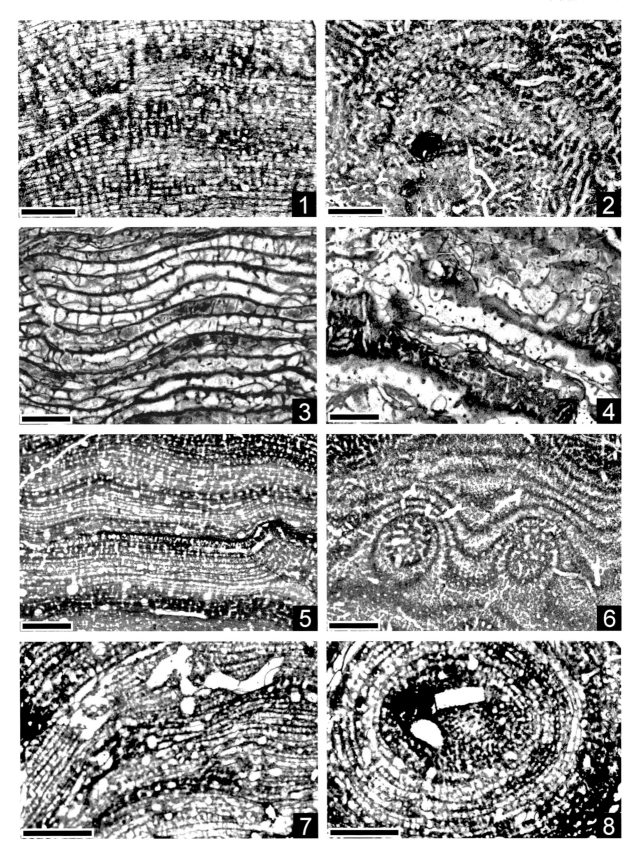

图版 5-4-7 说明

（比例尺 =2mm）

1，2　紧密秃柱层孔虫 Gerronostroma densatum Yang et Dong，1979　引自杨敬之和董得源（1979）

1－纵切面；2－横切面。采集号：Bd32-18。登记号：1－NIGP32916；2－NIGP32917。主要特征：细层变化较大，厚的较平整，有的断续分布，也有的似绒毛团，少数中间有致密层，2mm内有8～10层，每层平均厚0.08～0.10mm。支柱粗壮，2mm内有4～5个，每个宽0.17～0.21mm。虫室呈方形、圆形，鳞板稀少。在弦切面上，支柱呈不规则、孤立的点状。未见星根。产地：广西横县六景、云南宁蒗昔腊坪。层位：上泥盆统桂林组、中—上泥盆统拉古德组。

3，4　斑状层孔虫 Stromatopora maculata Lecompte，1952　引自王树碑等（1986）

3－纵切面；4－横切面。采集号：F12-A38-a。登记号：NIGP93958。主要特征：骨骼以纵向骨素为主，呈柱状，2mm内有7～8个，每个宽0.15～0.18mm，相互间常被一些横耙所连接，但不是融合层构造。假虫管发育，2mm内有7～8个，直径0.12～0.15mm，内含较多的横板，横板厚0.02mm。星根粗大，支根直径0.50～0.60mm，内含宽大的横板，横板厚0.02～0.03mm。在弦切面上，骨骼大多相互连接，假虫管呈圆孔状、蠕虫状或不规则状。产地：云南华宁盘溪、广西罗城峒坎和融安泗顶。层位：上泥盆统在结组、桂林组。

5，6　瘦双孔层孔虫 Amphipora tenuissina Dong et Wang，1982　引自董得源（1991）

5－横切面；6－纵切面。采集号：82YP1F36-95-2。登记号：NIGP91941。主要特征：枝体细而长，直径2.2～2.8mm。骨素在轴管附近的排列非常紧密，向边缘部分逐渐向上向外展开分布，支柱之间常被一些横向突起物所连接，但未形成层状构造。骨素一般厚0.04～0.05mm，轴管直径为0.32～0.35mm，有些标本的轴管直径达0.5～0.6mm。虫室多为圆形，少数不规则状。边缘泡沫带很发育，宽0.4～0.5mm。产地：云南文山古木街、青海玉树。层位：中泥盆统东岗岭组、中—上泥盆统泅钦组。

7，8　蠕虫状似双孔层孔虫 Paramphipora vermiculata，Dong，1991　引自董得源（1991）

7－横切面；8－纵切面。采集号：7－82YP1F36-85；8－82YP1F29-30。登记号：7－NIGP91943；8－NIGP91944。主要特征：枝状骨骼的直径为3.0～3.7mm，有的枝体可以连生在一起。枝体内的骨骼多不规则地相互缠结在一起，分不清纵向和横向骨素，相互间没有明显的分异现象。骨素宽0.12～0.15mm，有的可达0.20mm。虫室呈蠕虫状或不规则状，有的可以相互连通，一般宽0.10～0.12mm，个别可达0.15mm。轴管发育，直径0.5～0.6mm。边缘泡沫带较清楚，宽约0.3mm。产地：青海玉树。层位：中—上泥盆统泅钦组。

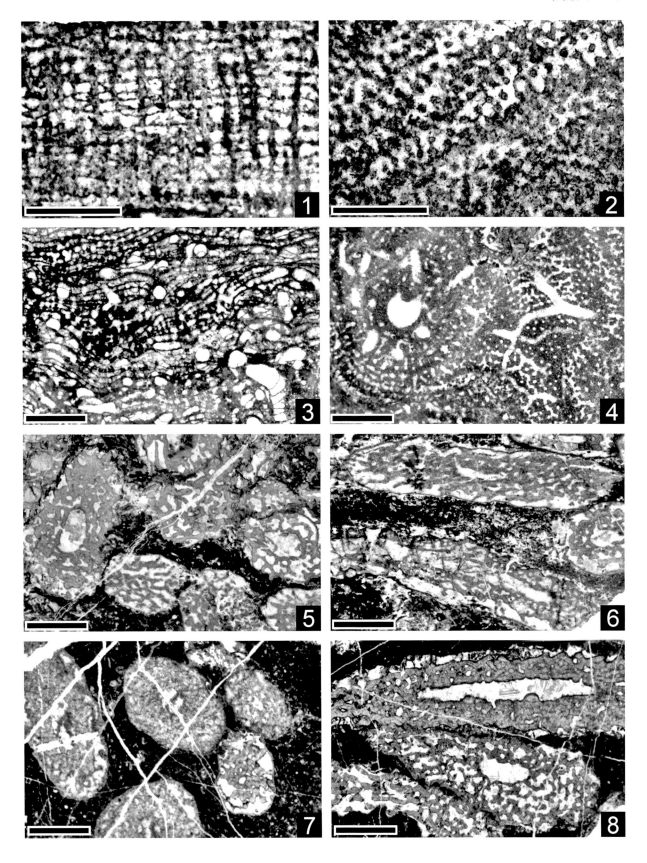

图版 5-4-8 说明

（比例尺 =2mm）

1，2　中国多板层孔虫 *Platiferostroma sinense*（Dong，1964）　引自董得源（1964，1983，2001）

1－纵切面；2－横切面。采集号：1－Gy308；2－Gy309。登记号：1－NIGP14151，2－NIGP14152。主要特征：骨骼呈不规则的块状。在纵切面上，骨骼组织由紧密的细层、泡沫板和不规则的放射支柱组成。细层为宽而平的泡沫板，排列紧密，常向两旁延伸一定的距离并与另一细层相接，少数为拱曲度较大的泡沫板。细层的中央有黑色致密的微细层，上、下为绒毛状纤维组织，几乎与微细层直交。放射支柱的排列不规则，大都穿过若干细层，且向上分叉，似叠叉状。分叉支柱的分叉角变化较大，14°～29°，有的呈花瓣状，有的只在细层或泡沫板上呈低矮的齿状刺。放射支柱的边缘参差不齐，相互之间距离变化很大。组织致密状，在高倍镜下可看到横穿支柱的黑色致密微细层。在弦切面上，横向骨素为浅色纤维状组织，略呈同心圆状排列。放射支柱呈河曲状、蠕虫状、马蹄状、盲肠状等，也有的为孤立的圆点状，直径约10mm。产地：贵州独山五里桥至标里大路旁、甘肃迭部。层位：上泥盆统革老河组最底部、益哇组。

3，4　贵州放射支柱层孔虫 *Vietnamostroma kueichowense*（Dong，1964）　引自董得源（1964），王树碑（1978b）

3－纵切面；4－横切面。采集号：3－Gy311-1；4－Gy311-2。登记号：3－NIGP14157，4－NIGP14158。主要特征：骨骼组织由波状细层、宽泡沫板和放射支柱组成。细层呈波状，向两旁延续很远，少数为曲度较大的泡沫板。放射支柱很发育，在波状细层上凸的地方分布较稠密，有成束状的趋向，2mm内有5～7个，上、下宽度变化很大，宽0.1～0.2mm，大都向上分岔，分岔角为17°，有的只在泡沫板上呈低矮的齿状刺。产地：贵州独山五里桥至标里大路旁。层位：上泥盆统革老河组最底部。

5，6　杨氏羽层孔虫 *Pennastroma yangi* Dong，1964　引自董得源（1964）

5－纵切面；6－横切面。采集号：Kw047-2。登记号：5－NIGP14161；6－NIGP14162。主要特征：骨骼组织由细层或大泡沫板、小泡沫板和羽状支柱所组成。大泡沫板横向延长远，拱曲度小，两端叠覆较少，分布较稀，形似细层；小泡沫板拱曲度较大，呈鳞片状交互叠置。泡沫组织的中央有黑色致密的微细层，厚0.02mm，上、下为绒毛状纤维层，几乎与之直交。大泡沫板在支柱附近排列紧密，形成纵向轴柱。轴柱之间的泡沫板分布较稀，厚度较大，每层达0.1mm，2mm内有3～5层。轴柱常平行排列，弯曲或分叉，间距变化很大，一般为3～4mm，轴柱宽2.5～3.0mm。支柱较复杂，沿轴柱中部有一宽主支柱，宽度变化大，平均0.3mm，中央有黑色致密的微细层，厚约0.03mm。主支柱两边有几乎与之直交的分支柱。分支柱左右不对称，交叉生长，靠近主支柱的地区较宽，向外延伸逐渐尖灭，平均宽0.1mm，与细层直交，排列成羽状。轴柱之间的泡沫板上有发育不完全的齿状刺。在弦切面上，横向骨骼组织仍呈泡沫状。轴柱常弯曲不直。主支柱和分支柱排列成羽状。骨骼组织致密一致，呈丛毛状。产地：广西罗城黄金至木六一带、贵州惠水龙塘山。层位：上泥盆统十字圩组下部、革老河组下部。

7，8　中国柱层孔虫 *Stylostroma sinense*（Dong，1964）　引自董得源（1964）

7－纵切面；8－横切面。采集号：Kw044-5。登记号：7－NIGP14177；8－NIGP14178。主要特征：纵切面的骨骼是由扁平的或大而圆的泡沫板、放射状支柱及小的齿状支柱组成。泡沫板大小相间，呈波状分布。支柱分布集中，泡沫小而上凸，构成轴柱。位于轴柱间的泡沫一般大而圆或扁平，并带有齿状支柱。泡沫板厚0.05～0.06mm，2mm内有10～12层。支柱宽0.10～0.15mm。轴柱间距5～6mm。在横切面上，泡沫板呈同心状排列，支柱呈放射状。齿状支柱很发育。产地：贵州都匀平浪、广西罗城黄金至木六。层位：上泥盆统革老河组、十字圩组下部。

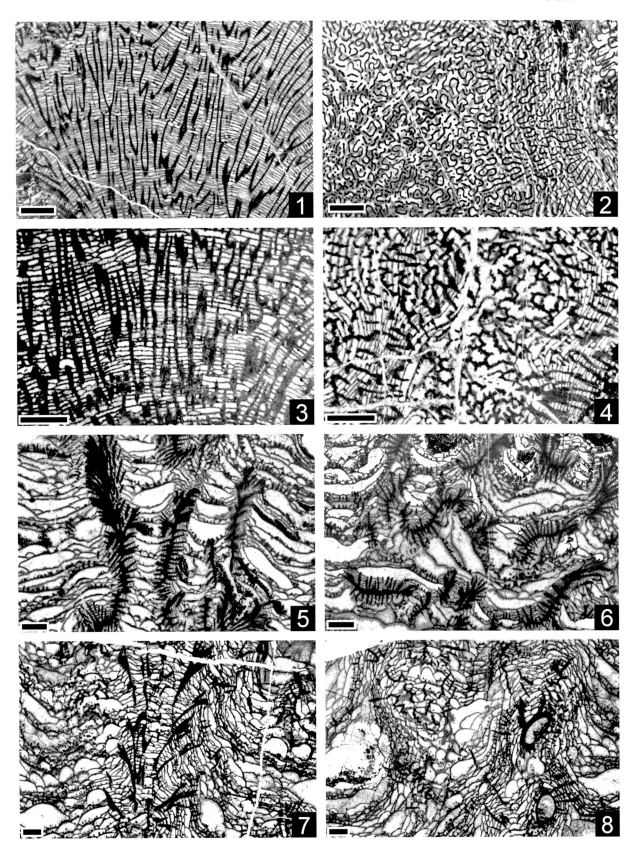

5.5 腕足类

5.5.1 腕足类结构和术语

腕足动物外部和内部构造见图5.12和图5.13。

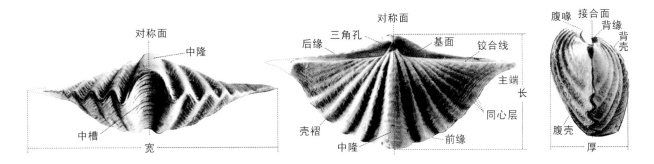

图 5.12 腕足动物外部构造图解
以石燕贝 *Rostrospirifer* 为例，修改自王钰和戎嘉余（1986）

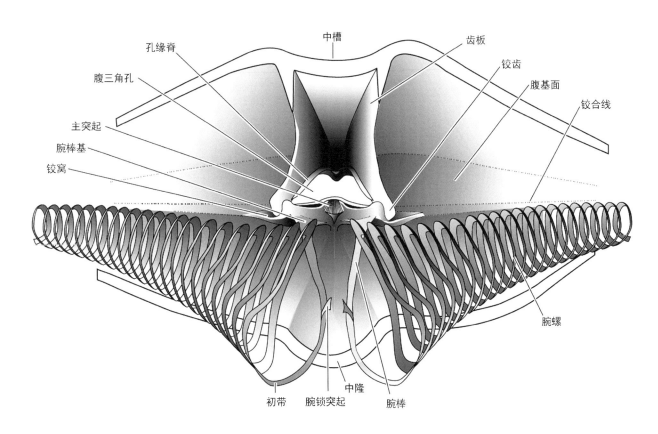

图 5.13 腕足动物内部构造图解
以石燕贝为例，修改自 Williams 等（2006）

1. 外部构造

腹壳（ventral valve）：具肉茎，壳瓣一般较大。

背壳（dorsal valve）：具有支持纤毛环的钙质或几丁质构造，壳瓣较小。

壳喙（beak）：胚壳形成的部分，即壳体最早分泌的硬体部分，呈鸟喙状。

主端（cardinal extremities）：后缘的两端。

主缘（cardinal margin）：壳体的后边缘，经常与铰合线吻合，但有时则为铰合线所截切。

铰合线（hinge line）：腕足动物腹、背两壳启闭时，相互连接的线，有时与主缘相吻合，有时则仅是一个理想的线，为主缘所截切。

耳翼（ears）：两壳主端附近比较平坦或低凹的壳面。

中槽（sulcus）：沿壳体中轴部分的凹沟，多见于腹壳。

中隆（fold）：沿壳体中轴部分的隆凸，多见于背壳。

舌突（tongue）：腹壳中槽的前端膝形弯折，向背方延伸的部分。

壳顶（umbo）：壳体凸隆的最高点，即壳体弯曲度最强烈的部位；壳顶附近的壳面称壳顶区（umbonal region）。

侧区（lateral area）：中槽与中隆两侧的壳面。

膝曲（geniculation）：壳体沿着其生长方向突然或持续的变化，一般形成膝状弯曲。

体腔区（visceral area）：长身贝亚目的壳面膝曲线的后方，除去耳翼以外的壳面。

拖曳部（trail）：长身贝目膝曲线前方的壳面。

基面（interarea）：贝体生长时，铰合缘移动的轨迹，也就是三角孔的侧缘与喙脊及后缘所环绕的壳面，两侧以明显的棱脊与其余壳面分隔。

腹三角孔（delthyrium）：腹壳铰合面中央的三角形孔洞。

背三角孔（notothyrium）：背壳铰合面中央的三角形孔洞。

2. 壳饰

同心皱或壳皱（concentric wrinkle）：壳面上波状起伏的同心壳饰。

同心层或壳层（concentric lamellae）：壳面上带状或叠瓦状的同心壳饰。

壳纹（costellae）：壳面上细弱的放射状壳饰。

壳线（costae）：壳面上较粗强、不影响壳内面的放射状纹线。

壳褶（plication）：壳面上粗强、影响内表面、在接合缘呈波状起伏的放射状壳。

壳刺（spines）：壳面上针刺状的装饰。

壳瘤（pustula）：壳面上狭长的突瘤，前方时常附有贴近壳面的发状刺。

3. 内部构造

铰窝（sockets）：背壳内三角孔两前侧的凹窝，为承纳铰齿之处。

铰板（hinge plates）：背壳三角腔内各种类型的平板状壳质，位于两个腕棒基前方中央的部分称内铰板（inner hinge plates），位于铰窝与腕棒基之间的部分称外铰板（outer hinge plates）。

腕骨（brachidium）：支持纤毛环的构造，有腕棒、腕环及腕螺等类型。

腕螺（spiralia）：在无洞贝目、无窗贝目及石燕贝目中支持纤毛环的腕骨；连接主基的第一个螺带称初带，旋进的部分称腕螺。

腕锁（jugum）：在石燕贝类中将初带或降带连接于中隔板上的腕骨。

腕锁突起（jugal process）：在穿孔贝目和石燕贝目中，腕环降带中部相向耸伸的两个小三角形的突起。

中隔板（median septum）：腹壳或背壳内沿闭肌痕面轴部的一个高耸的板状构造；低阔时称中隔脊（median ridge）。

侧隔板（lateral septum）：背壳内部位于中隔板两侧的其他隔板。

主突起（cardinal process）：背壳三角孔中央的一个耸凸壳质，为开肌附着处。

腕痕（brachial scars or ridge）：在长身贝类中，背壳内后部的耳形隆脊。

腕基（brachiophore）：背壳三角腔两侧的棍状构造，与小嘴贝目的腕棒基相似，但更为原始。

腕基支板（brachiophore supports）：位于腕基背方的支板，与背壳壳底相连。

肌痕面（muscle scars）：体筋所占壳面的综合名称，有方形、扇形等。

围脊（marginal ridge）：扭月贝目及长身贝目沿体腔区前缘发育的隆脊。

侧脊（lateral ridge）：扭月贝目及长身贝目沿体腔区后侧缘发育的隆脊。

铰齿（hinge teeth）：腹壳三角孔前侧的一对突起，与背壳的铰窝相铰合，作为腕足动物两壳启闭的支点。

齿板（dental plates）：铰齿之下、支持铰齿的板状支撑构造，有时空悬，有时与壳底连接。

孔缘脊（delthyrial ridge）：沿三角孔的侧缘，位于铰齿下面的壳质隆脊。

内刺（endospine）：壳体内部表面各种细的、中空的刺状物。

主脊（cardinal ridge）：背壳内部沿后缘发育的隆脊。

主穴（alveolus）：部分扭月贝类和长身贝类背壳主突起基部顶腔内的凹窝。

匙形台（spondylium）：腹壳窗腔内匙形的壳质构造，由齿板汇合生长而成，为体肌固着区。

5.5.2　腕足类图版

标本编号及保存说明：CD、CDUT，成都科技大学；CIGM，成都地质矿产研究所；GBGM，贵州省地质矿产勘查开发局；HB，湖南省地质矿产局；IGCA，中国地质科学院地质研究所；NIGP，中国科学院南京地质古生物研究所；PUM、ESPU，北京大学地质学系；SIGM，沈阳地质矿产研究所（现移存全国地质博物馆）；XBGM、XIGM，西安地质矿产研究所；XBRA，新疆；YIGM，宜昌地质矿产研究所。

图版 5-5-1 说明

（同一标本共用比例尺；除特别标注外，比例尺 =5mm）

1　超缘准携螺贝 *Spirigerina supramarginalis*（Khalfin，1948）　引自王成文和杨式溥（1994）

腹外模、腹内模、背内模、腹外模、背内模。登记号：无。主要特征：轮廓亚卵圆形，主端圆，中槽、中隆发育；壳褶粗疏，分叉；腹内齿板弱。产地：广西玉林樟木乡樟木剖面。层位：下泥盆统洛赫考夫阶上部北均塘组。

2　中华板盾贝 *Septaparmella sinica* Su，1976　引自苏养正（1976）

背外模、背视（选模）、腹视、腹内模。登记号：2a－SIGM-NS-6501；2b－SIGM-NS-6503；2c－SIGM-NS-6516；2d－SIGM-NS-6513。主要特征：凹凸型，腹壳有中央壳线，背壳具宽浅的中槽，两壳壳面均具同心纹，背壳兼有粗细两组放射线；腹背壳均具中隔板。产地：内蒙古东乌珠穆沁旗。层位：下泥盆统布拉格阶巴润特花组。

3　双槽秦岭贝 *Qinlingia bisulcata* Rong，Zhang et Chen，1987　引自戎嘉余等（1987）

腹视、侧视、前视、背视（正模）。登记号：XIGM-B-108。主要特征：两壳均发育浅弱的中槽，壳面具始于喙部的简单壳褶，腹中槽内3褶，背中槽内4褶；腹内齿板发育，背内具中隔板和隔板槽。产地：四川若尔盖普通沟。层位：下泥盆统洛赫考夫阶下普通沟组下部。

4　那高岭东方石燕 *Orientospirifer nakaolingensis*（Hou，1959）　引自侯鸿飞（1959）

腹视、背视、侧视、前视。登记号：IGCA-IV-420-1。主要特征：中槽窄深，中隆低平，槽隆光滑无饰；腹内缺失中隔板，背内腕棒支板短、不伸达壳璧。产地：广西横县六景。层位：下泥盆统布拉格阶那高岭组。

5　王氏东方石燕 *Orientospirifer wangi*（Hou，1959）　引自侯鸿飞（1959）

腹视、背视、腹内模、壳表纹饰。登记号：IGCA-IV-421。主要特征：中槽内具一个单褶，中隆上具一条中沟。产地：广西横县六景。层位：下泥盆统布拉格阶那高岭组。

6　小槽中华戟贝 *Sinochonetes minutisulcatus*（Hou et Xian，1975）　引自王钰等（1981）

腹视、背视、腹内、背内。登记号：6a，6b－NIGP67731；6c－NIGP23594；6d－NIGP67728。主要特征：壳体小，轮廓横方形，耳翼平坦；背壳中部强凹，腹壳具浅的中槽；壳面覆有细放射线。产地：广西横县六景。层位：下泥盆统布拉格阶那高岭组。

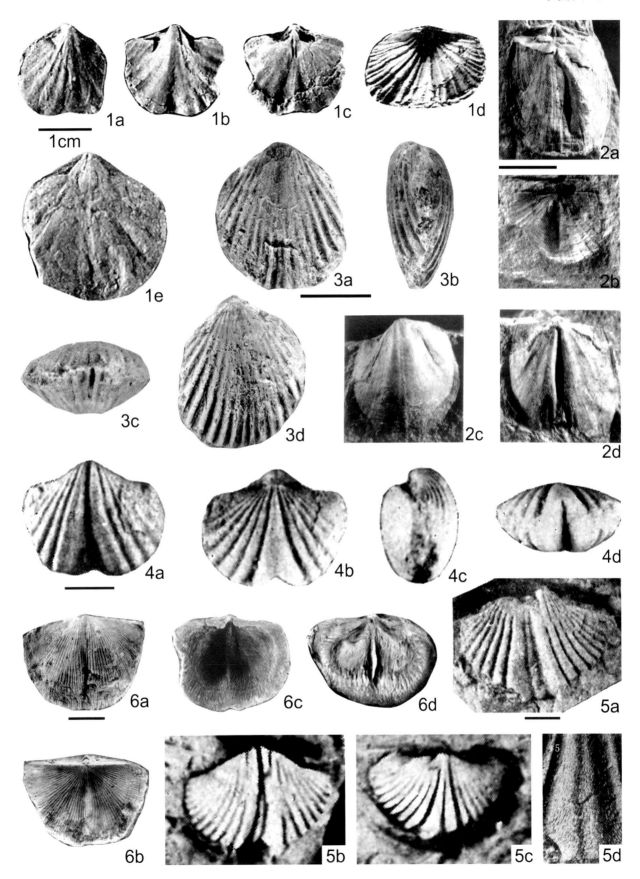

1cm

图版 5-5-2 说明

（同一标本共用比例尺；比例尺 =5mm）

1 广西无隔板槽贝 *Aseptalium guangxiense*（Wang，1964） 引自王钰等（1964）

腹视、背视、侧视、前视、内模标本腹视和后视。登记号：1a—d‒无；1e，1f‒NIGP23602。主要特征：中隆低矮，中槽向背方伸展形成高突的方形前舌；壳线细密不分叉，始发于喙部；背壳内部腕棒支板短。产地：广西横县六景。层位：下泥盆统布拉格阶那高岭组。

2 六景广西小嘴贝 *Kwangsirhynchus liujingensis* Hou et Xian，1975 引自侯鸿飞和鲜思远（1975）

腹视、前视、背视、侧视。登记号：IGCA-BH-623。主要特征：背壳强凸，中槽宽深，具2~3条壳褶；中隆前部稍高凸于壳面；背内具极短的平行腕棒支板。产地：广西横县六景。层位：下泥盆统布拉格阶那高岭组。

3 深缺双腹扭形贝 *Dicoelostrophia crenata* Wang，1974 引自王钰和戎嘉余（1986）

腹视、背视、腹视、背视、侧视。登记号：3a，3b‒NIGP87888；3c—e‒NIGP87889。主要特征：轮廓呈双叶型，腹、背窗板宽阔，前缘中央具强烈的深凹缺，主端轻微突伸形成短小耳翼；全壳覆有细密壳线，向前插入式增加，呈簇状展布。产地：广西横县六景。层位：下泥盆统埃姆斯阶下部郁江组石洲段。

4 疹粒双腹扭形贝 *Dicoelostrophia punctata* Wang，1955 引自王钰和戎嘉余（1986）

腹视、背视、腹内、背内。登记号：4a，4b‒NIGP87916；4c‒NIGP87918；4d‒NIGP87920。主要特征：贝体轮廓很宽，前缘中央凹缺浅而短，背壳中沟两侧的界脊低弱，腹、背壳假窗板宽阔。产地：广西横县六景。层位：下泥盆统埃姆斯阶下部郁江组。

5，6 三叶奇扭形贝 *Xenostrophia trilobata* Wang et Rong，1986 引自王钰和戎嘉余（1986）

5‒腹视、侧视、背视、前视（正模）；6‒腹视、前视、背视（副模）。登记号：5‒NIGP87861；6‒NIGP87862。主要特征：腹壳中部强凸，前侧缘倾降形成膝曲，膝曲部分被两条浅阔的凹沟分为三叶，中叶具宽深不定的中槽；壳纹粗细不等，多次插入式增加。产地：广西横县六景。层位：下泥盆统埃姆斯阶下部郁江组石洲段。

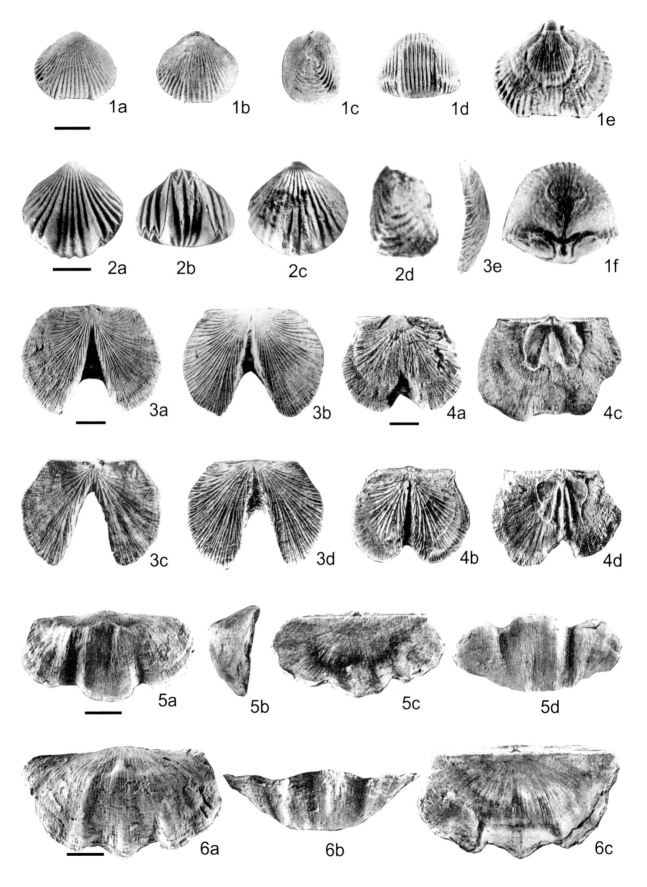

图版 5-5-3 说明

（同一标本共用比例尺；除特别标注外，比例尺 =1cm）

1　适度桂扭贝 *Guistrophia modesta* Wang et Rong，1986　引自王钰和戎嘉余（1986）

1a—c - 腹视、背视、侧视；1d—f - 腹视、侧视、背视（正模）。登记号：1a—c - NIGP87829；1d—f - NIGP87830。主要特征：腹壳顶区略凸，中前部凹曲，背壳后部弱凸；背窗板分离，凸隆；全壳覆有细密壳线，插入式增加；腹内无齿板，背内主突起双叶型。产地：广西横县六景。层位：下泥盆统埃姆斯阶下部郁江组石洲段。

2　中间皱箱贝 *Leptaenopyxis intermedia* Hou et Xian，1975　引自王钰和戎嘉余（1986）

腹视、前视、背视、侧视、背内。登记号：2a—d - NIGP87820；2e - NIGP87827。主要特征：主端尖突；腹壳前部向背方显著呈膝状折曲，并形成隆脊将壳体区分为体腔区与膝折部，膝折前部中央明显凹曲；壳面放射线粗，同心皱位于体腔区。产地：广西横县六景。层位：下泥盆统埃姆斯阶下部郁江组石洲段。

3　中华东方隔壁贝 *Eosophragmophora sinensis* Wang，1974　引自王钰等（1974）

3a - 腹内；3b - 背内；3c—f - 腹视、背视、后视、侧视（正模）。登记号：3a - NIGP23607；3b - NIGP23608；3c—f - NIGP23606。主要特征：亚圆形，腹壳高凸，背壳前部平凹，壳纹细密；背内主突起双叶型，薄板状中隔板自主突起前开始耸起并伸达于前缘。产地：广西横县六景。层位：下泥盆统埃姆斯阶下部郁江组六景段。

4　方形波纹扭形贝 *Cymostrophia quadrata* Wang，1955　引自王钰和戎嘉余（1986）

4a - 背视；4b—d - 腹视、侧视、背视（正模）。登记号：4a - NIGP87837；4b—d - NIGP8032。主要特征：凹凸型，体腔薄，铰合线直，主端钝角状，壳面覆有粗细两组壳纹，粗壳纹以插入式增加，细壳纹以分叉式增加；同心皱位于体腔区；腹内齿板短，开肌痕三角形，闭肌痕小、长卵形。产地：广西横县六景。层位：下泥盆统埃姆斯阶下部郁江组六景段。

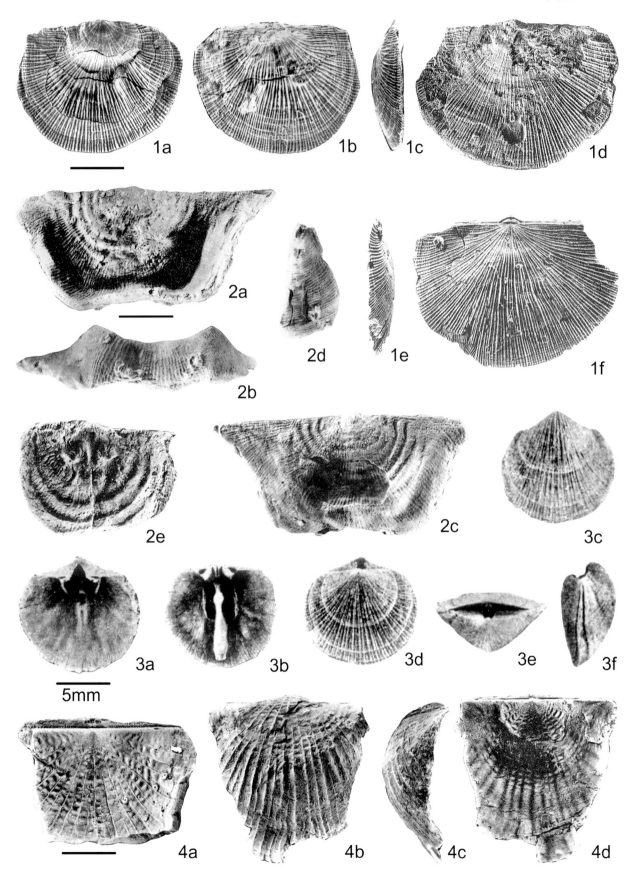

图版 5-5-4 说明

（同一标本共用比例尺；除特别标注外，比例尺 =1cm）

1 簇状克兰斯贝 *Kransia fascigera*（Hou et Xian，1975） 引自王钰和戎嘉余（1986）

腹视、背视、侧视、前视。登记号：NIGP23620。主要特征：槽、隆显著，中槽内具一根自壳顶伸出的中央褶线，常向前分叉，中隆上具一条窄深的中沟；壳线粗棱形、簇状，分枝式偶或插入式增加；腹内齿板薄，背内隔板支撑铰板，缺失隔板槽。产地：广西横县六景。层位：下泥盆统埃姆斯阶下部郁江组石洲段。

2 可变无洞贝 *Atrypa variabilis* Wang et Rong，1986 引自王钰和戎嘉余（1986）

腹视、背视、侧视、后视、前视。登记号：NIGP88001（正模）。主要特征：贝体中到大，腹壳缓凸，背壳强凸；全壳覆有粗细不等的放射褶，同心层间距宽，与放射褶相交处形成明显的瘤突；腹内无齿板，背内主突起毛发状。产地：广西横县六景。层位：下泥盆统埃姆斯阶下部郁江组石洲段。

3，4 唐氏等准无窗贝 *Parathyrisina tangnae*（Hou，1963） 引自王钰和戎嘉余（1986）

3－腹视、后视、侧视；4－腹视、侧视、背视、前视。登记号：3－NIGP88069；4－NIGP88068。主要特征：茎孔大，缺失窗板，槽、隆光滑，两侧区壳褶粗疏不分叉，通常为4～5条；全壳覆有叠瓦状同心层；内部构造同*Athyrisina*。产地：广西横县六景。层位：下泥盆统埃姆斯阶下部郁江组。

5 中华新窗孔贝 *Neodelthyris sinensis* Hou，1963 引自侯鸿飞（1963）

腹视、背视、前视、侧视、后视（正模）。登记号：IGCA-IV-452。主要特征：两翼展伸，主端尖，中槽、中隆光滑，两侧区壳褶简单粗圆，同心层密集，层缘具膨大的梳状刺；腹内中隔板几段，见于喙顶区；背内缺失主突起和腕棒支板。产地：广西横县六景。层位：下泥盆统埃姆斯阶下部郁江组。

6 郁江郝氏石燕 *Howellella yukiangensis* Hou et Xian，1975 引自王钰和戎嘉余（1986）

腹视、背视、侧视、前视。登记号：NIGP88078。主要特征：主端方圆，中隆高突，壳褶粗棱状；微纹饰为强烈的同心层和发状纹；背内腕棒支板伸达壳璧。产地：广西横县六景。层位：下泥盆统埃姆斯阶下部郁江组石洲段。

7，8 广西箭袋石燕 *Elymospirifer kwangsiensis*（Hou，1959） 引自侯鸿飞（1959）

7－腹视、背视、侧视、后视、前视及壳饰（正模）；8－内模标本腹视和后视。登记号：7－IGCA-IV-426；8－NIGP23635。主要特征：中槽、中隆低浅，壳褶圆棱形，始于喙部，向前分枝式增加，偶呈簇状；微壳饰为梳状细刺。产地：广西横县六景。层位：下泥盆统埃姆斯阶下部郁江组。

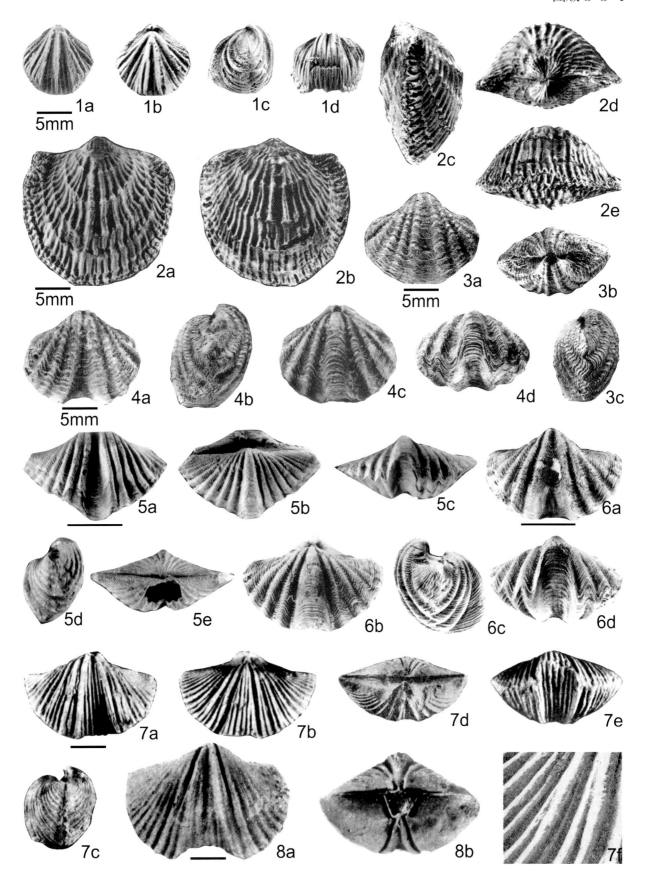

1a

5mm

1b

1c

1d

2c

2d

2e

2a

5mm

2b

3a

5mm

3b

4a

5mm

4b

4c

4d

3c

5a

5b

5c

6a

5d

5e

6b

6c

6d

7a

7b

7d

7e

7c

8a

8b

7f

图版 5-5-5 说明

（同一标本共用比例尺；比例尺 =1cm）

1，2　东京喙石燕 *Rostrospirifer tonkinensis*（Mansuy，1908）　引自王钰和戎嘉余（1986）

1 - 腹视、背视、侧视、前视、后视；2 - 腹内。登记号：1 - NIGP23631；2 - NIGP23631。主要特征：壳体强烈横展，主端翼状尖突，壳宽为壳长的2倍以上，中槽狭浅，中隆低缓，槽、隆光滑，侧褶粗强、不分叉；腹内齿板薄，背内腕棒基短。产地：广西横县六景。层位：下泥盆统埃姆斯阶下部郁江组石洲段。

3　八宝喙石燕 *Rostrospirifer papaoensis*（Grabau，1931）　引自王钰和戎嘉余（1986）

背视、侧视、前视、腹视。登记号：NIGP88128。主要特征：轮廓横宽，壳体横宽比较小，主端翼状展伸不强，仅表现为短小的尖突，侧区壳褶粗宽而不强隆，褶顶阔圆而不呈棱角状，同心层显著。产地：广西横县六景。层位：下泥盆统埃姆斯阶下部郁江组石洲段。

4，5　横展爱利沙石燕贝 *Deltospirifer transversus*（Wang，1955）　引自王钰（1955），王钰和戎嘉余（1986）

4 - 背视、腹视、前视、侧视及壳饰放大（正模）。5 - 腹视、前视、背视、后视。登记号：4 - NIGP8029；5 - NIGP88157。主要特征：贝体横展，主端浑圆，腹壳三角孔被窗板完全覆盖，槽隆无褶饰，侧区见1～3条低弱、粗疏的壳褶；同心层宽阔；腹内齿板略向侧方斜伸，背内无腕棒支板，腕棒细长。产地：广西横县六景。层位：下泥盆统埃姆斯阶下部郁江组六景段。

6　朱氏豪伊特贝 *Howittia chui*（Grabau，1931）　引自王钰和戎嘉余（1986）

侧视、腹视、背视、前视。登记号：NIGP88184。主要特征：壳体横展，耳翼尖突，窗孔洞开；中槽宽深，槽内具一条中央褶线，中隆上相应具一条深沟，两侧区壳褶粗强不分枝；同心层仅见于贝体前部。产地：广西横县六景。层位：下泥盆统埃姆斯阶下部郁江组六景段。

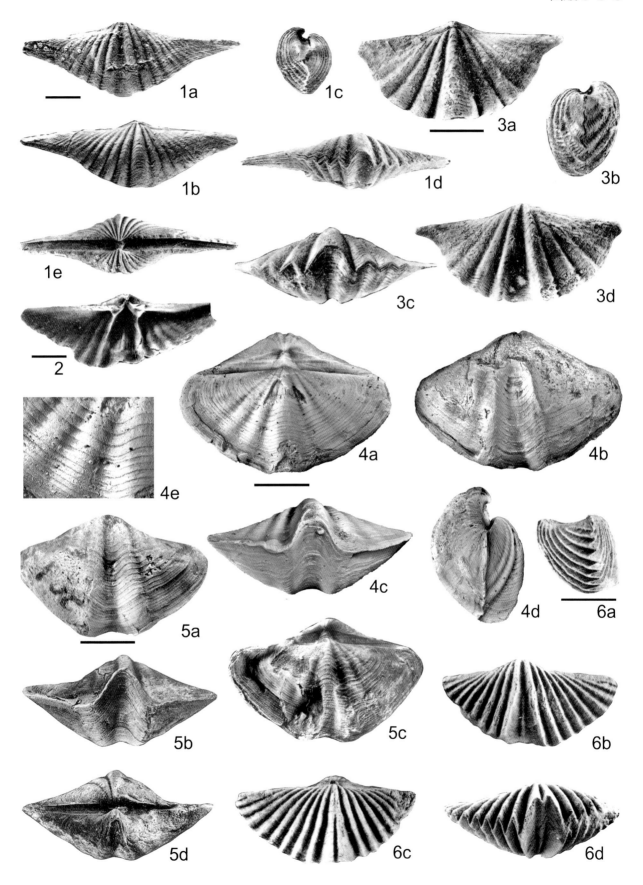

图版 5-5-6 说明

（同一标本共用比例尺；比例尺 =1cm）

1 亚五边形无窗贝 *Athyris subpentogona* Chen，1983　引自陈秀琴（1983）

腹视、背视、侧视、前视。登记号：NIGP71232。主要特征：两壳近等双凸，腹喙弯曲，茎孔小，前缘近平，腹内齿板短。产地：广西武宣二塘剖面。层位：下泥盆统埃姆斯阶中上部二塘组。

2 简单准无窗贝 *Athyrisina simplex* Chen，1983　引自陈秀琴（1983）

腹视、背视、侧视、前视。登记号：NIGP71240。主要特征：双凸，壳线简单，中槽宽浅，槽隆内壳线不分叉；同心层呈覆鳞状；腹内齿板短，背内铰板联合，无中隔板。产地：广西武宣二塘剖面。层位：下泥盆统埃姆斯阶中上部二塘组。

3—5 丰富郝韦尔石燕 *Howellella fecunda* Chen，1983　引自陈秀琴（1983）

3a—d－腹视、背视、侧视、前视，3e－壳表放大；4－腹内模；5－背内模。登记号：3－NIGP71230；4－NIGP71228；5－NIGP71229。主要特征：轮廓横椭圆形，主端浑圆；中槽始于喙部，两壁缓斜，槽底呈半圆形，中隆较低，前部略高突；侧区壳褶粗圆。产地：广西武宣二塘剖面。层位：下泥盆统埃姆斯阶中上部二塘组。

6—8 二塘似网格石燕 *Reticulariopsis ertangensis* Chen，1983　引自陈秀琴（1983）

6－腹视、背视、前视、侧视；7－腹视、背视；8－壳表放大。登记号：6－NIGP71222；7－NIGP71225；8－NIGP71226。主要特征：轮廓方圆型，腹壳铰合面低，中槽较浅，中隆低矮，槽隆内光滑，侧区壳褶极弱；全壳具规则的同心层，间距宽，层缘具梳状单排小刺，小刺基部变粗。产地：广西武宣二塘剖面。层位：下泥盆统埃姆斯阶中上部二塘组。

9—11 小型东方石燕 *Orientospirifer minor* Chen，1983　引自陈秀琴（1983）

9－腹视、背视、侧视、前视（正模）；10－腹视、背视、侧视、前视；11－腹视、背视。登记号：9－NIGP71214；10－NIGP71213；11－NIGP71212。主要特征：贝体小，主端方圆，中槽深，与侧区被粗强的壳褶明显区分，槽内具细壳褶，中隆前部有一条弱的凹沟，两侧被明显分界；两侧区壳褶粗疏。产地：广西武宣二塘剖面。层位：下泥盆统埃姆斯阶中上部二塘组。

12 美丽巅石燕 *Acrospirifer? opiparus* Chen，1983　引自陈秀琴（1983）

12－腹视、背视、前视、侧视（正模）。登记号：12－NIGP71245。主要特征：腹喙弯曲，铰合面高，三角孔偶有不完整的假窗板覆盖，中槽、中隆显著；侧区壳褶粗强不分叉，隔隙浅窄，同心层密集。产地：广西象州大乐剖面。层位：下泥盆统埃姆斯阶中上部二塘组。

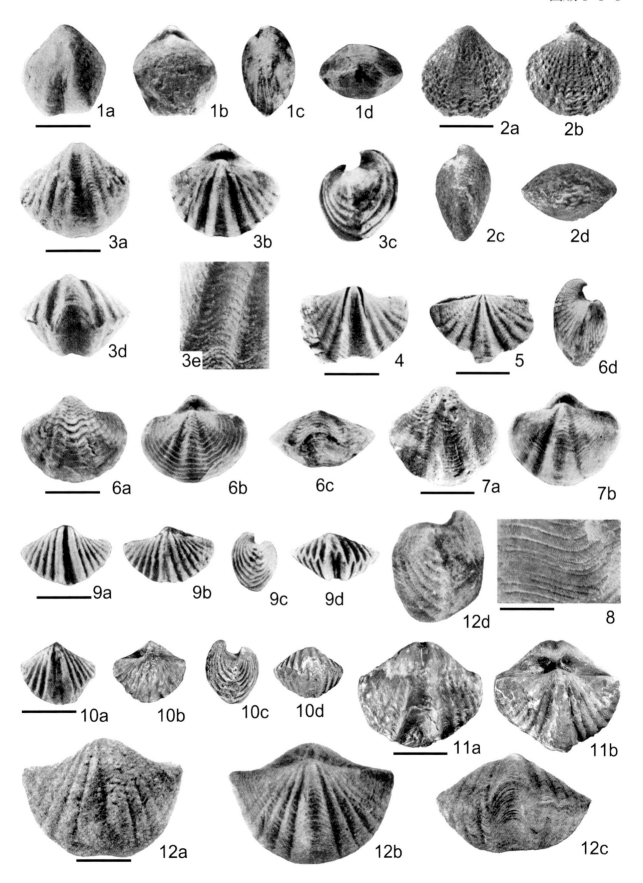

图版 5-5-7 说明

（同一标本共用比例尺；除特别标注外，比例尺 =1cm）

1，2　三角三角石燕 *Trigonospirifer trigonata*（Hou et Xian，1975）　引自Hou等（2017），王钰等（1987）

1－腹视、背视、侧视、前视（正模）；2－腹视、背视、侧视、前视。登记号：1－IGCA-BH-764；2－NIGP84585。主要特征：轮廓横三角形至横半圆形，腹壳铰合面高强，三角孔部分被假窗板覆盖；槽隆无褶饰；侧区壳褶粗强，同心层细密，层缘具梳状细刺；腹内齿板后部略加厚；背内主突起低矮，毛发状，腕棒基弱小，无腕棒支板。产地：广西象州大乐剖面。层位：下泥盆统埃姆斯阶上部大乐组（或四排组）下部石朋段。

3　横展三角石燕 *Trigonospirifer transversa*（Wang，Rong et Chen，1987）　引自王钰等（1987）

3－腹视、背视、后视、侧视、前视（正模）。登记号：NIGP84596。主要特征：壳体横展，主端强烈展伸成翼状，腹铰合面宽三角形；中槽、中隆宽；侧区壳褶多，隔隙较深。产地：广西武宣二塘剖面。层位：下泥盆统埃姆斯阶上部大乐组下部石朋段。

4　线纹巴丹吉林贝 *Badainjarania striata* Zhang，1981　引自张研（1981）

4－腹视、侧视、背视（正模）。登记号：XIGM-B-0017。主要特征：腹喙弯曲，铰合面低矮，腹中槽浅，背中隆低平，槽隆上均具明显的中沟；侧区壳线简单低圆，全壳具放射纹；腹内齿板弯，背内铰窝支板与壳底相连。产地：内蒙古西部额济纳旗珠斯楞海尔罕。层位：下泥盆统埃姆斯阶上部珠斯楞组。

5　强健准无窗贝 *Athyrisina alumna*（Wang，Rong et Chen，1987）　引自王钰等（1987）

5－腹视、背视、侧视、前视、后视（正模）。登记号：NIGP84575。主要特征：轮廓近亚球形，侧缘圆，两壳近等双凸；中槽浅，两侧被隆凸的壳褶所限，中隆在中前部略高出壳面，隆顶平，中槽内具1~3条壳褶，中隆上具2~4条壳褶；侧区壳褶粗强，简单不分叉；全壳覆有规则的同心层。产地：广西象州大乐剖面。层位：下泥盆统埃姆斯阶上部大乐组下部石朋段。

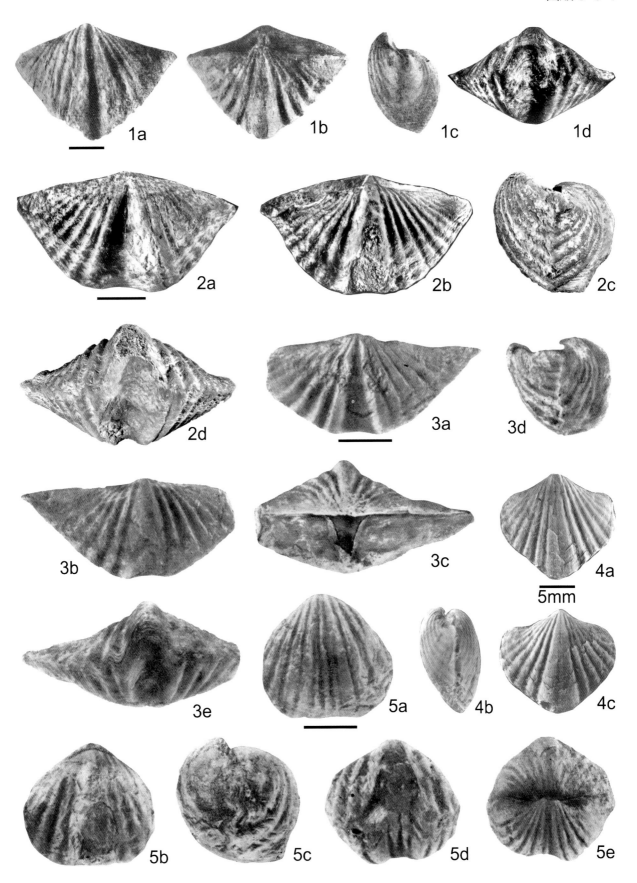

5mm

图版 5-5-8 说明

（同一标本共用比例尺；除特殊标注外，比例尺 =1cm）

1，2　横展古拉朱金贝 *Prolazutkinia lata*（Hou et Xian，1975）　引自侯鸿飞等（2017）

1－腹视、背视、后视（正模）；2－腹视、背视、侧视、后视。登记号：1－IGCA-BH-764；2－IGCA-Gb-65422。主要特征：轮廓近三角锥状，腹铰合面高、宽三角形，三角孔洞开，中槽缺失或仅在中央具一条纵沟；全壳覆有圆棱形放射线，向前插入式或分叉式增加；背内腕棒支板相向展伸于壳底，汇合成短的腕棒槽。产地：广西象州大乐剖面。层位：下泥盆统埃姆斯阶上部四排组顶部。

3　甘肃布鲁顿贝 *Bruntosina gansuensis*（Zhang，1983）　引自张研和傅力甫（1983）

背视、腹视、前视、后视、侧视（正模）。登记号：XIGM-XB23。主要特征：中槽两侧被粗壮的壳褶所限，槽内有一根壳褶，中隆上相应地有一条凹沟，侧区壳褶稀少；同心层不规则；腹内齿板短而细。产地：甘肃迭部普来沟。层位：下泥盆统当多组（埃姆斯阶上部）—中泥盆统鲁热组（艾菲尔阶下部）。

4　丁山岭大乐嘴贝 *Dalerhynchus dingshanlingensis* Bai　引自乐森璕和白顺良（1978）

腹视、背视、侧视、前视。登记号：ESPU93514。主要特征：轮廓亚三角形，腹喙高而弯曲，三角孔被分离三角双板覆盖；中槽宽浅，中隆低阔，全壳覆有简单粗强的棱形壳褶；背内中隔板弱，无隔板槽。产地：广西象州大乐应堂村。层位：下泥盆统埃姆斯阶上部四排组上部。

5，6　四排耳石燕 *Otospirifer shipaiensis* Hou et Xian　引自侯鸿飞和鲜思远（1975）

5－腹视、背视、前视、侧视（正模）；6－腹内。登记号：5－IGCA-BH-751；6－IGCA-BH-753。主要特征：轮廓横三角形，两翼横展，槽隆无褶饰，全壳覆有细密同心层；腹内齿板薄刀状，背内腕棒支板不伸达壳壁。产地：广西鹿寨四排。层位：下泥盆统埃姆斯阶上部大乐组。

7，8　凸隆三叉贝 *Tridensilis gibbosa* Su，1976　引自苏养正（1976）

7－腹视、背视、侧视、前视（正模）；8－内模标本腹视、背视。登记号：7－SIGM-NS-2507；8－SIGM-NS-7913。主要特征：背壳顶区强烈隆凸，槽隆近前部发育，前舌近方形，壳褶宽平、始于壳顶附近；背内主突起高突，三分型。产地：内蒙古东乌珠穆沁旗。层位：下泥盆统埃姆斯阶敖包亭浑迪组。

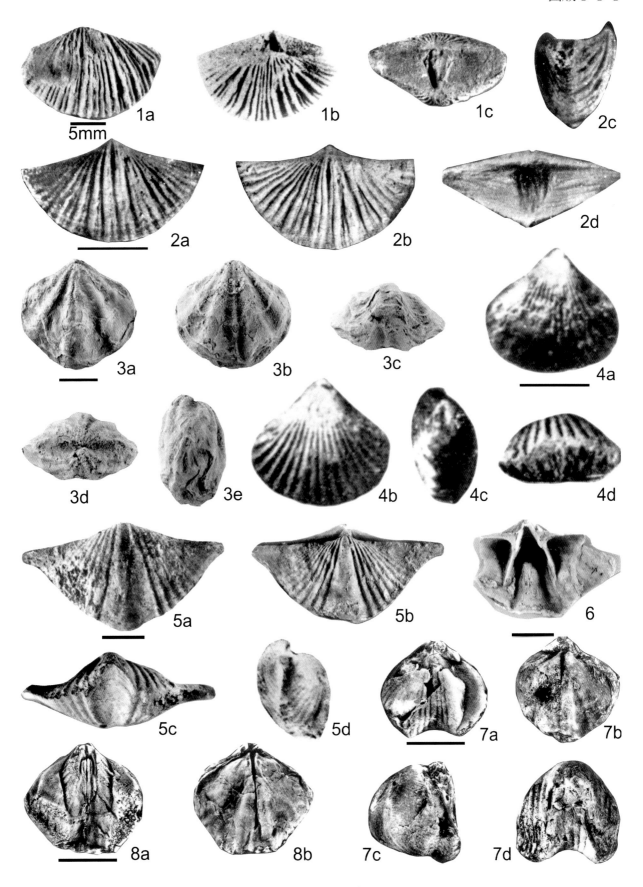

1a

1b

1c

2c

5mm

2a

2b

2d

3a

3b

3c

4a

3d

3e

4b

4c

4d

5a

5b

6

5c

5d

7a

7b

8a

8b

7c

7d

图版 5-5-9 说明

（同一标本共用比例尺；比例尺 =1cm）

1—3，4　舒家坪阔石燕 *Euryspirifer shujiapingensis* Hou et Xian，1975　引自侯鸿飞和鲜思远（1975）

1 – 腹壳；2 – 背壳；3 – 腹内模；4 – 腹视、背视、后视。登记号：1 – IGCA-BH-739；2 – BH-740；3 – BH-741；4 – IGCA-BH-749。主要特征：壳体大，两翼强烈展伸，铰合线为壳体最大宽度，中槽宽深，槽隆光滑无褶；壳面覆有细密同心层。产地：1—3 – 贵州独山舒家坪；4 – 广西象州桐木七排西北。层位：1—3 – 下泥盆统埃姆斯阶上部舒家坪组；4 – 下泥盆统埃姆斯阶上部四排组。

5，6　朱氏雕石燕 *Glytospirifer chui*（Grabau，1931）　引自侯鸿飞和鲜思远（1975）

5 – 腹视、侧视、背视、后视、前视；6 – 腹视、背视、侧视、前视、后视。登记号：5 – IGCA-BH-722；6 – IGCA-BH-723。主要特征：轮廓横三角形，主端锐角状，腹铰合面宽三角形，三角孔开，中槽宽，前舌高，中隆高凸；中槽壳线细弱，中隆上壳线2～3根；壳面同心层不规则、间隙宽。产地：广西横县六景。层位：下泥盆统埃姆斯阶郁江组。

7　简单雕石燕 *Glyptospirifer simplex*（Wang et Rong，1986）　引自王钰和戎嘉余（1986）

腹视、侧视，前视、背视。登记号：NIGP88180。主要特征：轮廓横菱形，中槽内光滑、无中褶，中隆上有一条宽阔的中沟，侧区壳褶粗疏。产地：广西横县六景。层位：下泥盆统埃姆斯阶郁江组。

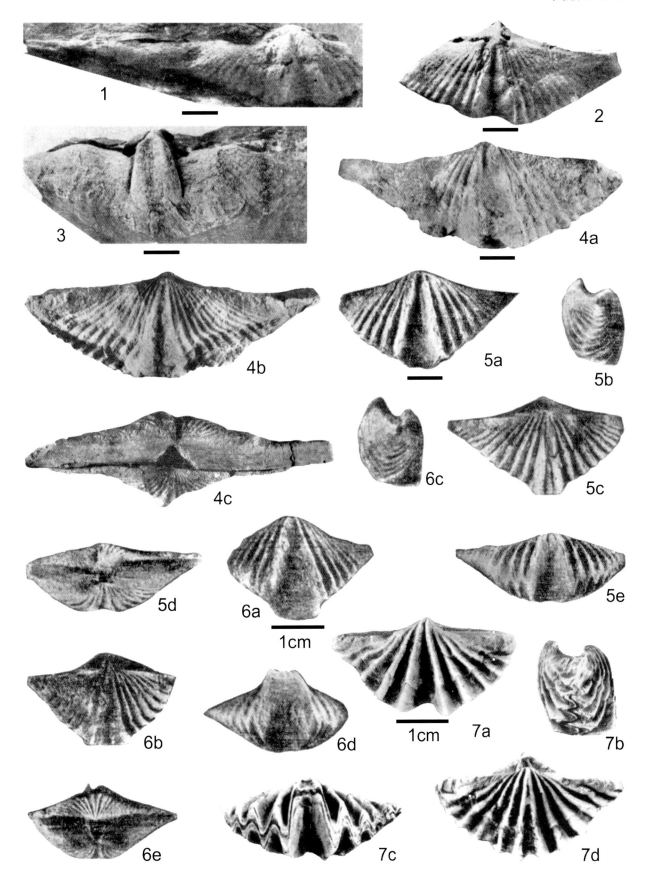

图版 5-5-10 说明

（同一标本共用比例尺；比例尺 =2mm）

1—5　小面线无皱贝 Costanoplia faceta Xu，1977　引自许汉奎（1977）

1 - 腹内模；2 - 背外模；3 - 背内模；4 - 腹背内模；5 - 腹背壳外模。登记号：1 - NIGP41156；2 - NIGP41154；3 - NIGP41158；4 - NIGP41160；5 - NIGP41159。主要特征：贝体小，轮廓近半圆形，壳面具窄而圆的壳线，间隙很宽；全壳覆有密集的同心纹；腹内无齿板；腹、背壳内部均具中隔板和侧隔板。产地：广西南丹罗富剖面。层位：下泥盆统埃姆斯阶上部—艾菲尔阶下部塘丁群中上部。

6—8　奇异近线无皱贝 Paracostanoplia mirabilis Xu，1977　引自许汉奎（1977）

6 - 腹、背内模；7 - 腹、背外模；8 - 腹外模。登记号：6 - NIGP41163；7 - NIGP41164；8 - NIGP41168。主要特征：外形相似于Costanoplia，但壳线和同心纹非常细弱，铰合线短于最大壳宽，腹内无中隔板和侧隔板。产地：广西南丹罗富剖面。层位：下泥盆统埃姆斯阶上部—艾菲尔阶下部塘丁群中上部。

9—11　粗糙准沙罗普贝 Salopina aspera Xu，1979　引自许汉奎（1979）

9 - 背内模；10 - 背内模；11 - 背外模。登记号：9 - NIGP41213；10 - NIGP41215；11 - NIGP41221。主要特征：轮廓横椭圆形，壳线细，前缘附近明显；背内主突起简单或三叶型。产地：广西南丹罗富剖面。层位：下泥盆统埃姆斯阶上部—艾菲尔阶下部塘丁群中上部。

12—14　矮小小穆里弗贝 Muriferella pygmaea Xu，1979　引自许汉奎（1979）

12 - 背内模；13 - 背外模；14 - 腹外模。登记号：12 - NIGP41219；13 - NIGP41222；14 - NIGP41223。主要特征：贝体小，壳线粗而少，背内中隔板低长，腕基强、异向伸展，铰窝支板不发育。产地：广西南丹罗富剖面。层位：下泥盆统埃姆斯阶上部—艾菲尔阶下部塘丁群中上部。

15—20　桑郎褶齿贝 Plectodonta sanglangensis Xian，1978　引自许汉奎（1979）

15 - 背外模；16 - 腹背内模；17 - 背内模；18，19 - 腹内模；20 - 腹外模。登记号：15 - NIGP41239；16 - NIGP41240；17 - NIGP41241；18 - NIGP41242；19 - NIGP41243；20 - NIGP41236。主要特征：壳面具粗细两组壳线，壳线均被叠层状同心层所切；腹内中隔脊低矮，穿过闭肌痕；背内主突起脊状，具二对侧隔板，隔板外围具稀少的粗瘤突。产地：广西南丹罗富剖面。层位：下泥盆统埃姆斯阶上部—艾菲尔阶下部塘丁群中上部。

21—23　弯嘴隐无洞贝 Cryptatrypa curvirostris Xu，1979　引自许汉奎（1979）

21 - 背视；22，23 - 背内模。登记号：21 - NIGP41304；22 - NIGP41308；23 - NIGP41303。主要特征：近等双凸，腹喙钝、强烈弯曲，两壳铰合面均不发育，壳面光滑；腹内齿板不发育，背内铰板分离，闭肌痕长卵形，中隔脊短。产地：广西南丹罗富剖面。层位：下泥盆统埃姆斯阶上部—艾菲尔阶下部塘丁群中上部。

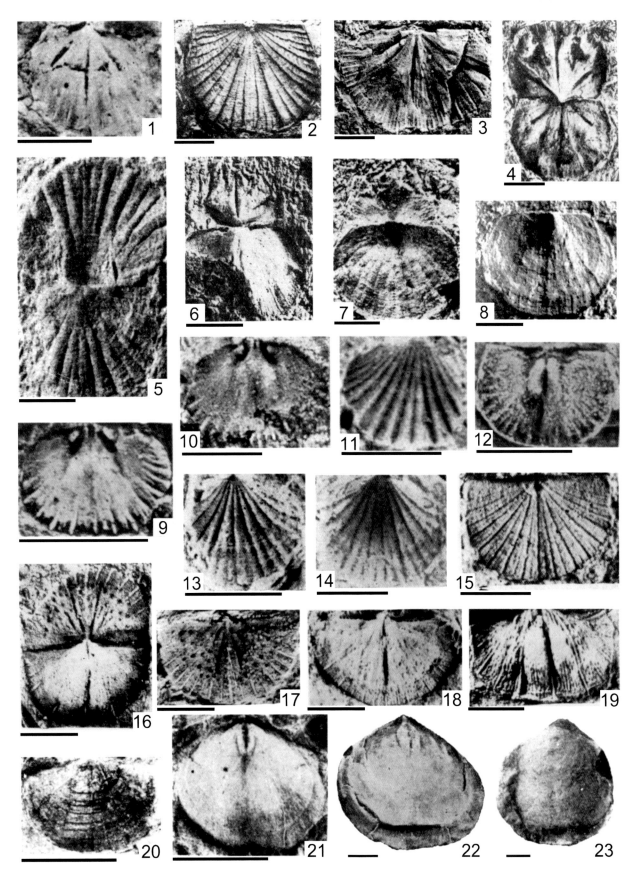

图版 5-5-11 说明

（比例尺 =2mm）

1—4　变异近戟贝 *Perichonetes mirabilis* Xu，1979　引自许汉奎（1979）

1 - 腹外模；2 - 腹内模；3 - 背外膜；4 - 背内模。登记号：1 - NIGP41262；2 - NIGP41264；3 - NIGP41267；4 - NIGP41261。主要特征：贝体小，近方形，每侧铰合缘仅具一根壳刺，壳面壳纹弱，同心纹发育；腹内中隔脊长，在后部与肌痕围脊相连；背内无中隔板，仅具一对短的侧隔板。产地：广西南丹罗富剖面。层位：下泥盆统埃姆斯阶上部—艾菲尔阶下部塘丁群中上部。

5—7　线纹扭形戟贝（比较种）*Strophochonetes* cf. *filistriata*（Walcott，1884）　引自许汉奎（1979）

5，6 - 腹内模；7 - 腹外模。登记号：5 - NIGP41253；6 - NIGP41254；7 - NIGP41255。主要特征：贝体小，轮廓近长方形，铰合缘每侧有耳根壳刺，壳面覆有密集的壳线，壳线前部分叉；腹内中隔脊短，背内主突起双叶型，中隔板和一对侧隔板均短而弱。产地：广西南丹罗富剖面。层位：下泥盆统埃姆斯阶上部—艾菲尔阶下部塘丁群中上部。

8—12　精致罗富贝 *Luofuia delicata* Xu，1977　引自许汉奎（1977）

8，9 - 背外模；10 - 背内模；11，12 - 腹内模。登记号：8 - NIGP41180；9 - NIGP41182；10 - NIGP41184；11 - NIGP41185；12 - NIGP41187。主要特征：轮廓近圆形，腹铰合面低，壳面具有规则的同心层和放射纹细；腹内、背内均具有低弱的中隔脊，延伸至壳体前部。产地：广西南丹罗富剖面。层位：下泥盆统埃姆斯阶上部—艾菲尔阶下部塘丁群中上部。

13—16　矮子近褶无皱贝 *Paraplicanoplia nana* Xu，1977　引自许汉奎（1977）

13 - 背外模；14 - 腹内模；15，16 - 背内模。登记号：13 - NIGP41175；14 - NIGP41174；15 - NIGP41177；16 - NIGP41176。主要特征：壳面具2～6根不明显的壳褶，壳面约具窄而圆的壳线，间隙宽，同心纹细密；腹内中隔板短，侧隔板向前侧延伸时与围脊相连。产地：广西南丹罗富剖面。层位：下泥盆统埃姆斯阶上部—艾菲尔阶下部塘丁群中上部。

17—20　精致塘乡贝 *Tangxiangia delicate* Xu，1977　引自许汉奎（1977）

17，18 - 腹内模；19，20 - 背内模。登记号：17 - NIGP41192；18 - NIGP41196；19 - NIGP41194；20 - NIGP41195。产地：主要特征：轮廓似盾形，体腔薄，腹铰合面低，背铰合面线状；腹内中部具有明显的双叶型凹陷；背壳内部发育中隔板和围脊。产地：广西南丹罗富剖面。层位：下泥盆统埃姆斯阶上部—艾菲尔阶下部塘丁群中上部。

21—24　弱小纳标贝 *Nabiaoia pusilla* Xu，1979　引自许汉奎（1979）

21，22 - 腹内模及其铸模；23，24 - 背内模及其铸模。登记号：21，22 - NIGP81011；23，24 - NIGP41251。主要特征：壳面具粗细近等的壳线和同心层；背内主突起脊状，与背窗板、铰窝脊连接形成倒V形主基。产地：广西南丹罗富剖面。层位：下泥盆统埃姆斯阶上部—艾菲尔阶下部塘丁群中上部。

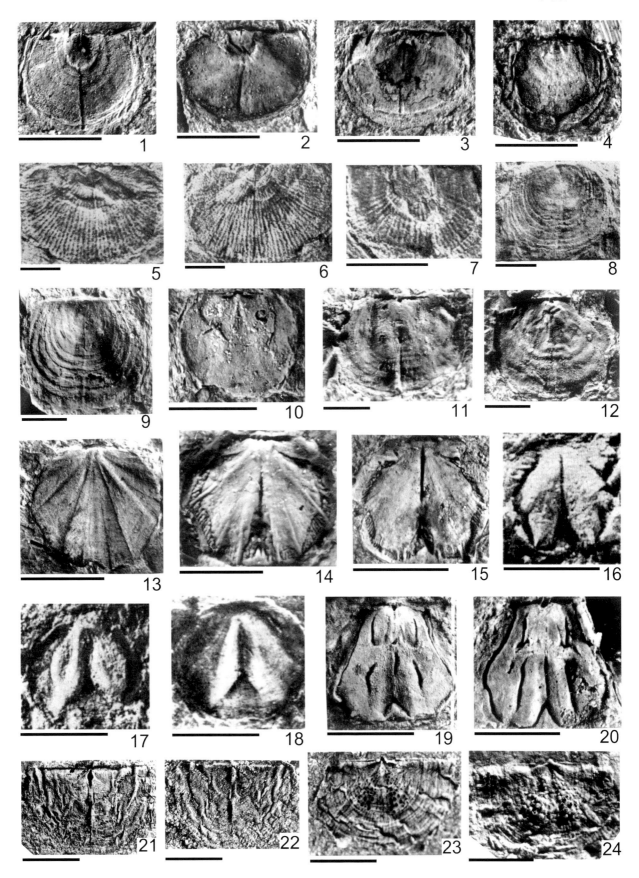

图版 5-5-12 说明

（同一标本共用比例尺；除特别标注外，比例尺 =2cm）

1，2 贵州箕底贝 *Zdimir kueichouensis*（Hou et Xu，1964） 引自侯鸿飞和徐桂荣（1964）

1 - 背视、腹视；2 - 腹壳内部。登记号：1 - IV501；2 - IGCA-IV507。主要特征：腹壳凸度大于背壳，腹喙大而强烈向背方弯曲，全壳覆有从喙部发生的粗圆、分叉的放射线。产地：贵州普安罐子窑铅矿厂李家湾—大屋上剖面。层位：下泥盆统埃姆斯阶上部—艾菲尔阶下部罐子窑组。

3 展伸箕底贝 *Zdimir extensus*（Hou et Xu，1964） 引自侯鸿飞和徐桂荣（1964）

腹视、背视、侧视。登记号：IGCA-IV503。主要特征：轮廓横向伸展，铰合线长而直；腹内中隔板长，几乎达壳体前缘，背内腕棒支板与壳壁几乎联合，内、外腕基支板均向前延伸。产地：贵州普安罐子窑铅矿厂李家湾—大屋上剖面。层位：下泥盆统埃姆斯阶上部—艾菲尔阶下部罐子窑组。

4—6 乌拉尔巨扭贝 *Megastrophia uralensis*（Verneuil，1845） 引自王钰和朱瑞芳（1979）

4 - 腹视；5 - 腹壳侧视；6 - 腹壳内部。登记号：4 - NIGP23641；5 - NIGP23644；6 - NIGP23642。主要特征：贝体巨大，轮廓横的亚椭圆形，主端伸展，铰合线平直，腹壳顶区强烈隆凸，铰合面发育，背壳均匀凹曲；壳面饰线粗圆，偶有插入式增加；腹内肌痕面巨大，横卵形。产地：广西北流大风门。层位：中泥盆统埃艾菲尔阶下部贵塘组。

7 美壳准龙骨贝 *Carinatina arimaspa*（Eichwald，1840） 引自王钰和朱瑞芳（1979）

腹视、背视、侧视。登记号：NIGP34836。主要特征：轮廓横方形，侧貌双凸，中槽、中隆低浅，壳褶粗强，以分枝或插入式增加。产地：广西北流大风门。层位：中泥盆统埃艾菲尔阶下部贵塘组。

8 超平艾菲尔无洞贝 *Eifelatrypa superplana* Wang et Zhu，1979 引自王钰和朱瑞芳（1979）

腹视、背视。登记号：NIGP23669。主要特征：侧貌扁平的双凸型，腹壳铰合面发育，腹壳沿纵中线具明显的低狭隆脊，背壳相应地具一条狭浅的凹沟；壳面覆有圆形壳线，侧褶多分枝。产地：广西北流大风门。层位：中泥盆统埃艾菲尔阶下部贵塘组。

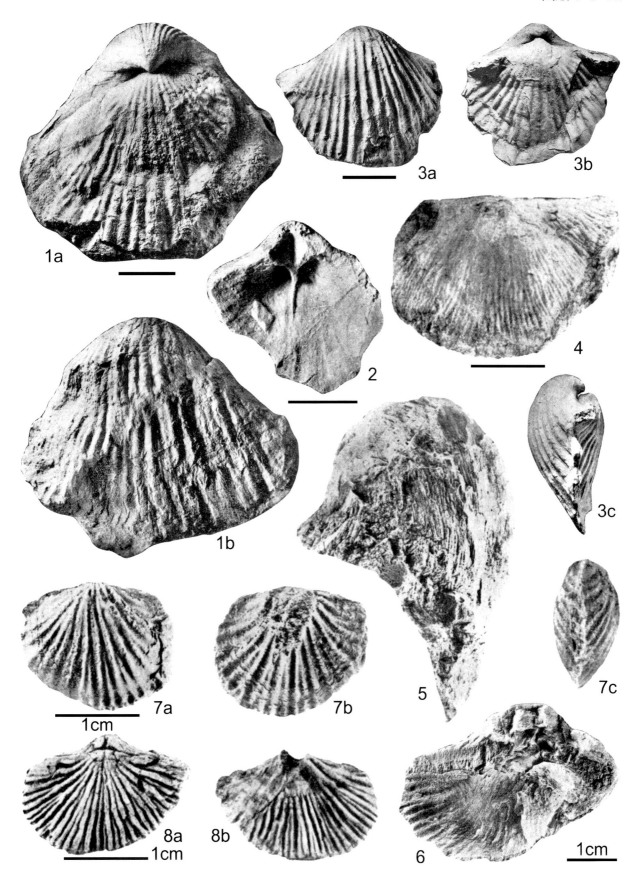

1a

1b

2

3a

3b

3c

4

5

6

7a

7b

7c

8a

8b

1cm

1cm

1cm

图版 5-5-13 说明

（同一标本共用比例尺；除特别标注外，比例尺 =1cm）

1—3　北流箕底贝 *Zdimir beiliuensis* Wang et Zhu，1979　引自王钰和朱瑞芳（1979）

1－腹视、背视；2－幼年壳体腹视、背视；3－成年壳体内核后视。登记号：1－NIGP34734；2－NIGP34732；3－NIGP34735。主要特征：贝体狭长，轮廓长卵形，侧貌凸隆较缓，背壳几近坦平，壳褶粗强，较少分枝。产地：广西北流大风门。层位：中泥盆统埃艾菲尔阶下部贵塘组。

4　贵塘箕底贝 *Zdimir guitangensis* Wang et Zhu，1979　引自王钰和朱瑞芳（1979）

腹视、背视。登记号：NIGP34736。主要特征：贝体较小，轮廓横三角形，侧貌近等双凸，铰合线宽阔，平直延伸，腹喙弯曲较缓，壳褶粗强、少分枝。产地：广西北流和尚岭。层位：中泥盆统埃艾菲尔阶下部贵塘组。

5　龙洞水鹰头贝 *Gypidula longtongshuiensis*（Wang et al.，1974）　引自王钰和朱瑞芳（1979）

腹视、背视、后视、前视。登记号：NIGP22399。主要特征：轮廓横卵形，主端钝圆，腹壳高凸，壳面近乎光滑，仅纵中线前端壳面轻微隆升形成宽平、低圆的隆脊；背壳缓凸，自中部显露宽浅的凹沟，在前缘处延伸形成方形前舌，前舌上具低平的隆脊。产地：贵州独山猴儿山。层位：中泥盆统埃艾菲尔阶下部龙洞水组。

6，7　近等凸龙洞水贝 *Longdongshuia subaequata* Hou et Xian，1975　引自侯鸿飞和鲜思远（1975），王钰和朱瑞芳（1979）

6－腹视、侧视、前视、背视。7－腹视、背视、前视、侧视。登记号：6－IGCA-BH-774；7－NIGP34803。主要特征：轮廓亚圆形，贝体呈球状，腹壳缓凸，背壳高隆；槽、隆发育，前舌显著；侧区壳褶粗强、不分枝；缺失隔板槽、中隔脊和主突起。产地：贵州独山猴儿山。层位：中泥盆统埃艾菲尔阶下部龙洞水组。

8　隆胀独山小咀贝 *Dushanirhynchia inflata* Wang et Zhu，1979　引自王钰和朱瑞芳（1979）

腹视、背视、侧视、前视、后视。登记号：NIGP34817。主要特征：轮廓亚三角形，腹壳近平，背壳强凸；中槽显著，宽而浅，中隆见于前部，全壳覆有简单、粗强的棱形壳褶；腹内齿板细薄，背内铰板分离，缺失主突起、隔板槽和中隔板。产地：贵州独山猴儿山。层位：中泥盆统埃艾菲尔阶下部龙洞水组。

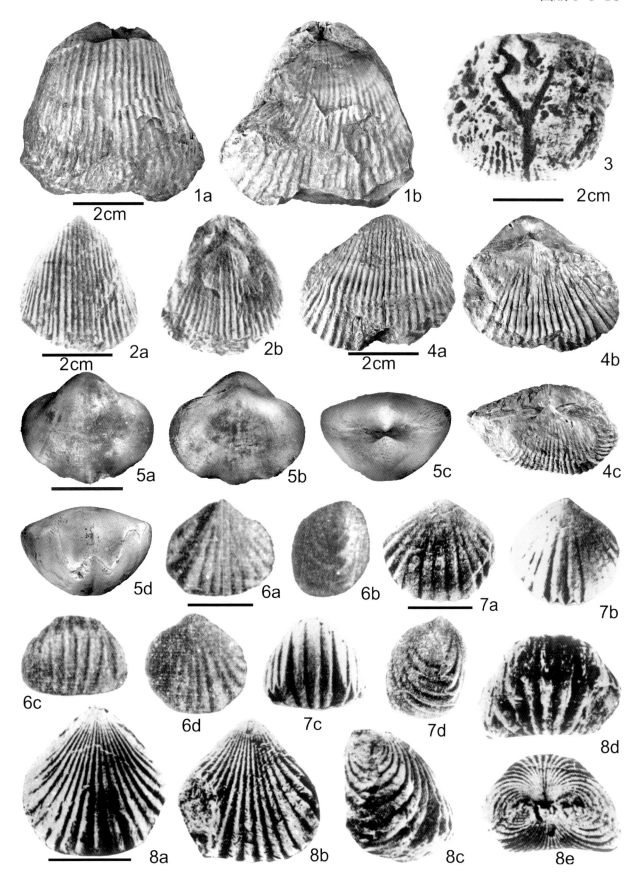

图版 5-5-14 说明

（同一标本共用比例尺；除特别标注外，比例尺 =5mm）

1，2　中华小长身贝 *Productella sinensis* Grabau，1931　引自Grabau（1931）

1－腹视、背视、侧视；2－腹视、背视、侧视。登记号：1－NIGP2375；2－NIGP2376。主要特征：轮廓近圆形，腹壳覆有大量同心纹和不规则散布的短管状壳刺，背壳壳刺少；主突起双叶型。产地：广西河池凉水坳。层位：中泥盆统艾菲尔阶。

3—6　横伸双窗贝 *Amboglossa transversa*（Wang，Liu，Wu et Zhong，1974）　引自王钰和朱瑞芳（1979）

3－背视、腹视、侧视、后视、前视；4－背壳内部；5－腹壳、腹壳内部；6－腹壳、腹壳内部。登记号：3－NIGP22390；4－NIGP22389；5－NIGP22388；6－NIGP34924。主要特征：贝体横宽，腹壳强烈隆凸，铰合面高三角形、斜倾型，腹、背壳沿纵中线均有一条狭而深的凹沟。产地：贵州独山猴儿山。层位：中泥盆统艾菲尔阶龙洞水组。

7　三角桂弓贝 *Guicyrtia triangulate* Wang et Zhu，1979　引自王钰和朱瑞芳（1979）

腹视、背视、前视、后视、侧视。登记号：NIGP43839。主要特征：腹壳高隆，半锥体状，腹壳铰合面高耸、下倾型，槽隆无褶饰，侧区壳褶简单。产地：广西平南白马圩。层位：中泥盆统艾菲尔阶"白马页岩"。

8　八道坪印度石燕 *Indospirifer padaukpingensis* Reed，1908　引自王钰和朱瑞芳（1979）

腹视、前视、侧视、背视。登记号：NIGP34907。主要特征：贝体较小，铰合线平直；中槽狭而深，槽内具3根褶线，中央壳线粗强；侧区壳褶粗强、不分枝。产地：广西平南白马圩。层位：中泥盆统艾菲尔阶"白马页岩"。

9　双槽拟拉朱金贝 *Paralazutkinia bisulcata*（Jiang，1978）　引自鲜思远和江宗龙（1978）

腹视、后视、侧视、背视。登记号：GBGM-GB-252。主要特征：轮廓横三角形，两翼伸展，腹壳铰合面高三角形、斜倾型，三角孔开；两壳均具中槽，槽内中线纤细；微纹饰由同心纹和放射纹组成。产地：贵州独山平黄山。层位：中泥盆统艾菲尔阶龙洞水组。

10　美好准无窗贝 *Athyrisina squamosa* Hayasaka　引自Yabe和Hayasaka（1920）

腹视、侧视、前视、背视、后视（新模）。登记号：NIGP134224。主要特征：近等双凸，腹喙弯曲，铰合面不发育；中槽宽平，槽内中央壳线始于喙部，中隆低阔；全壳壳线密集，向前分叉或插入式增加；同心层密集。产地：四川文县水磨村。层位：中泥盆统艾菲尔阶下部养马坝组。

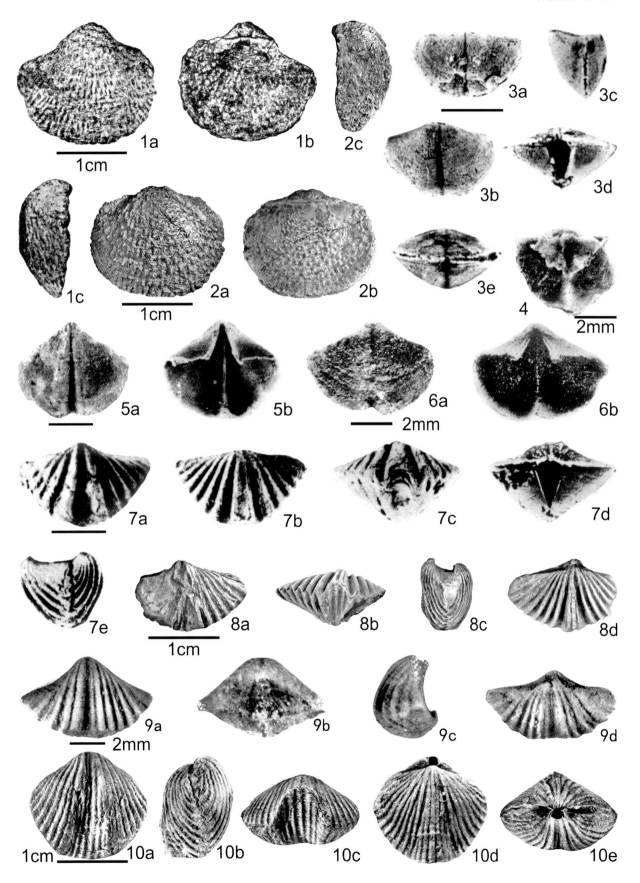

图版 5-5-15 说明

（同一标本共用比例尺；除特别标注外，比例尺 =1cm）

1—3　泪瘤古准石燕 *Eospiriferina lachrynosa* Grabau，1931　引自Grabau（1931），王钰和朱瑞芳（1979）

1－腹视、背视、侧视（正模）；2－腹视、背视、后视、前视、侧视；3－腹视，示微细壳饰。登记号：1－NIGP2915；2－NIGP23663；3－NIGP22401。主要特征：轮廓横圆形，主端钝圆，两壳三角孔均洞开，中槽宽，槽底浅平，槽隆无褶饰；两侧区壳褶简单、粗圆，间隙窄；全壳覆有密集的、不规整分布的泪滴状微细壳饰；腹内中隔脊低弱。产地：1－广西鹿寨寨沙镇当头屯；2，3－贵州独山猴儿山。层位：1－中泥盆统埃艾菲尔阶下部；2，3－中泥盆统埃艾菲尔阶下部龙洞水组。

4　冯氏奇石燕 *Xenospirifer fongi*（Grabau，1931）　引自Grabau（1931）

4a—e－腹视、背视、前视、后视、侧视（正模）；4f－喙部放大；4g－壳饰放大。登记号：NIGP1526。主要特征：腹壳铰合面高三角形，微凹，三角孔部分为假窗板覆盖；中槽宽，槽底较深，中隆前部高凸，槽隆无褶饰；侧区壳褶粗圆，间隙窄；全壳覆有细密的同心层，层缘分布梳状刺瘤；腹内齿板细长，背内腕棒支板短，末端弯曲呈钩状。产地：广西藤县白马寺。层位：中泥盆统艾菲尔阶下部"白马页岩"。

5　庙儿川印度石燕 *Indospirifer maoerchuanensis*（Grabau，1931）　引自王钰和朱瑞芳（1979）

5a—d－腹视、侧视、前视、背视；5e－壳表放大。登记号：5a—d－NIGP34915；5e－NIGP34911。主要特征：轮廓亚横方形，主端钝圆，铰合线短于最大壳宽，腹喙强弯，中槽浅阔，舌突略短，中槽内两侧壳线分枝；中隆低平，两侧界沟宽而深；侧区壳褶简单、不分枝，隔隙宽浅。产地：贵州独山猴儿山。层位：中泥盆统艾菲尔阶下部龙洞水组。

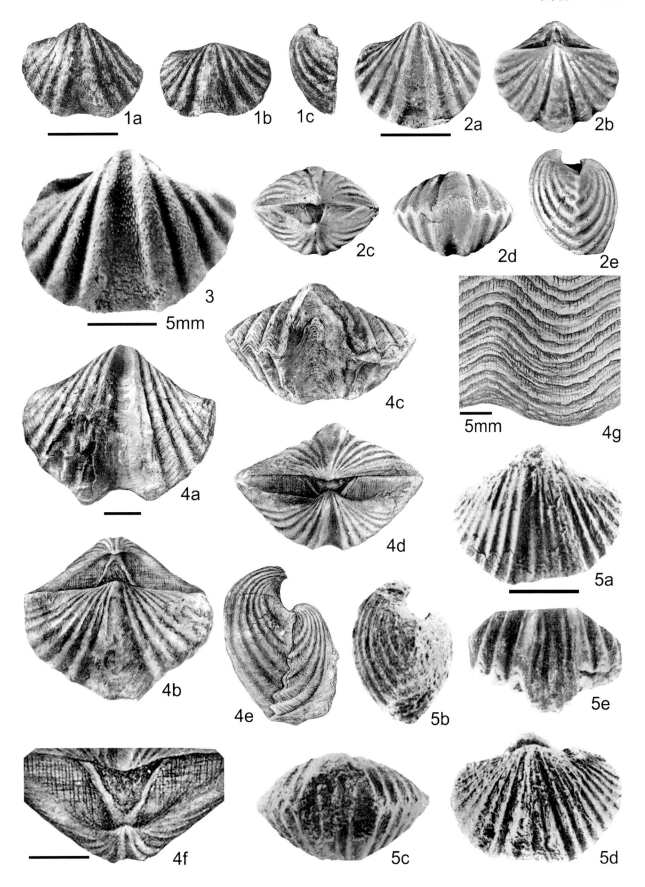

图版 5-5-16 说明

（同一标本共用比例尺；除特别标注外，比例尺 =1cm）

1，2　美好准无窗贝 *Athyrisina squamosaeformis* Wang et al.，1974　引自王钰和朱瑞芳（1979）

1－腹视、背视、侧视、前视（正模）；2－腹视、背视、侧视、前视。登记号：1－NIGP22396；2－NIGP34843。主要特征：主端阔圆，腹喙钝突，茎孔大，后转面低，中槽、中隆低浅；壳面具圆棱形的粗强壳褶，槽、隆上壳线较少分枝；壳面叠层状同心层密集。产地：贵州独山猴儿山。层位：中泥盆统艾菲尔阶下部龙洞水组。

3　半球剥鳞贝 *Desquamatia hemisphaerica* Wang et Zhu，1979　引自王钰和朱瑞芳（1979）

侧视、腹视、背视、前视（正模）。登记号：NIGP34826。主要特征：轮廓近亚方形，长、宽近等，腹壳缓凸，背壳强烈隆凸，槽隆低、弱；壳线细密，多次分枝或插入式增加。产地：贵州独山猴儿山。层位：中泥盆统艾菲尔阶下部龙洞水组。

4　黔南钩形贝 *Uncinulus qiannanensis* Wang et Zhu，1979　引自王钰和朱瑞芳（1979）

腹视、前视、背视、后视、侧视（正模）。登记号：NIGP34813。主要特征：贝体呈方球状，腹壳缓凸，背壳强烈隆凸，中隆、中槽狭窄，膝曲面显著，前舌呈方形；壳褶密集，插入式或分叉式增加，背壳凸度较大。产地：贵州独山猴儿山。层位：中泥盆统艾菲尔阶下部龙洞水组。

5　平黄拟拉朱金贝 *Paralazutkinia pinghuangshanensis* Jiang，1978　引自鲜思远和江宗龙（1978）

腹视、背视、侧视。登记号：GBGM-Gb-244。主要特征：轮廓横半圆形，腹喙微弯，腹壳铰合面高三角形；中槽狭窄，中央具细弱壳纹；中隆弱，中央具粗强壳褶；侧褶疏少，近主端近乎光滑。产地：贵州独山平黄山。层位：中泥盆统艾菲尔阶龙洞水组。

6　独山光滑双板贝 *Levibiseptum dushanense* Xian，1975　引自侯鸿飞和鲜思远（1975）

腹视、背视、腹视。登记号：6a－IGCA-BH-816；6b－IGCA-BH-817；6c－IGCA-BH-818。主要特征：壳体巨大，纵向伸展，近等双凸，腹铰合面高；两壳均具窄深的中槽，均始自喙部；壳面光滑无褶饰，同心纹微弱；背内腕板联合，被一块高强的中隔板支持。产地：贵州独山平黄山。层位：中泥盆统艾菲尔阶邦寨组。

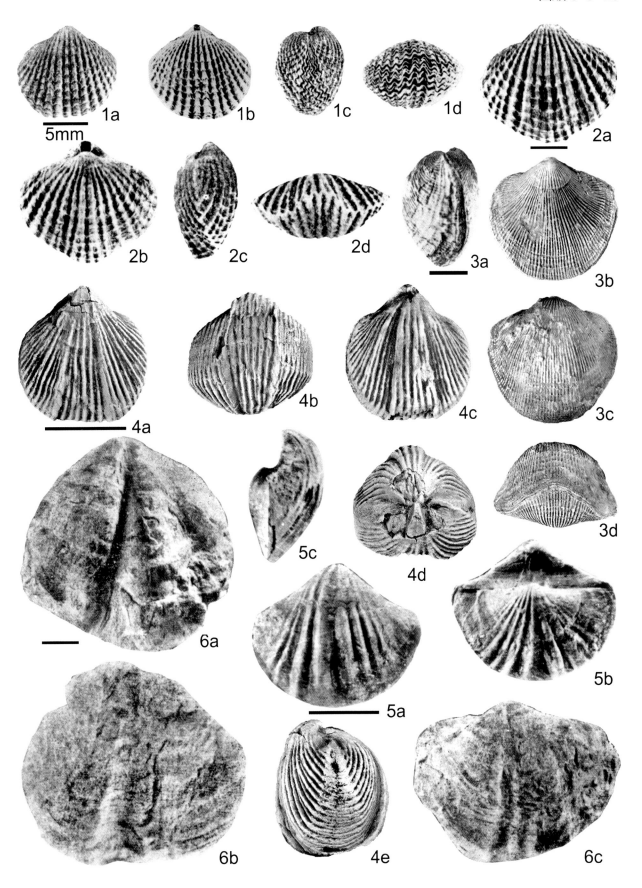

5mm

1a 1b 1c 1d 2a 2b 2c 2d 3a 3b 3c 3d 4a 4b 4c 4d 4e 5a 5b 5c 6a 6b 6c

图版 5-5-17 说明

（同一标本共用比例尺；除特别标注外，比例尺 =1cm）

1—3 双板长塘贝 *Changtangella bisepta* Xian，1983 引自鲜思远（1983）

1－腹壳内部及其前视（副模）；2－背壳内部；3－侧视、腹视、背视。登记号：1－GBGM-65403；2－GBGM-65406；3－GBGM-65401。主要特征：双凸，铰合线平直，主端方圆，腹铰合面高大、斜倾型，三角孔洞开，槽、隆不发育，壳面光滑，具微弱同心纹和放射纹；腹内齿板相向联合形成匙形台，其前端被中隔脊支持；背内腕棒支板与中隔板联合形成"V"形腕棒槽。产地：广西永宁县长塘。层位：中泥盆统吉维特阶民塘组底部。

4，5 有槽扇窗贝 *Rhipidothyris sulcatilis* Hou，1963 引自Chen和Qiao（2008）

4－腹视、侧视、背视、前视；5－腹视、背视、前视、侧视。登记号：4－IGCA-IV-454；5－NIGP142153。主要特征：贝体小，近等双凸，腹壳具低弱的中隆，背壳有浅缓的中槽，壳面覆有简单规则、始于顶区附近的放射线；腹内齿板，中隔脊低长；背内铰板联合，为中隔板所支持。产地：广西象州大乐应堂村。层位：中泥盆统艾菲尔阶下部古巴组。

6 展伸印度石燕 *Indospirifer extensus* Hou et Xian，1975 引自侯鸿飞和鲜思远（1975）

腹视、背视、前视。登记号：IGCA-BH-794。主要特征：贝体小，两翼伸展呈横三角形，腹喙小、弯曲；槽、隆明显，两侧为粗强的壳线所限；全壳壳线细密、不分枝。产地：贵州独山舒家坪。层位：中泥盆统艾菲尔阶下部龙洞水组。

7，8 猴儿山巅石燕 *Acrospirifer houershanensis* Hou et Xian，1975 引自侯鸿飞和鲜思远（1975）

7－腹视、背视、前视、侧视、后视（正模）；8－壳饰放大。登记号：7－BH-779；8－BH-782。主要特征：轮廓横三角形，中槽窄深、前舌高突，中隆前部隆突，侧壁陡倾，槽隆内光滑无褶饰；两侧区壳褶粗疏低弱，同心层细弱，层缘具梳状刺。产地：贵州独山舒家坪。层位：中泥盆统艾菲尔阶下部龙洞水组。

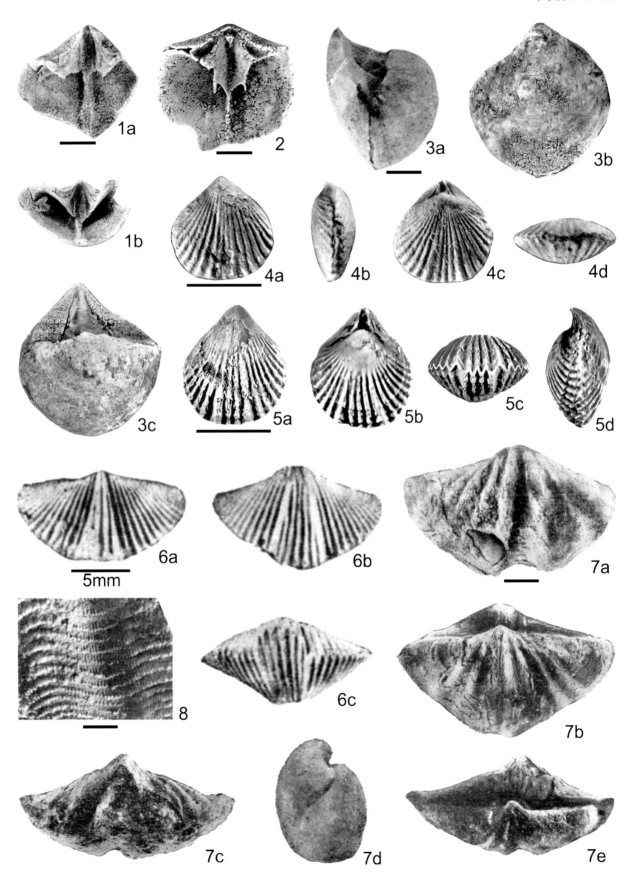

图版 5-5-18 说明

（同一标本共用比例尺；除特别标注外，比例尺 =2cm）

1　布丁形布哈丁贝 *Bornhardtina burtiniformis* Fang，1974　引自王钰等（1974）

腹视、背视、侧视。登记号：NIGP23592。主要特征：腹喙直耸，两壳后转面不发育；腹内齿板不发育，背内铰板分离，无主突起和中隔板。产地：广西武宣二塘。层位：中泥盆统吉维特阶东岗岭组。

2　益洼假波浪石燕 *Pseudoundispirifer yiwaensis* Zhang，1987　引自张研（1987）

腹视、侧视、背视、后视、前视（正模）。登记号：XIGM-XB-316。主要特征：贝体小，槽、隆低缓，壳面光滑；侧区仅具2～3根低弱的壳褶，同心层细密；腹内具内窗板，背内主突起发育。产地：甘肃迭部益哇沟。层位：中泥盆统吉维特阶下吾那组。

3　云南假布哈丁贝 *Parabornhardtina yunnanensis* Sun et Hou，1964　引自侯鸿飞和鲜思远（1964）

腹视、背视、侧视。登记号：IGCA-IV-492。主要特征：腹喙强烈弯曲掩覆窗孔，腹背壳均发育中槽；内部构造同 *Bornhardtina*。产地：云南华宁盘溪。层位：中泥盆统吉维特阶下部南盘江灰岩。

4　典型象州贝 *Xiangzhounia typica* Ni et Yang，1977　引自杨德骊等（1977）

腹视、背视、侧视、内部构造横切面。登记号：IGCA-IV-47217。主要特征：轮廓长卵形，腹喙耸弯，槽、隆不发育；腹内无齿板，中隔脊短；背内主突起大，铰板联合，为一对短而厚的隔板支持。产地：广西象州。层位：中泥盆统吉维特阶东岗岭组。

5　象州假布哈丁贝 *Pseudobornhardtina xiangzhouensis* Yang，1977　引自杨德骊等（1977）

腹视、背视、侧视。登记号：IGCA-IV-47224。主要特征：外形似 *Bornhardtina*，但腹内具齿板，背内具短中隔脊。产地：广西象州。层位：中泥盆统吉维特阶东岗岭组。

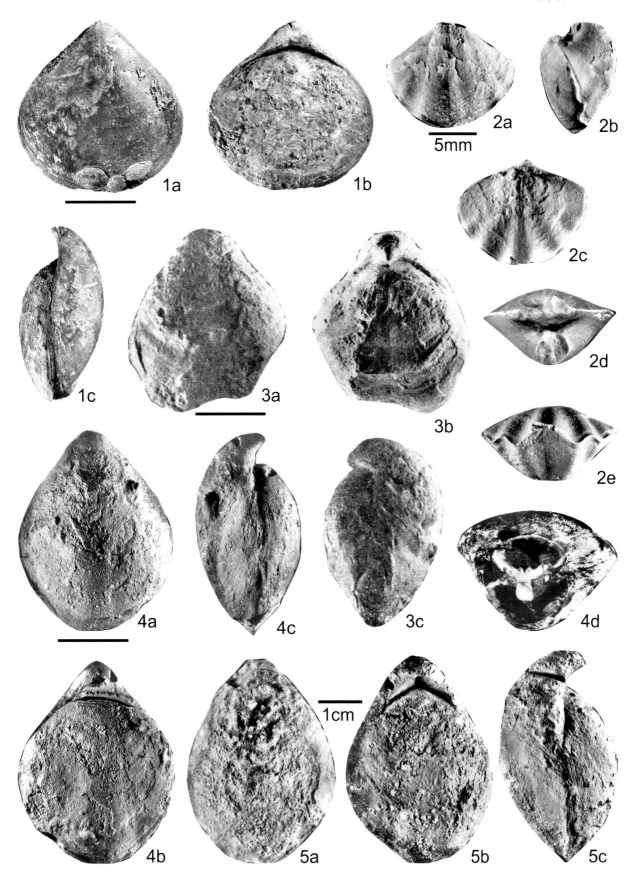

（同一标本共用比例尺；除特别标注外，比例尺 =2cm）

1 畸形巅孔贝 *Acrothyris distorta*（Wu，1974） 引自王钰等（1974）

腹视、侧视、背视、内部构造横切面。登记号：NIGP23670。主要特征：腹喙尖耸、直伸，顶端具茎孔，后转面发育，腹内齿板短，后部具弱的中隔脊，背内主突起大。产地：广西武宣二塘。层位：中泥盆统吉维特阶东岗岭组。

2 六景巨头贝 *Grandicephalus liujingensis* Xian，1998 引自鲜思远（1998）

腹视、背视、侧视。登记号：GBGM-96240。主要特征：腹喙高耸，背内缺失齿板和中隔板，背内主突起不明，铰窝深，铰窝间由次生内壳面扩展形成向腹方拱凸的"铰台"。产地：广西横县六景。层位：中泥盆统吉维特阶下部民塘组（下部）。

3 当多皱孔贝 *Rugosothyris dangduoensis* Zhang，1987 引自张研（1987）

侧视、腹视、背视、前视（正模）。登记号：XIGM-B-337。主要特征：贝体小，腹喙高伸，腹、背壳均具一个始于喙顶的中槽，壳面具同心皱及壳疹。腹内具短薄齿板，背内铰板联合，后部顶端具圆形小孔。产地：甘肃迭部当多沟。层位：中泥盆统吉维特阶，下吾那组中部。

4 似臭虫贝形中坪贝 *Zhongpingia cimicinoidesiformis* Yang，1983 引自杨德骊（1983）

腹视、侧视、前视、背视。登记号：YIGM-IV47297。主要特征：贝体小，腹喙弯曲，后转面显著，腹三角孔覆以三角双板，壳面光滑仅具同心纹；腹内具齿板，背内腕棒支板短、不达壳底，无中隔板。产地：广西象州马鞍山。层位：中泥盆统吉维特阶鸡德组。

5，6 三角直头贝 *Erectocephalus trigonus* Xian，1978 引自鲜思远和江宗龙（1978）

5－腹视、侧视、背视；6－内部构造横切面。登记号：5－GBGM-Gb-471a；6－GBGM-Gb-471b。主要特征：壳体巨大，腹喙尖耸高悬，腹壳平转面强烈发育、近直倾型，三角双板发育，背壳前部具低弱的中沟；腹内齿板粗短，中隔脊短，背内铰板短、凸向腹方；隔板槽狭窄，被主突起充填。产地：贵州安顺胡坝。层位：中泥盆统吉维特阶独山组。

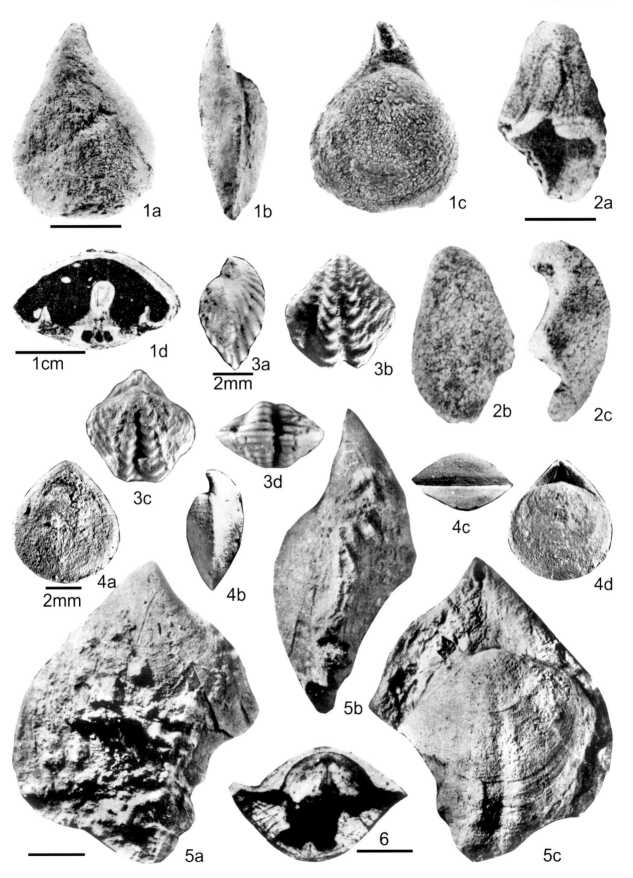

图版 5-5-20 说明

（同一标本共用比例尺；除特别标注外，比例尺 =2cm）

1 马鞍山似恽赛兰贝 *Rensselandioidea maanshanensis* Yang，1983 引自杨德骊（1983）

背视、侧视、腹视。登记号：YIGM-IV-47296。主要特征：轮廓横椭圆形，腹喙小、弯曲，后转面低矮，三角双板分离；腹内具齿板和中隔脊，背内中隔板高。产地：广西象州马鞍山。层位：中泥盆统吉维特阶下部鸡德组。

2，3 中等光滑板窗贝 *Leioseptathyris modica* Wu，1974 引自王钰等（1974）

2-腹视、背视、侧视；3-内部构造横切面。登记号：2-NIGP23673；3-NIGP23674。主要特征：腹壳后转面显著，三角双板联合，腹内齿板发育，背内铰板为短的中隔板支持，但不形成腕棒槽。产地：广西武宣二塘。层位：中泥盆统吉维特阶上部东岗岭组。

4 塔形广顺石燕 *Guangshunia pagodiformis* Xian，1978 引自鲜思远和江宗龙（1978）

后视、前视、侧视。登记号：GBGM-Gb-451。主要特征：中等大小，轮廓塔形，腹铰合面大，三角孔洞开，缺失槽隆；壳面覆以细密的放射纹；腹内具齿板和中隔脊；背内主突起粗大，中隔板高强，缺失腕基支板及隔板槽。产地：贵州长顺广顺。层位：中泥盆统吉维特阶独山组。

5 大乐恽赛兰贝 *Rensselandia daleensis* Yang，1977 引自杨德骊（1977）

腹视、背视、侧视、前视。登记号：YIGM-IV-47226。主要特征：腹喙尖而弯，三角孔大，三角双板小、分离，后转面低矮，壳面光滑，仅具微弱同心纹；腹内齿板短，背内铰板分离。产地：广西象州大乐。层位：中泥盆统吉维特阶东岗岭组。

6 肥厚鹗头贝 *Stringocephalus obesus* Grabau，1931 引自Grabau（1931）

腹视、背视、侧视。登记号：NIGP239。主要特征：壳体大，两壳强烈双凸，腹喙肿大、强烈弯曲；腹内中隔板高大、几达前缘，背内中隔板低、主突起长杆状。产地：云南曲靖。层位：中泥盆统吉维特阶"Tungshan Limestone"。

7 布丁鹗头贝 *Stringocephalus burtini* Defrance，1825 引自Tien（1938）

背视、腹视、侧视。登记号：NIGP6210。主要特征：腹壳凸度大于背壳，腹喙突伸、茎孔巨大，后转面明显、直倾型，腹壳前部具窄浅的中槽，背壳具弱的隆脊。产地：湖南安化。层位：中泥盆统吉维特阶棋子桥组（下部）。

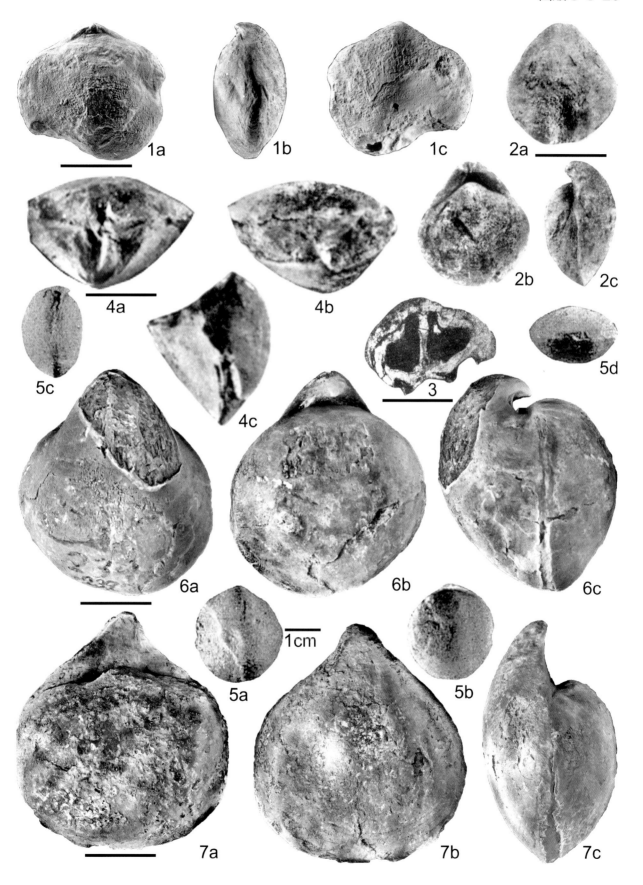

（同一标本共用比例尺；除特别标注外，比例尺 =2cm）

1　天山鹤头贝 *Geranocephalus tianshanensis*（Yang，1983）　引自张研和傅力浦（1983）

腹视、侧视、后视。登记号：XBGM-C36-11。主要特征：腹壳呈三角半椎体形，背壳强烈隆凸，腹壳后转面向腹方强烈后倾，腹壳前部具槽形凹陷；两壳均缺失中隔板，主突起二分叉。产地：新疆喀什苏约克河。层位：中泥盆统吉维特阶上部托格买提组（上部）。

2　礼县圆皱贝 *Obolorugia lixianensis* Zhang，1983　引自张研和傅力浦（1983）

腹视、背视、前视、侧视。登记号：XBGM-B-405。主要特征：贝体小，腹喙尖伸、具茎孔，槽隆不发育，壳面具明显的同心皱；腹内齿板短薄，无中隔板。产地：甘肃礼县榆树坪以北茶树沟。层位：中泥盆统吉维特阶榆树坪组。

3　大型科西尔贝 *Kosirium magnum*（Yang，1978）　引自鲜思远（1983）

腹视、背视、侧视。登记号：GBGM-65418。主要特征：贝体大，腹三角面高耸，喙尖直伸或微倾斜，三角孔巨大、洞开，壳面由放射纹和同心纹组成；腹内齿板短而分离，腕棒槽大而浅且前部由中隔脊支撑。产地：广西武宣二塘六峰山。层位：中泥盆统吉维特阶东岗岭组。

4，5　六景嘴石燕 *Rhynchospirifer liujingensis* Fang，1974　引自鲜思远（1983）

4－背视、后视、侧视；5－侧视、后视。登记号：4－GBGM-65417；5－GBGM-65418。主要特征：两壳三角面和喙部强烈发育，三角孔和背窗孔洞开，壳面由微细放射纹和同心层组成；腹内齿板长、平行延伸，背内腕棒槽前端为中隔板支持。产地：广西横县六景。层位：中泥盆统吉维特阶东岗岭组。

6　近等凸广西石燕 *Guangxiispirifer subaequata* Xian，1983　引自鲜思远（1983）

腹视、背视、侧视。登记号：GBGM-65412。主要特征：轮廓长圆形，腹铰合面高、斜倾—直倾型，背铰合面正倾型，两壳三角孔均洞开，壳面光滑、具微细放射纹和同心纹；腹内齿板退化，背内主突起粗大，中隔脊低矮。产地：广西邕宁长塘。层位：中泥盆统吉维特阶民塘组。

7　长塘似伊孟贝 *Ilmeniopsis changtangensis* Xian，1983　引自鲜思远（1983）

背视、侧视、前视。登记号：GBGM-65419。主要特征：腹三角面高、强烈凹曲，三角孔洞开，壳面同心层发育；齿板伸达壳璧，腕棒支板长且后端联合成平坦空悬的腕棒槽，无中隔板。产地：广西邕宁长塘。层位：中泥盆统吉维特阶民塘组。

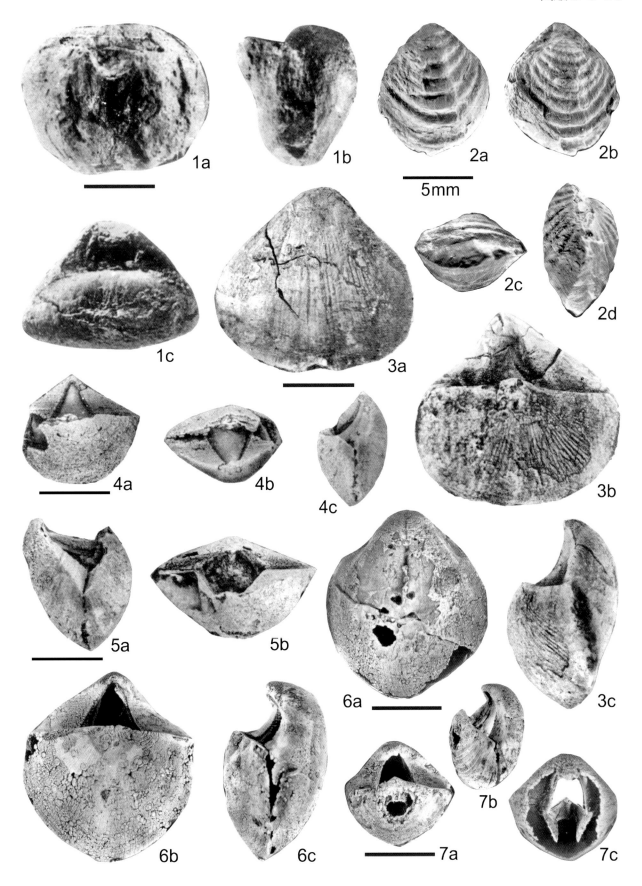

5mm

图版 5-5-22 说明

（同一标本共用比例尺；除特别标注外，比例尺 =1cm）

1 摩阿始网格贝 *Eoreticularia maureri*（Holzapfel，1896） 引自侯鸿飞和鲜思远（1964）

腹视、背视、侧视。登记号：IGCA-IV-490。主要特征：腹壳后部隆凸，喙部弯曲，腹壳前部具浅弱的中槽，中隆不发育；腹内齿板厚，背内腕棒支板伸达壳壁。产地：云南华宁盘溪。层位：中泥盆统吉维特阶"南盘江灰岩"。

2 贝他拟网格贝 *Reticulariopsis* β（Grabau，1931） 引自鲜思远和江宗龙（1978）

背视、腹视、前视、侧视。登记号：GBGM-Gb-460。主要特征：腹喙高耸、强烈弯曲，腹铰合面不显著，中槽浅弱、始于喙部，前舌短宽，中隆弱；两壳均无中隔板。产地：贵州独山县城郊。层位：中泥盆统吉维特期独山组鸡窝寨段。

3 惠水似波浪石燕 *Undispiriferoides huishuiensis* Xian，1978 引自鲜思远和江宗龙（1978）

腹视、前视、背视、壳表纹饰放大。登记号：GBGM-GB-453。主要特征：槽隆发育、光滑无饰，侧区壳褶粗强；壳面微细纹饰由纺锤形刺瘤及前端1~2列更细的瘤点组成；腹内齿板细，无中隔板，背内缺失腕基支板。产地：贵州惠水王佑。层位：中泥盆统吉维特阶独山组。

4 大关爱曼妞贝 *Emanuella takwanensis*（Kayser，1883） 引自Grabau（1931）

腹视、后视、侧视、前视、背视。登记号：无。主要特征：轮廓近五角形，长宽近等，腹壳凸度显著大于背壳，腹铰合面高，三角孔洞开；中槽微弱，中隆不发育，壳面饰有微弱的同心纹；腹内无齿板，背内铰窝支板延伸达壳长约1/3处。产地：云南东部夸兴山。层位：中泥盆统吉维特阶"夸兴层"。

5 奇怪尖翼石燕 *Mucrospirifer paradoxiformis* Hou，1959 引自侯鸿飞（1959）

背视、腹内模（正模）。登记号：a－IGCA-IV-412a；b－IGCA-IV-412b。主要特征：壳体大，两翼强烈横展，主端尖锐，槽隆宽阔、光滑；侧区壳褶简单，壳面覆有细密的同心线；腹内齿板短，中隔脊短。产地：黑龙江爱辉根里河东。层位：中泥盆统吉维特阶根里河组。

6 宽线裂石燕 *Schizospirifer latistriatus*（Frech，1911） 引自Grabau（1931）

腹视、背视、侧视、前视、后视。登记号：NIGP2774。主要特征：贝体横展，腹喙突伸，铰合面凹曲，中槽始于喙部，中隆两侧沟深，全壳覆以粗圆的壳褶、明显分枝，同心层发育。产地：云南东部曲靖。层位：中泥盆统吉维特阶"Tungshan Limestone"。

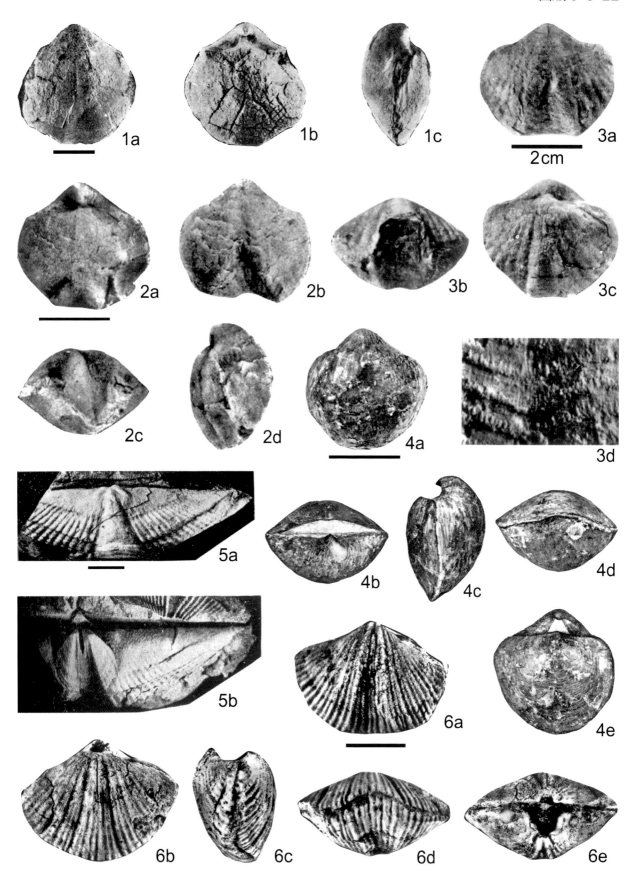

2cm

图版 5-5-23 说明

（同一标本共用比例尺；除特别标注外，比例尺 =1cm）

1，2　广西秃嘴贝 *Leiorhynchus kwangsiensis* Grabau，1931　引自 Grabau（1931）

1 - 腹视、背视、前视、侧视、后视；2 - 腹视、侧视、背视、后视、前视。登记号：1 - NIGP2436；2 - NIGP2438。主要特征：轮廓亚五角形，两壳近等双凸；壳体后部光滑，侧区壳线微弱；中槽、中隆始于壳体中前部。产地：广西河池。层位：中泥盆统吉维特阶—上泥盆统弗拉阶。

3　肥厚秃嘴贝 "*Leiorhynshus*" *obseus*（Grabau，1931）　引自 Chen（1984）

腹视、背视、后视、前视、侧视。登记号：CD73211。主要特征：轮廓圆五边形，侧貌近球状；背壳凸度大于腹壳；中槽宽浅，中隆较显著。产地：四川龙门山北川甘溪。层位：上泥盆统弗拉阶土桥子组。

4　湖南隐孔贝 *Hypothyridina hunanensis* Wang，1956　引自王钰（1956）

腹视、背视、侧视、后视、前视。登记号：NIGP8016。主要特征：中等大小，轮廓近方形，壳线圆凸，中槽向背方呈膝状折曲。产地：湖南湘乡龙口冲。层位：上泥盆统弗拉阶下部龙口冲组。

5，6　土桥子 Y 型嘴贝 *Ypsilorhynchus tuqiaoziensis*（Chen，1978）　引自 Chen（1984）

5 - 腹视、背视、后视、前视、侧视；6 - 腹视、侧视、背视、前视、后视。登记号：5 - CD73162；6 - CD73164。主要特征：槽隆浅弱，前舌较短，壳面放射线细弱；腹内齿板向腹方汇聚，被粗壮的中隔板支撑。产地：四川龙门山北川甘溪。层位：上泥盆统弗拉阶土桥子组。

7，8　四川宽嘴贝 *Platyterorhynchus sichuanensis*（Chen，1978）　引自 Chen（1984）

7 - 腹视、背视、前视、后视、侧视；8 - 背视、腹视、侧视。登记号：7 - CD73191；8 - CD73192。主要特征：两壳凸度较大，腹喙强弯，中槽宽浅，中隆不显著，槽隆上壳线较多，侧区壳线极弱；腹内齿板薄，背内铰板近平，隔板槽小，中隔板细长。产地：四川龙门山北川甘溪。层位：上泥盆统弗拉阶土桥子组。

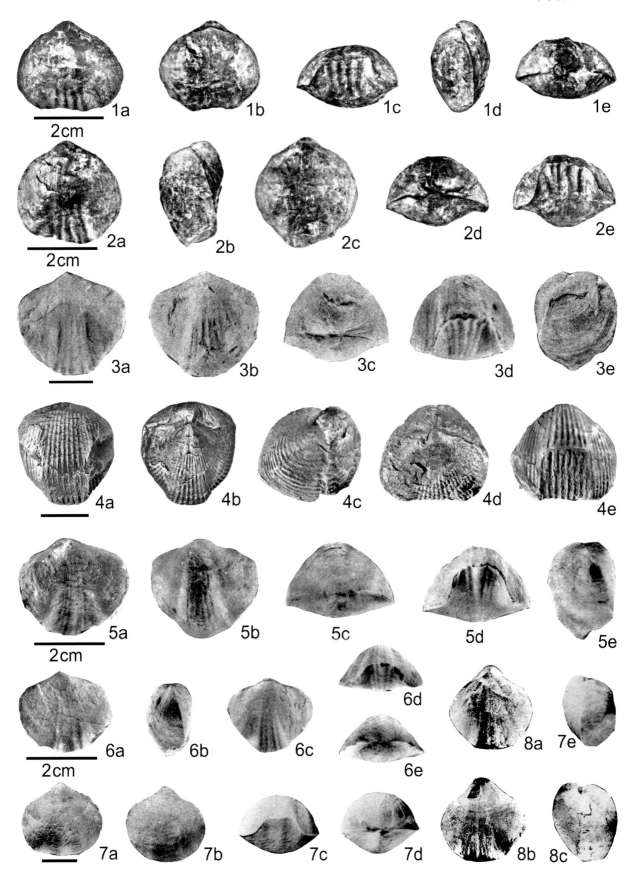

图版 5-5-24 说明

（同一标本共用比例尺；除特别标注外，比例尺 =1cm）

1 三褶线斗贝 *Striatopugnax triplicata* Chen，1978 引自Chen（1984）

腹视、侧视、背视、后视、前视。登记号：CD73097。主要特征：轮廓近三角形，背壳强凸，壳纹细密；壳褶中槽内3~5根，中隆上4~6根；背内仅具分离的铰板。产地：四川龙门山北川甘溪。层位：上泥盆统弗拉阶土桥子组。

2 双褶线斗贝 *Striatopugnax biplicata* Chen，1978 引自Chen（1984）

腹视、背视、后视、侧视、前视。登记号：CD73114。主要特征：背壳隆凸较弱；壳褶仅出现在前缘附近，中槽内2根，中隆上3根；两侧壳褶不发育。产地：四川龙门山北川甘溪。层位：上泥盆统弗拉阶土桥子组。

3 中华隐孔贝 *Hypothyridina sinensis*（Grabau，1931） 引自Grabau（1931）

腹视、前视、侧视、后视。登记号：NIGP2394。主要特征：贝体凸度大，背壳强凸，中槽宽，前舌方形，后部光滑，前部壳线细弱；腹内齿板短，背内中隔板低。产地：甘肃庙儿川。层位：上泥盆统弗拉阶"庙儿川组"。

4 田氏湖南房贝 *Hunanotoechia tieni* Ma，1993 引自马学平（1993）

腹视、前视、后视、侧视、背视。登记号：ESPU-XD9221。主要特征：背壳强凸，腹壳缓凸，腹喙尖、直伸，槽隆见于前部，全壳覆有密集的简单壳线；腹内齿板发育，背内隔板槽宽浅，由粗壮的中隔板支撑。产地：湖南新化县老蒋冲。层位：上泥盆统弗拉阶长龙界组。

5 矩形狮鼻贝 *Pugnax rectangularis*（Tien，1938） 引自Tien（1938）

背视、前视、腹视、侧视。登记号：NIGP6124。主要特征：轮廓横五边形，中槽宽阔，前舌近矩形。产地：湖南湘乡龙口冲。层位：上泥盆统弗拉阶佘田桥组。

6 奇形考尔文贝 *Calvinaria paradoxiformis* Chen，1978 引自Chen（1984）

腹视、侧视、背视、后视、前视。登记号：CD73252。主要特征：中等大小，横矩形，两壳凸度较小，前舌高突，中槽内具短褶。产地：四川龙门山北川甘溪。层位：上泥盆统弗拉阶土桥子组。

7 中华似隔板贝 *Septalariopsis zhonghuaensis* Chen，1978 引自许庆健等（1978）

腹视、侧视、背视、后视、前视。登记号：CIGM-CD-73271。主要特征：腹喙弯曲，壳体后半部壳纹细密，在前部形成壳褶或消失；腹内齿板短细并形成微弱的匙形台；背内主突起冠部梳状。产地：四川龙门山北川甘溪。层位：上泥盆统弗拉阶土桥子组。

8 小型隆凸小嘴贝 *Parvaltissimarostrum minimum* Sartenaer et Xu，1991 引自Sartenaer和Xu（1991）

腹视、侧视、背视、前视、后视。登记号：NIGP112786。主要特征：贝体小，腹壳中前部被宽浅的中槽占据，前舌显著向背方高凸，背壳前部被高凸的中隆占据，壳线粗疏、见于前部；背内中隔板长，隔板槽窄深、前部被内铰板掩覆。产地：湖南湘乡。层位：上泥盆统弗拉阶佘田桥组。

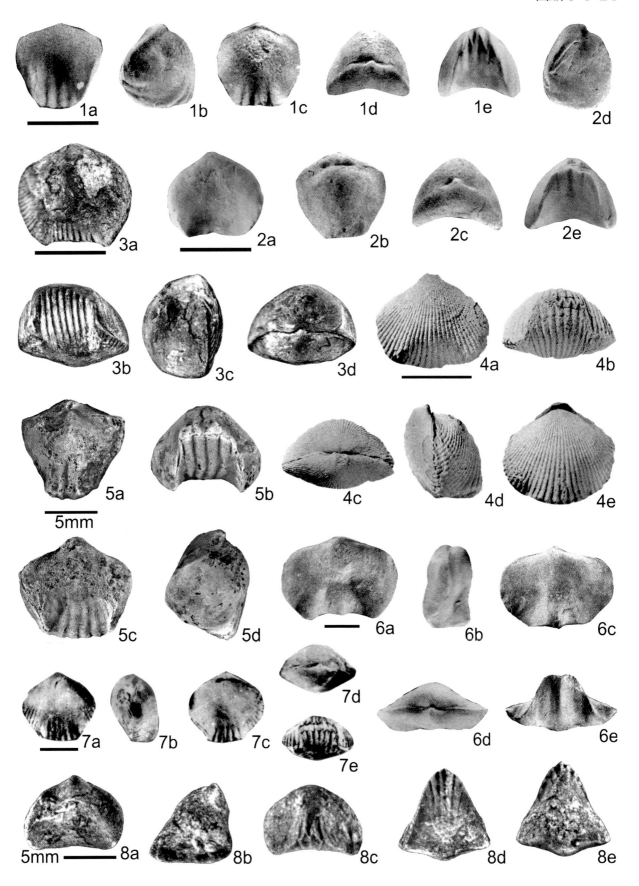

图版 5-5-25 说明

（同一标本共用比例尺；除特别标注外，比例尺 =1cm）

1　博丁无洞贝 *Atrypa bodini* Mansuy，1912　引自Grabau（1931）

腹视、背视、侧视、前视、后视。登记号：NIGP2554。主要特征：腹喙小、弯曲，后转面不发育；壳线密集，分叉或插入式增加，叠层状同心层发育；腹内无齿板，背内铰板分离，中隔板缺失。产地：四川Pengwa，Pechipu。层位：中泥盆统，Pechipu Formation。

2　湖南剥鳞贝 *Desquamatia hunanensis*（Grabau，1931）　引自Tien（1938）

腹视、背视、侧视、后视、前视。登记号：NIGP6190。主要特征：轮廓亚方圆形，主端尖，腹喙小、尖耸；壳线细密，同心线弱；齿板发育。产地：湖南湘潭。层位：中泥盆统跳马涧组。

3　棋子桥剥鳞贝 *Desquamatia qiziqiaoensis* Ma，2006　引自Ma等（2006）

腹视、背视、侧视、后视。登记号：PUM05014。主要特征：轮廓亚圆形，主端浑圆，背壳凸度大于腹壳，槽隆不发育，壳线细密。产地：湖南湘乡棋子桥剖面。层位：上泥盆统弗拉阶龙口冲组。

4　白石白石无洞贝 *Peshiatrypa pechiensis*（Grabau，1931）　引自Grabau（1931）

腹视、背视、侧视、后视、前视。登记号：NIGP1845。主要特征：贝体小，腹喙尖耸，顶端具茎孔；铰合面三角形，具三角双板；壳面具均匀规则的筒状放射线，同心层细密。产地：湖南长沙。层位：中泥盆统跳马涧组。

5　窦唯尔刺无洞贝 *Spinatrypina douvillei*（Mansuy，1912）　引自Chen（1983）

背视、腹视、后视、前视、侧视。登记号：CDA-123B。主要特征：腹喙小、直倾；铰合面小，具三角双板；壳线粗而密，叠层状同心层发育但层缘刺不发育，无饰边。产地：四川龙门山北川甘溪。层位：中泥盆统吉维特阶观雾山组。

6　中华反转贝 *Invertina sinensis*（Kayser，1883）　引自Copper和Chen（1995）

腹视、背视、后视、前视、侧视。登记号：（Berlin）MBB114-1。主要特征：长卵形，腹喙短，铰合面和三角双板小，全壳覆有圆形壳线，叠层状同心层密集。产地：四川龙门山玉龙村附近。层位：中泥盆统吉维特阶观雾山组。

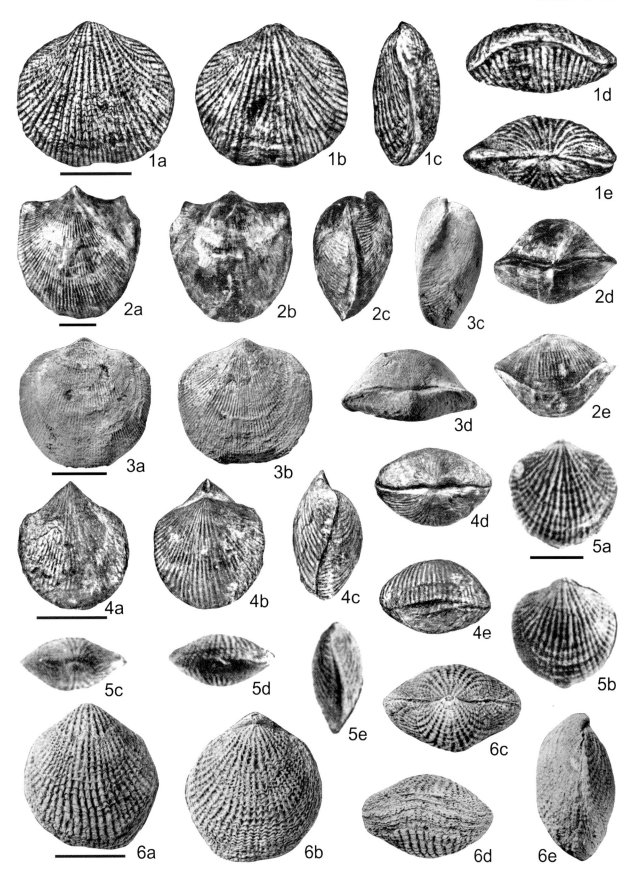

图版 5-5-26 说明

（同一标本共用比例尺；除特别标注外，比例尺 =1cm）

1 亚广西刺无洞贝 *Spinatrypa subkwangsiensis*（Tien，1938） 引自Ma等（2006）

腹视、背视、侧视、前视、后视。登记号：PUM05022。主要特征：背壳凸度大于腹壳，腹喙微弯，铰合面及其三角双板小，壳线粗疏、分枝；叠层状同心层发育，与壳线相交处形成锯状刺。产地：湖南棋子桥剖面。层位：上泥盆统弗拉阶龙口冲组。

2 杨氏放射无洞贝 *Radiatrypa yangi* Ma，2005 引自Ma等（2005）

后视、腹视、前视、侧视、背视。登记号：PUM03025。主要特征：主端圆，腹喙直倾，缺失槽隆，壳线细弱；腹内齿腔小，背内无主突起。产地：贵州独山剖面。层位：上泥盆统弗拉阶望城坡组卢家寨段。

3 独山粗线无洞贝 *Costatrypa dushanensis*（Ma，2005） 引自Ma等（2005）

腹视、背视、后视、侧视、前视。登记号：PUM03027。主要特征：轮廓五边形，背壳强凸，缺失槽隆，壳线较细圆，同心纹发育。产地：贵州独山剖面。层位：上泥盆统弗拉阶望城坡组贺家寨段。

4 典型细线无洞贝 *Fliatrypa typica* Chen，1983 引自陈源仁（1983）

腹视、背视、后视、前视、侧视。登记号：CDUT-CDA-1211。主要特征：贝体大，背壳强凸，腹喙紧贴背壳，缺失茎孔、三角板和铰合面；全壳覆有细密的壳线，缺失同心状壳饰。产地：四川龙门山北川甘溪。层位：上泥盆统弗拉阶，沙窝子组。

5 鳞片独立无洞贝 *Independatrypa lemma* Chen，1983 引自陈源仁（1983）

腹视、侧视、前视、背视、后视。登记号：CDUT-CDA-1116。主要特征：贝体大，腹喙小而直倾，铰合面和三角双板发育；壳线粗，同心层间隙宽，饰边长；背内主突起锯齿状，中隔脊低，腕棒基弯钩状。产地：四川龙门山北川甘溪。层位：中泥盆统吉维特阶观雾山组。

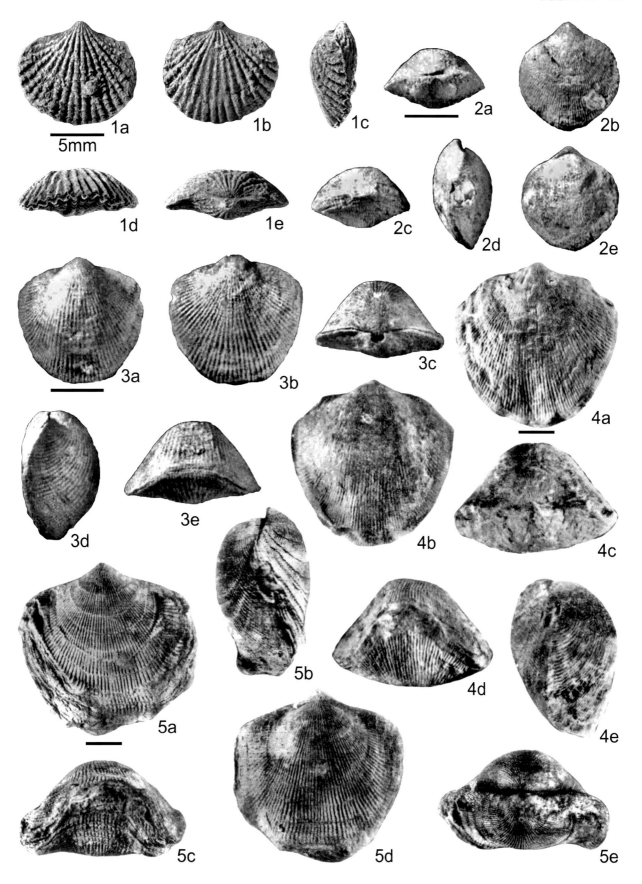

图版 5-5-27 说明

（同一标本共用比例尺；除特别标注外，比例尺 =1cm）

1，2　零陵先瓦刚贝 *Praewaagenoconcha linglingensis*（Wang，1956）　引自王钰（1956）

1－腹视、背视、侧视；2－背视、腹视。登记号：1－NIGP8669；2－NIGP8671。主要特征：轮廓方形，背壳强凹，腹、背壳同心皱层发育；壳刺密集，沿壳皱前缘呈同心带状排列。产地：湖南零陵县。层位：上泥盆统弗拉阶。

3，4　皱纹中华扭面贝 *Sinalosia rugosa* Ma et Sun，2002　引自Ma等（2002）

3－腹视、侧视、背视；4－背视、腹视。登记号：3－PUM00017；4－PUM00021。主要特征：腹铰合面发育，三角孔被假三角板覆盖，腹壳具壳皱及平行壳面的细长壳针，背壳仅具壳皱。产地：湖南邵东县。层位：上泥盆统弗拉阶上部余田桥组上部。

5—7　半球中华小长身贝 *Sinoproductella hemispherica*（Tien，1938）　引自Tien（1938）

5－腹视、后视、侧视；6－腹视；7－背视。登记号：5－NIGP6258；6－NIGP7448；7－NIGP7449。主要特征：腹壳隆凸，背壳缓凹，腹铰合面低矮；壳面布满粗细不等的壳针，主端附近各有4～5根粗强、中空的壳针（呈簇状聚集），前侧缘壳针较短；背壳仅具轻微的同心线和细小的凹窝。产地：湖南新化。层位：上泥盆统法门阶下部锡矿山组。

8　扁平褶房贝 *Ptychomaletoechia depress*（Tien，1938）　引自Tien（1938）

腹视、前视、侧视、背视。登记号：NIGP6030。主要特征：腹喙尖而弯曲，腹壳顶区稍凸，中部及侧区低平、呈宽浅的凹曲，全壳覆有简单的棱形壳线；腹内齿板短，背内中隔板低，隔板槽深。产地：湖南湘乡八湾。层位：上泥盆统法门阶下部。

9　锡矿山褶房贝 *Ptychomaletoechia hsikuangshanensis*（Tien，1938）　引自马学平等（2004）

背视、前视。登记号：PUM03061。主要特征：轮廓横五边形，壳宽大于壳长，槽隆显著，前舌高阔，壳线粗、数量较少。产地：湖南余田桥剖面。层位：上泥盆统法门阶底部。

10　花桥新邵贝 *Xinshaoella huaqiaoensis* Zhao，1977　引自杨德骊等（1977）

腹视、背视、前视、侧视。登记号：YIGM-IV-12012。主要特征：轮廓横圆，槽隆不发育，壳线细密清晰、分叉，腹内支板细长，背内隔板槽窄深，由中隔板支持。产地：湖南新邵花桥。层位：上泥盆统法门阶下部锡矿山组。

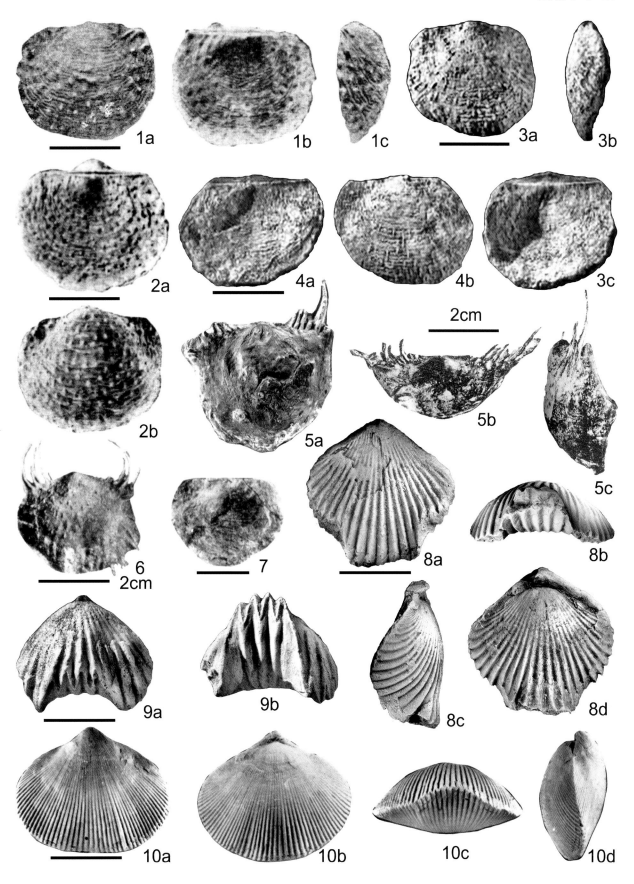

图版 5-5-28 说明

（同一标本共用比例尺；比例尺 =5mm）

1，2　汉伯里云南贝 *Yunnanella hanburyi*（Davidson，1853）　引自陈秀琴等（2001）

1－腹视、侧视、背视、前视；2－背视、前视、侧视、腹视。登记号：1－NIGP1739；2－NIGP1750。主要特征：背壳强凸，中槽宽阔，前舌高耸、突向背方；壳体前部具粗强、低圆的壳褶，放射纹极细；腹内齿板发育，背内中隔板短小，隔板槽"V"形。产地：华南。层位：上泥盆统法门阶尧梭组。

3，4　单褶云南贝 *Yunnanella uniplicata*（Grabau，1931）　引自Grabau（1931）

3－腹视、背视、侧视、前视、后视；4－腹视、背视、侧视、前视、后视。登记号：3－NIGP1747；4－NIGP1741。主要特征：壳褶粗强呈脊状，中槽内仅具1条壳褶，中隆上2条壳褶；壳面放射纹细而清晰。产地：华南。层位：上泥盆统法门阶尧梭组。

5，6　三褶云南贝 *Yunnanella triplicata*（Grabau，1931）　引自Grabau（1931）

5－腹视、背视、侧视、前视、后视；6－腹视、背视、前视、侧视、后视。登记号：5－NIGP1739；6－NIGP1750。主要特征：贝体前端强烈凸起，中槽宽阔，中隆见于壳体前部，壳面具粗大的壳褶和细弱的放射线，中槽内3条褶，中隆上4条褶。产地：华南。层位：上泥盆统法门阶尧梭组。

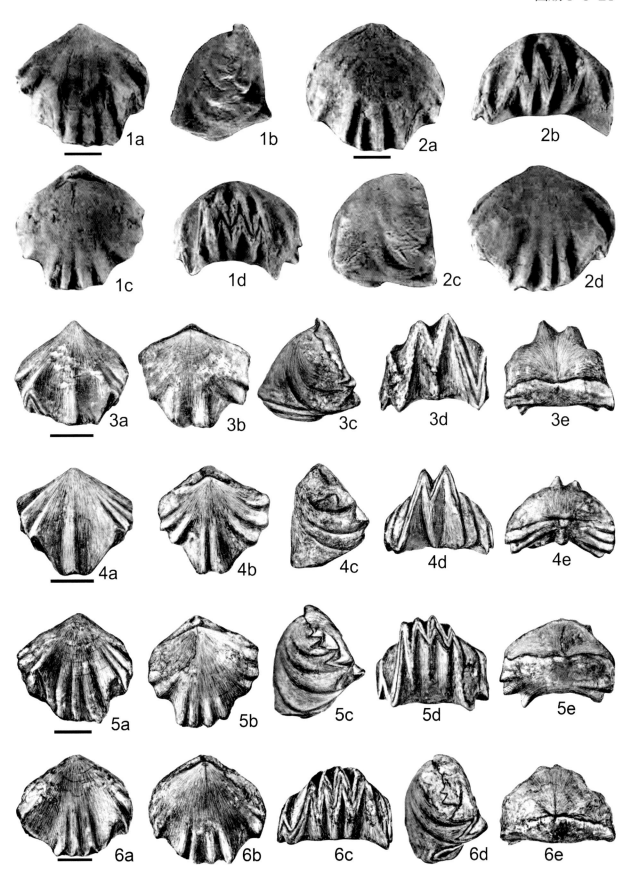

图版 5-5-29 说明

（同一标本共用比例尺；除特别标注外，比例尺 =5mm）

1 合褶纳云贝 *Nayunnella synplicata*（Grabau，1931） 引自陈秀琴等（2001）

腹视、背视、前视、侧视、后视。登记号：NIGP169。主要特征：腹喙尖、弯曲，中槽浅阔，中隆低突，壳线细圆，在壳体前端变细或消失；中槽内具2个粗强的棱角状壳褶，各由2~3条壳线联合而成；两侧区前端各具3~4条尖角状壳褶。产地：华南。层位：上泥盆统法门阶尧梭组。

2 陡缘纳云贝 *Nayunnella abrupta*（Grabau，1931） 引自Tien（1938）

腹视、侧视、背视、前视。登记号：NIGP6078。主要特征：两壳凸度较大，壳宽大于壳长，壳线简单；中槽内有2个壳褶，由单一壳线扩大而成。产地：湖南陶塘。层位：上泥盆统法门阶锡矿山组。

3 炉观纳云贝 *Nayunnella luguanensis*（Zhao，1977） 引自杨德骊等（1977）

腹视、背视、侧视、前视。登记号：NIGP2453。主要特征：轮廓圆五边形，腹壳缓凸，背壳顶区强凸，槽隆明显且始于顶区附近；壳褶粗、尖棱角状，始于顶区附近，由2~3条壳线合并而成。产地：湖南新化炉观。层位：上泥盆统法门阶锡矿山组。

4，5 四川假云南贝 *Pseudoyunnanella sichuanensis* Chen，1978 引自许庆健等（1978）

4-腹视、背视、侧视、后视；5-背视、腹视、前视、侧视。登记号：4-CIGM-SB-3596a；5-CIGM-SB-3598。主要特征：腹壳凸度大于背壳，腹喙耸尖，壳线细弱，向两侧变细或消失；腹壳壳线沿纵中线向前合并为1条凸起的粗壳褶，背壳沿纵中线前部凹曲；腹内齿板弱，中隔脊低弱，背内主突起粗大。产地：四川崇庆长河坝。层位：上泥盆统法门阶茅坝组。

6，7 四川罗兹曼贝 *Rozmanaria sichuanensis* Chen，1978 引自许庆健等（1978）

6-腹视、背视、前视、后视、侧视；7-腹视、背视、侧视、前视、后视。登记号：6-CIGM-SB-3679；7-CIGM-SB-3678。主要特征：轮廓横的五边形，腹壳凸度大于背壳，腹喙强烈弯曲，腹壳纵中线前部隆凸，背壳前部中槽宽，向腹方延伸形成前舌，槽隆上具粗圆壳褶，侧区壳面光滑；腹内无齿板和中隔板，背内铰板分离，缺失中隔板。产地：四川崇庆长河坝。层位：上泥盆统法门阶茅坝组。

8 卓戈洞小邦达贝 *Xiaobangdaia zhuogedongensis* Wang in Jin et al.，1985 引自Jin等（1985）

背视、腹视、侧视、前视、后视。登记号：NIGP60682。主要特征：轮廓方五边形，背壳凸度大于腹壳，槽隆仅见于壳体前部，前舌短、截切状，壳褶限于前侧缘；齿板缺失，背内外铰板分离，无主突起和中隔板。产地：西藏芒康邦达。层位：上泥盆统弗拉阶卓戈洞组。

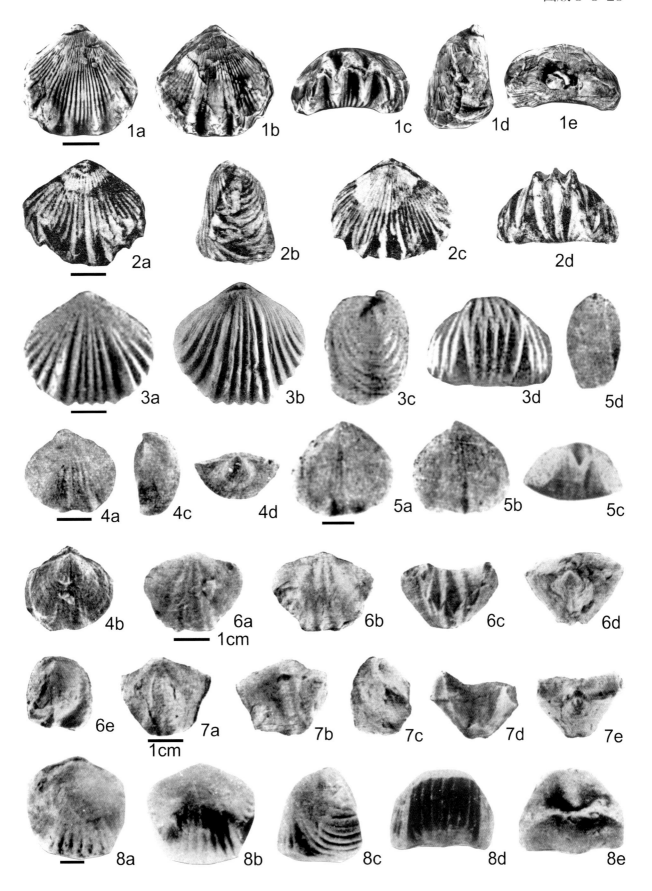

图版 5-5-30 说明

（同一标本共用比例尺；除特别标注外，比例尺 =1cm）

1 怀特弓石燕（比较种）*Cyrtospirifer* cf. *whitneyi*（Hall，1858） 引自Ma和Day（2003）

腹视、后视、侧视、前视、背视。登记号：PUM98046。主要特征：轮廓呈菱形，腹壳铰合面低、微弯曲，槽隆上壳线细密、分枝或插入式增加，侧区壳线略粗、简单不分枝，微壳饰为放射状排列的细瘤延展而成的细放射纹；腹内齿板长，具内窗板，背内主突起大。产地：湖南余田桥剖面。层位：上泥盆统弗拉阶余田桥组。

2，4 帐幕帐幕石燕 *Tenticospirifer tenticulum*（de Verneuil，1845） 引自Tien（1938），Ma和Day（2000）

2－腹视、后视、侧视、背视、前视；4－腹视、侧视、背视、后视、前视。登记号：2－NIGP6242；4－PUM98055。主要特征：腹壳高凸呈半锥状，腹铰合面宽平，三角孔大；腹内齿板细长，无中隔板，背内具短的中隔板，腕基支板薄。产地：2－湖南宁乡；4－湖南余田桥剖面。层位：2－上泥盆统法门阶；4－上泥盆统弗拉斯阶上部余田桥组。

3 甘肃切多斯贝 *Theodossia gansuensis* Zhang，1983 引自张研和傅力甫（1983）

腹视、背视、侧视、前视。登记号：XBGM-B354。主要特征：主端圆，腹喙弯曲，槽隆浅平，侧区壳线简单不分枝，壳表具微细放射纹和细长、略同心状排列的瘤突；齿板薄而高，无中隔板，背内铰窝支板小。产地：甘肃碌曲尕海噶尔且括合。层位：上泥盆统法门阶下部陡石山组。

5 三槽帐幕石燕 *Tenticospirifer triplisinosus*（Grabau，1931） 引自湖南省地质局（1982）

腹视、背视、侧视、前视。登记号：HB216。主要特征：壳体大而厚，腹铰合面高，喙尖而微弯，槽隆明显，中槽内被2条始于壳顶的粗壳线分成3部分，两侧坡上具分枝的壳线；中隆低平，被2条粗沟分成3部分；侧区壳线简单规则，同心纹细弱。产地：湖南新化炉观。层位：上泥盆统法门阶。

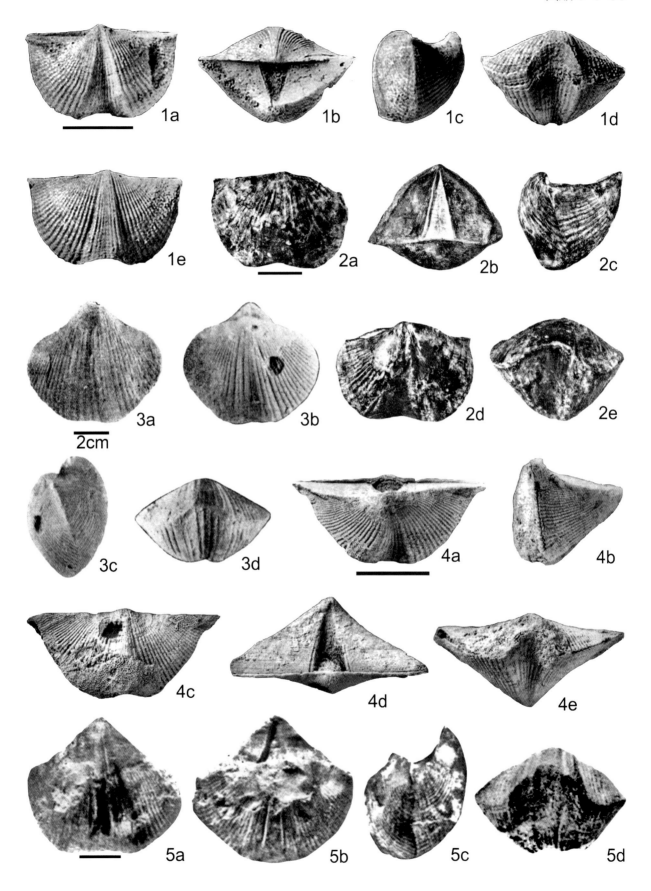

2cm

图版 5-5-31 说明

（同一标本共用比例尺；除特别标注外，比例尺 =1cm）

1 杨桥美娜石燕 *Mennespirifer yangqiaoensis* Ma et Sun，2001　引自Ma和Sun（2001）

腹视、背视、前视、后视、侧视及腹壳局部放大示微细壳饰。登记号：PUM00037。主要特征：贝体小，主端圆，铰合线短于最大壳宽，铰合面小；槽隆上壳线较少，侧区壳线低圆；齿板长，主突起大。产地：湖南邵东杨桥镇合义村。层位：上泥盆统弗拉阶上部佘田桥组上部。

2 中华乌贺托石燕 *Uchtospirifer sinicus* Zhang，1983　引自张川等（1983）

腹视、背视、侧视。登记号：XBRA-219。主要特征：背壳强凸，铰合线短，铰合面阔三角形、凹曲，三角孔大，上部被假三角板覆盖且顶端具茎孔，壳线宽平。产地：新疆和布克赛尔。层位：上泥盆统法门阶洪古勒楞组。

3 早坂拉马克石燕 *Lamarckispirifer hayasakai*（Grabau，1931）　引自Ma和Day（2007）

背视、腹视、侧视、后视、前视。登记号：PUM98020。主要特征：中槽宽，中隆上具一条纵沟，壳面具微细放射纹和同心线，壳褶上具粗的瘤突；腹内齿板薄，背内主突起被中隔板支撑。产地：湖南祁东姜家桥剖面。层位：上泥盆统法门阶下部长龙界组。

4 帕朗平石燕 *Platyspirifer paronai*（Martelli，1902）　引自Hou等（1996）

腹视、背视、侧视、后视。登记号：DL-28-2。主要特征：轮廓近圆，腹喙直伸，铰合面低而弯曲，三角孔洞开，槽隆较弱，中央壳线多次分枝，侧区壳线低平、少数分枝；腹内齿板粗强，背内主突起梳状，缺失中隔板。产地：湖南祁阳李家坪。层位：上泥盆统法门阶下部长龙界组。

5，6 亚展伸弓石燕 *Cyrtospirifer subextensoides* Ma，2009　引自Ma（2009）

5－腹视、背视、前视、后视、侧视；6－背壳内部示主突起。登记号：5－PUM03032；6－PUM03034。主要特征：轮廓亚方形，主端微突，腹壳铰合面低、微弯曲，槽隆中等发育，侧区壳线简单；腹内齿板长，背内梳状主突起粗大。产地：贵州独山剖面。层位：上泥盆统弗拉阶卢家寨组。

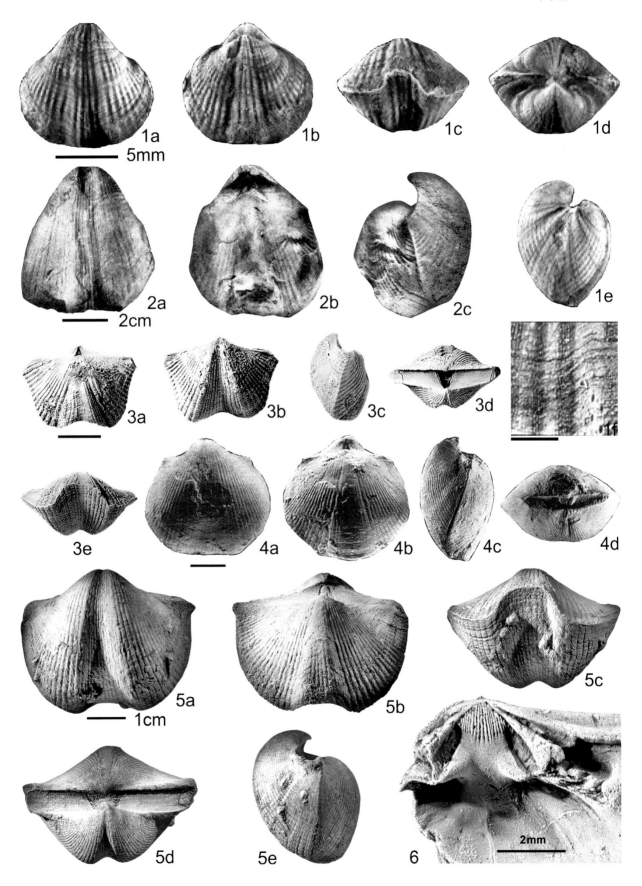

图版 5-5-32 说明

（同一标本共用比例尺；除特别标注外，比例尺 =1cm）

1　亚展伸中华石燕 *Sinospirifer subextensus*（Martelli，1902）　引自Grabau（1931）

腹视、背视、侧视、前视、后视。登记号：NIGP2270。主要特征：腹铰合面弯曲，假三角板顶端开孔，槽隆明显，壳线分枝或插入式增加，侧区壳线简单，微纹饰由同心线和细小放射状瘤突组成；腹内顶区加厚，齿板厚。产地：湖南（具体产地未知）。层位：上泥盆统法门阶下部。

2—4　弱褶托马斯贝 *Thomasaria exiliplicata* Zhang，1987　引自张研（1987）

2，3-腹视；4-腹视、后视、侧视。登记号：2-XB-278；3-XB-279；4-XB-281。主要特征：贝体小，腹壳呈角锥状，铰合面高耸，腹中槽狭浅、无壳线，中隆不发育；侧区壳线不发育，仅具细密放射纹。产地：甘肃迭部益哇北沟。层位：上泥盆统法门阶陡石山组。

5，6　王氏湖南石燕 *Hunanospirifer wangi* Tien，1938　引自Tien（1938）

5-背视、腹视、侧视、后视、前视；6-腹视、前视、背视、侧视。登记号：5-NIGP6304；6-NIGP6302。主要特征：腹喙直伸，铰合面直倾，槽隆与侧区壳面界线不甚清晰，侧区壳线细密不分枝；腹内齿板长，内窗板短，背内主突起梳状。产地：湖南宁乡。层位：上泥盆统法门阶锡矿山组。

7　宁乡湖南石燕 *Hunanospirifer ninghsiangensis* Tien，1938　引自Tien（1938）

腹视、背视、后视、侧视、前视。登记号：NIGP6299。主要特征：腹喙突伸，铰合面高，中槽浅阔，前缘向背方突伸，中隆显著强烈隆凸。产地：湖南宁乡。层位：上泥盆统法门阶锡矿山组。

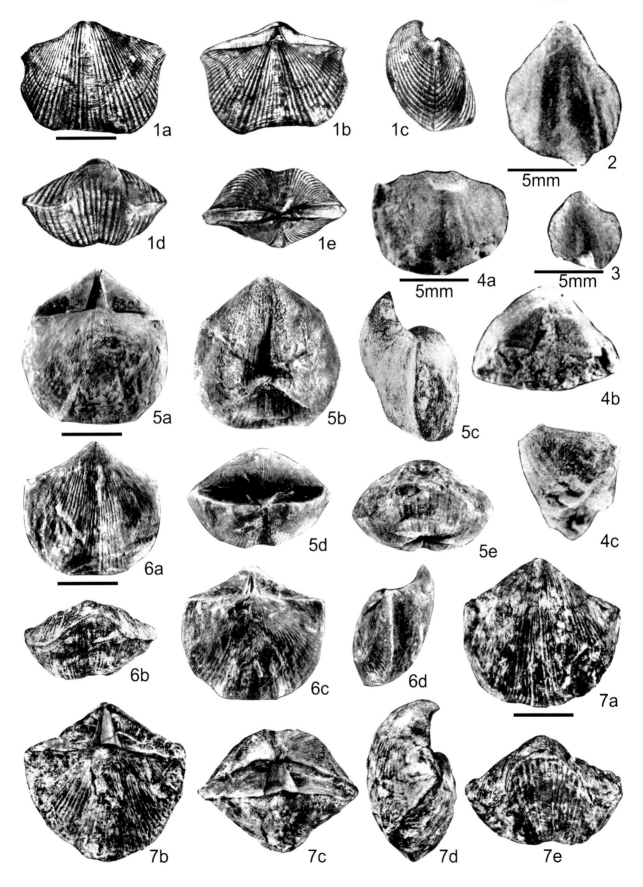

5mm

5mm

5mm

图版 5-5-33 说明

（同一标本共用比例尺；比例尺 =1cm）

1 戴维穹石燕 *Cyrtiopsis davidsoni* Grabau，1923 引自Ma和Day（1999）

背视、腹视、侧视、前视、后视。登记号：PUM97001。主要特征：两壳隆凸高强，铰合面高而平，铰合线短于最大壳宽，假三角板顶端具茎孔，全壳覆有微细放射纹；腹内齿板近平，缺失内窗板，背内后部壳质加厚与主突起联合。产地：湖南祁东姜家桥剖面。层位：上泥盆统法门阶。

2 中等穹石燕 *Cyrtiopsis intermedia* Grabau，1931 引自Ma和Day（1999）

腹视、背视、前视、侧视。登记号：PUM970007。主要特征：主端钝圆，槽隆发育，前舌突伸，壳线上具有瘤状微细纹饰。产地：湖南祁东姜家桥剖面。层位：上泥盆统法门阶下部长龙界组。

3 类石燕假穹石燕 *Pseudocyrtiopsis spiriferoides*（Grabau，1931） 引自Grabau（1931）

背视、后视、侧视、腹视、前视。登记号：NIGP2226。主要特征：主端尖，铰合线等于最大壳宽，假三角板上具生长纹，槽隆显著，微纹饰具放射纹和细瘤；腹内具短的内窗板。产地：湖南中部。层位：上泥盆统（参考层位：姜家桥剖面，法门阶）。

4 似高腾瘤脊石燕 *Plicapustula gortanioides*（Grabau，1931） 引自Grabau（1931）

后视、腹视、背视、侧视、前视。登记号：NIGP364。主要特征：主端尖突，腹铰合面凹曲，三角孔宽，中槽宽深，中隆显著，壳线上具细小的瘤突状微纹饰；腹内齿板细长，内窗板薄。产地：湖南中部。层位：上泥盆统法门阶。

5 北京瘤脊石燕 *Plicapustula pekinensis*（Grabau，1931） 引自Ma和Day（2007）

背视、侧视、腹视、后视、前视。登记号：PUM98015。主要特征：两壳凸度大，腹喙耸尖，三角孔窄并覆有联合的假三角板，中槽前部深凹，中隆高突，两侧区壳线粗圆，壳面覆有微细生长纹，壳褶上具细密的瘤突。产地：湖南祁东姜家桥剖面。层位：上泥盆统法门阶下部长龙界组。

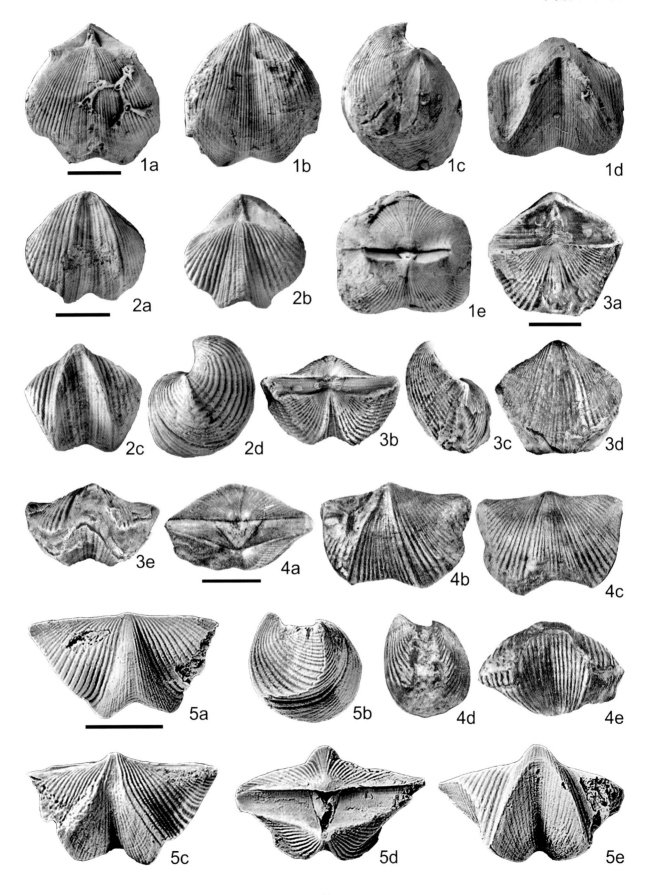

图版 5-5-34 说明

（同一标本共用比例尺；除特别标注外，比例尺 =1cm）

1 优美葛利普穹石燕 *Grabauicyrtiopsis graciosa*（Grabau，1924） 引自Grabau（1924）

腹视、背视、侧视、前视、后视。登记号：NIGP1891。主要特征：轮廓长卵形，铰合线短，腹喙尖突，铰合面三角形，假三角板顶端具茎孔，中槽浅阔、中隆低平，槽隆上壳线分枝，侧区壳线简单粗圆；齿板短、无内窗板，背内铰板和主基后部被加厚的壳壁支撑。原始产地层位未知（可能为湖南上泥盆统法门阶）。

2 中华古石燕 *Palaeospirifer sinicus*（Zhang，1983） 引自张川等（1983）

腹视、侧视、前视、背视。登记号：XBRA-234。主要特征：轮廓仅四边形，主端稍尖，中槽窄深，中隆上具一条纵沟，槽隆及侧区壳线均较弱、简单粗圆；齿板短，铰窝支板薄而长。产地：新疆和布克赛尔洪古勒楞。层位：上泥盆统法门阶洪古勒楞组。

3—5 模糊桂林石燕 *Guilinospirifer obscures* Xu et Yao，1988 引自Xu和Yao（1988）

3，4-腹壳标本；5-铰合标本腹视、背视。登记号：3-NIGP107574；4-NIGP107579；5-NIGP10757。主要特征：主端圆，铰合面低，槽隆微弱，全壳覆有细密的放射线；齿板长，背内腕基支板短。产地：广西桂林南边村。层位：上泥盆统法门阶顶部南边村组。

6 独山岩关贝 *Yanguania dushanensis* Yang，1964 引自杨士溥（1964）

腹视、背视、腹壳放大。登记号：CUGB-Kt-7。主要特征：腹壳高隆，背壳均匀内凹；腹、背壳均发育同心壳皱；腹壳上有小的瘤状刺基；背内主脊沿铰线平伸。产地：贵州独山革老河。层位：上泥盆统法门阶顶部革老河组。

7 中叶刺褶贝 *Acanthoplecta mesoloba*（Phillips，1836） 引自谭正修（1987）

侧视、腹视。登记号：HB389。主要特征：腹壳强凸，耳翼附近发育壳皱，壳面具粗大壳刺，在纵中脊上排成一列；背壳均匀下凹，表面具小凹坑。产地：湖南新邵言二铺。层位：上泥盆统法门阶顶部邵东组。

8 金陵褶房贝 *Ptychomaletoechia kinlingensis*（Grabau，1930） 引自谭正修（1987）

腹视、背视、侧视、后视、前视。登记号：HB425。主要特征：中隆高突，前舌显著，壳褶粗。产地：湖南新邵陡岭坳。层位：上泥盆统法门阶顶部孟公坳组。

9 隆回三分小嘴贝 *Trifidorostellum longhuiensis* Tan，1987 引自谭正修（1987）

腹视、背视、侧视、后视、前视。登记号：HB429。主要特征：两壳隆凸，后视呈钝三棱形，中槽宽深，中隆高突、褶顶棱形。产地：湖南新邵马栏边。层位：上泥盆统法门阶顶部邵东组下部。

10 三褶三分小嘴贝 *Trifidorostellum triplicatum* Tan，1987 引自谭正修（1987）

腹视、背视、侧视、前视、后视。登记号：HB431。主要特征：中隆高突，边缘2条壳褶粗，隆上2条较细的壳褶将中隆划分为3部分。产地：湖南隆回周旺铺。层位：上泥盆统法门阶顶部邵东组。

11 标准淋湘溪贝 *Linxiangxiella typica* Yang，1984 引自冯少南等（1984）

腹视、侧视、背视。登记号：YIGM-IV-47448。主要特征：腹喙尖耸，腹壳具中隆，背壳具浅弱的中槽，壳线分枝。产地：湖北长阳。层位：上泥盆统法门阶写经寺组。

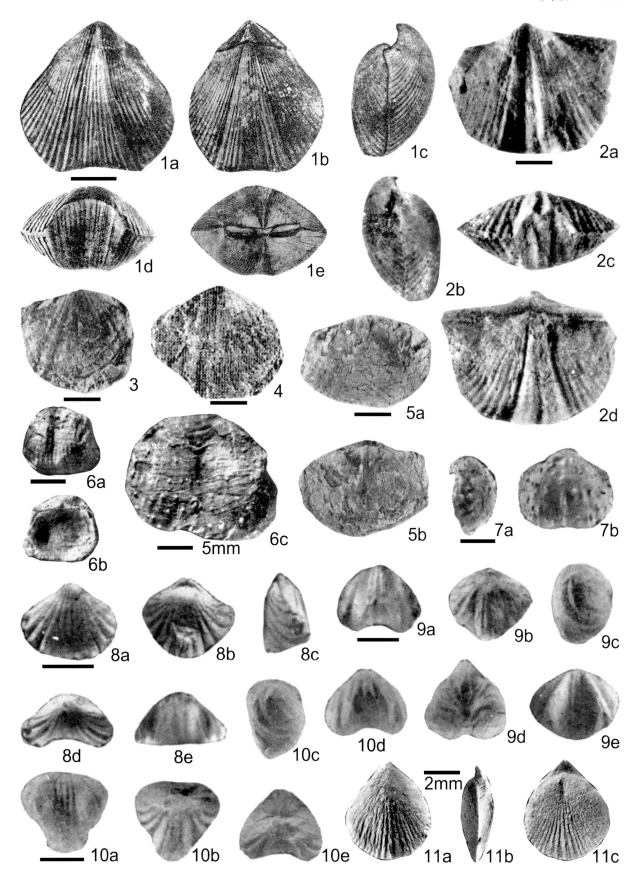

5.6 竹节石

5.6.1 竹节石结构和术语

竹节石壳体形态结构见图5.14。

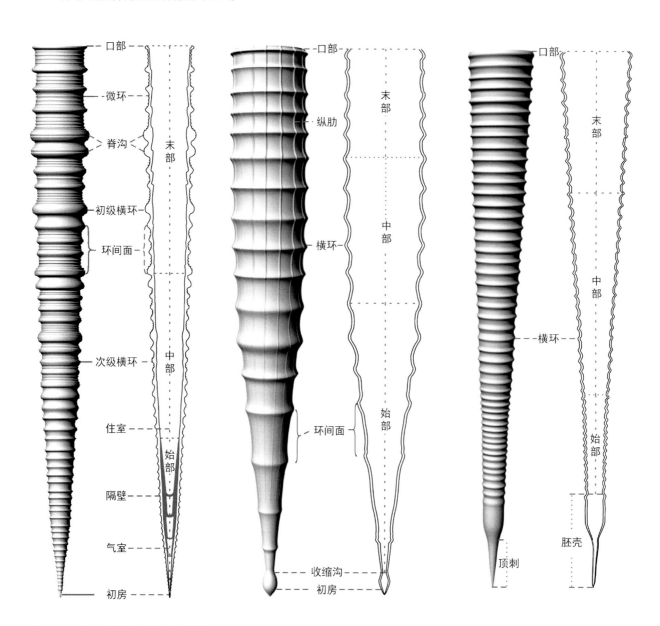

图 5.14　竹节石壳体形态结构复原图
A. 竹节石目；B. 珠胚节石目；C. 等环节石目。据魏凡（2013）

初房（initial chamber）：最早形成的、最小的房室，处于壳体发育的胚胎期。其顶端封闭，随门类的不同，初房形态变化多样，常见的有喇叭形、卵圆形和管状。

胚壳（larval part）：初房的另一种说法，即胚胎期竹节石栖居的壳体部分。

始部（proximal part）：竹节石幼年期栖居的壳体部分，即初房之上，生长角较大的壳体部分。

中部（middle part）：竹节石成年期壳体栖居壳体部分，一般壳体纹饰醒目，横环排列相对稀疏而规则。

末部（distal part）：壳体口缘附近的壳体，属于成年期的末端部分（也有人称为老年部分壳体），壳体纹饰容易出现杂乱排列等不规则现象。

口部（aperture）：至壳体口部边缘壳壁，通常相当于最后一个横环的部位，无瘤或其他纹饰。

收缩沟：（constriction）：初房与壳体之间的横向浅沟。

顶刺（apical spine）：位于初房顶端的细长管状突起。

隔壁（septum）：分隔壳体内部的构造，均呈向始方下凹的锥形或者碟状。

气室（camera）：被两个隔壁所分隔的壳体内部的空间。

住室（living chamber）：位于末部无隔壁的壳体部分，是动物软体部分居住的场所。

横环（diagonal/transverse ring）：主要的横向正壳饰，通常垂直于壳体的纵轴且围绕壳表成完整的环形。在厚壳竹节石类型中，根据横环的粗细强弱和对壳壁构造的影响可以分为三种类型。最粗强的横环称为初级横环（primary ring）；分布于初级横环之间，较为细弱的一类横环为次级横环（secondary ring）；最细微的一类横环为微环（annulet）。

环间面（interspace）：两横环之间较低的部位。

脊沟（crestal furrow）：部分种类环脊上存在的细弱的横沟。

纵肋（longitudinal rib）：指壳面上外凸的、较粗强而明显的纵向壳饰，与横环一样可能对壳体起加固作用。

5.6.2　竹节石图版

图版 5-6-1 说明

（所有标本均保存在中国科学院南京地质古生物研究所，比例尺 =500μm）

1—5　西藏宽环节石 *Guerichina xizangensis* Mu，1975　引自穆西南（1975）

采集号：JSA25B。登记号：1－22956，2－23780，3－23781，4－23782，5－23783。主要特征：初房卵圆形；横环低缓，具细密微环，始部横环微弱以致消失。产地：西藏聂拉木甲村北。层位：下泥盆统布拉格阶凉泉组上部。

6，7　矮小塔节石（球房塔节石亚属）*Nowakia*（*Cepanowakia*）*pumilio* Alberti，1978　引自阮亦萍和穆道成（1989）

采集号：6－Zn33，7－Lf45。登记号：6－66674，7－66673。主要特征：壳体小；初房较大，呈球形；纵肋稀疏，贯穿横环，与横环交汇处有微弱瘤点。产地：6－广西崇左那艺；7－广西南丹罗富。层位：6－中泥盆统艾菲尔阶坡折落组；7－中泥盆统艾菲尔阶塘丁群上部。

8—14　先驱塔节石（德米特里亚属）先驱亚种 *Nowakia*（*Dmitriella*）*praecursor praecursor* Bouček，1964　引自穆道成和阮亦萍（1983b），穆道成（1978）

采集号：Lf12–13。登记号：8－53116，9－53117，10－53114，11－53118，12－32777，13－32775，14－32776。主要特征：壳体细圆锥状，靠近初房的始部不发育横环，纵肋细弱。产地：广西南丹罗富。层位：下泥盆统埃姆斯阶塘丁群。

图版 5-6-2 说明

（图 1—3 标本保存在中国地质科学院成都地质矿产研究所；其余标本均保存在中国科学院南京地质古生物研究所。比例尺 =500μm）

1—3　先驱塔节石（德米特里亚属）拟先驱亚种 *Nowakia*（*Dmitriella*）*praecursor parapraecursor* Alberti，1982　引自王金星（1988）

采集号：B–58。登记号：1－Lte–851463，2－Lte–851464，3－Lte–851465。主要特征：壳体细长，始部尖锥状，始部最初部位不发育横环。产地：四川龙门山地区桂溪—沙窝子。层位：下泥盆统埃姆斯阶谢家湾组火神庙段。

4　有槽塔节石（德米特里亚属）有槽亚种 *Nowakia*（*Dmitriella*）*sulcata sulcata*（Roemer，1843）　引自阮亦萍和穆道成（1989）

采集号：Lf42。登记号：66706。主要特征：横环稀疏，环间面宽，末部环间具微环，纵肋稀疏。产地：广西南丹县罗富。层位：中泥盆统艾菲尔阶塘丁群上部。

5—11　巴郎德塔节石（塔节石亚属） *Nowakia*（*Nowakia*）*barrandei* Bouček et Prantl，1959　引自穆道成和阮亦萍（1983b），穆西南和穆道成（1974）

采集号：5—8－Lf14–18。登记号：5－53119，6－53124，7－53120，8－53123，9－22785，10－22786，11－22787。主要特征：壳体较大，初房滴珠状，横环不均匀，纵肋纤细。产地：广西南丹罗富。层位：下泥盆统埃姆斯阶塘丁群。

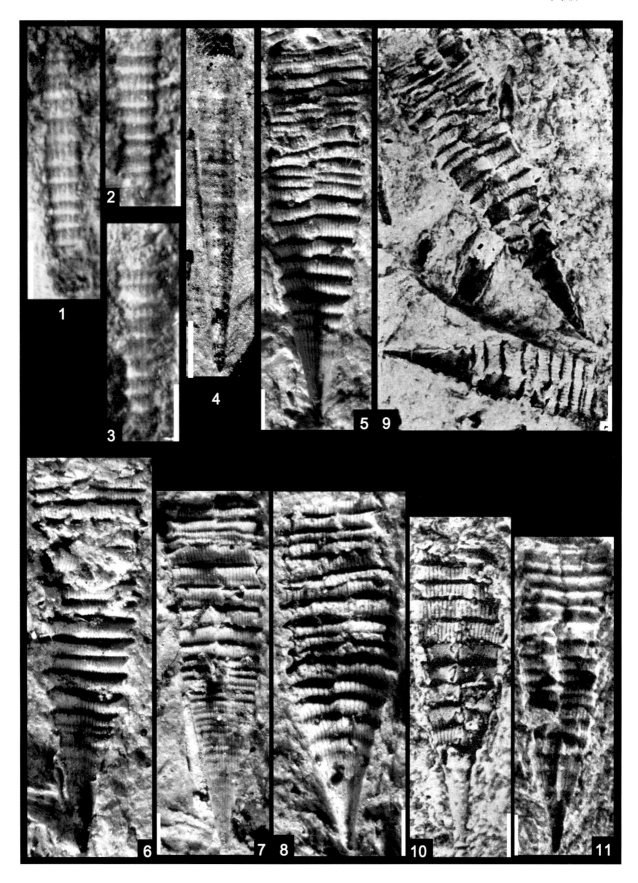

图版 5-6-3 说明

（所有标本均保存在中国科学院南京地质古生物研究所；比例尺 =500μm）

1—5，13—19　格子塔节石（塔节石亚属）*Nowakia（Nowakia）cancellata*（Richter，1854）　引自鲜思远（1980），阮亦萍和穆道成（1989），穆道成和阮亦萍（1983b）

采集号：1，2－NS18；3－Sn50；4，5－Lf21；17，19－NS18；18－Sn48。登记号：1－66645，2－66643；3－66644；4－53138；5－53139；13—16－TG－2231；17－66646；18－66647，19－66648。主要特征：横环与纵肋均显著，交汇处有显著的瘤状突起，形成长宽近等的格子状纹饰。产地：1—3，17—19－广西那坡三叉河；4，5－广西南丹罗富；13—16－广西大新榄圩。层位：1—3，17—19－下泥盆统埃姆斯阶坡折落组。4，5－下泥盆统埃姆斯阶塘丁群底部；13—16－下泥盆统埃姆斯阶平恩组上段。

6—12　精美塔节石（塔节石亚属）*Nowakia（Nowakia）elegans*（Barrande，1867）　引自阮亦萍和穆道成（1989），穆道成和阮亦萍（1983b）

采集号：6－Zn20；7，8－Sn45；9—12－Lf19。登记号：6－66638，7－66639，8－66640，9－53137，10－53136，11－53135，12－53134。主要特征：横环自始部开始发育，向末部横环间距逐渐增大，横环与纵肋交汇处有瘤状凸起。产地：6－广西崇左那艺；7，8－广西那坡三叉河；9—12－广西南丹罗富。层位：6—8－下泥盆统埃姆斯阶坡折落组下部；9—12－下泥盆统埃姆斯阶塘丁群底部。

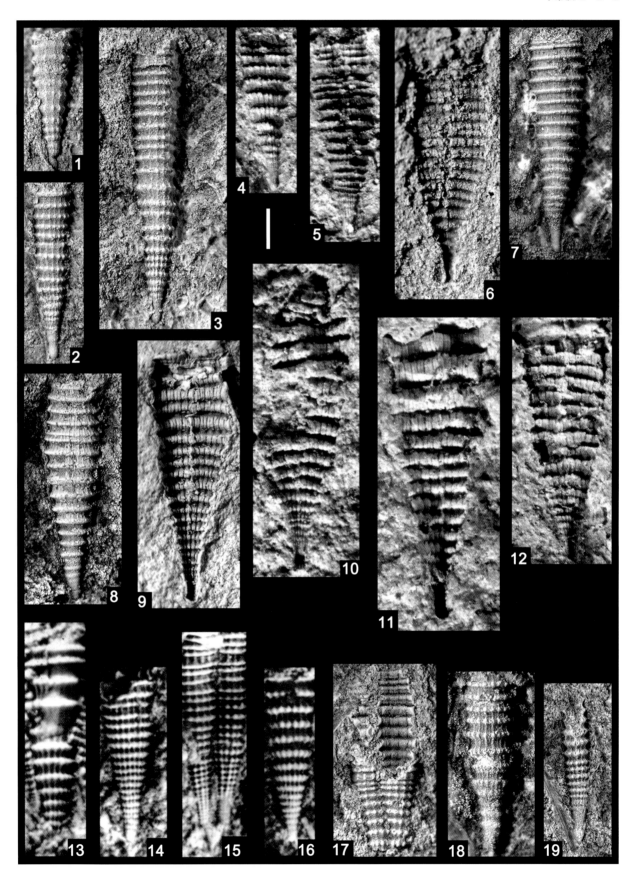

图版 5-6-4 说明

（图 7—8 标本保存在原地质部第八普查勘探大队古生物陈列室；其余标本均保存在中国科学院南京地质古生物研究所，比例尺 =500μm）

1，2，9—13　豪林塔节石（塔节石亚属） *Nowakia*（*Nowakia*）*holynensis* Bouček，1964　引自穆道成（1978），穆道成和阮亦萍（1983b）

采集号：9—12－Lf36-40。登记号：1－32781，2－32780，9－53146，10－53144，11－53143，12－53142，13－32779。主要特征：顶角较大，中部横环密度较始部和末部稀疏，纵肋细密。产地：广西南丹罗富。层位：中泥盆统艾菲尔阶塘丁群。

3—6　毛雷尔塔节石（塔节石亚属） *Nowakia*（*Nowakia*）*maureri* Zagora，1962　引自阮亦萍和穆道成（1989）

采集号：Zn27。登记号：3－66614，4－66610，5－66611，6－66612。主要特征：顶角较大，壳体始部和中部横环分布规则，纵肋细密。产地：广西崇左那艺。层位：下泥盆统埃姆斯阶坡折落组。

7，8　多肋塔节石（塔节石亚属） *Nowakia*（*Nowakia*）*multicostata* Xian，1980　引自鲜思远（1980）

登记号：TG–2230。主要特征：壳体巨大，横环粗大，末部横环不均匀，出现次级细环，纵肋细密，犹如发丝。产地：广西南丹罗富。层位：中泥盆统艾菲尔阶下部塘丁群。

图版 5-6-5 说明

（图 10 标本保存在原地质部第八普查勘探大队古生物陈列室，其余标本均保存在中国科学院南京地质古生物研究所，比例尺 =500μm）

1—4，19，20 奥托马塔节石（塔节石亚属）*Nowakia*（*Nowakia*）*otomari* Bouček et Prantl，1959 引自阮亦萍和穆道成（1989），穆道成和阮亦萍（1983b）

采集号：1，3 – Zn40；2 – Zn38；4 – Zn37；19，20 – Lf72。登记号：1 – 66624，2 – 66622，3 – 66623，4 – 66621，19 – 53207b，20 – 53208b。主要特征：壳体中等大小；横环自靠近初房处即开始发育，分布稀疏、均匀；纵肋细弱、密集。产地：1—4 – 广西崇左那艺；19—20 – 广西南丹罗富。层位：1—4 – 中泥盆统吉维特阶分水岭组；19—20 – 中泥盆统吉维特阶罗富组。

5—7 规则塔节石（塔节石亚属）*Nowakia*（*Nowakia*）*regularis* Mu et Ruan，1983 引自穆道成和阮亦萍（1983a）

采集号：5 – Lf81；6，7 – Lf83。登记号：5 – 69728，6 – 69719，7 – 69720。主要特征：壳体小，圆锥形；横环较密，均匀分布；纵肋细密。产地：广西南丹罗富。层位：中泥盆统吉维特阶顶部至上泥盆统弗拉阶响水洞组底部。

8，9 前毛雷尔塔节石（塔节石亚属）*Nowakia*（*Nowakia*）*praemaureri* Ruan et Mu，1989 引自阮亦萍和穆道成（1989）

采集号：8058。登记号：8 – 66599，9 – 66600。主要特征：横环稀疏，在末端变密，由始端向末端渐次由波状环变为锐脊环；纵肋的强弱不规则。产地：广西德保上敏。层位：下泥盆统埃姆斯阶坡折落组。

10—18 袖珍塔节石（塔节石亚属）矮小亚种 *Nowakia*（*Nowakia*）*richteri nana* Xian，1980 引自鲜思远（1980），阮亦萍和穆道成（1989）

采集号：11—13，15 – Sn51；14 – 8058；16，17 – NS20；18 – Sn54。登记号：10 – TG–2216（1），11 – 66656，12 – 66657，13 – 66658，14 – 66659，15 – 66660，16 – 66661，17 – 66662，18 – 66663。主要特征：壳体小，横环分布和大小不规则，具次级环，纵肋稀疏细弱。产地：10 – 广西大新榄圩；11—13，15—18 – 广西那坡三叉河；14 – 广西德保上敏。层位：10 – 下泥盆统埃姆斯阶平恩组下段；11—18 – 下泥盆统埃姆斯阶坡折落组。

图版 5-6-6 说明

1—5，18—20　袖珍塔节石（塔节石亚属）袖珍亚种 *Nowakia*（*Nowakia*）*richteri richteri* Bouček et Prantl，1959　引自鲜思远（1980），阮亦萍和穆道成（1989）

采集号：2—5－Sn56。登记号：1，18—20－TG-2244；2－66651；3－66652；4－66654；5－66655。主要特征：壳体小，横环显著、分布规律，纵肋稀疏而尖锐，横环与纵肋相交呈方格状，交汇处有瘤状凸起。产地：1，18—20－广西大新榄圩；2—5－广西那坡三叉河。层位：1，18—20－下泥盆统埃姆斯阶平恩组上段；2—5－下泥盆统埃姆斯阶坡折落组。

6—12　细小塔节石（塔节石亚属）*Nowakia*（*Nowakia*）*subtilis* Mu et Ruan，1983　引自穆道成和阮亦萍（1983b）

采集号：Lf11。登记号：6－53100，7－53104，8－53101，9－53102，10－53105，11－53235，12－53239。主要特征：横环在始部稍密，中部稀疏，末部最密；纵肋细，较密集。产地：广西南丹罗富。层位：下泥盆统埃姆斯阶塘丁群。

13—17　兹利霍夫塔节石（塔节石亚属）兹利霍夫亚种 *Nowakia*（*Nowakia*）*zlichovensis zlichovensis* Bouček，1964　引自Bai等（1994），穆道成（1978）

采集号：13，14－Dong9。登记号：13－93492，14－93491，15－32773，16－22781，17－32774。主要特征：壳体较小，呈尖锐圆锥形；靠近始部的横环很微弱，纵肋纤细密集。产地：13，14－广西钦州小董；15—17－广西南丹罗富。层位：13，14－下泥盆统埃姆斯阶那汉组；15—17－下泥盆统埃姆斯阶塘丁群。

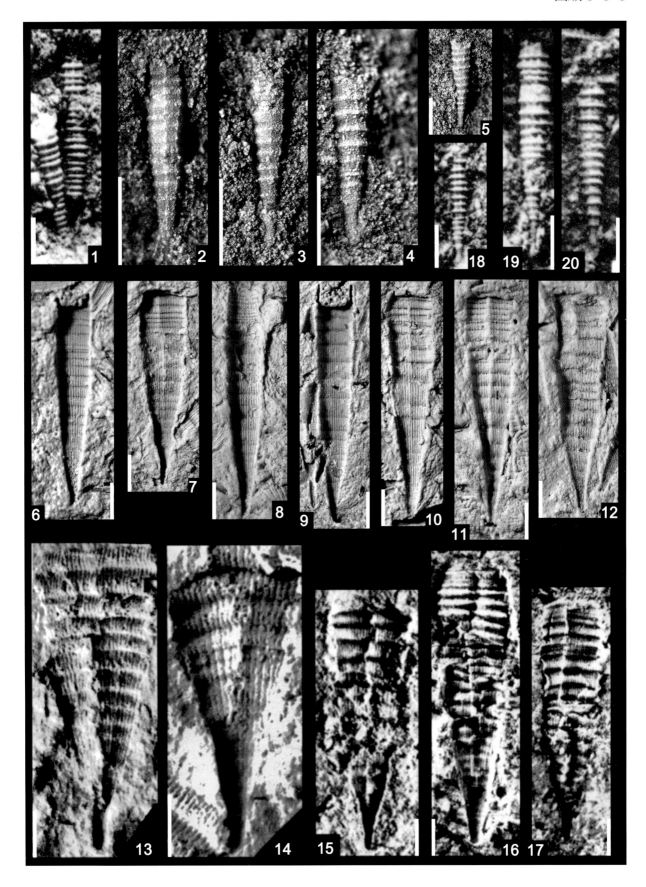

图版 5-6-7 说明

1—4，15—18　尖锐塔节石（土耳其斯坦亚属）尖锐亚种 *Nowakia*（*Turkestanella*）*acuaria acuaria*（Richter，1854）　引自穆西南（1975），蒋志文（1980），阮亦萍和穆道成（1989）

采集号：1—4，18－JSA25B；15，16－ACJ18；17－HSO-4280。登记号：1－22955，2－23751，3－23755，4－23756，17－66551，18－23753。主要特征：壳体较大，初房顶端具短的端刺，横环从始部向末部渐次稀疏，纵肋密集。产地：1—4，18－西藏聂拉木甲村北；15，16－云南丽江鸣音阿冷初；17－广西玉林樟木青草塘。层位：1—4，18－下泥盆统布拉格阶上部至埃姆斯阶下部凉泉组上部；15，16－山江组顶部；17－钦州组。

5　双环塔节石（低环塔节石亚属）*Nowakia*（*Virianowakia*）*bianulifera* Alberti，1979　引自李酉兴（1987）

登记号：8。主要特征：壳体小；环脊具细的脊沟，将横环分割为"双环"形态；纵肋纤细、稀疏。产地：湖南邵东余田桥。层位：中泥盆统吉维特阶棋梓桥组中部。

6—12　广西准低环节石 *Viriatellina guangxiensis* Mu et Ruan，1983　引自穆道成和阮亦萍（1983b），阮亦萍和穆道成（1989）

采集号：6—10－Lf50；11，12－Zn36。登记号：6－53195，7－53192，8－53190，9－53194，10－53193，11－66748，12－66747。主要特征：横环在始部和中部平缓且较稀疏，在末部强烈且密集；纵肋细密。产地：6—10－广西南丹罗富；11，12－广西崇左那艺。层位：6—10－罗富组；11，12－中泥盆统艾菲尔阶上部至吉维特阶分水岭组下部。

13，14　小型准低环节石 *Viriatellina minuta* Mu et Mu，1974　引自穆西南和穆道成（1974）

登记号：13－22784，14－22782。主要特征：壳体小，横环环脊浑圆，纵肋细弱。产地：广西南丹罗富。层位：中泥盆统吉维特阶罗富组。

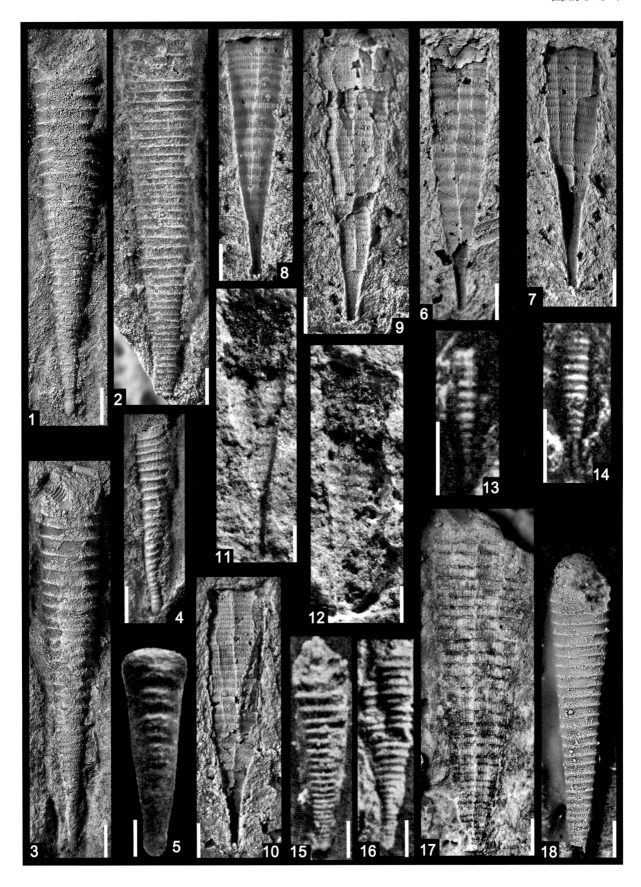

图版 5-6-8 说明

1—4，17　多肋准低环节石 *Viriatellina multicostata*（Mu et Mu，1974）　引自穆西南和穆道成（1974），王金星（1984）

登记号：1－22797，2—4－LF–8103，17－22796。主要特征：壳体大，圆锥形；横环低缓，由始部向末部渐次增密；纵肋细密。产地：广西南丹罗富。层位：中泥盆统吉维特阶罗富组上部。

5　窄管等环节石窄管亚种 *Homoctenus tenuicinctus tenuicinctus*（Roemer，1850）　引自阮亦萍和穆道成（1993）

采集号：ADS465。登记号：109394，109395。主要特征：壳体中等大小，呈细长锥形；环脊锋锐；从始部向末部横环渐次稀疏。产地：湖南邵东佘田桥。层位：上泥盆统弗拉阶定河冲组。

6—9　终极等环节石终极亚种 *Homoctenus ultimus ultimus* Zagora，1964　引自阮亦萍和穆道成（1993）

采集号：ADS810。登记号：6－109412，7－109413，8－109414，9－109415。主要特征：个体较小，顶角较大，横环细而密集，始部常略弯曲。产地：湖南新化天马山。层位：泥盆系弗拉阶上部至法门阶底部新邵组。

10　千氏拟塔节石 *Paranowakia geinitziana*（Richter，1854）　引自蒋志文（1980）

采集号：ACJ–18。主要特征：壳体大、纤细，横环稀疏，环脊浑圆，纵肋纤细。产地：云南丽江鸣音阿冷初。层位：下泥盆统洛赫考夫阶山江组上部。

11，12　中间型拟塔节石中间亚种 *Paranowakia intermedia intermedia*（Barrande，1867）　引自蒋志文（1980）

采集号：ACJ–18。主要特征：壳体呈细长杆形，具管状端刺；环脊低缓，稀疏且常不规律；纵肋细弱。产地：云南丽江鸣音阿冷初。层位：下泥盆统洛赫考夫阶山江组上部。

13—16　波西米亚等环塔节石（等环塔节石亚属）波西米亚亚种 *Homoctenowakia*（*Homoctenowakia*）*bohemica bohemica*（Bouček，1964）　引自蒋志文（1980）

采集号：ACJ–10。主要特征：壳体小；横环密集，排列规则；纵肋稀疏细弱；初房具端刺。产地：云南丽江鸣音阿冷初。层位：下泥盆统洛赫考夫阶山江组。

5.7 菊 石

5.7.1 菊石结构和术语

菊石结构见图5.15和图5.16。

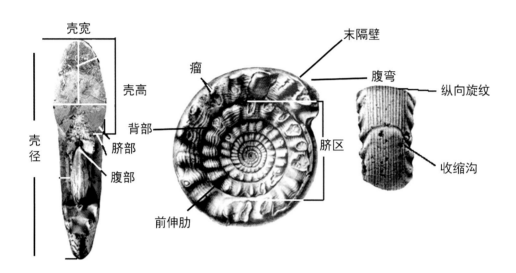

图 5.15 菊石壳的基本结构
据 McGowan 和 Smith（2007）

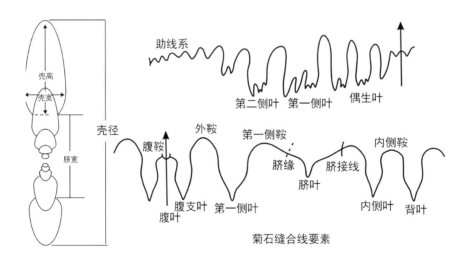

图 5.16 菊石动物结构和外部构造图解

偏心脐部（excentric）：脐区螺旋度突然变化，而周围螺旋没有变化。

背部（dorsum）：腹部对面，通常逐渐过渡到背侧区；在微内卷壳中相当于被覆盖区，但在极内卷壳中仅指与前一旋环腹部相邻的部分。

背叶（dorsal lobe）：旋环背部（内部通常螺旋壳）中间最初的叶。

腹弯/漏斗弯（hyponomic sinus）：漏斗突出的地方，可以用于定向，因为它只存在于腹部

末隔壁（last septum）：分开住室与相邻的气室。

结节/疣（node）：大而钝或无形的瘤。

前伸肋（projected）：在腹部附近。

收缩沟（constriction）：围绕旋环的凹陷。

缝合线（approximated）：朝住室方向聚集，通常指示生长成熟度。

外缝合线（external suture）：暴露于外面脐区之间的缝合线。

脐（缘）角（umbilical angle）：侧面与脐区之间的钝角。

脐区（umbilical area）：旋环两侧里面部分，将脐角与脐缝分开；如果近垂直叫脐壁，如果比较缓叫脐坡。

脐叶（umbilical lobe）：位于中心或近脐区的大的初级叶，形成部分外缝合线和内缝合线。

脐线（umbilical seam）：相邻旋环的交线。

脐宽（umbilical width）：脐角之间的长度（外直径）或脐线间的长度（内直径）。

附加叶或鞍（accessory）：原生缝合线上的次生叶或鞍。

外鞍（external saddle）：靠近腹叶外侧的第一个鞍。

腹鞍（ventral saddle）：腹叶对应的鞍。

内侧鞍（interal lateral saddle）：内缝合线的侧鞍。

第一侧鞍（the first lateral saddle）：外鞍往外的鞍。

叶状（phylloid）：通常指鞍的末端。

腹叶（ventral lobe）：位于腹部的叶。

腹支叶（v_1）：腹叶的分支。

背叶（internal lobe）：内缝合线背部的叶。

内侧叶（internal lateral lobe）：内缝合线的侧面叶。

第一侧叶（the first lateral lobe）：靠近腹叶支叶往外的侧叶。

第二侧叶（the second lateral lobe）：靠近第一侧叶往外的叶。

偶生叶（adventitious or adventive lobe）：由第一侧鞍分支次生形成的叶。

助线系（auxiliary）：在第二侧叶（鞍）与脐区间由脐叶或鞍形成的侧叶或鞍。

5.7.2　菊石图版

所有标本均保存在中国科学院南京地质古生物研究所。

图版 5-7-1 说明

（比例尺 =1cm）

1—11　精美埃尔本菊石 *Erbenoceras elegantulum* Shen，1975　引自阮亦萍（1981）

1，4，6，9－侧视；2，5，7，10－前视；3，8，11－腹视。登记号：1—3－33256；4，5－33262；6—8－33252；9—11－33257。主要特征：脐部小，旋环增长速度较大，横肋向后斜伸。产地：广西崇左那隆渌强、广西隆林。层位：下泥盆统达莲塘组和"塘丁群"。

12—17　交叉围卷菊石 *Convoluticeras discordans* Erben，1965　引自阮亦萍和穆道成（1983），阮亦萍（1981）

侧视。采集号：12－Lf19。登记号：12－33282；13－33281；14－33287；15－33285；16－33284；17－33283。主要特征：壳表具有明显的横肋和生长纹，每两条横肋间有4条生长线。产地：广西南丹罗富剖面。层位：埃姆斯阶。

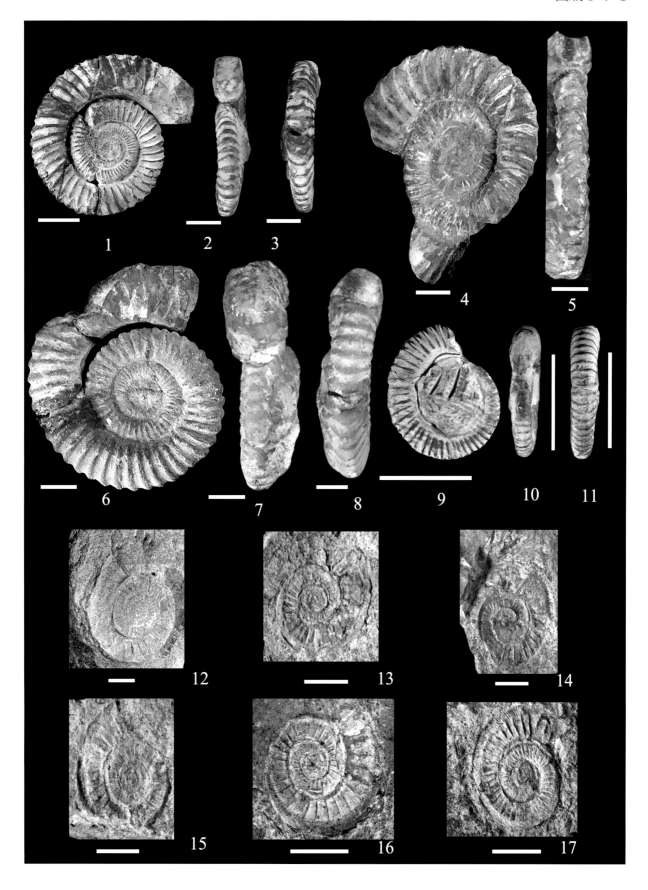

图版 5-7-2 说明

（比例尺 =500μm）

1，2　单一埃尔本菊石 *Erbenoceras solitarium*（Barrande，1962）　引自阮亦萍（1981）

侧视。登记号：1 – 33245，2 – 33247。主要特征：壳体呈平盘状，触卷，旋环高度增长缓慢。脐很大，约为壳体直径的 2/3，具较大的脐孔。产地：广西南丹罗富塘丁。层位：下泥盆统塘丁群。

3，4　隐蔽福特菊石 *Foordites occultus*（Barrande，1865）　引自阮亦萍（1981）

侧视。登记号：3 – 33328，4 – 33329。主要特征：腹侧缘有明显的纵沟，壳表有镰形的生长线。产地：广西南丹罗富纳标。层位：艾菲尔阶。

5—7　纤细围卷菊石 *Convoluticeras leptum* Ruan，1981　引自阮亦萍（1981）

5 – 侧视，6 – 前视，7 – 腹视，登记号：33295。主要特征：旋环高度增长快速，旋环横断面呈长卵形，横肋细而密。产地：广西南宁五象岭。层位：埃姆斯阶。

8—10　四沟无稜菊石 *Agoniatites tetrolcus* Ruan，1981　引自阮亦萍（1981）

8 – 侧视，9 – 前视，10 – 腹视，登记号：33310。主要特征：腹侧缘各有两条宽而浅的纵沟。产地：广西崇左那隆渌强。层位：艾菲尔阶。

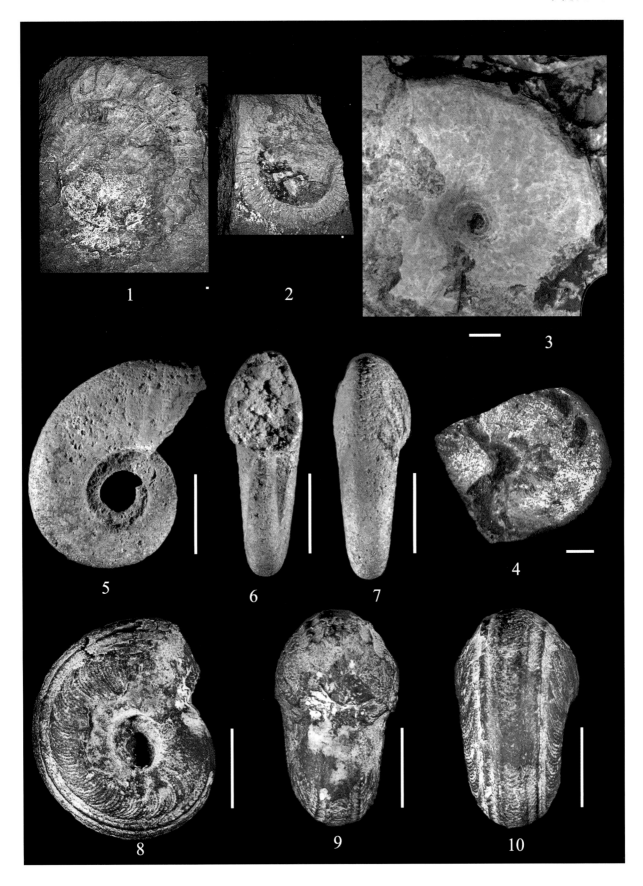

图版 5-7-3 说明

（除特别标注外，比例尺 =1cm）

1，2，4—9　平肋福特菊石 *Foordites platypleura*（Frech，1902）　引自阮亦萍（1981），阮亦萍和穆道成（1983）

1，2，4—6，8 – 侧视；7 – 腹视；9 – 前视。采集号：1 – Lf38。登记号：1 – 33324；2 – 33327；4 – 33321；5 – 33325；6，7 – 33323；8，9 – 33322。主要特征：腹部宽，壳体厚，壳表无肋，脐大。产地：广西南丹罗富塘乡。层位：艾菲尔阶。

3　大头亚似古菊石 *Subanarcestes macrocephalus* Schindewolf，1933　引自阮亦萍（1981）

侧视。登记号：33343。主要特征：壳体厚盘状，内卷，宽度大于高度。产地：广西南丹罗富塘乡。层位：艾菲尔阶。

10—12　诺格拉侧似古菊石 *Anarcestes*（*Latanarcestes*）*noeggerati*（Buch，1832）　引自阮亦萍（1981）

10，12 – 侧视；11 – 前视。登记号：10，11 – 33337；12 – 33338。主要特征：缝合侧叶宽而浅圆，壳表具有细的生长纹。产地：广西南丹罗富塘乡。层位：埃姆斯阶。

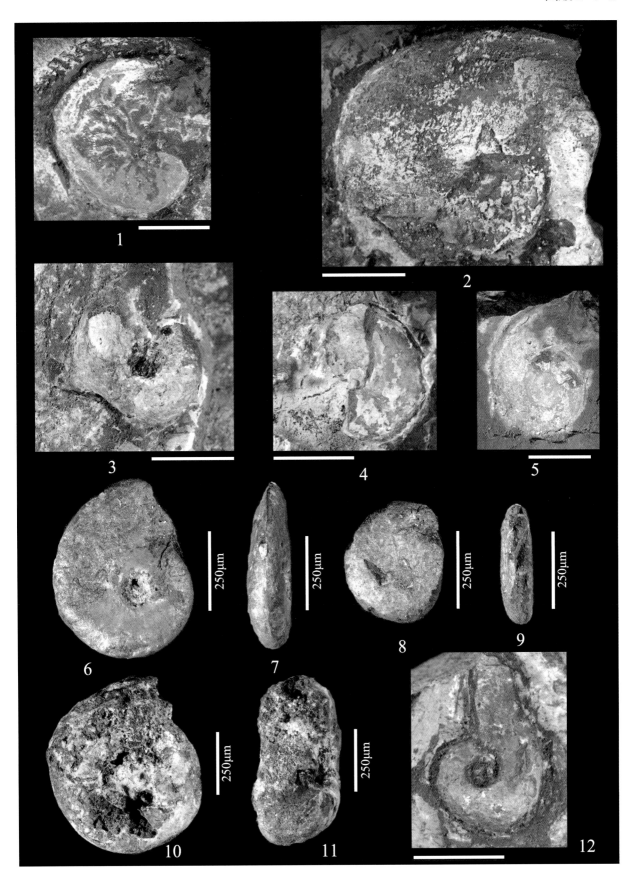

图版 5-7-4 说明

（除特别标注外，比例尺 =1cm）

1，2　扁平原箭菊石 *Probeloceras applanatum*（Wedekind，1918）　引自阮亦萍（1981）

1－侧视，2－前视。登记号：33348。主要特征：腹部窄，呈平板状，横断面亚梯形。产地：贵州惠水王佑南。层位：弗拉阶。

3—8　心形尖稜菊石 *Manticoceras*（*Manticoceras*）*cordatum*（Sandberger，1850）　引自阮亦萍（1981）

3，6－侧视；4，7－前视；5，8－腹视。登记号：3—5－33351；6—8－33352。主要特征：横断面为长卵形，二分腹叶宽。产地：广西凌云下甲。层位：弗拉阶。

9—11　光壳海神石 *Clymenia laevigata*（Münster，1832）　引自阮亦萍（1981）

9，11－侧视；10－腹视。登记号：9，10－33568；11－33569。主要特征：壳表具有十分微弱的直线形生长线，侧叶浅圆。产地：贵州长顺代化。层位：法门阶。

12—15　沃尔科特板海神石 *Platyclymenia walcotti* Wedekind，1914　引自阮亦萍（1981）

12，14－侧视；13，15－腹视。登记号：12，13－33567；14，15－33566。主要特征：成年壳体旋环横断面呈长方形，侧叶宽圆。产地：贵州长顺代化。层位：法门阶。

5.8 三叶虫

5.8.1 三叶虫结构和术语

泥盆纪三叶虫常见属种的形态结构见图5.17。

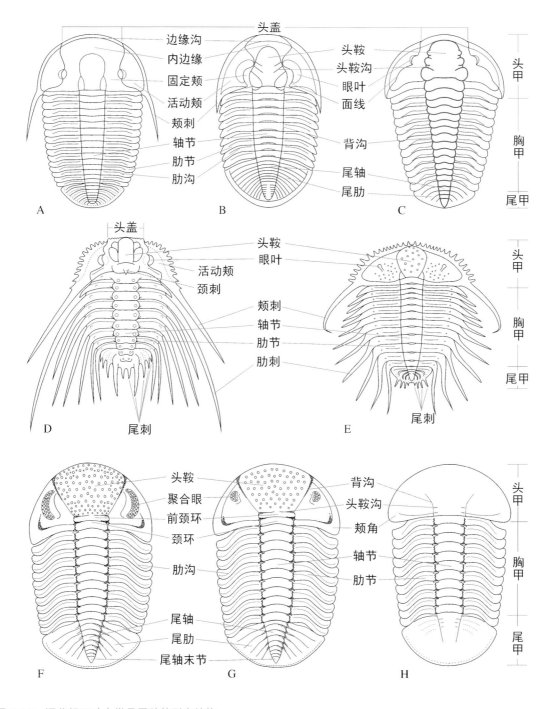

图 5.17　泥盆纪三叶虫常见属种的形态结构

A. 小耳虫（*Otarion*）；B. 德钦虫（*Dechenella*）；C. 深沟隐头虫（*Gravicalymene*）；D. 狮头虫（*Leonaspis*）；

E. 斜曲形虫（*Cyphaspides*）；F. 镜眼虫（*Phacops*）；G. 边眼虫（*Plagiolaria*）；H. 沟通虫（*Ductina*）

头部：背壳前部中轴及两肋结合组成的单一硬体。

胸部：头部和尾部之间的连接部分，由胸节组成。

尾部：背壳后部中轴及两肋结合组成的单一硬体。

中轴：背壳前端至后端的中间部分。

肋部：背壳左边及右边两部分。

边缘板：由腹边缘分出，其位置在中部。

连接线：边缘板两侧纵线。

头鞍：头部中间隆起部分，两侧为一对背沟所限，背沟前伸围绕头鞍的前端成为头鞍前沟。

头鞍沟：指示头鞍的分节；若头鞍沟短，仅在侧部发育，称为侧头鞍沟；若头鞍沟长，伸达头鞍中部且互相衔接，称为横穿头鞍沟。

头鞍侧叶：两对头鞍侧沟之间的头鞍部分。

颈环：位于头鞍后部，以颈沟为界。

面线：背壳上的狭缝。当虫体蜕壳成长时，沿此缝裂开，虫体离壳而出。面线穿过颊部，内侧部分为头盖，外侧部分为活动颊；眼之前为面线前支，之后为面线后支。

颊刺：从颊角伸出的刺。

眼叶：固定颊外缘隆起部分，其位置与活动颊上的眼相对。

关节半环：轴环节前段呈半椭圆形或半圆形的关节部分。

胸节：由若干胸节组成，每一个胸节都由一对背沟或轴沟分胸节为一个轴节和两个肋节。

尾肋刺：由尾部肋节向外延长形成的刺。

5.8.2　三叶虫图版

图版 5-8-1 说明

（图 1 标本保存在中国地质大学（武汉）生物地质与环境地质国家重点实验室；图 2—4 标本保存在云南省地质科学研究所；图 5 标本保存在新疆地质局区测队；图 6—7 标本保存在中国地质博物馆；图 8—15 标本保存在西安地质矿产研究所。除特殊标明外，其余比例尺 =2mm）

1　南丹边眼虫 *Plagiolaria nandanensis* Chang，1974　引自 Zong 和 Gong（2017）

背壳。采集号：GX-11。主要特征：头甲半圆形，头鞍明显向前扩大，第一对头鞍沟较宽，第二和三对头鞍沟较浅；前颈环清晰，窄于颈环。眼叶小，眼位于颊部前侧方。尾轴细长，后端尖。产地：广西南丹罗富剖面。层位：下泥盆统埃姆斯阶塘丁群。

2　印支德钦虫 *Dechenella indosinensis*（Mansuy，1916）　引自罗惠麟和江能人（1985）

背壳。采集号：F67-1-1。登记号：Ytf-0161。主要特征：头鞍梨形，后部扩大，3 对头鞍沟明显；颈环两侧具圆形凸起的侧颈叶；具短颊刺；眼叶大，呈肾形；胸部 9 节；尾部半椭圆形，尾轴锥形。产地：云南蒙自戈祖德剖面。层位：下泥盆统埃姆斯阶坡脚组。

3　马弄卡深沟隐头虫 *Gravicalymene maloungkaensis*（Mansuy，1916）　引自罗惠麟和江能人（1985）

背壳。采集号：φIV-1。登记号：Ytf-0166。主要特征：头部次梯形，头鞍近钟形，3 对头鞍沟；颈沟浅而宽，颈环宽而圆，向两侧变窄；固定颊和活动颊均较窄，呈次三角形，颊角无颊刺；胸部 11 节；尾部次菱形，尾轴宽锥形。产地：云南富宁里达打滚剖面。层位：下泥盆统埃姆斯阶坡脚组。

4　砚山砚山虫 *Yanshanaspis yanshanensis* Luo et Jiang，1985　引自罗惠麟和江能人（1985）

背壳。采集号：化-1。登记号：Ytf-0169。主要特征：头部半椭圆形，头鞍次锥形，3 对头鞍沟；头鞍中部具明显的小瘤；颈沟浅，颈环具侧颈叶；内边缘宽，外边缘窄；胸部 9 节；尾部半圆形。产地：云南砚山丫子口村剖面。层位：下泥盆统埃姆斯阶坡脚组。

5　新疆瑞德镜眼虫 *Reedops xinjiangensis* Hsiang et Zhang，1983　引自张太荣（1983）

头甲和胸甲。采集号：65-7G10-4135/3。登记号：XTR-420。主要特征：头部半圆形，头鞍近四边形；裂膜眼大、豆状，由 200 多个小眼粒组成；前颈环狭长；颊角不往延；腹边缘宽，缺失腹边缘沟；壳面光滑无瘤点。产地：新疆准噶尔盆地东部。层位：下泥盆统埃姆斯阶。

6，7　广西镜眼虫 *Phacops guangxiensis* Chang，1974　引自易庸恩和项礼文（1975）

6 - 头甲，7 - 尾甲。采集号：Ln13c。登记号：6 - IV6540，7 - IV6539。主要特征：头部半圆形，头鞍向前扩大，稍伸过前缘；3 对头鞍沟，第一对最明显；前颈环分 3 部分，两侧呈疣状，中间扁长圆状；后边缘较窄，在颊角附近变宽；头鞍后部瘤点粗而均匀，前部变稀；尾轴末端尖，分 8 个环节。产地：广西罗富剖面。层位：下泥盆统埃姆斯阶塘丁群。

8，9　美丽海德斯托姆虫 *Hedstroemia formosa* Zhou，Siveter et Owens，2000　引自 Zhou 等（2000）

8 - 头甲，9 - 尾甲。登记号：8 - XIG TR487，9 - XIG TR489。主要特征：头鞍宽锥形，头鞍前叶圆润；3 对头鞍侧沟不甚明显；无内边缘；尾部短，次抛物线形；尾轴分 8～9 个环节，肋部分 6～7 节。产地：内蒙古额济纳旗珠斯楞海尔罕地区。层位：下泥盆统埃姆斯阶珠斯楞组。

10，11　奇异刺镜眼虫 *Echinophacops mirabilis* Zhou，1983　引自周志强（1983）

10 - 头甲，11 - 尾甲。登记号：10 - Tr225，11 - Tr231。主要特征：头部半椭圆形，边缘具一排头刺，共 17 根；头鞍向前膨大，缺失前边缘；前颈环不发育；裂膜眼由 70～96 个小眼粒组成；尾部长、大，分 11～12 节，缺乏明显的边缘，外缘具波状的边缘刺。产地：内蒙古额济纳旗珠斯楞海尔罕地区。层位：下泥盆统埃姆斯阶珠斯楞组。

12，13　完美基德钦虫 *Basidechenella? exquisita* Zhou，Siveter et Owens，2000　引自 Zhou 等（2000）

12 - 头甲，13 - 尾甲。登记号：12 - XIG TR550，13 - XIG TR554。主要特征：内边缘较窄，是前边缘长度的 25%～35%；尾部次抛物线形；尾轴分 10 节，尾肋分 8 节。产地：内蒙古珠斯楞海尔罕地区。层位：下泥盆统埃姆斯阶珠斯楞组。

14，15　新月形副德钦虫 *Paradechenella lunata* Zhou，Siveter et Owens，2000　引自 Zhou 等（2000）

14 - 头甲，15 - 尾甲。登记号：14 - XIG TR591，15 - XIG TR590。主要特征：头鞍宽，次方形，向前略变窄；内边缘极短，不到头鞍长度的 1/10；前边缘较长，可达头鞍长度的 1/3；尾部具一根短尾刺，尾轴分 15 节，尾肋分 12～13 节。产地：内蒙古额济纳旗珠斯楞海尔罕地区。层位：下泥盆统埃姆斯阶珠斯楞组。

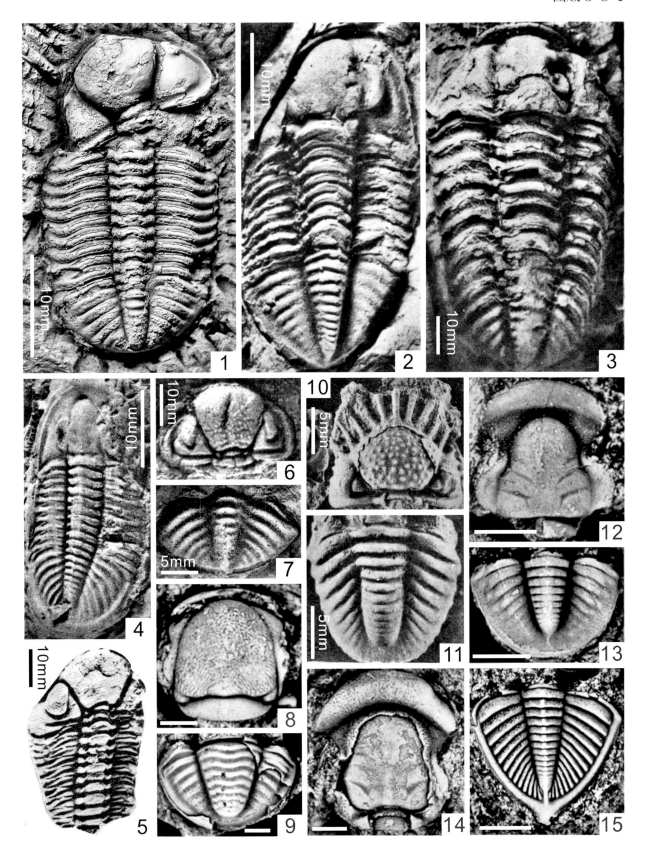

图版 5-8-2 说明

（图 1 标本保存在中国科学院南京地质古生物研究所；图 2 标本保存在中国地质博物馆；图 3—11 标本保存在西安地质矿产研究所。除特殊标明外，其余比例尺 =2mm）

1 越南沟通虫 *Ductina vietnamila* Maximova，1965 引自韩乃仁和陈贵英（2007）

背壳。登记号：NIGP119355。主要特征：头部半圆形，头鞍光滑，前部宽于后部，背沟微弱；颈环和前颈环微弱显现，仅在侧部见小凹坑；缺失眼和面线；尾部近半圆形，中轴分节不清，向后明显收缩；肋部光滑，前部偶见微弱的沟痕。产地：广西南丹罗富剖面。层位：中泥盆统艾菲尔阶纳标组。

2 东方斜曲形虫 *Cyphaspides orientalis* Yi et Hsiang，1975 引自易庸恩和项礼文（1975）

胸尾甲。登记号：IV6544。主要特征：头部除颊刺外呈近于横扁的抛物体，前缘和侧缘具许多短小的头刺；头鞍强烈凸出，长卵形，头鞍沟和基底叶不清楚；颈环窄，颈沟两侧深宽；颊部强烈凸起，高度与头鞍大致相等；眼小，呈棒状；胸部12节，具肋刺；尾部近半圆形，由9～11个轴节和4对肋节组成，具短小的尾刺。产地：广西南丹罗富乡。层位：中泥盆统艾菲尔阶纳标组。

3 沙漠蚜头虫 *Proetus desertus* Zhou，Siveter et Owens，2000 引自Zhou等（2000）

头甲和部分胸节。登记号：XIG TR465。主要特征：头鞍次方形，向前略变窄；眼叶是头鞍长度的30%～40%；侧颈叶几乎完全与颈环分离；颊刺长；尾轴分7个轴节和1个末节，尾肋分5～6节；尾边缘不清楚；壳面覆以瘤状装饰。产地：内蒙古额济纳旗珠斯楞海尔罕地区。层位：中泥盆统艾菲尔阶依克乌苏组。

4，5 西麦尔阿斯梯盾虫秦岭亚种 *Astycoryphe cimelia qinlingensis* Zhou，1987 引自周志强（1987）

4－头盖，5－尾甲。4－Tr330，5－Tr327。主要特征：头鞍亚圆锥形，前端圆润，两侧向前缓慢收缩，在前1/3处明显向内收缩；4对头鞍沟；颈环纵向宽，无侧颈叶；眼叶狭长而弯曲；头鞍及眼叶较稀疏地分布细瘤；颈环的瘤饰有形成指纹状排列的趋势；尾部半圆形，尾轴短而宽，并覆以细瘤。产地：甘肃迭部当多沟。层位：中泥盆统鲁热组。

6，7 多瘤康塞尔虫 *Camsellia granulosa* Zhou，1987 引自周志强（1987）

6－头盖，7－尾甲。6－Tr316，7－Tr315。主要特征：头鞍在第二对头鞍沟处明显内缩成蜂腰；3对头鞍侧沟向内后方斜伸而弯曲；基底叶呈菱形；颈沟深，颈叶较大；头鞍表面布满粗大的瘤点；尾轴凸起较高，均匀向后变尖，几乎伸达边缘沟，分15～16个轴节。产地：甘肃迭部当多沟。层位：下一中泥盆统当多组。

8，9 狮形恐怖蚜头虫 *Deinoproetus leoninus* Zhou，Siveter et Owens，2000 引自Zhou等（2000）

8－头盖，9－尾甲；8－XIG TR404，9－XIG TR507。主要特征：头鞍强烈凸出，4对头鞍沟，前两对较深，后两对较浅且未伸达背沟；头鞍及颈环布满粗大的瘤点；无内边缘，前边缘长；尾部次半圆形，尾轴较窄，分7个轴节和1个末节，肋部分5～6节。产地：内蒙古额济纳旗珠斯楞海尔罕地区。层位：中泥盆统艾菲尔阶依克乌苏组。

10，11 郑氏东方蚜头虫 *Eosoproetus zhengi* Zhou，Siveter et Owens，2000 引自Zhou等（2000）

10－头盖，11－尾甲。10－XIG TR449，11－XIG TR472。主要特征：头鞍次抛物线形至次锥形，向前收缩；4对头鞍侧沟；缺失内边缘，前边缘较平；尾部较长，次三角形；尾轴长而窄，分10个轴节和1个末节，尾肋分7节。产地：内蒙古额济纳旗珠斯楞海尔罕地区。层位：中泥盆统艾菲尔阶依克乌苏组。

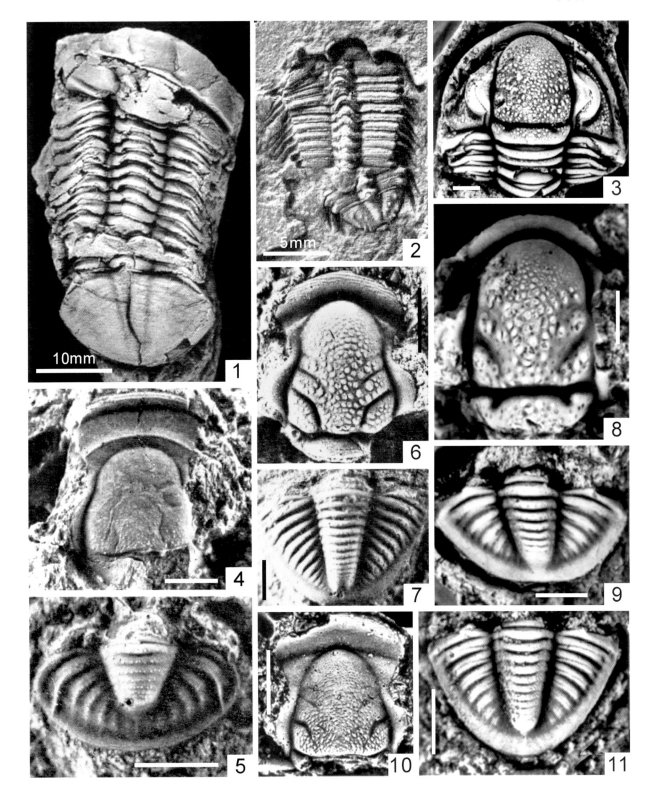

图版 5-8-3 说明

1 康涅利乌斯欧米伽眼虫 *Omegops cornelius*（Rud. et E. Richter，1933） 引自Yuan和Xiang（1998）

头甲和部分胸节。采集号：AEJ460。登记号：GPIN96501。主要特征：头部半圆形，头鞍中度凸起；3对头鞍沟，第一对在两侧较深，第二和三对头鞍沟不明显；前颈环较窄，由一对轻微凸起的侧疣和一个低平的中环组成；颈环较宽，强烈凸起；尾部分9个轴节、1个末节及5对尾肋。产地：新疆和丰布龙果尔剖面。层位：法门阶洪古勒楞组。

2，3 粒状镜眼虫桂林亚种 *Phacops granulatus guilinensis* Zhu，1988 引自Yuan和Xiang（1998）

2－头甲，3－尾甲。采集号：2－DPST04，3－Bed34/709-17。登记号：2－GPIN96504，3－105842。主要特征：头部强烈凸起，头鞍强烈膨胀；前颈环窄；侧颈节小，轻微凸起，中环较低，几乎消失；尾部宽而短，中轴分7个轴节和1个末节，肋部分4～5节。产地：贵州长顺大坡上剖面代化组，桂林南边村剖面。层位：法门阶融县组。

4，5 小眼副奇妙缝合虫 *Mirabole*（*Paramirabole*）*ocellata* Yuan，1998 引自Yuan和Xiang（1998）

4－头甲，5－尾甲。采集号：4－GD1，5－GD0。登记号：4－GPIN96890，5－GPIN96901。主要特征：头鞍截锥形至次三角形，无明显的头鞍沟；颈环宽；头部边缘沟宽而深；眼叶小，在成年个体中几乎消失；尾部次抛物线形至半椭圆形，尾轴长而宽，肋部分7～9节。产地：贵州长顺代化剖面。层位：上泥盆统法门阶代化组。

6 大眼假瓦烈叶虫 *Pseudowaribole*（*Pseudowaribole*）*macrops* Yuan，1988 引自Yuan和Xiang（1998）

上左－活动颊，上右－头盖，下－尾甲。采集号：DPST013。登记号：GPIN96592，GPIN96590，GPIN96595。主要特征：头鞍近舌形，头鞍前叶锥形；4对头鞍沟；内边缘宽，前边缘极窄；眼叶较长，眼大、肾形；颊刺长；尾部较宽，尾轴分8～9节，尾肋分6～7节。产地：贵州长顺睦化大坡上剖面。层位：上泥盆统法门阶代化组。

7，8 异常普德蚜头虫 *Pudoproetus abnormis* Yuan et Xiang，1998 引自Yuan和Xiang（1998）

7－头盖，8－尾甲。采集号：7－CH12，8－CH13。登记号：7－GPIN96566，8－GPIN96567。主要特征：头鞍截锥形，前部宽圆；4对头鞍沟；颈环向两侧明显变窄，无侧颈叶；眼较小；尾边缘较窄，无明显的边缘沟。产地：广西宜州峡口剖面。层位：泥盆系顶部至石炭系底部融县组。

9 睦化奇妙缝合虫 *Mirabole*（*Mirabole*）*muhuaensis* Yuan，1988 引自Yuan和Xiang（1998）

上左－活动颊，上右－头盖，下－尾甲。采集号：DPST04，GM7-8，DPST06。登记号：GPIN96871，GPIN96858，GPIN96868。主要特征：前边缘沟极窄且深，在头鞍之前极浅或消失；中轴8～10节，肋部6～8节。产地：贵州长顺。层位：法门阶。

10，11 中华副窄叶虫 *Parangustibole sinensis* Yuan et Xiang，1998 引自Yuan和Xiang（1998）

10左－活动颊，10右－头盖；11－尾甲。采集号：10－ADZ29，11－CH24-25。登记号：10左－GPIN96789，10右－GPIN96787；11－GPIN96790。主要特征：头鞍细长，次锥形；3对模糊的头鞍沟；内边缘缺失；颈环宽，无侧颈叶；无颊刺；尾部半圆形至次三角形，中轴短、分7～8节，肋部分6～7节。产地：广西宜州峡口剖面。层位：法门阶融县组。

12，13 宜山假弓形缝合虫 *Pseudocyrtosymbole yishanensis* Yuan et Xiang，1998 引自Yuan和Xiang（1998）

12－头盖，13－尾甲。采集号：ADZ29。登记号：12－GPIN96620，13－GPIN966221。主要特征：头鞍锥形至次柱形；3对头鞍侧沟；前边缘宽而平，前边缘沟宽而浅，内边缘较窄；面线前支较长；尾部半圆形，分11个轴节和7～8对肋节，尾边缘宽而平。产地：广西宜州峡口剖面。层位：上泥盆统法门阶融县组。

14，15 广西中华缝合虫 *Sinosymbole guangxiensis*（Zhu，1988） 引自Yuan和Xiang（1998）

14－头盖，15－尾甲；采集号：14－Bed34/709-17，15－Bed34/709-19。登记号：14－105849，15－105853。主要特征：头鞍较长，截锥形；3对头鞍沟；内边缘极窄甚至消失；颈环深。产地：广西桂林南边村剖面。层位：法门阶融县组。

16，17 幸运加宁虫 *Ganinella? auspicata* Zhou，Siveter et Owens，2000 引自Zhou等（2000）

16－头盖，17－尾甲。登记号：16－XIG TR532，17－XIG TR537。主要特征：头鞍锥形；内边缘短而下凹；尾部次抛物线形，尾轴11～13节；尾肋8～10节；具较窄的尾边缘。产地：内蒙古珠斯楞海尔罕地区。层位：弗拉阶西屏山组。

18 普德蚜头虫（未定种）*Pudoproetus* sp.

头盖。采集号：B9-7。主要特征：头鞍截锥形，前端强烈拱出；4对头鞍沟；无内边缘，前边缘和边缘沟极窄。产地：新疆和丰布龙果尔剖面。层位：上泥盆统法门阶顶部洪古勒楞组。

19 戴安眼虫（未定虫）*Dianops* sp.

头甲。采集号：DH1b。登记号：GPIN96505。主要特征：头部半椭圆形，头鞍强烈膨胀；前颈环由一对强烈凸起的侧疣和低窄的中环组成。产地：贵州长顺大坡上剖面。层位：上泥盆统法门阶代化组。

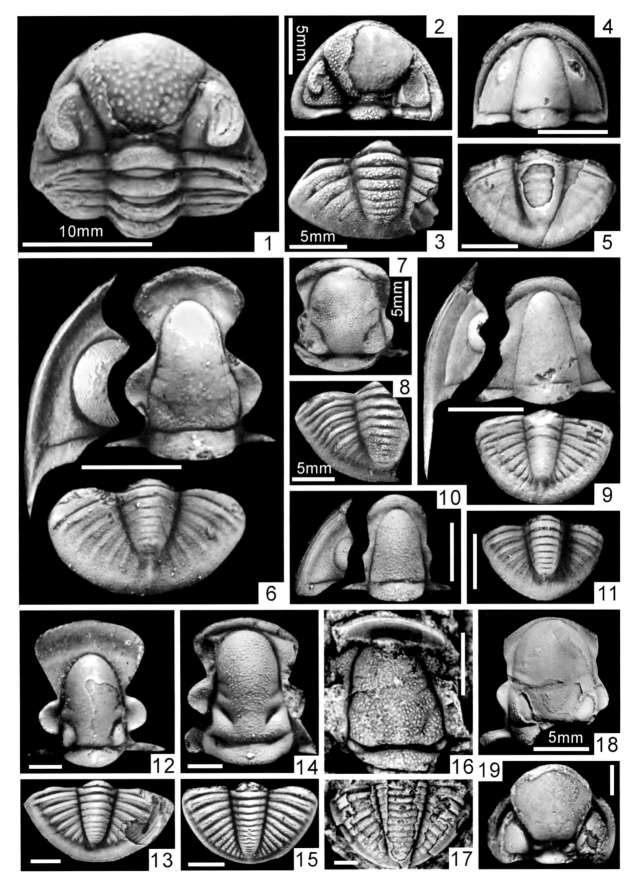

5.9 笔 石

5.9.1 笔石结构和术语

单笔石类基本构造见图5.18。

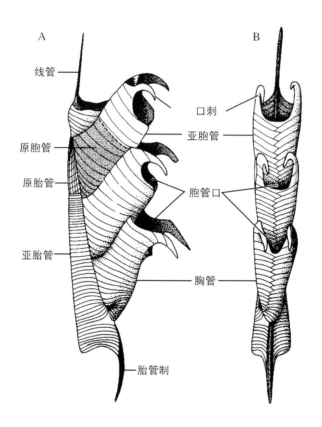

图 5.18 单笔石类的基本构造
A. 侧视；B. 口视。据 Clarkson（1998）

正笔石类（graptoloids）：正笔石目（Graptoloidea）化石的统称。笔石体一般仅含较少的笔石枝，仅由一种胞管（正胞管）组成，未见硬化的茎系，笔石枝下垂到上攀，营漂浮或浮游生活。早奥陶世至早泥盆世，全球分布。

单笔石类（monograptids）：单笔石科（Monograptidae）和弓笔石科（Cyrtograptidae）化石的统称。由单枝或多枝群体组成，主枝的第一个胞管由胎管生出后即向上生长。志留纪兰多维列世至早泥盆世，全球分布。

笔石体（rhabdosome或tubarium）：整个笔石生物群体的硬化外骨骼。

笔石枝（stipe）：笔石胞管依次相连形成的一条枝。

上攀式（scandent）：在正笔石类的笔石体中，两列笔石枝向上攀合生长，包围线管（或中轴）。

446

单列（uniserial）：正笔石类的笔石体仅由一列胞管组成。

胎管（sicula）：笔石群体最初虫体的外骨骼（或称房室），由锥状的原胎管和管状亚胎管组成。

原胎管（prosicula）：胎管的始部，由纵线和螺旋线组成。

亚胎管（metasicula）：胎管的末部，由纺锤层组成。

胎管刺（virgella）：由胎管口侧向下垂伸的刺状物。

胎管口刺（sicular apertural spine）：与胎管刺相对的刺状物。

线管（nema）：自胎管尖端伸出的丝状体，在单笔石类中沿笔石枝背侧伸展，末端伸出笔石体之外，一般细弱。

胞管（theca）：笔石群体中单个虫体个体的外骨骼（或称房室），包括原胞管和亚胞管。

原胞管（protheca）：胞管分生出下一个胞管之前的始端部分。

亚胞管（metatheca）：胞管的末端部分。

胞管间壁（interthecal septum）：相邻胞管之间的间壁。

膝角（geniculum）：胞管腹侧形成的角状弯曲。

膝刺（genicular spine）：从胞管膝角上生出的刺。

膝上腹缘（supragenicular wall）：膝角之上的胞管腹缘。

膝下腹缘（infragenicular wall）：膝角之下到前一个胞管口之间的胞管腹缘。

胞管口（thecal aperture）：胞管末端的向外开口，是笔石虫体向外摄食、活动等的出口。

胞管口刺（thecal aperture spine）：胞管口腹缘或侧缘生出的刺。

胞管口穴（thecal excavation）：由胞管口部与其后一个胞管的膝下腹缘围成的区域。

腹侧（ventral）：笔石枝上胞管口部所在的一侧。

背侧（dorsal）：腹侧的对侧。

始端（proximal）：笔石体最早形成的部分，包括胎管及早期的少数胞管。

末端（distal）：笔石体后续形成的部分。

胞管掩盖（thecal overlapping）：相邻胞管间的重叠现象，以胞管腹缘被前一个胞管的掩盖部分占整个腹缘的比例来衡量。

胞管密度（thecal spacing）：胞管排列的紧密程度，通常以沿笔石枝一定长度内所包含的胞管数量，或2TRD来衡量。

2TRD（two thecae repeat distance）：第N-1与第N+1个胞管对应位置之间的距离。

5.9.2　笔石图版

图版 5-9-1 说明

(所有标本均保存在中国科学院南京地质古生物研究所，比例尺 =1mm)

1，2，7，8 前海西钩笔石 Uncinatograptus praehercynicus（Jaeger，1959） 引自Chen等（2015）

采集号：1，2－ADD128；7，8－ADD130。登记号：1，2－NIGP161819；7，8－NIGP161815。主要特征：笔石体长且直，始部宽度1.0～1.3mm，逐渐增宽至1.3～1.7mm，2TRD为1.3～1.9mm，胞管呈钩状。产地：广西钦州樟木北均塘河边剖面。层位：下泥盆统洛赫考夫阶上部钦州组Uncinatograptus praehercynicus带。

3，4 镰形新单笔石 Neomonograptus falcarius（Koren'，1969） 引自Chen等（2015）

采集号：ADD140d。登记号：NIGP161837。主要特征：笔石体短小，始部背弯，笔石体宽1.2mm，胎管口部扩大，胞管短而粗壮，口部具有明显的罩状物，胞管排列紧密，始部3～4mm内有5个胞管。产地：广西钦州樟木北均塘河边剖面。层位：下泥盆统布拉格阶下部钦州组Neomonograptus falcarius带。

5，6 相似新单笔石相似亚种 Neomonograptus aequabilis aequabilis（Přibyl，1941） 引自Chen等（2015）

采集号：ADD130。登记号：NIGP161800。主要特征：笔石体直或始部略背弯，始部宽约0.7～1.0mm，最大宽度约1.2mm，始部胞管具明显的罩状物，末部胞管呈单栅笔石式，2TRD为1.4～2.2mm。产地：广西钦州樟木北均塘河边剖面。层位：下泥盆统洛赫考夫阶上部钦州组Uncinatograptus praehercynicus带。

9，10 托氏钩笔石 Uncinatograptus thomasi（Jaeger，1966） 引自穆恩之和倪寓南（1975）

采集号：JSA24B。登记号：NIGP23118。主要特征：单列笔石，背缘呈S形，始部宽1.1～1.2mm，最大宽度2.0mm；始部胞管向外弯曲、呈钩状，第一个胞管特别显著，其后胞管伸出部分逐渐减小，渐变为帽沿状；10mm内有8～9个胞管。产地：西藏珠峰地区聂拉木县甲北村凉泉。层位：下泥盆统布拉格阶上部至埃姆斯阶下部凉泉组Uncinatograptus yukonensis带。

11—14 育空钩笔石 Uncinatograptus yukonensis（Jackson et Lenz，1963） 引自穆恩之和倪寓南（1975）

采集号：JSA248。登记号：11，12－NIGP23101；13，14－NIGP23100。主要特征：笔石体呈J形，始部向背侧弯曲，末部近直。始部宽0.8～1.2mm，最大宽度为1.6～1.8mm。胞管近于均一，末部胞管的弯曲程度不及始部胞管明显，2TRD为1.6～2.4mm。产地：西藏珠峰地区聂拉木县甲村北凉泉。层位：下泥盆统布拉格阶上部至埃姆斯阶下部凉泉组Uncinatograptus yukonensis带。

15，16 均一钩笔石 Uncinatograptus uniformis Přibyl，1940 引自Chen和Quan（1992）

登记号：NIGP115577。主要特征：笔石体直，始端宽1.0mm，略向背侧弯曲，向上迅速增宽至2.4mm。胞管口部强烈弯曲呈钩状，在5mm内有5～6个胞管。产地：云南西盟里拉村。层位：下泥盆统洛赫考夫阶下部腊垒组Uncinatograptus uniformis带。

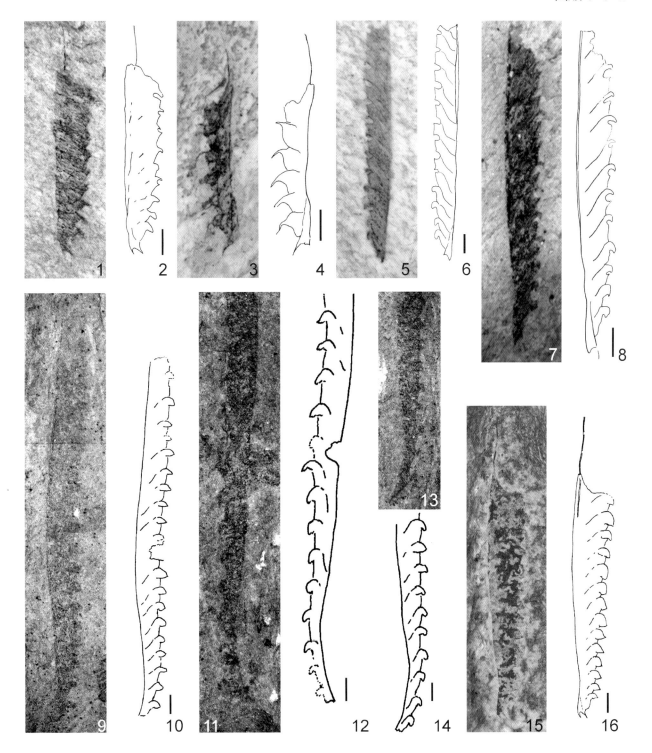

5.10　有孔虫

5.10.1　有孔虫结构和术语

有孔虫结构见图5.19—5.21。

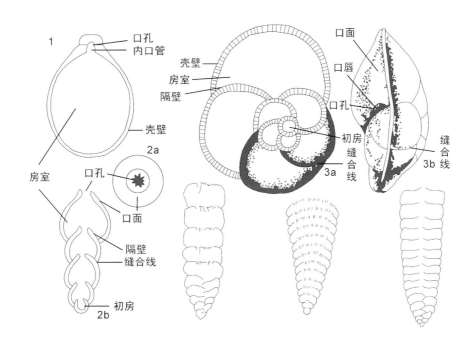

图 5.19　有孔虫壳的构造
据郝诒纯等（1980）修改

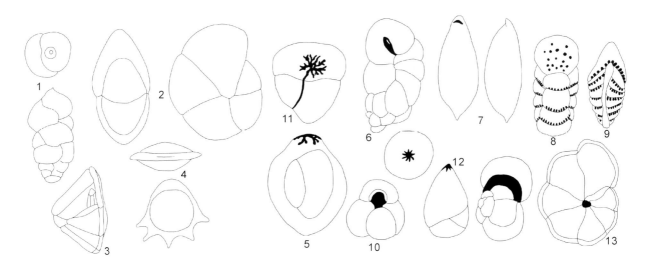

图 5.20　有孔虫口孔的形状和位置

1. 顶端圆形口孔；2. 基部弧形口孔；3. 面高拱形口孔；4. 顶端缝状口孔；5. 顶端树枝状口孔；6. 面扣眼状口孔；7. 顶端裂缝状口孔；8. 筛状面复口孔；9. 基部复口孔；10. 脐部口孔；11. 末端放射状口孔；12. 背 - 脐弧形口孔；13. 脐外 - 脐部口孔。据 Asano（1970）

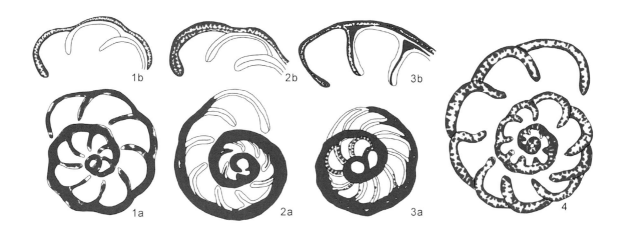

图 5.21　有孔虫壳壁的分层性
1. 单层式隔壁；2. 双层式隔壁；3. 轮虫式隔壁；4. 不分层壳壁。据郝诒纯等（1980）修改

　　房室/壳室（chamber）：由细胞质分泌物或由分泌物胶结外来颗粒构筑而成的空腔状壳室。

　　口孔（aperture）：是单房室壳或多房室壳终室向外的主要开口，为有孔虫与外界沟通的主要通道。位于房室末端的称为末端口孔；位于口面上的称为面口孔；位于口面基部的称为基部口孔；位于脐部的称为脐部口孔。口孔有原生口孔与次生口孔之分，前者与壳壁同时生成，后者是原生口孔的遗留部分或壳壁被部分吸收后形成的开孔。

　　初房（proloculum）：在多个房室组成的壳中，最早形成的、最小的房室。

　　隔壁（septum）：隔开相邻两个房室的壳壁。

　　隔壁孔：发育在隔壁上，沟通相邻房室的孔道。

　　壳壁微孔：绝大多数钙质透明壳有孔虫的壳壁上都具有许多微孔，其主要作用可能是加强原生质与外界的交流。

　　缝合线（suture line）：隔壁与壳壁相交的线。

　　前壁/口面（oral face）：口孔周围的壳壁。

　　单房室壳（unilocular test）：由一个房室组成，房室上具一个或多个口孔。

　　双房室壳（bilocular test）：由一个球形的初房和一个管状的第二房室组成，口孔常位于第二房室的末端。

　　多房室壳（multilocular test）：由两个以上的房室构成。

　　房室的排列方式可分为以下几种。

　　（1）单列室壳：房室的生长沿直线或弧形单列排列。前者称为单列直线形壳，后者称为单列弧线形壳。

　　（2）平旋式壳：壳的后生房室围绕初房始终在一个平面上旋转生长，每生长一圈房室构成一个壳圈。两个相邻的壳圈之间的接触线称为旋缝合线（spiral suture）。平旋壳的外部边缘叫壳缘（periphery）。

（3）螺旋式壳：房室在若干个彼此平行的平面上，围绕一根通过初房中心并与这些平面垂直的假想轴呈螺旋式排列。螺旋式壳有背（dorsal）和腹（ventral）之分。

（4）绕旋式壳：包括两种类型：①小滴虫式排列，房室沿一条长轴绕旋排列；②小粟虫式排列，每一旋圈由两个房室组成，相继生长的两个房室的绕旋平面以一定的角度相交。

（5）双卷式壳：为双列的旋卷壳。

（6）半环式壳：房室的排列以初房为起点，往同一个房室迭次旋卷生长。

（7）环圈式壳：壳的方式呈同心圆状排列，壳体呈圆盘形。

（8）混合型壳：许多有孔虫在其个体发育的后期，房室的排列方式发生变化，形成混合型壳。

5.10.2　有孔虫图版

图版 5-10-1 说明

（除特别标注外，比例尺 =100μm）

1　巨古球虫 *Archaesphaera giganta* Malakhova，1959　引自郝诒纯和林甲兴（1982）

纵切面。登记号：DH016。主要特征：壳球形，单房室，壳壁厚，壳外径大。产地：湖南宁远汪井姚家剖面。层位：中泥盆统棋梓桥组。

2，3　厚古球虫 *Archaesphaera crassa* Lipina，1950　引自郝诒纯和林甲兴（1982）

纵切面。登记号：2－DH017，3－DH018。主要特征：壳球形，单房室，壳外径较小。产地：广西象州马鞍山剖面。层位：中泥盆东岗岭组。

4　广西古球虫 *Archaesphaera guangxiensis* Hao et Lin，1982　引自郝诒纯和林甲兴（1982）

纵切面。登记号：DH019。主要特征：壳球形，单房室，壳壁外层具钙质圆形包体。产地：广西象州马鞍山剖面。层位：中泥盆统东岗岭组。

5　贝勒泥亚虫（未定种）*Baelenia* sp.　引自Hance等（2011）

轴切面。采集号：Malanbian 80。主要特征：壳体盘形，早期扭旋且不分隔，后期平旋，具假房室。产地：湖南新邵马栏边剖面。层位：法门阶孟公坳组。

6　奇异双直切尔尼欣虫 *Birectochernyshinella mirabilis*（Lipina，1965）　引自王克良（1987）

纵切面。采集号：ADZ40。登记号：102715。主要特征：壳体盘形，扭旋，具假房室。产地：广西宜州峡口剖面。层位：法门阶融县组上部。

7　对球虫（未定种）*Bisphaera* sp.　引自罗辉（1998）

纵切面。采集号：87Kf191。登记号：121274。主要特征：壳亚梨形，中部明显收缩，体表无突起。产地：西藏日土双点达坂剖面。层位：中泥盆统雅西尔组。

8　角对球虫 *Bisphaera angulata* Bog. et Juf.，1962　引自王克良（1987）

中切面。采集号：ACR529。登记号：71265。主要特征：壳体亚球形，单层壳壁。产地：湖南隆回周旺铺。层位：法门阶孟公坳组。

9　角双砂户虫（比较种）*Bithurammina* cf. *angulata* Kotlyar，1982　引自张金鉴（1986）

切面。登记号：OF-009。主要特征：壳多角球形，双房室，具短锥状突起。产地：湖南祁阳黎家坪剖面。层位：上泥盆统佘田桥组。

10　双砂户虫（未定种）*Bithurammina* sp.　引自张金鉴（1986）

切面。登记号：OF-010。主要特征：壳近球形，双房室，具管状突起，口孔位于管状突起末端。产地：湖南祁阳黎家坪剖面。层位：上泥盆统佘田桥组。

11，12　初始似布林斯虫 *Brunsiina primula* Chuvashov，1965　引自张金鉴（1986）

11－中切面，12－轴切面。登记号：11－OF-011，12－OF-012。主要特征：壳圆盘形，具脐；管状第二房室早期围绕初房扭旋，晚期平旋。产地：湖南祁阳黎家坪剖面。层位：上泥盆统佘田桥组。

13　纤细小靴虫 *Caligella gracilis* Reitlinger，1954　引自傅瑜（1985）

纵切面。登记号：DG-31。主要特征：壳不规则管状，内腔具钩状皱形隔壁。产地：四川灌县九甸坪剖面。层位：弗拉阶沙窝子组。

14，15　锡矿山石炭虫 *Carbonella xikuangshanensis* Lin et Zhang，1989　引自林甲兴和张国星（1989）

14－中切面，15－斜切面。登记号：14－SK23，15－SK24。主要特征：壳小，盘形，脐部微凸，壳圈2个，平旋外卷。产地：湖南新化锡矿山剖面。层位：上泥盆统佘田桥组。

16　双球虫（未定种）*Diplosphaerina* sp.　引自林甲兴和张国星（1989）

纵切面。登记号：SK20。主要特征：壳小，壳体近卵形，双房室，初房小，第二房室卵圆形迅速增大。产地：。层位：湖南锡矿山剖面上泥盆统佘田桥组。

17　阿留陀夫厄尔兰德虫 *Earlandia aljutovica*（Reitlinger，1950）　引自郝诒纯和林甲兴（1982）

纵切面。登记号：DH027。主要特征：壳长管状，壳壁暗色细粒状。产地：广西象州六景。层位：中泥盆统东岗岭组。

18　宽旋内卷虫（亲近种）*Endothyra* aff. *latispiralis* Lipina，1955　引自王克良（1987）

中切面。采集号：ADZ39。登记号：102757。主要特征：壳体旋卷具稳定的偏离方向，末端单一口孔。产地：广西宜州峡口剖面。层位：法门阶融县组上部。

19　展开始内卷虫（比较种）*Eoendothyra* cf. *evoluta* Durkina，1984　引自Hance等（2011）

纵切面。采集号：Malanbian 80。主要特征：壳体早期扭旋、包旋，后期近平旋，壳缘钝圆。产地：湖南新邵马栏边剖面。层位：法门阶孟公坳组。

20，21　普通内卷虫放射亚种 *Eoendothyra communis radiata*（Reitlinger，1961）　引自Hance等（2011）

纵切面。采集号：20－Zhouwangpu 57，21－Etoucun 73。主要特征：壳体不规则旋卷，具稳定的偏离方向。产地：湖南邵阳周旺铺剖面及广西桂林额头村剖面。层位：法门阶孟公坳组及额头村组。

454

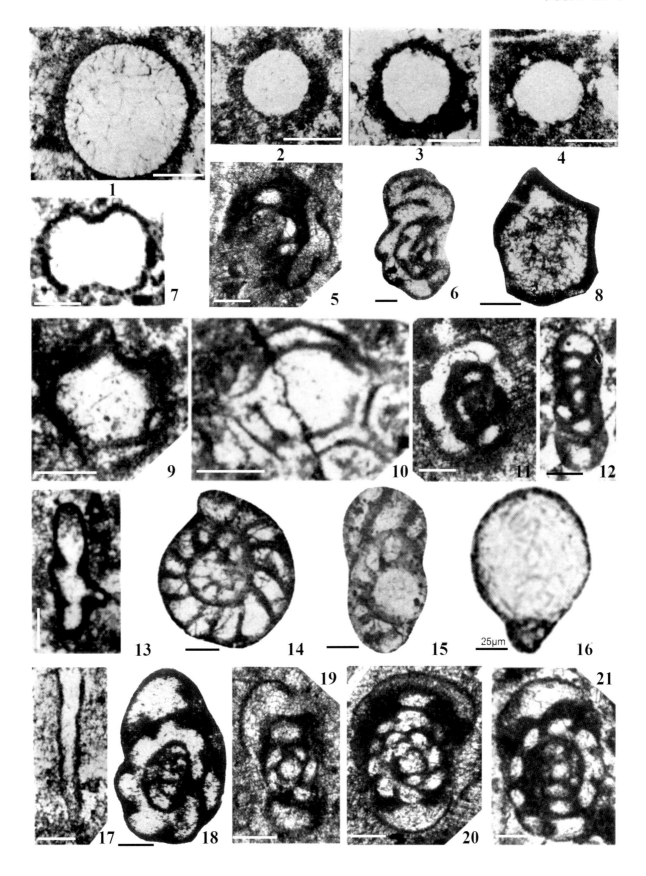

图版 5-10-2 说明

（除特别标注外，比例尺 =100μm）

1，2　初级始卷虫 *Eovolutina elementa* Antropov　引自罗辉（1998）

切面。采集号：87Kf191。登记号：1-121289，2-121290。主要特征：壳大，近圆形，双房室。产地：西藏双点达坂剖面。层位：中泥盆统雅西尔组。

3，4　姊妹小叶虫 *Frondilina sororis* Byhova，1952　引自张金鉴（1986）

纵切面。登记号：3-OF028，4-OF029。主要特征：壳扁平，纵切面掌形，8个房室排成单列式。产地：湖南黎家坪剖面。层位：上泥盆统佘田桥组。

5　本地格涅茨虫（比较种）*Geinitzina* cf. *indigena* Bykova，1952　引自郝诒纯和林甲兴（1982）

纵切面。登记号：DH032。主要特征：壳长锥形，房室6个，壳壁由暗色层和透明纤维层组成。产地：广西象州六景。层位：中泥盆统东岗岭组。

6　小球旋虫（未定种）*Glomospira* sp.　引自Hance等（2011）

中切面。采样号：Etoucun 73。主要特征：壳体亚球形，扭旋，发育微弱的假隔壁。产地：广西桂林额头村剖面。层位：法门阶额头村组。

7　小卢博夫虫（未定种）*Klubovella* sp.　引自Hance等（2011）

斜切面。登记号：Zhouwangpu 57。主要特征：壳体早期扭旋，后期不旋卷。产地：湖南邵阳周旺铺剖面。层位：法门阶孟公坳组。

8　谢士曼瓶状虫 *Lagenammina sheshman* Antropov，1950　引自傅瑜（1985）

切面。登记号：DG-21。主要特征：单房室，球形，顶部明显收缩。产地：四川灌县九甸坪剖面。层位：早泥盆世沙窝子组。

9　艾斯牙买加拉克索内卷虫（比较种）*Laxoendothyra* cf. *asjamica*（Chuvashov，1965）　引自Hance等（2011）

轴切面。登记号：Oujiachong 203。主要特征：具有一个适度摆动的旋卷平面，房室半球形，缝合线明显。产地：湖南欧家冲剖面。层位：法门阶孟公坳组。

10　细线多壁虫 *Multiseptida striata* Zhang，1986　引自张金鉴（1986）

纵切面。登记号：OF-026。主要特征：壳大，长圆锥形，8~10个房室呈单列式排列。产地：湖南祁阳黎家坪剖面。层位：上泥盆统佘田桥组。

11　斯大林诺哥斯克拟节房虫 *Nodosinella stalinogorski*（Lipina，1950）　引自张金鉴（1986）

纵切面。登记号：OF-020。主要特征：壳大，始端锥形，7个低宽房室呈单列式排列，壳壁由放射纤维状和暗色层组成。产地：湖南祁阳黎家坪剖面。层位：上泥盆统佘田桥组。

12　孔拟砂户虫 *Parathurammina aperturata* Pronina，1960　引自郝诒纯和林甲兴（1982）

切面。登记号：DH015。主要特征：单房室，球形，外壁发育管状小突起。产地：广西象州六景剖面。层位：中泥盆统东岗岭组。

13　厚壳拟砂户虫 *Parathurammina crassitheca*（Antropov）　引自傅瑜（1985）

切面。登记号：DG-2。主要特征：壳近球形，单房室，具长而粗壮的管状突起。产地：四川灌县九甸坪剖面。层位：上泥盆统沙窝子组。

14　耶夫兰拟节房虫（比较种）*Nodosinella* cf. *evlanensis*（Lipina，1950）　引自张金鉴（1986）

纵切面。登记号：OF-019。主要特征：壳大，圆锥形，6~7个房室呈单列式。产地：湖南祁阳黎家坪剖面。层位：弗拉阶佘田桥组。

15　壁虎状拟砂户虫 *Parathurammina gekkeri* Antropov　引自张金鉴（1986）

切面。登记号：OF-007。主要特征：壳小，近方形，具4个较短的管状突起。产地：湖南祁阳黎家坪剖面。层位：上泥盆统佘田桥组。

16　湖南拟砂户虫 *Parathurammina hunanensis* Hao et Lin，1982　引自郝诒纯和林甲兴（1982）

切面。登记号：OF-006。主要特征：壳多角球形，壳壁向内弯曲具管状突起。产地：湖南宁远姚家剖面。层位：中泥盆统棋梓桥组。

17　停顿拟砂户虫 *Parathurammina paulis* Bykova，1952　引自郝诒纯和林甲兴（1982）

切面。登记号：DH012。主要特征：壳多角球形，单房室，具管状突起，壳壁很薄。产地：广西和平古高剖面。层位：中泥盆统东岗岭组。

18　放射拟砂户虫 *Parathurammina radiata* Antropov，1950　引自傅瑜（1985）

切面。登记号：DG-10。主要特征：壳小，多角球型，具较长且粗壮的管状突起。产地：四川灌县九甸坪剖面。层位：上泥盆统沙窝子组。

19　亚荒废拟砂户虫 *Parathurammina subvasta* Bykova，1955　引自张金鉴（1986）

切面。登记号：OF-004。主要特征：壳多角球形，外壁上发育较长而粗壮的管状突起。产地：湖南黎家坪剖面。层位：弗拉阶佘田桥组。

20，21　不规则状角砂户虫 *Salpingothurammina irregularisformis*（Zadorozhnyi et Juferev）　引自罗辉（1998）

切面。采集号：87Kf191。登记号：20-121276，21-121277。主要特征：壳亚圆形至不规则形，具2~3个管状突起。产地：西藏日土双点达坂剖面。层位：中泥盆统雅西尔组。

22　朱布拉杜内虫 *Tournayella jubra* Lipina et Pronina，1964　引自张金鉴（1986）

切面。登记号：OF-013。主要特征：壳圆盘形，具明显的脐，管状第二房室平旋。产地：湖南祁阳黎家坪剖面。层位：上泥盆统佘田桥组。

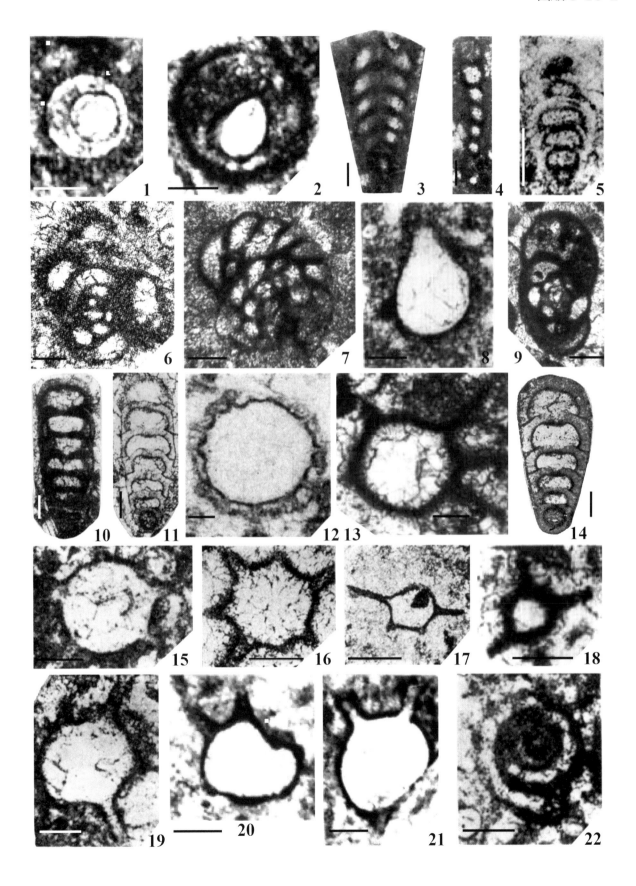

图版 5-10-3 说明

（除特殊标注外，比例尺 =100μm）

1　普通似内卷虫放射亚种 *Quasiendothyra communis radiata* Reitlinger，1961　引自王克良（1987）

轴切面。采集号：ADZ42。登记号：102734。主要特征：壳体盘形，壳缘钝圆，具脐，壳圈早期扭旋、晚期平旋。产地：广西宜州峡口剖面。层位：法门阶融县组上部。

2—4　普通似内卷虫普通亚种 *Quasiendothyra communis communis*（Rauzer-Chernousova，1948）　引自王克良（1987）

轴切面。采集号：2－甘5，3－ADZ42，4－ACM604。登记号：2－102732，3－102737，4－102747。主要特征：壳体盘形，壳缘钝圆，壳圈早期扭旋、晚期平旋，房室较少。产地：贵州平塘甘寨、广西宜州峡口和广东连州。层位：法门阶革老河组、融县组和邵东组。

5，6　普通似内卷虫规则亚种 *Quasiendothyra communis regularis* Lipina，1955　引自王克良（1987）

5－轴切面，6－中切面。采集号：5－ACR529，6－ACM604。登记号：5－102739，6－102743。主要特征：壳体盘形，壳缘钝圆，壳圈早期扭旋、晚期平旋，房室较多。产地：湖南隆回周旺铺、广东连州。层位：法门阶孟公坳组、邵东组。

7—10　齿状似内卷虫 *Quasiendothyra dentata*（Durkina，1959）　引自Hance等（2011）

轴切面。采集号：7，8－Zhouwangpu 57；9－Etoucun 83；10－Oujiachong 203。主要特征：壳体较大，盘形，壳缘钝圆，具脐，壳圈早期扭旋、晚期平旋。产地：湖南隆回周旺铺、冷水江欧家冲和广西桂林额头村。层位：法门阶孟公坳组、额头村组。

11，12　科恩似内卷虫典型类型 *Quasiendothyra konensis* forma *typica* Brazhnikova，1956　引自王克良（1987）

11－轴切面，12－中切面。采集号：11－甘3，12－甘2。登记号：11－102736，12－102740。主要特征：壳体盘形，壳缘钝圆，具脐，壳体扭旋。产地：贵州平塘甘寨。层位：法门阶革老河组。

13，14　科恩似内卷虫 *Quasiendothyra konensis* Lebedeva，1956　引自Hance等（2011）

轴切面。采集号：Zhouwangpu 57。主要特征：壳体盘形，壳缘钝圆，具脐，壳圈早期扭旋、晚期平旋，次生堆积发育。产地：湖南隆回周旺铺。层位：法门阶孟公坳组DFZ-7带。

15—17　科贝似内卷虫 *Quasiendothyra kobeitusana*（Rauzer-Chernousova，1948）　引自王克良（1987）

15－轴切面；16，17－中切面。采集号：15，16－甘2；17－古g-2036019。登记号：15－102730，16－102731，17－102738。主要特征：壳体较大，盘形，壳缘钝圆，脐部内凹，壳圈早期扭旋、晚期平旋；房室较多。产地：贵州平塘甘寨、广西桂林额头村。层位：法门阶革老河组、融县组。

18　科贝似内卷虫 *Quasiendothyra ex gr. kobeitusana*（Rauzer-Chernousova，1948）　引自Hance等（2011）

轴切面。采集号：Zhouwangpu57。主要特征：壳体盘形，壳缘钝圆，脐部内凹明显，壳圈早期扭旋、晚期平旋。产地：湖南隆回周旺铺。层位：法门阶孟公坳组DFZ-7带。

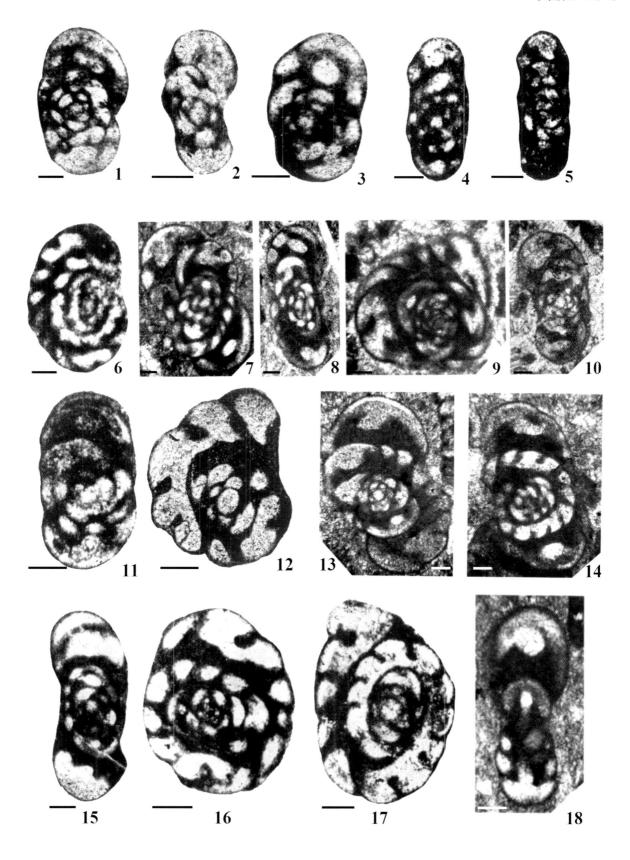

5.11 植　物

5.11.1　植物结构和术语

　　植物数量庞大，种类丰富且形态万千，各个类群之间形态差异极大。因而不同类群的形态学术语千差万别。此章节所描述的植物结构和术语参考了《古生物学名词（第二版）》（古生物学名词审定委员会，2009）、《古植物学》（杨关秀等，1994）、《植物系统学》（贾德等，2012）、《中国植物化石第一册：中国古生代植物》（中国科学院南京地质古生物研究所和中国科学院植物研究所，1974）、《古生物学》（童金南和殷鸿福，2007）等。

　　植物结构见图5.22—5.31。

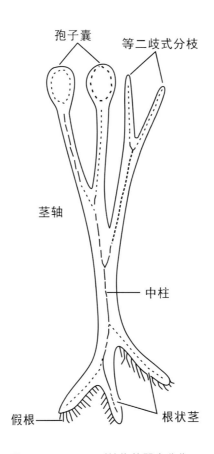

图 5.22　Rhynia 型植物的器官分化
改自杨关秀等（1994）

　　根（root）：陆生植物中用于固定植物体，吸收水分和无机盐，储藏水分和碳水化合物的组织。

　　茎（stems）：植物的轴，由节间分开的节组成，主要有两种分枝类型，即二歧式和单轴式。

　　二歧式分枝（dichotomus branching）：由茎顶端分生组织分生的两个大致相等顶端发育而成。在相当多情况下，两个顶端发育不相等，就形成不等二歧式分枝。明显的不等二歧式分枝形成了具

"之"字形的轴和较短"侧枝"的二歧合轴式分枝。

单轴式分枝（monopodial branching）：有明显的主枝和由主枝分出的侧枝。种子植物的合轴式分枝被认为是由单轴式分枝进化而来的。

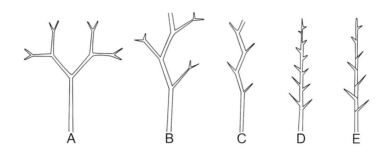

图 5.23　高等植物的主要分枝方式
A. 等二歧式分枝；B. 不等二歧式分枝；C. 二歧合轴式分枝；D. 单轴式分枝；E. 合轴式分枝。改自杨关秀等（1994）

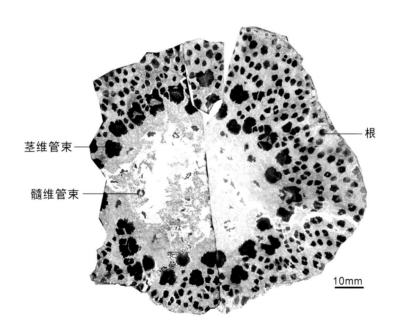

图 5.24　新疆蕨茎（*Xinicaulis lignescens*）茎干横截面
据 Xu 等（2017）

茎轴中包含三种主要系统，即表皮系统、维管系统和基本组织系统，如皮层、髓等。其中维管系统的解剖结构具有重要的分类学和系统学意义。

茎维管束（cauline vascular strand）：乔木型蕨类植物中构成植物体茎干部分维管束的组织。

髓维管束（medullary vascular strand）：乔木型蕨类植物中分布于植物体茎干中央，相当于髓腔部分的维管束组织。

初生木质部（primary xylem）：包括有原生木质部和后生木质部（metaxylem）。

次生木质部（secondary xylem）：由形成层分生出的木质部，多见于多年生木本。

原生木质部（protoxylem）：最早发育的初生木质的极端部分，细胞小。通常自原生木质部至后生木质部的次生壁增厚纹饰反映了系统演化及各类群的特征（图5.25）。

初生木质部发生顺序：当初生木质部分化时，原生木质部发生顺序在不同类群中不同，在横切面

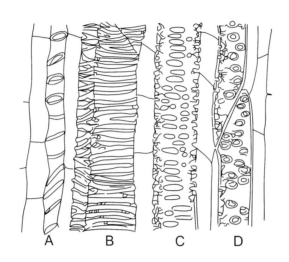

图 5.25　各种次生壁增厚形式
A. 环纹增厚；B. 螺纹增厚；C. 梯纹增厚；D. 具缘
纹孔。改自杨关秀等（1994）

上显示出外始式、内始式、中（心）始式三种类型。

外始式（exarch）：原生木质部细胞自原形成层柱的最外边缘开始发生次生壁，并向中心发展。

内始式（endarch）：原生木质部细胞从维管柱最内面的原形成层细胞开始发育，并向外分化。

中（心）始式（mesarch）：在中心产生原生木质部后，同时向心和离心方向形成后生木质部。

叶（leaves）：现生植物最主要的光合作用器官，但泥盆纪植物大多没有严格意义上的叶。

单叶（simple leaf）：具有单个叶的叶片。

复叶（compound leaf）：具有两片或更多个的叶片或小叶。

孢子叶球（strobile）：孢子囊聚集生长于枝顶部或主枝基部，由叶性结构和孢子囊组成。

孢子叶（sporophylls）：载有孢子囊的叶性结构。

孢子囊（sporangium）：蕨类植物中无性世代孢子体上的生殖器官，囊内有生殖细胞——孢子。

拳卷（tip）：植物营养部分末端出现的卷曲或者回弯。

鳞木目（Lepidodedrales）：木本石松植物，基部为根座式根状茎，顶端二歧式分枝多次形成华盖状树冠；叶细长、螺旋排列，具单脉和叶舌；茎轴外始式管状中柱，树皮厚，具初生内、中、外皮层及次生周皮；孢子叶球单性或双性；孢子囊着生于孢子叶近轴面。鳞木目全球分布，始现于中泥盆世，是沼泽森林的主要造煤植物之一。

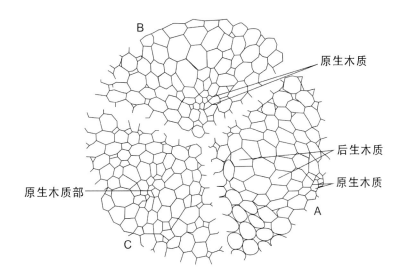

图 5.26　初生木质部的三种发生顺序
A. 外始式初生木质部；B. 内始式初生木质部；C. 中（心）始式初生木
质部。改自杨关秀等（1994）

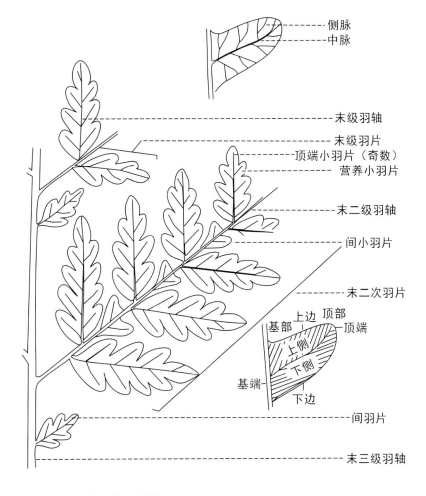

图 5.27　三次羽状复叶结构
改自《中国植物化石第一册：中国古生代植物》

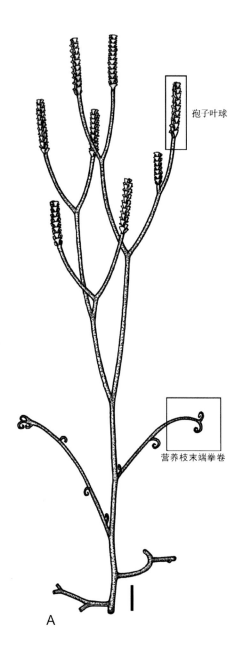

孢子叶球

营养枝末端拳卷

A

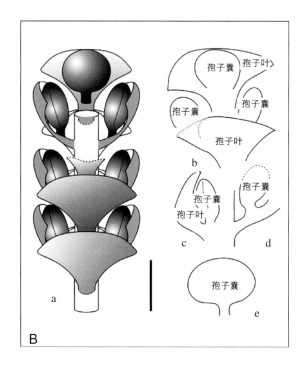

B

图 5.28　小奇异蕨构造

A. 小奇异蕨 *Adoketophyton parvulum* 部分复原图，比例尺 =8mm；B. 小奇异蕨 *Adoketophyton parvulum* 部分孢子叶球结构示意图（a–d. 孢子叶球；e. 孢子囊远轴面观），比例尺 =1mm。改自 Zhu 等（2011）

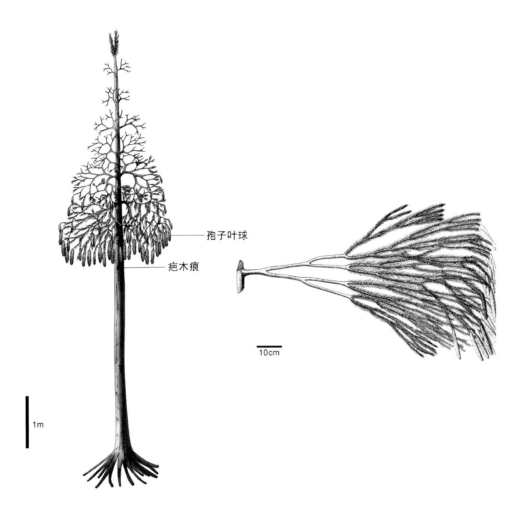

图 5.29　松滋亚鳞木（*Sublepidodendron songziense* Chen emend. Wang et al.）整体复原图
改自 Wang 等（2003）

　　水韭目（Isoëtales）：现生和化石植物。其根状茎上生长着螺旋排列的叶和孢子叶，叶无叶柄及叶片之分，茎为原生中柱，外始式木质部，孢子囊多被缘膜所覆盖、不开裂，大、小孢子囊位于同一植物体。现生水韭属（*Isoëtes*）和剑韭属（*Stylites*）两属，此为狭义水韭目。也有学者将鳞木目和水韭目（狭义）合并为广义的水韭目。

　　根座性根状茎（stigmaria）：茎的基部向下的地下系统，先二歧分叉为四个主枝，再多次二歧分叉，呈低角度平展深入地下。

　　疤木痕（ulodendron scar）：主干上侧生枝系曾经着生的位置，疤木痕为侧枝脱落留下的痕迹。

　　叶座（leaf cushion）：叶基部膨大，在叶脱落后留在茎、枝表面的部分。

　　叶痕（leaf scar）：在叶座中上部心形或菱形微凸成低锥形的部分，是叶着生于茎的部分，是叶基部沿离层脱落后留下的痕迹。

　　维管束痕（vascular trace）：叶痕表面三个小点痕中间叶脉痕迹，向内与茎、枝的维管束相连。

　　叶舌痕（ligule pit）：叶痕上方叶舌留下的痕迹。

真叶植物（euphyllophytes）：真维管植物中除石松植物外的其他类群，即楔叶类、真蕨和种子植物，以具假单轴或单轴分枝、羽状的营养叶和簇生的孢子囊为特征。

图 5.30　假弱楔叶（*Sphenophyllum pseudotenerrimum*）整体复原图
改自邓珍珍等（2016）

楔叶目（Sphenophyllales）：草本或攀缘，茎细弱，具节和节间，单轴式分枝，茎表面具纵脊、纵沟，茎为外始式星状中柱，初生木质部三出辐射状，具次生木质部，叶轮生，每轮为3基数，常为6枚，孢子囊穗着生于分枝的顶端，孢子叶分苞片和孢子囊梗两部分，同孢或异孢。全球分布，晚泥盆世至石炭-二叠纪。

前裸子植物（progymnosperm）：由Beck于1960年建立的植物类群，被认为是裸子植物的祖先类群。灌木或乔木，假单轴分枝，具三维伸展的侧向枝系，肋状具髓原生中柱或真中柱，原生木质部中始式，具双向形成层，管胞具圆形的成群具缘纹孔，孢子囊长卵形、纵向开裂，孢子囊着生在孢子叶的近轴面，同孢或异孢。

古羊齿目（Archaeopteridales）：前裸子植物，乔木，茎干上部多次单轴式分枝组成巨大的树冠，具主枝和二、三级侧枝，末级枝交互对生，叶具扇状脉，茎具发达的次生木质部，原生木质部中始式，次生木质部具交互排列的圆形聚缘纹孔场，中央具髓，孢子囊一至多列着生于小枝上的近轴面，同孢或异孢。

图 5.31 古羊齿（*Archaeopteris*）整体复原图
改自 Taylor 等（2009）

5.11.2 植物图版

PB系列编号标本保存在中国科学院南京地质古生物研究所；其他系列编号的标本保存在北京大学地球与空间科学学院。

图版 5-11-1 说明

1，2　亚轮生奇异蕨 *Adoketophyton subverticillatum*（Li et Cai，1977）Li et Edwards，1992　来自李星学和蔡重阳（1977）

野外号：1-ACE188，2-ACE187。登记号：1-PB6466，2-PB6465。主要特征：生殖枝顶端着生孢子叶球。孢子叶球由四列交互对生的生殖单元构成。每个生殖单元由一个孢子叶（图1箭头所示）和着生于孢子叶内的单个孢子囊组成。孢子叶扇形（图2箭头所示），孢子叶具短柄。孢子叶最宽3.2～10.0mm，高3.6～8.4mm。孢子囊通常高1.5～2.7mm，宽2.0～3.2mm，并沿远端裂开成两瓣。同一个生殖单元中，孢子囊高仅为孢子叶1/3～1/2。产地：云南省文山州古木镇。层位：下泥盆统布拉格阶坡松冲组。比例尺=10mm。

3—7　小奇异蕨 *Adoketophyton parvulum* Zhu，Xue，Hao et Wang，2011　引自Zhu等（2011）

登记号：3，4-PKU-ZH01a；5，6-PKU-ZH04a；7-PKU-ZH09。主要特征：植物体直立，茎轴光滑。等二歧式分枝或假单轴式分枝，营养枝末端拳卷（图3箭头所示，图4）。生殖枝光滑，以25°～55°角二分叉。孢子叶球边缘平行，包含四列交互对生的生殖单元（图5箭头所示）；最长的孢子叶球有60多个生殖单元；每个生殖单元由一个孢子叶和在其近轴面基部着生的孢子囊（图6箭头所示，图7）组成。孢子叶扇形，具短柄。孢子囊椭球型，具短柄，孢子囊远端开裂。孢子囊高度和孢子叶叶片近似，为0.8～1.4mm。产地：云南省文山州古木镇纸厂村。层位：下泥盆统布拉格阶坡松冲组。图3比例尺=10mm。图4比例尺=5mm。图5比例尺=2mm。图6，7比例尺=0.5mm。

8—10　澳大利亚工蕨 *Zosterophyllum australianum* Lang et Cookson，1931　来自Hao和Xue（2013）

登记号：PUH-W.102。主要特征：茎轴宽1.0～2.8mm，等二歧式分枝或不等二歧式分枝，通常以40°～50°角二分叉，偶见70°～90°分叉，具"K"型或"H"型分枝；囊穗短，呈圆锥状，长13.0～15.2mm，宽4.3～6.8mm。孢子囊柄短，长0.6～0.8mm，宽0.6～1.4mm，与孢子囊连接处有时清楚可见。孢子囊扁椭圆形或圆形，高2.6～3.6mm，宽3.5～4.5mm。孢子囊具明显的加厚带。产地：云南省文山州菖蒲塘村。层位：下泥盆统布拉格阶坡松冲组。图8比例尺=20mm。图9，10比例尺=1mm。

11—13　紧贴扁囊蕨 *Demersatheca contigua*（Li et Cai，1977）Li et Edwards，1996；Wang et al.，2020 emend.　引自Wang等（2020）

登记号：11-PB6467，12-PB22984，13-PB23543A。主要特征：植物的营养部分由光滑无叶的茎轴组成，直径至少1mm，且出现"K"型分枝。圆柱形的孢子叶球着生于茎轴末端，宽度基本均一，在顶端轻微变细，宽4.1～5.7mm，长至少40mm，由4列孢子囊交错对生紧密排列而成。最长囊穗上可识别出36个孢子囊。孢子囊两瓣外凸且近乎等大，沿凸起边缘开裂。远轴瓣正面观呈椭圆形或扇形，宽1.4～4.2mm，高1.4～3.6mm，侧面观呈椭圆形。开裂带的最大宽度为0.16～0.48mm，且最宽处出现在孢子囊边缘的最中间处。产地：11-云南文山州古木镇，12-广西梧州苍梧，13-贵州毕节赫章。层位：11-下泥盆统布拉格阶坡松冲组，12-下泥盆统布拉格阶—埃姆斯阶苍梧组，13-下泥盆统布拉格阶—埃姆斯阶丹林组。图11比例尺=2mm。图12比例尺=5mm。图13比例尺=5mm。

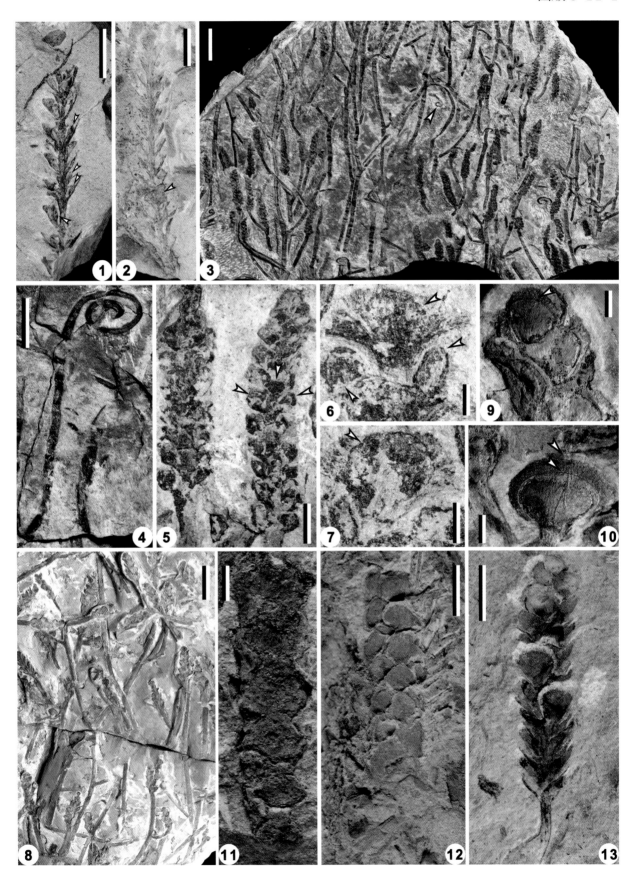

图版 5-11-2 说明

1—5　纤细少囊蕨 *Pauthecophyton gracile* Xue，Hao，Zhu et Wang，2012　引自Xue等（2012）

登记号：1－PKU-XH244a，2－PKU-XH264b，3－PKU-XH252a，4－PKU-XH245a，5－PKU-XH245a。主要特征：植物体直立，茎轴光滑、纤细。主轴假单轴式分枝或二歧式分枝，具两级侧枝系统。繁殖枝等二歧式分枝3～8次，顶端着生孢子囊。孢子囊聚集成繁殖单元，每个繁殖单元由2～4个孢子囊组成。孢子囊纺锤形或梭形，宽约0.4mm，长1.3mm，不弯曲，具纵向开裂带。孢子同孢。产地：云南文山州古木镇纸厂村。层位：下泥盆统布拉格阶坡松冲组。图1，2比例尺=5mm。图3比例尺=2mm。图4，5比例尺=1mm。

6　楔形广南蕨 *Guangnania cuneata* Wang et Hao，2002　引自Hao et Xue（2013）

登记号：PUH.09-Gua.1。主要特征：茎轴裸露。孢子囊侧生，松散螺旋排列，长楔形，直立于长柄顶端；近轴面的孢子囊高3.5～9.6mm，宽1.2～2.8mm；沿边缘开裂后形成一个较小的近轴瓣和一个较大的远轴瓣，它们在横切面中分别向所着生的茎轴内凹和外凸，沿整个两瓣的开裂线形成明显的边缘加厚带。孢子囊柄斜生（图6箭头所示），然后向上弯曲。囊柄长1.5～5.2mm，宽0.3～1.3mm，宽度自囊柄顶端向基部减小，以20º～40º着生。产地：云南文山州古木镇纸厂村。层位：下泥盆统布拉格阶坡松冲组。比例尺=5mm。

7—9　云南工蕨 *Zosterophyllum yunnanicum* Hsü，1966　来自郝守刚（1985）

登记号：7－Bu-Pb204，8－Bu-Pb203，9－Bu-Pb206。主要特征：植物体直立，丛状生长。茎轴光滑，根状茎"K"和"H"型。茎轴二歧式分枝或假单轴式分枝。繁殖枝宽0.5～2.7mm，有时呈"K"型分枝。囊穗顶生，最多由50个侧生孢子囊紧密螺旋排列而成。孢子囊通常每周3至4个。孢子囊正视远轴面圆形至椭圆形，宽1.2～4.8mm，高1.0～3.3mm，前端圆凸，基部和囊柄分界不明显。囊柄长1.1～1.5mm，宽约0.5mm。通常囊柄以25º～50º自囊轴伸出后在囊柄1/2～2/3处又急剧向茎轴方向折回并与囊轴平行，因而孢子囊似乎贴附在囊轴上。孢子囊前缘的加厚带宽0.2～0.4mm。产地：云南曲靖龙华山。层位：下泥盆统（布拉格阶—？埃姆斯阶底）徐家冲组。比例尺=10mm。

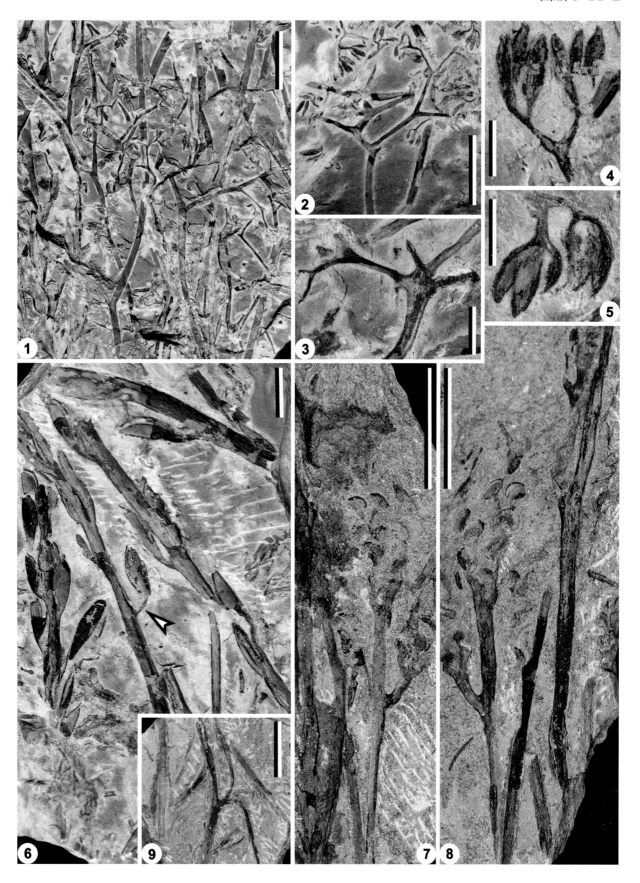

图版 5-11-3 说明

1—6　华夏小木 *Minarodendron cathaysiense*（Schweitzer et Cai，1987）Li，1990　引自Liu等（2013）

登记号：1，2－PKUB12201；3－PKUB12205；4－PKUB12207；5－PKUB12206a；6－Yxzly h4-6。主要特征：茎轴可连续二歧分枝7次，营养轴上叶基呈螺旋状排列，形成水平排和斜向线。叶基呈长卵形至纺锤形（图1方框，图2）。营养叶的正面观呈线形或披针形。粗大茎轴上着生的叶长可达5mm以上。叶全缘，叶尖三分叉，分叉长度可达1mm，中央分叉向下方和远轴方向弯折，侧向分叉向上延伸。孢子叶螺旋着生于能育轴上，形态与营养叶类似。孢子囊单个着生于孢子叶近轴面基部（图5箭头所示），呈球形至卵形，无孢子囊柄，长0.7~2.0mm；初生木质部束横切面为圆形，外始式发育，原生木质部形成15~20个齿状脊。产地：云南曲靖沾益西冲村。层位：中泥盆统吉维特阶海口组。图1比例尺=20mm。图2比例尺=5mm。图3比例尺=1mm。图4，5比例尺=2.5mm。图6比例尺=1mm。

7—10　钩状莱氏蕨 *Leclercqia uncinata* Xu，Berry，Wang et Marshall，2011　来自Xu等（2011a）

登记号：7－PB20932，8—10－PB20933。主要特征：茎轴等二歧式分枝或不等二歧式分枝，茎轴宽1.6~2.6mm，长至少70mm。叶基长纺锤形，长2.1mm，宽0.4mm，螺旋或假轮状排列。8~10枚叶子一轮。叶至中部分裂，形成中央裂片和两侧裂片，两侧裂片再次分裂。叶长超过5.1mm。中央裂片长2.4~3.4mm，向顶端逐渐变尖，最终朝远轴面回弯成钩（图8方框1，图9）。两侧裂片在基部再次分裂成2~3个相近大小的小裂片。孢子叶与营养叶同形，孢子囊侧视观为椭圆形至纺锤形，着生于靠近孢子叶分裂基部的垫上（图8方框2，图10）。同孢。产地：新疆和布克赛尔和什托洛盖镇。层位：中泥盆统吉维特阶呼吉尔斯特组。图7，8比例尺=10mm。图9，10比例尺=2mm。

11—13　窦氏无脉树 *Aneurophyton doui* Jiang，Wang，Xu et Feng，2013　引自Jiang等（2013）

登记号：11－PB21568，12－PB21569A，13－PB21569B。主要特征：至少具有四级枝轴和侧生器官，表面稀疏地分布着刺。一级轴宽可达6mm，二级轴以"V"字形对生的方式螺旋着生于一级轴上。从二级轴开始，各级轴均以二歧分叉的方式产生下一级轴。营养附属物长7.0~13.0mm。繁殖器官长3.7~8.0mm，呈一至三次羽状对生/近对生结构。孢子囊对生、近对生或互生。孢子具短柄，椭圆形，长2.2~3.5mm，宽0.8~1.3mm，纵向开裂。产地：新疆和布克赛尔和什托洛盖镇。层位：中泥盆统吉维特阶呼吉尔斯特组。图11，12比例尺=10mm。图13比例尺=5mm。

14，15　纤细鞘木 *Colpodexylon gracilentum*（Dou，1983）Xu et Wang，2011　来自Xu和Wang（2011）

登记号：PB20902。主要特征：主轴宽3.3~15.0mm。叶基圆形至椭圆形，宽0.5~0.9mm，长0.8~2.0mm。叶低角度松散排列，7~8枚叶片一轮。叶长6.5~7.8mm，在距离基部3.7~5.0mm处三分叉，裂片长度相当，长1.5~2.1mm。中央裂片向上或向下弯曲。孢子囊椭圆形，长2.9~3.0mm，宽2.0~2.2mm，着生于靠近孢子叶近轴面基部的垫上。产地：新疆和布克赛尔和什托洛盖镇。层位：中泥盆统吉维特阶呼吉尔斯特组。图14比例尺=10mm。图15比例尺=2mm。

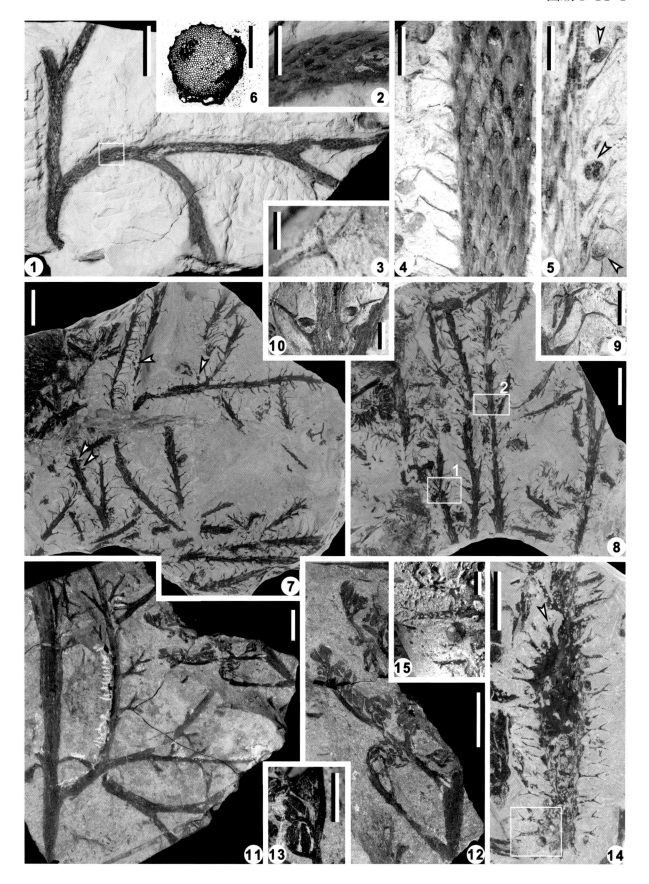

图版 5-11-4 说明

1—4　赫氏古羊齿 [=罗氏古羊齿] *Archaeopteris halliana* [=*A. roemeriana*] Goeppert，1852；Lesquereux，1880　来自蔡重阳等（1987）

采集号：蛤山-3。登记号：1，2－PB11731；3－PB11732。主要特征：至少两级分枝系统，营养叶长楔形或长匙形，长10～15mm，宽3～8mm，顶端宽，全缘或分裂成2～5个裂片，基部收缩成柄状，以锐角螺旋状互生于末级枝上。叶脉扇形，自叶基部伸出后，二歧分叉2～3次，直达叶的顶端。生殖叶顶端简单，未见分叉，近轴面上长有6～10个纺锤形孢子囊。产地：广东新会睦州龙泉村蛤山。层位：上泥盆统法门阶大乌石组。图1，3比例尺=20mm。图2比例尺=10mm。图4比例尺=5mm。

5，6　斜方薄皮木 *Leptophloeum rhombicum* Dawson，1862

登记号：5－PKUB17102，6－PKUB15116。主要特征：叶座斜方形或菱形，但常有变异，宽可达20mm，一般宽度略大于高度，螺旋排列，整齐；叶痕小，纵卵形至椭圆形，位于叶座上部，中央有一维管束痕。产地：浙江湖州长兴林场镇龙山剖面。层位：上泥盆统法门阶五通组。图5比例尺=10mm。图6比例尺=2mm。

7—10　葛利普亚鳞木 *Sublepidodendron grabaui*（Sze，1936）Wang et Xu，2005　引自Meng等（2016）

登记号：7－PKUB13703，8－PKUB13705a，9－PKUB13707，10－PKUB13701/T05。主要特征：乔木状异孢石松植物，具主干、分枝。分枝位于主干末端，连续等二歧分叉达四次（或假单轴分枝）。叶形简单，呈线形，长18.0～60.0mm，基部宽0.4～1.0mm，具单脉。叶基长纺锤形，长1.6～20.0mm，具中脊。末级枝顶生雪茄状孢子叶球，孢子叶球最长可达160mm。孢子叶柄长3.0～4.0mm，宽约0.2mm。孢子叶叶片菱形，全缘，顶端急尖。孢子囊无柄，着生于孢子叶柄近轴面，长椭球形，长3.0～4.0mm，宽约0.8mm。大孢子叶球，直径约1.2mm。小孢子直径18.0～35.0μm。主干维管束具次生木质部和外始式发育的初生木质部，初生木质部中心具髓；主分枝维管束含具髓的初生木质部；纤细分枝的维管束仅具实心初生木质部。产地：浙江湖州长兴虹桥镇范湾剖面。层位：上泥盆统法门阶五通组观山段。图7比例尺=2mm。图8，9比例尺=20mm。图10比例尺=2mm。

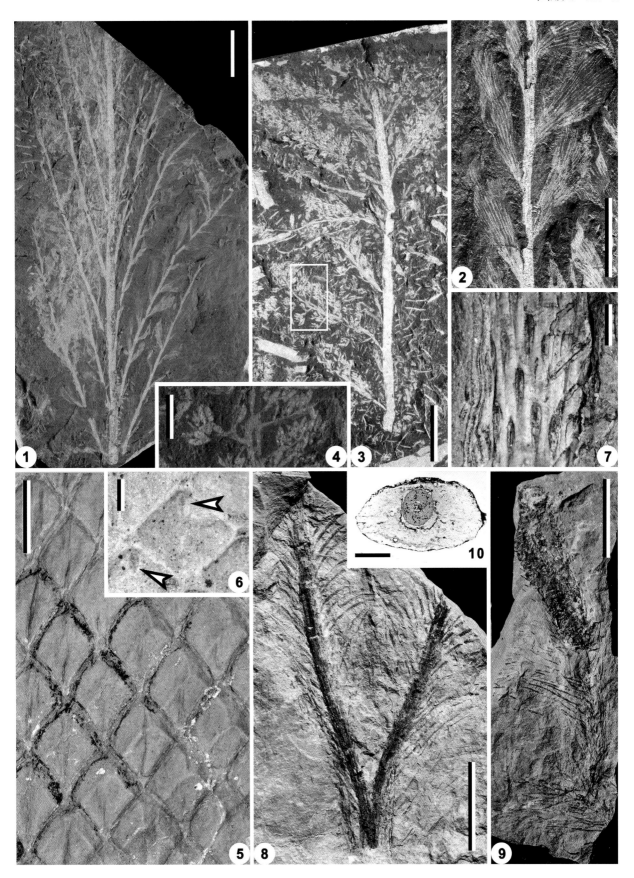

图版 5-11-5 说明

1—4　优美守刚蕨 *Shougangia bella* Wang，Xu，Xue，Wang et Liu，2015　引自 Wang 等（2015）和 Wang 等（2017）

登记号：1 - PKUB14234，2 - PKUB14203，3 - CH-30，4 - PKUB14206。主要特征：植物至少具三级分枝系统，气生根着生在主轴一侧，小羽片互生或亚对生，小羽片呈扇形，具3~6个裂片。繁殖枝上同样着生小羽片，繁殖结构复杂且呈三维状，等二歧分叉可达10次，分枝末端着生成对孢子囊，孢子囊延伸至顶端尖灭。在主轴横切面，可见初生木质部、次生木质部和皮层。产地：安徽巢湖旗山。层位：上泥盆统法门阶五通组。图1，4比例尺=10mm。图2比例尺=5mm。图4比例尺=2mm。

5—9　多裂刺饰籽 *Cosmosperma polyloba* Wang，Liu，Meng，Xue，Liu et Guo，2014；Liu，Wang，Meng et Xue，2017 emend.　引自 Wang 等（2014）和 Liu 等（2017）

登记号：5 - PKUB13501a，6 - PKUB13513，7 - PKUB13403a，PKUB13403b，8 - PKUB13516，9 - PKUB13401a。主要特征：茎干不分叉，复叶二型，不规则螺旋着生于茎干上。具托斗胚珠和着生于不等二分叉能育枝顶端的聚合花粉囊。复叶基部膨大呈叶枕状。多数复叶一级羽轴等二分叉产生一对二级羽轴，其余复叶的一级羽轴末端三分叉产生一对亚对生的二级羽轴和一中央羽轴。三、四级羽轴互生。小羽片平面化而非片化，深裂，互生于（四级羽轴）上。聚合花粉囊含4~8个基部愈合的小孢子囊；托斗胚珠顶端裂片多达16枚，裂片长达1/2~2/3托斗全长；珠被裂片4枚，呈圆柱形，基部1/3愈合。锥形皮刺见于茎干、复叶各级羽轴、能育枝和托斗表面。浙江湖州长兴虹桥镇范湾剖面。层位：上泥盆统法门阶五通组擂鼓台段。图5，6比例尺=20mm。图7比例尺=10mm。图8比例尺=5mm。图9比例尺=2mm。

10—12　假弱楔叶 *Sphenophyllum pseudotenerrimum* Sze，1936　引自邓珍珍等（2016）

登记号：10 - PKUB14530，11 - PKUB14527，12 - PKUB14531。主要特征：植物至少具两级分枝系统，具节与节间。一级枝宽1.3~2.4mm，节间长7.4~66.0mm。节部明显膨大，着生二级枝或叶，表面具长约0.8mm的刺。二级枝宽0.5~1.4mm，长度变化较大，为4.0~29.6mm，表面具有2条纵脊。部分标本显示，二级枝上轮生叶片密集排列。叶轮生于节上，每轮可能有6枚，等二歧分叉3~4次，普遍3次。裂片呈线形，基出脉1条，多次分叉延伸至各裂片。产地：浙江湖州长兴虹桥镇范湾剖面。层位：上泥盆统法门阶五通组观山段。图10比例尺=10mm。图11比例尺=10mm。图12比例尺=5mm。

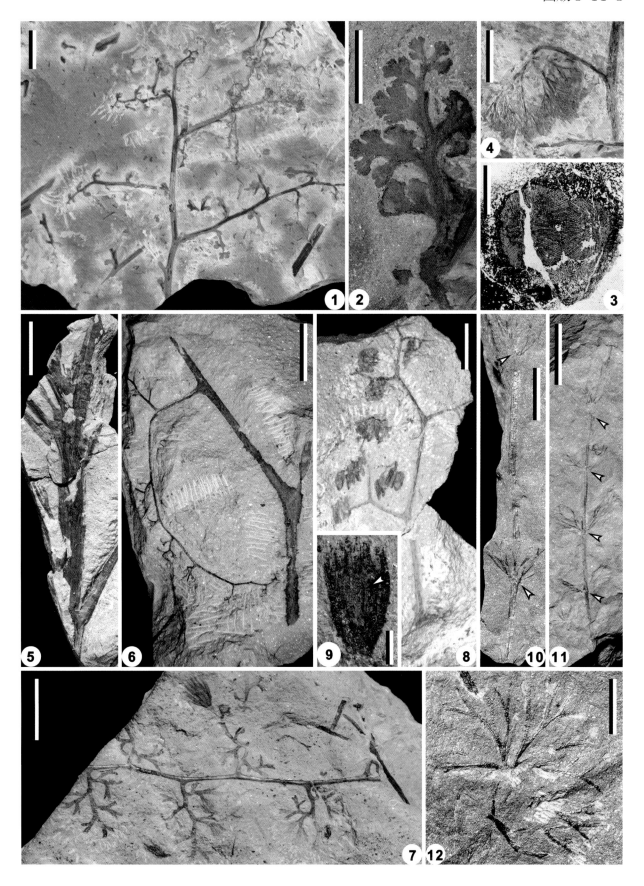

5.12 孢 粉

本书应用的孢子化石形态特征专业术语主要来自Punt等（2007）所发表的文章，并采用Potonié和Kremp（1955）提出的孢子分类系统对大孢子化石进行形态分类。但由于专业术语译文不完全相同，因此本书主要将Punt等（2007）和中华人民共和国地质矿产部发布的地质矿产行业标准DZ/T 0134—94《孢粉学术语》的中、英孢粉术语进行对照后，将这些专业术语用于描述孢子化石。

5.12.1 孢子化石结构及术语

孢子化石结构见图5.25。

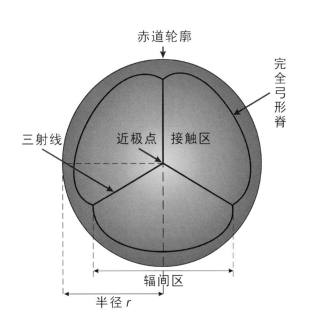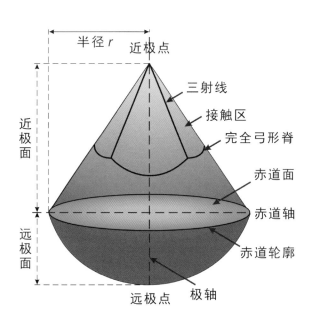

图 5.25 三缝孢结构（据 Playford 和 Dettmann，1996）
A. 近极面观；B. 赤道面观

赤道轮廓（AMB）：孢粉极面观的边缘轮廓。

射线（laesurae）：从近极点辐射出的一条脊或裂缝。

三射线（trilete mark）：从近极点辐射出的三条脊或裂缝。

赤道轴（equatorial diameter）：通过赤道与极轴成垂直的轴。

赤道面（equatorial plane）：与极轴中央垂直的平面。

近极面（proximal face）：通过赤道把孢粉分为两个面，靠近四分体中心的一个面为近极面。

远极面（distal face）：通过赤道把孢粉分为两个面，远离四分体中心的一个面为远极面。

极轴（polar axis）：从四分体的中心通过单个孢粉的中心向远离四分体的一端所引伸的一条假想直线，即连接孢粉两极的一条直线。

接触区（contact area）：孢子在四分体时期，四个孢子在近极面彼此接触以射线与弓形脊边为界圈闭的区域。

完全弓形脊（curvaturae perfectae）：从三射线末端延伸出的且完全包围近极面的一条脊。

辐间区（interradial areas）：在三缝孢中，两条射线之间的区域。

半径（radius）：孢粉中心点到赤道边缘的距离。

近极点（proximal pole）：孢粉近极面的中心点。

远极点（distal pole）：孢粉远极面的中心点。

5.12.2　孢粉图版

图版 5-12-1 说明

1　林德莓饰孢林德变种 *Acinosporites lindlarensis* Riegel var. *lindlarensis*（McGregor et Camfield，1982）　引自高联达和叶晓荣（1987）

主要特征：孢子表面覆以刺状纹饰，纹饰分布均匀，基部圆形或块状，顶部变尖，末端尖刺状。产地：甘肃迭部。层位：下一中泥盆统当多组。

2　薄环环形弓脊孢 *Ambitisporites dilutus*（Richardson et Lister，1969）　引自王怿和欧阳舒（1997）

主要特征：赤道部位加厚呈环状，表面光滑或具细小颗粒。产地：贵州凤冈；甘肃迭部下吾那沟。层位：下志留统韩家店组；普通沟组。

3，4　维特双饰孢 *Dibolisporites wetteldofensis*（Lanninger，1968）　引自高联达和侯静鹏（1975）

主要特征：孢子近极面表面底层为点状或细粒状纹饰，上层具刺状纹饰，远极面增大变为不规则的刺瘤纹饰，沿孢子轮廓边缘呈刺瘤突起。产地：贵州独山。层位：丹林组上段。

5　道格拉斯大腔孢 *Grandispora douglastownense*（McGregor，1973）　引自徐仁和高联达（1991）

主要特征：一般刺长至少为基宽的3倍，刺下部两侧平行或朝顶部略变窄，顶端圆或尖。产地：贵州独山；云南东部；甘肃迭部。层位：丹林组上段；穿洞组；当多组。

6　埃姆斯粗网孢 *Reticulatisporites emsiensis*（Allen，1965）　引自高联达（1983）

主要特征：近极面颗粒纹饰非常稀疏，远极网纹脊宽（基部）2～3μm，向上变窄。产地：贵州独山；云南文山；甘肃迭部。层位：丹林组上段；坡脚组；当多组。

7，8　瓦氏弓脊孢 *Retusotriletes warringtonii*（Richardson et Lister，1969）　引自王怿（1994）

主要特征：本种的赤道轮廓三角形至亚三角形，个体小，表面光滑，弓形脊完全且大部分与赤道重叠。产地：云南文山；贵州凤冈；新疆西准噶尔。层位：坡松冲组、坡脚组；下志留统兰多维列阶；吐布拉克组。

9　纽波特背饰盾环孢 *Streelispora newportensis*（Richardson et Lister，1969）　引自高联达和叶晓荣（1987）

主要特征：赤道盾环窄、三射线顶部具3个小突起并被切线与辐射褶皱所围绕，远极面纹饰由锥刺或双型锥刺组成。产地：甘肃迭部；新疆西准噶尔。层位：下泥盆统下普通沟组；克克雄库都克组。

10—12　库尔栎环孢库尔变种 *Tholisporites chulus*（Cramer）McGregor var. *chulus*（McGregor，1973）　引自卢礼昌和欧阳舒（1976）

主要特征：外壁呈明显的栎状加厚，向远极略减薄，表面光滑至点穴状。产地：四川若尔盖；云南曲靖翠峰山；新疆准噶尔盆地。层位：普通沟组；徐家冲组；乌吐布拉克组。

13—15　细小纹饰弓脊孢 *Apiculiretusispora minuta*（Lu et Ouyang，1976）　引自卢礼昌（1980）

主要特征：接触区以外的纹饰以小颗粒、短刺或锥刺为主，一般基宽小于1μm，并略大于高，分布致密或稀疏。产地：广西六景；贵州独山；云南曲靖翠峰山、沾益龙华山。层位：那高岭段；舒家坪组；徐家冲组；海口组。

16，17　皱粒纹饰弓脊孢 *Apiculiretusispora plicata*（Streel，1967）　引自卢礼昌和欧阳舒（1976）

主要特征：远极外壁覆以细颗粒—小锥刺状纹饰，分布致密，但基部彼此很少接触。产地：湖南锡矿山、界岭；云南曲靖、禄劝、文山；西藏聂拉木；甘肃迭部；新疆准噶尔盆地。层位：欧家冲段—邵东组；邵东组；徐家冲组；坡脚组；波曲组上部；当多组—鲁热组；呼吉尔斯特组（同时见于晚泥盆世晚期地层）。

18，19　开裂卢木孢 *Calamospora divisa*（Gao et Hou，1975）　引自王怿（1996）

主要特征：接触区外壁沿三射线开裂呈三角形。产地：湖南锡矿山；贵州独山、都匀；云南曲靖。层位：邵东组与孟公坳组；舒家坪组；徐家冲组。

20—24　广西曲饰孢 *Crissisporites guangxiensis*（Wang，1996）　引自王怿（1996）

主要特征：赤道部位与远极面具同心状马蹄形曲纹图案。产地：湖南锡矿山；广西六景；西藏聂拉木。层位：邵东组与孟公坳组；下泥盆统那高岭段、蚂蝗岭段；波曲组上部。

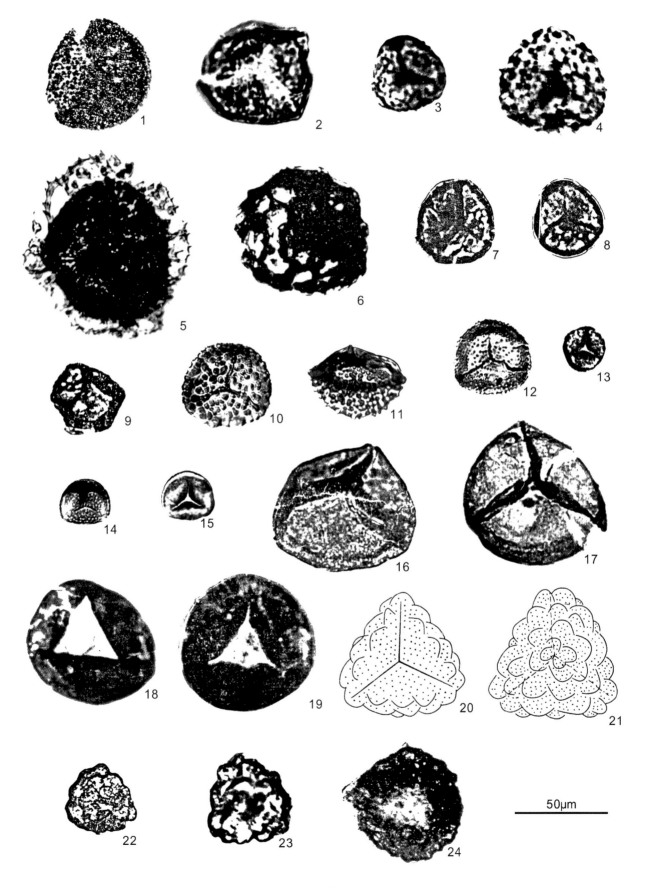

图版 5-12-2 说明

1，2　圆形弓脊孢 *Retusotriletes rotundus*（Lele et Streel，1969）　引自欧阳舒和陈永祥（1987）

主要特征：近极区可分化为2个不同的带，分别为内部较亮带与外部较暗带。较亮带的外壁最薄，较暗带的外壁较其余外壁厚。产地：江苏句容、宜兴（丁山）；湖南界岭；四川若尔盖、甘肃迭部；贵州凤冈；云南文山；新疆准噶尔盆地。层位：五通群擂鼓台组；邵东段；下普通沟组与当多组—鲁热组；秀山组；坡松冲组；呼吉尔斯特组。

3，4　厚三角弓脊孢 *Retusotriletes triangulatus*（Streel，1967）　引自欧阳舒和陈永祥（1987）

主要特征：加厚区外缘轮廓略呈三角形。产地：江苏句容、南京龙潭；湖南界岭；云南曲靖翠峰山；云南沾益龙华山、史家坡；新疆准噶尔盆地；新疆和布克赛尔。层位：五通群擂鼓台组下部；邵东组；桂家屯组、徐家冲组；海口组；呼吉尔斯特组；黑山头组5、6层。

5　平展窄环孢较大变种 *Stenozonotriletes extensus* var. *major*（Naumova，1953）　引自卢礼昌和欧阳舒（1976）

主要特征：具带环，大小50～60μm。产地：贵州独山；云南曲靖。层位：丹林组上段；徐家冲组与翠峰山组西山村段。

6，7　平展窄环孢中型变种 *Stenozonotriletes extensus* var. *medius*（Naumova，1953）　引自卢礼昌和欧阳舒（1976）

主要特征：具带环，大小45～50μm。产地：贵州独山；云南曲靖；云南东部。层位：丹林组上段与舒家坪组；徐家冲组；海口组。

8—10　瘤面杂饰盾环孢 *Synorisporites verrucatus*（Richardson et Lister，1969）　引自卢礼昌（1980）

主要特征：本种以其远极半球的纹饰由相当大的圆瘤组成为特征。产地：云南沾益龙华山；新疆西准噶尔。层位：海口组；乌吐布拉克组。

11—14　疣刺莓饰孢 *Acinosporites acanthomammillatus*（Richardson，1965）　引自卢礼昌（1988）

主要特征：近极—赤道部位与整个远极面都具蠕瘤状凸起纹饰，顶部圆凸或钝圆，其上长有次一级的小刺（常脱落不见）；蠕瘤在赤道区，尤其在射线末端前，常较粗壮与密集。产地：湖南新化；四川渡口；贵州独山；云南禄劝、沾益；西藏聂拉木；甘肃迭部。层位：邵东组（上部）；上泥盆统；舒家坪组；坡脚组；海口组；波曲组；鲁热组。

15　缘膜大腔孢 *Grandispora velata*（McGregor，1973）　引自高联达和叶晓荣（1987）

主要特征：赤道轮廓不规则亚三角形，内孢体轮廓与孢子赤道轮廓大体一致，外层表面具稀疏的小锥刺状纹饰（赤道轮廓线上）。产地：甘肃迭部。层位：鲁热组。

16　兰氏棒面具腔孢 *Rhabdosporites langii*（Richardson，1960）　引自高联达和叶晓荣（1987）

主要特征：辐射对称、三缝孢子；囊（外层——本文注）覆以细棒（rods），长0.5～1μm。产地：云南禄劝；甘肃迭部。层位：坡脚组；鲁热组（同时见于南方区早泥盆世早期地层）。

17—19　三角翅环孢 *Samarisporites triangulatus*（Allen，1965）　引自卢礼昌（1999）

主要特征：三射线从可见至清楚，或被外层皱脊掩盖；皱脊光滑，多少隆起（在环面上尤其明显），高常小于宽，末端常翘起并伸达环缘。产地：云南沾益龙华山、史家坡；新疆和布克赛尔。层位：海口组；黑山头组5层（同时见于中泥盆世晚期地层）。

20，21　顶凸锚刺孢 *Hystricosporites corystus*（Richardson，1962）　引自高联达和叶晓荣（1987）

主要特征：近极—赤道区及整个远极面覆以锚刺状纹饰，刺基部微膨胀，刺干往上逐渐变窄，至中、上部两侧近乎平行，宽2.5～4μm，长18～42μm，顶端微变宽至末端两分叉，叉长1.5～3.5μm。产地：四川渡口；贵州独山；甘肃迭部。层位：上泥盆统；龙洞水组；当多组。

22—24　大三角弓脊孢 *Retusotriletes macrotriangulatus*（Lu，2017）　引自欧阳舒等（2017）

主要特征：近极中央区三角形加厚范围较大，弓形脊发育完全、清楚。产地：四川渡口；贵州独山；云南禄劝；云南沾益史家坡。层位：上泥盆统下部；龙洞水组；坡脚组；海口组。

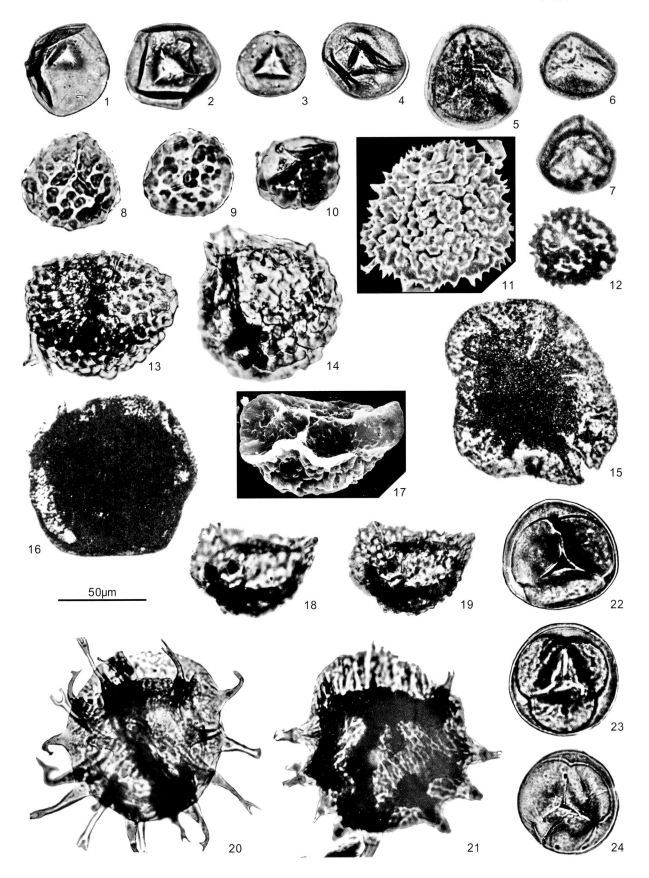

50μm

图版 5-12-3 说明

1—3　大杯栎孢内孢型变种 *Cymbosporites magnificus*（Owens）var. *magnificus*（Lu，1988）　引自卢礼昌（1988）

主要特征：赤道外壁加厚呈环栎状；赤道与远极表面覆以块瘤状纹饰；纹饰分子的顶部在远极区为平圆，赤道区较拱圆至钝尖，尖者顶端常具小刺。产地：四川渡口；湖北长阳；云南沾益；西藏聂拉木；甘肃迭部；新疆和布克赛尔；新疆塔里木盆地。层位：上泥盆统下部（弗拉阶）；黄家磴组；海口组；波曲组上部；当多组；黑山头组；巴楚组。

4，5　神奇厚壁具腔孢 *Geminospora lemurata*（Playford，1983）　引自卢礼昌（1997）

主要特征：辐射对称三缝小孢子，外壁2层，腔状，赤道轮廓近三角形至近圆形；三射线清楚，具唇或否；弓形脊通常发育，赤道与远极外层表面具小锥刺、刺及颗粒纹饰，内层较薄。产地：湖南锡矿山、界岭；云南沾益史家坡、华宁；西藏聂拉木；新疆和布克赛尔。层位：邵东组；海口组；一打得组；波曲组上部；黑山头组。

6，7　小锚刺古周囊孢 *Archaeoperisaccus microancyrus*（Lu，1981）　引自卢礼昌（1981）

主要特征：具明显的接触区与锚刺状纹饰。产地：四川渡口。层位：上泥盆统。

8—10　模糊古周囊孢 *Archaeoperisaccus indistinctus*（Lu，1988）　引自卢礼昌（1988）

主要特征：孢壁内、外层均很薄，内层（内孢体）界线模糊不清。产地：云南沾益龙华山、史家坡；四川龙门山。层位：海口组；土桥子组（上泥盆统）。

11，12　渡口圆形粒面孢 *Cyclogranisporites dukouensis*（Lu，1981）　引自卢礼昌（1981）

主要特征：外壁表面具柔弱又致密的小颗粒，基部宽与突起高皆不足0.5μm，彼此间距常不大于粒径。产地：四川渡口；新疆和布克赛尔。层位：上泥盆统；黑山头组。

13　泥盆锚刺孢 *Hystricosporites devonicus*（Gao，1985）　引自刘淑文和高联达（1985）

主要特征：外壁覆以致密的块瘤状纹饰，纹饰分子基部轮廓近圆形、多角形或不规则形；三射线区纹饰似较弱小与稀疏；外壁厚实。产地：湖北长阳。层位：黄家磴组。

14　锥刺翅环孢 *Samarisporites concinnus*（Owens，1971）　引自卢礼昌（1980）

主要特征：赤道轮廓亚三角形至近圆形；三射线清楚并伸达带环内缘；锥刺限于远极面，分布较密；带环内侧部分较厚实，外侧部分较单薄，边缘小齿状。产地：湖南石门；贵州睦化；云南沾益龙华山；西藏聂拉木。层位：梯子口组；王佑组格董关层底部；海口组；波曲组上部。

15，16　叉支具环锚刺孢 *Ancyrospora furcula*（Owens，1971）　引自朱怀诚（1999）

主要特征：远极面及赤道带具锚刺状纹饰；纹饰分子在赤道部位较粗、较长，基部（侧面）彼此多融合；末端着生两分叉、三分叉至多分叉的短刺。产地：新疆塔里木盆地莎车。层位：奇自拉夫组。

17，18　结实纹饰弓脊孢 *Apiculiretusispora fructicosa*（Higgs，1975）　引自卢礼昌（1999）

主要特征：外壁表面具锥刺、小桩状与短棒状等纹饰，基部常不接触，顶部钝凸或尖。产地：湖南锡矿山；新疆莎车、和布克赛尔。层位：邵东组；奇自拉夫组；黑山头组。

19—22　湖南纹饰弓脊孢 *Apiculiretusispora hunanensis*（Ouyang et Chen，1987）　引自欧阳舒和陈永祥（1987）

主要特征：赤道轮廓凸边三角形至亚圆形；三射线清楚，具唇；弓形脊清楚、完全，在射线末端处略增厚并凹入；外壁薄，接触区光面，其余表面覆以均匀小刺至颗粒状纹饰，轮廓线上其末端大多尖或钝尖。产地：江苏句容；浙江富阳；湖南锡矿山；西藏聂拉木；新疆塔里木盆地；新疆莎车。层位：擂鼓台组下部；西湖组；马牯脑段—邵东组；波曲组；东河矿组东河砂岩段；奇自拉夫组（同时见于晚泥盆世晚期地层）。

23—25　疏少纹饰弓脊孢 *Apiculiretusispora rarissima*（Wen et Lu，1993）　引自文子才和卢礼昌（1993）

主要特征：三射线从可见至清楚、直，顶部3个突起，弓形脊与赤道重叠。产地：江西全南；新疆塔里木盆地；新疆莎车。层位：三门滩组；东河砂岩段；奇自拉夫组。

26，27　古老古栎环孢 *Archaeozonotriletes antiquus*（Naumova，1953）　引自高联达和叶晓荣（1987）

主要特征：赤道轮廓圆三角形；本体轮廓与孢子赤道轮廓近乎一致；表面覆以粗颗粒。产地：甘肃迭部。层位：中、上泥盆统蒲莱组—上泥盆统擦阔合组。

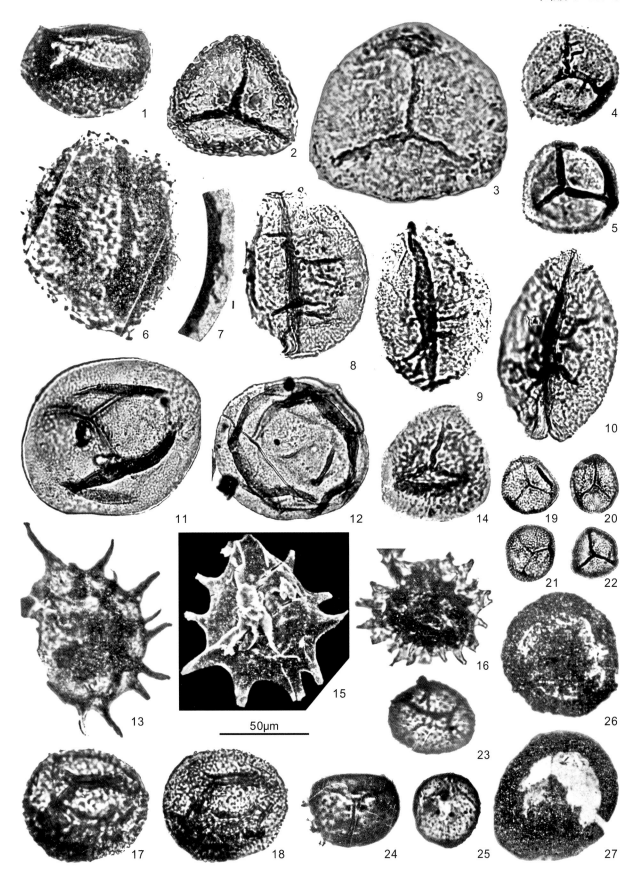

50μm

图版 5-12-4 说明

1—5 锐刺糙环孢 *Asperispora acuta*（van der Zwan，1980） 引自文子才和卢礼昌（1993）

主要特征：纹饰粗大，分布稀疏。产地：江苏句容、宜兴丁山、南京龙潭；江西全南；湖南锡矿山；西藏聂拉木。层位：五通群擂鼓台组；翻下组；邵东组；波曲组上部。

6—9 黑圈棒瘤孢 *Baculatisporites atratus*（Lu，1999） 引自卢礼昌（1999）

主要特征：孢子赤道轮廓近圆形；纹饰棒状，长短较一致、粗细较均匀，顶部无变异，末端较平整。产地：新疆和布克赛尔。层位：黑山头组。

10—12 锥刺杯栎孢 *Cymbosporites conatus*（Bharadwaj et al.，1971） 引自卢礼昌（1988）

主要特征：赤道轮廓近圆形至宽圆三角形；三射线清楚、具唇、两侧微弯曲，近顶部一般较宽，向末端逐渐变窄，常见一条射线末端的唇较发育；赤道和远极外壁栎状加厚明显，在赤道显得最厚；栎表面具纹饰，以小锥刺为主，分布不规则；基部彼此分离或接触，近极外壁较薄，表面不具纹饰。产地：江苏南京龙潭；云南婆兮、沾益史家坡；新疆准噶尔盆地；新疆和布克赛尔。层位：五通群擂鼓台组；泥盆系；海口组；呼吉尔斯特组；黑山头组。

13—15 变异平网孢 *Dictyotriletes varius*（Naumova，1953） 引自卢礼昌（1999）

主要特征：赤道轮廓圆形或近圆形；三射线从可辨别至清楚，直、柔弱、简单，或具薄又窄的唇；外壁厚约1.5μm，表面（主要在近极—赤道和远极面）覆以网状纹饰；近极中央区网纹柔弱且不完全，赤道轮廓线呈凹凸不平的低齿状；浅棕色。产地：云南沾益史家坡；西藏聂拉木；新疆和布克赛尔。层位：海口组；纳兴组；黑山头组。

16—22 刺纹大腔孢 *Grandispora echinata*（Hacquebard，1957） 引自高联达（1988）

主要特征：赤道轮廓三角形，边部外凸，角部钝圆；单囊腔，腔壁厚0.5～1.0μm，表面饰以小的锥刺；中央本体赤道轮廓与孢子一致，表面具点至光滑，射线长并伸达本体赤道或（2/3～1）r，射线褶皱延伸至环囊边缘。产地：江苏南京龙潭；贵州睦化；西藏聂拉木；新疆准噶尔盆地和布克赛尔、塔里木盆地；甘肃靖远。层位：五通群擂鼓台组下部；打屋坝组底部；波曲组；黑山头组；前黑山组—靖远组—红土洼组；臭牛沟组；巴楚组（同时见于晚泥盆世晚期地层）。

23—27 小疣光面三缝孢 *Leiotriletes microthelis*（Wen et Lu，1993） 引自文子才和卢礼昌（1993）

主要特征：孢子赤道轮廓倾向于三角形；三射线甚少开裂，具唇，伸达赤道，顶部小瘤状突起相对较小，仅为孢子半径长的3/25左右；褶皱不规则。产地：江西全南；湖南界岭；新疆塔里木盆地；新疆莎车。层位：翻下组；邵东组；巴楚组；奇自拉夫组。

28—30 冠状弓凸孢 *Cyrtospora cristifer*（van der Zwan，1979） 引自卢礼昌（1999）

主要特征：赤道轮廓常因外壁不规则加厚而不定形；三射线常清楚至可见，简单，或微具唇，有时开裂，略小于中央区半径长；近极中央区轮廓近三角形至近圆形，区内外壁较薄，表面光滑，具点状结构；中央区以外的外壁常局部加厚或突起，形态多变，其最大厚度或在赤道或在远极，表面（尤其是顶部）常具小瘤状突起物。产地：云南禄劝、沾益史家坡；新疆和布克赛尔、吉木萨尔。层位：坡脚组；海口组；洪古勒楞组—黑山头组；滴水泉组下部。

31—33 坚固圆形光面孢 *Punctatisporites irrasus*（Hacquebard，1957） 引自朱怀诚（1993）

主要特征：赤道轮廓卵圆形—圆形；三射线明显，简单，细直；轮廓线平整，表面光滑或具点状纹饰，常具较宽的弓形褶皱。产地：山西朔县；江苏宜兴（丁山）、句容；湖南界岭、新化；四川渡口；甘肃靖远；新疆和布克赛尔。层位：本溪组；五通群擂鼓台组上部（下石炭统底部）；邵东组；孟公坳组；上泥盆统下部；前黑山组，红土洼组—羊虎沟组；黑山头组。

34，35 法门叉瘤孢 *Raistrickia famenensis*（Lu，1999） 引自卢礼昌（1999）

主要特征：孢体较小，纹饰分布不规则、粗细不一，长短不齐。产地：新疆和布克赛尔。层位：黑山头组。

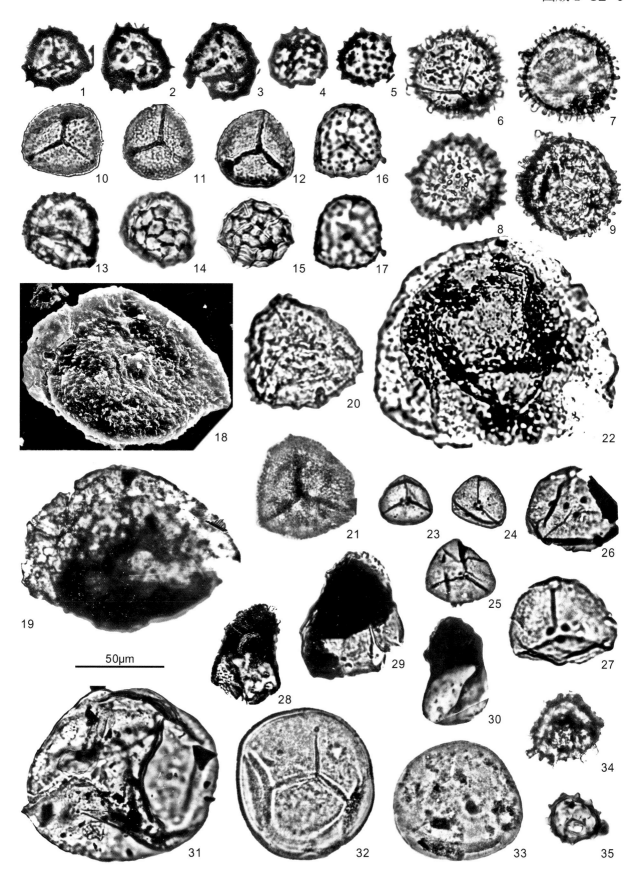

50μm

图版 5-12-5 说明

1，2　盔形网膜孢 *Retispora cassicula*（Higgs et Russell，1981）　引自卢礼昌（1995）

主要特征：个体较大、网脊较粗。产地：湖南邵东；新疆塔里木盆地莎车。层位：邵东组；奇自拉夫组（同时见于晚泥盆晚期地层）。

3—5　鳞皮网膜孢 *Retispora lepidophyta*（Playford，1976）　引自卢礼昌（1995）

主要特征：赤道轮廓圆三角形至近圆形。三射线从可识别至清楚、直或微曲，常具薄唇，伸达赤道附近或边缘，末端或与弓形脊连接。外壁2层：内层形成一个中央体（内孢体），光滑至细颗粒状；外层远极面具网状至蜂穴状—蠕虫状纹饰，其上常具小刺状突起。网穴形状与大小多变，通常为不规则多边形，少数为圆形或近圆形。赤道缘不常明显。产地：江苏宜兴丁山；浙江富阳；云南西部；西藏聂拉木；新疆莎车、和布克赛尔俄姆哈。层位：擂鼓台组；西湖组；龙巴组；波曲组、章东组；奇自拉夫组；和布克赛尔下段至上段底部。

6，7　苍白腔状混饰孢 *Spelaeotriletes pallidus*（Zhu，1999）　引自朱怀诚（1999）

主要特征：赤道轮廓亚三角形；三射线从可见至清楚，简单，或微开裂，直或微曲，伸达内层（内孢体）边缘，其上皱脊伸达赤道附近，末端或与弓形脊连接，顶部3个乳头状突起常可见；赤道与远极外层表面密布微小的锥刺与少量颗粒，顶端尖，接触区表面光滑。产地：新疆塔里木盆地莎车。层位：奇自拉夫组。

8，9　细小穴环孢 *Vallatisporites pusillites*（Dolby et Neves，1970）　引自卢礼昌（1999）

主要特征：与*Vallatisporites vallatus*及*V. verrucosus*不同，本种以其远极面具盔刺纹饰为特征；带环上的辐射状空穴较明显，并沿加厚带外缘分布，成为带环内厚外薄之间的分界标志，也是颇重要的特征。产地：湖南新化、石门；贵州睦化；西藏聂拉木；新疆和布克赛尔、莎车。层位：邵东组下部；梯子口组下部；王佑组格董关层底部；波曲组；黑山头组；奇自拉夫组（同时见于晚泥盆世晚期地层）。

10—12　模式穴环孢 *Vallatisporites vallatus*（Hacquebard，1957）　引自卢礼昌（1999）

主要特征：外层具小穴。产地：新疆和布克赛尔。层位：黑山头组。

13—16　块瘤穴环孢 *Vallatisporites verrucosus*（Hacquebard，1957）　引自卢礼昌（1999）

主要特征：带环穴状结构明显；纹饰以块瘤状突起为主。产地：贵州睦化；西藏聂拉木；新疆和布克赛尔。层位：王佑组格董关层底部；波曲组；黑山头组。

17—19　细齿三角刺面孢 *Acanthotriletes denticulatus*（Naumova，1953）　引自文子才和卢礼昌（1993）

主要特征：赤道轮廓钝角—宽圆三角形；三射线从可识别至清楚，简单或具窄唇，有时开裂（甚者呈三角形空缺区），伸达赤道或赤道附近；纹饰主要分布于赤道与远极面，以小锥刺或小短刺占优势；纹饰分子分布不均，偶见基部接触，基宽约1μm，高等于或略小于基宽，赤道轮廓线上突起33～54枚，并略呈细锯齿状；外壁近极面近乎光滑无饰；外壁厚约1μm，常具1～3条窄细的小褶皱，分布不规则。产地：江苏南京龙潭；江西全南；湖南锡矿山、界岭。层位：五通群观山段—擂鼓台组（下部）；三门滩组；邵东组。

20—26　弱唇无脉蕨孢 *Aneurospora asthenolabrata*（Lu，1994）　引自卢礼昌（1994）

主要特征：赤道轮廓圆三角形至近圆形；三射线常清楚、直，具窄唇，伸达赤道附近并向两侧延伸；赤道环窄，最宽处约3.5μm，其内缘界限不清楚或与外壁呈逐渐过渡关系；近极（接触区）外壁较薄（较亮），常凹陷，表面粗糙，在透光镜下呈明显的内颗粒状结构。产地：江苏南京龙潭；江西全南；湖北长阳；湖南锡矿山、界岭；新疆莎车。层位：五通群观山段—擂鼓台组；翻下组；黄家磴组；邵东组；奇自拉夫组。

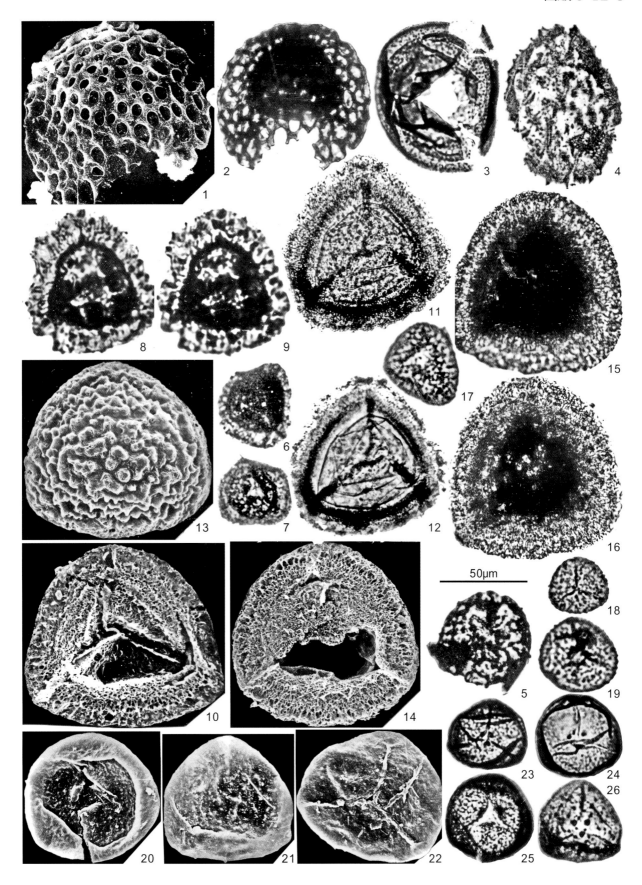

50μm

图版 5-12-6 说明

1—5 赣南纹饰弓脊孢 *Apiculiretusispora gannanensis*（Wen et Lu，1993） 引自文子才和卢礼昌（1993）

主要特征：赤道轮廓宽圆三角形至近圆形；三射线清楚，常具窄唇；顶部3个小瘤状突起模糊至清楚；弓形脊柔弱，但发育完全；接触区外壁较薄，表面无纹饰，其余外壁表面覆以小锥刺；赤道外壁厚约1μm，或具窄细的褶皱。产地：江苏句容、南京龙潭；江西全南；湖南界岭。层位：五通群擂鼓台组；三门滩组与翻下组；邵东组。

6，7 蘑菇形球棒孢 *Cordylosporites papillatus*（Playford et Satterthwait，1985） 引自卢礼昌（1994）

主要特征：赤道轮廓近圆形至椭圆形；三射线仅可辨别，伸达赤道附近；远极面与近极—赤道区具较粗的、完全或不甚完全的网状纹饰，网脊交接处呈明显的蘑菇状或乳头状突起；接触区内网脊较弱或其顶部特征明显减弱；表面光滑。产地：江苏南京龙潭；湖南界岭、锡矿山。层位：五通群擂鼓台组中部；邵东组。

8 宝应圆形粒面孢 *Cyclogranisporites baoyingensis*（Ouyang et Chen，1987） 引自欧阳舒和陈永祥（1987）

主要特征：三射线清楚，具窄唇或唇颇粗壮，亚赤道具同心状或弧形褶皱，表面覆以细密颗粒状纹饰。产地：江苏宝应；湖南界岭。层位：邵东组。

9—15 小透明碟饰孢 *Discernisporites micromanifestus*（Sabry et Neves，1971） 引自卢礼昌（1994）

主要特征：赤道轮廓三角形；三射线明显，具唇；外壁外层偶见褶皱，表面光滑或具点、细粒或瘤。产地：江苏南京龙潭、宜兴丁山、宝应。层位：五通群擂鼓台组中、上部。

16，17 小慕大腔孢 *Grandispora xiaomuensis*（Wen et Lu，1993） 引自文子才和卢礼昌（1993）

主要特征：个体小，锥刺夹细粒纹饰分布稀疏且不均一。产地：江西全南；湖北长阳。层位：翻下组；黄家磴组。

18—20 扁平膜环孢 *Hymenozonotriletes explanatus*（Kedo，1963） 引自卢礼昌（1999）

主要特征：赤道轮廓圆三角形，本体轮廓与孢子轮廓大体一致；三射线具高起的唇；外壁外层甚厚，表面具稀疏的刺—瘤，刺之间为细密颗粒—块瘤—乳突纹饰；外壁外层在赤道部位延伸成环，环上纹饰与本体上相同。产地：江苏宝应；贵州睦化；西藏聂拉木；新疆和布克赛尔。层位：五通群擂鼓台组最上部；王佑组董格关层底部；波曲组上部；黑山头组。

21—25 大疣光面三缝孢 *Leiotriletes macrothelis*（Wen et Lu，1993） 引自文子才和卢礼昌（1993）

主要特征：相当粗大，明显的幅间区突起，孢体甚小。产地：江西全南；湖南界岭。层位：翻下组至刘家塘组；邵东组。

26 矮小三角刺瘤孢 *Lophotriletes perpusillus*（Naumova，1953） 引自卢礼昌（1994）

主要特征：赤道轮廓圆三角形；三射线被唇遮盖，微曲；外壁表面覆以稀散的小瘤状纹饰；纹饰分子基部轮廓近圆形，赤道轮廓线上反映明显。产地：江苏南京龙潭；西藏聂拉木。层位：五通群擂鼓台组上部；章东组。

27，28 稀瘤瘤环孢 *Lophozonotriletes rarituberculatus*（Kedo，1957） 引自卢礼昌（1994）

主要特征：赤道轮廓圆三角形；环厚实，外缘圆滑或局部具低矮的拱凸或钝凸，轮廓线平滑—缓波形；三射线简单；近极面无明显突起纹饰，远极面覆以圆瘤状纹饰；纹饰分子基部轮廓近圆形。产地：江苏南京龙潭；甘肃靖远。层位：五通群擂鼓台组上部；羊虎沟组中段。

29—32 龙潭辐脊膜环孢 *Radiizonates longtanensis*（Lu，1994） 引自卢礼昌（1994）

主要特征：赤道轮廓多为近圆形，少见三角形；外壁2层，内层表面光滑或微粗糙，外层近极面光滑无饰，远极面具分散的短棒状或细茎状纹饰。产地：江苏南京龙潭；湖南锡矿山。层位：五通群擂鼓台组中、上部；邵东组和孟公坳组下部。

33 简单弓脊孢 *Retusotriletes simplex*（Naumova，1953） 引自卢礼昌（1988）

主要特征：赤道轮廓近圆形至圆形；三射线简单、直；外壁表面光滑。产地：江苏南京龙潭；江西全南；湖南邵东、新华。层位：五通群；三门滩组、翻下组、荒圹组、刘家圹组；邵东组。

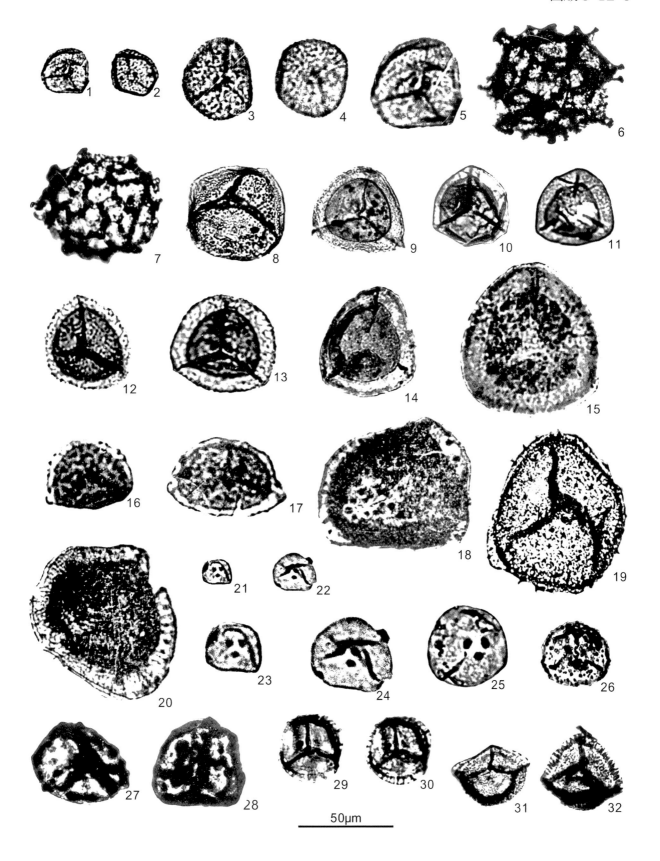

50μm

图版 5-12-7 说明

1　鳞皮网膜孢小变种 *Retispora lepidophyta*（Kedo）Playford var. *minor*（Kedo et Golubtsov，1971）　引自欧阳舒和陈永祥（1987）

主要特征：赤道轮廓圆三角形；三射线清楚、简单，或具窄唇；弓形脊柔弱或窄，位于赤道附近；内层轮廓与赤道基本相同；外层远极面具致密细小的穴状或细网状纹饰。产地：江苏句容；西藏聂拉木。层位：五通群擂鼓台组下部；波曲组。

2，3　圆齿腔状混饰孢 *Spelaeotriletes crenulatus*（Higgs et al.，1988）　引自卢礼昌（1999）

主要特征：赤道轮廓圆三角形至近圆形；三射线从可见至清楚，简单，或微具唇；轮廓与孢子赤道轮廓近乎一致；远极面和赤道区具致密的颗粒纹饰，或偶见小锥刺。产地：江苏南京龙潭；湖南界岭；新疆和布克赛尔。层位：五通群擂鼓台组上部；邵东组；黑山头组。

4，5　翻下腔状混饰孢 *Spelaeotriletes fanxiaensis*（Lu，1997）　引自卢礼昌（1997）

主要特征：赤道轮廓钝角、凸边三角形；远极面具锥刺，分布致密，呈细网状结构；腔窄且不连续；外壁褶皱，多呈条带状。产地：江西全南；湖南界岭。层位：三门滩组、翻下组；邵东组。

6—8　再分腔状混饰孢 *Spelaeotriletes resolutus*（Higgs，1975）　引自文子才和卢礼昌（1993）

主要特征：赤道轮廓钝角三角形至圆三角形；三射线常清楚、直，具窄唇；赤道与远极区主要覆以小锥刺纹饰；赤道边缘呈小锯齿状；内孢体轮廓与孢子赤道轮廓接近一致。产地：江苏南京龙潭；江西全南；湖南界岭。层位：五通群擂鼓台组下一中部；三门滩组；邵东组。

9，10　光滑膜壁孢 *Velamisporites laevigatus*（Lu，1994）　引自卢礼昌（1994）

主要特征：孢壁厚实，并被一"周壁"完全包裹。产地：江苏南京龙潭；云南沾益龙华山。层位：五通群擂鼓台组上部；海口组。

11，12　周壁膜壁孢 *Velamisporites perinatus*（Playford，1971）　引自卢礼昌（1999）

主要特征：赤道轮廓亚圆形；外壁表面平滑；周壁薄，半透明，表面具极细密均匀颗粒纹饰，周壁包围整个本体，具少量小褶皱。产地：江苏南京龙潭、句容；湖南界岭、锡矿山。层位：五通群擂鼓台组下部；高骊山组；邵东组。

13　光泽圆形块瘤孢 *Verrucosisporites nitidus*（Playford，1963）　引自高联达（1985）

主要特征：极面轮廓亚三角形至亚圆形；三射线常被纹饰覆盖；孢子表面覆表面平滑的块瘤，形体呈圆形或近于圆形，排列无方向性。产地：贵州睦化。层位：王佑组格董关层底部、打屋坝组底部。

14—16　迪顿杯栎孢 *Cymbosporites dittonensis*（Richardson et Lister，1969）　引自卢礼昌和欧阳舒（1976）

主要特征：近极—赤道与远极外壁强烈加厚并呈栎形，表面纹饰由块瘤与锥刺组成，基部常彼此连接而呈蠕瘤状或串珠状，顶部圆形或尖凸。产地：云南曲靖翠峰山；新疆西准噶尔盆地。层位：徐家冲组；乌吐布拉克组。

17　多变大腔孢 *Grandispora protea*（Moreau-Benoit，1980）　引自高联达（1983）

主要特征：外层较内层略薄，内点状，褶皱，纹饰限于远极面与赤道边缘，以钝刺或锥刺或短棒状突起为主，末端偶见小刺。产地：云南禄劝。层位：中泥盆统西冲组。

18，19　环状辐脊孢 *Emphanisporites annulatus*（McGregor，1961）　引自高联达（1983）

主要特征：近极面辐间区发育辐射脊，远极面具加厚的同心环。产地：贵州独山；西藏聂拉木；新疆准噶尔盆地。层位：丹林组；波曲组上部；呼吉尔斯特组。

20，21　忽视辐脊孢 *Emphanisporites neglectus*（Vigran，1964）　引自高联达和侯静鹏（1975）

主要特征：个体较大，近极面辐间区发育辐辐射脊。产地：贵州独山；新疆准噶尔盆地。层位：丹林组下段；克克雄库都克组。

22，23　常见弓脊孢 *Retusotriletes communis* Naumova var. *modestus*（Tschibrikova，1962）　引自高联达（1983）

主要特征：外壁表面具特征性的鲛点状纹饰。产地：江苏句容、南京龙潭；湖南锡矿山、界岭；四川渡口；贵州睦化、贵阳乌当；云南曲靖翠峰山、沾益史家坡；甘肃迭部。层位：五通群；邵东组；上泥盆统下部；王佑组格董关层底部—睦化组；旧司组；徐家冲组；海口组；当多组。

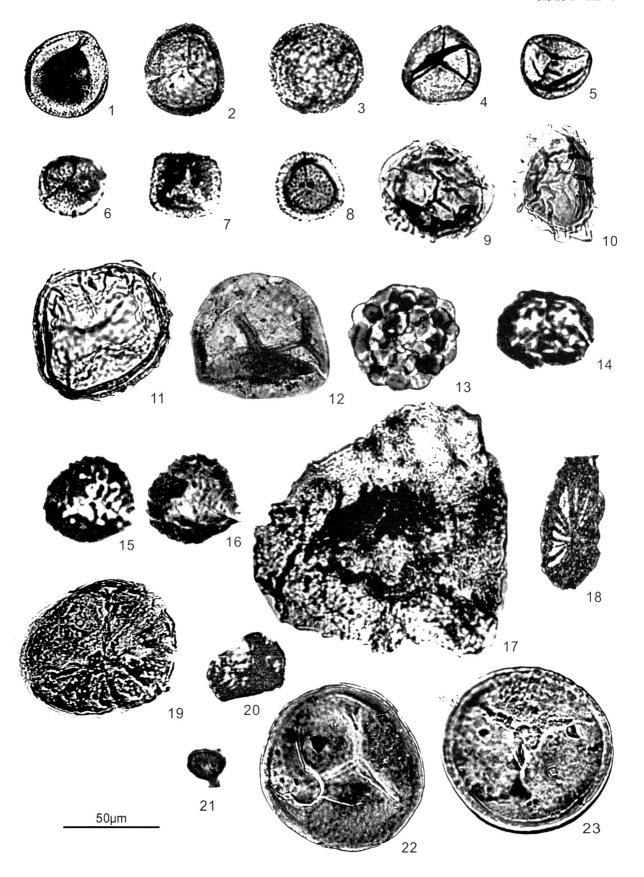

参考文献

白顺良，金善燏，宁宗善 . 1982. 广西及邻区泥盆系生物地层 . 北京：北京大学出版社 .

白顺良，金善燏，宁宗善，等 . 1979a. 广西泥盆纪牙形石、竹节石分带及对比 . 北京大学学报（自然科学版），1: 99-118.

白顺良，金善燏，宁宗善，等 . 1979b. 广西泥盆系台型牙形石及塔节石类 . 北京大学学报（自然科学版），4: 57-84.

白顺良，王大锐，杨家健 . 1990. 碳稳定同位素在泥盆系 - 石炭系及弗拉阶 - 法门阶界线层远距离地层对比的应用 . 北京大学学报（自然科学版），26: 497-505.

蔡重阳 . 2000. 非海相泥盆系 // 中国科学院南京地质古生物研究所 . 中国地层研究二十年（1979—1999）. 合肥：中国科学技术大学出版社，95-127.

蔡重阳，秦慧贞 . 1986. 斜方薄皮木茎干内部构造在新疆上泥盆统的首次发现 . 古生物学报，25（5）：516-524.

蔡重阳，王怿 . 1995. 泥盆纪植物群 // 李星学 . 中国地质时期植物群 . 广州：广东科技出版社 .

蔡重阳，温耀光，陈培权 . 1987. 粤中新会晚泥盆世古羊齿植物群及其地层意义 . 古生物学报，26（1）：55-64.

曹宣铎，周志强，张研，等 . 1987. 岩石地层 // 地质矿产部西安地质矿产研究所，中国科学院南京地质古生物研究所 . 西秦岭碌曲、迭部地区晚志留世与泥盆纪地层古生物 . 南京：南京大学出版社，39-49.

陈秀琴，1983. 广西中部泥盆系二塘组的腕足类 . 古生物学报，22: 685-700.

陈秀琴，廖卓庭，许汉奎，2001. 论泥盆纪腕足动物 *Yunnanella* 和 *Nayunnella* 属 . 古生物学报，40: 229-238.

陈秀琴，马学平 . 2004. 华南晚泥盆世腕足动物的灭绝和复苏 // 戎嘉余，方宗杰 . 生物大灭绝与复苏：来自华南古生代和三叠纪的证据 . 合肥：中国科技大学出版社，317-356.

陈源仁 . 1975. 四川龙门山区泥盆系的几个地层问题 . 成都地质学院学报，Z1: 87-119.

陈源仁 . 1983. 四川龙门山地区泥盆纪的无洞贝类（Atrypoida）// 地质矿产部青藏高原地质文集编委会 . 青藏高原地质文集（2）地层古生物 . 北京：地质出版社，265-338.

陈中强 . 1995. 新疆巴楚地区晚泥盆世至早石炭世露头层序地层及腕足类化石组合——兼论泥盆 - 石炭系界线 . 古生物学报，34: 475-487.

崔秉荃，卢武长，杨绍全 . 1993. 龙门山地区泥盆纪锶、碳同位素与海平面变化 . 成都地质学院学报，20: 1-8.

崔丽，王德明 . 2009. 华南早石炭世亚鳞木属（*Sublepidodendron*）植物研究及其分类学意义 . 北京大学学报：自然科学版，（3）：451-460.

邓占球 . 1979. 黔南独山中泥盆统龙洞水段一些床板珊瑚和刺毛虫类 . 古生物学报，18: 151-160.

邓珍珍，黄璞，刘乐，等 . 2016. 华南晚泥盆世假弱楔叶（*Sphenophyllum psedotenerrimum* Sze）的新认识 . 古生物学报，55（1）：45-55.

地质部泥盆系专题研究队 . 1965. 黔桂地区早、中泥盆世化石及地层问题 // 中国地质科学院地质研究所，地质部西南地质科学研究所龙门山上部古生代地层专题组 . 1965. 四川龙门山台缘坳陷北东段上古生界 . 西南地质科技参考资料第 4 辑（内刊）.

地质矿产部西安地质矿产研究所，中国科学院南京地质古生物研究所 . 1987. 西秦岭碌曲、迭部地区晚志留世与泥盆纪地层古生物（上册）. 南京：南京大学出版社 .

丁文江 . 1929. 中国造山运动 . 中国地质学会志，8: 151-170.

丁文江 . 1931. 丰宁系之分层 . 中国地质学会志，10: 31-48.

丁文江 . 1947. 地质调查报告（1913—1930）. 中央地质调查所地质汇报 .

董得源 . 1964. 广西、贵州早石炭世层孔虫 . 古生物学报，12: 280-299.

董得源 . 1974. 泥盆纪层孔虫 // 中国科学院南京地质古生物研究所 . 西南地区地层古生物手册 . 北京：科学出版社，221-223.

董得源 . 1983. 层孔虫目 // 地质矿产部西安地质矿产研究所 . 西北地区古生物图册：陕甘宁分册（二）. 北京：地质出版社，40-46.

董得源 . 1984. 内蒙古东北部早泥盆世层孔虫 . 微体古生物学报，1: 183-192.

董得源 . 1985. 内蒙古达尔罕茂明安联合旗志留—泥盆纪层孔虫 // 李文国，戎嘉余，董得源 . 内蒙古达尔罕茂明安联合旗巴特敖包地区志留—泥盆纪地层与动物群 . 呼和浩特：内蒙古人民出版社，57-77.

董得源 . 1989. 云南宁蒗泥盆纪层孔虫的记述 . 微体古生物学报，6: 171-178.

董得源 . 1991. 青海南部中、上泥盆统层孔虫及其生态特征 // 青海省地质科学研究所 . 青海玉树地区泥盆纪 - 三叠纪地层和古生物（下册）. 南京：南京大学出版社，65-86.

董得源 . 2001. 中国层孔虫 . 北京：科学出版社 .

董得源，王成源 . 1982. 云南东部泥盆纪层孔虫 . 中国科学院南京地质古生物研究所丛刊，1-40.

董卫平 . 1997. 贵州省岩石地层 . 武汉：中国地质大学出版社 .

董振常 . 1987. 牙形类 // 湖南省地质矿产局区域地质调查队 . 湖南晚泥盆世和早石炭世地层及古生物群 . 北京：地质出版社，1-200.

董致中，王伟 . 2006. 云南牙形类动物群 - 相关生物地层及生物地理区研究 . 昆明：云南科技出版社 .

范影年 . 1980. 四川西北部早石炭世地层及珊瑚化石 // 中国地质科学院地层古生物论文集编委会 . 地层古生物论文专集 . 北京：地质出版社，1-47.

范影年 . 1994. 四川南坪县扎如沟早石炭世岩关期地层新资料 . 岩相古地理，14: 10-17.

冯景兰 . 1930. 两广的几个地层问题 . 中国地质学会志，9: 127-133.

冯少南，许寿永，林甲兴，等 . 1984. 长江三峡地区生物地层学 3 晚古生代分册 . 北京：地质出版社，203-239.

傅瑜 . 1985. 四川灌县晚泥盆世早期有孔虫 // 中国微体古生物学会 . 微体古生物学论文选集 . 北京：科学出版社，77-84.

甘肃省地层表编写组 . 1980. 西北地区区域地层表：甘肃省分册 . 北京：地质出版社 .

高联达 . 1983. 泥盆纪和石炭纪孢子 // 成都地质矿产研究所 . 西南地区古生物图册 . 北京：地质出版社，481-520.

高联达 . 1985. 化石孢子 // 侯鸿飞等 . 贵州睦化泥盆 - 石炭纪界线 . 北京：地质出版社，50-85.

高联达 . 1988. 甘肃靖远下石炭统臭牛沟组孢子带 . 地层古生物论文集，22: 181-212.

高联达 . 1990. 湖南泥盆 - 石炭系界线层孢子组合及其地层意义 . 地质论评，36: 58-68.

高联达，侯静鹏 . 1975. 贵州独山都匀早、中泥盆世孢子组合特征及其地层意义 . 地层古生物论文集，1: 170-232.

高联达，叶晓荣 . 1987. 微体古植物 // 地质矿产部西安地质矿产研究所，中国科学院南京地质古生物研究所 . 西秦岭碌曲、迭部地区晚志留世至泥盆纪地层与古生物下册 . 南京：南京大学出版社，379-450，图版 169-185.

高琴琴 . 1991. 牙形石 // 新疆石油管理局南疆石油勘探公司，江汉石油管理局勘探开发研究院 . 塔里木盆地震旦纪至二叠纪地层古生物（Ⅱ）：柯坪—巴楚地区分册 . 北京：石油工业出版社，125-149.

龚黎明，王成源，王长生，等 . 2012. 渝东南地区泥盆纪牙形类及其地层意义 . 微体古生物学报，282-298.

龚一鸣，徐冉，汤中道，等 . 2004. 广西上泥盆统轨道旋回地层与牙形石带的数字定年 . 中国科学 D 辑：地球科学，34: 635-643.

龚一鸣，纵瑞文 . 2015. 西准噶尔古生代地层区划及古地理演化 . 地球科学，40: 461-484.

关绍曾，孙全英，姜衍文，等 . 1978. 介形类亚纲 // 湖北省地质科学研究所 . 中南地区古生物图册（四）：微体古生物部分 . 北京：地质出版社，115-324.

广西壮族自治区地质矿产局 . 1985. 广西壮族自治区区域地质志 . 北京：地质出版社 .

郭文 . 2017. 华南下泥盆统埃姆斯阶下部牙形石生物地层及腕足动物群演替 . 北京：北京大学 .

韩春元，张放，王成源，等 . 2014. 依据牙形类确定的内蒙古苏尼特左旗泥盆纪泥鳅河组的时代 . 微体古生物学报，31: 257-270.

韩乃仁 . 2007. 广西泥盆纪三叶虫 Plagiolaria nandanensis Chang 的腹边缘 . 古生物学报，46: 87-97.

韩乃仁，陈贵英 . 2007. 广西南丹中泥盆世三叶虫 Ductina 的蜕壳 . 古生物学报，46: 167-182.

韩迎建 . 1987. 广西象州中坪马鞍山剖面上泥盆统弗拉阶 / 法门阶（F/F）界线的研究 . 中国地质科学院院报，17: 171-194.

郝守刚 . 1985. 对云南工蕨的新认识 . 植物学报，27（5）：545-549.

郝诒纯，林甲兴 . 1982. 桂中、湘南中泥盆世晚期有孔虫 . 地质学报，91-96.

侯德封，杨敬之 . 1941. 北川绵竹平武江油地质 . 前四川省地质调查所丛刊，3: 1-30.

侯鸿飞 . 1959. 广西南部下泥盆统和艾斐尔阶石燕化石 . 古生物学报，7: 450-462.

侯鸿飞 . 1963. 中泥盆世腕足类的新属种 . 古生物学报，11（3）：412-428.

侯鸿飞 . 1978. 中国南部的泥盆系 // 华南泥盆系会议论文集 . 北京：地质出版社，214-231.

侯鸿飞 . 2011. 华南地层区泥盆纪地层对比研究报告 .

侯鸿飞，曹宣铎，王士涛，等 . 2000. 中国地层典：泥盆系 . 北京：地质出版社 .

侯鸿飞，季强，鲜思远，等 . 1986. 广西象州马鞍山中上泥盆统界线 . 北京：地质出版社 .

侯鸿飞，马学平 . 2005. 国际泥盆系 GSSP 与华南泥盆系划分 . 地层学杂志，29: 154-159.

侯鸿飞，王士涛，等 . 1988. 中国的泥盆系：中国地层 7. 北京：地质出版社 .

侯鸿飞，鲜思远 . 1964. 滇东南盘江灰岩的腕足类动物群及其时代 . 古生物学报，12: 411-425..

侯鸿飞，鲜思远 . 1975. 广西、贵州下、中泥盆统腕足类化石 . 地层古生物论文集，1: 1-85.

侯鸿飞，项礼文，赖才根，等 . 1979. 天山—兴安区古生代地层研究新进展 . 地层学杂志，3: 175-187.

侯鸿飞，徐桂荣 . 1964. 贵州西部拟拱箕贝化石的发现及其意义 . 古生物学报，12: 572-592..

侯静鹏 . 1982. 湘中锡矿山地区泥盆 - 石炭系过渡层的孢子组合 . 中国地质科学院地质研究所所刊，5: 85-99.

黄程 . 2015. 华南泥盆纪 F-F 事件的特征与致因：来自高分辨率牙形石生物地层及化学地层的证据 . 武汉：中国地质大学 .

黄思静 . 1997. 上扬子地台区晚古生代海相碳酸盐岩的碳、锶同位素研究 . 地质学报，71: 45-53.

季强 . 1987. 据牙形类研究浅水相泥盆系与石炭系之间的界线 . 地质学报，61: 10-20.

季强 . 1991. 华南弗拉阶 - 法门阶界线层牙形类生物地层研究——兼论弗拉斯期 - 法门期生物绝灭事件 . 中国地质科学院院报，23: 115-127.

季强 . 1994. 从牙形类研究论华南弗拉斯 - 法门阶生物绝灭事件 . 地层古生物论文集，24: 79-107.

季强，王桂斌，陈宣忠，等 . 1986. 广西大乐中、上泥盆统界线的再研究 . 微体古生物学报，3: 89-98.

季强，熊剑飞 . 1985. 牙形类生物地层 // 侯鸿飞，季强，吴祥和，等 . 贵州睦化泥盆 - 石炭系界线 . 北京：地质出版社，30-37.

贾德，坎贝尔，克罗格，等 . 2012. 植物系统学 . 李德铢，等译 . 北京：高等教育出版社 .

贾慧贞，许寿永，邝国敦，等 . 1977. 珊瑚纲 // 湖北省地质科学研究所，河南省地质局，湖北省地质局，等 . 中南地区古生物图册（二）：晚古生代部分 . 北京：地质出版社，109-270.

贾慧贞，杨德骊 . 1979. 泥盆系在中南地区地层研究的进展 . 宜昌地质矿产研究所专刊 .

江大勇 . 1997. 广西六景泥盆纪吉维阶 - 费拉阶（G-F）界线层牙形石分带及对比 . 北京：北京大学 .

江大勇，丁干，白顺良 . 2000. 广西六景泥盆纪吉维阶 - 弗拉阶界线层牙形石生物地层 . 地层学杂志，24: 195-200.

蒋志文 . 1980. 滇西早泥盆世早期的竹节石 . 古生物学报，19（6）：505-510.

蒋志文 . 1981. 豆石介科研究的新认识 // 中国微体古生物学会第一届学术会议论文集（1979）. 北京：科学出版社，101-104.

金善燏，沈安江，陈子炓，等 . 2005. 云南文山混合型泥盆纪生物地层 . 北京：石油工业出版社，1-195.

邝国敦，赵明特，陶业斌 . 1989. 中国海相泥盆系标准剖面——广西六景泥盆系剖面 . 武汉：中国地质大学出版社 .

郎嘉彬，王成源 . 2010. 内蒙古大兴安岭乌奴耳地区泥盆纪的两个牙形类动物群 . 微体古生物学报，27: 13-37.

李承森 . 1982. 徐氏蕨属——中国云南早泥盆世陆地植物的一个新属 . 植物分类学报，20: 331-342.

李晋僧 . 1987. 西秦岭绿曲—迭部地区晚志留世—泥盆纪的牙形类 // 地质矿产部西安地质矿产研究所，中国科学院南京地质古生物研究所 . 西秦岭绿曲—迭部地区晚志留世—泥盆纪地层和化石 . 南京：南京大学出版社，357-378.

李罗照，李艺斌，肖传桃，等 . 1996. 塔里木盆地石炭—二叠纪生物地层 . 北京：地质出版社，1-97.

李四光，赵金科，张文佑 . 1941. 广西地层表 . 前中央研究院地质研究所出版 .

李星学，蔡重阳 . 1977. 中国西南地区早泥盆世工蕨化石——中国西南部早泥盆世植物群研究之一 . 古生物学报，16（1）：12-36.

李星学，窦亚伟，孙喆华 . 1986. 论薄皮木属——据发现于新疆准噶尔地区的新材料 . 古生物学报，25（4）：349-379.

李旭 . 2011. 右江盆地泥盆系生物礁发育分布特征研究 . 成都：成都理工大学 .

李酉兴 . 1987. 湖南邵东佘田桥的泥盆纪竹节石 . 微体古生物学报，4（1）：45-54.

李酉兴 . 1995. 广西罗富法门期竹节石——F/F 绝灭事件的幸存者 . 桂林工学院学报，2: 157-170.

廖卫华 . 1977. 从四射珊瑚论贵州独山中、上泥盆统的分界 . 古生物学报，16: 37-51.

廖卫华 . 1995. 论东河塘组的时代 . 新疆地质，13: 195-201.

廖卫华 . 1997. 泥盆纪最早期和最晚期珊瑚群研究的进展——兼论泥盆纪珊瑚的绝灭、复苏及其底栖组合 . 古生物学报，36: 11-18.

廖卫华 . 2003. 贵州独山泥盆纪生物地层以及珊瑚的四次灭绝事件的研究 . 古生物学报，417-427.

廖卫华 . 2004. 华南晚泥盆世弗拉期 - 法门期之交大灭绝后珊瑚群的复苏 // 戎嘉余，方宗杰 . 生物大灭绝与复苏：来自华南古生代和三叠纪的证据 . 合肥：中国科技大学出版社，259-280.

廖卫华 . 2006. 华南泥盆纪四射珊瑚的多样性变化 // 戎嘉余 . 生物的起源、辐射与多样性演变——华夏化石记录的启示 . 北京：科学出版社，417-428.

廖卫华 . 2015. 华南中泥盆世两次重要的珊瑚群更替事件 . 古生物学报，54: 305-315.

廖卫华，蔡土赐 . 1987. 新疆北部泥盆纪四射珊瑚组合序列 . 古生物学报，26: 689-707.

廖卫华，邓占球 . 2009. 从底栖生物化石再释贵州独山泥盆系龙洞水段的时代 . 古生物学报，48: 637-645.

廖卫华，马学平，孙元林 . 2008. 华南泥盆系法门阶浅海相四射珊瑚的组合序列 . 古生物学报，47: 419-426.

廖卓庭，王向东，王伟，等 . 2010. 龙门山的石炭系 . 地层学杂志，34（4）: 349-362.

林宝玉，苏养正，朱秀芳，等 . 1998. 中国地层典：志留系 . 北京：地质出版社 .

林甲兴，张国星 . 1989. 湖南新化锡矿山晚泥盆世的有孔虫 . 中国地质科学院宜昌地质矿产研究所所刊，125-132.

刘疆，白志强 . 2009. 广西横县六景中泥盆统 Mg、Ca、Na、Sr、δ^{13}C、δ^{18}O 化学地层学特征 . 物探与化探，33: 417-423.

刘金荣 . 1978. 广西象州泥盆纪地层 // 中国地质科学院地质矿产研究所 . 华南泥盆系会议论文集 . 北京：地质出版社，9-23.

刘淑文，高联达 . 1985. 湖北长阳上泥盆统黄家磴组叶肢介和孢子 . 地球学报，7: 113-127.

卢建峰 . 2013. 广西天等把荷剖面早泥盆世晚埃姆斯期的牙形类 . 古生物学报，52: 309-330.

卢礼昌 . 1980. 云南沾益龙华山泥盆纪小孢子及其地层意义 . 中国科学院南京地质古生物研究所集刊，14: 1-45.

卢礼昌 . 1981. 四川渡口大麦地一带晚泥盆世的孢粉组合 . 中国科学院南京地质古生物研究所丛刊，3: 91130.

卢礼昌 . 1988. 云南沾益史家坡中泥盆统海口组微体植物群 . 中国科学院南京地质古生物研究所集刊，24: 109-222.

卢礼昌 . 1994. 江苏南京龙潭地区五通群孢子组合及其地质时代 . 微体古生物学报，11: 153-199.

卢礼昌 . 1995. 湖南界岭邵东组小孢子及其地质时代 . 古生物学报，34（1）: 40-52.

卢礼昌 . 1997. 湖南界岭邵东组微体植物群 . 古生物学报，36（2）: 187-216.

卢礼昌 . 1999. 新疆和布克赛尔黑山头组孢子组合兼论泥盆纪—石炭纪过渡层 // 中国科学院南京地质古生物研究所，新疆北部古生代化石 . 南京：南京大学出版社，1-141.

卢礼昌，欧阳舒 . 1976. 云南曲靖翠峰山下泥盆统徐家冲组孢子组合 . 古生物学报，15（1）: 21-38.

罗辉 . 1998. 羌塘西北部泥盆纪和石炭纪有孔虫 // 中国科学院青藏高原综合科学考察队 . 喀喇昆仑山 - 昆仑山地区古生物 . 北京：科学出版社，27-55.

罗惠麟，江能人 . 1985. 云南东南部泥盆纪三叶虫 . 古生物学报，24: 369-376.

马学平，1993. 湘中锡矿山弗拉期晚期腕足动物一新属 . 古生物学报，32: 716-724.

马学平，白志强，孙元林，等 . 2004. 佘田桥剖面——中国上泥盆统佘田桥阶层型剖面：岩性划分及生物地层 . 地层古生物论文集，28: 89-106.

马学平，孙元林，白志强等 . 2004. 湘中佘田桥剖面上泥盆统弗拉阶地层研究新进展 . 地层学杂志，28: 369-374.

马学平，宗普 . 2010. 湖南中 - 晚泥盆世腕足动物组合、海平面升降及古地理演变 . 中国科学：地球科学，40: 1204-1218.

马学平，宗普，张宇波，等 . 2011. 新疆西准噶尔上泥盆统洪古勒楞组及相关地层研究 . 中国古生物学会第 26 届学术年会摘要，81-83.

穆道成 . 1978. 中国南方泥盆系竹节石化石带 // 中国地质科学院地质矿产研究所 . 华南泥盆系会议论文集 . 北京：地质出版社 . 270-279.

穆道成，阮亦萍 . 1983a. 广西南丹罗富上泥盆统底部珠胚类竹节石群的发现 . 古生物学报，22: 308-323.

穆道成，阮亦萍 . 1983b. 广西南丹罗富泥盆纪竹节石 . 中国科学院南京地质古生物研究所集刊，18: 35-110.

穆恩之，陈旭，倪寓南，等 . 1988. 广西、玉林地区的志留系和泥盆系 . 地层学杂志，12: 241-254.

穆恩之，倪寓南 . 1975. 珠穆朗玛峰地区志留纪及泥盆纪笔石 // 中国科学院西藏科学考察队 . 珠穆朗玛峰地区科学考察报告 1966—1968：古生物（第一分册）. 北京：科学出版社，5-27.

穆西南 . 1975. 珠穆朗玛峰地区早泥盆世竹节石 // 中国科学院西藏科学考察队 . 珠穆朗玛峰地区科学考察报告 1966—1968：古生物（第一分册）. 北京：科学出版社，391-410.

穆西南，穆道成 . 1974. 竹节石 // 中国科学院南京地质古生物研究所 . 西南地区地层古生物手册 . 北京：科学出版社，232-235.

聂婷 . 2019. 华南上泥盆统法门阶至下石炭统杜内阶牙形石生物地层和腕足动物群 . 北京：北京大学 .

欧阳舒，陈永祥 . 1987. 江苏中部宝应地区晚泥盆世—早石炭世孢子组合 . 微体古生物学报，4: 195-214.

欧阳舒，卢礼昌，朱怀诚，等 . 2017. 中国晚古生代孢粉化石 . 合肥：中国科技大学出版社 .

郄文昆，马学平，徐洪河，等 . 2019. 中国泥盆纪综合地层和时间框架 . 中国科学：地球科学，49: 115-138.

秦国荣，赵汝旋，季强 . 1988. 粤北晚泥盆世和早石炭世牙形类的发现及其地层意义 . 微体古生物学报，5: 57-71.

全国地层委员会 . 1962. 全国地层会议学术报告汇编：中国的泥盆系 . 北京：科学出版社，1-140.

全国地层委员会 . 2018. 中国地层表（2014）说明书 . 北京：地质出版社 .

全国地层委员会，中国地质调查局 . 2014. 中国地层表 . 1.

全国科学技术名词审定委员会 . 2009. 古生物学名词 . 2 版 . 北京：科学出版社 .

戎嘉余，张研，陈秀琴 . 1987. 西秦岭碌曲—迭部地区志留系 - 泥盆系界线地层的腕足类化石群 // 地质矿产部西安地质矿产研究所，中国科学院南京地质古生物研究所 . 西秦岭碌曲、迭部地区晚志留世至泥盆纪地层与古生物下册 . 南京：南京大学出版社，1-94.

阮亦萍 . 1979. 中国泥盆纪菊石的分带 . 地层学杂志，3: 134-137.

阮亦萍 . 1981. 广西、贵州泥盆纪和早石炭世早期菊石群 . 中国科学院南京地质古生物研究所集刊，15: 1-152.

阮亦萍，穆道成 . 1983. 以浮游生物化石论述南丹罗富的南丹型泥盆纪地层 . 中国科学院南京地质古生物研究所集刊，18: 1-34.

阮亦萍，穆道成 . 1989. 广西泥盆纪竹节石 . 中国科学院南京地质古生物所集刊，26: 1-238.

阮亦萍，穆道成 . 1993. 湖南的一些泥盆纪竹节石 . 古生物学报，32（3）：265-284.

阮亦萍，工成源，王志浩，等 . 1979. 论那高岭组和郁江组的时代 . 地层学杂志，3: 225-229.

阮亦萍，王尚启，穆道成，等 . 1985. 广西鹿寨寨沙上泥盆统剖面的新观察 . 地层学杂志，9: 262-269.

沈建伟 . 1995. 广西桂林泥盆纪牙形类组合与海平面变化 . 微体古生物学报，12: 251-274.

沈启明 . 1982. 临武香花岭上泥盆统牙形类分带及地层划分意见 . 湖南地质，1: 32-54.

沈耀庭 . 1975. 广西南丹原始菊石群的发现及其意义 // 地质部地质科学研究院 . 地层古生物论文集（第一辑）.

施从广 . 1964. 贵州独山、都匀等地中、上泥盆统中的介形类 . 古生物学报，12: 34-59.

四川省地质局区域地质调查队，中国科学院南京地质古生物研究所 . 1982. 川西藏东地区地层与古生物：第一分册 . 成都：四川人民出版社 .

宋俊俊 . 2017. 西准噶尔和华南晚泥盆世—早石炭世介形类古生物、古生态和生物古地理 . 武汉：中国地质大学 .

宋俊俊，范若颖，郭文，等 . 2020. 新疆西准噶尔晚泥盆世洪古勒楞组介形类生物地层 . 微体古生物学报，37: 145-158.

宋俊俊，龚一鸣 . 2015. 古生代介形类的研究现状及展望 . 古生物学报，54: 404-424.

苏养正 . 1976. 腕足动物门 // 内蒙古自治区地质局，东北地质科学研究所 . 华北地区古生物图册内蒙古分册(一)古生代部分 . 北京：地质出版社，155-227.

孙全英，王承先 . 1985. 广西泥盆纪介形类新材料 . 中国地质科学院宜昌地质矿产研究所所刊，9: 68-79.

孙元林 . 1986. 广西六景中泥盆统民塘组及其一些腕足动物的研究 . 北京：北京大学 .

孙元林 . 1992. 广西六景剖面埃菲尔 - 吉维特阶界线层的腕足动物化石 . 古生物学报，31: 708-723.

谭正修 . 1987a. 腕足类 // 湖南省地质矿产局区域地质调查队 . 湖南晚泥盆世和早石炭世地层及古生物群 . 北京：地质出版社，111-133.

谭正修 . 1987b. 地层 // 湖南省地质矿产局区域地质调查队 . 湖南晚泥盆世和早石炭世地层及古生物群 . 北京：地质出版社，2-65.

谭正修，董振常，唐晓珊 . 1987. 论棋梓桥灰岩 . 地层学杂志，11: 77-90.

田奇瑪 . 1938. 中国之泥盆纪 . 地质论评，（4）：355-404，469.

田奇瑪，王晓青，许原道 . 1929. 湖南新化地质矿产报告 . 湖南地质调查所报告（第 8 号）：经济地质第 3 册 .

田奇瑪，王晓青，许原道 . 1933. 湖南长沙、湘潭、衡山、邵阳、衡阳、湘乡六县地质志 . 湖南地质调查所报告（第 15 号）：地质志第 2 册 .

童金南，殷鸿福 . 2007. 古生物学 . 北京：高等教育出版社 .

王平 . 2006. 内蒙古巴特敖包地区早泥盆世牙形类 . 微体古生物学报，23: 199-234.

万正权 . 1980. 对四川龙门山北段泥盆系原甘溪组的新认识及中、下泥盆统界限 . 地层古生物论文集（第 9 辑），93-124.

万正权 . 1981. 介绍一个新的地层单位：二台子组 . 地层学杂志，2: 128-132.

万正权 . 1983. 四川龙门山泥盆系研究进展与金宝石组的建立 . 中国地质科学院成都地质矿产研究所文集，2: 111-118.

王宝瑜，张梓歆，戎嘉余，等 . 2001. 新疆南天山志留纪—早泥盆世地层与动物群 . 合肥：中国科学技术大学出版社 .

王成文，杨式溥 . 1994. 广西玉林北均塘组腕足动物群的发现及意义 . 长春地质学院学报，1: 1-8.

王成源 . 1979. 广西象州四排组的几种牙形刺 . 古生物学报，18：395-408.

王成源 . 1981. 四川若尔盖早泥盆世普通沟组的牙形类 . 中国地质科学院西安地质矿产研究所所刊，77-84.

王成源 . 1983. 内蒙古达尔罕茂明安联合旗志留与早泥盆世牙形类 // 李文国，戎嘉余，董得源，等 . 内蒙古达尔罕茂明安联合旗巴特敖包地区志留—泥盆纪地层与动物群 . 呼和浩特：内蒙古人民出版社，153-164.

王成源 . 1989. 广西泥盆纪牙形类 . 中国科学院南京地质古生物研究所集刊，25: 1-212.

王成源 . 1998. 羌塘西北部和喀喇昆仑地区古生代牙形类 // 中国科学院青藏高原综合科学考察队 . 喀喇昆仑地区古生物 . 北京：科学出版社，343-365.

王成源 . 2000. 泥盆系 // 中国科学院南京地质古生物研究所 . 中国地层研究二十年（1979-1999）. 合肥：中国科学技术大学山版社，73-94.

王成源 . 2019. 中国泥盆纪牙形类 . 杭州：浙江大学出版社 .

王成源，陈波，邝国敦 . 2016. 广西南宁大沙田下泥盆统那高岭组的牙形类 . 微体古生物学报，33: 420-435.

王成源，彭善池 . 2017. 推进《国际年代地层表》在中国的应用 . 地层学杂志，41: 216-220.

王成源，施从广，曲关生 . 1986. 黑龙江密山泥盆系"黑台组"的牙形类与介形类 . 微体古生物学报，3: 205-214.

王成源，王平，杨光华，等 . 2009. 四川盐边稗子田志留系牙形类生物地层的再研究 . 地层学杂志，33: 302-317.

王成源，王志浩 . 1978a. 黔南晚泥盆世和早石炭世牙形类 . 中国科学院南京地质古生物研究所集刊，11: 51-91.

王成源，王志浩 . 1978b. 广西云南早、中泥盆世的牙形刺 // 中国地质科学院地质矿产研究所 . 华南泥盆系会议论文集 . 北京：地质出版社，334-345.

王成源，殷保安 . 1985. 广西宜山浅水相区的一个重要泥盆系 - 石炭系界线层型剖面 . 微体古生物学报，2: 28-48.

王成源，张守安 . 1988. 新疆库车地区早泥盆世早期牙形类的发现及其地层意义 . 地层学杂志，12: 147-150.

王大锐，白志强 . 2002. 广西中—上泥盆统界线附近的化学地层学特征 . 地层学杂志，26: 50-54.

王根贤，景元家，庄锦良，等 . 1986. 湘中锡矿山地区泥盆纪 - 早石炭世地层系统 . 湖南地质，5: 48-65.

王根贤，左自璧 . 1983. 湖南法门期四射珊瑚的分布和时代依据 . 湖南地质，2: 54-63.

王平 . 2001. 内蒙古达茂旗巴特敖包地区志留纪—早泥盆世牙形类生物地层 . 南京：中国科学院南京地质古生物研究所 .

王金星 . 1984. 广西南丹罗富泥盆纪某些新的珠胚节石及其地层意义 . 地层古生物论文集，11: 87-97.

王金星 . 1988. 竹节石 // 侯鸿飞，万正权，鲜思远，等 . 四川龙门山地区泥盆纪地层古生物及沉积相 . 北京：地质出版社 . 269-277.

王克良 . 1987. 从有孔虫动物群论华南泥盆 - 石炭系之分界 . 微体古生物学报，4: 161-173.

王祺，郝守刚 . 2003. 亚鳞木属 [*Sublepidodendron*（Nathorst）Hirmer，1927] 的研究述评 . 古生物学报，42（4）：598-612.

王尚启 . 1976. 广西泥盆系介形类一新属 . 古生物学报，15: 231-239.

王尚启 . 1979. 广西泥盆纪介形类 . 地层学杂志，2: 143-146.

王尚启 . 1983. 广西南丹罗富晚泥盆世浮游介形类化石带 . 科学通报，4: 234-236.

王尚启 . 1984. 广西及邻近地区中泥盆世晚期到早石炭世早期浮游介形类动物群 . 中国科学院南京地质古生物研究所丛刊，9: 1-80.

王尚启 . 1986. 广西泥盆纪介形类 Rhomboentomozoinae. 古生物学报，25: 155-168.

王尚启 . 1989. 广西玉林樟木早泥盆世介形类 . 古生物学报，28: 249-268.

王尚启 . 1994. 华南泥盆纪介形类豆石介类一新族 Sinoleperditiini. 古生物学报，33: 686-719.

王尚启 . 1996. 广西六景和刘家早泥盆世介形类中华石介族 . 古生物学报，35: 331-348.

王尚启 . 2004. 晚泥盆世介形类豆石目的大灭绝 // 戎嘉余，方宗杰 . 生物大灭绝与复苏：来自华南古生代和三叠纪的证据 . 合肥：中国科技大学出版社，357-366.

王尚启 . 2009. 中国介形类化石（第三卷）. 合肥：中国科技大学出版社 .

王尚启，刘正明 . 1994. 云南曲靖翠峰山剖面中的介形类 Leperditiids 及其地层意义 . 古生物学报，33: 140-155.

王尚启，彭金兰 . 2005. 泥盆纪介形类中华豆石介族的生物地层学意义 . 中国科学 D 辑：地球科学，35: 263-267.

王尚启，张晓彬 . 1983. 广西南丹罗富等地下、中泥盆统介形类化石 . 古生物学报，22: 551-563.

王树碑 . 1978a. 震旦纪至泥盆纪 // 西南地质科学研究所 . 西南地区古生物图册：四川分册（一）. 北京：地质出版社，10-35.

王树碑 . 1978b. 石炭纪至第四纪 // 西南地质科学研究所 . 西南地区古生物图册：贵州分册（二）. 北京：地质出版社，98-106.

王树碑 . 1988. 层孔虫 // 中国地质科学院地质矿产研究所，成都地质矿产研究所 . 四川龙门山地区泥盆纪地层古生物及沉积相 . 北京：地质出版社，98-105.

王树碑，董得源，傅静华 . 1986. 广西罗城、融安晚泥盆世层孔虫 . 微体古生物学报，3: 69-79.

汪啸风 . 1988. 笔石动物群 // 侯鸿飞，王士涛 . 中国的泥盆系：中国地层 7. 北京：地质出版社，236-239.

王野，王训练，张海军，等 . 2014. 贵州独山中泥盆统生物礁中同生滑塌构造及其地质意义 . 现代地质，28: 265-270.

王怿 . 1994. 滇东南文山古木早泥盆世孢子组合 . 微体古生物学报，11: 319-332.

王怿 . 1996. 湘中锡矿山邵东组和孟公坳组孢子组合：兼论泥盆 - 石炭系界线 . 微体古生物学报，13: 13-42.

王怿，郝守刚，傅强，等 . 2006. 中国志留—泥盆纪早期陆生维管植物多样性 // 戎嘉余 . 生物的起源、辐射与多样性演变：华夏化石记录的启示 . 北京：科学出版社，383-398.

王怿，欧阳舒 . 1997. 贵州凤冈早志留世孢子组合的发现及其古植物学意义 . 古生物学报，36（2）：217-237.

王钰 . 1955. 腕足类的新属 . 古生物学报，3: 83-114.

王钰 . 1956. 广西南部郁江建造中的几种新腕足类 . 古生物学报，4: 137-162.

王钰，布科，戎嘉余 . 1981. 泥盆纪华南区戟贝族（腕足动物）的两个新属 . 古生物学报，20: 287-296.

王钰，金玉玕，方大卫，1964. 中国各门类化石中国的腕足动物化石（下册）. 北京：科学出版社 .

王钰，刘第墉，吴岐，等 . 1974. 腕足动物 // 中国科学院南京地质古生物研究所，西南地区地层古生物手册 . 北京：科学出版社，240-247.

王钰，戎嘉余 . 1986. 广西南宁—六景间泥盆纪郁江期腕足动物 . 中国古生物志：新乙种，22: 1-282.

王钰，戎嘉余，陈秀琴 . 1987. 广西象州大乐泥盆纪晚埃姆斯早期的腕足动物 . 中国科学院南京地质古生物研究所集刊，23: 121-154.

王钰，俞昌民 . 1962. 中国的泥盆系 // 全国地层委员会 . 全国地层会议学术报告汇编 . 北京：科学出版社，140.

王钰，俞昌民，方大卫 . 1964. 广西中东部泥盆系那高岭组的时代及郁江组的分层 . 科学通报，11: 1013-1016.

王钰，俞昌民，方大卫，等 . 1965. 记述广西中南部中泥盆统一个新的地层单位——北流组 . 科学通报，16: 1116-1120.

王钰，俞昌民，廖卫华，等 . 1964. 贵州独山泥盆系标准剖面的新观察 . 科学通报，9: 822-825.

王钰，俞昌民，王成源，等 . 1981. 中国泥盆系各级界线的划分 . 科学通报，26: 230-232.

王钰，俞昌民，吴岐 . 1974. 中国南方泥盆纪生物地层研究的进展 . 中国科学院南京地质古生物所集刊，6: 1-71.

王钰，朱瑞芳 . 1979. 黔南桂中中泥盆世北流期腕足动物 // 中国科学院南京地质古生物研究所，中国科学院古脊椎与古人类研究所 . 中国古生物志新乙种第 15 号 . 北京：科学出版社，1-95.

王玉珏，梁昆，陈波，等 . 2020. 晚泥盆世 F-F 大灭绝事件研究进展 . 地层学杂志，44：277-298.

王约，沈建伟，周志澄 . 1997. 黔南独山下、中泥盆统遗迹相与层序地层学研究 . 微体古生物学报，2: 97-107.

王约，王训练，史晓颖 . 2006. 贵州独山地区晚泥盆世 F-F 生物灭绝后的先驱生物及其在生态系统重建过程中的意义 . 中国科学 D 辑：地球科学，36: 305-315.

王志宏 . 2016. 西准噶尔晚泥盆世牙形石生物地层及其碳氧同位素组成 . 武汉：中国地质大学 .

王志宏，龚一鸣，纵瑞文，等 . 2014. 西准噶尔乌兰柯顺地区晚泥盆世朱鲁木特组地层新知 . 地层学杂志，38: 51-59.

魏凡 . 2013. 中古生代竹节石的古生物、古生态和生物古地理 . 武汉：中国地质大学（武汉）.

文子才，卢礼昌 . 1993. 江西全南小慕泥盆—石炭系孢子组合及其地层意义 . 古生物学报，32: 303-331.

吴望始，赵嘉明，姜水根 . 1981. 华南地区邵东组的珊瑚化石及其地质时代 . 古生物学报，20: 1-14.

吴秀元，赵修祜 . 1981. 江苏句容高骊山组植物化石 . 古生物学报 . 20（1）: 50-59.

吴诒，颜成贤 . 1980. 广西德保钦甲的下、中泥盆统 . 地层学杂志，4: 201-208.

吴义布 . 2011. 华南泥盆纪层孔虫生长特征及其与环境和菌藻类的关系 . 武汉：中国地质大学 .

吴义布，龚一鸣，张立军，等 . 2010. 华南泥盆纪生物礁演化及其控制因素 . 古地理学报，12: 253-267.

夏代祥，刘世坤 . 1997. 西藏自治区岩石地层 . 武汉：中国地质大学出版社 .

夏凤生 . 1996. 新疆准噶尔盆地西北缘洪古勒楞组时代的新认识 . 微体古生物学报，13: 277-285.

夏凤生 . 1997. 新疆南天山东部阿尔皮什麦布拉克组的牙形类及其意义 . 古生物学报，36（增刊）: 77-96.

鲜思远 . 1980. 竹节石 // 鲜思远，王守德，周希云，等 . 华南泥盆纪南丹型地层及古生物 . 贵阳：贵州人民出版社，42-81.

鲜思远 . 1983. 论嘴石燕科（Rhynchospiriferidae）的特征成员及其地质、地理分布。贵州地层古生物论文集，1: 1-32.

鲜思远 . 1998. 广西六景中泥盆统民塘组底部的硅化腕足动物化石 . 岩相古地理，18: 28-47.

鲜思远，陈继荣，万正权 . 1995. 四川龙门山甘溪泥盆纪生态地层、层序地层与海平面变化 . 岩相古地理，6: 1-47.

鲜思远，江宗龙 . 1978. 腕足动物门 // 贵州地层古生物工作队 . 西南地区古生物图册贵州分册（一）寒武纪—泥盆纪 . 北京：地质出版社，251-337.

鲜思远，王守德，周希云，等 . 1980. 华南泥盆纪南丹型地层及古生物 . 贵阳：贵州人民出版社 .

肖世禄，吴绍祖，王宝瑜，等 . 1991. 新疆西准噶尔沙尔布尔提山地区泥盆系研究新进展 . 新疆地质科学，3: 1-9.

肖文交，韩春明，袁超，等 . 2006. 新疆北部石炭纪—二叠纪独特的构造 - 成矿作用：对古亚洲洋构造域南部大地构造演化的制约 . 岩石学报，22: 1062-1076.

新疆维吾尔自治区区域地层表编写组 . 1981. 西北地区区域地层表：新疆维吾尔自治区分册 . 北京：地质出版社 .

新疆维吾尔自治区地质矿产局 . 1983. 新疆维吾尔自治区区域地质志 . 北京：地质出版社 .

熊剑飞 . 1980. 牙形类 // 鲜思远，王守德，周希云，等 . 华南泥盆纪南丹型地层及古生物 . 贵阳：贵州人民出版社，82-100.

熊剑飞 . 1983. 石炭纪牙形石 // 地质矿产部成都地质矿产研究所 . 西南地区古生物图册：微体古生物分册 . 北京：地质出版社，320-338.

熊剑飞 . 1991. 新疆巴楚岩关期牙形类化石的发现及泥盆 - 石炭系界线 . 新疆石油地质，12: 118-126.

熊剑飞，钱泳蓁，田传荣，等 . 1988. 牙形类 // 中国地质科学院成都地质矿产研究所，中国地质科学院地质研究所 . 四川龙门山地区泥盆纪地层古生物及沉积相 . 北京：地质出版社，314-339.

许汉奎 . 1977. 广西南丹中泥盆世早期的褶无皱贝类（plicanoplids）. 古生物学报，16: 59-70.

许汉奎 . 1979. 广西南丹县泥盆纪塘乡组的腕足类 . 古生物学报，18: 362-380.

许汉奎 . 1991. 新疆西准噶尔下、中泥盆统界线地层及腕足类 . 古生物学报，30: 307-333.

许汉奎，蔡重阳，廖卫华，等 . 1990. 西准噶尔洪古勒楞组及泥盆 - 石炭系界线 . 地层学杂志，14: 292-301.

徐洪河，蒋青，张小乐，等 . 2015. 新疆西准噶尔中泥盆世呼吉尔斯特植物群的特征、时代、古环境以及古植物地理学意义 . 古生物学报，54: 230-239.

许庆建，万正权，陈源仁. 1978. 腕足动物门 // 西南地质科学研究所. 西南地区古生物图册四川分册（一）震旦纪至泥盆纪. 北京：地质出版社，284-381.

徐仁，高联达. 1991. 云南东部中泥盆世和晚泥盆世早期孢子带及其地层意义. 植物学报，33: 304-313.

徐瑞麟. 1938. 广西象县金河街泥盆纪地层. 地质论评，3: 497-506.

杨德骊. 1983. 广西象州中泥盆世晚期的穿孔贝类. 中国地质科学院宜昌地质矿产研究所所刊，7: 27-40.

杨德骊，倪世钊，常美丽，等. 1977. 腕足动物门 // 湖北省地质科学研究院，河南省地质局，湖北省地质局，等. 中南地区古生物图册（二）：晚古生代部分. 北京：地质出版社，303-470.

杨关秀，陈芬，黄其胜. 1994. 古植物学. 北京：地质出版社.

杨敬之，董得源. 1963. 贵州独山中泥盆统鸡窝寨段中的层孔虫. 古生物学报，11: 147-177.

杨敬之，董得源. 1979. 广西中部东部泥盆纪层孔虫（中国古生物志：新乙种第 14 号）. 北京：科学出版社.

杨式溥. 1964. 黔东南下石炭统杜内阶之腕足类. 古生物学报，1: 82-110.

杨式溥，侯鸿飞，高联达，等. 1980. 中国的石炭系. 地质学报，3: 167-175.

易庸恩，项礼文. 1975. 广西南丹中泥盆世三叶虫. 地层古生物论文集，105-110.

殷保安. 2008. 中国上泥盆统"待建阶"（阳朔阶）综合研究报告 // 王泽九，黄枝高. 中国主要断代地层建阶研究报告（2001—2005）. 北京：地质出版社，345-356.

俞昌民，蔡正全. 1983. 甘肃迭部中泥盆世早期鲁热组的四射珊瑚群. 甘肃地质，1-77.

俞昌民，邝国敦. 1980. 广西中部泥盆系二塘组的四射珊瑚. 古生物学报，19: 175-181.

俞昌民，廖卫华. 1978. 贵州独山中泥盆统猴儿山组龙洞水般的四射珊瑚. 中国科学院南京地质古生物研究所集刊，12: 107-166.

俞昌民，廖卫华，邓占球. 1974. 泥盆纪珊瑚 // 中国科学院南京地质古生物研究所. 西南地区地层古生物手册. 北京：科学出版社，223-232.

乐森璕. 1929. 贵州南部地质矿产. 中央地质调查所地质汇报，12: 21-22.

乐森璕. 1938. 中国南部海相中下（D1 中部）及下中（D2 下部）泥盆纪地层. 中国地质学会志，18: 67-73.

乐森璕. 1956. 四川龙门山区泥盆纪地层分带及对比. 地质学报，36: 443-476.

乐森璕，白顺良. 1978. 广西象州大乐地区泥盆纪地层 // 中国地质科学院地质矿产研究所. 华南泥盆系会议论文集. 北京：地质出版社，43-62.

曾雄伟，杜远生，张哲. 2010. 广西六景泥盆系弗拉阶 - 法门阶界线层牙形石生物地层及碳同位素组成. 古地理学报，12: 185-193.

张川，张凤鸣，张梓歆，等. 1983. 腕足动物门 // 新疆地质局区域地质调查大队. 西北地区古生物图册：新疆维吾尔自治区分册（二）. 北京：地质出版社，262-386.

张纯臣. 1997. 湖南省岩石地层. 武汉：中国地质大学.

张金鉴. 1986. 湖南祁阳上泥盆统佘田桥组有孔虫. 地质学报，2: 121-127.

张克信. 2015. 中国沉积大地构造图说明书（1:2500000）. 北京：地质出版社.

张太荣. 1983. 三叶虫纲 // 新疆地质局区域地质调查大队，新疆地质局地质科学研究所，新疆石油局地质调查处. 西北地区古生物图册：新疆维吾尔自治区分册（二）. 北京：地质出版社，534-551.

张研 . 1981. 内蒙古西部珠斯楞海尔罕地区早泥盆世腕足类 . 古生物学报，20: 383-392.

张研，傅力甫 . 1983. 腕足动物门 // 地质矿产部西安地质矿产研究所 . 西北地区古生物图册：陕甘宁分册（二）. 北京：地质出版社，244-425.

张研 . 1987. 西秦岭碌曲—迭部地区泥盆纪腕足类 // 地质矿产部西安地质矿产研究所，中国科学院南京地质古生物研究所 . 西秦岭碌曲、迭部地区晚志留世至泥盆纪地层与古生物下册 . 南京：南京大学出版社，95-164.

张兆瑾 . 1941. 广西南丹县锡矿地质 . 地质汇报，34: 71-110.

赵金科 . 1947. 广西地层发育史 . 中国地质学会志，27: 321-346.

赵金科 . 1956. 广西上泥盆纪几种菊石 . 古生物学报，4: 101-116.

赵金科，梁西洛，邹西平，等 . 1965. 中国的头足类化石（中国各门类化石）. 北京：科学出版社 .

赵金科，张文佑 . 1958. 广西地质（一）：地层概要 . 北京：科学出版社 .

赵锡文，左自壁 . 1983. 湘中地区上泥盆统牙形类化石及地层划分 . 地球科学（武汉地质学院学报），4: 57-69.

赵亚曾，黄汲清 . 1931. 秦岭山及四川之地质研究 . 地质专报，甲种第九号：1-47.

赵治信，王成源 . 1990. 新疆准噶尔盆地洪古勒楞组的时代 . 地层学杂志，14: 145-146.

郑荣才，文华国，王昌勇，等 . 2016. 龙门山泥盆系野外实习指南 . 北京：地质出版社 .

中国地质科学院成都地质矿产研究所，中国地质科学院地质研究所 . 1988. 四川龙门山地区泥盆纪地层古生物及沉积相 . 北京：地质出版社 .

中国地质学编辑委员会，中国科学院地质研究所 . 1956. 中国区域地层表（草案）. 北京：科学出版社 .

中国科学院南京地质古生物研究所，中国科学院植物研究所 . 1974. 中国古生代植物 . 北京：科学出版社 .

钟铿，吴诒，殷保安，等 . 1992. 广西的泥盆系 . 武汉：中国地质大学出版社 .

周怀玲，王瑞刚，张振贤 . 1987. 广西象州大乐地区泥盆纪沉积相 . 岩相古地理通讯，3-4: 1-21.

周志强 . 1983. 镜眼虫亚科的一新属：刺镜眼虫（*Echinophacops*）. 古生物学报 . 22: 642-650.

周志强 . 1987. 西秦岭碌曲—迭部地区泥盆纪三叶虫 // 地质矿产部西安地质矿产研究所，中国科学院南京地质古生物研究所 . 西秦岭碌曲、迭部地区晚志留世至泥盆纪地层与古生物下册 . 南京：南京大学出版社，257–272.

周志毅 . 2001. 塔里木盆地各纪地层 . 北京：科学出版社 .

朱怀诚 . 1993. 孢粉植物群 // 李星学，吴秀元，沈光隆，等 . 北祁连山东段纳缪尔期地层和生物群 . 济南：山东科学技术出版社，142-310.

朱怀诚 . 1999. 新疆南部莎车奇自拉夫组晚泥盆世孢子组合及孢粉相研究 . 古生物学报，38: 56-85.

朱怀诚，罗辉，王启飞，等 . 2002. 论塔里木盆地"东河砂岩"的地质时代 . 地层学杂志，26: 197-201.

朱怀诚，张师本，罗辉，等 . 2000. 塔里木盆地泥盆系 - 石炭系界线研究新进展 . 地层学杂志（增刊），24: 371-372.

朱森，吴景桢，叶连俊 . 1942. 四川龙门山地质 . 前四川省地质调查所丛刊，4: 83-164.

朱庭祜 . 1928. 广西贵县、横县、永淳、邕宁、宾阳五属地质矿产 . 前两广地质调查所年报，1: 1-28.

宗普 . 2012. 新疆西准噶尔地区晚泥盆世法门期生物地层及事件 . 北京：北京大学 .

宗普，马学平 . 2012. 新疆西准噶尔地区泥盆 - 石炭系界线附近的石燕贝类腕足动物 . 古生物学报，51: 157-175.

宗普，马学平，孙元林 . 2012. 新疆西准噶尔地区泥盆 - 石炭系界线附近的腕足动物（长身贝类、无窗贝类及穿孔贝类）. 古生物学报，51: 416-435.

宗普，马学平，张美琼，等 . 2017. 新疆准噶尔与华南湘中法门期碳同位素特征的对比研究 . 北京大学学报（自然科学版），53: 843-861.

纵瑞文，王志宏，范若颖，等 . 2020. 新疆西准噶尔洪古勒楞组与泥盆系 - 石炭系界线新知 . 地质学报，94: 2460-2475.

Asano, K. 1970. Paleobiology of Ancient Microorganisms. Tokyo: Asakuka Publishing Co.

Bai, S.L., Bai, Z.Q., Ma, X.P., et al., 1994. Devonian Events and Biostratigraphy of South China. Beijing: Peking University Press.

Baliński, A., Sun, Y.L. 2016. Cyrtinoides Yudina and Rzhonsnitskaya, 1985, an aberrant Middle Devonian ambocoeliid brachiopod genus from China. Palaeoworld, 25: 632-638.

Becker, R.T., Aboussalam, Z.S. 2011. Emsian chronostratigraphy–preliminary new data and a review of the Tafilalt（SE Morocco）. SDS Newsletter, 26: 33-43.

Becker, R.T., Gradstein, F.M., Hammer, O. 2012. The Devonian Period//Gradstein, F.M., Ogg, J.G., Schmitz, M.D., et al. The Geologic Time Scale 2012, Volume 2. Amsterdam: Elsevier, 559-601.

Birenheide, R., Liao, W. 1985. Rugose Korallen aus dem Givetium von Dushan, Provinz Guizhou, S-China. Senckenbergiana lethaea, 66: 217-267.

Buggisch, W., Joachimski, M.M. 2006. Carbon isotope stratigraphy of the Devonian of central and southern Europe. Palaeogeography, Palaeoclimatology, Palaeoecology, 240: 68-88.

Cai, C.Y., Wang, Y. 1995. Devonian floras//Li, X.X. Fossil Floras of China Through the Geological Ages. Guangzhou: Science and Technology Press, 28-77.

Carmichael, S.K., Waters, J.A., Batchelor, C.J., et al. 2016. Climate instability and tipping points in the Late Devonian: Detection of the Hangenberg Event in an open oceanic island arc in the Central Asian Orogenic Belt. Gondwana Research, 32: 213-231.

Carmichael, S.K., Waters, J.A., Suttner, T.J., et al. 2014. A new model for the Kellwasser Anoxia Events（Late Devonian）: Shallow water anoxia in an open oceanic setting in the Central Asian Orogenic Belt. Palaeogeography, Palaeoclimatology, Palaeoecology, 399: 394-403.

Carls, P., Slavík, L., Valenzuela-Ríos, J.I. 2007. Revisions of conodont biostratigraphy across the Silurian-Devonian boundary. Bulletin of Geosciences, 82: 145-164.

Carls, P., Slavík, L., Valenzuela-Rios, J.I. 2008. Comments on the GSSP for the basal Emsian stage boundary: The need for its redefinition. Bulletin of Geosciences, 83: 383-390.

Chang, J., Bai, Z., Sun, Y., et al. 2019. High resolution bio- and chemostratigraphic framework at the Frasnian-Famennian boundary: Implications for regional stratigraphic correlation between different sedimentary facies in South China. Palaeogeography, Palaeoclimatology, Palaeoecology, 531: 108299.

Chen, D.Z., Qing, H., Li, R. 2005. The Late Devonian Frasnian-Famennian（F/F）biotic crisis: Insights from $\delta^{13}C$carb, $\delta^{13}C$org and $^{87}Sr/^{86}Sr$ isotopic systematics. Earth and Planetary Science Letters, 235: 151-166.

Chen, D.Z., Wang, J.G., Racki, G., et al. 2013. Large sulphur isotopic perturbations and oceanic changes during the Frasnian-Famennian transition of the Late Devonian. Journal of the Geological Society, 170: 465-476.

Chen, X., Ni, Y., Lenz, A.C., et al. 2015. Early Devonian graptolites from the Qinzhou–Yulin region, southeast Guangxi, China. Canadian Journal of Earth Sciences, 52: 1000-1013.

Chen, X., Quan, Q.Q. 1992. Earliest Devonian graptolites from Ximeng, southwestern Yunnan, China. Alcheringa: An Australasian Journal of Palaeontology, 16: 181-187.

Chen, X.Q., Mawson, R., Suttner, T.J., et al. 2009. Late Devonian（latest Frasnian-Famennian）faunas from the 'Hongguleleng Formation' and the F-F boundary in northern Xinjiang, NW China. Berichte des Institutes für Erdwissenschaften, Karl-Franzens-Universität Graz（Paleozoic Seas Symposium）, 14: 18-20.

Chen X.Q., Qiao L. 2008. The relationship between the brachiopod genera *Yingtangella* Bai and Ying, 1978 and *Rhipidothyris* Cooper and Williams, 1935. Alcheringa, 32: 191-198.

Chen, X.Q., Yao, Z.G. 1999. Early Devonian（Late Emsian）brachiopods from Zhongping, Xiangzhou,central Guangxi, China. Senckenbergiana Lethaea, 79: 223-265.

Chen Y.R. 1984. Brachiopods from the Upper Devonian Tuqiaozi Member of the Longmenshan Area（Sichuan, China）. Palaeontolographic Abt. A., 5-6: 95-166.

Chlupác, I., Galle, A., Hladil, J., et al. 2000. Series and stage boundaries in the Devonian of the Czech Republic. Courier Forschungsinstitut Senckenberg, 225: 159-172.

Chlupác, I., Kukal, Z. 1977. The boundary stratotype at Klonk//Martinsson, A. The Silurian-Devonian Boundary. IUGS, Series A, 5: 96-109.

Chlupác, I., Oliver, W.A. 1989. Decision on the Lochkovian-Pragian Boundary, Stratotype（Lower Devonian）. Episodes, 12: 109-114.

Clarkson, E.N.K. 1998. Invertebrate Paleontology and Evolution. 4th Ed. Oxford: Blackwell Science.

Coen, M. 1973. Faciès, Conodontes et stratigraphie du Frasnien de l'Est de la Belgique pour servir à une revision de l'étage. Annales de la Société Géologique de Belgique, 95: 239-253.

Copper, P. 1994. Ancient reef ecosystem expansion and collapse. Coral Reefs, 13: 3-11.

Copper P., Chen Y.R. 1995. Invertina, a new Middle Devonian atrypid brachiopod genus from South China. Journal of Paleontology, 69: 251-256.

De Koninck, L.G. 1846. Notice sur deux especes de brachiopodes du terrain Paleozoique de la Chine. Bulletin de l'Academie Royale des Sciences Lettres et Beaux Arts, 13: 415-426.

De Vleeschouwer, D., Rakociński, M., Racki, G., et al. 2013. The astronomical rhythm of Late-Devonian climate change（Kowala section, Holy Cross Mountains, Poland）. Earth and Planetary Science Letters, 365: 25-37.

Dorlodot, H.D. 1900. Compte rendu des excursions sur les deux flances de la crete du Condros. Bulletin De La Société Belge De Géologie, 14: 157-160.

Dumont, Λ. 1848. Mémoire sur les terrains ardennais et rhénan de l'Ardenne, du Rhin, du Brabant et du Condros. Mem. Acad. R. Belg., 2: 221-451.

Dumont, A.H. 1855. Carte géologique de l'Europe. Ed E. Noblet, Paris, Liège.

Edwards, D., Yang, N., Hueber, F.M., et al. 2015. Additional observations on *Zosterophyllum yunnanicum* Hsü from the Lower Devonian of Yunnan, China. Review of palaeobotany and palynology, 221: 220-229.

Einsele, G., 1992. Sedimentary Basins: Evolution, Facies, and Sediment Budget. Berlin: Springer-Verlag.

Garcia-Alcalde, J. 1997. North Gondwanan Emsian events. Episodes, 20: 241-246.

Geng, L.Y., Wang, Y., Cai, X.Y., et al. 2000. Chitinozoan biostratigraphy in China//Palynoforas and Palynomorphs of China. Hefei: Press of University of Science and Technology of China, 209-241.

Gerrienne, P., Meyer-Berthaud, B., Yang, N., et al. 2014. *Planatophyton* gen. nov., a late Early or Middle Devonian euphyllophyte from Xinjiang, North-West China. Review of Palaeobotany and Palynology, 208: 55-64.

Gosselet, J. 1879. Description géologique du Canton de Maubeuge. Annales de la Société géologique du Nord, 6: 129-211.

Gradstein, F.M., Ogg, J.G., Schmitz, M., et al. 2012. The Geologic Time Scale 2012. Amsterdam: Elsevier.

Grabau, A.W. 1924. Stratigraphy of China, Part I: Palaeozoic and Older. Geological Survey of China, 190-195.

Grabau, A.W. 1931. Devonian Brachiopoda of China（1）: Devonian Brachiopoda from Yunnan and other Districts in South China. Palaeontologica Sinica: Series B, 3: 1-545.

Groos-Uffenorde, H., Lethiers, F., Blumenstengel, H. 2000. Ostracodes and Devonian stratigraphy. Courier Forschungsinstitut Senckenberg, 220: 99-111.

Guo, W., Nie, T., Sun, Y.L. 2018. Lower Emsian（Lower Devonian）Conodont succession in Nandan County, Guangxi Province, South China. Neues Jahrbuch für Geologie und Paläontologie-Abhandlungen, 289: 1-16.

Guo, W., Nie, T., Sun, Y. 2019. New data on the biostratigraphy of the Early Devonian *"Spirifer"* tonkinensis brachiopod fauna in South China and adjacent region. Palaeobiodiversity and Palaeoenvironments, 99: 29-43.

Guo, W., Sun, Y.L., Baliński, A. 2015. Parallel evolution of jugal structures in Devonian athyridide brachiopods. Palaeontology, 58: 171-182.

Guo, X.W., Xu, H.H., Zhu, X.Q., et al. 2019. Discovery of Late Devonian plants from the southern Yellow Sea borehole of China and its palaeogeographical implications. Palaeogeography, Palaeoclimatology, Palaeoecology, 531: 108444. http://dx.doi.org/10.1016/j.palaeo.2017.08.039.

Han, Y., Zhao, G., Cawood, P.A., et al. 2019. Plume-modified collision orogeny: The Tarim-western Tianshan example in Central Asia. Geology, 47: 1001-1005.

Hance, L., Hou, H., Vachard, D. 2011. Upper Famennian to Visean Foraminifers and Some Carbonate Microproblematica from South China. Beijing: Geological Publishing House.

Hao, S.G., Xue, J.Z. 2013. The Early Devonian Posongchong Flora of Yunnan: A Contribution to an Understanding of the Evolution and Early Diversification of Vascular Plants. Beijing: Science Press.

Hao, S.G., Xue, J.Z., Guo, D.L., et al. 2010. Earliest rooting system and root: Shoot ratio from a new Zosterophyllum plant. New Phytologist, 185: 217-225.

Hou, H.F. 1981. Devonian brachiopod biostratigraphy of China. Geological Magazine, 118: 185-192.

Hou, H.F., Brice, D., Tian, Z.X. 1996. Revision on Famennian spiriferid Brachiopoda of Hunan, China. Mémoires de L'Institut Geologique de L'universite de Louvain, foundes par Henry de dorlodot, 36: 153-174.

Hou, H.F., Chen, X.Q., Rong, J.Y., et al. 2017. Devonian brachiopod genera on type species of China//Rong, J.Y., Jin, Y.G., Shen, S.Z., et al. Phanerozoic Brachiopod Genera of China. Beijing: Science Press, 343-557.

Hou, H.F., Lane, N.G., Waters, J.A., et al. 1993. Discovery of a new Famennian Echinoderm Fauna from the Hongg),uleleng Formation of Xinjiang, with redefinition of the Formation. Stratigraphy and Paleontology of China, 2: 1-18.

House, M.R. 2002. Strength, timing, setting and cause of mid-Palaeozoic extinctions. Palaeogeography, Palaeoclimatology, Palaeoecology, 181: 5-25.

Huang, C., Gong, Y. 2016. Timing and patterns of the Frasnian-Famennian event: Evidences from high-resolution conodont biostratigraphy and event stratigraphy at the Yangdi section, Guangxi, South China. Palaeogeography, Palaeoclimatology, Palaeoecology, 448: 317-338.

Huang, J., Liang, K., Wang, Y., et al. 2020. The Jiwozhai patch reef: A palaeobiodiversity hotspot in middle Givetian（Devonian）of South China. Palaeogeography, Palaeoclimatology, Palaeoecology, 556: 109895.

Husson, J.M., Schoene, B., Bluher, S., et al. 2016. Chemostratigraphic and U-Pb geochronologic constraints on carbon cycling across the Silurian-Devonian boundary. Earth and Planetary Science Letters, 436: 108-120.

Jain, S. 2017. Fundamentals of Invertebrate Palaeontology: macrofossils. New Delhi: Springer Geology.

Ji, Q. 1989. On the Frasnian-Famennian Mass Extinction Event in South China. Courier Forschungsinstitut Senckenberg, 117: 275-301.

Ji, Q., Ziegler, W. 1992. Introduction to some Late Devonian sequences in the Guilin area of Guangxi, South China. Courier Forschungsinstitut Senckenberg, 154.

Ji, Q., Ziegler, W. 1993. The Lali section: An excellent reference section for Upper Devonian in South China. Courier Forschungsinstitut Senckenberg, 157: 1-183.

Ji, Q., Ziegler, W., Dong, X.P. 1992. Middle and Late Devonian conodonts from the Licun section, Yongfu, Guangxi, South China. Courier Forschungsinstitut Senckenberg, 154: 85-106.

Jia, H.Z., Xian, S.Y., Yang, D.L., et al. 1988. An Ideal Frasnian/Famennian Boundary in Ma-anshan, Zhongping, Xiangzhou, Guangxi, South China//Mcmillan, N.J., Embry, A.F., Glass, D.J. Devonian of the World: Proceedings of the 2nd International Symposium on the Devonian System. Paleontology, Paleoecology and Biostratigraphy, 3: 79-92.

Jiang, Q., Wang, Y., Xu, H.H., et al. 2013. A new species of *Aneurophyton*（Progymnospermopsida）from the Middle Devonian of West Junggar, Xinjiang, China, and its paleophytogeographical significance. International Journal of Plant Science, 174:1182-1200.

Joachimski, M.M., Breisig, S., Buggisch, W., et al. 2009. Devonian climate and reef evolution: Insights from oxygen isotopes in apatite. Earth and Planetary Science Letters, 284: 599-609.

Joachimski, M., Pancost, R., Freeman, K., et al. 2002. Carbon isotope geochemistry of the Frasnian-Famennian transition. Palaeogeography, Palaeoclimatology, Palaeoecology, 181: 91-109.

Kaiser, S.I., Aretz, M., Becker, R.T. 2016. The global Hangenberg Crisis（Devonian-Carboniferous transition）: Review of a first-order mass extinction. Geological Society, London, Special Publications, 423: 387-437.

Königshof, P., Da Silva, A., Suttner, T., et al. 2015. Shallow-water facies setting around the Kačák Event: A multidisciplinary approach. Geological Society, London, Special Publications, 423: 171-199.

Li, C.S. 1990. *Minarodendron cathaysiense*（gen. et comb. nov.）, a lycopod from the late Middle Devonian of Yunnan, China. Palaeontographica B, 220: 97-119.

Li, C.S., Edwards, D. 1992. A new genus of early land plants with novel strobilar construction from the Lower Devonian Posongchong Formation, Yunnan Province, China. Palaeontology, 35: 257-272.

Li, C.S., Edwards, D. 1996. *Demersatheca* Li et Edwards, gen. nov., a new genus of early land plants from the Lower Devonian, Yunnan Province, China. Review of Palaeobotany and Palynology, 93: 77-88.

Liao, W.H., Birenheide, R. 1985. Rugose Korallen aus dem Givetium von Dushan, Provinz Guizhou, S-China. 2: Kolonien der Columnariina. Senckenbergiana lethaea, 65: 265-295.

Liao, W.H., Birenheide, R. 1989. Rugose corals from the Frasnian of Tushan Province of Guizhou, South China. Courier Forschungsinstitut Senckenberg, 110: 81-103.

Liao, W.H., Ruan, Y.P. 2003. Devonian Biostratigraphy of China//Zhang, W.T., Chen, P.J., Palmer, A.R. Biostratigraphy of China. Beijing: Science Press, 237-279.

Lu, J., Chen, X. 2016. New insights into the base of the Emsian（Lower Devonian）in South China. Geobios, 49: 459-467.

Liu, J., Luo, G., Lu, Z., et al. 2019. Intensified Ocean Deoxygenation During the end Devonian Mass Extinction. Geochemistry Geophysics Geosystems, 20: 6187-6198.

Liu, J., Qie, W., Algeo, T.J., et al. 2016. Changes in marine nitrogen fixation and denitrification rates during the end-Devonian mass extinction. Palaeogeography, Palaeoclimatology, Palaeoecology, 448: 195-206.

Liu, L., Wang, D.M., Meng, M.C., et al. 2017. Further study of Late Devonian seed plant *Cosmosperma polyloba*: Its reconstruction and evolutionary significance. BMC evolutionary biology, 17: 149.

Liu, Y.Q., Ji, Q., Kuang, H.W., et al. 2012. U-Pb Zircon age, sedimentary facies, and sequence stratigraphy of the Devonian-Carboniferous boundary, Daposhang Section, Guizhou, China. Palaeoworld, 21: 100-107.

Lu, J.F., Qie, W.K., Chen, X.Q. 2016. Pragian and lower Emsian（Lower Devonian）conodonts from Liujing, Guangxi, South China. Alcheringa An Australasian Journal of Palaeontology, 40: 275-296.

Lu, J., Qie, W., Yu, C., et al. 2017. New Data on the Age of the Yukiang（Yujiang）Formation at Liujing, Guangxi, South China. Acta Geologica Sinica（English Edition）, 91: 1438-1447.

Lu, J.F., Valenzuela-Ríos, J.I., Liao, J.C., et al. 2018. Conodont biostratigraphy of the Yujiang Formation（Emsian, Lower Devonian）at Shizhou, Guangxi, South China. Palaeoworld, 27: 170-178.

Lu, J.F., Valenzuela-Ríos, J.I., Liao, J.C., et al. 2019. Polygnathids（Conodonta）around the Pragian/Emsian boundary from the Dacun-1 section（central Guangxi, South China）. Journal of Paleontology, 93: 1210-1220.

Ma X.P. 2009. Spiriferide brachiopods from the Frasnian（Devonian）of the Dushan area, southern Guizhou, China. Acta Palaeontologyica Sinaca, 48: 611-627.

Ma, X.P., Bai, S.L. 2002. Biological, depositional, microspherule, and geochemical records of the Frasnian/Famennian boundary beds, South China. Palaeogeography, Palaeoclimatology, Palaeoecology, 181: 325-346.

Ma, X.P., Becker, R.T., Li, H., et al. 2006. Early and Middle Frasnian brachiopod faunas and turnover on the South China shelf. Acta Palaeontologica Polonica, 51: 789-812.

Ma, X.P., Copper, P., Sun, Y., et al. 2005. Atrypid Brachiopods from the Upper Devonian Wangchengpo Formation（Frasnian）of Southern Guizhou, China—Extinction Patterns in the Frasnian of South China. Acta Geologica Sinica, 79: 437-452.

Ma, X.P., Day, J. 1999. The Late Devonian brachiopod Cyrtiopsis davidsoni Grabau, 1923, and related forms from central Hunan of South China. Journal of Paleontology, 73: 608-624.

Ma, X.P., Day, J. 2003. Revision of selected North American and Eurasian Late Devonian（Frasnian）species of *Cyrtospirifer* and *Regelia*（Brachiopoda）. Journal of Paleontology, 77: 267-292.

Ma, X.P., Day, J. 2007. Morphology and Revision of Late Devonian（early Famennian）*Cyrtospirifer*（Brachiopoda）and related genera from South China and North America. Journal of Paleontology, 81: 286-311.

Ma, X.P., Liao, W.H., Wang, D.M. 2009. The Devonian System of China, with a discussion on sea-level change in South China// Königshof, P. Devonian Change: Case Studies in Palaeogeography and Palaeoecology. Geological Society of London Special Publication, 314: 241-262.

Ma, X.P., Gong, Y., Chen, D., et al. 2016. The Late Devonian Frasnian-Famennian Event in South China—Patterns and causes of extinctions, sea level changes, and isotope variations. Palaeogeography, Palaeoclimatology, Palaeoecology, 448: 224-244.

Ma, X.P., Sun, Y.L. 2001. Small-sized cyrtospiriferids from the Upper Devonian（late Frasnian）of central Hunan, China. Journal of the Czech Geological Society, 46: 161-168.

Ma, X.P., Sun, Y.L., Hao, W.C., et al. 2002. Rugose corals and brachiopods across the Frasnian-Famennian boundary in central Hunan, South China. Acta Palaeontologica Polonica, 47（2）: 373-396.

Ma, X.P., Wang, C.Y., Racki, G., et al. 2008. Facies and geochemistry across the Early-Middle Frasnian transition（Late Devonian）on South China carbonate shelf: Comparison with the Polish reference succession. Palaeogeography, Palaeoclimatology, Palaeoecology, 269: 130-151.

Ma, X.P., Zhang, Y.B., Zhang, M.Q. 2014. Lithologic and biotic aspects of major Devonian events in South China. Subcommission on Devonian Stratigraphy Newsletter, 29: 21-33.

Ma, X.P., Zhang, M.Q., Zong, P., et al. 2017. Temporal and spatial distribution of the Late Devonian（Famennian）strata in the northwestern border of the Junggar Basin, Xinjiang, Northwestern China. Acta Geologica Sinica, 91: 1413-1437.

Ma, X., Zong, P. 2010. Middle and Late Devonian brachiopod assemblages, sea level change and paleogeography of Hunan, China. Science China Earth Sciences, 53: 1849-1863.

Ma, X.P., Zong, P., Sun, Y.L. 2011. The Devonian（Famennian）Sequence in the western Junggar Area, Northern Xinjiang, China. Subcommission on Devonian Stratigraphy Newsletter, 26: 44-49.

Manda, S., Fryda, J. 2010. Silurian-Devonian boundary events and their influence on cephalopod evolution: Evolutionary significance of cephalopod egg size during mass extinctions. Bulletin of Geosciences, 85: 513-540.

Mcghee Jr, G.R., Clapham, M.E., Sheehan, P.M., et al. 2013. A new ecological-severity ranking of major Phanerozoic biodiversity crises. Palaeogeography, Palaeoclimatology, Palaeoecology, 370: 260-270.

McGowan, A.J., Smith, A.B. 2007. Ammonoids across the Permian/Triassic boundary: A cladistic Perspective. Palaeontology, 50: 573-590.

Meng, M.C., Liu, L., Wang, D.M., et al. 2016. Growth architecture and microsporangiate strobilus of *Sublepidodendron grabaui*（Lycopsida）from the Late Devonian of South China. Review of Palaeobotany and Palynology, 224: 83-93.

Murphy, M.A. 2005. Pragian conodont zonal classification in Nevada, Western North America. Revista Espanola de Paleontologia, 20: 177-206.

Myrow, P.M., Ramezani, J., Hanson, A.E., et al. 2014. High-precision U-Pb age and duration of the latest Devonian（Famennian）Hangenberg event, and its implications. Terra Nova, 26: 222-229.

Nie, T., Guo, W., Sun, Y.-L., et al. 2016. Age and distribution of the Late Devonian brachiopod genus *Dzieduszyckia* Siemiradzki, 1909 in southern China. Palaeoworld, 25: 600-615.

Ogg, J.G., Ogg, G.M., Gradstein, F.M. 2016. A concise Geologic Time Scale. Amsterdam: Elsevier, 232.

Oliver, W.A., Chlupáč, I. 1991. Defining the Devonian: 1979-89. Lethaia, 24: 119-122.

Paproth, E., Feist, R., Flajs, G. 1991. Decision on the Devonian-Carboniferous boundary stratotype. Episodes, 14: 331-335

Percival, L.M.E., Davies, J., Schaltegger, U. et al. 2018. Precisely dating the Frasnian-Famennian boundary: Implications for the cause of the Late Devonian mass extinction. Scientific Reports, 8: 9578.

Playford, G., Dettmann, M. E. 1996. Spores//Jansonius, J., McGregor, D.C. Palynology: Principles and applications. College Station, Texas: American Association of Stratigraphic Palynologists Foundation.

Potonié, R., Kremp, G. 1955. Die sporae dispersae des Ruhrkarbons, ihre Morphographie und Stratigraphie mit Ausblicken auf Arten anderer Gebiete und Zeitabschnitte. Palaeontographica Abteilung B, 1-136.

Přibyl, A. 1940. Graptolitová fauna ceského stredního Ludlow（svrchni e β）. Vestnik státniho geologického Ústavu, 16: 63-73.

Punt, W., Hoen, P.P., Blackmore, S., et al. 2007. Glossary of pollen and spore terminology. Review of Palaeobotany and Palynology, 143: 1-81.

Qie, W., Liu, J., Chen, J., et al. 2015. Local overprints on the global carbonate δ ^{13}C signal in Devonian-Carboniferous boundary successions of South China. Palaeogeography, Palaeoclimatology, Palaeoecology, 418: 290-303.

Qie, W., Wang, X.D., Zhang, X., et al. 2016. Latest Devonian to earliest Carboniferous conodont and carbon isotope stratigraphy of a shallow-water sequence in South China. Geological Journal, 51: 915-935.

Qie, W.K., Sun, Y.L., Guo, W., et al. 2020. Devonian-Carboniferous boundary in China. Palaeobiodiversity and Palaeoenvironment, in submission.

Saltzman, M.R., Thomas, E. 2012. Carbon Isotope Stratigraphy//Gradstein, F.M., Ogg, J.G., Schmitz, M.D., et al. The Geologic Time Scale 2012, Volume 1. Amsterdam: Elsevier, 207-232.

Sartenaer, P. 1961. Late Upper Devonian（Famennian）rhynchonelloid brachiopods. Bulletin-Institut Royal des Sciences Naturelles de Belgique: Sciences de la Terre, 37: 1-10.

Sartenaer, P., Rozman, K.S. 1965. A Fammenian rhynconellid assemblage common to North America and the Urals. International Geology Review, 7: 2102-2104.

Sartenaer, P., Xu, H.K. 1991. Two new rhynchonellid（brachiopod）species from the Frasnian Shetienqiao Formation of central Hunan, China. Institut Royal des Sciences Naturelles de Belgique, Bulletin（Sciences de la Terre）, 61: 123-133.

Sedgwick, A., Murchison, R.I. 1839. Stratification of the older stratified deposits of Devonshire and Cornwall. Philosophical Magazine and Journal of Science, 3: 241-260.

Sepkoski, J.J.J. 1996. Patterns of Phanerozoic extinction: A perspective from global data bases//Walliser, O.H. Global Events and Event Stratigraphy in the Phanerozoic. Berlin: Springer-Verlag, 35-51.

Slavík, L. 2004. A new conodont zonation of the Pragian Stage（Lower Devonian）in the stratotype area（Barrandian, central Bohemia）. Newsletter on Stratigraphy, 40: 39-71.

Slavík, L., Brett, C.E. 2016. Minutes of the Ghent Business Meeting. Subcommission on Devonian Stratigraphy Newsletter, 31: 21-25.

Slavík, L., Carls, P., Hladil, J., et al. 2012. Subdivision of the Lochkovian Stage based on conodont faunas from the stratotype area（Prague Synform, Czech Republic）. Geological Journal, 47: 616-631.

Slavík, L., Valenzuela-Ríos, J.I., Hladil, J., et al. 2007. Early Pragian conodont-based correlations between the Barrandian area and the Spanish Central Pyrenees. Geological Journal, 42: 499-512.

Stearn, C.W., 1966. The microstructure of stromatoporoids. Palaeontology, 9: 74-124.

Stearn, C.W., Webby, B.D., Nestor, H., et al. 1999. Revised classification and terminology of Palaeozoic stromatoporoids. Acta Palaeontologica Polonica, 44: 1-70.

Song, J., Gong, Y.M. 2019. Ostracods from the Devonian-Carboniferous transition in Dushan of Guizhou, South China. Palaeobiodiversity and Palaeoenvironments, 99: 117-127.

Spalletta, C., Perri, M.C., Over, D.J., et al. 2017. Famennian（Upper Devonian）conodont zonation: Revised global standard. Bulletin of Geosciences, 92: 31-57.

Stephens, N.P., Sumner, D.Y. 2003. Late Devonian carbon isotope stratigraphy and sea level fluctuations, Canning Basin, Western Australia. Palaeogeography, Palaeoclimatology, Palaeoecology, 191: 203-219.

Suttner, T.J., Kido, E., Chen, X., et al. 2014. Stratigraphy and facies development of the marine Late Devonian near the Boulongour Reservoir, northwest Xinjiang, China. Journal of Asian Earth Sciences, 80: 101-118.

Sweet, W.C. 1988. The Conodonta: Morphology, Taxonomy, Paleoecology, and Evolutionary History of a Long-Extinct Animal Phylum. Oxford Monographs on Geology and Geophysics No. 10. New York: Clarendon Press.

Taylor, T.N., Taylor, E.L., Krings, M. 2009. Paleobotany: The Biology and Evolution of Fossil Plants. 2nd Ed. Burlington: Academic Press.

Tien, C.C. 1938. Devonian Brachiopoda of Hunan. Palaeontologia Sinica（New Series B）, 4:1-192.

Ting, V.K. 1931. On the stratigraphy of the Fengninian System. Acta Geological Sinica, 10: 31-48.

van Geldern. R., Joachimski, M.M., Day, J., et al. 2006. Carbon, oxygen and strontium isotope records of Devonian brachiopod shell calcite. Palaeogeography, Palaeoclimatology, Palaeoecology, 240: 47-67.

Walliser, O.H. 1996. Global events in the Devonian and Carboniferous//Global Events and Event Stratigraphy in the Phanerozoic. Berlin: Springer, 225-250.

Walliser, O.H., Bultynck, P., Weddige, K., et al. 1995. Definition of the Eifelian-Givetian Stage boundary. Episodes, 18: 107-115.

Wang, C.Y. 1994. Application of the Frasnian standard conodont zonation in South China. Courier Forschungsinstitut Senckenberg, 168: 83-129.

Wang, C.Y., Weddige, K., Chuluun, M. 2005. Age revision of some Palaeozoic strata of Mongolia based on conodonts. Journal of Asian Earth Sciences, 25: 759-771.

Wang, C.Y., Yin, B.A. 1988. Conodonts//Yu, C.M. Devonian-Carboniferous Boundary in Nanbiancun, Guilin, China: Aspects and Records. Beijing: Science Press, 105-148.

Wang, C.Y., Ziegler, W. 1981. Middle Devonian conodonts from Xiguitu Qi, Inner Mongolia Autonomous Region, China. Senckenbergiana Lethaea, 63: 125-139.

Wang, C.Y., Ziegler, W. 1982. On the Devonian-Carboniferous boundary in South China based on conodonts. Geologica et Palaeontologica, 16: 151-162.

Wang, C.Y., Ziegler, W. 1983a. Conodonten aus Tibet. Neues Jahrbuch fur Geologie und Palaontologie-Monatshefre,（2）: 69-79.

Wang, C.Y., Ziegler, W. 1983b. Devonian conodonts zonation and its correlation with Europe. Geologica et Palaeontologica, 17: 75-105.

Wang, C.Y., Ziegler, W. 2002. The Frasnian-Famennian conodont mass extinction and recovery in South China. Palaeobiodiversity and Palaeoenvironments, 82: 463-493.

Wang, D.M. 2007. Two species of Zosterophyllum from South China and dating of the Xujiachong Formation with a biostratigraphic method. Acta Geologica Sinica, 81（4）: 525-538.

Wang, D.M., Hao, S.G. 2002. Guangnania cuneata gen. et sp. nov. from the Lower Devonian of Yunnan Province, China. Review of Palaeobotany and Palynology, 122: 13-27.

Wang, D.M., Liu, L., Meng, M.C., et al. 2014. Cosmospermapolyloba gen. et sp. nov., a seed plant from the Upper Devonian of South China. Naturwissenschaften, 101: 615-622.

Wang, D.M., Xu, H.H., Xue, J.Z., et al. 2015. Leaf evolution in early-diverging ferns: Insights from a new fern-like plant from the Late Devonian of China. Annals of Botany, 115: 1133-1148.

Wang, D.M., Zhang, Y.Y., Liu, L., et al. 2017. Reinvestigation of the Late Devonian Shougangia bella and new insights into the evolution of fern-like plants. Journal of Systematic Palaeontology, 16（4）: 309-324.

Wang, Q., Hao, S.G., Wang, D.M., et al. 2002. An anatomically preserved arborescent lycopsid, Sublepidodendron songziense（Sublepidodendraceae）, from the Late Devonian of Hubei, China. American Journal of Botany, 89（9）: 1468-1477.

Wang, Q., Hao, S.G., Wang, D.M., et al. 2003. A Late Devonian arborescent lycopsid *Sublepidodendron songziense* Chen emend. （Sublepidodendraceae Kräusel et Weyland 1949）from China, with a revision of the genus *Sublepidodendron*（Nathorst）Hirmer 1927. Review of Palaeobotany and Palynology, 127: 269-305.

Wang, S.Q., Lundin, R. 2004. Sinoleperditiini（Ostracoda）from the Lower Emsian Shanglun Formation at the Shanglun village, central Guangxi, China. Journal of Paleontology, 78: 349-358.

Wang, Y., Berry, C.M., Hao, S.G., et al. 2007. The Xichong flora of Yunnan, China: Diversity in late Mid-Devonian plant assemblages. Geological Journal, 42: 339-350.

Wang, Y., Xu, H.H. 2005. *Sublepidodendron grabaui* comb. nov., a lycopsid from the Upper Devonian of China. Botanical Journal of the Linnean Society, 149: 299-311.

Wang, Y., Xu, H.H., Wang, Y., et al. 2018. A further study of *Zosterophyllum sinense* Li and Cai（Zosterophyllopsida）based on the type and the new specimens from the Lower Devonian of Guangxi, southwestern China. Review of Palaeobotany and Palynology, 258: 112-122.

Wang, Y., Xu, H.H., Wang, Y. 2020. Morphology, nomenclature and potential paleophytogeographic implication of *Demersatheca contigua*（Zosterophyllopsida）from the Lower Devonian of Yunnan and Guangxi, southwestern China. Review of Palaeobotany and Palynology, 277: 104209.

Wang, Z.H., Becker, R.T., Aboussalam, Z.S., et al. 2016. Conodont and carbon isotope stratigraphy near the Frasnian/Famennian （Devonian）boundary at Wulankeshun, Junggar Basin, NW China. Palaeogeography, Palaeoclimatology, Palaeoecology, 448: 279-297.

Williams, A., Brunton, C.H.C., Carlson, S.J., et al. 2006. Brachiopoda(revised)volume 5: Rhynchonelliformea(part)//Kaesler, R.L. Treatise on Invertebrate Paleontology, Part H. Kansas: Geological Society of America and University of Kansas Press, 1689-2320.

Xu, B., Gu, Z., Wang, C., et al. 2012. Carbon isotopic evidence for the associations of decreasing atmospheric CO_2 level with the Frasnian – Famennian mass extinction. Journal of Geophysical Research: Biogeosciences（2005–2012）, 117: G01032.

Xu, H.H., Berry, C.M., Stein, W.E., et al. 2017. Unique growth strategy in the Earth's first trees revealed in silicified fossil trunks from China. Proceedings of the National Academy of Sciences, 114（45）: 12009-12014.

Xu, H.H., Berry, C.M., Wang, Y. 2011a. Morphological study on the Devonian zostrophyll Serrulacaulis Hueber and Banks: New materials and emendation. Palaeoworld, 20: 322-331.

Xu, H.H., Berry, C.M., Wang, Y., et al. 2011b. A new species of Leclercqia Banks, Bonamo et Grierson（Lycopsida）from the Middle Devonian of North Xinjiang, China, with a possible Climbing Habit. International Journal of Plant Science, 172: 836-846.

Xu, H.H., Marshall, J.E.A., Wang, Y., et al. 2014. Devonian spores from an intra-oceanic volcanic arc, West Junggar（Xinjiang, China）and the palaeogeographical significance of the associated fossil plant beds. Review of Palaeobotany and Palynology, 206: 10-22.

Xu, H.H., Wang, Y. 2008. The palaeogeographical significance of specimens attributed to Protolepidodendron scharyanum Krejči （Lycopsida）from the Middle Devonian of North Xinjiang, China. Geological Magazine, 145: 295-299.

Xu, H.H., Wang, Y. 2011. A neotype for *Colpodexylon gracilentum* Dou（Lycopsida）from the Middle Devonian of North Xinjiang, China. Journal of Systematica and Evolution, 49: 372-378.

Xu H.H., Wang Y., Tang P., et al. 2019. Discovery of Lower Devonian plants from Jiangxi, South China and the pattern of Devonian transgression after the Kwangsian Orogeny in the Cathaysia Block. Palaeogeography, Palaeoclimatology, Palaeoecology, 531A: 108982.

Xu, H.K., Yao, Z.G. 1988. Brachiopoda//Yu, C.M. Devonian-Carboniferous Boundary in Nanbiancun, Guilin, China—Aspects and Records. Beijing: Science Press, 263-326.

Xue, J.Z. 2009. Two *Zosterophyll* plants from the Lower Devonian（Lochkovian）Xitun Formation of Northeastern Yunnan, China. Acta Geologica Sinica, 83: 504-512.

Xue J.Z., Hao S.G., Zhu X., et al. 2012. A new basal euphyllophyte, *Pauthecophyton* gen. nov., from the Lower Devonian（Pragian）of Yunnan, China. Review of Palaeobotany and Palynology, 183: 9-20.

Yabe H., Hayasaka I. 1920. Palaeontology of southern China//Kyokai, T.C., Ichiro, H., Hisakatsu, Y., et al. Geographical research in China（1911–1916）: Reports. Tokyo: Tokyo Geographical Society, 1-194.

Yin, T.H. 1938. Devonian fauna of the Pochiao Shale of Eastern Yunnan. Bulletin of the Geological Society of China, 18: 33-66.

Yoh, S.S. 1937. Die Korallenfauna des Mitteldevons aus der Provinz Kwangsi, Südchina. Palaeontographica AbteilungA, 87: 45-76.

Yolkin, E.A., Kim, A.I., Weddige, K., et al. 1997. Definition of the Pragian/Emsian Stage boundary. Episodes, 20: 235-240.

Yolkin, E.A., Weddige, K., Izokh, N.G., et al. 1994. New Emsian conodont zonation（Lower Devonian）. Courier Forschungsinstitut Senckenberg, 168: 139-157.

Yu, C.M. 1988. Devonian-Carboniferous Boundary in Nanbiancun, Guilin, China: Aspects and Records. Beijing: Science Press.

Yu, C.M., Qie, W.K., Lu, J.F. 2018. Emsian（Early Devonian）Yujiang Event in South China. Palaeoworld, 27: 53-65.

Yü, C. C. 1931. The correlation of the Fengninian System, the Chinese Lower Carboniferous, as based on coral zones. The Geological Institute, Academia Sinica, 10（1）: 1-30.

Yuan, J.L., Xiang, L.W. 1998. Trilobite fauna at the Devonian-Carboniferous boundary in South China(S-Guizhou and N-Guangxi). National Museum of Natural Science: Special Publication, 8: 1-281.

Zhang, F., Dahl, T.W., Lenton, T.M., et al. 2020. Extensive marine anoxia associated with the Late Devonian Hangenberg Crisis. Earth and Planetary Science Letters, 533: 115976.

Zhang, L.J. 2014. Lower Devonian tempestites in western Yangtze, South China: Insight from Zoophycos ichnofabrics. Geological Journal, 49: 177-187.

Zhang, L.J., Knaust, D., Zhao, Z. 2016. Palaeoenvironmental and ecological interpretation of the trace fossil Rhizocorallium based on contained iron framboids（Upper Devonian, South China）. Palaeogeography, Palaeoclimatology, Palaeoecology, 446: 144-151.

Zhang, L.J., Zhao, Z. 2016. Complex behavioural patterns and ethological analysis of the trace fossil Zoophycos: Evidence from the Lower Devonian of South China. Lethaia, 49: 275-284.

Zhang, X., Joachimski, M.M., Over, D.J., et al. 2019. Late Devonian carbon isotope chemostratigraphy: A new record from the offshore facies of South China. Global and Planetary Change, 182: 103024.

Zhao, W., Jia, G., Zhu, M., et al. 2015. Geochemical and palaeontological evidence for the definition of the Silurian/Devonian boundary in the Changwantang Section, Guangxi, China. Estonian Journal of Earth Sciences, 64: 110-114.

Zhao, W., Wang, N., Zhu, M., et al. 2011. Geochemical stratigraphy and microvertebrate assemblage sequences across the Silurian/Devonian transition in South China. Acta Geologica Sinica, 85: 340-353.

Zheng, D., Xu, H., Wang, J., et al. 2016. Geochronologic age constraints on the Middle Devonian Hujiersite flora of Xinjiang, NW China. Palaeogeography, Palaeoclimatology, Palaeoecology, 463: 230-237.

Zhou, Z.Q., Siveter, D.J., Owens, R.M. 2000. Devonian proetid trilobites from Inner Mongolia, China. Senckenbergiana Lethaea, 79: 459-499.

Zhu, M., Wang, N.Z., Wang, J.Q. 2000. Devonian macro- and microvertebrate assemblages of China. Courier Forschungsinstitut Senckenberg, 223: 361-372.

Zhu, X., Xue, J.Z., Hao, S.G., et al. 2011. A new species of *Adoketophyton* from the Lower Devonian（Pragian）Posongchong Formation of Yunnan, China. Review of Palaeobotany and Palynology, 164: 238-246.

Ziegler, W., Klapper, G. 1985. Stages of the Devonian System. Episodes, 8: 104-109.

Ziegler, W., Wang, C.Y. 1985. Sihongshan section, a regional references section for the Lower-Middle and Middle-Upper boundaries in West Asia. Courier Forschungsinstitut Senckenberg, 75: 17-38.

Zong, P., Becker, R.T., Ma, X. 2015. Upper Devonian（Famennian）and Lower Carboniferous（Tournaisian）ammonoids from western Junggar, Xinjiang, northwestern China—stratigraphy, taxonomy and palaeobiogeography. Palaeobiodiversity and Palaeoenvironments, 95: 159-202.

Zong, P., Ma, X., Xue, J., et al. 2016. Comparative study of Late Devonian（Famennian）brachiopod assemblages, sea level changes, and geo-events in northwestern and southern China. Palaeogeography, Palaeoclimatology, Palaeoecology, 448: 298-316.

Zong, R.W., Gong, Y.M. 2017. Behavioural asymmetry in Devonian trilobites. Palaeogeography, Palaeoclimatology, Palaeoecology, 476: 158-162.

属种索引

A

B

G

H

M

T